Regenerative Energiesysteme

Holger Watter

Regenerative Energiesysteme

Grundlagen, Systemtechnik und Analysen ausgeführter Beispiele nachhaltiger Energiesysteme

4. überarbeitete und erweiterte Auflage

Holger Watter
FH Flensburg
Flensburg, Deutschland

ISBN 978-3-658-09637-3 ISBN 978-3-658-09638-0 (eBook)
DOI 10.1007/978-3-658-09638-0

Die Deutsche Nationalbibliothek verzeichnet diese Publikation in der Deutschen Nationalbibliografie; detaillierte bibliografische Daten sind im Internet über http://dnb.d-nb.de abrufbar.

Springer Vieweg
Das Buch erschien in der 1. Auflage unter dem Titel Nachhaltige Energiesysteme.

Lektorat: Thomas Zipsner

Gedruckt auf säurefreiem und chlorfrei gebleichtem Papier.

Springer Fachmedien Wiesbaden GmbH ist Teil der Fachverlagsgruppe Springer Science+Business Media
(www.springer.com)

Vorwort

Die „erneuerbaren Energien“ und „nachhaltigen Energiesysteme“ stehen wegen der Klimadebatte im Mittelpunkt der gesellschaftlichen Diskussion. Politisch werden Rahmenbedingungen definiert; in der Wirtschaft und im Privaten sucht man nach Wegen zur Minimierung der Energiekosten. Im Internet und in den Medien werden Lösungsvorschläge diskutiert und propagiert. Der „einfache Verbraucher“ ist mit der Beurteilung überfordert und muss den „Heilsversprechungen der Alchimisten der Moderne“ mehr oder minder glauben. Ist die betriebswirtschaftliche Beurteilung auf der Grundlage von Erfahrungswerten vielleicht gerade noch möglich; bei der klimarelevanten CO_2-Bilanz wird das Projekt dann oft zur „Glaubensfrage“.

Ziel dieses Buches ist es,

- die wesentlichen Funktionsmechanismen darzustellen,
- Einflussparameter, Stell- und Störgrößen zu erläutern und
- Potentiale und Begrenzungen durch Überschlagsrechnungen aufzuzeichnen.

Es wendet sich an Studierende in den Bachelor- und Masterstudiengängen mit den Schwerpunkten *erneuerbare Energie, nachhaltige und regenerative Energiesysteme* an Universitäten, Technischen Hochschulen und Fachhochschulen sowie an Fachberater (in Banken, bei der Presse und in der Politik), die die o. g. Zusammenhänge ihrer Zielgruppe anschaulich erläutern wollen. Gleichzeitig gibt es einen aktuellen Überblick zum Stand der Technik und zu den möglichen Potentialen. Dabei liegt der Schwerpunkt auf kleineren, dezentralen Anlagen; großtechnische Anlagen werden nur der Vollständigkeit halber angesprochen.

Ausgehend von einer sehr persönlichen Perspektive (Was kann ich selber tun?) werden zunächst die Lösungsvorschläge für die Gebäudetechnik erörtert (Photovoltaik, Solarthermie, Erdwärme und Wärmepumpe). Anschließend werden industrielle Lösungsvorschläge aus dem Anlagenbau vorgestellt. Hier sind die finanziellen Möglichkeiten von Privatpersonen erschöpft und es müssen betriebswirtschaftliche und kostendeckende Geschäftsmodelle (im Regelfall finanziert durch Banken oder Investoren) gefunden sowie aufwendige Genehmigungsverfahren überstanden werden. Daher werden im Anhang die Grundlagen der Wirtschaftlichkeitsrechnung kurz zusammengefasst.

Dabei wird versucht, Prognosemöglichkeiten anhand von handelsüblichen Anlagen exemplarisch zu bearbeiten. Es werden jeweils Beispielanlagen aus dem täglichen Alltag vorgestellt und im Rahmen von Übungen analysiert. Dabei ist ausdrücklich zu beachten, dass die Schlussfolgerungen wegen des exemplarischen Charakters grundsätzlich nicht verallgemeinert werden können. Es soll jedoch gezeigt werden, dass mit verhältnismäßig kleinem Aufwand recht gute Prognosewerkzeuge bereitgestellt werden können.

Der Verlag Springer Vieweg hält auf seinen Web-Seiten www.springer.com zu diesem Buch einen Großteil der Berechnungsprogramme und Datensätze zum Nachrechnen als Download zur Verfügung. Der Autor ist hier für Ergänzungen dankbar.

Das Buch möge auch als Beitrag verstanden werden, nicht alle Heilsversprechungen aus dem Internet kritiklos zu übernehmen, sondern von Zeit zu Zeit auch auf das eigene Denkvermögen zu vertrauen!

Danksagung

Der Autor bedankt sich bei den Fachkollegen der *Hochschule für Angewandte Wissenschaften (HAW) Hamburg*, der *Fachhochschule Flensburg* und den Firmenvertretern für die fachliche Beratung und kollegiale Unterstützung dieses Projektes:

- *Prof. Dr. rer. nat. Bernd Baumann,*
- *Dr. Rolf Bayerbach (Pytec GmbH),*
- *Dr. Dietmar Bendix (Bioenergy Systems GmbH/FH Merseburg und Jena),*
- *Prof. Dr.-Ing. Christian Blome*
- *Prof. Dr. Jens Born*
- *Prof. Dr.-Ing. Jürgen Bosselmann (Hochschule 21, Buxtehude)*
- *Prof. Dr.-Ing. Heike Frischgesell,*
- *Prof. Dr. Victor Gheorghiu,*
- *Dr.-Ing. Jens-Uwe Jendrossek (DIN NSMT),*
- *Prof. Dr. Timon Kampschulte,*
- *Prof. Dr.-Ing. Jochen Koeppen,*
- *Prof. Dr.-Ing. Wolfgang Moré,*
- *Dipl.-Ing. Siegfried Prust,*
- *Prof. Dr. Paul A. Scherer,*
- *Prof. Dr.-Ing. Bernd Sankol,*
- *Prof. Dr.-Ing. Ilja Tuschy*
- *Prof. Dr.-Ing. Thomas Veeser,*
- *Prof. Dr.-Ing. Franz Vinnemeier,*
- *Prof. Dr. tech. Wolfgang Winkler,*
- *Prof. Dr. Thomas Willner.*
- *Dr.-Ing. Gerd Würsig (Germanischer Lloyd AG)*
- „*Last but not least*" bei den Studierenden für die Verbesserungs- und Korrekturvorschläge zur 3. Auflage.

Bei dem Lektorat Maschinenbau von *Springer Vieweg*, namentlich

- Frau *Imke Zander* und
- Herrn *Dipl.-Ing. Thomas Zipsner*,

bedanke ich mich für die Initiative zu diesem Buch und die vertrauensvolle, gute Zusammenarbeit.

Tarp, August 2015 *Holger Watter*

Formelzeichen und Abkürzungen

a	Jahr („anno“); p.a. = pro anno = pro Jahr	
A	Fläche	[m²]
c	Absolutgeschwindigkeit	[m/s]
c	Konzentration, Stoffmengenkonzentration	[mol/kg, mol/Ltr]
c_A	Auftriebsbeiwert	[-]
c_p	spez. Wärmekapazität	[kJ/kg K]
c_P	Leistungsbeiwert	[-]
c_W	Widerstandsbeiwert	[-]
C	Kohlenstoff	
d	Tag („day“); p. d. = per day = pro Tag	
E	Energie = Arbeitsvermögen W	[Ws ~ kWh]
F	Kraft	[N=kg · m/s²]
F	Fluor	
FF	Füllfaktor	[-]
G	frei Enthalphie, GIBBsche Energie	[kJ/kg]
$\dot{G}_G$	Globalstrahlung	[W]
$\dot{G}_{Dir}$	Direktstrahlung	[W]
$\dot{G}_{Diff}$	Diffusstrahlung	[W]
h	spez. Enthalphie	[kJ/kg]
H	Enthalphie	[kJ]
H	Fall- oder Förderhöhe	[m]
H	Wasserstoff	
H_U	(unterer) Heizwert	[kJ/kg]
H_O	Brennwert (oberer Heizwert)	[kJ/kg]
I	Strom	[A]
I	Turbulenzintensität	[%]
K	Gleichgewichts-/Massenwirkungskonstante	[-]
k	Wärmedurchgangskoeffizient	[W/m² K]
l_{min}	Mindestluftbedarf	[m³/kg]
m	Masse	[kg]
$\dot{m}$	Massenstrom	[kg/s]
M	Molare Masse	[kg/kmol]
M	Drehmoment	[Nm]
MPP	Maximum Power Point (Peak-Leistung)	[W]
Nu	NUSSELT-Zahl	[-]
NN	Normal Null	[m]
n	stöchiometrische Umsatzzahl, Stoff-/Substanzmenge	[mol]
n	Drehzahl	[1/min]
n_q	spez. Drehzahl	[1/min]
o_{min}	Mindestsauerstoffbedarf	[m³/kg]
p	Druck	[bar]

P	Leistung	[W]
Pr	PRANDTL-Zahl	[-]
Q	Wärmemenge	[J = Ws ~ kWh]
$\dot{Q}$	Wärmestrom	[W]
r	Verdampfungsenthalphie $(r = h'' - h')$	[kJ/kg]
R	Abkürzung für Kältemittel (Refrigerant)	
R	spez. Gaskonstante	[J/kg K]
$\Re$	allg. Gaskonstante	8,314 kJ/kmol K
Re	REYNOLDS-Zahl	[-]
S	Entropie	[kJ/K]
s	spez. Entropie	[kJ/kg K]
T	Temperatur	[K]
u	Umfangs- bzw. Drehgeschwindigkeit	[m/s]
u	spez. innere Energie	[kJ/kg]
U	innere Energie	[kJ]
U	Spannung	[V]
$\dot{V}$	Volumenstrom	[m³/s; Ltr/Min]
w	Relativgeschwindigkeit	[m/s]
W	Arbeit	[Ws ~ kWh]
Y	spez. Stutzenarbeit	[Nm/kg = W/(kg/s)]
y	Mol- bzw. Volumenanteil	[-]
α	Absorptionsgrad	[-]
β	Formparameter der WEIBULL-Verteilung	[-]
ε	Emissionsgrad	[-]
ε	Gleitzahl	[-]
ε	Leistungszahl, COP	[-]
η	Wirkungsgrad	[-]
φ	Durchflusszahl	[-]
Φ	Summenhäufigkeit der WEIBULL-Verteilung	[-]
κ	Isentropenexponent	[-]
λ	Verbrennungsluftverhältnis	[-]
λ	Wärmeleitfähigkeit	[W/m K]
λ	Laufzahl	[-]
ν	Mittelwert	
ρ	Reflexionsgrad	[-]
ρ	Dichte	[kg/m³]
σ	Schnellläufigkeit / Laufzahl	[-]
σ	Standardabweichung	[%]
τ	Zeit	[s]
τ	Transmissionsgrad	[-]
ω	Winkelgeschwindigkeit	[1/s]
ψ	Druckzahl	[-]
ψ	Molverhältnis (Volumenanteil, Partialdruckverhältnis)	[-]
∞	unendlich	
ξ	Massenanteil	[-]

BJT	Bipolar Junction Transistor (Bipolartransistor)
CAES	Compressed Air Energy Storage
CCS	Carbon Dioxide Capture and Storage
COP	Coefficient of Performance (Leistungszahl)
CPOX	Catalytic Partial Oxidation
DISS	Direct Solar Steam
DME	Dimethylether
DMFC	Direktmethanolbrennstoffzelle (Direct Methanol Fuel Cell)
DoS	Markenverfahren zur Direktverflüssigung von Biomasse
EC	Electronically Commutated (Elektromotor)
EnEV	Energieeinsparverordnung
FAME	Fettsäuremethylester
FCKW	Fluor-Chlor-Kohlenwasserstoffe (Kältemittel)
FET	Feldeffekttransistor
FOS	flüchtige organische Säuren
GuD	kombinierte Gas- und Dampfturbinenkraftwerke
GWP	Global Warming Potential (Treibhauspotential)
HDR	Hot-Dry-Rock-Verfahren (petrothermale Geothermie)
HFC	chlorfreie Kohlenwasserstoffe
HFR	Hot Fracture Rock
ISCCS	Integrated Solar and Combined Cycle System (Solarkraftwerk)
IGCC	Integrated Gasification Combined Cycle
IGBT	Insulated-Gate Bipolar Transistor
IT-SOFC	Intermediate Temperature SOFC
KWK	Kraft-Wärme-Kopplung
MCFC	Molten Carbonate Fuel Cell (Schmelzkarbonatbrennstoffzelle)
MOSFET	Metall-Oxid-Halbleiter-Feldeffekttransformator (FET)
MTBE	Methyltertiärbutylether
MTG	Methanol to Gasoline
MZ	Methanzahl (Zündeigenschaften)
NDDV	Katalytischer Niederdruck-Direktverflüssigung
ODP	Ozone Depletion Potential (Ozon-Abbau-Potential)
ORC	Organic-Rankine-Cycle
OTEC	Ocean Thermal Energy Conversion
OZ	Ortszeit
oTS	organische Trockensubstanz
OWC	oscillating water column (Wellenkraftwerk)
PAFC	Phosphorsäurebrennstoffzelle (Phosphoric Acid Fuel Cell)
PAK	Polyzyklische aromatische Kohlenwasserstoffe
PEFC	Polymer Electrolyte Fuel Cell = PEM
PEM	Proton Exchange Membrane Fuel Cell = PEFC
PROX	Katalytische, präferenzielle Oxidation

PSA	Druckwechsel-Adsorption (Pressure Swing Adsorption)
PWM	Pulseweitenmodulation
REFOS	Solar-hybrid volumetric pressurized receiver for solar assisted fossil-fired gas turbine and combined cycle power system (Solarkraftwerk)
RME	Rapsmethylester
SEGS	Solar Electricity Generation System
SOFC	Solix Oxide Fuel Cell (Festbrennstoffzelle)
SOFC-GT	Hochtemperaturbrennstoffzelle in Kombination mit Gasturbine
SNG	Synthetic Natural Gas
TAC	totales anorganisches Carbonat (Pufferkapazität)
TEG	thermoelektrischer Generator
TEWI	Total Equivalent Warming Impact (Gesamttreibhauseffekt)
TOC	Total Organic Carbon (Pufferkapazität)
TPOX	Thermische Partielle Oxidation
TS	Trockensubstanz
USV	unterbrechungsfreie Stromversorgung
WOZ	Wahre Ortszeit

Inhaltsverzeichnis

1 Einleitung

In der gesellschaftlichen Diskussion nehmen die „erneuerbaren Energien“ und die nachwachsenden Rohstoffe breiten Raum ein[1], weil sie als sinnvoller Beitrag zur Lösung des zukünftigen Energie- und Klimaproblems angesehen werden. Abbildung 1.1 bis 1.4 zeigen die derzeitigen Entwicklungen der nachhaltigen Energiesysteme auf dem Strom- und Wärmemarkt[2]. Dank der politischen Rahmenbedingungen konnten hier kontinuierliche Steigerungsraten am Markt durchgesetzt werden.

Abbildung 1.1 zeigt den **Stromanteil** für die Segmente Wasserkraft, Windkraft, Photovoltaik, Biomasse, Biogas, Biokraftstoffe und Geothermie (2010: 16 % Erneuerbare Energie am Strommarkt). Der Anteil bei der **Wärmeversorgung** liegt mit 9,6 % (2010) deutlich darunter. Abbildung 1.2 zeigt die Anteile für Bioenergie, Solarthermie und Geothermie am Wärmemarkt.

Betrachtet man die üblichen Verbrauchsrelationen privater Haushalte im Anhang 15.1 und 15.2, so ist erkennbar, dass der elektrische Energieverbrauch im Bereich von 4000 bis 4500 kWh pro Jahr liegt; der Wärmeverbrauch (je nach Bau- und Isolationszustand) im Bereich von 15 bis 20 MWh (50...150 kWh/m^2 und Jahr). Hier liegen also ca. drei Zehnerpotenzen dazwischen, so dass gerade im Bereich der Wärmewirtschaft sehr große Einspar- und Energieeffizienzpotentiale gesehen werden.

Durch die **Zumischung** von Biokraftstoffen zu den konventionellen Kraftstoffen konnten ebenfalls mineralölbasische Produkte ersetzt und eingespart werden; Abb. 1.3.

Abbildung 1.4 zeigt die prozentualen Anteile der Erneuerbaren Energien an den einzelnen Segmenten. Die Abbildungen zeigen deutliche Steigerungsraten in den zurückliegenden Jahren, so dass für alle Teile der Wertschöpfungskette – von der Industrie, über

[1] Obwohl der Begriff „erneuerbare Energie“ aus naturwissenschaftlicher, ingenieurwissenschaftlicher bzw. thermodynamischer Sicht nicht zutreffend ist, wird der Begriff wegen der gesellschaftlichen Akzeptanz hier übernommen.

[2] Daten: Bundesverband Erneuerbare Energie, www.bee-ev.de, 2012

H. Watter, *Regenerative Energiesysteme*, DOI 10.1007/978-3-658-09638-0_1

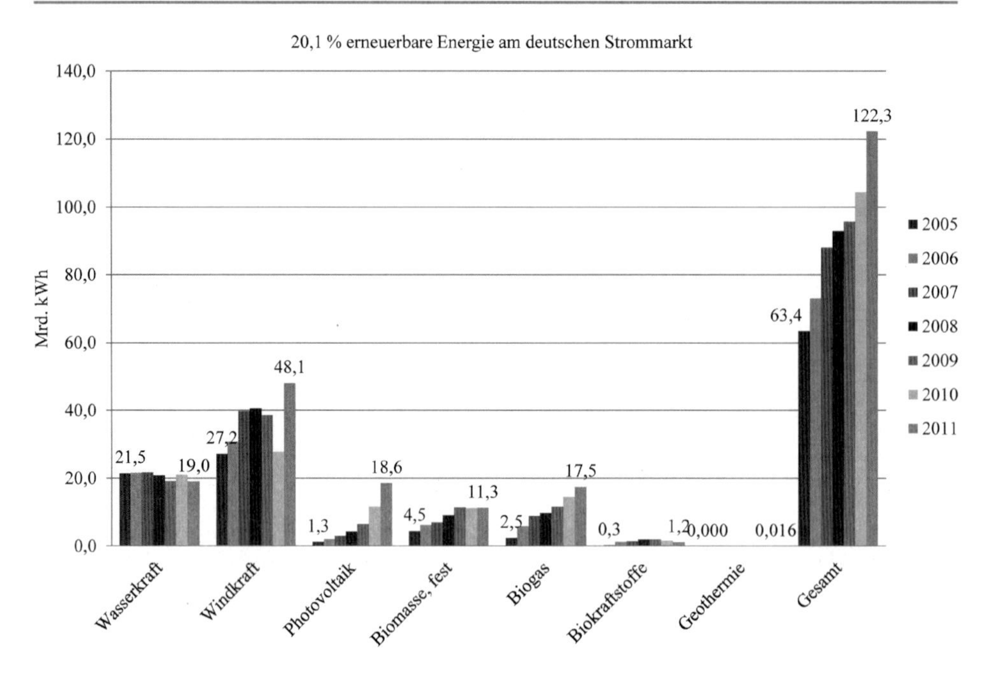

Abb. 1.1 Deutscher Stromanteil der Erneuerbaren Energie. Daten: Bundesverband Erneuerbare Energie, www.bee-ev.de, 2012

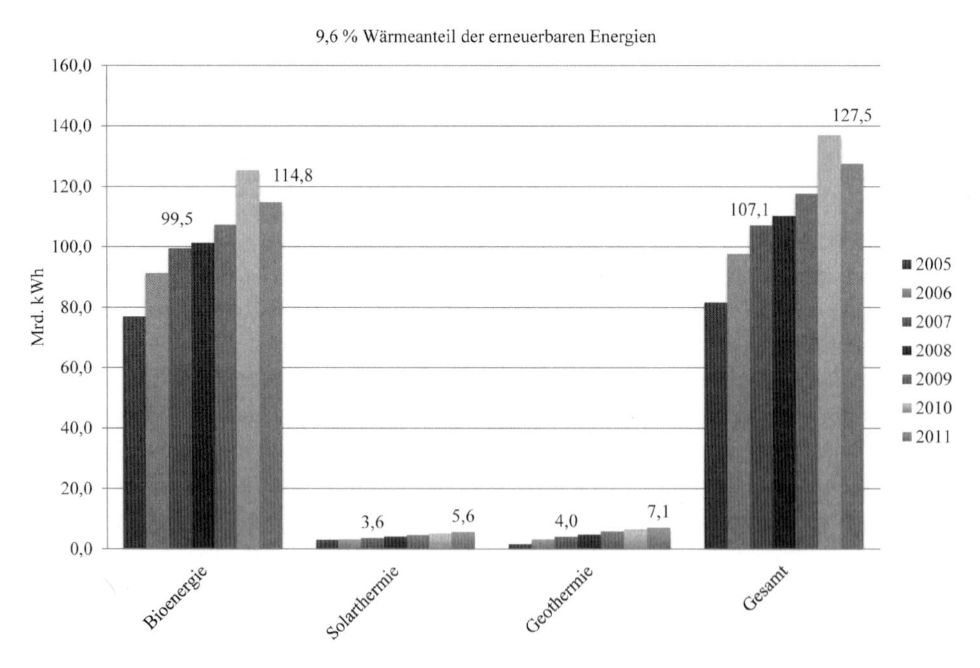

Abb. 1.2 Deutscher Wärmeanteil der Erneuerbaren Energien. Daten: Bundesverband Erneuerbare Energie, www.bee-ev.de, 2012

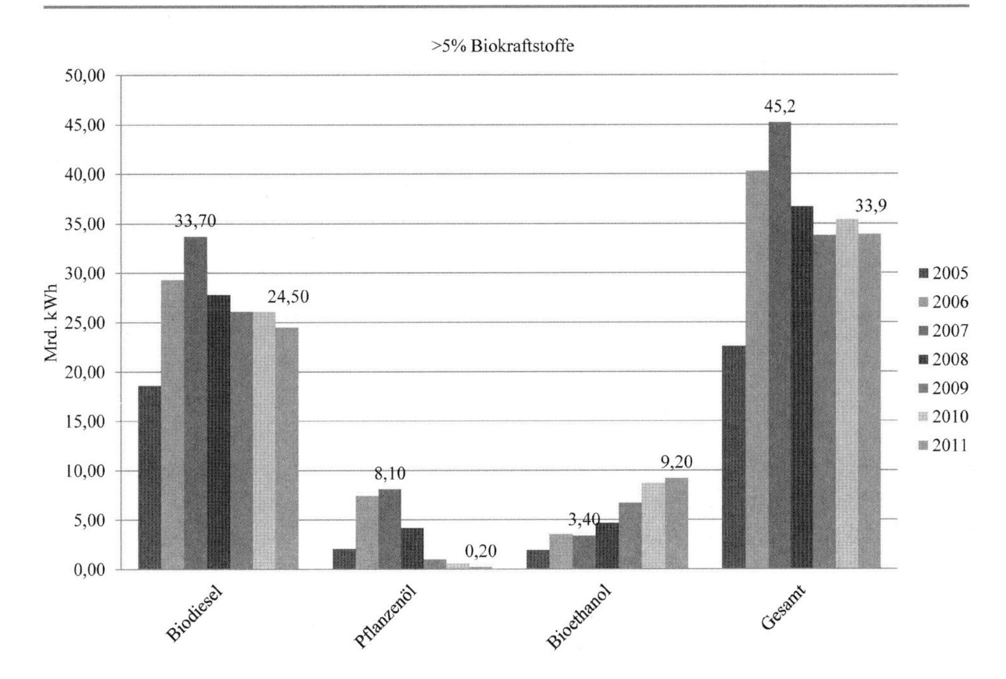

Abb. 1.3 Deutsche Biokraftstoffanteile. Daten: Bundesverband Erneuerbare Energie, www.bee-ev.de, 2012

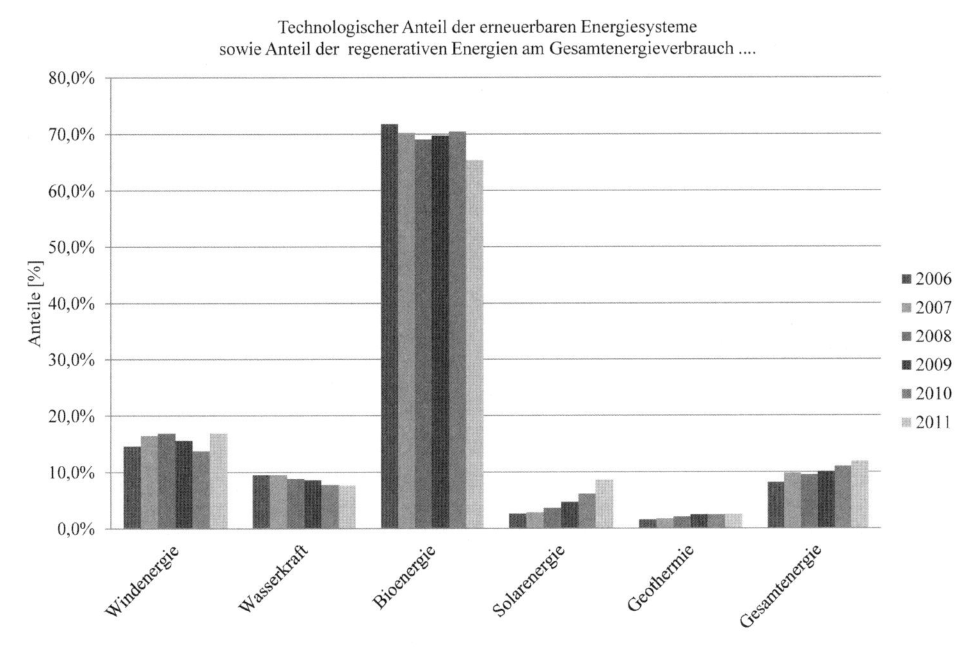

Abb. 1.4 Entwicklungen der Segmente 2006 bis 2012. Daten: Bundesverband Erneuerbare Energie, www.bee-ev.de, 2012

Handel, Handwerk und Betreiber – gute Marktentwicklungspotentiale prognostiziert werden können.

Die Bilder zeigen jedoch die am Jahresende aufsummierten Energien [kWh] und nicht die jeweils aktuell verfügbare Leistung [kW]. Hier liegt eine Schwäche der verfügbaren Statistiken, wie man an einem einfachen Beispiel zeigen kann: Gewöhnlich dauert die Zubereitung eines bekömmlichen Kaffees mit einem 230-V-Anschuss (Leistungsaufnahme ca. 1 kW; vgl. Anhang 15.3) nur wenige Minuten. Es ist jedoch sehr wohl möglich, mit Hilfe einer deutlich kleineren Leistung (z. B. einer 6-V-Batterie) über einen längeren Zeitraum die gleiche Energiemenge zu verbrauchen, ohne dass das Wasser nennenswert an Temperatur gewinnt. Mithin ist also die Leistung (kW) die kennzeichnende Größe und nicht die verbrauchte Energie (kWh). Dies ist eine Betrachtungsweise, die beim Automobilkauf äußerst bewusst angewendet wird. Sie ist aber auch für den Zivilisationskomfort wichtig. Die erforderliche Leistung (nicht „Energie"!) ist in der erforderlichen Größenordnung bereitzustellen (vgl. dazu Abb. 1.5 zum exemplarischen Tagesgang des Leistungsbedarfes und -angebots). Lastmanagementsysteme, die Angebot und Nachfrage auf intelligente Weise steuern und regeln, ohne den Komfort einzuschränken bieten interessante Potentiale zur Effizienzsteigerung der zukünftigen Energietechnik.

Theoretisch würde das weltweite solare Energieangebot ausreichen, den Weltenergiebedarf zu decken [1]. Ziel dieses Buches ist es, die wesentlichen Zusammenhänge für die Gewinnung und Umwandlung der erneuerbaren Energie aufzuzeichnen, den aktuellen technologischen Stand darzustellen und Entwicklungspotentiale abzuschätzen. Hierzu werden zunächst die aktuellen Lösungsvorschläge zur solaren Strom- (Kap. 2) und Wärmebereitstellung (Kap. 3) erörtert. Da die Energie aus Wind (Kap. 4), oberflächennaher Erdwärme (Kap. 6) und Biomasse (Kap. 7) im Grunde ebenfalls durch den Einfluss der Sonne begründet werden muss, schließen sich diese Kapitel unmittelbar an. Diese Energiequellen können mit überschaubarem finanziellem Aufwand auch durch Privatpersonen in der Gebäudetechnik eingesetzt werden.

Techniken, die nur großtechnisch im Bereich des Anlagenbaus realisiert werden können, werden in den Folgekapiteln behandelt: Wasserkraft (Kap. 5), Biogas (Kap. 8), Biokraftstoffe (Kap. 9) sowie geothermische (Kap. 10) und solare Kraftwerke (Kap. 11) – auch in Verbindung mit der Kraft-Wärme-Kopplung (Kap. 12). Im Abschnitt über die Kraft-Wärme-Kopplung werden energieeffiziente Kraftwerkskonzepte vorgestellt, die auch für solarthermische Kraftwerke in Betracht kommen können: Motoren, Dampf- und/oder Gasturbinen, STIRLING-Maschinen, Brennstoffzellen, alternative Wärmeträger (ORC, KALINA) sowie dem thermoelektrischen Generator. Dabei kann natürlich nur ein grober Überblick gegeben werden, zur Vertiefung sei auf die einschlägige Fachliteratur zu den einzelnen Kapiteln verwiesen.

Große Potentiale werden auch in einer zukünftigen Wasserstoffwirtschaft gesehen, da bei der Verbrennung von Wasserstoff kein CO_2, sondern primär reines Wasser H_2O entsteht. Da Wasserstoff H_2 jedoch in natürlicher Form quasi nicht vorkommt und in einem sehr energieaufwendigen Verfahren bereitgestellt werden muss, beschreibt das Kap. 13 ausgewählte Aspekte einer zukünftigen Wasserstoffwirtschaft.

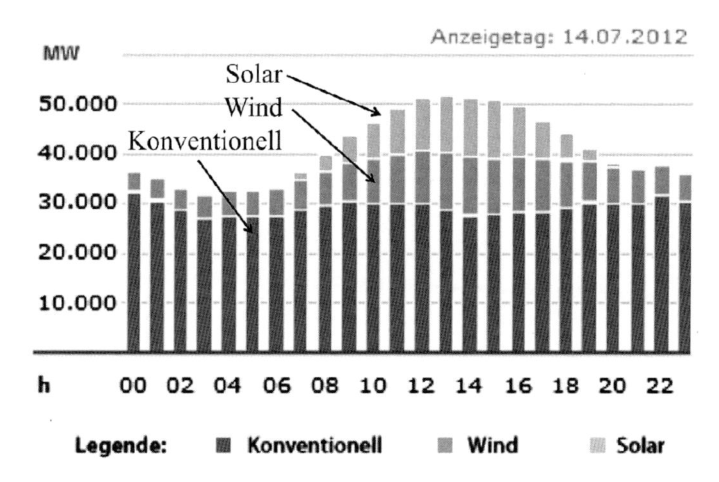

Abb. 1.5 Produktion elektr. Leistung (!) gem. EEX-Transparenzplattform am 14.07.12 [Quelle: www.transparency.eex.com/de/]

Insbesondere für die großtechnischen Lösungen ist eine langfristige Finanzierungs- sowie Gewinn- und Verlustrechnung erforderlich. Im Anhang 15.4 werden daher die Grundlagen zur Wirtschaftlichkeitsrechnung zusammengefasst wiedergegeben. So sind beispielsweise für Anlagen zur Verarbeitung von Biomasse langfristige, vorausschauende Liefer- und Kostenkalkulationen erforderlich.

Literatur

1. Kaltschmitt, M.; Streicher, W. Wiese, A.; (Hrsg.): Erneuerbare Energien – Systemtechnik, Wirtschaftlichkeit, Umweltaspekte (5. Aufl.), Springer-Verlag, Berlin, Heidelberg, New York, 2013

Weiterführende Literatur

2. Heinloth, K.: Energie und Umwelt, Klimaverträgliche Nutzung von Energie, Vieweg+Teubner Verlag, 1996
3. Dreyhaupt, F. J. (Hrsg.): VDI-Lexikon Umwelttechnik, VDI-Verlag, Düsseldorf, 1994
4. Grote, K.-H.; Feldhusen, J. (Hrsg.): Dubbel – Taschenbuch für den Maschinenbau (24. Aufl.), Springer-Vieweg, Berlin, Heidelberg, New York, 2014
5. BINE Informationsdienst, www.bine.info; Stand: Mai 2008
6. Bundesverband erneuerbare Energien, www.bee-ev.de; Stand: Mai 2008
7. Quaschning, V.: Regenerative Energiesysteme (8. Auflage), Hanser Verlag, München, 2013
8. Leal, W.; Kuchta, K.; Mannke, F.; Haker, K.: Renewable Energy in Turkey and selected European Countries – Potentials, Policies and Techniques. Peter Lang GmbH, Internationaler Verlag der Wissenschaften, Frankfurt a. M, 2009

2 Photovoltaik

Im Sonnenkern werden jeweils 4 Wasserstoffatome zu einem Heliumatom verschmolzen. Dabei ergibt sich ein Massendefekt, der nach der Gleichung $E = m \cdot c^2$ in Energie umgewandelt wird. Die Energie wird zum größeren Teil als elektromagnetische Strahlung (und überwiegend als sichtbares Licht) abgestrahlt. Ein kleinerer Teil der Energie wird als Materiestrahlung (Sonnenwind) abgestrahlt, der auf der Erde nur geringe Auswirkungen hat.

Leider ist das solare Energieangebot zeitlich und räumlich stark schwankend. Dies begründet sich durch das lokale Klima (Wolkenbildung) und die elliptische Erdumlaufbahn und die leicht geneigte Erdachse (vgl. Abb. 2.1).

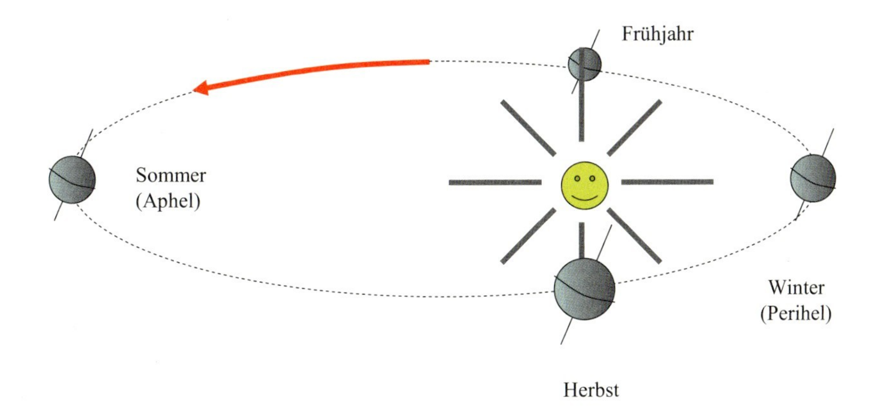

Abb. 2.1 Jahreszeitliche Schwankungen des solaren Energieangebots

H. Watter, *Regenerative Energiesysteme*, DOI 10.1007/978-3-658-09638-0_2

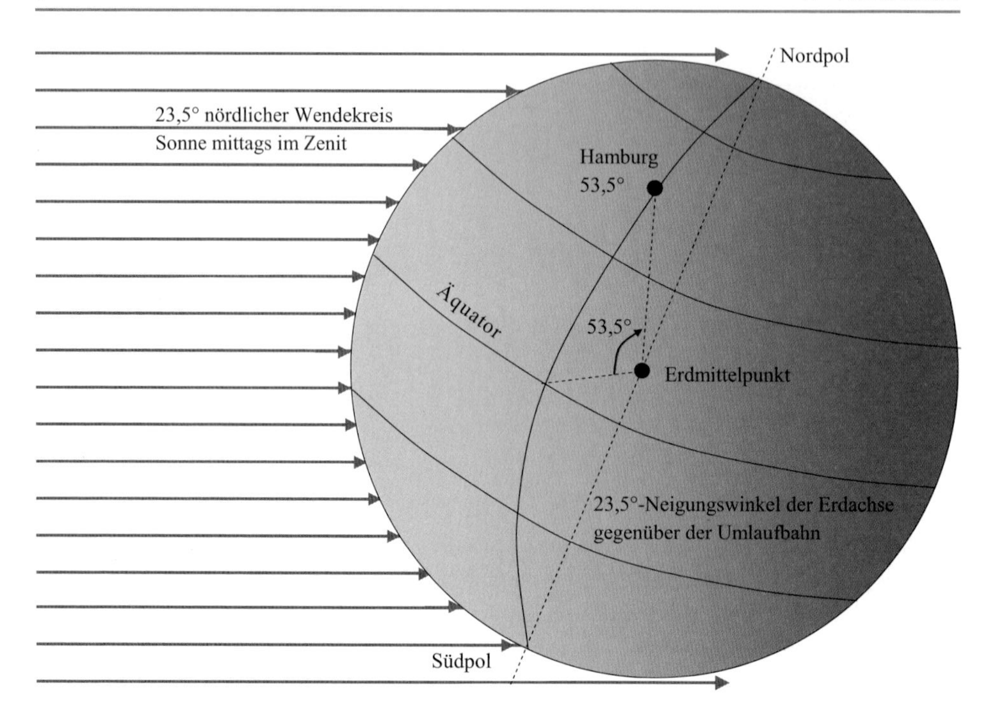

Abb. 2.2 Einfluss der geografischen Breite auf den Sonnenstand, hier im europäischen Winter

Am oberen Rand der Erdatmosphäre kommen von der Strahlung der Sonne im Mittel etwa 1367 W/m^2 (so genannte Solarkonstante[1]) an, nämlich 1325 W/m^2 im Juli (größter Sonnenabstand) und 1420 W/m^2 im Januar (kleinster Sonnenabstand).

Neben dem Tag/Nacht-Rhythmus der Sonneneinstrahlung durch die Erdrotation ergibt sich durch Neigung der Erdachse um 23,5° und den jährlichen Umlauf der Erde um die Sonne ein starker jahreszeitlicher Einfluss. Da beispielsweise Hamburg etwa auf 53,5° nördlicher Breite und somit nördlich des Wendekreises liegt (vgl. Abb. 2.2), steht hier die Sonne am Sommeranfang mit

$$90° - (53{,}5° - 23{,}5°) = 60° \text{ über dem Horizont},$$

zum Winteranfang hingegen nur mit

$$90° - (53{,}5° + 23{,}5°) = 13° .$$

Die Strahlung fällt somit viel flacher ein und wird durch die Atmosphäre viel stärker abgeschwächt.

[1] http://de.wikipedia.org/wiki/Solarkonstante

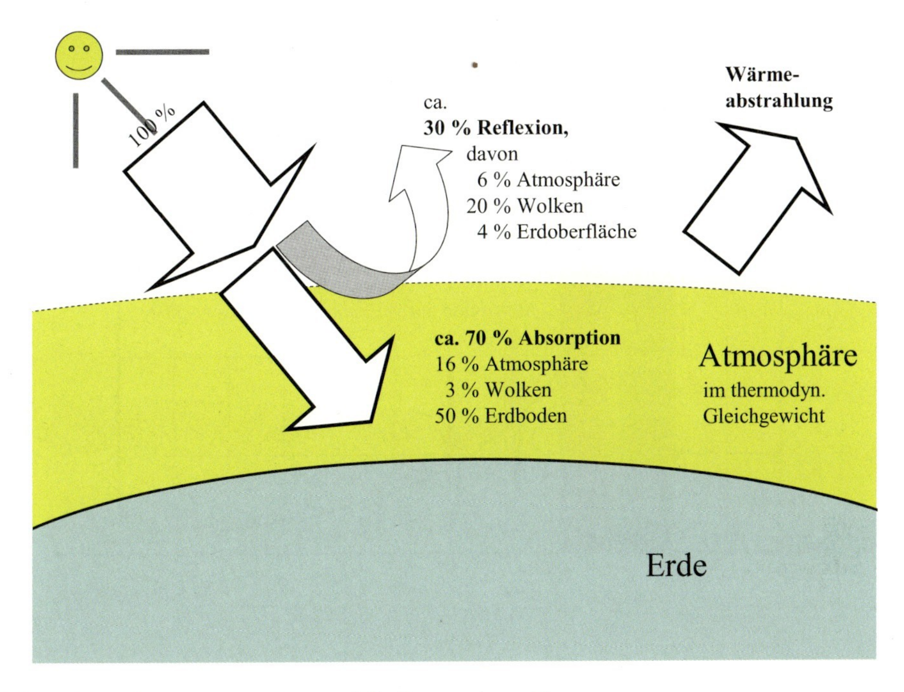

Abb. 2.3 Einfluss der Atmosphäre auf die Sonneneinstrahlung

Etwa 30 % der eingestrahlten Energie werden in der Atmosphäre und auf dem Boden reflektiert (vgl. Abb. 2.3). 70 % der Strahlung wird absorbiert und in Wärme umgewandelt. Durch Wärmeaustausch mit dem umgebenden Weltall stellt sich ein thermodynamisches Gleichgewicht an der Erdoberfläche ein.

Enthielte die Erdatmosphäre keine klimarelevanten Spurengase (H_2O, CO_2, O_3, N_2O, CH_4), die diese Strahlung absorbiert und in Wärme umwandelt, würde sich eine Temperatur an der Oberfläche von −18 °C einstellen. Dank der so genannten Treibhausgase wird ein Teil der Wärmestrahlung (Infrarotstrahlung) jedoch in der Atmosphäre absorbiert, so dass sich eine Durchschnittstemperatur in Bodennähe von +15 °C einstellt (vgl. Abb. 2.4 [1]).

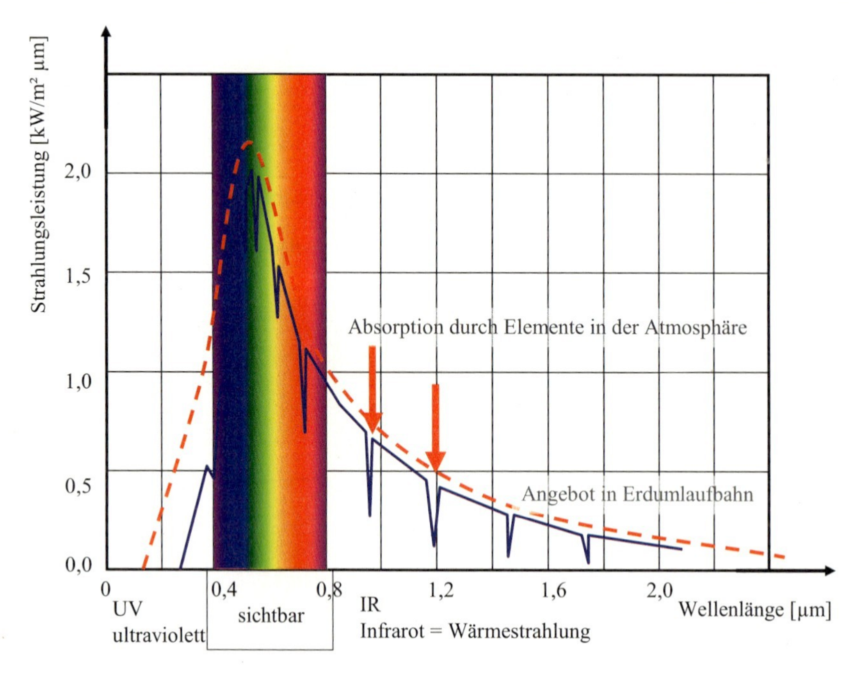

Abb. 2.4 Strahlungsspektrum der Sonne

2.1 Grundlagen

Im Winter ist die solare Einstrahlung auf die ebene Fläche durch den flacheren Einfallswinkel der Sonnenstrahlung stark gedämpft. Diesem Effekt kann in einem gewissen Grad durch Neigung der Flächen in Strahlungsrichtung entgegengewirkt werden. Zusätzlich ergibt sich eine erheblich kürzere Tageszeit.

Die Verfügbarkeit der Strahlung wird darüber hinaus durch die stärkere Absorption (längerer Weg durch die Atmosphäre) und insbesondere durch größere Verschattungsprobleme durch benachbarte Gebäude oder Bäume reduziert. Die tageszeitlichen und jahreszeitlichen Schwankungen, sowie die Abschattung durch Bäume und Gebäude sind bei Leistung- und Ertragsprognose zu berücksichtigen; vgl. Abb. 2.5.

Der verfügbare oder nutzbare Strahlungsanteil, der den Erdboden erreicht, muss in Direkt- und Globalstrahlung unterschieden werden:

- Direktstrahlung ist der Anteil, der auf direktem Wege die Kontaktfläche erreicht.
- Diffusstrahlung ist der Strahlungsanteil, der nicht auf direktem Wege einfällt, sondern nach dem Auftreffen auf reflektierenden Oberflächen, indirekt getroffen wird.
- Globalstrahlung ist die Summe aus Direkt- und Diffusstrahlungsanteil:

$$\dot{G}_G = \dot{G}_{\text{Dir}} + \dot{G}_{\text{Diff}} \tag{2.1}$$

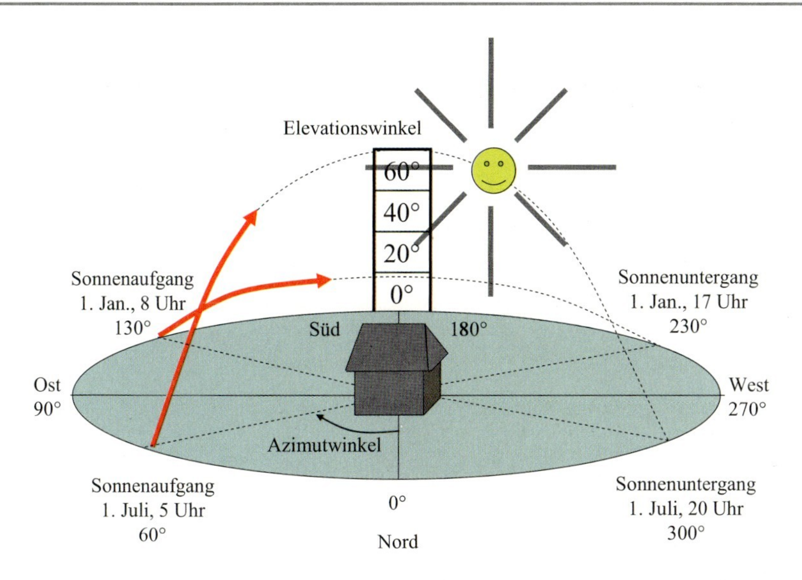

Abb. 2.5 Tagesgang der Sonne für den 1. Januar und den 1. Juli

Den Unterschied zwischen Global- und Diffusstrahlung erlebt man, wenn man im Sommer neben oder unter einem Sonnenschirm liegt. Im Internet[2] sind Übersichtskarten verfügbar, die für verschiedene Orte die jahreszeitlichen Globalstrahlungsanteile verfügbar macht[3] (vgl. Abb. 2.6 und Tab. 2.1). Durch die Umrechnung von Leistung in Energie mit

$$\bar{E}\,[\text{kWh}] = \bar{P}\,[\text{kW}] \cdot \Delta t\,[\text{h}] \tag{2.2}$$

errechnet sich das gemittelte solare Angebot für Deutschland auf 900 bis 1100 kWh/m² pro Jahr; **1000 kWh/m² ist somit ein praktikabler Jahresmittelwert für den Energieeintrag in Deutschland. Dies entspricht einer gemittelten Leistung von 1000 kWh: (365 Tage x 24 Std.) = ca. 114 W/m²** – vgl. dazu die elektrischen Leistungsanforderungen im Anhang 15.3.

Für die technische Nutzung ist jedoch primär der Direktstrahlungsanteil ausschlaggebend, wenngleich Solarzellen begrenzt auch diffuses Licht in Strom wandeln können. Im Allgemeinen ist ein Kompromiss zwischen Abschattung und optimalem Einfallswinkel für Sommer oder Winter zu wählen. Dabei ist u. a. auch zu bedenken, dass sich die Module im Sommer auf bis zu 70 °C aufheizen und dann einen schlechteren Wirkungsgrad besitzen. Im Winter sinkt der Direktstrahlungsanteil und die Sonne steht tiefer.

---

[2] http://de.wikipedia.org/wiki/Globalstrahlung; z. B.: Globalstrahlungskarten des Deutscher Wetterdienst: www.dwd.de

[3] vgl.: VDI-Richtlinie 3789 Blatt 2: Umweltmeteorologie – Wechselwirkungen zwischen Atmosphäre und Oberflächen – Berechnung der kurz- und der langwelligen Strahlung, Beuth-Verlag, Berlin 1994 (Strahlungsmodelle, u. A. zur Abschätzung der Globalstrahlung für einen gegebenen Standort).

Tab. 2.1 Direkt- und Diffusstrahlungsanteile für Berlin (Mittelwerte des Deutschen Wetterdienstes, 1966 bis 1975)

Strahlung [kWh/m^2 d]	Jan	Feb	Mär	Apr	Mai	Juni	Juli	Aug	Sep	Okt	Nov	Dez	Jahr
direkt	0,17	0,40	1,03	1,42	2,13	2,58	2,29	2,05	1,38	0,54	0,22	0,10	1,20
diffus	0,44	0,74	1,41	2,07	2,64	2,86	2,97	2,53	1,67	1,05	0,54	0,35	1,61

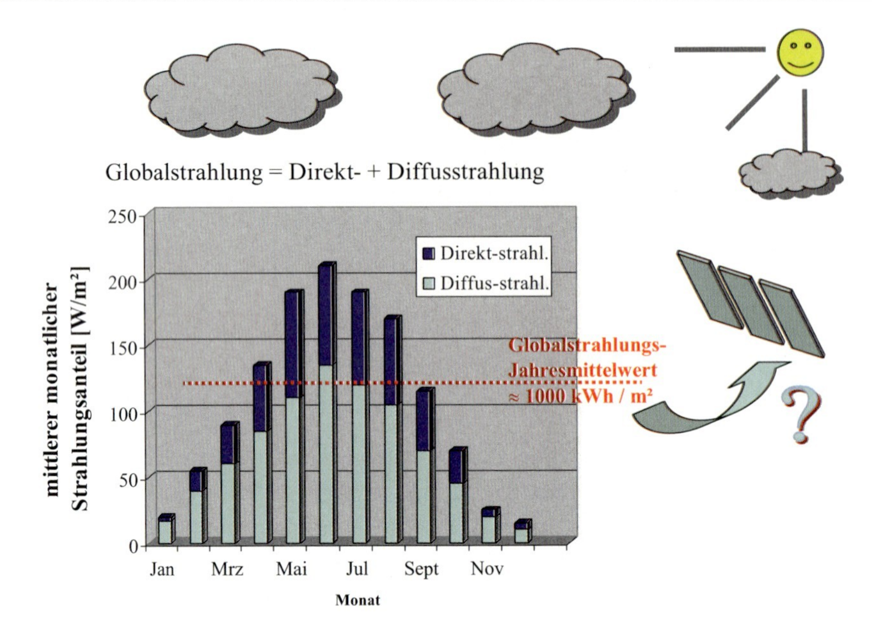

Abb. 2.6 Direkt- und Diffusstrahlungsanteile der Globalstrahlung

Für die Berechnung des auf die geneigte Fläche direkt einfallenden Strahlungsanteils ist die Kenntnis des Einfallswinkels der Sonnenstrahlung ψ erforderlich (vgl. Abb. 2.7). Diese kann mit dem Breitengrad des Aufstellungsortes ϕ, der Uhrzeit (Stundenwinkel β) und der Jahreszeit (Sonnenhöhe = Elevation γ) aus dem Neigungswinkel α der Fläche sowie der Abweichung von der Südausrichtung (Azimut α) berechnet werden.

Teilweise werden auch nachgeführte Anlagen angeboten, deren Energieausbeute gegenüber nicht nachgeführten Anlagen verbessert werden kann. Oft stehen den höheren Erträgen aber erhebliche Investitions- und Wartungskosten gegenüber, während der Energieaufwand für die Antriebe in der Regel relativ gering ist.

Berechnung des Sonnenstandes nach DIN 5034-2

Zur Berechnung des Sonnenstandes kann auf verschiedene Berechnungsalgorithmen zurückgegriffen werden. An dieser Stelle soll das Verfahren nach DIN 5034-2 [2] vorgestellt und zur Berechnung der Sonnenbahndiagramme für verschiedene Standorte herangezogen

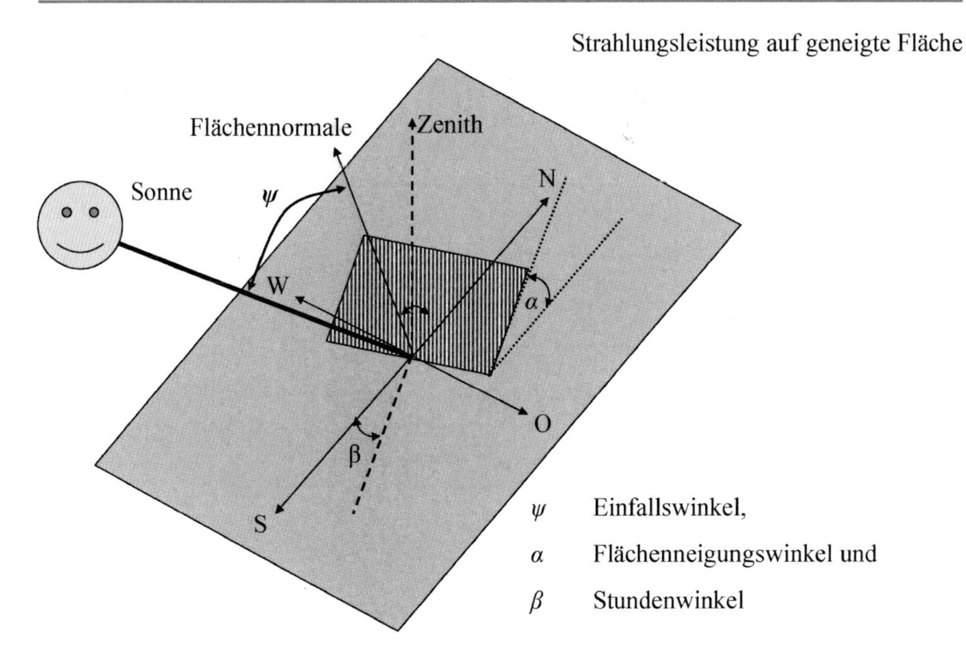

Abb. 2.7 Geometrische Verhältnisse an einer geneigten Kollektorfläche

werden[4]. Dazu wird zunächst eine Laufvariable J' definiert. Sie entspricht der gemittelten Winkelbewegung der Erde um die Sonne:

$$J' = 360° \cdot \frac{\text{Tag des Jahres}}{\text{Zahl der Tage im Jahr}} \tag{2.3}$$

Mit dem Laufvariablen J' kann die Sonnenhöhe und Sonnenrichtung berechnet werden. Zunächst kann die Abweichung der Sonne vom Himmelsäquator (**Deklination** δ) beschrieben werden durch

$$\begin{aligned}\delta\left(J'\right) = 0{,}3948 - 23{,}2559 \cdot \cos\left(J' + 9{,}1°\right) - 0{,}3915 \cdot \cos\left(2 \cdot J' + 5{,}4°\right)\\ - 0{,}1764 \cdot \cos\left(3 \cdot J' + 26°\right)\end{aligned} \tag{2.4}$$

Die Deklination δ entspricht der geographischen Breite, in der die Sonne aktuell im Zenit steht, also

- am 21. März (Frühjahrsanfang) 0°,
- am 21. Juni (Sommeranfang) +23,5°,

[4] DIN 5034-2: Tageslicht in Innenräumen, Grundlagen.

- am 23. September (Herbstanfang) 0° und
- am 22. Dez. (Winteranfang) −23,5° (vgl. Abb. 2.1).

Der **Höhen-** oder **Elevationswinkel** γ der Sonne ist von der geographischen Breite ϕ, der Sonnendeklination δ und dem Stundenwinkel β abhängig:

$$\gamma = \arcsin\left(\cos\beta \cdot \cos\phi \cdot \cos\delta + \sin\phi \cdot \sin\delta\right) \tag{2.5}$$

Die Berechnung des **Stundenwinkels** β erfolgt über die Wahre Ortszeit (WOZ). Dies ist die Uhrzeit, die eine gewöhnliche Sonnenuhr anzeigt, wenn sie um 12:00 Uhr in Richtung des astronomischen Südpols (Sonnenhöchststand) ausgerichtet wird. Sie ist abhängig von der geografischen Länge λ des Aufstellungsortes und unterscheidet sich von der Mittleren Ortszeit (MOZ) durch die Zeitgleichung [min]:

$$\mathrm{WOZ} = \mathrm{MOZ} + \mathrm{Zgl} \tag{2.6a}$$

wobei die Zeitgleichung hier in Minuten gezählt wird:

$$\begin{aligned}\mathrm{Zgl}\left(J'\right) = {} & 0{,}0066 + 7{,}3525 \cdot \cos\left(J' + 85{,}9^\circ\right) + 9{,}9359 \cdot \cos\left(2 \cdot J' + 108{,}9^\circ\right) \\ & + 0{,}3387 \cdot \cos\left(3 \cdot J' + 105{,}2^\circ\right)\end{aligned} \tag{2.6b}$$

Die Mittlere Ortszeit (MOZ) wird mit der Mitteleuropäischen Zeit (MEZ)[5] und der geographischen Länge λ berechnet aus:

$$\mathrm{MOZ} = \mathrm{MEZ} - \frac{24\,\mathrm{h} \cdot 60\,\mathrm{Min}}{360^\circ} \cdot \left(15^\circ - \lambda\right) = \mathrm{MEZ} - 4 \cdot \left(15^\circ - \lambda\right) \quad [\mathrm{min}] \tag{2.6c}$$

Sie entspricht damit in der Regel der politisch vereinbarten Zeitzone.

Der **Stundenwinkel** βdient dazu, die Position der Sonne bezüglich des Meridians anzugeben. Er wird mit der Wahren Ortszeit (WOZ) berechnet aus:

$$\beta = (12{:}00\,\mathrm{h} - \mathrm{WOZ}) \cdot 15^\circ/\mathrm{h} \tag{2.6d}$$

Bezogen auf die Nordrichtung wird der **Azimutwinkel** α für eine WOZ < 12:00 Uhr

$$\alpha = 180^\circ - \arccos\frac{\sin\gamma \cdot \sin\phi - \sin\delta}{\cos\gamma \cdot \cos\phi} \tag{2.7a}$$

[5] Die **Mitteleuropäische Zeit** (**MEZ**, engl. *Central European Time*, *CET*) ist eine für Teile Europas und Afrikas, unter anderem für Deutschland, Österreich und die Schweiz gültige Zeitzone. Sie entspricht der mittleren Sonnenzeit des 15. Längengrads östlich von Greenwich (GMT = Greenwich Mean Time). Ihre Differenz zur Weltzeit UTC beträgt +1 Stunde. Die Differenz der Mitteleuropäischen Sommerzeit (MESZ, engl. CEST) zur Weltzeit beträgt hingegen +2 Stunden; sie entspricht also der mittleren Sonnenzeit des 30. Längengrads.

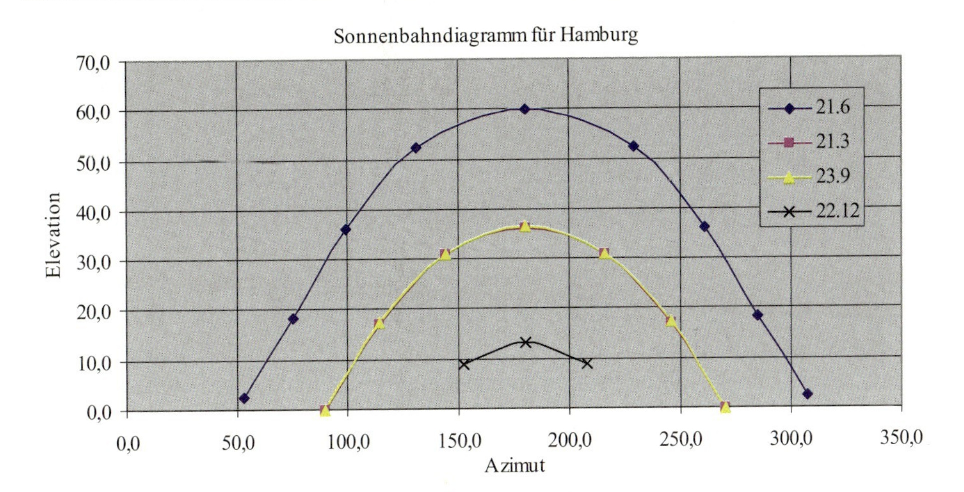

Abb. 2.8 Sonnenbahndiagramm für Hamburg 53,5°N (jeweils gerechnet für 8:00, 10:00, 12:00, 14:00, 16:00 Uhr, ...)

und für WOZ > 12:00 Uhr:

$$\alpha = 180^\circ + \arccos \frac{\sin \gamma \cdot \sin \phi - \sin \delta}{\cos \gamma \cdot \cos \phi} \tag{2.7b}$$

Trägt man die Sonnenhöhe γ über dem Sonnenazimut α mit der WOZ als Laufvariable auf, so ergibt sich das **Sonnenbahndiagramm** (Abb. 2.8).

2.2 Funktionsprinzip

Solarzellen aus halbleitenden Materialien absorbieren einen Teil des Photonenstroms aus der Sonne und wandeln diese Energie in elektrische Energie von Ladungsträgern um.

Nichtleiter (z. B. Gummi, Keramik) haben eine mit Elektronen voll aufgefüllte Elektronenhülle. Sie besitzen daher keine frei beweglichen Elektronen (Valenzen). Erst bei sehr hohen Temperaturen (starke thermische Anregung) gelingt es wenigen Elektronen, die Elektronenlücke zu überwinden. Deshalb zeigen Keramiken z. B. bei sehr hohen Temperaturen eine geringe Leitfähigkeit.

Leitende Materialien (z. B. Metalle und Legierungen) besitzen freie Elektronenbindungen oder freie Elektronenlücken (Valenzen), die den Elektronentransport ermöglichen.

Chemisch reine **Halbleiter** (z. B. Silicium, Germanium, Gallium-Arsenid) sind bei tiefen Temperaturen im Prinzip Nichtleiter. Erst bei Zufuhr von thermischer Energie werden Elektronen ins Leitungsband befördert („aus ihren Bindungen gelöst“) und der Körper wird leitfähig. Die Halbleitercharakteristik kann durch Fremdatome (Störstellen) in der Gitterstruktur technisch beeinflusst werden; man spricht von der **Dotierung**. Wirksam sind Fremdatome mit einer vom Grundmaterial abweichenden Valenzelektronenzahl. Wird z. B. das vierwertige Silizium (Si) mit dem fünfwertigen Phosphor (P) oder Arsen (As) dotiert, ist das überschüssige Elektron nur schwach an die Störstelle gebunden. Es erhöht infolge der thermischen Bewegung im Gitternetz als frei bewegliches Elektron die Leitfähigkeit des Kristalls. Da in diesem Gitter ein leichter Überschuss von (negativen) Elektronen vorliegt, spricht man von einem **n-dotierten Kristallgitter / n-(Elektronen)-Leiter**[6] .

Besitzen die im Halbleitergrundmaterial eingebundenen Fremdatome dagegen weniger Valenzen (z. B. dreiwertiges Bor (B) oder Aluminium (Al)), so überwiegt der positive Kernladungsanteil. Diese Dotierstoffe haben die Tendenz, ein zusätzliches Elektron aus dem Valenzband des Grundstoffes aufzunehmen und wirken daher als quasi positiver Ladungsträger. Man spricht vom **p-dotiertem Kristallgitter/p-Leiter** oder auch von **„Löcherleitung"** bzw. Akzeptoren (Empfänger). Dabei bleibt das Kristall in jedem Fall neutral. Es erhöht sich durch die Dotierung nur die Zahl der freien (beweglichen) Ladungsträger.

Unter dem Photoeffekt wird die Übertragung der Energie von Photonen (oder Quanten elektromagnetischer Strahlung) auf Elektronen in der Materie verstanden. Durch die Sonnenenergie wird das freie Elektron aus seinem Valenzband herausgelöst. Es kommt also zu einem Elektronen-Loch-Paar, das die elektrische Leitfähigkeit des Festkörpers erhöht.

Bei Solarzellen werden dünne Schichten definierter Dotierungen aufeinander aufgebaut (p-n-Übergang). Dabei entsteht an der Grenzfläche durch Diffusionsbewegungen[7] der Moleküle eine Verarmung von Löchern und Elektronen im Grundmaterial. Aufgrund des Konzentrationsgefälles diffundieren Löcher aus dem p- in das n-Gebiet und Elektronen aus dem n- in das p-Gebiet. Als Folge dieses Konzentrationsausgleichs der frei beweglichen Ladungsträger baut sich über die Grenzfläche hinweg ein elektrisches Feld auf (**Raumladungszone**). Es entsteht ein Gleichgewichtszustand, bei dem sich Diffusionsstrom und Feldstrom gegenseitig kompensieren. Die Potentialdifferenz des elektrischen Feldes ist die Diffusionsspannung (für Silizium ca. 0,5 V), sie hängt von der Dichte der freien Elektronen n und der Dichte der freien Löcher p ab (n-Halbleiter = Elektronenüberschuss; p-Halbleiter = Elektronenmangel).

Trifft nun ein Photon (als Träger von Lichtenergie) auf den Halbleiter, so nehmen die freien Valenzen einen spezifischen Teil der Energie zum Anheben des Elektrons auf eine höhere Elektronenbahn auf. Silizium (Si) ist ein probater Halbleiter aus der IV.-Gruppe des Periodensystems (Anhang 15.5), d. h. es besitzt vier Valenzelektronen in der äußeren Schale. Für eine stabile Elektronenkonfiguration sind acht Elektronen notwendig. Im Silizium-Gitter teilen sich benachbarte Atome Elektronenpaarbindungen mit vier Nachbaratomen. Durch Licht- oder Wärmeenergie kann ein Elektron aus dem Valenz- in das Leitungsband (Abb. 2.9) mit 1,107 eV angehoben werden ($1\,\text{eV} \approx 1{,}6 \cdot 10^{-19}\,\text{J}$). Daher

[6] auch „Donatoren" (von lat. *donare* = schenken)

[7] **Diffusion** (v. lat.: *diffundere* „ausgießen, verstreuen, ausbreiten") ist ein physikalischer Prozess, der zu einer gleichmäßigen Verteilung von Teilchen und somit vollständigen Durchmischung zweier Stoffe (hier von Gittermolekülen) führt.

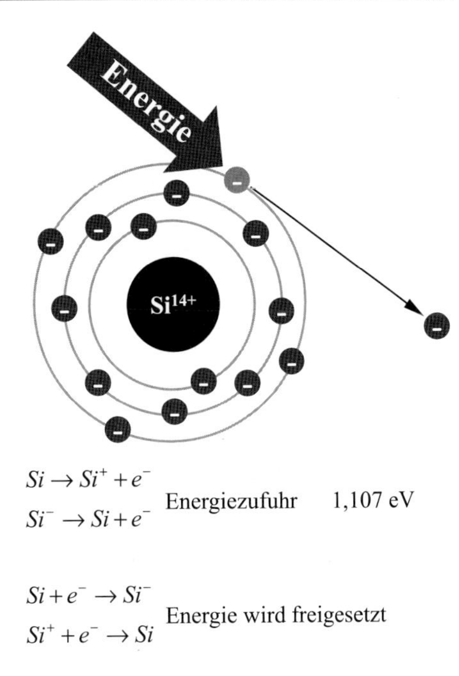

Abb. 2.9 Photoeffekt: Ionisierungsenergie zur Anhebung von Elektronen aus dem Valenzband ins Leitungsband

kann in der Grenzschicht nur ein spezifischer Teil des Sonnenlichts genutzt werden (spektrale Empfindlichkeit). Das Elektron ist nun im Kristallgitter frei beweglich.

Wegen des Kernladungsüberschusses verbleibt ein positives Gitterfeld (Si+), das auf Elektronen anziehend wirkt.

Für den photovoltaischen Effekt ist es nun wichtig, dass die Energie des Photons im Bereich der Raumladungszone absorbiert wird. Das elektrische Feld der Raumladungszone trennt unmittelbar ein Ladungsträgerpaar, um den Gleichgewichtszustand wieder herzustellen. Das Elektron geht wegen der Diffusionsspannung und der damit verbundenen positiven Feldkräfte (Si^+) in Richtung n-Gebiet, das Loch in Richtung p-Gebiet. Über einen elektrischen Verbraucher lässt sich dann der Stromkreis schließen und die Energie ist nutzbar; vgl. Abb. 2.10.

Zu einem photovoltaischen Effekt kommt es nur, wenn der Ladungsträger die Grenzfläche überschreitet [3]. Verbleibt die Energie im feldfreien Bereich außerhalb der Raumladungszone, steigt die Wahrscheinlichkeit, dass lichtgenerierte Ladungsträgerpaare durch Rekombinationsprozesse verloren gehen. Die Dimensionierung der gitterspezifischen Absorptionstiefe und der Diffusionsstrecke sind für eine effektive Ladungsträgertrennung entscheidend. Licht kurzer Wellenlänge dringt weniger tief in das Halbleitermaterial ein als langwellige Strahlung. Damit ist für die Ausnutzung des kurzwelligen Lichtanteils die Gestaltung der oberen Halbleiterschicht (Emitter) von Bedeutung. Sie sollte möglichst dünn ausgeführt werden. Handelsübliche Solarzellen werden daher in Scheiben von ca. 180 µm gesägt oder gezogen.

Durch die Bestrahlung kommt es zu einer Anreicherung von Elektronen im n-Bereich und von Löchern im p-Bereich, bis ein Gleichgewichtszustand zwischen Diffusionsspan-

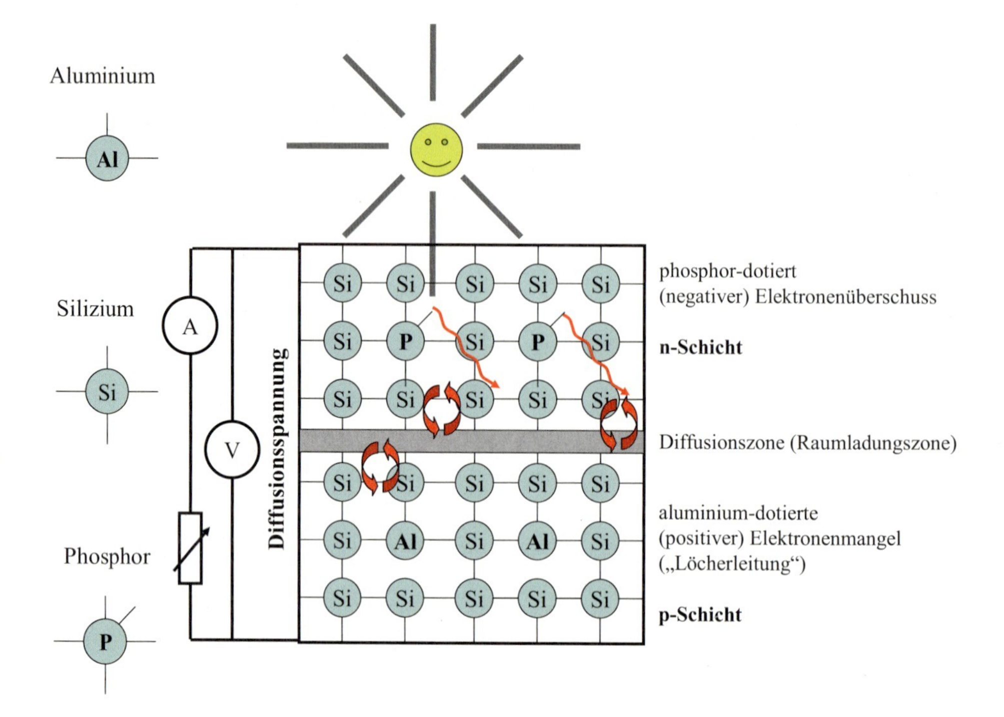

Abb. 2.10 Photovoltaikeffekt

nung und dem angesammelten elektrischen Potential erreicht ist (= **Leerlaufspannung** der Solarzelle). Die elektrische Spannung einer Solarzelle ist relativ konstant, sie liegt bei ca. 0,5…0,7 V pro Zelle. Erwärmt sich die Solarzelle, so fällt die Spannung etwas ab (vgl. Abb. 2.11).

Diese Spannung der Zelle kann für einen Stromfluss über einen elektrischen Verbraucher genutzt werden. Je mehr Photonen in die Zelle eindringen, desto mehr Elektronen können fließen. Die Stromstärke ist damit direkt abhängig von der Beleuchtungsstärke.

$$I_{\text{Ph}} \sim \dot{G}_{\text{Dir}} \tag{2.8}$$

Bei doppelter Beleuchtungsstärke fließt folglich der doppelte Strom. Die **Strom-Spannungskennlinie** kann näherungsweise nach der Diodengleichung von SHOCKLEY [3] bestimmt werden:

$$I = I_{\text{Ph}} - I_{\text{o}} \cdot \left(e^{\frac{e_{\text{o}} \cdot U}{k \cdot T}} - 1\right) \tag{2.9}$$

darin ist

I_{Ph} Photostrom
I_{o} Sperrsättigungsstrom
e_{o} Elementarladung $1{,}6021 \cdot 10^{-19}$ As

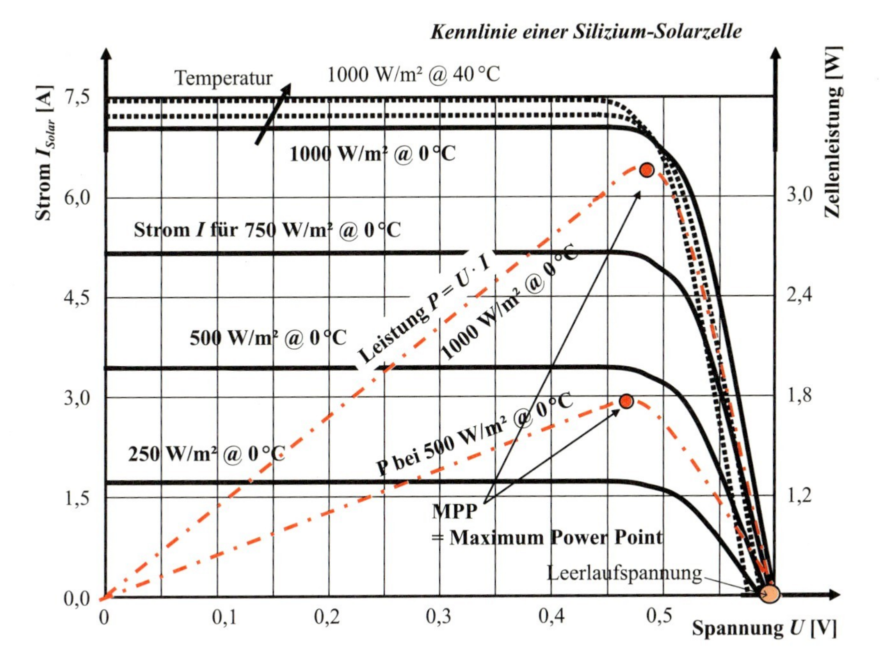

Abb. 2.11 Kennlinie einer Solarzelle

U Spannung
k BOLTZMANN-Konstante $1{,}3806 \cdot 10^{-23}$ J/K
T Temperatur

Das Produkt aus Spannung und Strom ist die elektrische Leistung. Da die Spannung nahezu belastungsunabhängig ist, ergibt sich auch hier ein linearer Zusammenhang.

$$P_{\text{el}} = U \cdot I \sim \dot{G}_{\text{Dir}} \tag{2.10}$$

Das Leistungsmaximum wird **Maximum Power Point (MPP)** auch **Peak-Leistung** genannt. Das Verhältnis aus maximaler Leistung ($P_{\text{MMP}} = U_{\text{MMP}} \cdot I_{\text{MMP}}$) und dem Produkt aus Leerlaufspannung U_{L}(bei $I = 0$ A) und Kurzschlussstrom I_{K} (bei $U = 0$ V) wird **Füllfaktor FF** bezeichnet:

$$\text{FF} = \frac{I_{\text{MMP}} \cdot U_{\text{MMP}}}{I_{\text{K}} \cdot U_{\text{L}}} \tag{2.11}$$

Geometrisch stellt der Füllfaktor im Kennfeld die Flächenausnutzung dar, es ist ein Maß für die Güte der Solarzelle.

Der **Wirkungsgrad** heutiger Solarzellen liegt im praktischen Einsatz zwischen 10 und 19 %. Reflexionsverluste, Leckströme, Widerstände und die Rekombination von erzeugten Ladungsträgern reduzieren die erreichbaren Wirkungsgrade zusätzlich. Da Rekombinationen von Ladungsträgern bevorzugt an Gitterfehlern und Verunreinigungen des Kristalls auftreten, sind für gute Wirkungsgrade höchste Reinheit und höchste kristallografische

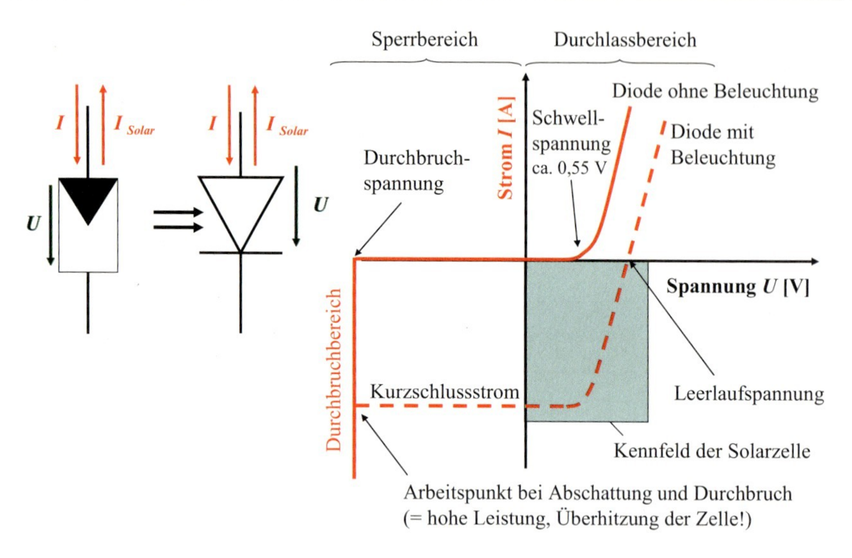

Abb. 2.12 Kennlinie von Solarzelle und Diode

Qualität erforderlich. Es gibt daher sehr große qualitative Unterschiede von Solarzellen. Die solare Erwärmung der Zelle im Sommer führt zu einem leichten Wirkungsgradabfall.

Äußere Faktoren sind die Stellung der Sonne und die momentane Wetterlage Wenn die Energie größer als die Bandlücke ist, kann jedes Photon, auch aus dem Streulicht, ein Elektronen-Loch-Paar erzeugen. Allerdings werden bei bewölktem Himmel nur ca. 5 bis 25 % der bei voller Sonneneinstrahlung möglichen Leistung erzielt. Dies entspricht für Deutschland im Jahresmittel einen Energieertrag von ca. 100 kWh/m^2 a.

Die Wirkungsgrade beziehen sich in der Regel auf in der Praxis unrealistische Standardtestbedingungen[8]: Einstrahlung 1000 W/m^2, Zellentemperatur 25 °C und eine Spektralverteilung des Lichts („Air-Mass“ = 1,5) die nur bei relativ hohem Sonnenstand erreichbar ist und sich kaum gleichzeitig mit der niedrigen Zellentemperatur realisieren lässt. Jahreswirkungsgrade sind deutlich niedriger, als die unter STC-Bedingungen gemessene Spitzenleistung.

Wegen der Temperaturabhängigkeit des Zellenwirkungsgrades zeigen „hinterlüftete“ Photovoltaikmodule einen bis zu 5 % besseren Wirkungsgrad als Aufdachkonstruktionen.

Die Solarzelle entspricht einer Diode. Abbildung 2.12 zeigt das Ersatzschaltbild einer Solarzelle mit und ohne Beleuchtung. Wird eine ausreichend große Spannung (z. B. durch benachbarte Zellenpotentiale) angelegt, wird die abgeschattete Zelle in entgegen gesetzter Richtung betrieben werden. Durch die entstehende Verlustwärme kann sich die Zelle überhitzen.

Um nutzbare Spannungen zu erhalten, werden die einzelnen Zellen in Reihe geschaltet; Abb. 2.13. Als Problem der **Reihenschaltung** von Solarzellen erweist sich die Abschattung von Teilbereichen. Da eine in Reihe mit bestrahlten Zellen geschaltete, abgeschattete

[8] STC = Standard Test Condition

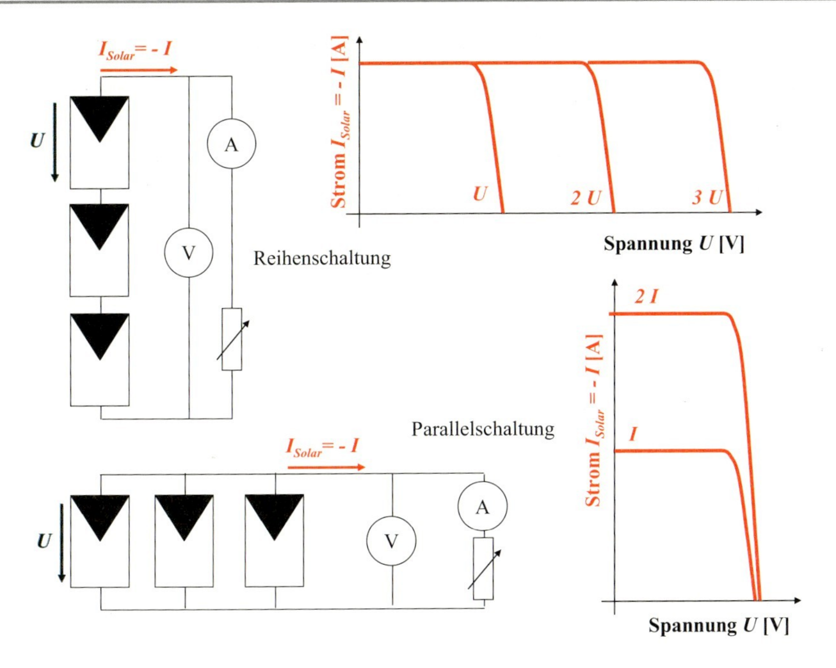

Abb. 2.13 Reihen- und Parallelschaltung von Solarzellen

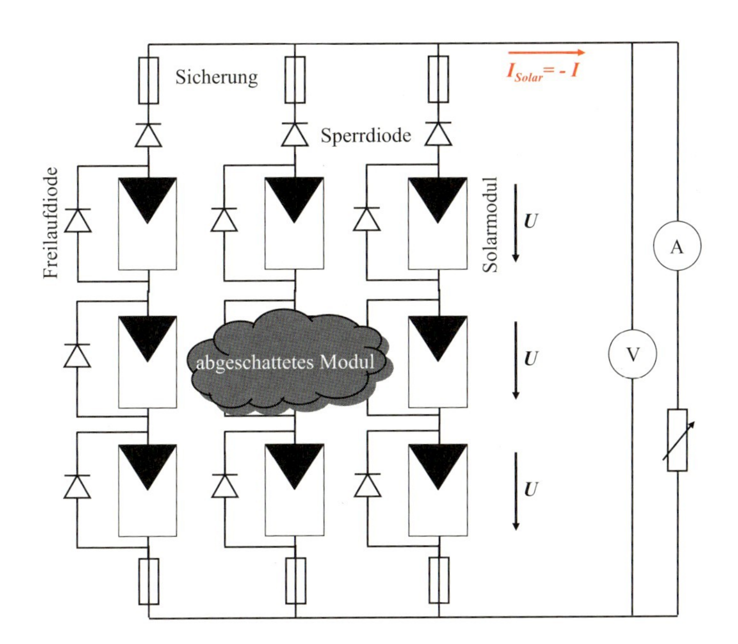

Abb. 2.14 Verschaltung der Solarzellen auf einem Modul

Solarzelle (vgl. Abb. 2.14) einer in Sperrrichtung betriebene Diode entspricht, führt die Abschattung zu starken Leistungsverlusten, da nicht nur eine der Abschattung proportionale Spannungserniedrigung erfolgt, sondern auch der Stromfluss begrenzt wird. Die in Sperrrichtung betriebene Solarzelle kann sich überhitzen und zum so genannten „**hot spot**" entwickeln.

Werden die Solarzellen parallel betrieben, addieren sich die Stromwerte; vgl. Abb. 2.13. Bei Abschattung einer Solarzelle in einer **Parallelschaltung** fällt dieses Modul für die Stromerzeugung aus. Der Verlust ist proportional zur abgeschalteten Fläche. Falls allerdings an der abgeschatteten Solarzelle eine höhere Spannung als die Leerlaufspannung anliegt, kann dies zu einer falschen Stromrichtung in dieser Zelle führen (die Zelle wird zum Verbraucher; vgl. Abb. 2.14). Problematisch bei der Parallelschaltung sind die hohen auftretenden Ströme und die damit verbundenen Leitungsverluste.

Zum Schutz von in Reihe geschalteten Modulen werden **Bypassdioden** verwendet, die die abgeschattete Zellengruppe im Modul vor Sperrströmen schützt. Die Bypassdiode ist im Modul integriert.

Sperrdioden können parallel geschaltete Stränge vor Ausgleichströmen schützen.

Bereits die herstellungsbedingten Leistungstoleranzen der Zellen können bei der Zusammenschaltung zu deutlichen Leistungsverlusten des Moduls führen, wenn die Kennlinien der in Reihe geschalteten Module stark voneinander abweichen.

Um die erzeugte Gleichspannung in das öffentliche Netz einspeisen oder Wechselspannungsverbraucher anschließen zu können, muss mit Hilfe eines **Wechselrichters** aus der Gleichspannung eine Wechselspannung erzeugt werden. Dazu werden im Prinzip elektronische Schalter (**Thyristoren**) so getaktet, dass an der Ausgangsspule eine Wechselspannung anliegt. Vgl. Abb. 2.15: Werden abwechselnd die Thyristoren T1 und T3 sowie die Thyristoren T2 und T4 auf Durchlass geschaltet, so entsteht eine Rechteckspannung an der Abgabespule. Durch Anpassung der Impulsweite an den Thyristoren T3 und T4 kann eine sinusförmige Ausgangsspannung induziert werden (PWM = Pulsweitenmodulation). Diese thyristorgesteuerten Frequenzumrichter arbeiteten im Takt der Frequenz der zu erzeugenden Wechselspannung und konnten daher keine saubere Sinus-Ausgangsspannung erzeugen.

Moderne Schaltungen werden ausschließlich mit Transistoren ausgeführt; vgl. Abb. 2.16 und 2.17. Ein **Transistor** ist ein elektronisches Halbleiterbauelement zum **Schalten** und **Verstärken** von elektrischen Signalen ohne mechanische Bewegungen. Diese Wechselrichter sind in der Schaltfrequenz daher auf wenige hundert Hertz begrenzt, meist arbeiteten sie mit 50 Hz. Leistungstransistoren (Bipolartransistoren[9], MOSFET[10],

[9] Ein **Bipolartransistor**, meist als BJT (*Bipolar Junction Transistor*) bezeichnet, ist ein Transistor, bei dem Ladungsträger beider Polarität (Elektronen und Defektelektronen) zur Funktion beitragen.

[10] Der **Metall-Oxid-Halbleiter-Feldeffekttransistor** (englisch: *metal oxide semiconductor field-effect transistor*, **MOSFET** auch **MOS-FET**, selten **MOST**) ist der zur Zeit meistverwendete Feldeffekttransistor für analoge und digitale integrierte Schaltungen. **Feldeffekttransistoren** oder **FET** (engl. *field-effect transistor*) sind eine Gruppe von unipolaren Transistoren, bei denen im Gegensatz zu den Bipolartransistoren nur ein Ladungstyp am Stromtransport beteiligt ist – abhängig von der Bauart Elektronen oder Löcher bzw. Defektelektronen. Sie werden im Gegensatz zu den Bipolartransistoren weitestgehend leistungs- bzw. verlustlos geschaltet.

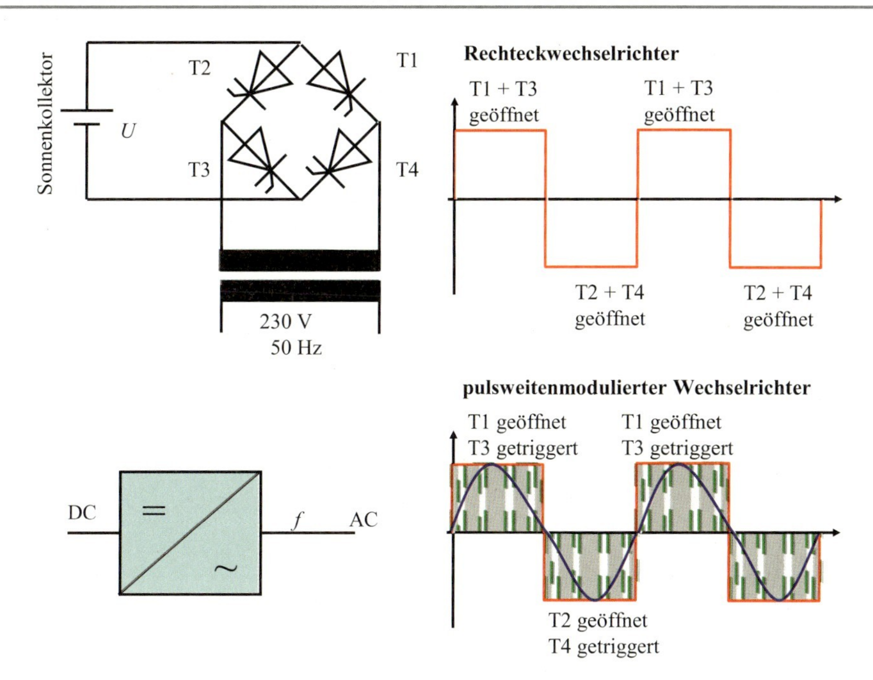

Abb. 2.15 Schema eines Wechselrichters

IGBT[11]) können das Zerhacken der Gleichspannung mit hoher Effizienz und ohne Verschleiß bewerkstelligen, sie arbeiteten u. a. in unterbrechungsfreien Stromversorgungen (USV) im Rechteckbetrieb mit 50 Hz und speisten wie auch früher die Zerhacker einen 50-Hz-Transformator. Eine solche Schaltung wäre z. B. ein Vierquadrantensteller[12]. Tran-

Abb. 2.16 Transistor-Bauarten

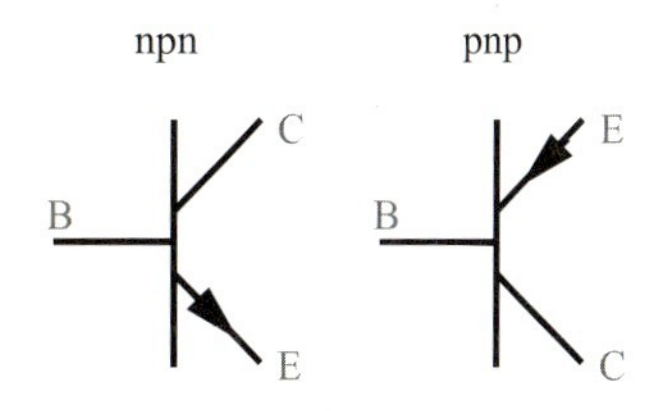

[11] Ein **Bipolartransistor mit isolierter Gate-Elektrode** (engl. **insulated-gate bipolar transistor**, kurz **IGBT**) ist ein Halbleiterbauelement, das zunehmend in der Leistungselektronik verwendet wird, da es Vorteile des Bipolartransistors (gutes Durchlassverhalten, hohe Sperrspannung, Robustheit) und Vorteile eines Feldeffekttransistors (nahezu leistungslose Ansteuerung) vereinigt. Vorteilhaft ist auch eine gewisse Robustheit gegenüber Kurzschlüssen, da der IGBT den Laststrom begrenzt.

[12] Ein **Vierquadrantensteller** besteht aus einer elektronischen **H**-Brückenschaltung aus vier Halbleiterschaltern, meist aus Transistoren, welche eine Gleichspannung in eine Wechselspannung variabler Frequenz und variabler Pulsbreite umwandeln kann. Vierquadrantensteller in der Energietechnik können auch Wechselspannungen unterschiedlicher Frequenzen in beiden Richtungen ineinander umwandeln.

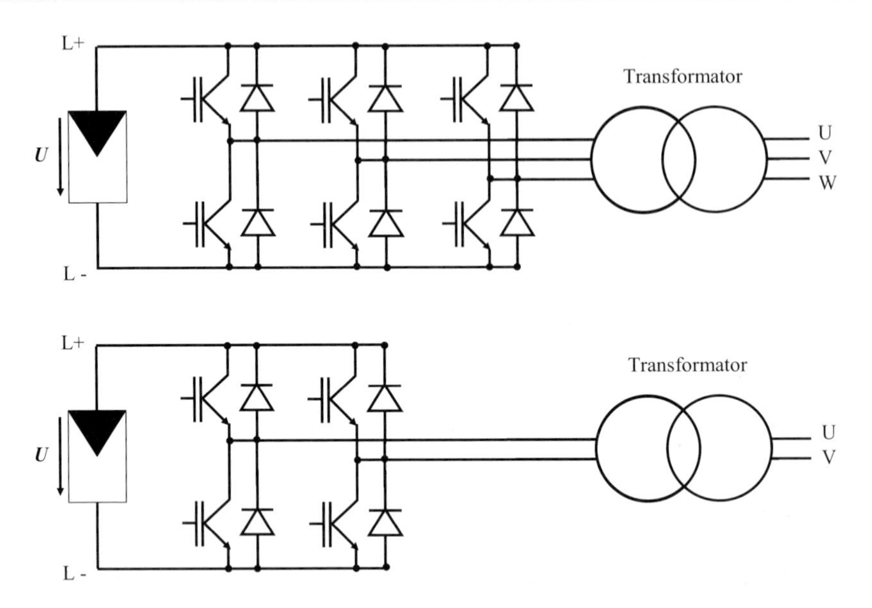

Abb. 2.17 Transistor-Wechselrichter nach KOEPPEN [3, 5]

sistoren ermöglichen jedoch auch Schaltfrequenzen bis zu einigen 10 kHz und arbeiten dann im „Chopper"-Betrieb (= eine Form der Pulsweitenmodulation, auch Unterschwingungsverfahren):

Mit den als Schaltelemente verwendeten Transistoren wird durch Pulsweitenmodulation (PWM) im Chopper-Betrieb eine Sinus-Wechselspannung aus kurzen Pulsen hoher Frequenz (einige bis über 20 Kilohertz) nachgebildet (Sinus-Wechselrichter). Die Transistoren polen die Gleichspannung periodisch mit hoher Frequenz um. Der Mittelwert der hochfrequenten, pulsweitenmodulierten Schaltfrequenz ist die Ausgangs-Wechselspannung. Man setzt also die Ausgangswechselspannung aus kleinen, unterschiedlich breiten Impulsen zusammen und nähert so den netzüblichen sinusförmigen Spannungsverlauf an. Zur Glättung der PWM dienen Drosseln, die jedoch viel kleiner sind als solche, die für die Glättung der Ausgangs-Wechselspannung früherer Wechselrichter erforderlich waren. Bei Motoren kann auf eine Drossel ganz verzichtet werden.

Am Wechselrichter der PV-Anlagen ist ein **MPP-Tracking** vorgesehen, so dass die Solarmodule immer am Punkt der maximalen Leistung betrieben werden (vgl. Abb. 2.11). Dazu variiert ein Mikroprozessor die Spannung solange, bis die max. Leistung (Spannung × Strom) abgegeben wird.

Neben dem **Wirkungsgrad** des Wechselrichters (in weiten Bereichen ca. 90 bis 95 %) ist der **Klirrfaktor** ein wichtiger Betriebsparameter: Durch die Schaltvorgänge an den Transistoren entsteht keine ideale, periodische Sinus- bzw. Cosinuswechselgröße. Der idealen, periodischen Funktion ist eine unerwünschte Oberschwingung aufgeprägt. Der Klirrfaktor k gibt an, in welchem Maße die Oberschwingungen (Harmonischen), die eine

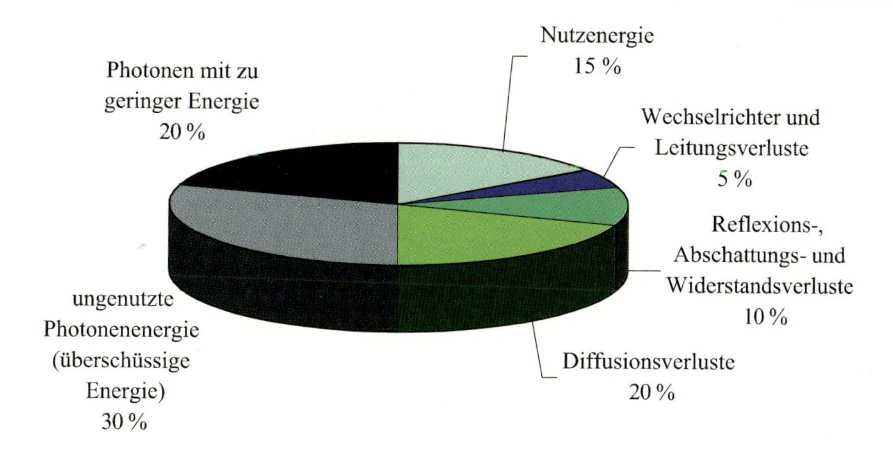

Abb. 2.18 Typische Verluste und Wirkungsgradanteile von Photovoltaikanlagen

Tab. 2.2 Wirkungsgrade von Solarzellen [1, 3, 4]

Material	Typ	Wirkungsgrad im Labor	Wirkungsgrad in der Produktion
kristallines Silizium[a]	einkristallin	25,0 %	17...23 %
kristallines Silizium[a]	polykristallin	20,4 %	15...18 %
Amorphes Silizium, dreischichtig	Dünnschicht	13,4 %	8,0 %
Kupfer-Indium-Selenit (CIS/CIGS)	Dünnschicht	20,3 %	12...14 %
Cadmium-Tellurid (CdTe)	Dünnschicht	17,3 %	11...13 %
Verbindungshalbleiter	Triple Junction	43,5 % (Konzentratorzelle)	ca. 30 %

[a] Die Modulwirkungsgrade liegen bei ein- und polykristallinen Siliziumtechnologien ca. 2 % unterhalb des Zellenwirkungsgrades. Dünnschichtmodule werden direkt auf einem Glassubstrat hergestellt, so dass der Produktionswirkungsgrad dem Modulwirkungsgrad entspricht. [Stand 2012; vgl. dazu http://www.nrel.gov/ncpv/images/efficiency_chart.jpg]

sinusförmige Grundschwingung überlagern, Anteil am Gesamtsignal haben ($k < 2\,\%$). Insbesondere elektronische Geräte werden durch Oberschwingungen leicht gestört und beschädigt.

Wechselrichter stellen auch heute noch die häufigste Störungsursache mit relativ hoher Ausfallwahrscheinlichkeit dar [4]

Die praktischen Wirkungsgrade von Photovoltaikanlagen liegen zwischen 10 und 20 % (im Mittel bei ca. 15 %) und damit deutlich unter den Wirkungsgraden unter Normbedingungen; vgl. Tab. 2.2 und Abb. 2.19. Die Hauptverlustanteile werden in Abb. 2.18 dargestellt. Der mittlere Jahresertrag von Solarzellen liegt daher in der Größenordnung von ca. 100 bis 175 kWh/m^2 a.

Abb. 2.19 Beispielanlage in Nordfriesland/Schleswig-Holstein

Der Wirkungsgrad der Module wird zusätzlich abgeschwächt durch Abschattungen, Temperaturverhalten, Verschmutzungen, Leitungs- und Wechselrichterverluste, Anlagenausfälle und Abregelungen durch den Netzbetreiber. Diese Einflüsse werden durch den **Performance Faktor/Performance Ratio (PR)** beschrieben (je nach Anlage ca. 0,7 bis 0,9).

2.3 Beispielanlagen

Die Beispielanlage aus Abb. 2.19 in Schleswig-Holstein/Nordfriesland hat folgende Eckdaten:

- 22 Photovoltaikmodule a $1{,}66 \times 0{,}99\,\mathrm{m}^2$
- Nenn- bzw. Peak-Leistung $4{,}8\,\mathrm{kW_p}$
- Baujahr Jan. 2006
- Investitionssumme: 27.600,– Euro
- Einspeisevergütung: 0,545 €/kWh

Die Ertragsdaten sind in Abb. 2.20 zusammengefasst.

a

36,1548 m² ***4,8 kW - Peak***

		2006					2007				
	Tage	Stand	kWh	*kWh/Tag*	*kW*	*W / m²*	Stand	kWh	*kWh/Tag*	*kW*	*W / m²*
31.1	31	251	103	*3,32*	*0,1384*	*3,83*	4.613	68	*2,19*	*0,0914*	*2,53*
28.2	28	389	138	*4,93*	*0,2054*	*5,68*	4.731	118	*4,21*	*0,1756*	*4,86*
31.3	31	750	361	*11,65*	*0,4852*	*13,42*	5.207	477	*15,39*	*0,6411*	*17,73*
30.4	30	1.207	457	*15,23*	*0,6347*	*17,56*	5.856	649	*21,63*	*0,9014*	*24,93*
31.5	31	1.834	627	*20,23*	*0,8427*	*23,31*	6.481	625	*20,16*	*0,8401*	*23,23*
30.6	30	2.490	656	*21,87*	*0,9111*	*25,20*	7.025	544	*18,13*	*0,7556*	*20,90*
31.7	31	3.236	746	*24,06*	*1,0027*	*27,73*	7.599	574	*18,52*	*0,7715*	*21,34*
31.8	31	3.755	519	*16,74*	*0,6976*	*19,29*	8.172	573	*18,48*	*0,7702*	*21,30*
30.9	30	4.227	472	*15,73*	*0,6556*	*18,13*	8.580	408	*13,60*	*0,5667*	*15,67*
31.10	31	4.434	207	*6,68*	*0,2782*	*7,70*	8.822	242	*7,81*	*0,3253*	*9,00*
30.11	30	4.512	78	*2,60*	*0,1083*	*3,00*	8.891	69	*2,30*	*0,0958*	*2,65*
31.12	31	4.545	33	*1,06*	*0,0444*	*1,23*	8.910	19	*0,61*	*0,0255*	*0,71*
Summe	365		4.397	*12,05*	*0,5019*	*13,88*		4.366	*11,96*	*0,4984*	*13,79*
Ertrag €			2.397,68	**121,62**	**kWh / m² a**			2.380,78	**120,76**	**kWh / m² a**	

b

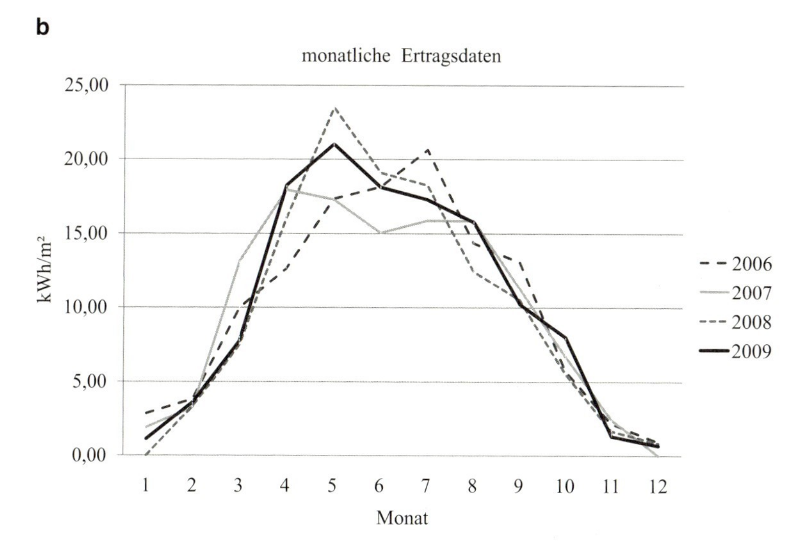

Abb. 2.20 Ertragsdaten der Beispielanlage aus Nordfriesland **a** tabellarisch und **b** flächenspezifisch graphisch

Abb. 2.21 Wechselrichter

Technische Kenndaten der zwei Wechselrichter (www.kaco-newenergy.de, Abb. 2.21):

Eingangsgrößen

PV-Generatorleistung max.	3,2 kW
MPP-Bereich	350...600 V
Leerlaufspannung	800 V
Eingangsstrom max.	8,6 A
Anzahl Strings/MPP-Regler	3
Anzahl MPP-Regler	1
Verpolschutz	Kurzschlussdiode

Ausgangsgrößen

Nennleistung	2,6 kW
Leistung max.	2,85 kW
Netzspannung	190...264 V
Nennstrom	11,3 A
Nennfrequenz	50 Hz
$\cos\phi$	1
Anzahl Einspeisephasen	1

Allgemeine elektrische Daten

Wirkungsgrad max.	96,4 %
Wirkungsgrad europ.	95,8 %
Eigenverbrauch: Nachtabschaltung	0 W

Betriebs- und Konstruktionsdaten

Anzeige	LCD 2 × 16 Zeichen
Bedienelemente	2 Tasten für Displaybedienung
Schnittstellen	RS232/485, S0
Umgebungstemperatur	−20... +60 °C *
Temperaturüberwachung	> 75 °C temperaturabhängige Leistungsanpassung/ > 85 °C Abschaltung
Störmelderelais	potentialfreier Schließer max. 30 V/1 A
Kühlung	freie Konvektion/kein Lüfter
Schutzart	IP54 (Schutz gegen Spritzwasser – Industriestandard)
Geräuschemission	< 35 dB (A) (geräuschlos)
DC-Trennschalter	integriert
Gehäuse	Aluminium
H × B × T	500 × 340 × 200 mm
Gewicht	19 kg

Beispielanlage Nürnberg[13]

Für Nürnberg wird ein jährlicher Globalstrahlungsanteil von 1050 kWh/m^2 angegeben. Die Solaranlage hat folgende Eckdaten:

- 20 monokristalline Solarmodule; 5 Stränge mit je 4 Solarmodulen;
- 1 Solarmodul besteht aus 36 in Reihe geschalteten Silizium-Zellen
- Leerlaufspannung eines Solarmoduls: 21,7 V
- Kurzschlussstrom je Modul: 3,4 A
- Spitzenleistung unter Standard-Testbedingungen: 53 W
- Abmessung eines Moduls: 1330 mm × 350 mm = 0,4655 m^2
- Kollektorgesamtfläche 20 × 0,4655 m^2 = 9,31 m^2
- Neigungswinkel ca. 30°

Wechselrichter:

- Leistung 0,8 kW bzw. 1 kW für 2 Stunden,
- nächtliches Trennen des Wechselrichters vom öffentlichen Netz,
- Messwerterfassung und Anzeige über LCD-Display,
- automatisches Ausschalten des Wechselrichters bei Störungen,
- Eingang Wechselrichter ca. 60 V Gleichspannung,
- Ausgang Wechselrichter/Einspeisung in das öffentliche Netz mit 230 V/50 Hz.

Die Ertragsdaten sind in Abb. 2.22 zusammengefasst.

[13] http://www.lau-net.de/berufsschule.lauf/elektro/solar/solar.htm

Messdaten der Anlage in Nürnberg:

[kWh/Monat]	2007	2008	2009	Bemerkung
Jan.	20,2	25,8	13,8	
Feb.	36,2	43,8	36,9	
März	58,7	49,6	100	
Apr.	113,2	95,4	111,5	
Mai	133,2	143,6	116,5	
Juni	148,8	120,7	134,5	
Juni	99,9	134	118,3	
Aug.	127,7	126,2	112,8	
Sept.	88,7	54,3	95	
Okt.	39	61,3	44,5	
Nov.	31,3	25,6	6,8	Ausfall Wechselrichter Nov.
Dez.	17,1	9,3	0	
Summe p.a.	914	889,6	890,6	kWh/Jahr
	98,17	95,55	95,66	kWh/m^2 pro Jahr

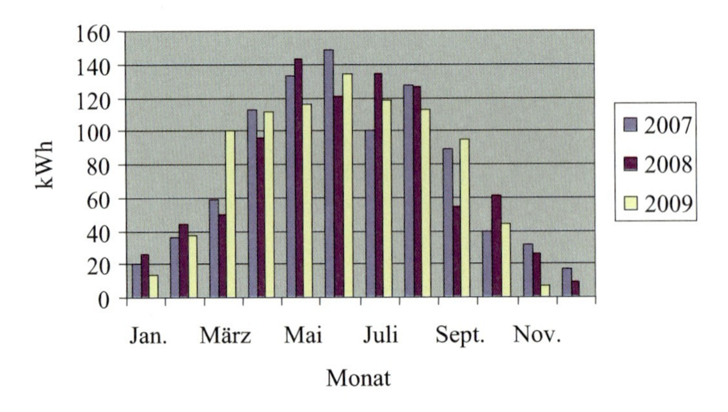

Abb. 2.22 Jahresertrag der Anlage in Nürnberg im Vergleich

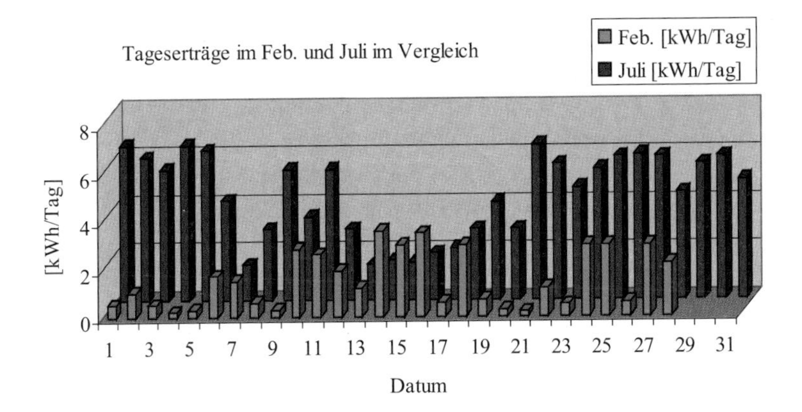

Abb. 2.23 Ausgewählte Monate der Anlage aus Nürnberg aus 2001 im Vergleich

2.4 Übungen

1. Für die monatlichen Globalstrahlungsanteile nach Abb. 2.6 ist der Jahresmittelwert zu berechnen:

[W/m^2]	Diffus-strahl.	Direkt-strahl.	Global-strahl.	Tage	kWh
Jan	17	3	20	31	
Feb	40	15	55	28	
Mrz	60	30	90	31	
Apr	85	50	135	30	
Mai	110	80	190	31	
Jun	135	75	210	30	
Jul	120	70	190	31	
Aug	105	65	170	31	
Sept	70	45	115	30	
Okt	45	25	70	31	
Nov	20	5	25	30	
Dez	10	5	15	31	
				365	

2. Berechnen Sie für die Beispielanlage in Nordfriesland den Wirkungsgrad und die Amortisationszeit. Welche Stromgestehungskosten müssen kalkuliert werden, wenn die Anlage nach 10 Jahren abgeschrieben sein soll? Stellen Sie diesen Betrag der Einspeisevergütung (54,5 Cent/kWh) und den Stromeinkaufspreisen aus Anhang 15.2 gegenüber. Wie viele kalkulatorische Volllaststunden können aus Ertrag und Spitzen-(„Peak")-Leistung abgeschätzt werden?

3. Berechnen Sie für die Anlage in Nordfriesland und die elektrischen Verbrauchsdaten aus Anhang 15.2 den jährlichen solaren Deckungsgrad. Wie sehen die monatlichen solaren Deckungsgrade tendenziell im Januar und im Juli aus?
4. Berechnen Sie das Sonnenbahndiagramm für München (48°N; 11,5°E).
5. Quantifizieren Sie Phasenwinkel, Blindleistung, Scheinleistung und Wirkleistung für den Wechselrichter zur Anlage in Nordfriesland qualitativ.

Literatur

1. BINE Informationsdienst: Performance von Photovoltaikanlagen, Projektinfo 03/03, Fachinformationszentrum Karlsruhe/Bonn, www.bine.info; Stand: Mai 2008
2. Quaschning, V.: Regenerative Energiesysteme (8. Auflage), Hanser Verlag, München, 2013
3. Koeppen, J.: Elektrotechnik, Vorlesungsmanuskript, HAW Hamburg, 2008
4. Wagemann, H.-G.; Eschrich, H.: Photovoltaik, Solarstrahlung und Halbleitereigenschaften, Solarzellenkonzepte und Aufgaben, Vieweg+Teubner Verlag, 2007
5. Koeppen, J.: Innovative Energieversorgung/Windkraftanlagen (Vorlesungsmanuskript), HAW Hamburg, 2008

3 Solarthermie

Solarthermische Anlagen können zur Brauch- und Trinkwassererwärmung und zur Heizungsunterstützung eingesetzt werden. Da im Winter der größte Wärmebedarf aber das geringste solare Angebot vorhanden ist (vgl. Kap. 2), muss immer eine primäre Heizungsanlage vorhanden sein. Die Solaranlage spart hier Energie durch Anhebung der Rücklauftemperatur aus dem Heizungssystem.

3.1 Grundlagen

Zum Kollektorverständnis sind Kenntnisse zu den thermodynamischen Strahlungsgesetzen erforderlich:

Alle festen und flüssigen Körper und viele Gase emittieren **Strahlung** in Form elektro-magnetischer Wellen, die als **fühlbare Wärme** der Körper wahrgenommen wird. Mit steigender Oberflächentemperatur nimmt die Intensität der Wärmestrahlung stark zu; sie steigt mit der 4. Potenz der absoluten Temperatur T. Der ideale, schwarze Körper emittiert bei der jeweiligen Oberflächentemperatur T die maximale Strahlung. Der Strahlenfluss beträgt nach dem **Gesetz von Stefan-Boltzmann**

$$\dot{Q}_S = \sigma_S \cdot A \cdot T^4 \tag{3.1}$$

mit

A abstrahlende Oberfläche
σ_S Strahlungskonstante des schw. Körpers ($5{,}67 \cdot 10^{-8}$ W/(m^{2}K^4))

Trifft Licht- oder Wärmestrahlung auf einen Körper, wird die Strahlung völlig oder teilweise

H. Watter, *Regenerative Energiesysteme*, DOI 10.1007/978-3-658-09638-0_3

- absorbiert,
- reflektiert oder
- durchgelassen,

wobei die absorbierte Strahlung wieder in fühlbare Wärme des absorbierenden Körpers umgewandelt wird. Der schwarze Körper absorbiert, der weiße Körper reflektiert die gesamte auftreffende Strahlung. Der graue Körper reflektiert Strahlung aller Wellenlängen gleichmäßig, der farbige Körper reflektiert Strahlung von bestimmten Wellenlängen bevorzugt. Für jeden Körper gilt dabei die Bilanzgleichung

$$\alpha + \rho + \tau = 1 \,, \tag{3.2}$$

darin ist

α Absorptionsgrad
ρ Reflexionsgrad
τ Transmissionsgrad.

Die auftreffende Strahlung wird vom Körper absorbiert und in Abhängigkeit von der Farbe und Oberflächentemperatur des Körpers wieder abgegeben. Nach dem **KIRCHHOFFschen Gesetz** ist der Absorptionsgrad α gleich dem Emissionsgrad ε eines Körpers:

$$\alpha = \varepsilon \tag{3.3}$$

Hier liegt ein Dilemma für solarthermische Absorber: Die Solarstrahlung soll maximal absorbiert, aber nicht als Wärmestrahlung abgegeben werden. Dieses Dilemma kann teilweise durch selektive Absorberschichten gelöst werden (vgl. Abb. 3.1).

Für die Emissionen, also die Wärmeabstrahlung, des wirklichen Körpers gilt zusammengefasst

$$\dot{Q} = \varepsilon \cdot \dot{Q}_S = \varepsilon \cdot \sigma_S \cdot A \cdot T^4 \tag{3.4}$$

mit

ε Emissionsgrad
σ Strahlungskonstante des wirklichen Körpers $\sigma = \varepsilon\sigma_S$ (STEFAN-BOLTZMANN-Konstante).

Der Absorber selbst ist strahlungsundurchlässig ($\tau = 0$), so dass Absorptions- und Reflexionsanteile zu 100 % das Strahlungsverhalten bestimmen:

$$\alpha + \rho = \varepsilon + \rho = 1 \tag{3.5}$$

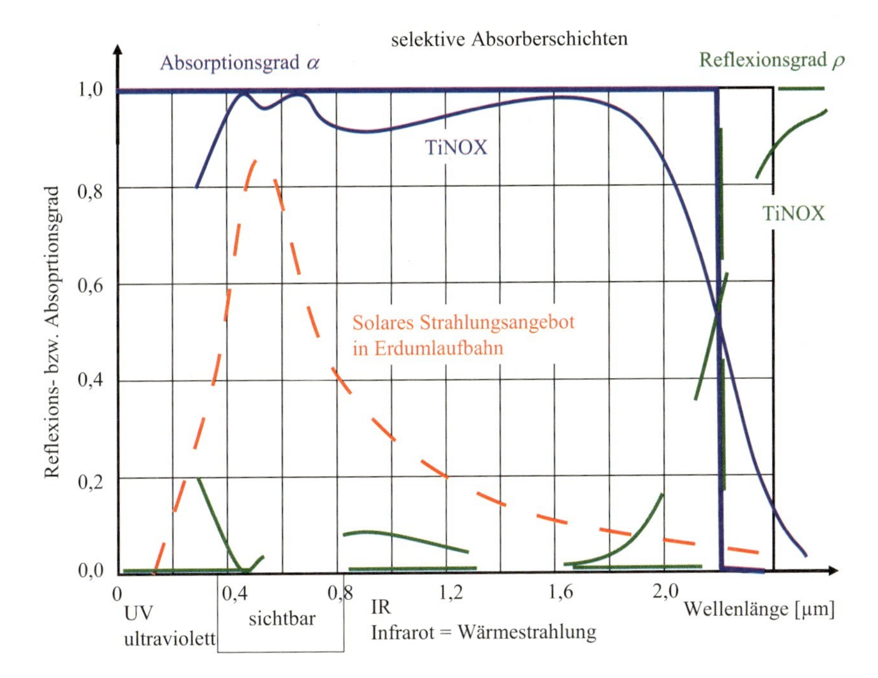

Abb. 3.1 Selektive Absorberschichten: Absorptionsgrad im Idealfall und für Titanoxidnitrid; Reflexionsgrad gestrichelt

Ziel eines Absorbers (Sonnenkollektors) ist es, ein möglichst großes Spektrum des Sonnenlichtes (= kurzwellige Solarstrahlung, Photonen) in Wärme zu Raum- und Brauchwasserwärme umzuwandeln (**photothermische Wandlung**). Die Energie soll nicht als Wärmestrahlung wieder abgegeben werden. Dies bedeutet, dass

1. das kurzwellige, sichtbare Licht nicht reflektiert (Reflexionsgrad $\rho_S = 0$), sondern voll absorbiert und in Wärme umgewandelt (Absorptionsgrad $\alpha_S = 1$) werden soll.
2. Langwellige Wärmestrahlung soll dagegen nicht abgegeben werden: Wegen des KIRCHHOFFschen Gesetztes bedeutet dies: $\varepsilon_I = \alpha_I = 0$.

Für einen idealen Absorber ergeben sich also widersprüchliche Anforderungen für unterschiedliche Wellenlängenbereiche:

- im kurzwelligen Bereich (sichtbares Licht): $\varepsilon_S = \alpha_S = 1, \rho_S = 0$
- im langwelligen Bereich (Wärme, Infrarot): $\varepsilon_I = \alpha_I = 0, \rho_I = 1$

Diese Anforderungen können durch selektive Absorberschichten mit möglichst hohem α_S/ε_I-Verhältnis (z. B. Titanoxidnitrid, Schwarznickel, Schwarzchrom) erreicht werden [1].

3.2 Funktionsprinzip

Abbildung 3.2 zeigt eine solarthermische Anlage zur solaren Brauchwassererwärmung und zur Rücklauftemperaturanhebung:

Die Sonnenstrahlung wird im Absorber (Sonnenkollektor) aufgefangen, möglichst voll in Wärme umgewandelt und an ein Wärmeträgermedium übertragen. Die Wärme steht damit prinzipiell der Wärmeversorgung zur Verfügung. Aus Frostschutzgründen ist der Wärmeträger oft ein Wasser-Glykol-Gemisch.

Die Umwälzpumpen für das Glykolgemisch werden durch das Steuergerät eingeschaltet, wenn die Kollektortemperatur den Einschaltpunkt (d. h. Kollektortemperatur > Speichertemperatur) erreicht hat. Ist der Kollektor auf die Speichertemperatur herabgekühlt, werden die Pumpen ausgeschaltet.

Zum Ausgleich der Tag- und Nachschwankungen sowie zur Überbrückung bewölkter Perioden sind möglichst große Wärmespeicher vorzusehen. Wenn die Speicher ausreichend erwärmt wurden (d. h. Speichertemperatur > Heizungsrücklauftemperatur), schaltet das Steuergerät das Umschaltventil zur Rücklauftemperaturanhebung auf den Heizwasserpufferspeicher um. Der Einsparungseffekt wird also dadurch erreicht, dass die primäre Heizungsanlage das „kalte“ Heizungsrücklaufwasser weniger stark erwärmen muss (Rücklauftemperaturanhebung).

Nachfolgend werden die Einzelkomponenten eingehender erörtert.

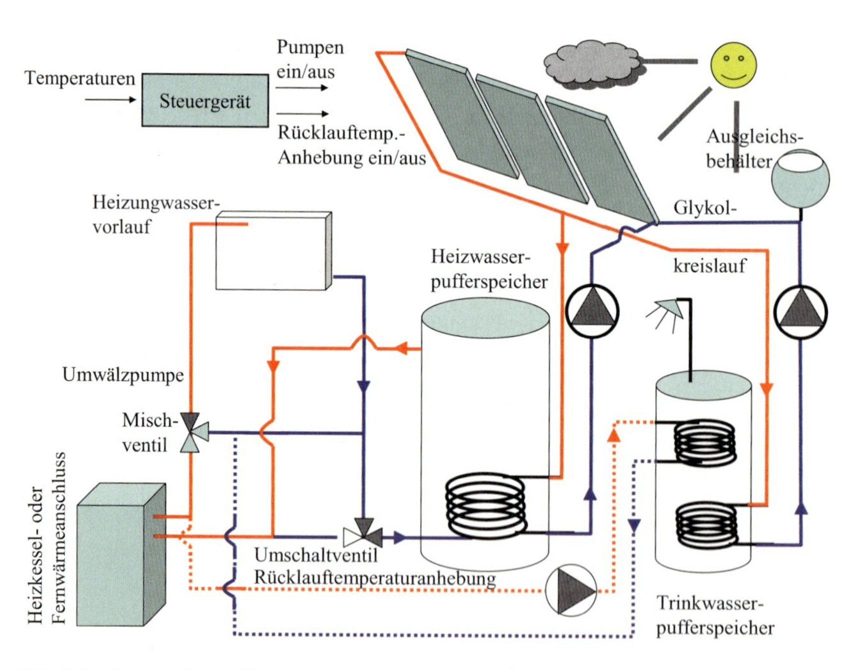

Abb. 3.2 Solarthermische Anlage zur Brauchwassererwärmung und Rücklauftemperaturanhebung

Aus der **Energiebilanz des Absorbers** kann der maximal mögliche Wirkungsgrad abgeleitet werden. Dazu liefert der erste Hauptsatz der Thermodynamik

$$\dot{Q}_{\text{Nutz}} = \underbrace{\dot{G}_{\text{G,Abs}} - \dot{Q}_{\text{Ref,Abs}} - \dot{Q}_{\text{Str,Abs}}}_{\dot{G}_{\text{Abs}}} - \dot{Q}_{\text{Konv,Abs}} - \dot{Q}_{\text{Leit,Abs}} \tag{3.6a}$$

wobei die vom Wärmeträger abgeführte Nutzwärme durch das Glykolgemisch aufgenommen wird

$$\dot{Q}_{\text{Nutz}} = \dot{m} \cdot c_p \cdot \Delta T \,. \tag{3.6b}$$

Der nutzbare Globalstrahlungsanteil wird vermindert durch die Transmissionsverluste der Abdeckung

$$\dot{G}_{G,Abs} = \tau_{\text{Abd}} \cdot \dot{G}_{\text{G}} \,. \tag{3.6c}$$

Dieser Anteil wird durch Reflexionsanteile gemindert:

$$\dot{Q}_{\text{Ref,Abs}} = \rho_{\text{Abs}} \cdot \tau_{\text{Abd}} \cdot \dot{G}_{\text{G}} = (1 - \alpha_{\text{Abs}}) \cdot \tau_{\text{Abd}} \cdot \dot{G}_{\text{G}} \,. \tag{3.6d}$$

Eine zusätzliche, leichte Abminderung erfolgt durch die Abstrahlungsverluste in Abhängigkeit von der Absorberoberflächentemperatur

$$\dot{Q}_{\text{Str,Abs}} = \varepsilon_{\text{Abs}} \cdot \sigma_S \cdot \left(T_{\text{Abs}}^4 - T_U^4\right) \cdot A_{\text{Abs}} \to 0 \,. \tag{3.6e}$$

Wegen des kleinen Emissionsgrades ist dieser Anteil jedoch oft vernachlässigbar.

Wesentlich größer sind die konvektiven Wandwärmeverluste über die Kollektor- und Rohrleitungsoberfläche.

$$\dot{Q}_{\text{Konv,Abs}} = k_{\text{Koll}} \cdot A_{\text{Abs}} \cdot (T_{\text{Abs}} - T_U) \tag{3.6f}$$

(vgl. dazu auch Abb. 10.1). Zusammengefasst bedeutet dies:

$$\dot{Q}_{\text{Nutz}} = \tau_{\text{Abd}} \cdot \alpha_{\text{Abs}} \cdot \dot{G}_{\text{G}} - k_{\text{Koll}} \cdot A_{\text{Abs}} \cdot (T_{\text{Abs}} - T_U) \tag{3.6g}$$

Darin ist:

τ_{Abd} Transmissionskoeffizient der Absorberabdeckung (0,8...0,95)
α_{Abs} Absorptionsgrad des Absorbers (0,7...0,95)
$\dot{G}_{\text{G}}$ einfallende Globalstrahlung [kW]
k_{Koll} Wärmedurchgangskoeffizient [W/(m² K)]
A_{Abs} Oberfläche zu den Wandwärmeverlusten [m²]
$(T_{\text{Abs}} - T_U)$ Temperaturdifferenz zwischen Wärmeträgermedium und Umgebungstemperatur [K]

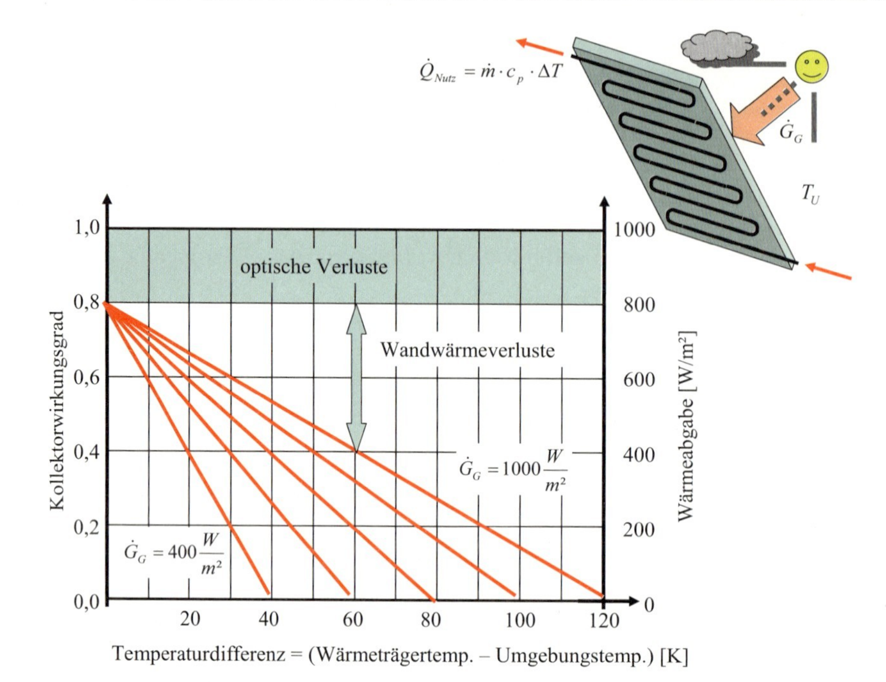

Abb. 3.3 Kollektorwirkungsgrad in Abhängigkeit von der Umgebungstemperatur

Absorberabdeckungen aus Glas (Sicherheitsglas) mit niedrigen Eisenwerten zeigen relativ gute Transmissionskoeffizienten.

Es ergibt sich eine starke Abhängigkeit von der Umgebungstemperatur. Die Konsequenzen für den **solaren Wirkungsgrad**

$$\eta = \frac{\dot{Q}_{\text{Nutz}}}{\dot{G}_{\text{G}}} \tag{3.7a}$$

zeigt Abb. 3.3. Die Wirkungsgradlinie können durch Polynome 2-ten-Grades gut angenähert werden[1]

$$\eta = \eta_0 - \frac{K_1 \cdot (T_{\text{Abs}} - T_U) + K_2 \cdot (T_{\text{Abs}} - T_U)^2}{\dot{G}_{\text{G}}/A_{\text{Abs}}} \tag{3.7b}$$

Darin ist

η_0 optischer Wirkungsgrad
K_1 Wärmeverlustkoeffizient nach EN 12975 (vgl. Herstellerangaben) [W/m^2 K]
K_2 Wärmeverlustkoeffizient [W/m^2 K^2]

[1] EN 12975

Wärmeträgermedium:	1,2-Ethandiol
Synonym	Glykol
Summenformel	$\mathbf{C_2H_6O_2}$
Strukturformel	$\mathbf{HO(CH_2)_2OH}$
molare Masse	62,07 kg/kmol
Schmelztemperatur	- 11,5 °C
Siedetemperatur	197,6 °C
Zündtemperatur	410 °C
Aggregatzustand	flüssig bei 20 °C
Dichte	1,113 kg/dm³
Gefährdungssatz	R22 

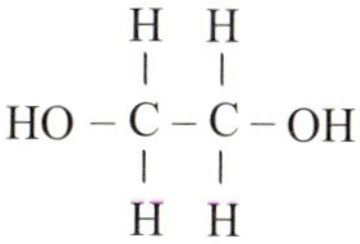

$$\mathrm{HO-CH_2-CH_2-OH}$$

Die Hauptverwendung von Ethandiol betrifft den Frostschutz beim Auto oder auch zum illegalen Strecken von Wein, da Glycol einen süßen, süffigen Geschmack besitzt und den Wein öliger und blumiger erscheinen lässt.

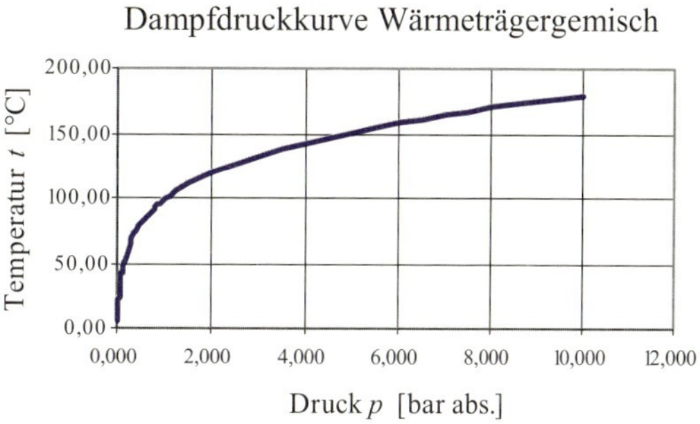

Dampfdruckkurve Wärmeträgergemisch

Temperatur t [°C]

Druck p [bar abs.]

Abb. 3.4 Exemplarische Eigenschaften eines Glykolwärmeträgers

Für die Beurteilung der Abdeckung des Wärmebedarfs einer Wohneinheit ist weniger der Wirkungsgrad der Absorber als vielmehr der **solare Deckungsgrad der Gesamtanlage** von Interesse. Er berücksichtigt auch die jahreszeitlichen Schwankungen und zeigt auf, wie viel Wärme z. B. im Winter durch die primäre Heizung zusätzlich aufgebracht werden muss:

$$\eta' = \frac{Q_{\text{Nutz,solar}}}{Q_{\text{Bedarf}}} = 1 - \frac{Q_{\text{Zusatz}}}{Q_{\text{Bedarf}}} \tag{3.8}$$

Das **Wärmeträgermedium** ist aus Frostschutzgründen oft eine Wasser-Glykol-Mischung. Abbildung 3.4 zeigt exemplarisch die wesentlichen Eigenschaften eines solchen Wärmeträgers.

Aktuelle Speicherkonzepte unterscheiden sich durch die Art der Wärmespeicherung: Durch Phasenumwandlung als Latentspeicher oder durch die spez. Wärmekapazität charakterisierte Wärmespeicher, wie Gesteins- oder Wasserspeicher. In der Haustechnik ist der Wasserspeicher vorherrschend, da Wasser eine sehr hohe spez. Wärmekapazität besitzt (also viel Wärme speichern kann). Es ist außerdem kostengünstig und umweltfreundlich (vgl. Abb. 3.2).

Das Wärmeträgermedium wird mit einem Speicher unter Druck gehalten (2…3 bar Manometeranzeige), Volumenänderungen durch Temperaturschwankungen können so ausgeglichen werden.

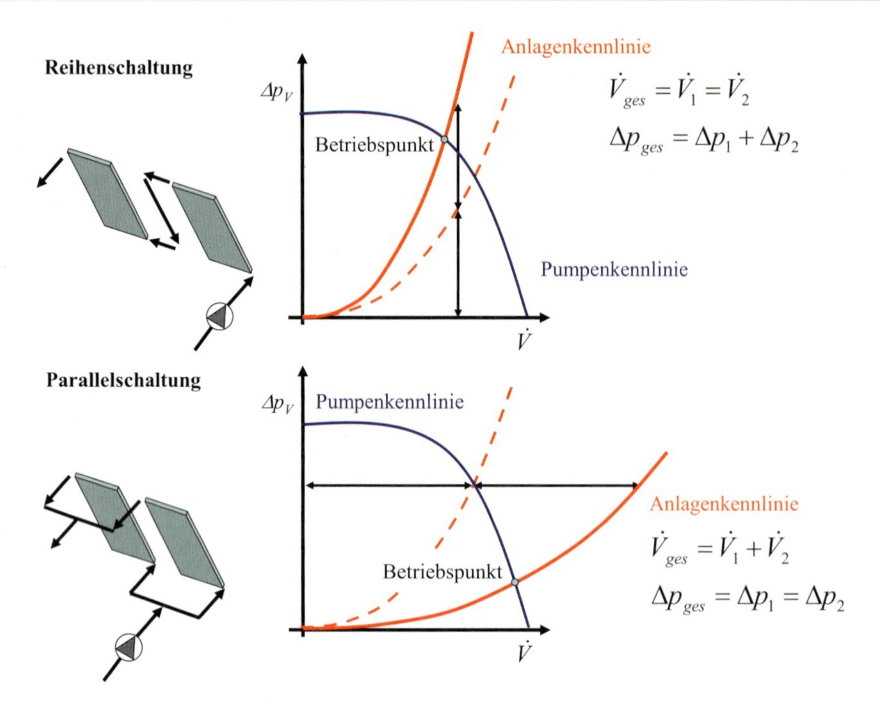

Abb. 3.5 Druckverluste bei Reihen- und Parallelschaltung

Aufgrund des hohen Energieangebots im Sommer und der i. Allg. nicht ausreichenden Wärmenachfrage erhitzt sich der Wärmeträger durchaus auf 120 bis 130 °C. Das Medium und die verwendeten Materialen müssen also entsprechend temperaturbeständig sein. Da sich die Flüssigkeit in einem geschlossenen System befindet, verdampft es beim dazugehörigen Dampfdruck. Bei ca. 130 bis 140 °C (je nach Systemdruck) bildet sich im Kollektor eine „Dampfblase", der Wärmeträger kann nicht mehr zirkulieren. Die Zirkulationsüberwachung schaltet die Pumpen aus, damit diese nicht überhitzen – die Anlage zeigt „**Kollektorstillstand**".

Die **Kollektorverschaltung** kann in Reihen- oder Parallelschaltung erfolgen (Abb. 3.5). Die Strömungsverluste im Absorber steigen mit dem Quadrat des Durchsatzes.

$$\Delta p = \sum \Delta p_V = \sum \zeta \cdot \frac{\rho}{2} c^2 = \sum \zeta \cdot \frac{\rho}{2} \left(\frac{\dot{V}}{A} \right)^2 \sim \dot{V}^2 , \tag{3.9}$$

darin sind

ζ Widerstandsbeiwerte aller Einbauten [–]
ρ Dichte der Sole [kg/m^3]
c Strömungsgeschwindigkeit [m/s]

$\dot{V}$ Volumenstrom [m^3/s]
A durchströmter Rohrleitungsquerschnitt [m^2].

Die **Reihenschaltung** erreicht bei gleicher Fläche und Sonneneinstrahlung am Kollektoraustritt höhere Endtemperaturen; wegen des hohen Temperaturniveaus steigen aber auch die Wandwärmeverluste – der Wirkungsgrad wird verschlechtert. Wegen der Reihenschaltung der Druckverluste in den Absorbern muss die Solepumpe gleichzeitig höhere Druckverluste überwinden. Diese können durch niedrige Durchflussraten minimiert werden („low-flow").

Bei der **Parallelschaltung** der Absorber halbiert sich der Durchsatz pro Absorber. Nach Gl. (3.9) sinken die Druckverluste damit auf $(\frac{1}{2})^2 = \frac{1}{4}$. Im Umkehrschluss kann also bei gleichen Druckverlusten der 4fache Durchsatz erwärmt werden („high-flow"), allerdings ist die Temperatur am Kollektoraustritt dann geringer. Bei der Parallelschaltung ist auf einen guten hydraulischen Abgleich zu achten, um unsymmetrische Durchflüsse zu vermeiden (Strangregulierventile). Im Allgemeinen liegen Kombinationen aus Reihen- und Parallelschaltungen vor. Die **Nennleistung der Kreiselpumpen** betragen bei vier bis sechs Kollektoren etwa 45 bis 60 W.

Da Strahlungsangebot und Wärmenachfrage jahreszeitlich und tageszeitlich versetzt auftreten, sind **Speicher** mit möglichst großer Wärmeaufnahmekapazität einzuplanen. Wegen der hohen spezifischen Wärmekapazität c_P von Wasser kommen daher in der Regel Flüssigkeitsspeicher (Wasserspeicher) zur Anwendung. Aus Korrosionsschutzgründen kommt dabei das aufbereitete und entgaste Heizungswasser der Hausanlage zur Anwendung[2].

$$Q = m \cdot c_p \cdot \Delta T = V \cdot \rho \cdot c_p \cdot \Delta T \tag{3.10}$$

Die wichtigsten thermodynamischen Daten von Wasser sind in Tab. 3.1 zusammengefasst.

Wegen der relativ geringen Wärmeleitfähigkeit λ und der Abhängigkeit der Dichte ρ(T) von der Temperatur (vgl. Tab. 3.1 und 3.2) stellt sich im Speicher eine relativ stabile Temperaturschichtung ein; vgl. Abb. 3.6: Kaltes Wasser sammelt sich unten, warmes Wasser sammelt sich oben. Daher erfolgt die Einspeisung des kalten Rücklaufwassers im unteren Bereich – das solar erwärmte Wasser wird im oberen Bereich gesammelt. Diese Schichtung ist durchaus erwünscht, da damit immer max. erwärmtes Wasser vorhanden ist. Bei einer Durchmischung würde nur eine mittlere Temperatur vorliegen. Abbildung 3.6 zeigt die Verschiebung dieser Schichtung exemplarisch in einem Tagesgang: Dargestellt sind die Linien gleicher Temperatur (Isotherme). Durch die Mittagssonne wird der Speicher in diesem Fall fast vollständig auf 120 °C erwärmt; Mittagsentnahme verschiebt die Isotherme leicht nach oben und durch die Nachmittagswärme erfolgt eine

[2] Die Lösungsfähigkeit von Gasen (z. B. von Luft in Wasser) nimmt mit steigender Temperatur ab. Durch Erwärmen (möglichst bis an die Siedetemperatur) werden gelöste Gase „ausgetrieben", sammeln sich an der höchsten Stelle und werden durch „Entlüftung" aus der Anlage abgelassen. Damit steht für den Korrosionsprozess kein schädlicher Sauerstoff in der Anlage zur Verfügung. Neuanlagen sind daher regelmäßig zu entlüften!

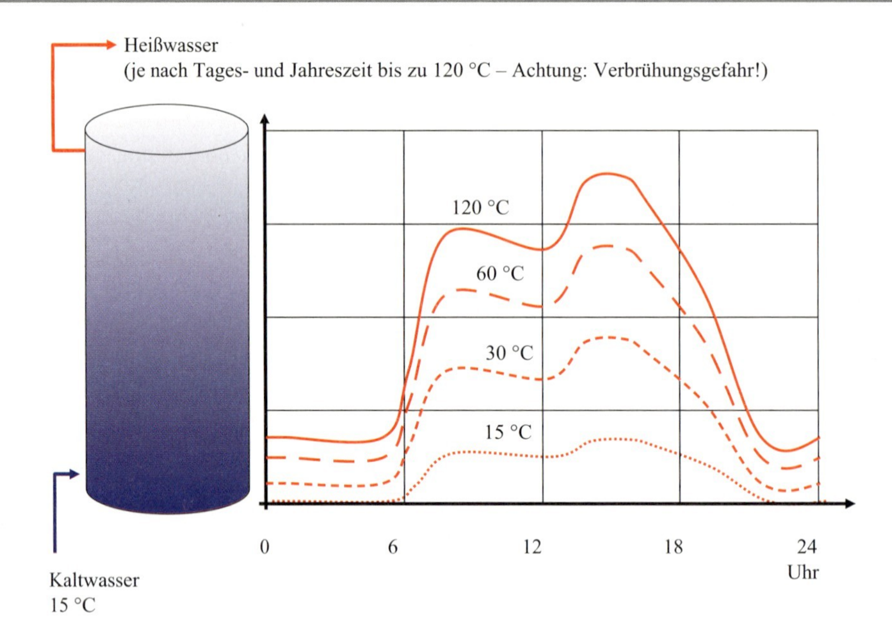

Abb. 3.6 Temperaturschichtung im Speicher an einem Sommertag in Abhängigkeit von der Entnahme (schematisch)

Tab. 3.1 Thermodynamische Eigenschaften von Wasser (http://de.wikibooks.org/wiki/Tabellensammlung_Chemie/_Stoffdaten_Wasser)

t °C	v dm^3/kg	h kJ/kg	u kJ/kg	s kJ/(kg·K)	c_p kJ/(kg·K)	λ mW/(m·K)	η µPa · s
0	1,000	0,06	−0,04	−0,0001	4,228	561,0	1792
5	1,000	21,1	21,0	0,076	4,200	570,6	1518
10	1,000	42,1	42,0	0,151	4,188	580,0	1306
15	1,0009	63	62,9	0,224	4,184	589,4	1137
20	1,0018	83,9	83,8	0,296	4,183	598,4	1001
25	1,0029	104,8	104,7	0,367	4,183	607,2	890,4
30	1,0044	125,8	125,7	0,437	4,183	615,5	797,7
35	1,006	146,7	146,6	0,505	4,183	623,3	719,6
40	1,0079	167,6	167,5	0,572	4,182	630,6	653,3
45	1,0099	188,5	188,4	0,638	4,182	637,3	595,3
50	1,0121	209,4	209,3	0,704	4,181	643,6	547,1
60	1,0171	251,2	251,1	0,831	4,183	654,4	466,6
70	1,0227	293,1	293	0,955	4,187	663,1	404,1
80	1,029	335	334,9	1,075	4,194	670	354,5
90	1,0359	377	376,9	1,193	4,204	675,3	314,6

Tab. 3.2 Wärmeleitfähigkeit verschiedener Stoffe im Vergleich zu Wasser

Stoff	Wärmeleitfähigkeit λ [W/(m · K)]
Stahl, unlegiert	48–58
Stahl, niedrig legiert(z. B. 42CrMo4)	42
Edelstahl, V2A	15
Wärmeleitpaste	4–10
Granit	2,8
Beton	2,1
Glas	0,76
Kalkzement-Putz	1,0
Ziegelmauerwerk (Vollziegel)	0,5–1,4
Holz	0,13–0,18
Gummi	0,16
Poroton-Ziegelmauerwerk	0,09–0,45
Porenbeton-Mauerwerk	0,08–0,25
Schaumglas	0,040
Glaswolle	0,04–0,05
Polystyroldämmstoffe	0,035–0,050
Polyurethandämmstoffe	0,024–0,035
Öl	0,13–0,15
Vakuumdämmplatte (VIP)	0,004–0,006
Vakuum	~ 0
Wolle	0,035
Wasser	0,58
Luft	0,0261

nochmalige Verschiebung nach unten. Der Speicher ist fast vollständig geladen. Durch das abendliche Duschen der Bewohner und die fehlende Sonneneinstrahlung sinkt die mittlere Speichertemperatur über Nacht deutlich ab. Beachte: Die Darstellung ist rein schematisch. Die tatsächlichen Verhältnisse hängen von Wärmeangebot und Nachfrage ab. Selbst an bewölkten Tagen kann der Speicher im Sommer den Wärmebedarf über mehrere Tage ausgleichen.

Heizwasser- und Glykolkreislauf sind durch spiralförmige Wärmeaustauscher voneinander getrennt. Für solararme Tage wird die Beheizung des Trinkwasserspeichers über eine Heizschleife im oberen Bereich des Speichers durch die primäre Heizungsanlage gewährleistet; vgl. Abb. 3.2.

Trotz guter Isolierung ist die gespeicherte Wärme bei fehlendem Solareintrag in den Speichern nach zwei bis drei Tagen verbraucht bzw. durch Wandwärmeverluste verloren gegangen; vgl. Abb. 3.7.

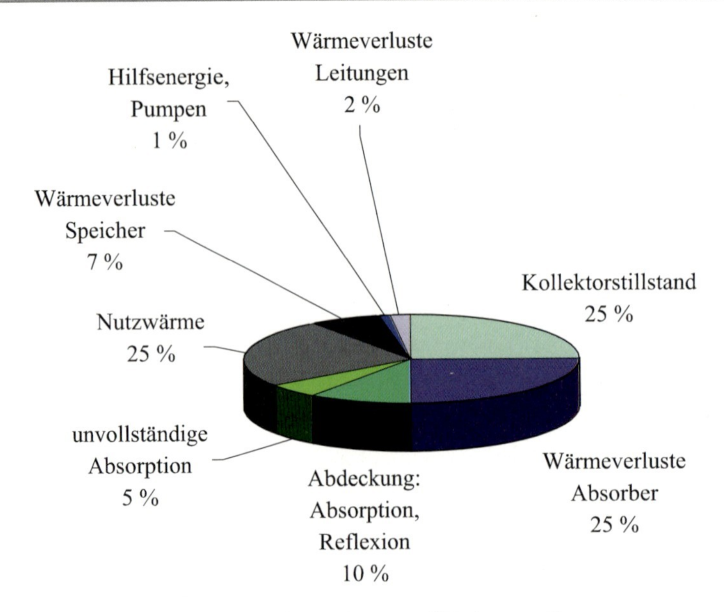

Abb. 3.7 Anhaltswerte für jährlich gemittelte Nutz- und Verlustanteile

Da die Druckverluste mit der 2. Potenz nach Gl. (3.9) steigen, geht die Pumpenleistung mit der dritten Potenz:

$$P = \dot{V} \cdot \Delta p = \dot{V} \cdot \sum \Delta p_V = \dot{V} \cdot \sum \zeta \cdot \frac{\rho}{2} c^2 = \dot{V} \cdot \sum \zeta \cdot \frac{\rho}{2} \left(\frac{\dot{V}}{A} \right)^2 \sim \dot{V}^3 \quad (3.11)$$

Die parasitären Verluste können daher durch drehzahlgeregelte Pumpen minimiert werden. Bei halbem Volumenstrom benötigt die Pumpe nur noch $(1/2)^3 = 1/8$ der Pumpenantriebsleistung. Hier werden z. Zt. permanent erregte **EC-Motoren** (**e**lectronically **c**ommutated) mit hohem Wirkungsgrad als besonders förderungswürdig angesehen. Der EC-Motor ist ein bürstenloser, permanent-erregter Synchron-Gleichstrommotor. Durch Speisung der Statorwicklung mit Drehstrom wird im Motor ein Drehfeld erzeugt. Die Kommutierung wird nicht wie beim Gleichstrommotor mechanisch sondern elektronisch gelöst. Durch die elektronische Kommutierung erhält der Motor seinen Namen. Das Leistungsteil ist wie ein Frequenzumformer mit Transistor-Wechselrichter aufgebaut. Durch ihre Bauweise und Steuerung verhalten sich EC-Motoren wie Gleichstromnebenschlussmaschinen.

3.3 Beispielanlage

Nachfolgend die exemplarischen Daten einer solarthermischen Anlage zur Brauchwassererwärmung und Rücklauftemperaturanhebung für das Einfamilienhaus nach Anhang 15.1 und 15.3:

Eckdaten der Anlage:

- Kollektorfläche 13,8 m² (2,3 m² pro Kollektor)
- Anlagenkonfiguration vgl. Abb. 3.2
- Inbetriebnahme Mai 2006
- Investitionskosten 12.000,– €

Auf den nachfolgenden Seiten werden die Installation und die Betriebsdaten in tabellarischer und grafischer Form dargestellt. Deutlich erkennbar sind die jahreszeitlichen Schwankungen und die Priorisierung der Trinkwassererwärmung (Pumpe 1 und Speicher 1) gegenüber der Rücklauftemperaturanhebung (Pumpe 2 und Speicher 2).

Abb. 3.8 Außenansicht der Beispielanlage nach Abschn. 3.3, Kollektoranordnung

Aus der Darstellung des solaren Deckungsgrades sind die Relationen zwischen der solarthermisch erzeugten Wärme und dem Wärmebedarf im Sommer und im Winter erkennbar.

Eine Analyse der Daten erfolgt in den nachfolgenden Übungen.

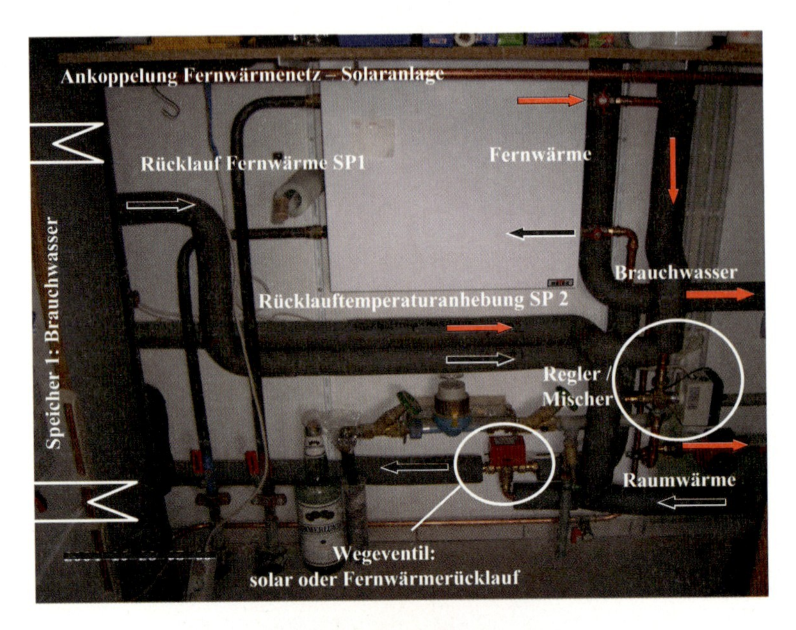

Abb. 3.9 Anbindung an die Fernwärmeversorgung, Brauchwasserspeicher (SP1)

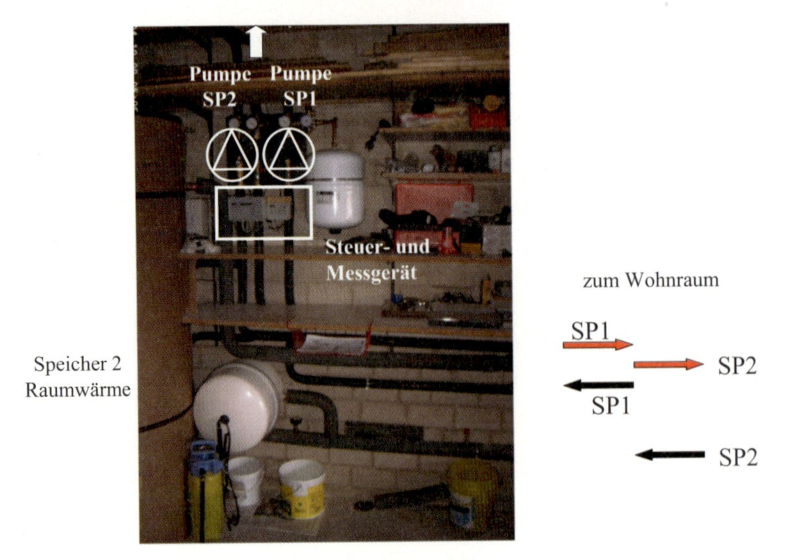

Abb. 3.10 Speicher Raumwärme (SP2), Steuergerät, Glykolumwälzpumpen

Datum	Fernwärmeverbrauch [MWh]	solartherm. erzeugte Wärmemenge / kWh	Kollektorvorlauf (°C)	Speicher 1 (°C)	Speicher 2 (°C)	Kollektorrücklauf (°C)	Betr. Std. Speicher 1 (Std)	Betr. Std. Speicher 2 (Std)	Bemerkungen	gemittelte Leistung [kWh / Tag]
26.05.06	35,846	0					0	0	Inbetriebnahme	
02.06.06		141			72				eher schlechtes Wetter	20,14
07.06.06	35,910	287	51	54	88	31				29,20
09.07.06		1.026	68	63	77	64				23,09
24.07.06	35,910	1.423								26,47
25.08.06		1.961					213	120		16,81
21.09.06	35,910	2.409	7	43	56	20			morgens 6 Uhr	16,59
21.09.06		2.440	73	60	74	52			nachm. 16:30 Uhr / schöner Spätsommer	16,59
22.09.06		2.471	37	57	83	38			abends 18:00 Uhr	31,00
23.09.06		2.492	63	60	83	45			nachm. 16:30 Uhr / **sehr schöner Sommer!!!**	21,00
30.09.06		2.580	53	50	48	49	288	172	15:30 Uhr;	12,57
08.10.06		2.623					295	175	10:00 Uhr; schlechtes Wetter	5,38
09.10.06		2.642	39	57	43	28	298	177		19,00
15.10.06	35,974	2.676	41	20	33	18	306	179	mittags, bewölkt	5,67
20.10.06		2.714	10	37	37	17	315	182	06:00 Uhr - Heizung an, schlechtes Wetter	7,60
25.10.06		2.734	35	58	25	25	320	183	13:00 Uhr - Sonnentag	4,00
25.10.06	36,168	2.739	9	55	24	18	321	184	20:00 Uhr - Sonnentag - schöner Herbsttag	4,00
05.11.06	36,775	2.795	11	20	20	12	331	191	14:00 - schlechtes Wetter - naß/kalt	5,09
13.11.06	37,268	2.813	7	21	18	11	338	192	19:30 - schlechtes Wetter	2,25
25.11.06	37,919	2.830	15	19	16	22	343	193	14:00 Herbst	1,42
10.12.06		2.851	56	48	17	49	352	196	12:00 Mittags	1,40
17.12.06	39,171	2.862	-1	12	16	8	355	198		1,57
13.01.07	40,699	2.877	18	22	14	15	360	200		0,56
10.02.07	42,893	2.978	3	17	18	4	383	208		3,61
24.03.07	45,085	3.338	7	50	23	14	432	244	18:00 erster schöner Tag, Heizung schaltet auf SP 2; SP 2 Anschlussmodifikation	8,57
22.04.07	45,545	4.038	27	35	24	11	490	318	09:30 mehrere Tage bewölkt, aber sehr schöner April	24,14
29.04.07	45,560	4.269	33	57	87	32	506	339		33,00
22.07.07	45,889	5.723	22	47	65	23	638	459	10:45 verregneter Sommer - schlechtes Wetter	17,31
10.09.07	45,926	6.566	66	60	64	42	721	520	12:00	16,86
05.10.07	45,984	6.859	27	23	39	16	764	541	14:00 Heizung ein	11,72
26.02.08		7.580	9	37	22	9	897	611		5,01
24.03.08		7.876	-2	15	28	7	938	635		10,96
26.04.08	56,912	8.584	60	50	25	52	1008	711	10:30 sonnig	21,45
18.05.08		9.284	47	62	28	34	1054	789	10:30 Uhr	31,82
11.06.08		10.040	56	55	55	43	1105	873		31,50
25.07.08		10.849	60	59	75	44	1189	954		18,39
29.07.08	57,137	10.990	80	62	87	55	1195	968	12:30 Uhr	35,25

Abb. 3.11 Ertrags- und Messdaten: Messergebnisse solarthermische Anlage zur Brauchwasserwärmung und Heizungsunterstützung nach Abb. 3.8

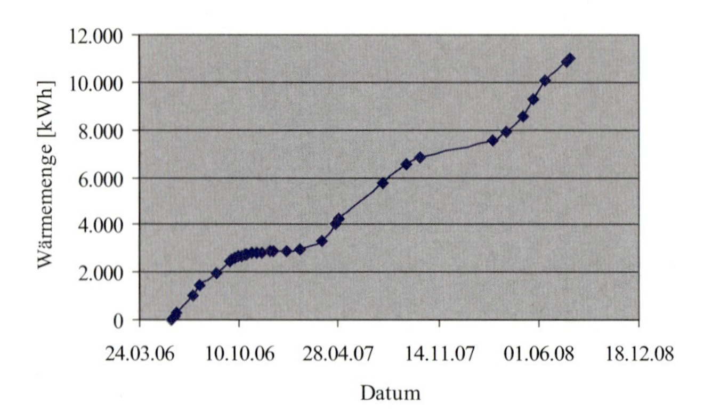

Abb. 3.12 Auswertung solarer Ertrag

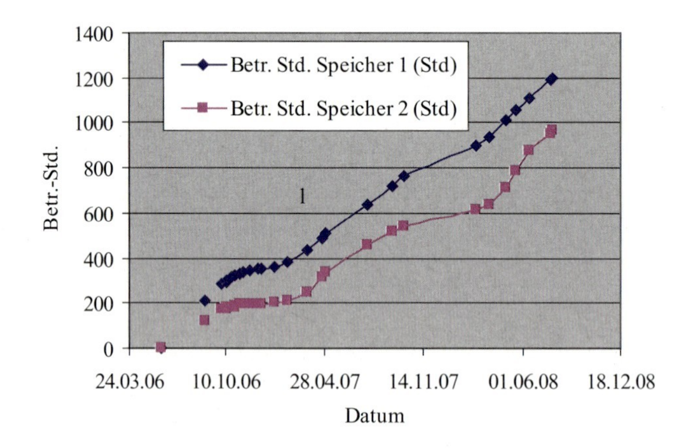

Abb. 3.13 Betriebsstunden Speicher 1 (Brauchwasser) und Speicher 2 (Raumwasserspeicher) – vgl. Abb. 3.2

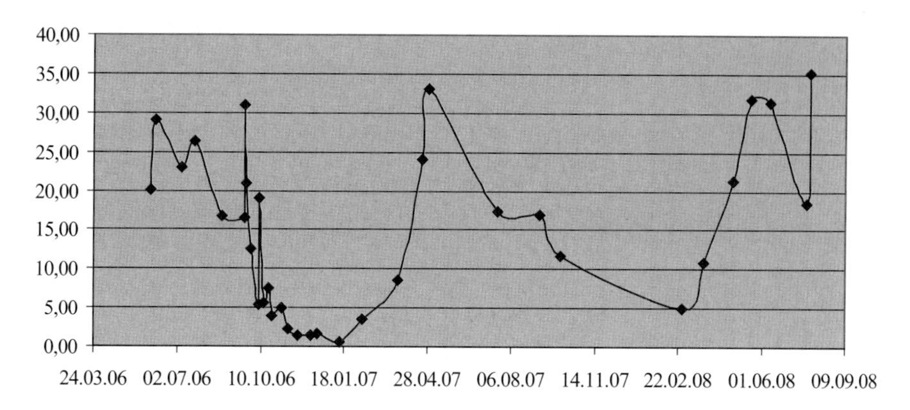

Abb. 3.14 gemittelte Leistung des solaren Wärmeertrages

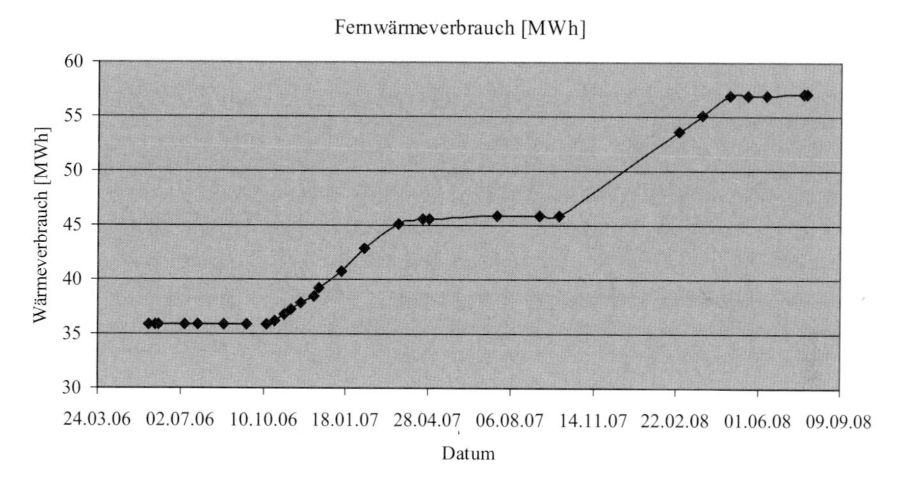

Abb. 3.15 Additiver Fernwärmeverbrauch zur solarthermischen Anlage (zum Vergleich und zur Einordnung der Größenordnung)

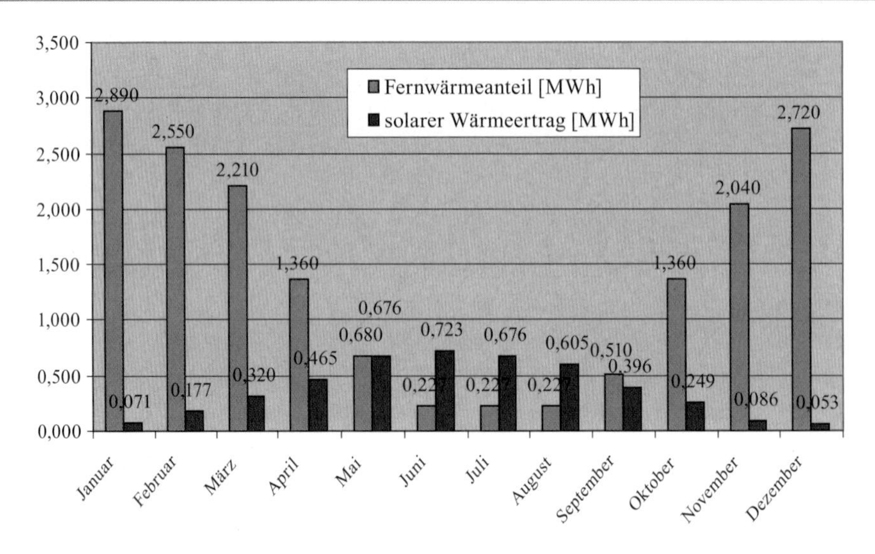

Abb. 3.16 Solarer Deckungsgrad: Fernwärmeverbrauch und solarer Ertrag im Vergleich

3.4 Übungen

1. Die gespeicherte Energie eines 500-Ltr-Wasserspeichers ist mit dem Energieinhalt von einem Liter Heizöl zu vergleichen. Wie viel Liter Heizöl entspricht der Wärmeinhalt eines Speichers mit 2 m Höhe und 56 cm Durchmesser, wenn er von 90 °C auf 40 °C abgekühlt bzw. aufgeheizt wird?
   Heizöldaten:

Unterer Heizwert	H_U	42.000	kJ/kg K
Dichte	ρ	920	kg/m³

   Wasserdaten:

Speichervolumen	V	500	Ltr
Dichte	ρ	1000	kg/m³
spez. Wärmekapazität	c_P	4,2	kJ/kg K
ausnutzbare Energiespanne	$t_{\max}$	90	°C
	$t_{\min}$	40	°C

2. Ausgehend von einer mittleren Globalstrahlung von 1000 kWh pro m² und Jahr sowie einem Nutzungsgrad von 25 % sind für die beschriebene Anlage mit ca. 14 m² Kollektorfläche die solaren Erträge zu prognostizieren. Welche (Energie- Emissions- und Kosten-) Einsparpotentiale könnten somit für den Haushalt nach Anhang 15.1

möglich sein? Nach wie viel Jahren hat sich die Anlage amortisiert? Wie groß sind CO_2-Einsparpotentiale (vgl. Verbrennungsrechnung in Kap. 7 und Aufgabe 7.3).

3. Ein Absorberhersteller gibt folgende Kenndaten an: optischer Wirkungsgrad 82 %, Wärmeverlustkoeffizienten gem. EN 12975: 3,312 W/m^2 K und 0,0181 W/m^2 K^2. Berechne den Wirkungsgrad für einen Sommertag um die Mittagszeit mit einer Globalstrahlung von 500 W/m^2 und einer Kollektortemperatur von 70 °C bei einer Umgebungstemperatur von 25 °C. Berechnen Sie mit Hilfe eines Tabellenkalkulationsprogramms die Wirkungsgradkennlinien in Abhängigkeit von der Temperaturdifferenz und der Globalstrahlung. Wie entwickelt sich der Wirkungsgrad im Laufe eines Sommertages?
4. Die Jahresheizkosten können nach VDI 2067 Blatt 1 auf die Monate Jan. bis Dez. aufgeteilt und zugeordnet werden. Der solare Ertrag kann mit den Monatsmittelwerten für Globalstrahlung und einem jährlich gemittelten Wirkungsgrad grob prognostiziert werden. Dem Balkendiagramm zum solaren Deckungsgrad in der Referenzanlage liegen die folgenden Ertrags- und Fernwärmewerte zugrunde:

Monat	**Gradtag-anteil nach VDI 2067**	**Fern-wärme-anteil [MWh]**	**Global-strahl. [W/m²]**	**Tage**	**kWh/m² p.m.**	**solarer Wärme-ertrag [MWh]**	**Deckungs-anteil [MWh]**
Januar	170	2,890	20	31	14,9		
Februar	150	2,550	55	28	37,0		
März	130	2,210	90	31	67,0		
April	80		135	30	97,2	0,465	
Mai	40		190	31	141,4	0,676	
Juni	13,3		210	30	151,2	0,723	
Juli	13,3	0,227	190	31			
August	13,3	0,227	170	31			
September	30	0,510	115	30			
Oktober	80		70	31	52,1	0,249	
November	120		25	30	18,0	0,086	
Dezember	160		15	31	11,2	0,053	
Σ	**1000**	**17,000**		**365**	**940,4**	**4,500**	
		100%		Fläche:	13,8 m²		
				100%		**kWh p.a.**	
		Jahresertrag			**4.500**	**kWh p.a.**	
		gemittelter Wirkungsgrad					

Bestimmen Sie die fehlenden Daten, den solaren Deckungsgrad und den über das Jahr gemittelten Wirkungsgrad für diesen Fall.

5. Für die Referenzanlage nach Abschn. 3.3 ist der Fernwärmeverbrauch von Sommer 06 bis Sommer 07 (sowie Sommer 07 bis Sommer 08) mit den Verbrauchsdaten aus

Anhang 15.1 (vor Einbau der solartherm. Anlage) zu vergleichen. Wie groß ist die Energie- und CO_2-Einsparung? Vgl. Verbrennungsrechnung in Kap. 7 und Aufg. 7.3.

6. In einem Wärmespeicher tritt eine ausgesprochene Temperaturschichtung auf (Abb. 3.6). Warum ist dies so? Untersuchen Sie die thermischen Eigenschaften von Wasser (Tab. 3.1) hinsichtlich Wärmeleitfähigkeit und Dichte. Warum ist nicht nach kürzester Zeit der Temperatur- und damit der Dichteunterschied ausgeglichen?

Literatur

1. BINE Informationsdienst: Große Solaranlagen zur Trinkwassererwärmung, Projektinfo 03/02, Fachinformationszentrum Karlsruhe/Bonn, www.bine.info; Stand: Mai 2008

Weiterführende Literatur

2. BINE Informationsdienst: Glasfaserverstärkte Kunststoffe für den Wärmespeicherbau, Projektinfo 02/03, Fachinformationszentrum Karlsruhe/Bonn, www.bine.info; Stand: Mai 2008
3. BINE Informationsdienst: Solare Luftsysteme, Projektinfo II/02, Fachinformationszentrum Karlsruhe/Bonn, www.bine.info; Stand: Mai 2008

Windenergie

4

Windgeschwindigkeiten werden i. Allg. in m/s oder BEAUFORT (Bft) angegeben. Die Umrechnung kann im Bereich 2…7 Bft näherungsweise durch

$$c \approx 2 \cdot \mathrm{Bft} \quad \left[\frac{\mathrm{m}}{\mathrm{s}}\right]$$

erfolgen [1]. Zur Orientierung werden in Tab. 4.1 und 4.2 die Bft-Skala und dazugehörige phänomenologische Kriterien vorgestellt.

Windprognosen sind äußerst schwierig, da neben dem Wettereinfluss auch die Bodenverhältnisse (Gebäude, Bäume, Geländeprofile etc.) die Windverhältnisse beeinflussen.

Tab. 4.1 Beaufort-Skala nach Windgeschwindigkeiten

Windstärke in Bft	Windgeschwindigkeit				Wellenhöhe (m)	
	m/s	km/h	mph	kn	Tiefsee (Atlantik)	Flachsee (Nord- und Ostsee)
0	0,0 –<0,3	0	0 –<1,2	0 –<1	–	–
1	0,3 –<1,6	1–5	1,2 –<4,6	1 –<4	0,0–0,2	0,05
2	1,6 –<3,4	6–11	4,6 –<8,1	4 –<7		
3	3,4 –<5,5	12–19	8,1 –<12,7	7 –<11	0,5–0,75	0,6
4	5,5 –<8,0	20–28	12,7 –<18,4	11 –<16	0,8–1,2	1
5	8,0 –<10,8	29–38	18,4 –<25,3	16 –<22	1,2–2,0	1,5
6	10,8 –<13,9	39–49	25,3 –<32,2	22 –<28	2,0–3,5	2,3
7	13,9 –<17,2	50–61	32,2 –<39,1	28 –<34	3,5–6,0	3
8	17,2 –<20,8	62–74	39,1 –<47,2	34 –<41		
9	20,8 –<24,5	75–88	47,2 –<55,2	41 –<48	>6,0	4
10	24,5 –<28,5	89–102	55,2 –<64,4	48 –<56	<20,0	5,5
11	28,5 –<32,7	103–117	64,4 –<73,6	56 –<64		
					>20,0	–

H. Watter, *Regenerative Energiesysteme*, DOI 10.1007/978-3-658-09638-0_4

Tab. 4.2 Beaufort-Skala nach phänomenologischen Kriterien

Windstärke in Bft	Bezeichnung der Windstärke	Bezeichnung des Seeganges (Windsee)	Beschreibung	
			Wirkung an Land	Wirkung auf dem Meer
0	Windstille	völlig ruhige, glatte See	Keine Luftbewegung, Rauch steigt senkrecht empor	spiegelglatte See
1	leiser Zug	ruhige, gekräuselte See	kaum merklich, Rauch treibt leicht ab, Windflügel und Windfahnen unbewegt	leichte Kräuselwellen
2	leichte Brise	schwach bewegte See	Blätter rascheln, Wind im Gesicht spürbar	kleine, kurze Wellen, Oberfläche glasig
3	schwache Brise		Blätter und dünne Zweige bewegen sich, Wimpel werden gestreckt	Anfänge der Schaumbildung
4	mäßige Brise	leicht bewegte See	Zweige bewegen sich, loses Papier wird vom Boden gehoben	kleine, länger werdende Wellen, überall Schaumköpfe
5	frische Brise	mäßig bewegte See	größere Zweige und Bäume bewegen sich, Schaumköpfe auf Seen	Wind deutlich hörbar; mäßige Wellen von großer Länge, überall Schaumköpfe
6	starker Wind	grobe See	Dicke Äste bewegen sich, hörbares Pfeifen an Drahtseilen, in Telefonleitungen	größere Wellen mit brechenden Köpfen, überall weiße Schaumflecken
7	steifer Wind	sehr grobe See	Bäume schwanken, Widerstand beim Gehen gegen den Wind	weißer Schaum von den brechenden Wellenköpfen legt sich in Schaumstreifen in die Windrichtung
8	stürmischer Wind	hohe See	Große Bäume werden bewegt, Fensterläden werden geöffnet, Zweige brechen von Bäumen, beim Gehen erhebliche Behinderung	ziemlich hohe Wellenberge, deren Köpfe verweht werden, überall Schaumstreifen

Tab. 4.2 (Fortsetzung)

Windstärke in Bft	Bezeichnung der Windstärke	Bezeichnung des Seeganges (Windsee)	Beschreibung	
			Wirkung an Land	Wirkung auf dem Meer
9	Sturm		Äste brechen, kleinere Schäden an Häusern, Ziegel und Rauchhauben werden von Dächern gehoben, Gartenmöbel werden umgeworfen und verweht, beim Gehen erhebliche Behinderung	hohe Wellen mit verwehtem Gischt, Brecher beginnen sich zu bilden
10	schwerer Sturm	sehr hohe See	Bäume werden entwurzelt, Baumstämme brechen, Gartenmöbel werden weggeweht, größere Schäden an Häusern; selten im Landesinneren	sehr hohe Wellen, weiße Flecken auf dem Wasser, lange, überbrechende Kämme, schwere Brecher
11	orkanartiger Sturm	außergewöhnlich schwere See	Heftige Böen, schwere Sturmschäden, schwere Schäden an Wäldern (Windbruch), Dächer werden abgedeckt, Autos werden aus der Spur geworfen, dicke Mauern werden beschädigt, Gehen ist unmöglich; sehr selten im Binnenland	brüllende See, Wasser wird waagerecht weggeweht, starke Sichtverminderung
12	Orkan		Schwerste Sturmschäden und Verwüstungen; sehr selten im Landesinneren	See vollkommen weiß, Luft mit Schaum und Gischt gefüllt, keine Sicht mehr

Auch hierzu gibt es im Internet ausreichend Prognosedaten für Jahresmittelwerte[1]. Als Anhaltswerte können gelten [1]:

6 m/s in Küstenregionen
3–4 m/s im Binnenland
<0,5 m/s = Windstille

4.1 Auswertung von Standortmessungen

Für die Leistungsprognose sind Windgeschwindigkeit und Häufigkeitsverteilung ausschlaggebend. Die Häufigkeitsverteilung wird durch statistische Wahrscheinlichkeitsfunktionen und Formparameter beschrieben [2, 3]. Für die Windgeschwindigkeitsverteilung kommen dabei die RAYLEIGH- oder WEIBULL-Verteilung zur Anwendung. Bei der WEIBULL-Verteilung ist die **Summenhäufigkeit**

$$\Phi = 1 - \exp\left(-\frac{c}{c_m}\right)^{\beta} = 1 - e^{-\left(\frac{c}{cm}\right)^{\beta}} \tag{4.1}$$

und die **relative Häufigkeit**

$$\frac{d\Phi}{dc} = \frac{1}{c_m} \cdot ß \left(\frac{c}{c_m}\right)^{\beta-1} \cdot \exp\left(-\frac{c}{c_m}\right)^{\beta} = \frac{\beta}{c_m} \cdot \left(\frac{c}{c_m}\right)^{\beta-1} \cdot e^{-\left(\frac{c}{cm}\right)^{\beta}} \tag{4.2}$$

mit

c Windgeschwindigkeit
c_m Skalenfaktor [m/s] – ca. 10…15 % größer als die Jahresmittelgeschwindigkeit (vgl. Tab. 4.3)
β Formparameter ($1 < \beta < 3$)

Abbildung 4.1 zeigt ein Beispiel dazu. KOEPPEN [3] gibt hier als Anhaltswerte:

Kaiser-Wilhelm-Koog (in 10 m Höhe): $c_m = 7{,}31$ m/s; $\beta = 2{,}4$
List/Sylt: (in 10 m Höhe): $c_m = 7{,}00$ m/s; $\beta = 2{,}21$

Die RAYLEIGH-Verteilung ist ein Spezialfall der WEIBULL-Verteilung. Sie wird angewendet, wenn nur die mittlere Jahreswindgeschwindigkeit für einen Standort bekannt ist. Typische Werte sind hier (in 10 m Höhe): $c_m = 5{,}50$ m/s; $\beta = 2{,}00$. Für eine 600 kW-Anlage (50 m über Grund) gibt [2] beispielsweise folgende Volllaststunden an:

5,5 m/s 1600 h/a
6,5 m/s 2300 h/a
7,5 m/s 3000 h/a

[1] Internationales Wirtschaftsforum Regenerative Energien (IWR): www.iwr.de

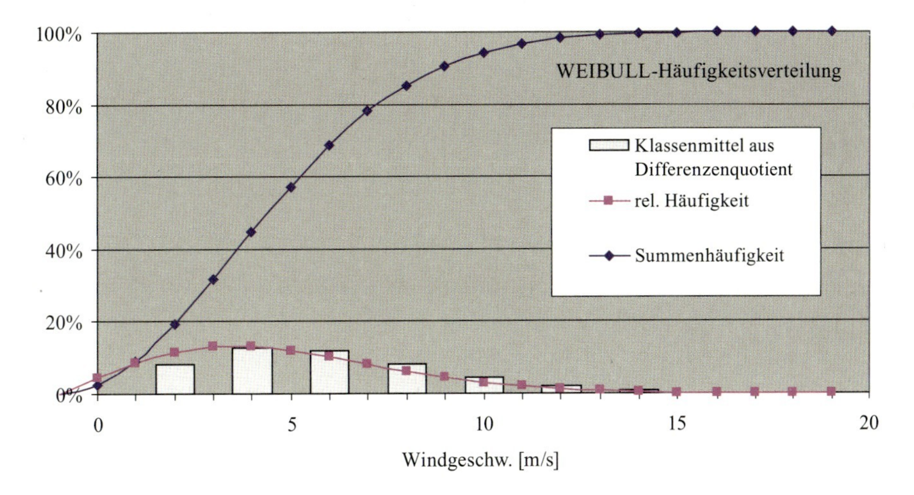

Abb. 4.1 WEIBULL-Häufigkeitsverteilung der Windgeschwindigkeit

Tab. 4.3 Form- und Skalierungsfaktoren für verschiedene Windstandorte; nach [2]

Standort	jährl. mittl. Windgeschw. [m/s]	Skalenfaktor c_m [m/s]	Formfaktor β
Helgoland	7,2	8,0	2,09
List	7,1	8,0	2,15
Bremen	4,3	4,9	1,85
Braunschweig	3,8	4,3	1,83
Saarbrücken	3,4	3,9	1,82
Stuttgart	2,5	2,8	1,24

4.2 Grundlagen

Auf dem Markt sind sowohl Kleinstwindkraftanlagen für die Versorgung von Kleinstverbrauchern als auch großtechnische Lösungen verfügbar. Nachfolgend werden zunächst die allgemeinen Grundgleichungen für die Energieumsetzung und die Leistungsprognose dargestellt, die für alle Turbinentypen gelten.

Eine erste einfache Leistungsprognose kann nach der vereinfachten Strahltheorie erfolgen [4]: In die Windkraftanlage tritt der Volumenstrom

$$\dot{V} = A \cdot c_1 \tag{4.3}$$

ein. Darin ist

c_1 Windgeschwindigkeit vor dem Rotor [m/s]
$A = \frac{d^2 \cdot \pi}{4}$ Rotorfläche [m^2]

Nach dem Energiesatz enthält der Luftstrom das Leistungsvermögen von

$$P = \frac{1}{2}\dot{m} \cdot c_1^2 \quad \left[\frac{\text{kg}}{\text{s}}\left(\frac{\text{m}}{\text{s}}\right)^2 \equiv \frac{\text{Nm}}{\text{s}} \equiv \text{W}\right] \tag{4.4}$$

wobei der Massenstrom der Luft

$$\dot{m} = \dot{V} \cdot \rho \quad [\text{kg/s}] \tag{4.5}$$

und die Dichte der Luft

$$\rho = \frac{p}{R \cdot T} \quad [\text{kg/m}^3]\,, \tag{4.6}$$

hier ist

$p = p_0$ Luftdruck [bar = 10^5 Pa]
T Lufttemperatur [K]
R Gaskonstante der Luft 287 J/kg K

Bezieht man die Leistung auf den eintretenden Volumenstrom, erhält man den dynamischen Druckanteil der Strömung

$$p_{\text{dyn}} = \frac{\rho}{2} \cdot c_1^2 = \frac{\frac{1}{2}\dot{m} \cdot c_1^2}{\dot{V}} = \frac{P}{\dot{V}} \quad \left[\frac{\text{Nm/s}}{\text{m}^3/\text{s}} \equiv \frac{\text{N}}{\text{m}^2} \equiv \text{Pa} \equiv 10^{-5}\text{bar}\right] \tag{4.7}$$

Der dynamische Druck (auch „Staudruck“ genannt) ist also eine bezogene, spezifische Energie.

Im Umkehrschluss bedeutet dies für das max. nutzbare Leistungsangebot

$$P_1 \approx \dot{V}_1 \cdot p_1 = (A \cdot c_1) \cdot \left(\frac{\rho}{2}c_1^2\right) = \frac{1}{2}A \cdot \rho \cdot c_1^3\,. \tag{4.8}$$

An dieser Stelle können schon erste wichtige Rückschlüsse gezogen werden:

1. Die Leistung steigt mit dem Quadrat des Rotordurchmessers: Doppelter Durchmesser → 4-fache Leistung. Große Windkraftanlagen sind also zweckmäßig!
2. Die Leistung steigt mit der dritten Potenz der Windgeschwindigkeit: Doppelte Windgeschwindigkeit → 8-fache Leistung; heißt aber auch im Umkehrschluss: Halber Wind → ein Achtel Leistung! Der Aufstellungsort sollte also sorgfältig gewählt werden.
   Da die Leistung mit der dritten Potenz der Windgeschwindigkeit steigt, bedeutet ein Prognosefehler von 10 % beim Wind (d. h. z. B. nur 90 %), dass die Leistung auf $0{,}9 \times 0{,}9 \times 0{,}9 = 0{,}729 = 72{,}9\,\%$ absinkt. Für die Ertragsprognose sind also genaue Kenntnisse der Mittelwerte und der Verteilungsfunktion erforderlich.

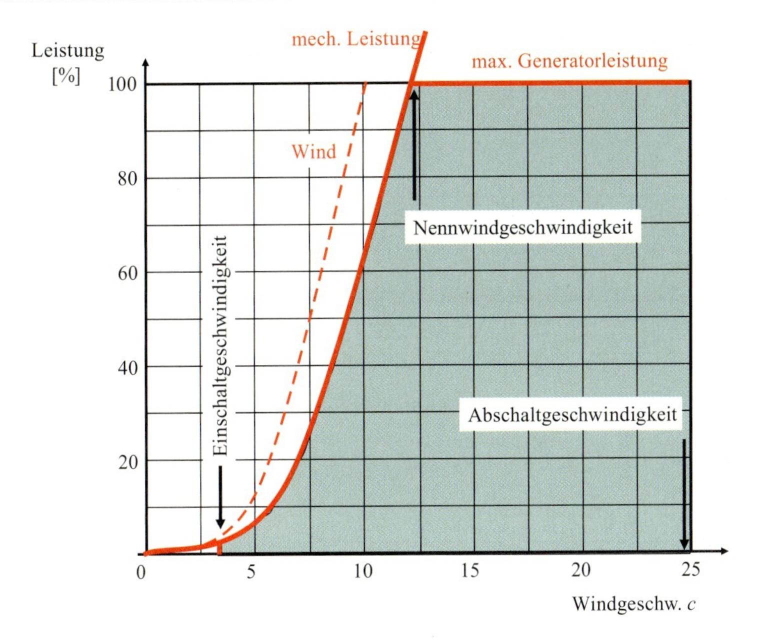

Abb. 4.2 Einschaltgeschwindigkeit, Drittes-Potenz-Gesetz und max. Generatorleistung

3. Indirekt fließt hier also auch die Nabenhöhe ein, denn mit zunehmender Anlagenhöhe werden die Winde stärker und kontinuierlicher, weil störende Bodeneffekte (durch Gebäude oder Pflanzen) abnehmen.

Mit der WEIBULL-Verteilung (4.2) und der Substitutionsregel der Mathematik [3] ist der Jahresertrag ($t_0 = 1$ Jahr); vgl. Abb. 4.3:

$$W = \int_0^{t_0} P(c) \cdot dt = \int_0^{\Phi_{\max}} P(c) \cdot t_0 \cdot d\Phi = t_0 \cdot \int_0^{c_{\max}} P(c) \cdot \frac{d\Phi}{dc} \cdot dc$$

oder in infinitesimaler Schreibweise

$$W = t_0 \cdot \Delta c \cdot \sum_{c_{\min}}^{c_{\max}} P(c) \cdot \frac{\beta}{c_m} \cdot \left(\frac{c}{c_m}\right)^{\beta - 1} \cdot e^{-\left(\frac{c}{cm}\right)^{\beta}}$$

wobei

Δc die Klassenbreite (in Abb. 4.1 z. B. 2 m/s) und
$P(c)$ Leistungskennlinie aus den Herstellerdatenblättern ist.

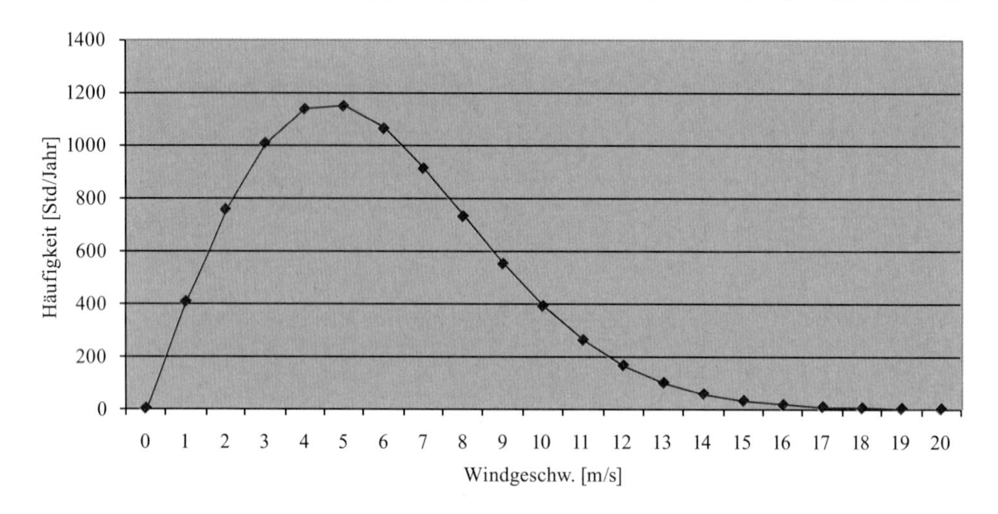

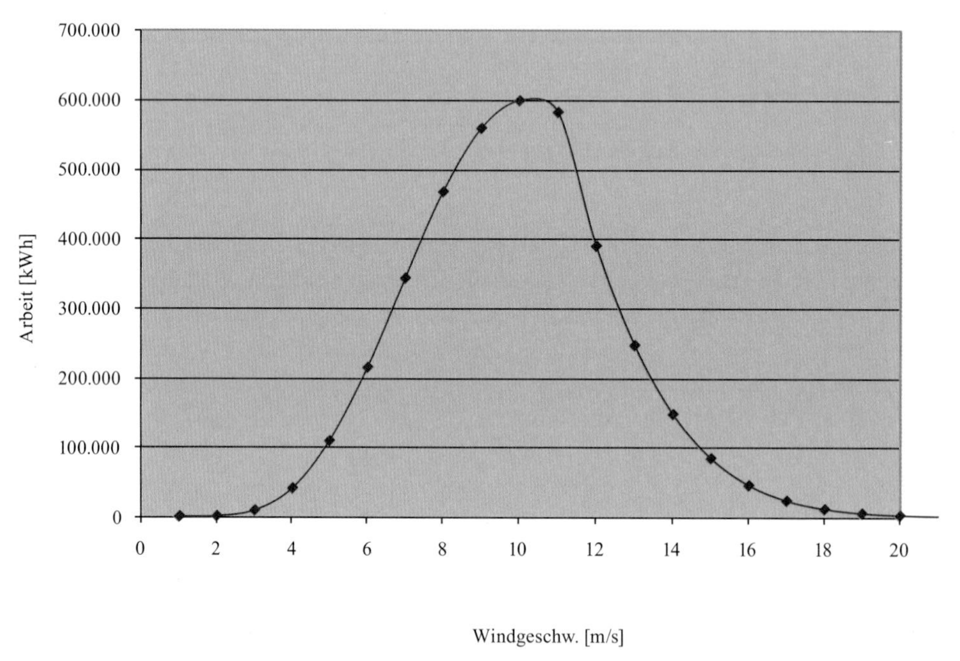

Abb. 4.3 WEIBULL-Häufigkeitsverteilung des Windes [Std./Jahr] und des Jahresertrages [kWh] am Beispiel einer 1500 kW-Anlage

Daraus ergeben sich die Volllaststunden der Anlage zu

$$t_{\text{Voll}} = \frac{W}{P_N}$$

Nach Gl. (4.8) steigt die verfügbare Leistung mit der 3. Potenz („**3.-Potenz-Gesetz**")[2]; Abb. 4.2 veranschaulicht die Verhältnisse an einer realen Windkraftanlage.

- Unterhalb von 2 bis 3 m/s ist die kinetische Energie des Windes nicht ausreichend, um die Reibungs- und Strömungsverluste der Anlage zu überwinden (**Einschaltgeschwindigkeit**).
- Die **Nennleistung** einer Windkraftanlage wird bei der anlagenspezifischen **Nennwindgeschwindigkeit** von ca. 10 bis 15 m/s erreicht. In dem Bereich zwischen der Einschaltgeschwindigkeit und der Nennwindgeschwindigkeit wirkt das Dritte-Potenz-Gesetz nach Gl. (4.8).
- Ab Sturmstärke (ca. 20...25 m/s) muss die Windkraftanlage gegen Beschädigungen geschützt werden und schaltet ab (**Abschaltgeschwindigkeit**).
- Damit der Generator nicht überhitzt, kann nur eine maximale Leistung abgegeben werden. Für diesen Punkt wird die Nennleistung ausgelegt. In dem Bereich zwischen Nennwindgeschwindigkeit und Abschaltgeschwindigkeit wird der Rotor so geregelt, dass nur die Maximalleistung (= Nennleistung) abgegeben wird (Abb. 4.2).

Der Energieertrag wird damit dominiert durch das 3. Potenzgesetz der Leistung. Aus der WEIBULL-Verteilung in Abb. 4.1 erhält man durch Multiplikation der Leistungskurve mit der Häufigkeitsverteilung des Windes die Häufigkeitsverteilung des Energieangebots; vgl. Abb. 4.3.

Energieumsetzung am Rotor

Am Rotor wird Geschwindigkeitsenergie in mechanische Energie umgewandelt, der Rotor entzieht dem Wind ein Teil seiner Geschwindigkeit. Nach der **einfachen Strahltheorie** (Abb. 4.4) wird der Wind an der Windkraftanlage aufgestaut, gem. dem Satz von BERNOULLI wird also Windgeschwindigkeit in Druckenergie umgewandelt.

$$p_{\text{stat}} + p_{\text{dyn}} = p + \frac{\rho}{2}c^2 = \text{konst} \tag{4.9}$$

Für die Leistungsbilanz am Rotor bedeutet dies

$$P = \eta \cdot \left(\dot{V}_1 \cdot \Delta p_{\text{dyn}}\right) = \eta \cdot \left[\left(A \cdot \frac{c_1 + c_2}{2}\right) \cdot \frac{\rho}{2} \cdot \left(c_1^2 - c_2^2\right)\right] = M \cdot \omega = M \cdot (2 \cdot \pi \cdot n) \tag{4.10}$$

dabei wird davon ausgegangen, dass direkt an der Windkraftanlage der arithmetische Mittelwert zwischen An- und Abströmung vorliegt. In den Gleichungen ist

$p_{\text{stat}} = p_0$ statische Druck, hier: Luftdruck
η Wirkungsgrad der Windkraftanlage

[2] Nach KOEPPEN [3] wächst die Leistung wegen der Windscherung im Binnenland etwa mit der 2,5ten Potenz, auf See etwa mit der 2,3ten Potenz.

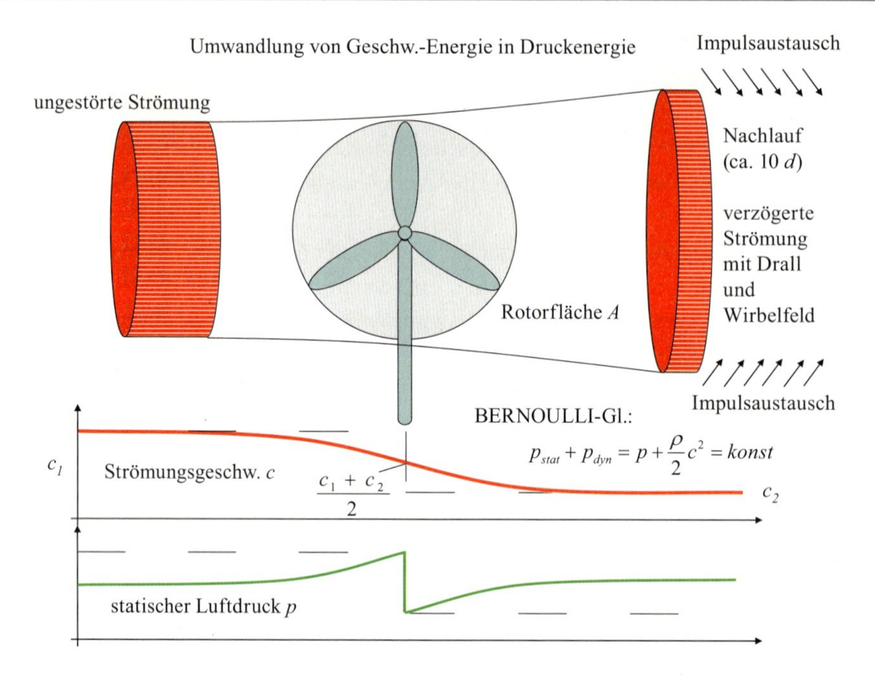

Abb. 4.4 Druck- und Geschwindigkeitsverhältnisse nach der einfachen Strahltheorie

M	Drehmoment [Nm]
$\omega = 2 \cdot \pi \cdot n$	Winkelgeschwindigkeit [s^{-1}]
n	Drehzahl [s^{-1}]

Wegen des Strömungsnachlaufes ist der 10-fache Rotordurchmesser ein sinnvoller Abstand in einem Windpark [3].

Das Verhältnis aus nutzbarer Leistung zu Leistungsangebot des Windes wird max. Wirkungsgrad $\eta_{\max}$ oder Leistungsbeiwert c_P genannt:

$$c_P = \eta_{\max} = \frac{P_{\text{rot}}}{P_{\text{Wind}}} = \frac{\frac{c_1+c_2}{2}\left(c_1^2 - c_2^2\right)}{c_1^3} = \frac{1}{2}\left(1 + \frac{c_2}{c_1}\right) \cdot \left(1 - \frac{c_2^2}{c_1^2}\right) \tag{4.11}$$

darin ist

$\frac{c_2}{c_1}$ das Geschwindigkeitsverhältnis als Abminderungsfaktor.

Gesucht wird nun der optimale Abminderungsfaktor, bei dem der größte Leistungsbeiwert erreicht wird (**Betzsche Theorie**). Nach den Regeln der Mathematik wird der Leistungs-

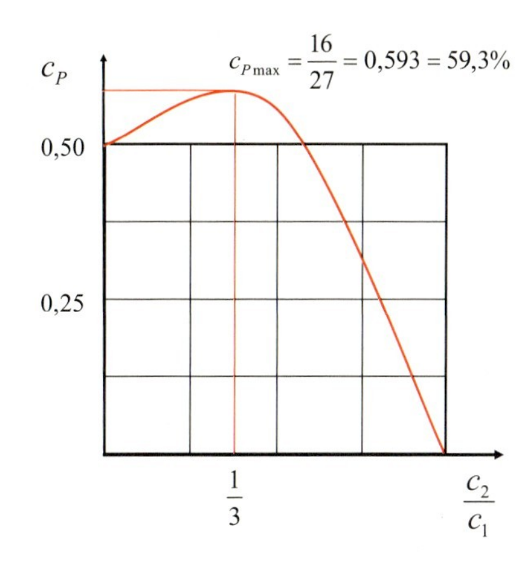

Abb. 4.5 Leistungsbeiwert in Abhängigkeit vom Abminderungsfaktor

beiwert optimal, wenn die Ableitung der Funktion null wird:

$$\frac{d}{dc_2}\left[\underbrace{\frac{1}{2}\left(1+\frac{c_2}{c_1}\right)\cdot\left(1-\frac{c_2^2}{c_1^2}\right)}_{\text{Produkt-Regel!}}\right] = \frac{d}{dc_2}\left[\frac{1}{2}\left(1-\frac{c_2^2}{c_1^2}+\frac{c_2}{c_1}-\frac{c_2^3}{c_1^3}\right)\right] \stackrel{!}{=} 0 \qquad (4.12a)$$

Dies liefert:

$$\begin{aligned} & -\tfrac{2c_2}{c_1^2} + \tfrac{1}{c_1} - \tfrac{3c_2^2}{c_1^3} = 0 \\ \Leftrightarrow\ & \tfrac{c_2^2}{c_1^2} + \tfrac{2c_2}{3c_1} = \tfrac{1}{3} \\ \Leftrightarrow\ & \tfrac{c_2}{c_1} = -\tfrac{1}{3} \pm \sqrt{\tfrac{1}{9}+\tfrac{1}{3}} = -\tfrac{1}{3} \pm \sqrt{\tfrac{1}{9}+\tfrac{3}{9}} = -\tfrac{1}{3} \pm \tfrac{2}{3} \\ \Leftrightarrow\ & \underline{\underline{\tfrac{c_2}{c_1} = \tfrac{1}{3}}} \text{ als sinnvolle Lösung} \end{aligned} \qquad (4.12b)$$

Dieses Ergebnis ist noch völlig unabhängig von der tatsächlichen Konstruktion der Windkraftanlage. Abbildung 4.5 veranschaulicht diese Verhältnisse.

4.3 Funktionsprinzip

Bei Windkraftanlage sind im Wesentlichen zwei Wirkmechanismen zu unterschieden:

1. Anlagen nach dem Staudruck- bzw. Widerstandsprinzip
2. Anlagen nach dem Auftriebsprinzip.

Abbildung 4.6 veranschaulicht die Verhältnisse an einem Rotor nach dem **Staudruckprinzip**. Die Windgeschwindigkeit c wird an der angeströmten Platte aufgestaut und in

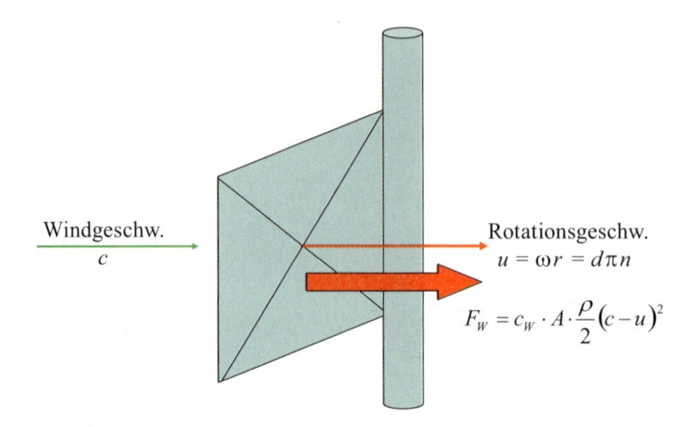

Abb. 4.6 Rotor nach dem Staudruckprinzip

Druck („Winddruck") umgewandelt. Die Platte rotiert mit der Umfangsgeschwindigkeit

$$u = \omega \cdot r = d \cdot \pi \cdot n \tag{4.13}$$

Die Drehkraft berechnet sich mit der Differenzgeschwindigkeit aus Anström- und Umfangsgeschwindigkeit über

$$F_W = c_W \cdot A \cdot \frac{\rho}{2}(c-u)^2 \tag{4.14}$$

Darin ist

$(c-u)$	Differenzgeschwindigkeit [m/s]
$\omega = d \cdot \pi \cdot n$	Winkelgeschwindigkeit [1/s]
$\frac{\rho}{2}(c-u)^2$	Staudruck [N/m^2]
A	projizierte Wirkfläche [m^2]
c_W	formabhängiger Widerstandsbeiwert [-]
F_W	Widerstands- oder „Drehkraft" [N]

Für eine senkrecht angeströmte, ebene Platte ist beispielsweise $c_W \approx 2$, für eine Kreisplatte $c_W \approx 1{,}1$ [5]. Der Ansatz berücksichtigt dabei noch nicht, dass die Platte zurückläuft.

Mit diesen Gleichungen wird der Leistungsbeiwert einer Anlage nach dem Staudruckprinzip:

$$c_P = \frac{P}{P_W} = \frac{F_W \cdot u}{P_W} = \frac{c_w \cdot (c-u)^2 \cdot u}{c^3} = c_W \left[\frac{u}{c} - 2\frac{u^2}{c^2} + \frac{u^3}{c^3}\right] \tag{4.15a}$$

Setzt man hier den optimalen Abminderungsfaktor (4.12b) nach BETZ ein, ergibt sich:

$$c_P = c_W \left[\frac{1}{3} - 2 \cdot \frac{1}{9} + \frac{1}{27}\right] \tag{4.15b}$$

Abb. 4.7 Strömungsverhältnisse am Rotor (die Anströmung geht in die Zeichenebene hinein, das Strömungsdreieck ist also hier um 90° gedreht!)

Für eine senkrecht angeströmte ebene Platte erhält man so einen Leistungsbeiwert von 30 %:

$$c_P \approx 2\left[\frac{4}{27}\right] \approx \frac{8}{27} \approx \underline{\underline{0{,}3 = 30\,\% < 59{,}3\,\%}} \quad \text{nach BETZ} \tag{4.15c}$$

Dieser Leistungsbeiwert ist deutlich kleiner als der Optimalwert nach BETZ. Der schlechte Wirkungsgrad kann u. a. dadurch erklärt werden, dass immer eine Rotorseite mit dem Wind und eine Rotorseite gegen den Wind läuft. KOEPPEN [3] gibt für Halbschalen-Widerstandsläufer einen Leistungsbeiwert von ca. 0,08, bei Abdeckung des gegenläufigen Teils 0,197 an (vgl. Abschn. 4.4).

Deutlich bessere Wirkungsgrade können mit Anlagen nach dem **Auftriebsprinzip** erreicht werden; Abb. 4.7. Dabei umströmt die Luft ein tragflügelförmiges Rotorblatt und erzeugt durch die Anströmung am Strömungsprofil eine tangentiale „Auftriebskraftkomponente" in Drehrichtung.

Um die Wirkmechanismen verstehen zu können, sind gem. Abb. 4.8 folgende Geschwindigkeiten zu unterscheiden:

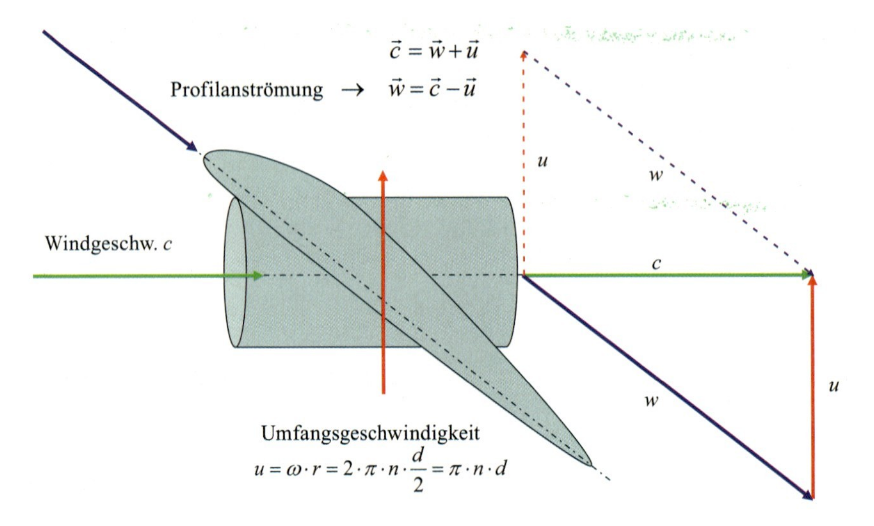

Abb. 4.8 Strömungsverhältnisse am Tragflügelprofil

1. Die **Absolutgeschwindigkeit** $\boldsymbol{c}$ ist die Strömungsgeschwindigkeit, die ein ortsfester Beobachter z. B. bei Starkwinden und Schneefall beobachten kann.
2. Die **Umfangsgeschwindigkeit** $\boldsymbol{u}$ ist die Tangentialgeschwindigkeit bzw. Drehgeschwindigkeit. Sie berechnet sich nach

$$u = \omega \cdot r = 2 \cdot \pi \cdot n \cdot r = d \cdot \pi \cdot n \tag{4.16}$$

und nimmt daher mit wachsendem Radius zu.
3. **Profilan- und -abströmung** $\boldsymbol{w}$ die ein mitbewegter Beobachter auf dem Rotorblatt verspüren würde. Die Relativströmung w bestimmt die Kräfte am Rotor. Die vektorielle Addition der Relativgeschwindigkeiten w und u führt auf die Vektorgleichung und die resultierende Absolutgeschwindigkeit

$$\vec{c} = \vec{w} + \vec{u} \tag{4.17a}$$

kann die Profilanströmung durch die Vektordifferenz

$$\vec{w} = \vec{c} - \vec{u}\,. \tag{4.17b}$$

bestimmt werden.

Die Kräfte- und Strömungsverhältnisse sollen zunächst an einer einfachen Platte veranschaulicht werden (Abb. 4.9).

Die Windkraftanlage dreht sich mit der Umfangsgeschwindigkeit u und wird mit der (absoluten) Windgeschwindigkeit c angeströmt. Wegen der Vektorgleichung (4.17a) „verspürt" die Platte die (relative) Anströmung w. Aufgrund des Anströmwinkels α wirken an der Platte die **Widerstandskraft** (entgegen der Anströmungsgeschwindigkeit w)

$$F_W = \frac{\rho}{2} w^2 \cdot \underbrace{(l \cdot b)}_{A} \cdot \underbrace{c_W(\alpha)}_{\text{Widerstandsbeiwert}} \tag{4.18}$$

und die **Auftriebskraft** (senkrecht zur Anströmgeschwindigkeit w)

$$F_A = \frac{\rho}{2} w^2 \cdot \underbrace{(l \cdot b)}_{A} \cdot \underbrace{c_A(\alpha)}_{\text{Auftriebsbeiwert}} \tag{4.19}$$

Für eine einfache Platte liefert die Strömungslehre [6] für kleine Anströmwinkel α den Querkraft- oder Auftriebsbeiwert

$$c_A \approx 2 \cdot \pi \cdot \sin \alpha \tag{4.20}$$

Mit den Strömungsdreiecken kann gezeigt werden, dass durch eine große Umfangsgeschwindigkeit u die Profilanströmung w gegenüber dem tatsächlichen Wind c deutlich erhöht werden kann. Da die Kräfte mit dem Quadrat der Anströmgeschwindigkeit w^2 wachsen, ergeben sich große Kräfte in Umfangs- und Axialrichtung.

Nach dem **Impulssatz der Mechanik** gilt

$$d\vec{F} = \frac{d(m \cdot \vec{w})}{dt} = \frac{dm}{dt} \cdot \vec{w} + m \cdot \frac{d\vec{w}}{dt} \tag{4.21a}$$

wobei die zeitliche Änderung der Geschwindigkeit bei stationären Strömungen

$$\frac{d\vec{w}}{dt} = 0\,.$$

Der erste Term repräsentiert den Massenstrom

$$\frac{dm}{dt} = \dot{m} = \rho \cdot \dot{V}$$

so dass

$$\vec{F} = \int d\vec{F} = \int \frac{d(m \cdot \vec{w})}{dt} = \dot{m} \cdot \vec{w}\Big|_1^2 = \dot{m} \cdot \vec{w}_2 - \dot{m} \cdot \vec{w}_1 = \vec{I}_2 - \vec{I}_1 \tag{4.21b}$$

Das Produkt aus Massenstrom und Strömungsgeschwindigkeit wird Impuls I genannt. Der Impuls erzeugt eine Kraftwirkung („Rückstoß der Strömung").

Der **Impulssatz** liefert wegen der Strömungsumlenkung die Vektorgleichung

$$\vec{F} = \dot{m} \cdot \vec{w}_2 - \dot{m} \cdot \vec{w}_1 \tag{4.21c}$$

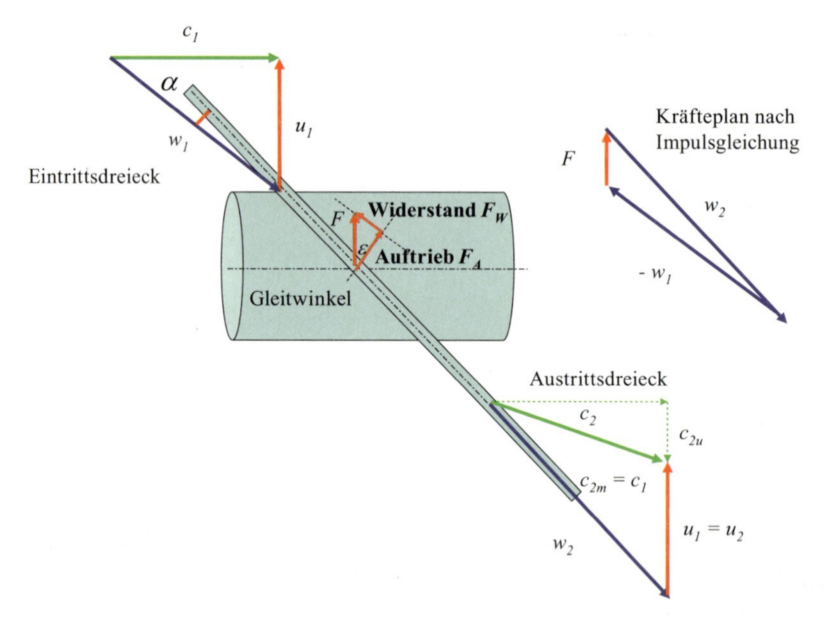

Abb. 4.9 Strömungs- und Kräfteverhältnisse an einer angeströmten Rotorplatte

d. h. der resultierende Kraftvektor lässt sich nach Betrag und Richtung bestimmen, indem man die Vektordifferenz zwischen Austrittsimpuls $\left(\dot{m} \cdot \vec{w}_2\right)$ minus Eintrittsimpuls $\left(\dot{m} \cdot \vec{w}_1\right)$ bestimmt. Für die Kraftkomponente in Umfangsrichtung („Drehkraft") bedeutet dies nach Abb. 4.9:

$$F_U = \dot{m} \cdot w_{2U} - \dot{m} \cdot w_{1U} = \dot{m} \cdot (c_{2U} - c_{1U}) \tag{4.21d}$$

Hierbei wurde berücksichtigt,

1. dass in Umfangsrichtung nur die Geschwindigkeitskomponenten wirken (skalare Beträge, keine Vektoren!) und
2. die Differenz der Umfangskomponenten von Relativgeschwindigkeit Δw_U und Absolutgeschwindigkeit Δc_U identisch ist (wie durch Vergleich der Strömungsdreiecke an Eintritt- und Austritt leicht gezeigt werden kann; vgl. Abb. 4.9).

Für das **Drehmoment** erhält man somit den Dreh-Impulssatz:

$$M = \sum F_u \cdot r = \dot{m} \cdot (c_{1u} - c_{2u}) \cdot r\,. \tag{4.22}$$

Wegen der Leistungsdefinition und der Winkelgeschwindigkeit

$$P = M \cdot \omega \quad \text{mit} \quad \omega = \frac{u}{r}$$

folgt aus der Drehimpulsgleichung (4.22) die **EULER-Hauptgleichung für Strömungsmaschinen**

$$\frac{P}{\dot{m}} = \underbrace{u_1 \cdot c_{u1}}_{\to 0} - u_2 \cdot c_{u2} \tag{4.23}$$

Sie liefert das spezifische Leistungsvermögen der Strömungsmaschine in Abhängigkeit von den Strömungsgeschwindigkeiten. Da die Windkraftanlage in der Regel axial angeströmt wird, ist die Umfangskomponente der Anströmung

$$c_{1u} = 0$$

so dass für eine maximale Leistungsausbeute die Forderung

$$c_{2u} \uparrow$$

aufgestellt werden kann. In der Praxis überlagern sich Kraftwirkung durch Umlenkung (Impulssatz) und Unterdruckwirkung durch den Auftriebseffekt am Tragflügel. Moderne Tragflügelprofile können mit geringen Widerstandsbeiwerten und großen Auftriebsbeiwerten Leistungsbeiwerte erzielen, die sehr gut an die Maximalwerte von BETZ heranreichen:

$$c_W \downarrow \quad + \quad c_A \uparrow \quad \rightarrow \quad c_P \rightarrow 0{,}59!$$

Ein Beispiel für optimierte Profilbeiwerte zeigt Abb. 4.10. Auftriebs- und Widerstandsbeiwert werden mit größerem Anstellwinkel α bis zu einem Maximalwert größer. Beim Maximalwert kommt es zum Strömungsabriss auf der Rückseite des Profils und zu Wirbelverlusten; der Auftrieb „bricht schlagartig zusammen". Dieser Effekt wird „Stall" genannt[3].

Der Auftriebsbeiwert (und damit auch die Auftriebskraft) sind ca. 20mal größer als Widerstandsbeiwert (und Widerstandskraft). Das Verhältnis wird **Gleitzahl** oder **Gleitwinkel** genannt:

$$\varepsilon \approx \tan \varepsilon = \frac{c_W}{c_A} = \frac{F_W}{F_A} = \frac{F_{\text{Wu}}}{F_{\text{Au}}} \approx \frac{1}{20} = 0{,}02\ldots0{,}08 \tag{4.24}$$

Oft werden die Profilbeiwerte auch als Bipolare dargestellt (Abb. 4.11). In dieser Darstellung kann das optimale Verhältnis aus Auftriebs- und Widerstandswert gut abgelesen werden (in Abb. 4.11 bei ca. 1° Anstellwinkel).

Die geometrischen Kraft- und Strömungsverhältnisse am Tragflügelprofil sowie den Gleitwinkel zeigt Abb. 4.12.

Insbesondere aus Abb. 4.13 ist erkennbar, dass moderne Windkraftanlagen mit großen Anstellwinkeln $\beta \rightarrow 180°$ arbeiten. Dies kann wie folgt begründet werden: Durch große

[3] „stall" = engl. „(stop running) engine" = stehen bleiben, (aircraft) abrutschen, zum Stillstand kommen.

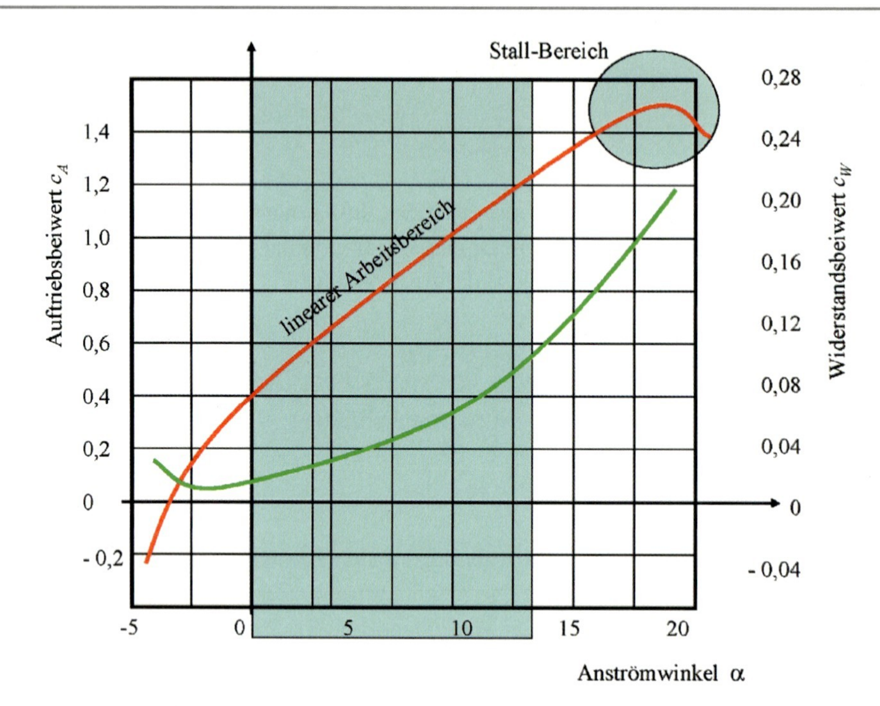

Abb. 4.10 Profilbeiwerte eines optimierten Auftriebsprofils

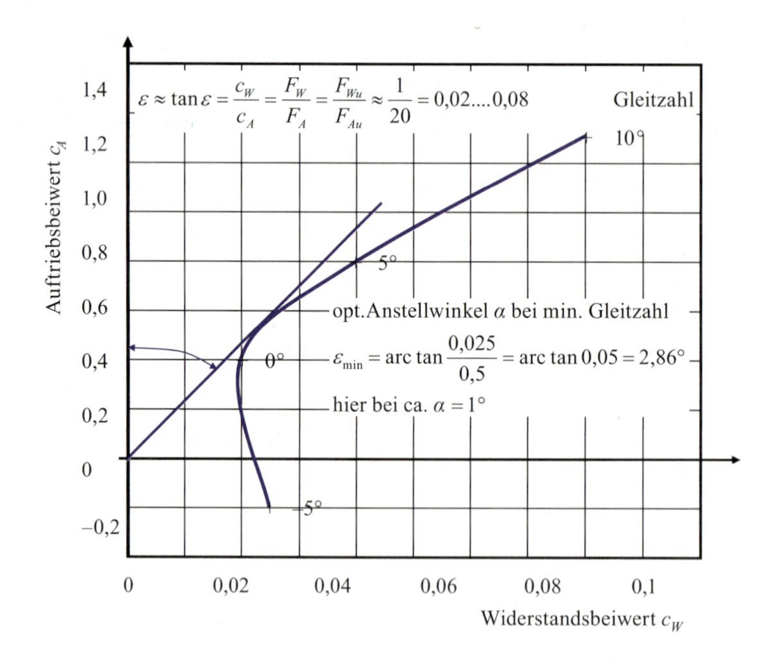

Abb. 4.11 Profilpolare Darstellung der Profilbeiwerte

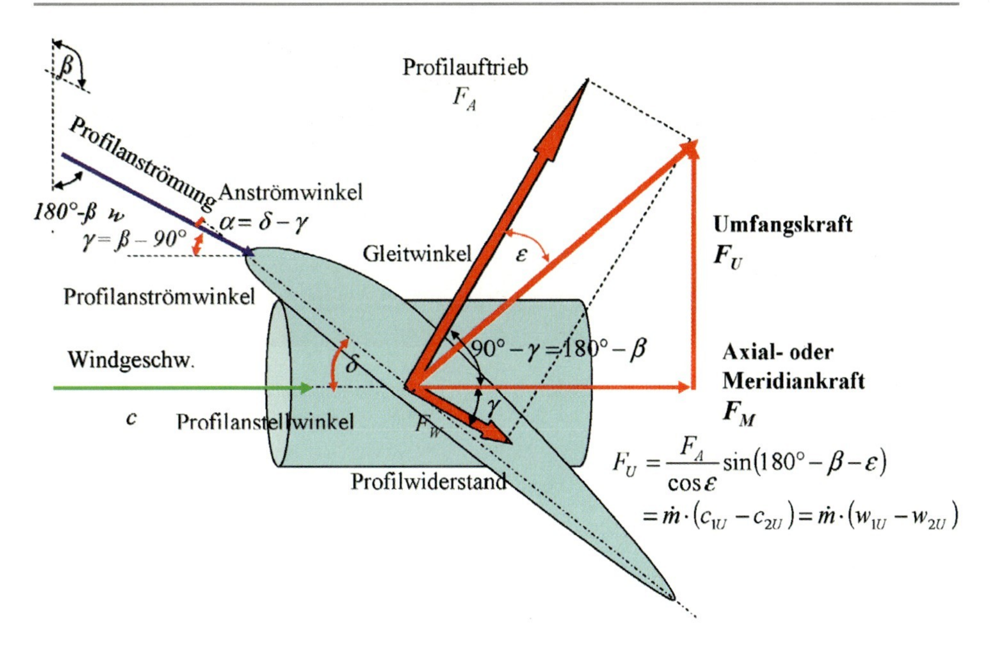

Abb. 4.12 Kräfte am Tragflügelprofil

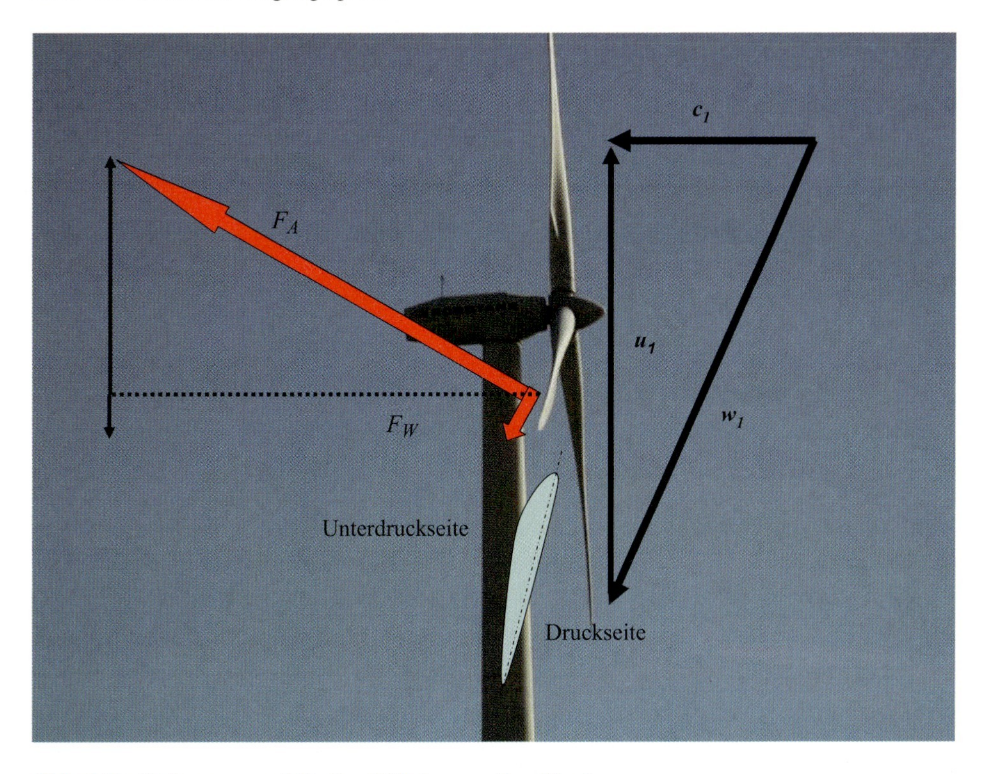

Abb. 4.13 Strömungs- und Kraftverhältnisse am Tragflügel

Abb. 4.14 Schaufelprofile einer Großwindkraftanlage in der Montagehalle

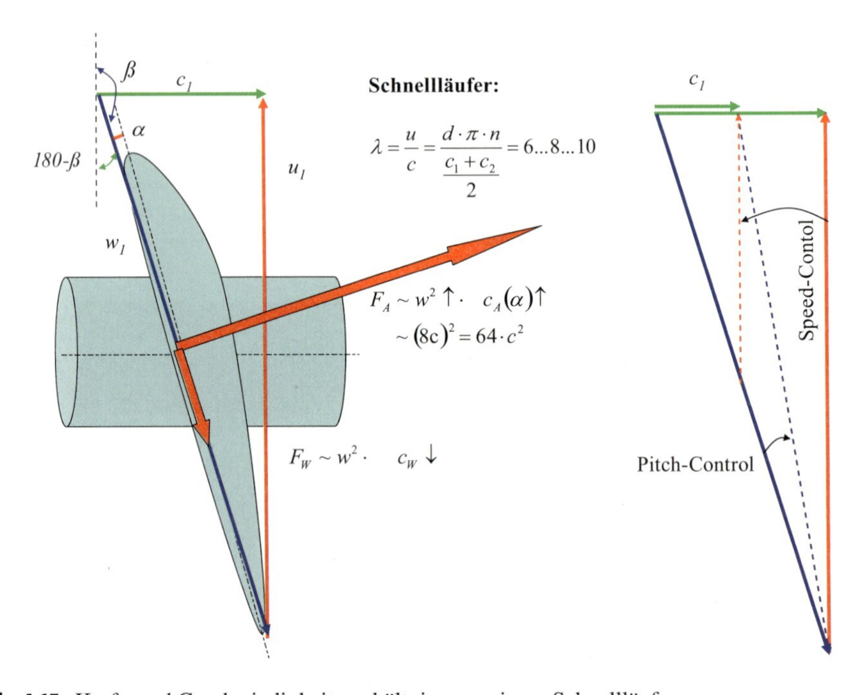

Abb. 4.15 Kraft- und Geschwindigkeitsverhältnisse an einem Schnellläufer

Anstellwinkel und Rotordrehzahlen können am Tragflügel deutlich größere Strömungsgeschwindigkeiten w und damit größere Auftriebskräfte F_A generiert werden. Die Geschwindigkeitsverhältnisse am Tragflügel werden durch die **Laufzahl** charakterisiert (vgl. Abb. 4.15):

$$\lambda = \frac{u}{c} = 6 \ldots 8 \ldots 10 \tag{4.25}$$

Die Laufzahl liegt bei modernen Windkraftanlagen in der Größenordnung zwischen 6 und 10, d. h. bei einer Laufzahl von 8 ist die Relativanströmung des Profils w näherungs-

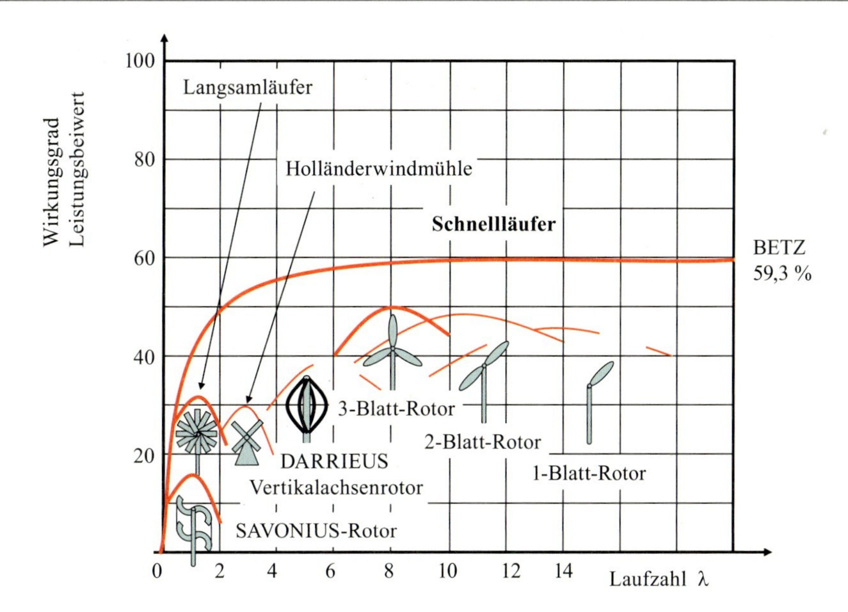

Abb. 4.16 Wirkungsgradvergleich unterschiedlicher Windkrafttypen (nach www.energiewelten.de/)

weise 8 mal so groß wie die Windgeschwindigkeit c. D. h. am Tragflügel werden $8^2 = 64$ mal so große Kräfte wirksam. Abbildung 4.15 veranschaulicht diese geometrischen Verhältnisse. Dabei zeigt sich, dass nicht nur die Umfangskraft, sondern auch die Axialkraft ansteigt. Die Begrenzung des **Axialschubes** ist u. a. eine Begründung dafür, dass **mit zunehmender Schnellläufigkeit die Flügelzahl sinkt**; vgl. Abb. 4.16.

Wegen dieser günstigen Verhältnisse kommen schnelllaufende Windkraftanlagen **sehr gut an den maximalen Wirkungsgrad nach BETZ heran**; vgl. Abb. 4.16.

4.3.1 Leistungsregelung

Die Abb. 4.15 zeigt auch die unterschiedlichen Stellmöglichkeiten bei geänderten Windverhältnissen. Für eine optimale Anströmung des Tragflügelprofils kann entweder

1. der Anstellwinkel angepasst werden (**Pitch-/Stall-Control**) oder
2. die Drehzahl variiert werden (**Speed-Control**).
3. Bei böigem Wind an der Grenzleistung wird auch die Rotorachse aus der Windrichtung herausgedreht, so dass die Windkraftanlage vorübergehend entlastet wird (**Azimutregelung**).

Muss die Drehzahl wegen einer direkten Netzkopplung konstant oder nahezu konstant gehalten werden, wird die Leistung über den Anstellwinkel geregelt.

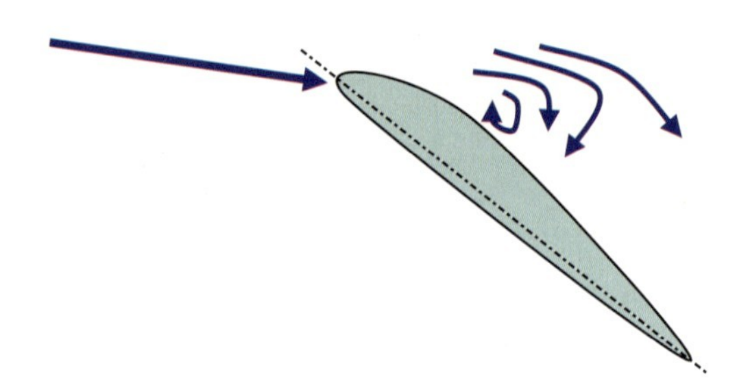

Abb. 4.17 Strömungsabriss (Stalleffekt)

Bei der **Pitch-Regelung** wird der Anstellwinkel den Windverhältnissen so angepasst, dass immer eine optimale Profilanströmung vorliegt. Bei Erreichen der maximalen Generatorleistung wird der Anstellwinkel so zurückgenommen, dass gerade die Nennleistung der Windkraftanlage erreicht wird. Diese Art der Regelung wird bei größeren Windkraftanlagen bevorzugt eingesetzt. Mit 0° Einstellwinkel wird dabei die Winkelstellung bezeichnet, bei der die Profilsehne auf 70 % des Blattradius in die Rotorebene fällt. Bei einem Einstellwinkel von 90° ist die so genannte „Fahnenstellung“ erreicht; die Windkraftanlage steht.

Im Gegensatz zur Stall-Regelung liegt bei diesem Regelungskonzept die Strömung immer optimal am Tragflügelprofil an.

Stall-Effekt (Abb. 4.17) Bei kleineren Windkraftanlagen wird der Stall-Effekt ausgenutzt. Voraussetzung dafür ist, dass die Anlage mit einem ausreichend (elektrisch starren) Netz gekoppelt ist, so dass eine konstante Rotordrehzahl vorliegt. Die elektrische Einspeisung erfolgt proportional zum mechanischen Drehmoment.

Beim Stall-Effekt wird die Auftriebskraft am Tragflügelprofil durch einen bewussten Strömungsabriss reduziert: Wird die Windgeschwindigkeit so groß, dass die maximale Generatorleistung erreicht ist, kommt es auf der Unterdruckseite des Tragflügelprofils zu einem gewollten Strömungsabriss. Bei gleicher Drehzahl reduzieren sich damit das Drehmoment und die Leistung am Rotor. Bei böigem Wind wird bei diesem Konzept gleichzeitig ein relativ gleich bleibendes Moment erzeugt.

4.3.2 Gitterteilung/Flügelzahl

Zur Frage der Gitterteilung bzw. der Anzahl der Flügel können Rückschlüsse aus der Gitterbemessungsgleichung geschlossen werden. Dazu liefert der Kräfteplan (Abb. 4.12) die Umfangskraft zu

$$dF_U = \frac{dF_A}{\cos\varepsilon} \sin(180 - \beta - \varepsilon)$$

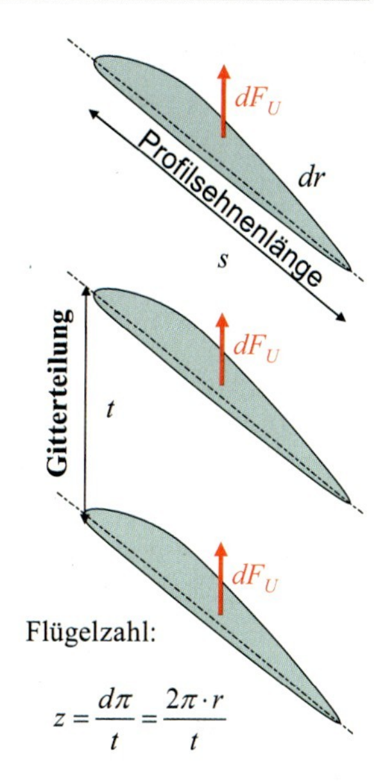

Abb. 4.18 Ableitung der Gitterteilung/Flügelzahl

wobei die Auftriebskraft

$$\begin{aligned} dF_A &= z \cdot c_A(\alpha) \cdot \frac{\rho}{2} w_1^2 \cdot s \cdot dr \\ &= 2 \cdot r \cdot \pi \cdot c_A(\alpha) \cdot \frac{\rho}{2} w_1^2 \cdot \frac{s}{t} \cdot dr\,. \end{aligned}$$

Der Impulssatz liefert den Zusammenhang zwischen Kräften und Strömungsumlenkung:

$$\begin{aligned} dF_U &= d\dot{m} \cdot (c_{1U} - c_{2U}) \\ &= d\dot{m} \cdot (w_{1U} - w_{2U}) = \rho \cdot c_1 \cdot \Delta w_U \cdot 2\pi \cdot r \cdot dr \end{aligned}$$

Durch Gleichsetzen dieser Kräfte folgt

$$c_A(\alpha) \cdot \frac{w_1^2}{2} \cdot \frac{s}{t} \cdot \frac{\sin(180 - \beta - \varepsilon)}{\cos\varepsilon} = c_1 \cdot \Delta w_U$$

wobei die Relativanströmung w aus dem Strömungsdreieck

$$w_1 = \frac{c_1}{\sin(180 - \beta)}\,,$$

so dass die **Gitterbemessungsgleichung**

$$c_A(\alpha) \cdot \frac{s}{t} \cdot \frac{\sin(180 - \beta - \varepsilon)}{2 \cdot \sin^2(180 - \beta) \cdot \cos\varepsilon} = \frac{\Delta w_U}{c_1} = \frac{\Delta c_U}{c_1}$$

Ersetzt man hier

$$\sin(180-\beta) = \frac{c_1}{w_1}$$

so erhält man für kleine Gleitwinkel $\varepsilon \approx 0$

$$c_A(\alpha) \cdot \frac{s}{t} \cdot \frac{\frac{c_1}{w_1}}{2 \cdot \left(\frac{c_1}{w_1}\right)^2} = \frac{\Delta w_U}{c_1} \quad \text{bzw.} \quad \underline{\underline{c_A(\alpha) \cdot \frac{s}{t} = 2\frac{\Delta w_U}{w_1}}}$$

Den Zusammenhang zwischen Umlenkung Δw_U und Anströmung liefern Leistungsbilanz und Turbinenhauptgleichung:

$$\frac{P}{\dot{m}} = \frac{1}{2}\left(c_1^2 - c_2^2\right) = u \cdot \Delta w_U$$

Für den Idealfall nach BETZ $c_2 = \frac{1}{3}c_1$ bedeutet dies:

$$\frac{4}{9}c_1^2 = u \cdot \Delta w_U \quad \text{bzw.} \quad \Delta w_U = \frac{4}{9}\frac{c_1^2}{u}$$

so dass nun

$$\underline{\underline{c_A(\alpha) \cdot \frac{s}{t} = \frac{8 \cdot c_1^2}{9 \cdot u \cdot w_1}}}$$

Daraus folgt: **Schnellläufige Windräder (große Umfangs- u und Anströmgeschwindigkeit w) sollten wenig schmale Rotorblätter besitzen** ($s/t \to 0$, d. h. also geringe Profiltiefe s bei großer Gitterteilung t). **Langsamläufige Windräder sollten über viele Flügel** (kleine Teilung t) **und eine große Profilbreite s verfügen.**

4.3.3 Turbulenzen und dynamische Belastungen

Die Komponenten einer Windenergieanlage werden während ihrer 20jährigen Lebensdauer dynamischen Wechselbeanspruchungen und Extrembelastungen ausgesetzt; vgl. Abb. 4.19 und 4.20. Das nachfolgende Bild soll einen Eindruck dazu vermitteln. Für die Auslegung und Dimensionierung sind entsprechende Lastannahmen notwendig, die durch den Schubbeiwert und Turbulenzmodelle beschrieben werden.

Der **Schubbeiwert c_t (thrust coefficient)** ist eine charakteristische Größe der Rotorblätter und wird maßgeblich durch deren Geometrie bestimmt. Für die Belastung der Anlage ist der Schubbeiwert eine wichtige Größe:

$$c_t = \frac{F_x}{A \cdot \frac{\rho}{2} \cdot c^2} \tag{4.26}$$

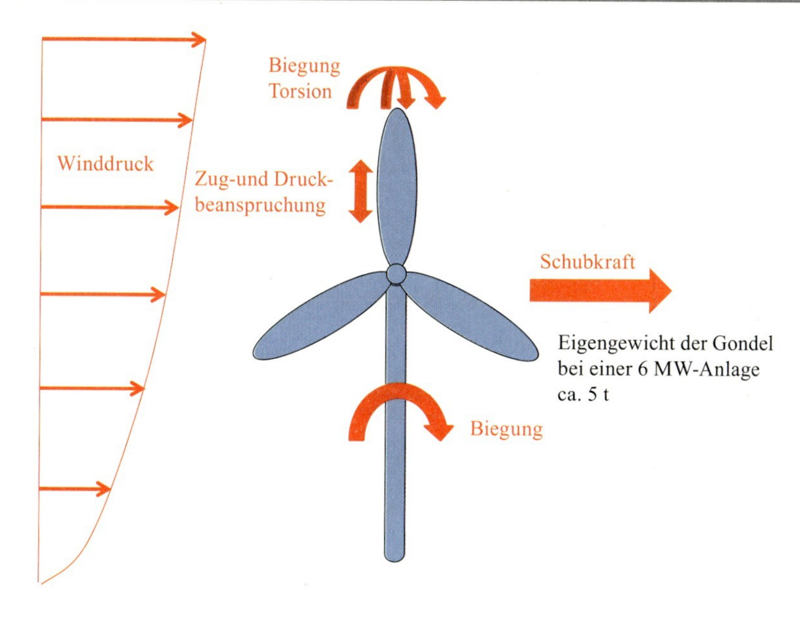

Abb. 4.19 Beanspruchungen einer Windkraftanlage

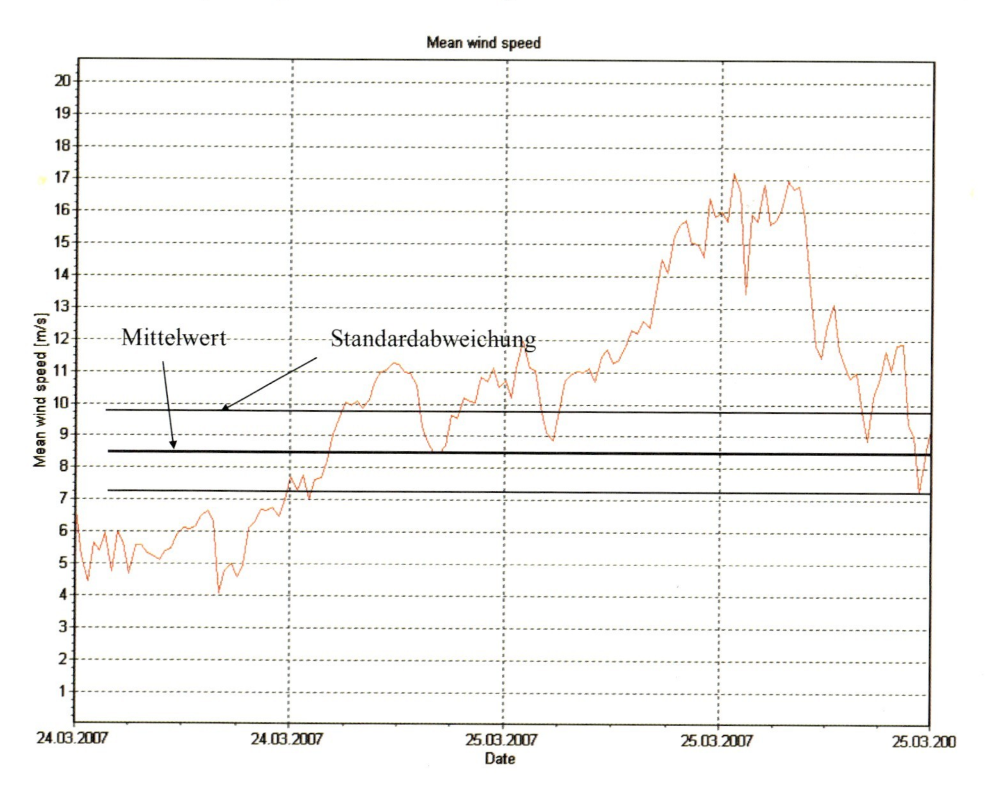

Abb. 4.20 Gemessene Windschwankungen eines australischen Windparks in 65 m Höhe

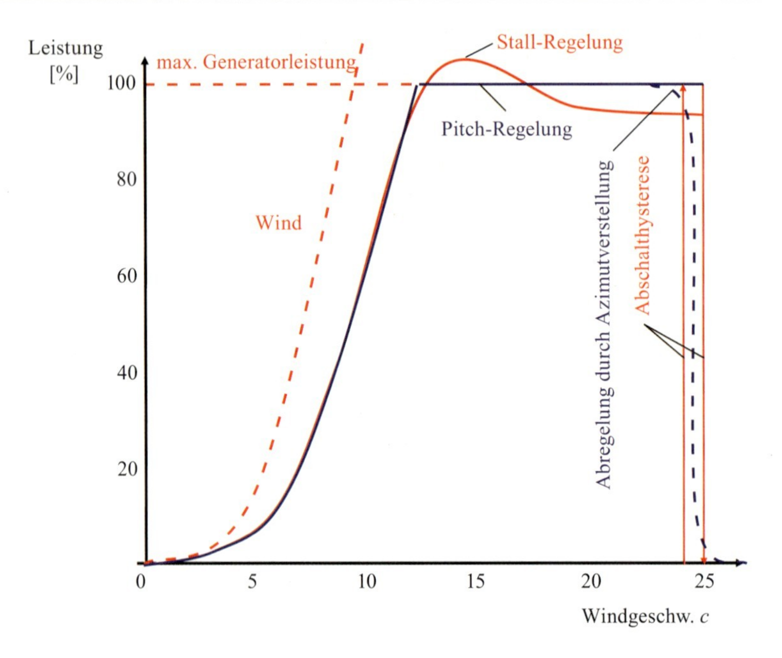

Abb. 4.21 Kennliniencharakteristik der Stall- und der Pitch-Regelung, nach [2]

mit

F_x Axialkraft, Schubkraft
ρ Dichte A Rotorfläche c Windgeschwindigkeit

Der Schubbeiwert verknüpft die Axialkraft mit dem dynamischen Druck und ist abhängig von der Qualität des Impulsaustausches zwischen Wind und Windkraftanlage. Er kann entweder aerodynamisch modelliert oder durch Vermessungen an den Anlagen bestimmt werden. Im Arbeitsbereich der Windkraftanlage liegt der Schubbeiwert bei guten Anlagen (je nach Abminderungsfaktor und Impulsaustausch) in der Größenordnung $c_t \approx 0{,}7$ [7], oberhalb der Nennwindgeschwindigkeit sinkt der Schubbeiwert dann stark ab, weil die Anlage abgeregelt wird (vgl. Abb. 4.21).

Nach den Regeln der Mechanik wirken aufgrund von Längs-/Normalkräften F_N (z. B. Gewichtskraft als Druckkraft am Turm oder Fliehkraft als Zugkraft am Flügel) und Biegemomenten M_b (= Schubkraft × Hebelarm) im Material Normalspannungen

$$\sigma = \frac{F_N}{A} + \frac{M_b}{W_b} \quad [\text{N/mm}^2]$$

und aufgrund von Schub- bzw. Querkräften $F_x = F_Q$ und Verdreh-/Torsionsmomenten M_t Schubspannungen

$$\tau = \frac{F_Q}{A} + \frac{M_t}{W_t} \quad [\text{N/mm}^2]\,.$$

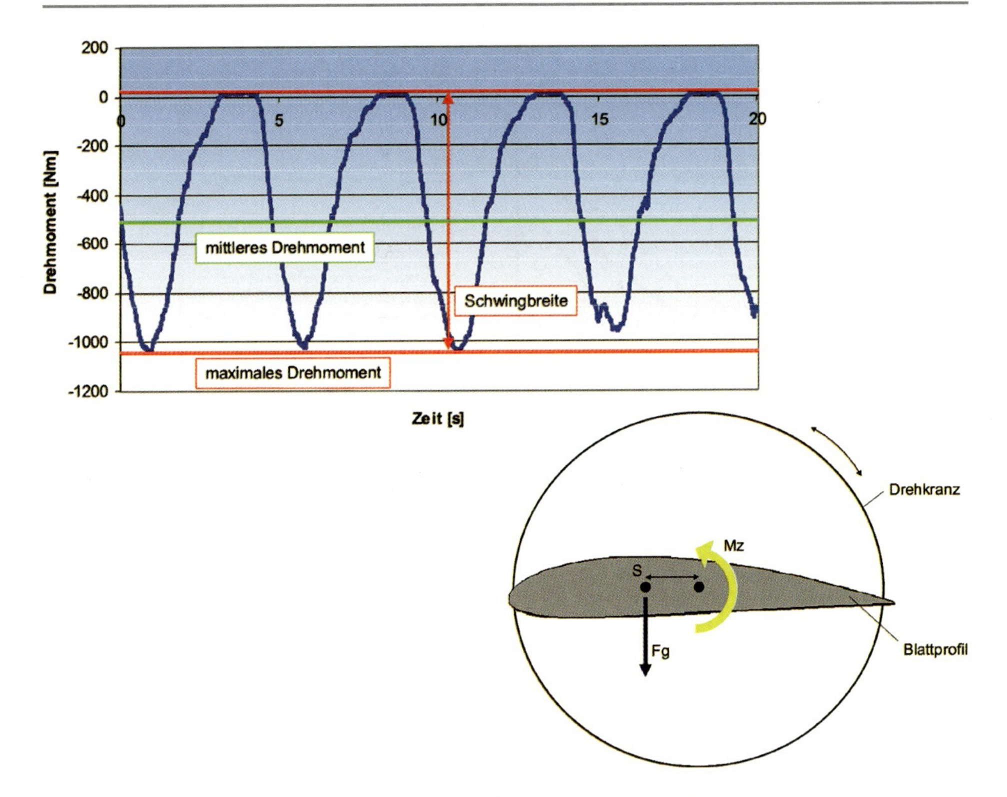

Abb. 4.22 Torsionsmomentschwankungen am Blattverstellungsmechanismus aufgrund von rotatorischen und aerodynamischen Wechselbeanspruchungen [8]

Darin sind z. B. für den zylinderförmiger Turmfuß

$A = \left(d_a^2 - d_i^2\right) \dfrac{\pi}{4}$ die Querschnittfläche mit Wandinnen- und -außendurchmesser

$W_t = \left(d_a^4 - d_i^4\right) \dfrac{\pi}{16 \cdot d_a}$ das Widerstandsmoment gegen Torsion

$W_b = \left(d_a^4 - d_i^4\right) \dfrac{\pi}{32 \cdot d_a}$ das Widerstandsmoment gegen Biegung

Analoge Belastungen, jedoch mit komplizierterer Geometrie, wirken im Flügelprofil; vgl. Abb. 4.22 und 4.23. Dieser mittleren Belastung wird durch Turbulenzen eine zusätzliche Wechselbeanspruchung aufgeprägt, die die Lebensdauer signifikant beeinflusst (vgl. WÖHLER-Kurve aus den Werkstoffwissenschaften).

Die **Umgebungsturbulenz** bezieht sich per Definition nur auf Turbulenzen der freien Strömung in der Atmosphäre und wird durch Bodenformationen beeinflusst. Je höher die Strömung über der Erdoberfläche liegt, desto stetiger wirkt der Wind; die Einflüsse der Erdoberfläche (z. B. durch Gebäude und Pflanzen) nehmen ab.

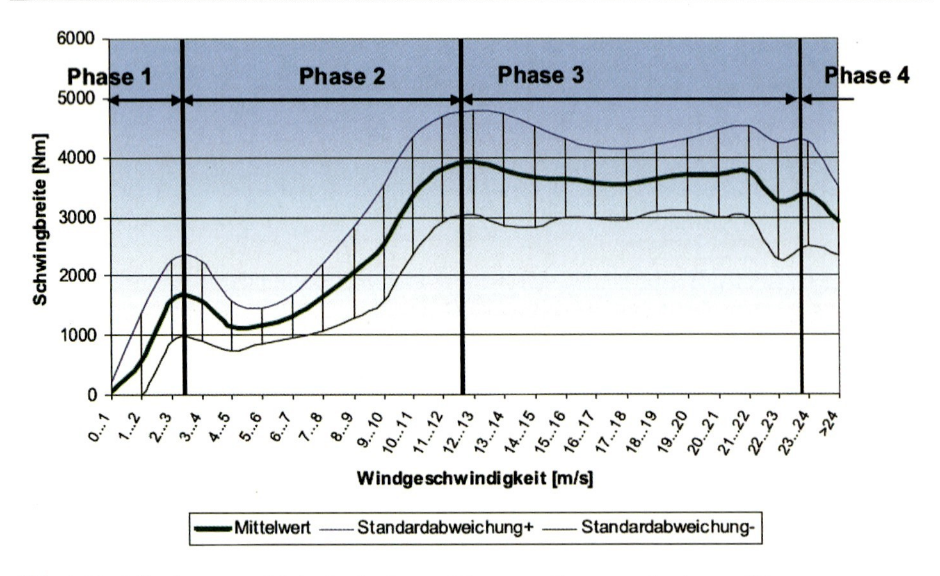

Abb. 4.23 Mittelwerte und Schwingbreite am Blattverstellungsmechanismus [8]

Die Windgeschwindigkeiten in Bodennähe variieren dagegen räumlich und zeitlich sehr stark. Diese Fluktuationen um den Windgeschwindigkeitsmittelwert werden als Turbulenzen bezeichnet und als **Turbulenzintensität** (%) gemessen [7]:

$$I = \frac{\sigma}{v} \tag{4.27}$$

mit

σ Standardabweichung der Turbulenzintensität im Mittelungszeitraum
v Mittelwert der Windgeschwindigkeit im Mittelungszeitraum

Der Mittelungszeitraum beträgt im Bereich der Windenergie üblicherweise 10 Minuten. Nachfolgend ein Beispiel zu den Windschwankungen über einen längeren Zeitraum in 65 m Höhe.

Die Turbulenzen im Bereich der atmosphärischen Bodengrenzschicht (1,5 km bis 2 km) haben im Wesentlichen zwei Ursachen:

- Durch Wärmekonvektion treten thermische Turbulenzen auf. Diese hängen in erster Linie von dem Temperaturunterschied zwischen Erdoberfläche und den Luftmassen ab.
- Durch Reibung werden mechanische Turbulenzen verursacht, z. B. durch landschaftliche Hindernisse (z. B. Wälder, Bauwerke) oder Gebäudekomplexe resultiert eine größere Turbulenzintensität I.

Tab. 4.4 Klassifizierung der Rauigkeitsklassen

Rauigkeitsklasse	Rauigkeitslänge	Beschreibung
0	0,0002	Wasser
0,5	0,0024	Sehr offene Landschaft mit „glatter" Oberfläche z. B. Beton (Flughafen), geschnittenes Gras, o. Ä.
1	0,03	Offenes Landwirtschaftsareal ohne querstehende und sehr vereinzelte Gebäude, nur weiche Hügel
1,5	0,055	Landwirtschaftsareal mit einzelnen Gebäuden und querstehenden 8 m hohen Baumreihen in einem Abstand von ca. 1250 m
2	0,1	Landwirtschaftsareal mit einzelnen Gebäuden und querstehenden 8 m hohen Baumreihen in einem Abstand von ca. 500 m
2,5	0,2	Landwirtschaftsareal mit vielen Gehöften, kräftigem Bewuchs oder querstehenden 8 m hohen Hecken mit 250 m Abstand
3	0,4	Dörfer, kleinere Städte, Felder mit vielen oder hohen Baumreihen, Wälder und sehr unebenes Terrain
3,5	0,6	Große Städte, extrem unebenes Terrain
4	1,6	Sehr große Städte, bergige Umgebung

Der Reibungseinfluss durch das Geländeprofil kann durch die **Rauigkeit** beschrieben werden. Je größer und zahlreicher die Hindernisse sind, desto größer ist die Rauigkeit. Die Windgeschwindigkeit (und damit auch das Energieangebot) vermindern sich mit der Rauigkeit, während die Turbulenzen zunehmen. In der Windbranche werden die Rauigkeiten in Rauigkeitsklassen (von 0 bis 4) oder Rauigkeitslängen [m] klassifiziert. Dabei steht eine hohe Rauigkeitsklasse von 3 bis 4 für ein Gelände mit viel Pflanzenbestand oder städtische Bebauung, während die Meeresoberfläche mit einer Rauigkeitsklasse bei nahe 0 liegt. Die Klassifizierungsstufen sind in groben Abstufungen der Tab. 4.4 zu entnehmen.

Zusammenfassend ergibt sich die Umgebungsturbulenz in der atmosphärischen Bodengrenzschicht im Wesentlichen aus der Rauigkeit der Umgebung und der Höhe über Grund. Wenn keine Messwerte vorhanden sind, kann die Umgebungsturbulenz nach MOLLY [9] vereinfacht abgeschätzt werden mit

$$I_{\mathrm{Umg}} = \frac{1}{\ln\left(\frac{z}{z_0}\right)} \tag{4.28}$$

wobei

z Höhe über Grund
z_0 Rauigkeitslänge

Die Turbulenzen werden zusätzlich durch das lokale Geländeprofil (Gebäude, Pflanzen) und auch benachbarte Windkraftanlagen beeinflusst (Nachlauf).

4.3.4 Standsicherheit und Turbulenzgutachten

Die Auslegungslebensdauer der Windenergieanlage muss nach der anerkannten Norm der *International Electrotechnical Commission* – IEC Edition 2 [7] und der nationalen Richtlinie des *Deutsches Institut für Bautechnik* (DIBt) [9] mindestens 20 Jahre betragen. Die Erhöhung der Turbulenzintensität am Standort einer Anlage durch benachbarte Anlagen ist nach DIBt durch die gutachterliche Stellungnahme eines Sachverständigen zu ermitteln. Soweit in den Gutachten festgestellt wird, dass eine gegenüber den Auslegungswerten (Design Values) erhöhte Turbulenzintensität vorliegt, erfordert dies einen erneuten bautechnischen Nachweis auch für die maschinentechnischen Teile der Windkraftanlage (standortspezifische Lastrechnung, um die Standsicherheit z. B. auch bei erhöhten effektiven Turbulenzen zu gewährleisten).

Der Nachweis ist ebenso für bestehende Anlagen zu führen, deren Umgebungssituation sich durch neu errichtete Anlagen geändert hat. Die Standsicherheit anderer Anlagen darf durch neu hinzukommende nicht gefährdet werden.

Die gesamte Standsicherheit einer Anlage beinhaltet selbstverständlich neben einem Turbulenzgutachten weitere zu untersuchende Aspekte. So müssen zum Bau und Betrieb Lastgutachten von Gründung, Turm und Rotorblättern sowie Gutachten der maschinenbaulichen Komponenten erstellt werden. Des Weiteren muss der Aufstellungsort geeignet sein, was durch Baugrundgutachten und das Einhalten der für die Anlage zulässigen Windbedingungen vor Ort (nach Windklassen) nachgewiesen wird. Havariefälle wie nach Abb. 4.24 gehören daher glücklicherweise zu den Ausnahmefällen.

4.3.5 Normen und Richtlinien

Der folgende Abschnitt gibt einen kurzen Überblick über die wichtigsten Normen und Richtlinien, die für die Berechnung der Turbulenzen relevant sind.

In den 1980er Jahren unternahm man die ersten systematischen Versuche, Lastannahmen für Windkraftanlagen zu entwickeln. Zunächst wurden die Normen auf nationaler Ebene geschaffen, ein Erfahrungsaustausch fand dabei insbesondere im Rahmen der International Energy Agency (IEA) statt [10]. Ein wichtiges Regelwerk verfasste dabei der Germanische Lloyd [11]. Gleichzeitig entstanden in den USA, in Schweden und in Dänemark ähnliche Normen.

Ab 1988 entwickelte die International Electrotechnical Commission (IEC) einen internationalen Standard, der heute die nationalen Normen weitestgehend abgelöst hat oder zu einer Anpassung der nationalen Normen führte. Da dieser Standard allerdings immer noch nicht uneingeschränkt rechtskräftig angewendet werden muss, sind die existierenden nationalen Normen (z. B. DIBt) und Bauvorschriften oft noch unumgänglich [12].

Abb. 4.24 Havarierte Windkraftanlage (Foto: Praktikant, HAW Hamburg)

Mit Blick auf die Turbulenzberechnungen ist der Zeitpunkt der Typenprüfung der Anlage ausschlaggebend für die Berechnung. Wurde die WEA nach IEC Edition 2 zertifiziert, so muss auch das zugehörige Turbulenzgutachten die IEC Edition 2 als Grundlage haben.

4.4 Beispielanlagen

4.4.1 Vertikalachsenrotor (Darrieus-Rotor)

Der **Darrieus-Rotor** ist eine Windenergieanlagenbauart mit vertikaler Rotationsachse. Er wurde von dem Franzosen Georges Darrieus erfunden und 1931 in den USA patentiert. Die Rotorachse steht senkrecht, die Rotorblätter laufen als bogenförmige Profile oder als gerade Profile (H-Darrieus) um. Die Bogenform orientiert sich dabei an einer Seilkurve, weil dann der Stab fast ausschließlich auf Normalspannung beansprucht wird. Abbildung 4.25 veranschaulicht die aerodynamischen Wirkmechanismen. Der Darrieus erreicht den besten Wirkungsgrad bei einer Laufzahl λ von ca. 4, d. h. wenn die Umfangsgeschwindigkeit u ca. 4-mal so groß ist wie die Windgeschwindigkeit c. Aus dem Bild ist erkennbar, dass nur der vordere und der hintere Tragflügel mit seinem Auftriebsbeiwert

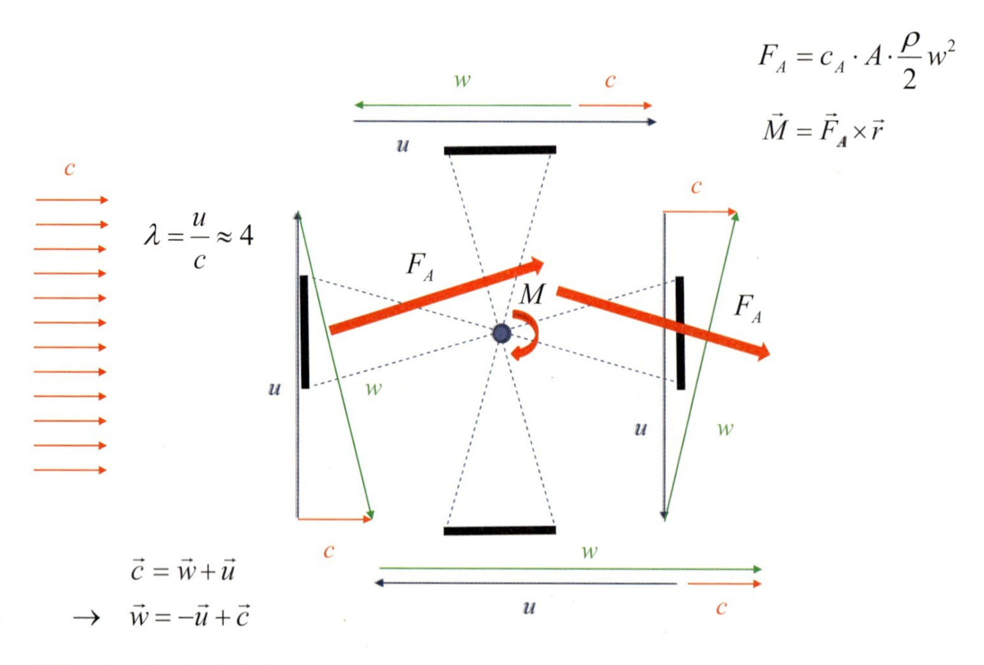

Abb. 4.25 Geschwindigkeiten und Strömungskräfte am DARRIEUS-Läufer

einen Drehmomentanteil erzeugt:

$$F_A = c_A \cdot A \cdot \frac{\rho}{2} w^2 \tag{4.29}$$

$$\vec{M} = \vec{F}_A \times \vec{r} \tag{4.30}$$

Der obere und untere Tragflügel behindert mit seiner mehr oder minder großen Anströmung w die Drehbewegung. Darin liegt eine Begründung für den relativ schlechten Wirkungsgrad (vgl. Abb. 4.16).

4.4.2 Widerstandsläufer (Savonius-Rotor)

Bei Kleinstanlagen kommt auch der Widerstandsläufer nach dem SAVONIUS-Prinzip zur Anwendung. Die Betrachtungen erfolgen hier an Halbschalen gem. Abb. 4.26, wie sie bei Schalenkreuzanemometer zur Messung der Windgeschwindigkeit üblich sind (vereinfachter Ansatz nach KOEPPEN [3]).

Für die Systemleistung überlagern sich die Kraftwirkungen an der mitlaufenden Schale

$$F_{\text{mit}} = c_{W,\text{mit}} \cdot A \cdot \frac{\rho}{2} w_{\text{mit}}^2 \tag{4.31}$$

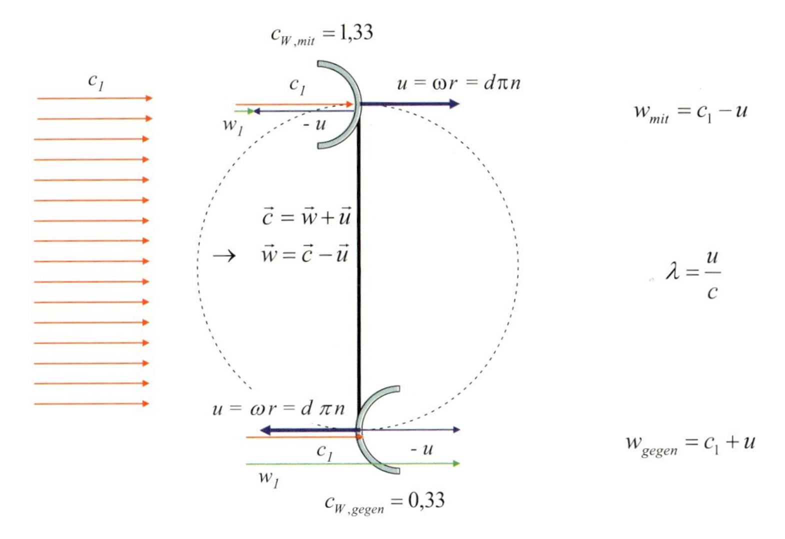

Abb. 4.26 Widerstandsläufer

und an der gegenläufigen Schale

$$F_{\text{gegen}} = c_{W,\text{gegen}} \cdot A \cdot \frac{\rho}{2} w_{\text{gegen}}^2 \tag{4.32}$$

so dass die Leistungsbilanz

$$\begin{aligned} P_{\text{ideal}} &= \left(F_{\text{mit}} - F_{\text{gegen}}\right) \cdot u = A \cdot \frac{\rho}{2} \cdot \left[c_{W,\text{mit}} \cdot (c_1 - u)^2 - c_{W,\text{gegen}} \cdot (c_1 + u)^2\right] \cdot u \\ &= A \cdot \frac{\rho}{2} \cdot \underbrace{\left[c_{W,\text{mit}} \cdot (1 - \lambda)^2 - c_{W,\text{gegen}} \cdot (1 + \lambda)^2\right] \cdot \lambda}_{c_{P,\text{ideal}}} \cdot c^3 \end{aligned} \tag{4.33}$$

Wird die gegenläufige Schale durch einen Windschutz abgedeckt und nur der mitlaufende Energieanteil ausgenutzt, entfällt der zweite Term in Gl. (4.33).

Abbildung 4.27 zeigt für den Widerstandsläufer mit Halbschalen den Funktionsverlauf für den idealisierten Leistungsbeiwert

$$c_{p,\text{ideal}} = \left[c_{W,\text{mit}} \cdot (1 - \lambda)^2 - c_{W,\text{gegen}} \cdot (1 + \lambda)^2\right] \cdot \lambda \tag{4.34}$$

Danach wird der optimale Leistungsbeiwert max. 0,08 bei einer Laufzahl von 0,16 [Betz, 1926]. Bei einem reibungsfrei laufenden Schalenkreuzanemometer zur Windmessung stellt sich eine Laufzahl von ca. 0,33 ein (Gerätekonstante).

Abbildung 4.28 zeigt die Verhältnisse, wenn der gegenläufige Teil abgedeckt wird. Der Leistungsbeiwert wird mehr als verdoppelt (ca. 0,197 bei einer Laufzahl von 0,33).

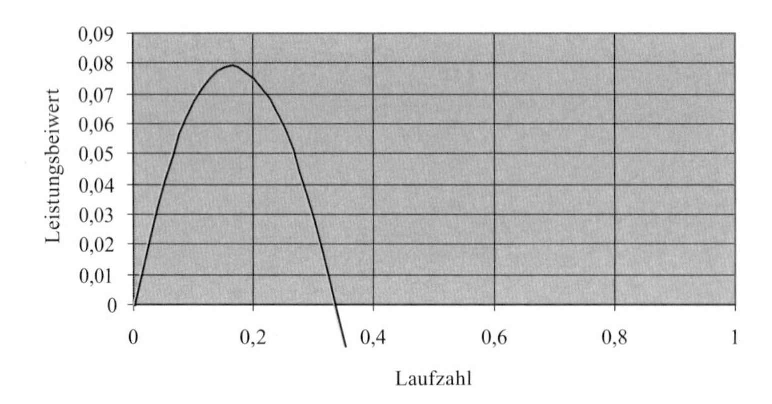

Abb. 4.27 Idealer Leistungsbeiwert des Widerstandsläufers mit Halbschalen [3]

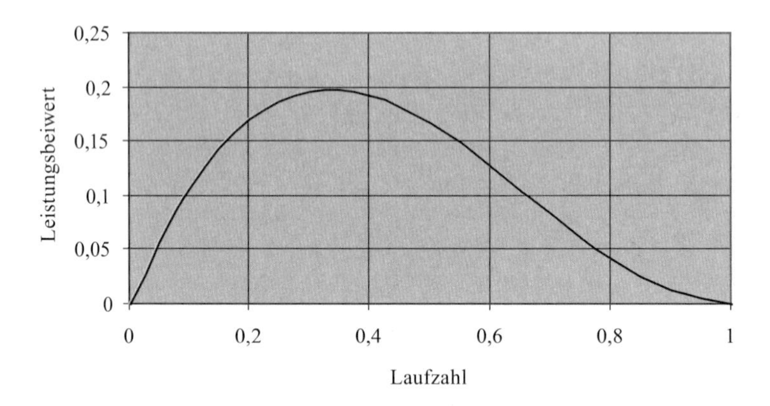

Abb. 4.28 Idealer Leistungsbeiwert bei Abdeckung des Gegenläufers [3]

4.4.3 Kleinstwindkraftanlage

Es wird eine Vielzahl von Kleinstwindkraftanlagen für den Netz- oder den Inselbetrieb angeboten [13]. Durch eine Internetrecherche kann man sich hier leicht einen eigenen Überblick verschaffen.

Nachfolgend wird aus der Herstellerbroschüre für einen Vertikalachsenrotor nach dem DARRIEUS-Prinzip zitiert (vgl. Abb. 4.16). Die Erörterung erfolgt als Beispiel im nachfolgenden Abschn. 4.5:

- Vertikalachsenrotor nach dem SAVONIUS- und dem DARRIEUS-Prinzip (= zylindrisch umlaufendes Tragflügelprofil):
- Vertikalachse mit 1,50 m Rotordurchmesser und 1,50 m Rotorhöhe → überstrichene Fläche = $1{,}5 \times 1{,}5 = 2{,}25\,\text{m}^2$
- 280 W bei 10 m/s

- 750 W bei 14 m/s = Nennleistung
- 2 m/s Einschaltgeschwindigkeit
- Abschaltgeschwindigkeit nicht erforderlich
- Gewicht der Turbine 160 kg
- Getriebeloser, direkt angetriebener Generator 750 W, permanent erregt (120 V bei 14 m/s)
- Batterieladespannung 24 V, Spannung über Wechselrichter 230 V
- Da die Einspeisevergütung bei 750 W nicht lohnt, wird empfohlen, den Energieüberschuss über eine Heizpatrone zur Warmwasserbereitung zu verwenden.
- Investitionskosten: Rotor inkl. Wechselrichter ca. 5000,– € plus Mast, Verkabelung und Montage (Summe ca. 10.000,– €).

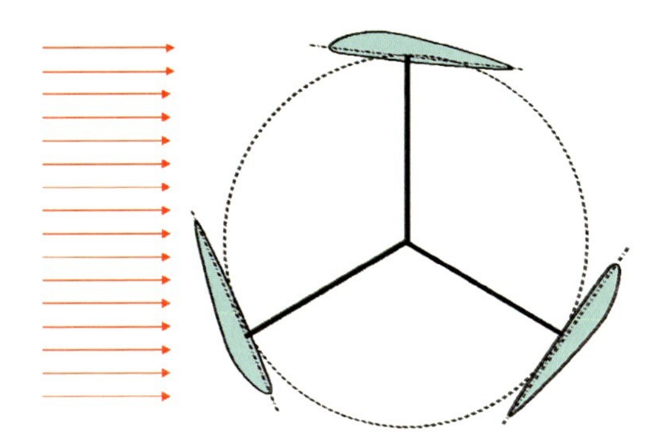

4.4.4 Großanlage

Für einen Windpark in der Lausitz (Brandenburg) sind folgende Eckdaten bekannt:

- Rotordurchmesser 82,0 m
- Nabenhöhe 108,6 m
- Nennleistung 1500 kW bei 10 m/s
- Einschaltgeschw. 4 m/s
- Abschaltgeschwindigkeit 25 m/s
- Investitionskosten 2.750.000 EUR pro Windkraftanlage
- plus Rückstellungen für Rückbau nach der Nutzungsphase (Sicherheitsleistung gegenüber der Bauaufsichtsbehörde 116.000,– € pro Anlage).
- Einspeisevergütung 0,088 €/kWh

Der Windpark besteht aus 5 baugleichen Windkraftanlagen; mit Stand *1. Mai 2008* liegen folgende Ertragsdaten vor:

Jahreserträge

Datum	W1 [kWh]	W2 [kWh]	W3 [kWh]	W4 [kWh]	W5 [kWh]	Mittelwert	Gesamt
Gesamt	19.170.967	19.315.956	17.970.868	20.991.119	20.441.885	19.578.159	97.890.795
2003	1.841.266	1.826.627	3.184.886	3.137.780	2.990.263	2.596.164	12.980.822
2004	4.132.809	4.077.932	4.065.111	4.201.842	4.087.113	4.112.961	20.564.807
2005	3.956.824	3.834.660	3.238.469	3.925.337	3.929.055	3.776.869	18.884.345
2006	3.912.113	3.648.762	3.366.699	3.743.446	3.802.401	3.694.684	18.473.421
2007	3.904.060	4.226.776	2.370.550	4.272.210	4.406.027	3.835.925	19.179.623
2008	1.423.895	1.701.199	1.745.153	1.710.504	1.227.026	1.561.555	7.807.777

2003–2007: Mittelwert: 3.855.110 kWh; Standardabweichung: ± 451.190 kWh. *Hinweis*: 2003 und 2008 sind keine ganzen Jahre!

Monatserträge 2007

Datum	W1 [kWh]	W2 [kWh]	W3 [kWh]	W4 [kWh]	W5 [kWh]	Mittelwert	Gesamt
Dez07	368.800	337.628	337.975	345.781	363.895	350.816	1.754.079
Nov07	445.011	431.109	126.793	428.666	453.219	376.960	1.884.798
Okt07	196.921	198.823	0	202.893	202.625	160.252	801.262
Sep07	364.307	356.488	0	301.528	361.947	276.854	1.384.270
Aug07	163.993	165.747	0	171.153	175.340	135.247	676.233
Jul07	335.356	328.637	0	360.044	366.001	278.008	1.390.038
Jun07	234.872	231.184	0	238.783	240.441	189.056	945.280
Mai07	281.097	266.186	62.321	262.756	294.237	233.319	1.166.597
Apr07	306.739	303.378	299.913	316.416	320.764	309.442	1.547.210
Mrz07	195.513	454.733	446.038	468.089	472.936	407.462	2.037.309
Feb07	259.301	399.583	380.302	411.921	400.275	370.276	1.851.382
Jan07	752.150	753.280	717.208	764.180	754.347	748.233	3.741.165

Tageserträge Dez. 2007

Datum	W1 [kWh]	W2 [kWh]	W3 [kWh]	W4 [kWh]	W5 [kWh]	Mittelwert	Gesamt
1Dez.	27.323	25.855	24.801	25.975	26.291	26.049	130.245
2Dez.	32.791	27.981	27.852	28.432	30.535	29.518	147.591
3Dez.	29.000	29.196	25.957	29.380	29.391	28.585	142.924
4Dez.	17.867	18.470	18.982	26.513	26.765	21.719	108.597
5Dez.	20.180	12.934	13.206	17.013	19.359	16.538	82.692
6Dez.	27.627	22.909	26.463	21.658	27.627	25.257	126.284
7Dez.	32.739	32.665	31.485	32.133	33.112	32.427	162.134
8Dez.	25.738	24.263	24.871	24.958	24.726	24.911	124.556
9Dez.	19.746	18.678	18.260	18.470	18.965	18.824	94.119
10Dez.	9356	8614	8642	8605	8236	8691	43.453
11Dez.	5695	5219	5081	4323	5181	5100	25.499
12Dez.	9497	8781	8837	7864	8807	8757	43.786
13Dez.	4520	4327	4147	5158	4432	4517	22.584
14Dez.	3598	3394	3315	3391	3603	3460	17.301
15Dez.	7242	7208	7356	7209	7033	7210	36.048
16Dez.	1386	1424	1310	1285	1454	1372	6859
17Dez.	2776	3170	3148	3108	3143	3069	15.345
18Dez.	1265	1278	1147	1126	994	1162	5810
19Dez.	0	0	0	0	0	0	0
20Dez.	0	0	0	0	0	0	0
21Dez.	0	0	0	0	0	0	0
22Dez.	5539	5254	5180	4944	4697	5123	25.614
23Dez.	3796	2788	3094	2677	2936	3058	15.291
24Dez.	408	522	535	517	527	502	2509
25Dez.	7817	6659	6781	6662	6844	6953	34.763
26Dez.	7951	7896	7947	7857	7827	7896	39.478
27Dez.	8616	7456	7698	6918	7807	7699	38.495
28Dez.	13.999	11.478	11.824	10.694	12.013	12.002	60.008
29Dez.	17.811	15.140	15.399	14.558	16.698	15.921	79.606
30Dez.	13.372	12.068	12.103	12.366	13.202	12.622	63.111

Versuchsanlage der Fachhochschule Flensburg; vgl. www.fh-flensburg.de/ret

Typenbezeichnung: **ENERCON 30**
Nennleistung: 200 kW
Rotordurchmesser: 30 m
Nabenhöhe: 50 m

Windgeschwindigkeiten

Einschaltwind: 3 m/s
Nennwind: 11 m/s
Abschaltwind (10 min): 25 m/s
Kurzzeitabschaltwind (Spitze): 30 m/s

Rotor mit Blattverstellung

Typ: Luvläufer mit aktiver Blattverstellung
Drehrichtung: Uhrzeigersinn
Blattanzahl: 3
Rotorfläche: 707 m^2
Blattmaterial: GFK/Epoxidharz
Nenndrehzahl: 43 min^{-1}
Betriebsbereich: 14–45 min^{-1}
Auslösedrehzahl (125 %): 53 min^{-1}
Blattverstellung: je Rotorblatt ein autarkes Stellsystem

Antriebsstrang mit Generator

Nabe: starr
Generator: ENERCON Ringgenerator (Synchrongenerator)
Bremssystem: drei autarke Blattverstellsysteme
Windnachführung: aktiv über Stellgetriebe 45°/min **Elektrischer Anschluss**
Netzspannung: 400 V
Netzfrequenz: 50/60 Hz

Die exemplarischen Betriebsdaten der Versuchsanlage der FH Flensburg an einem windreichen Sommertag sind in Abb. 4.29 dokumentiert und über www.fh-flensburg.de/ret tagesaktuell einsehbar.

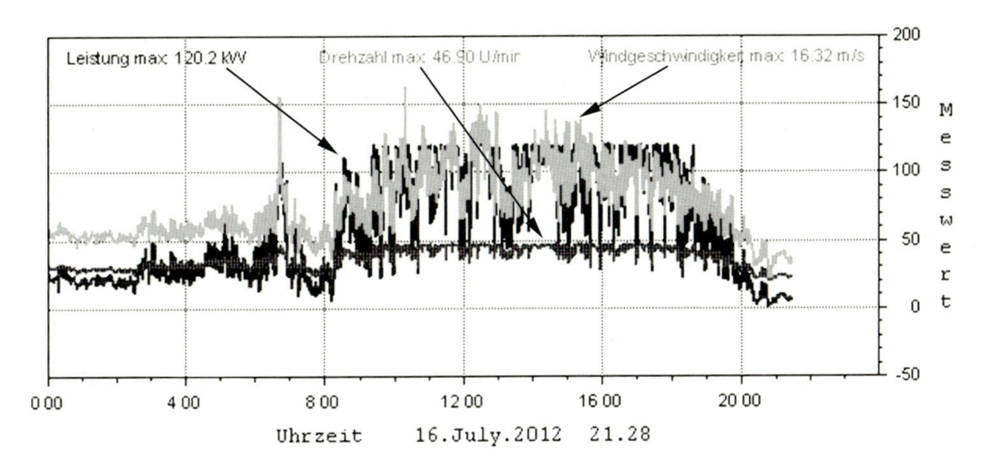

Abb. 4.29 Exemplarische Betriebsdatem der Versuchsanlage FH Flensburg an einem windreichen Sommertag

4.5 Generatorbauweise und -betriebskennlinie

Zu den Grundlagen der Elektrotechnik sowie den Wechsel- und Drehstromgrößen (Widerstand, Impedanz, Wirk- und Blindleistung, Stern-/Dreieckschaltungen etc.) sei auf die einschlägige Fachliteratur verwiesen. Hier sollen nachfolgend nur die wichtigsten konstruktiven und betrieblichen Aspekte zur Auswahl und zum Betrieb der Generatoren für Windkraftanlagen wiedergegeben werden.

Neben Gleichstromgeneratoren bei Kleinwindkraftanlagen werden primär Synchron- und Asynchrongeneratoren verwendet [9, 14].

1. Asynchrongeneratoren:
   - mit Käfigläufern im Inselbetrieb mit Kompensationskondensatoren (zur Blindleistungskompensation) für kleinere Leistungen
   - mit Käfigläufern direkt am Netz für kleine und mittlere Leistungen
   - mit Schleifringläufern und übersynchroner Stromrichterkaskade für mittlere und große Leistungen (Sonderform der synchronisierten Asynchronmaschine: hier werden zur Regelung von Drehzahl und Blindleistung über den Schleifringläufer mit läuferseitigen Frequenzumrichtern pulsartig sinusförmige Spannungen und Ströme variabler Frequenz und Amplitude in den Läuferkreis geschaltet).
2. Synchrongeneratoren mit Stromrichter für mittlere bis sehr große Leistungen [9, 14].

Das physikalische Prinzip der **Synchronmaschine** ist verwandt mit dem Prinzip der Gleichstrommaschine: Kernkomponenten sind der Ständer (Stator) mit der Primärwicklung und der Läufer mit magn. oder elektrisch induzierten Polen. Werden beispielsweise drei Ständerwicklungen U, V, W räumlich um 120° versetzt und von ebenfalls um 120°

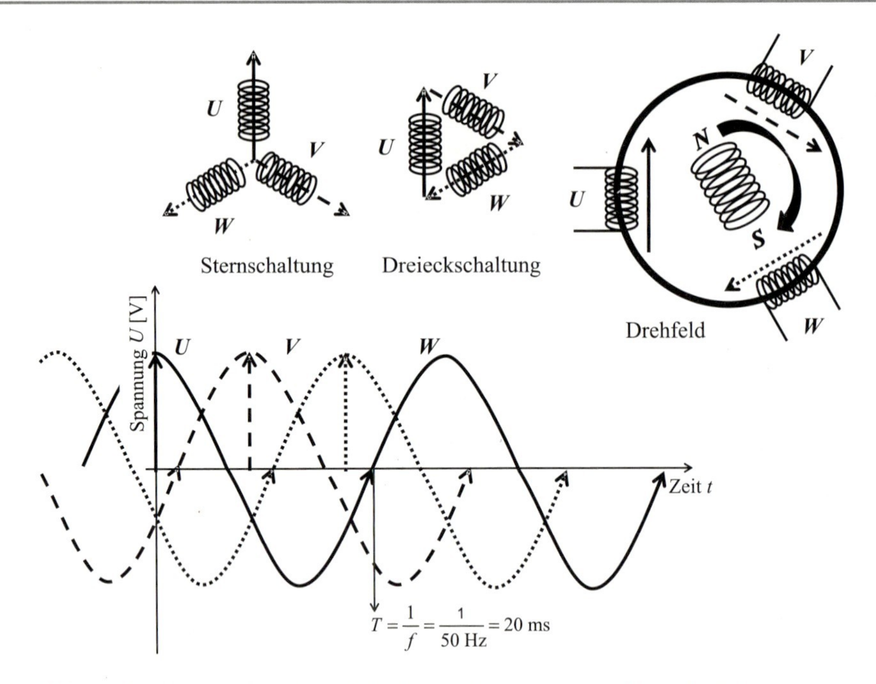

Abb. 4.30 Drehfeld im Zeitbereich und als Zeigerdiagramm, Stern-/Dreieckschaltung

zeitlich versetzten Wechselströmen durchflossen, so ergibt sich im Luftspalt zwischen Läufer und Ständer ein magnetisches Drehfeld. Das Drehfeld im Luftspalt läuft mit konstanter Amplitude im Takt der Netzfrequenz um (Synchrondrehzahl n_S), Abb. 4.30.

Der Läufer eines Synchronmotors mit einem magnetischen Nord- und Südpol würde also mit Netzfrequenz drehen (2 Pole = Polpaarzahl $p = 1$); bei zwei Polpaaren halbiert sich die Läuferdrehzahl. Gleiches gilt für den Generator in umgekehrte Wirkrichtung: Synchrondrehzahl n_S, Polpaarzahl p und Netzfrequenz f sind also fest gekoppelt über

$$n_S = \frac{f}{p} \tag{4.35}$$

Für 50 Hz und einer Polpaarzahl 3 (= 6 Pole) ergibt sich somit eine Generatordrehzahl von $16{,}6\,\text{s}^{-1}$ oder $1000\,\text{min}^{-1}$. Mögliche synchrone Drehzahlen bei 50 Hz sind also 3000 ($p = 1$), 1500 ($p = 2$), 1000 ($p = 3$) und $750\,\text{min}^{-1}$ ($p = 4$). Diese Drehzahlen sind für Windkraftanlagen viel zu hoch. Daher wird die langsame Wellendrehzahl am Flügel n_W über ein Getriebe nahezu verlustfrei (Wirkungsgrad ca. 99 %) auf die Generatordrehzahl n_G angehoben: Für die Leistungsbilanz am **Getriebe** gilt näherungsweise:

$$P_G = M_G \cdot \omega_G \approx M_W \cdot \omega_W \tag{4.36}$$

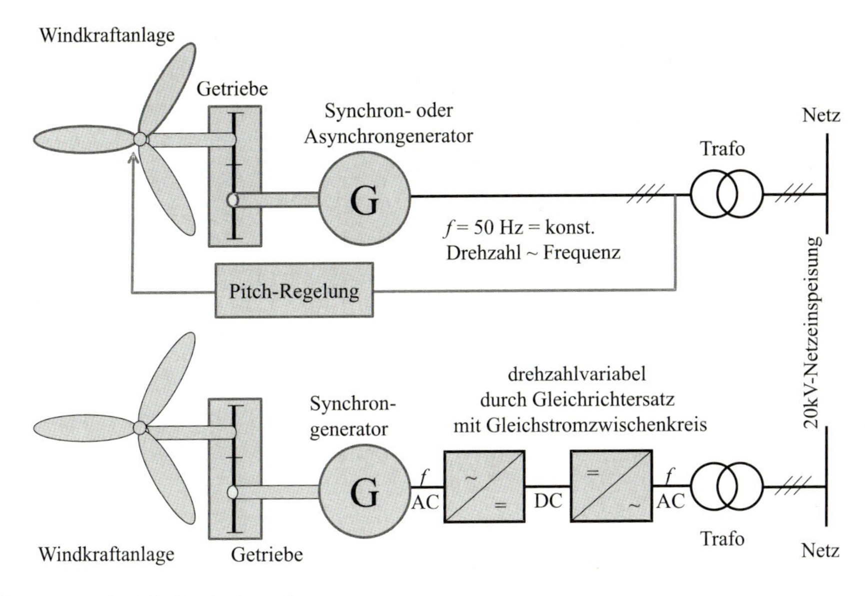

Abb. 4.31 Beispiele für Anlagenkonzepte

Für die Übersetzung i bedeutet dies:

$$i = \frac{\omega_G}{\omega_W} = \frac{n_G}{n_W} = \frac{M_W}{M_G} \approx \frac{1500}{50} \ldots \frac{1000}{10} \approx 30 \ldots 100 \tag{4.37}$$

Die Drehzahl n wird heraufgesetzt, das Drehmoment M herabgesetzt. An das Getriebe werden hohe Fertigungsgenauigkeit und hohe Ausrichtungsanforderungen gestellt. Wegen der Leistungsübertragung und zusätzlichen Drehmomentschwankungen bestehen an den Zahnflanken hohe Flächenpressungen. Es besteht die Gefahr des Zahnflankenverschleißes bis zum Ausfall des Getriebes (HERTZsche Pressung, „Pittings", „Grübchenbildung", „Graufleckigkeit"). Das Getriebe ist ein zentrales, relativ stark gefährdetes Element. Im Rahmen von Wartung, Betrieb und Instandhaltung verdient es daher besondere Aufmerksamkeit.

Da der Wind nicht gleichmäßig weht, das Verhältnis von Umfangsgeschwindigkeit und Windgeschwindigkeit jedoch die Anströmungsverhältnisse am Flügelprofil bestimmt (vgl. Abschn. 4.3), sind also Anpassungsmaßnahmen notwendig. Abbildung 4.31 zeigt mögliche Optionen durch eine Pitch-Regelung, Stall-Regelung („dänisches Konzept" = stallgeregelter Asynchrongenerator bei kleinen bis mittleren Anlagen) oder durch Entkoppelung mittels Wechselrichter über einen zwischengeschalteten Gleichstromkreislauf.

Die magnetische Induktion erfolgt beim **Synchrongenerator** über die Erregerwicklung auf dem Läufer. Die verfügbare, induzierte Spannung U am Generator ist proportional zum Erregerstrom, weil der elektrische Erregerstrom I_E den magnetischen Fluss Φ bestimmt:

$$I_E \sim \Phi \sim U \tag{4.38}$$

Auf die detaillierten Zusammenhänge und die Konstruktionsparameter zum magn. Fluss und zu den induktiven Verlusten wird hier verzichtet; dies bleibt der Fachliteratur überlassen. Festzuhalten ist: **Der Erregerstrom bestimmt die Spannung am Synchrongenerator.** Es wird zwischen selbsterregten und fremderregten Maschinen unterschieden.

Je nach Phasenwinkel zwischen Ausgangsstrom und Spannung unterscheidet man zwischen **Untererregung** und **Übererregung**: Bei Untererregung nimmt der Generator induktiven Blindstrom auf (wie eine Spule), bei Übererregung wird induktiver Blindstrom abgegeben (wie beim Kondensator). **Der Synchrongenerator kann Wirk- und Blindleistung liefern.**

Der Zusammenhang zwischen den elektrotechnischen und den mechanischen Betriebsgrößen kann über die Leistungsbilanz am Generator gefunden werden: Die zugeführte mechanische Leistung (Drehmoment, Drehzahl) wird verlustbehaftet in elektrische Leistung (Spannung, Strom) überführt. Die elektrische Wirkleistung eines dreiphasigen Drehstromnetzes mit der Spannungen U, dem Strom I und dem Phasenwinkel φ (zwischen Strom und Spannung) ist

$$P_G = \underbrace{\sqrt{3} \cdot U \cdot I}_{S} \cdot \cos\phi = \eta \cdot M \cdot \underbrace{(2 \cdot \pi \cdot n)}_{\omega} \tag{4.39}$$

Darin ist S die Scheinleistung – vgl. dazu auch die Ausführungen zu (4.42a–4.42f). Am Netz sind Drehzahl n, Spannung U und Phasenwinkel φ i. A. nahezu konstant. Damit sind **Drehmoment und Stromabgabe fest miteinander gekoppelt. Drehmoment und Stromabgabe charakterisieren die Belastung des Generators.**

Bei großen Generatoren kann der ohmsche Innenwiderstand gegenüber dem induktiven Blindwiderstand vernachlässigt werden [3]: $\varphi \to 90°$.

Beim Betriebsverhalten ist zwischen Inselbetrieb und Netzbetrieb zu unterscheiden. Hier soll der Netzbetrieb wegen seiner Bedeutung im Vordergrund stehen: Bei der Inbetriebnahme und vor Zuschalten des Generators ans Netz ist sicherzustellen, dass die **Synchronisationsbedingungen** erfüllt sind; vgl. Abb. 4.32:

1. Generatordrehzahl und Netzfrequenz müssen identisch sein ($< \pm$ 5 Hz) – ggf. Generatordrehzahl über die Steigung an der Windkraftanlage anpassen.
2. Spannung von Generator und Netz müssen nahezu gleich sein ($< \pm$ 10 % der Nennspannung) – Anpassung über die Erregung des Generators nach Gl. (4.38).
3. Generator und Netz müssen in Phase, d. h. der zeitliche Verlauf der Spannungen deckungsgleich sein ($< \pm 10°$), weil sonst eine Differenzspannung anliegen würde; der Generatorschalter löst dann als Schutzschalter aus. Bei einer Phasenverschiebung von 180° liegt beispielsweise gerade die doppelte Netzspannung als Differenzspannung am Generatorschalter an. Die Phasenlage wird durch die Differenzdrehzahl „verschoben". Eine einfacher Indikator ist die sog. **„Hell-Dunkel-Schaltung"**: Liegt eine Differenzspannung an, so fließt ein Strom und die Lampe leuchtet mit entsprechender Intensität. Bei der Schaltung nach Abb. 4.32 darf erst zugeschaltet werden, wenn alle Lampen dunkel sind. Es liegt dann synchrone Drehzahl ohne Phasendifferenz vor.

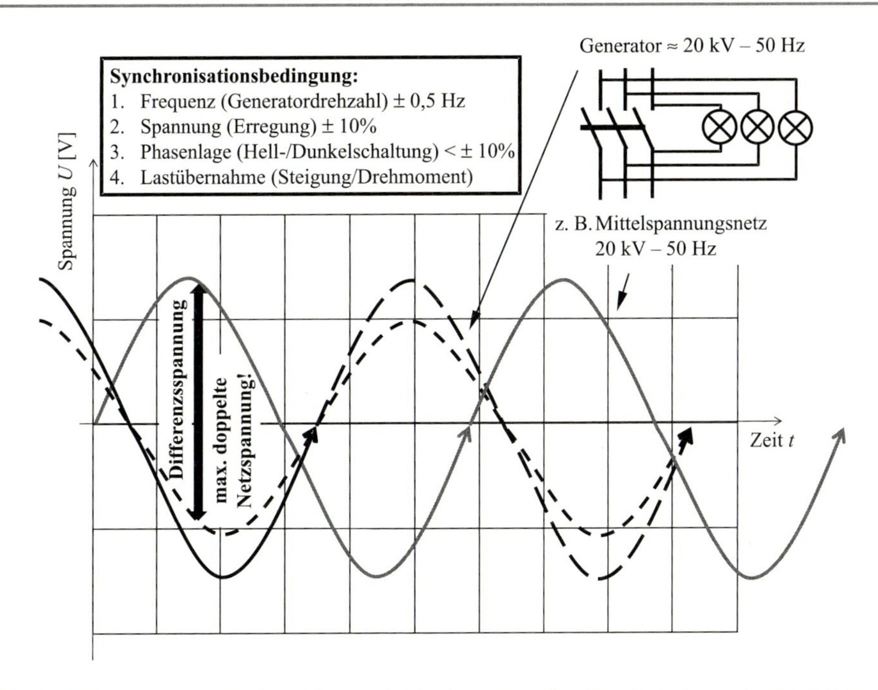

Abb. 4.32 Spannungsverlauf von Netz und Generator vor dem Zuschalten und der Erfüllung der Synchronisationsbedingungen

4. Jetzt kann der Generatorschalter geschlossen und Last übernommen werden. Nun sind nach (4.39) Strom und Drehmoment proportional zueinander.

Bei modernen Anlagen erfolgt die Synchronisation in der Regel automatisch und ist mit dem Generatorschutzschalter kombiniert.

Abbildung 4.33 zeigt die Betriebskennlinie der Synchronmaschine mit folgenden Eigenschaften:

- **Leerlauf**: Liegt keine Last (Drehmoment $\sim$ Strom) am Generator an, läuft dieser exakt mit Synchrondrehzahl nach Gl. (4.35).
- **Belastung**: Bei Belastung läuft das Polrad weiterhin synchron mit dem Feld um, verschiebt sich aber gegenüber dem Fluss um den **Polradwinkel**. Im Generatorbetrieb eilt das Polrad dem Fluss voraus, im Motorbetrieb bleibt das Polrad gegenüber dem Fluss zurück. Der Polradwinkel ist näherungsweise proportional zum Moment (Strom). Die Momentenbelastung ergibt sich aus den Windkräften, die Generatorbelastung aus der Netzlast. Beide müssen im Gleichgewicht stehen, sonst beschleunigt oder verzögert die Windkraftanlage („das Netz wird geschoben oder verzögert" – die Synchronmaschine arbeitet als Generator oder Motor).

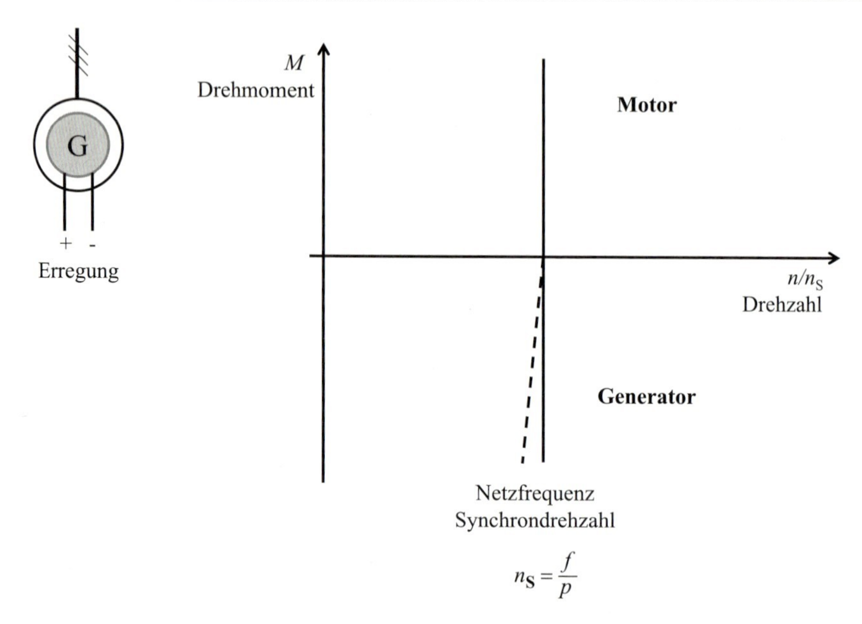

Abb. 4.33 Funktionsschema und Betriebskennlinie einer Synchronmaschine (Motor- und Generatorbetrieb) – die gestrichelte Linie gilt für einen Synchrongenerator in Verbindung mit einem P-Regler eines Verbrennungsmotors

- Bei Überschreitung eines maximalen Moments (**Kippmoment**) ist die Maschine nicht mehr in der Lage, synchron zu laufen. Sie „kippt" oder „fällt außer Tritt" und ist in diesem Zustand nicht mehr einsetzbar sowie durch induzierte Ströme gefährdet.

Im Hinblick auf die Parallelschaltung von **diesel- oder gasmotorischen Generatorsätzen** (z. B. bei Biogasanlagen in Abschn. 8) sei darauf hingewiesen, dass man hier in der Regel eine gleiche Lastverteilung anstrebt. Eine solche Belastungsregelung kann nur durch die Regelung der Kraftstoffzufuhr erreicht werden. Zu diesem Zweck sind die Motoren mit Drehzahlreglern ausgerüstet. Bei einem P-Regler ist zwischen Leerlauf- und Volllast eine bestimmte Drehzahldifferenz (z. B. 5 % = P-Grad) vorgesehen – in Abb. 4.33 als gestrichelte Linie. Durch Änderung der Füllung wird diese gestrichelte Linie parallel verschoben und ein Lastabgleich (Leistungs- und Drehmomentabgleich) ist möglich.

Bei der **Asynchronmaschine** hat der Ständer prinzipiell den gleichen Aufbau wie bei der Synchronmaschine; das Drehfeld verhält sich nach Gl. (4.35). Der Läufer ist (wie auch der Ständer) aus Elektroblechen zusammengesetzt und mit Drehstromwicklungen bestückt. Der Feldaufbau im Läufer erfolgt nicht durch Fremderregung, sondern durch **Selbstinduktion** aufgrund der Differenzgeschwindigkeit zwischen Drehfeld und Läuferdrehzahl. Die Drehzahldifferenz wird als **Schlupf** s bezeichnet:

$$s = \frac{n_S - n}{n_S} \tag{4.40}$$

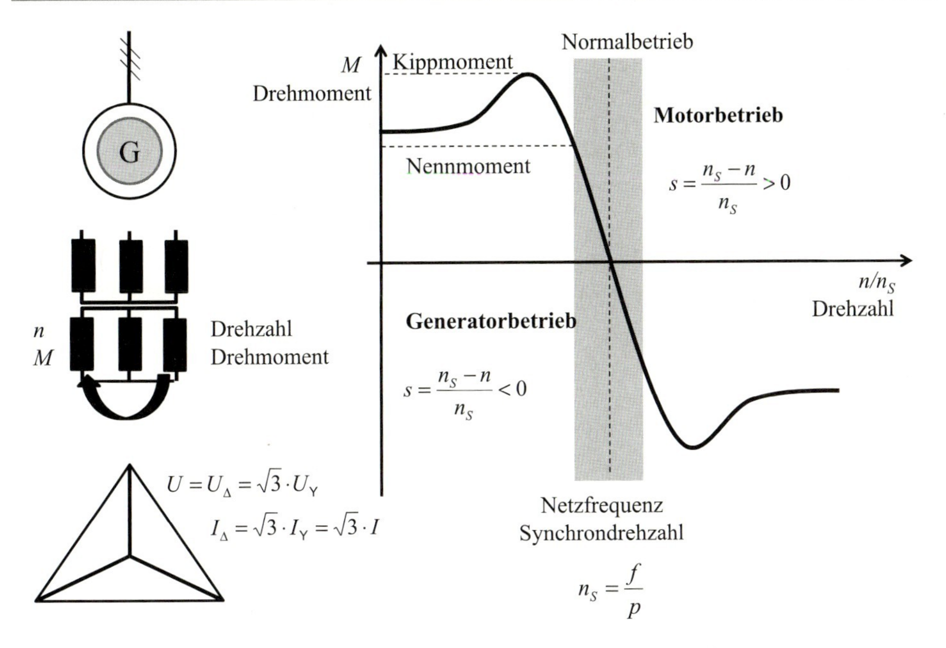

Abb. 4.34 Funktionsschema und Betriebskennlinie einer Asynchronmaschine (Motor- und Generatorbetrieb)

Treibt man eine auf ein Netz konstanter Spannung und Frequenz geschaltete Asynchronmaschine über die Leerlaufdrehzahl hinaus an (asynchrone Drehzahl $n > n_S$, $s < 0$), so wird die Maschine zum Asynchrongenerator und gibt elektrische Leistung an das Netz ab. Wie als Motor nimmt aber die Maschine als Generator induktive Blindleistung aus dem Netz auf ($Q > 0$), kann also nicht zur Blindleistungserzeugung herangezogen werden. Dies ist nur mit der Synchronmaschine möglich. Der Asynchrongenerator liefert somit in seiner einfachen Ausführung nur Wirkleistung und benötigt für das Magnetfeld selbst Blindleistung. Im Inselbetrieb kann die Blindleistung durch Kondensatoren bereitgestellt werden. Hier besteht ein wesentlicher Unterschied zum Synchrongenerator.

Der Schlupf ist näherungsweise proportional zur Belastung (Moment $\sim$ Strom; max. ca. 5 % Schlupf); vgl. Abb. 4.34. Zwischen Generatordrehzahl und Netzfrequenz besteht somit der Zusammenhang

$$n = \frac{f}{p}(1 - s) \qquad (4.41)$$

Zwei Ausführungsformen werden unterschieden:

1. Beim **Käfig- oder Kurzschlussläufer** sind die Drehstromwicklungen über einen Kurzschlussring verbunden.
2. Beim **Schleifringläufer** werden die einen Enden der Wicklungen verbunden und die anderen Enden über Schleifringe und Kohlebürsten (= Verschleißteil!) nach außen

geführt. Hier können sie über Widerstände kurzgeschlossen und das Anlaufverhalten verändert werden. Als doppelt gespeiste Asynchronmaschine (engl. *double fed induction generator*, DFIG) ist auch die Drehzahl über eine Beeinflussung des Läuferdrehfeldes anpassbar. Durch „Verschiebung" des Läuferdrehfeldes ist ein Frequenzhub von ca. ± 40 % der Nenndrehzahl möglich („Drehzahlelastizität") [12].

Um zwei Netzdrehzahlen in einer Asynchronmaschine bedienen zu können, baut man polumschaltbare Maschinen. Bei ihnen sind die Wicklungsstränge des Stators so gebaut, dass durch unterschiedliche Schaltungen zwei Polzahlen und somit zwei Synchrondrehzahlen möglich sind.

Aus den komplexen Zeigerdiagrammen in Abb. 4.34 ergeben sich zwischen der Stern- U_Y, Dreiecks- U_Δ und Strangspannung U wegen $\cos 30° = \sqrt{3}/2$ die Verknüpfungen

$$U = U_\Delta = \sqrt{3} \cdot U_Y \; , \tag{4.42a}$$

für die Ströme gilt analog

$$\frac{I_\Delta}{\sqrt{3}} = I_Y = I \; . \tag{4.42b}$$

Für die Wirkleistung am Drehstromstator gilt mit den elektrischen Größen der Stern- oder Dreiecksschaltung:

$$P = 3 \cdot P_{\Delta Y} = 3 \cdot U_{\Delta Y} \cdot I_{\Delta Y} \cdot \cos\varphi \tag{4.42c}$$

Mit den Stranggrößen U und I am Generatoraustritt gilt für die Sternschaltung

$$P = 3 \cdot P_Y = 3 \cdot U_Y \cdot I_Y \cdot \cos\varphi = 3 \cdot \frac{U}{\sqrt{3}} \cdot I \cdot \cos\varphi = \sqrt{3} \cdot U \cdot I \cdot \cos\varphi \tag{4.42d}$$

analog auch für die Dreiecksschaltung

$$P = 3 \cdot P_\Delta = 3 \cdot U_\Delta \cdot I_\Delta \cdot \cos\varphi = 3 \cdot U \cdot \frac{I}{\sqrt{3}} \cdot \cos\varphi = \sqrt{3} \cdot U \cdot I \cdot \cos\varphi \tag{4.42e}$$

Sie unterscheiden sich somit nur durch die Ströme und Spannungen in den Wicklungen. Für das Verhältnis der Leistungsaufnahmen aus Stern-/Dreieckspannungen gilt mit den genannten Zusammenhängen

$$\frac{P_\Delta}{P_Y} = \frac{3 \cdot U_\Delta \cdot I_\Delta \cdot \cos\varphi}{3 \cdot U_Y \cdot I_Y \cdot \cos\varphi} = \frac{U \cdot \sqrt{3} \cdot I}{\frac{U}{\sqrt{3}} \cdot I} = \sqrt{3} \cdot \sqrt{3} = 3 \tag{4.42f}$$

Die Leistungsaufnahme der Sternschaltung beträgt nur ein Drittel der vergleichbaren Dreiecksschaltung. Gleiches gilt für Blind- und Scheinleistung sowie das Belastungsmoment. Die Spulensätze der Generatoren sind daher in der Regel als Sternschaltung zusammengefasst.

4.6 Übungen

1. Für die in Abschn. 4.4 vorgestellte Kleinstwindkraftanlage ist eine vereinfachte Wirtschaftlichkeits- bzw. eine Leistungsprognose zu erstellen: Berechnen Sie die erzielbare Leistung in Abhängigkeit von der Windgeschwindigkeit und stellen Sie diese Zusammenhänge in einem Diagramm dar. Mit welcher Rotorleistung ist im Jahresmittel und für realistisch ausgewählte Belastungsfälle zu rechnen (vgl. dazu die Einführungen zu diesem Kapitel)?
   Prognostizieren Sie das Leistungsvermögen bei 10 m/s Windgeschwindigkeit und vergleichen Sie den errechneten Wert mit der Herstellerangabe.
   Berechnen Sie den Wirkungsgrad im Nennbetriebspunkt und vergleichen Sie das Ergebnis mit den Werten in Abb. 4.16.
2. Für die Beispielanlage in der Lausitz sind mit Hilfe eines Tabellenkalkulationsprogramms der Wirkungsgrad und der Ertrag zu prognostizieren. Mit dem nachfolgenden Rechenschema sind Parametervariationen zu den Volllaststunden (vgl. Einführung zu diesem Kapitel), Leistungsprognosen mit der mittleren Windgeschwindigkeit und zum Rotordurchmesser durchzuführen.

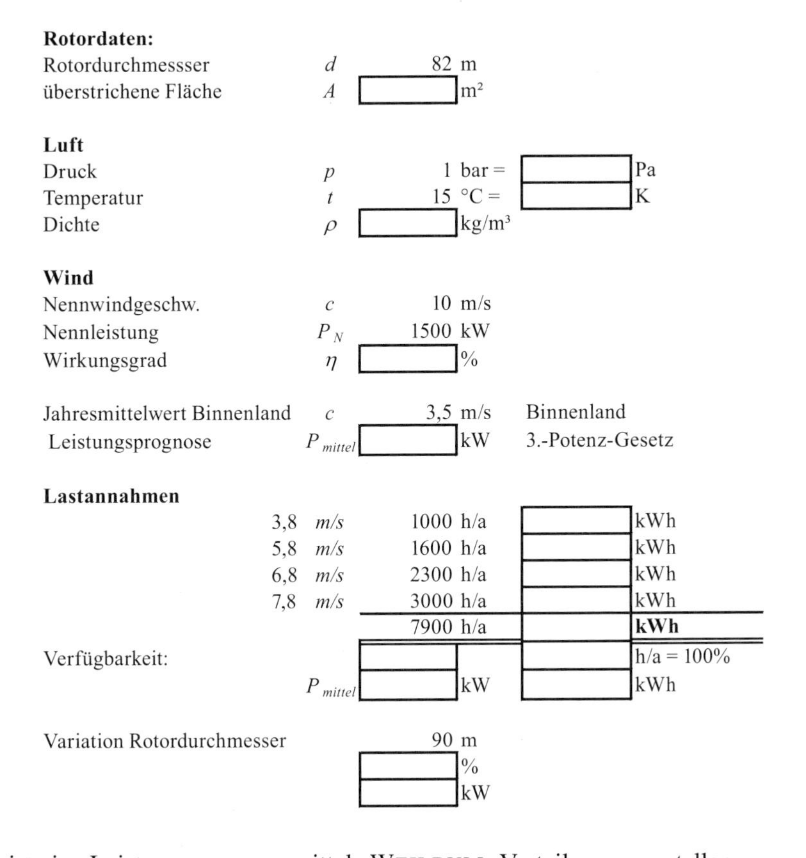

Rotordaten:				
Rotordurchmesser	d	82 m		
überstrichene Fläche	A	[ ] m²		
Luft				
Druck	p	1 bar =	[ ]	Pa
Temperatur	t	15 °C =	[ ]	K
Dichte	ρ	[ ] kg/m³		
Wind				
Nennwindgeschw.	c	10 m/s		
Nennleistung	P_N	1500 kW		
Wirkungsgrad	η	[ ] %		
Jahresmittelwert Binnenland	c	3,5 m/s	Binnenland	
Leistungsprognose	P_{mittel}	[ ] kW	3.-Potenz-Gesetz	
Lastannahmen				
	3,8 m/s	1000 h/a	[ ]	kWh
	5,8 m/s	1600 h/a	[ ]	kWh
	6,8 m/s	2300 h/a	[ ]	kWh
	7,8 m/s	3000 h/a	[ ]	kWh
		7900 h/a	[ ]	**kWh**
Verfügbarkeit:		[ ]	[ ]	h/a = 100%
	P_{mittel}	[ ] kW	[ ]	kWh
Variation Rotordurchmesser		90 m		
		[ ] %		
		[ ] kW		

Es ist eine Leistungsprognose mittels WEILBULL-Verteilung zu erstellen.

Literatur

1. Dreyhaupt, F. J. (Hrsg.): VDI-Lexikon Umwelttechnik, VDI-Verlag, Düsseldorf, 1994
2. Kaltschmitt, M.; Streicher, W. Wiese, A.; (Hrsg.): Erneuerbare Energien – Systemtechnik, Wirtschaftlichkeit, Umweltaspekte (5. Aufl.), Springer-Verlag, Berlin, Heidelberg, New York, 2013
3. Koeppen, J.: Innovative Energieversorgung/Windkraftanlagen (Vorlesungsmanuskript), HAW Hamburg, 2008
4. Menny, K.: Strömungsmaschinen, Vieweg+Teubner Verlag, Wiesbaden, 2006
5. Grote, K.-H.; Feldhusen, J. (Hrsg.): Dubbel – Taschenbuch für den Maschinenbau (24. Aufl.), Springer-Vieweg, Berlin, Heidelberg, New York, 2014
6. Becker, E.: Technische Strömungslehre, Teubner Studienbücher, Teubner-Verlag, Stuttgart (1982)
7. International Electrotechnical Commission: IEC 61400-1:1999; Wind turbine generator systems- Part 1: Safety requirements, Second Edition, 1999
8. Trömel, Olaf: Analyse dynamischer Belastungen am Blattverstellungssystem einer Windenergieanlage, HAW Hamburg, Diplomarbeit, 2009
9. Deutsches Institut für Bautechnik: Einwirkungen und Standsicherheitsnachweise für Turm und Gründung, Berlin, Fassung vom 10.05.2005
10. IEA Expert Group Study: International Recommended Practise for Wind Energy Conversion System Testing 3, Fatigue Characteristics, 1. Auflage, 1984
11. Germanischer Lloyd Wind Energy: Guideline for the Certification of Wind Turbines, Heydorn Verlag, Uetersen, Edition 2003 with Supplements 2004
12. Hau, E.: Windkraftanlagen, 5. Aufl. Springer Vieweg, Berlin Heidelberg, 2014
13. BINE Informationsdienst: Kleine Windenergieanlage für Netz- und Inselbetrieb, Projektinfo 02/07, Fachinformationszentrum Karlsruhe/Bonn, www.bine.info; Stand: Mai 2008
14. Koeppen, J.: Elektrotechnik, Vorlesungsmanuskript, HAW Hamburg, 2008

Weiterführende Literatur

15. Gasch, R.; Twele, J., (Hrsg.): Windkraftanlagen Grundlagen, Entwurf, Planung und Betrieb, Springer Vieweg, 2013
16. Heier, S.: Windkraftanlagen, Systemauslegung, Netzintegration und Regelung, Vieweg + Teubner Verlag, 2009
17. BINE Informationsdienst: Windprognosen im Binnenland, Projektinfo 11/99, Fachinformationszentrum Karlsruhe/Bonn, www.bine.info; Stand: Mai 2008
18. BINE Informationsdienst: Offshore-Windenergie vor der Küste, Projektinfo 05/03, Fachinformationszentrum Karlsruhe/Bonn, www.bine.info; Stand: Mai 2008
19. BINE Informationsdienst: Ökologische Begleitforschung für Offshore-Windenergienutzung, Projektinfo 07/04, Fachinformationszentrum Karlsruhe/Bonn, www.bine.info; Stand: Mai 2008
20. Bohl, W.: Strömungsmaschinen (Band 1: Aufbau und Wirkungsweise; Band 2: Berechnung und Konstruktion), 4. Aufl., Vogel-Fachbuchverlag, Würzburg, 1991
21. Pfleiderer, C.; Petermann, H.: Strömungsmaschinen (7. Aufl.), Springer-Verlag, Berlin, Heidelberg, New York, 2004

22. Stenzel, Jonas: Vergleich und Modifikation von Methoden zur Turbulenzberechnung an Windenergieanlagen unter Berücksichtigung der Nachlaufströmung und der Umgebungsturbulenz, HAW Hamburg, Diplomarbeit, 2009
23. Molly, J.-P.: Windenergie, Theorie, Anwendung, Messung, 2. Aufl., Verlag C.F. Müller, Karlsruhe, 1990

Wasserkraft

5

Die Energiepotentiale aus Wasserkraft sind räumlich sehr unterschiedlich ausgeprägt. Hier kommen Wellen-, Meeres-, Gezeiten-, Fluss- und Speicherkraftwerke zur Anwendung. Grundlagen, Begrifflichkeiten und Leistungspotentiale werden nachfolgend ausführlich erörtert. Zum besseren Verständnis sollen zunächst die wichtigsten Grundlagen aus der Strömungslehre wiedergegeben werden.

5.1 Grundlagen

Bei stationären Strömungsvorgängen gilt für den ein- und austretenden Massenstrom eines Kontrollvolumens:

$$\dot{m} = \dot{V} \cdot \rho = \text{konst.}$$
$$\dot{m}_1 = \dot{m}_2 \tag{5.1}$$

Im Anlagenbau ist es üblich, für den Volumenstrom $\dot{V}$ auch Q zu schreiben, dann erhält die **Kontinuitätsgleichung** für **inkompressible Medien** mit der Strömungsgeschwindigkeit c und der durchströmten Querschnittsfläche A die Form

$$\dot{V} = Q = A \cdot c = \text{konst.} \quad \text{bzw.} \quad A_1 \cdot c_1 = A_2 \cdot c_2 \tag{5.2}$$

Darin ist

A die Fläche des Strömungsquerschnittes (z. B. Rohrleitungsquerschnittsfläche)
c die Strömungsgeschw. [m/s]
ρ die Dichte [kg/m^3]
$\dot{m}$ der Massenstrom [kg/s]
$\dot{V} = Q$ der Volumenstrom [m^3/s] oder [l/min].

H. Watter, *Regenerative Energiesysteme*, DOI 10.1007/978-3-658-09638-0_5

Die Indices 1 und 2 repräsentieren die unterschiedlichen Positionen auf einem Strömungsfaden.

Aus der technischen Mechanik sind die nachfolgenden **Energieformen** bekannt:

1. Bewegungsenergie/kinetische Energie

$$W_{\text{kin}} = \frac{1}{2} m \cdot c^2 \tag{5.3a}$$

2. Lageenergie/potentielle Energie

$$W_{\text{pot}} = m \cdot g \cdot h \tag{5.3b}$$

3. Druckenergie (Verschiebearbeit):
   Wird unter konstanter Druckeinwirkung die Fläche A um den Weg Δs verschoben, so ergibt sich die Verschiebearbeit bzw. Volumenänderungsarbeit

$$\Delta W_p = F \cdot \Delta s = (p \cdot A) \cdot \Delta s = p \cdot (A \cdot \Delta s) = p \cdot \Delta V \tag{5.3c}$$

4. Enthalpie H/innere Energie:
   Die thermische Bewegung der Moleküle in einem Fluid wird als innere Energie bezeichnet. Sie ist gleich der gespeicherten Wärmemenge und damit primär von der Temperatur abhängig. Bei hydraulischen Strömungsprozessen ist die Änderung der inneren Energie oft vernachlässigbar.

Nach dem Erhaltungssatz der Energie

$$W_p + W_{\text{kin}} + W_{\text{pot}} + W_i = \text{konst.} \tag{5.4a}$$

gilt für eine Strömung an jeder beliebigen Stelle auf diesem Strompfad

$$W_{p_1} + W_{\text{kin}_1} + W_{\text{pot}_1} + W_{i_1} = W_{p_2} + W_{\text{kin}_2} + W_{\text{pot}_2} + W_{i_2} + \Delta W_V \tag{5.4b}$$

darin beschreibt ΔW_V die Verluste zwischen den Punkten 1 und 2. Mit den o. g. Termen folgt

$$p \cdot V + \frac{1}{2} m \cdot c^2 + m \cdot g \cdot h = \text{konst.} \quad \text{wobei} \quad V = \frac{m}{\rho} \tag{5.4c}$$

Für inkompressible Medien (Dichte $\rho \approx$ konst.) ergibt sich aus dieser Gleichung durch Teilung mit m und Multiplikation mit ρ die **BERNOULLI-Gleichung als Sonderfall des Energieerhaltungssatzes**:

$$p_1 + \frac{\rho}{2} c_1^2 + \rho \cdot g \cdot h_1 = p_2 + \frac{\rho}{2} c_2^2 + \rho \cdot g \cdot h_2 + \Delta p_V \tag{5.4d}$$

Darin ist

Δp_V der Druckverlust zwischen den Punkten 1 und 2.

Man bezeichnet

$p = p_{\text{stat}}$ statischer Druck
$p_{\text{dyn}} = \frac{\rho}{2}c^2$ dynamischer Druckanteil
$p_t = p + \frac{\rho}{2}c^2$ Totaldruck

Leistung ist Arbeit pro Zeit. Durch Ableiten erhält man aus Gl. (5.4d) bei konstanter Kraft die mechanische Leistung

$$P_{\text{mech}} = \frac{dW}{dt} = F \cdot \frac{ds}{dt} = F \cdot c \tag{5.5a}$$

sowie die hydraulische Leistung

$$P_{\text{hyd}} = \dot{W} = \dot{V} \cdot \Delta p_t = Q \cdot \Delta p_t \tag{5.5b}$$

bzw. die effektive zur Verfügung stehende elektrische oder mechanische Leistung (je nach Definition des Wirkungsgrades) zu

$$P = \eta \cdot P_{\text{hyd}} = \eta \cdot \left(\dot{V} \cdot \Delta p_t\right) \tag{5.5c}$$

Darin ist

F Kraft in Richtung der Geschwindigkeit c
$\dot{V} = Q$ Volumenstrom des inkompressiblen Mediums
$\Delta p_t = p_{t2} - p_{t1}$ die Totaldruckdifferenz zwischen Eintritt und Austritt

Im Anlagenbau ist es üblich, die Druckdifferenz in Fall- oder Förderhöhe $h = H$ umzurechnen:

$$H = \frac{\Delta p_t}{\rho \cdot g} \tag{5.6}$$

Aus der Leistungsformel (5.5b) wird deutlich, dass die Energieumsetzung an einer Wasserturbine oder einem Wasserrad entweder

1. durch Umsetzung der Druckenergie (Staudruckprinzip) → Wasserrad, PELTON-Turbine, oder
2. durch Umsetzung der kinetischen Energie (dynamischer Druck) → KAPLAN-Turbine, oder
3. als Mischform → FRANCIS-Turbine – erfolgen kann.

5.1.1 Wasserrad

Ein **Wasserrad** nutzt die potentielle bzw. kinetische Energie des Wassers. Sie treiben traditionell Arbeitsmaschinen wie Generatoren, Mahlwerke, Hammerwerke oder Wasserschöpfwerke an. Die Bedeutung der Wasserräder ist in den Industrieländern stark zurückgegangen, in Entwicklungsländern übernehmen sie teilweise noch diese Aufgaben.

Man unterscheidet Wasserräder nach der Bauform:

- **Zellenräder** besitzen Behälter (Zellen), die das Wasser maximal eine halbe Umdrehung mitnehmen.
- **Schaufelräder** keine Zellen, sondern nur radial angeordnete Bleche oder Bretter (Schaufeln), die nach allen Seiten offen sind. Der Wasserzulauf erfolgt über ein Kropfgerinne. Um einen hohen Wirkungsgrad (geringe Spaltverluste) zu erzielen, muss das Kropfgerinne möglichst eng an den Schaufeln anliegen.

Ein weiteres Unterscheidungsmerkmal ist die Art der Strömungszuführung im oberen, unteren oder mittleren Bereich des Wasserrades („oberschlächtig“, „mittelschlächtig“, „unterschlächtig“):

- Beim **oberschlächtigen Wasserrad** (Abb. 5.1a) strömt das Wasser über eine Rinne (dem so genannten „Gerinne“ oder „Fluter“) etwa am obersten Punkt des Rades (Radscheitel) in die Zellen. Das Rad wird durch die Gewichtskraft des aufgenommenen Wassers („Aufschlagwasser“) in Bewegung versetzt. Mitgeführtes Treibgut beeinflusst die Funktionsweise in der Regel nicht. Zellenräder und oberschlächtige Wasserräder werden bei Gefällehöhen von 2,5 bis 10 m eingesetzt. Typische Wassermengen liegen im Bereich von $0{,}1 \ldots 0{,}5\,\mathrm{m^3/s}$. Für Mühlen liegen die typischen Wasserradleistungen zwischen 2 und 10 kW. Oberschlächtige Wasserräder werden bei Umfangsgeschwindigkeiten von ca. 1,5 m/s betrieben.
  Der Wasserlauf wird i. Allg. durch ein kleines Wehr, einige 100 m oberhalb des Wasserrades vom Mutterbach abgezweigt und in einem künstlichen Kanal mit wenig Gefälle zum Rad geleitet. Dieser Kanal wird oft als Obergraben, Mühlbach oder oberer Mühlgraben bezeichnet. Das Wehr dient der Zuflussregulierung. Am Gerinne kurz vor dem Wasserrad ist ein Freifluter (auch „Leerschuss“ genannt) auf den das Wasser umgeleitet wird, wenn keine Drehbewegung erfolgen soll.
  Da hier primär potentielle Energie und keine Strömungsenergie umgesetzt wird, berechnet sich die erzielbare Leistung mit

  $$P = \eta \cdot P_{\mathrm{hyd}} = \eta \cdot \left(\dot{V} \cdot \Delta p_t\right) = \eta \cdot \dot{V} \cdot (\rho \cdot g \cdot h)$$

  Unter optimalen Bedingungen (insbesondere mit Schaufeln aus Stahlblech) werden beim oberschlächtigen Wasserrad Wirkungsgrade von über 80 % realisiert.
  Eine besondere Bauform ist das **Kehrrad**. Es wird ausschließlich oberschlächtig beaufschlagt und hat zwei parallel, jedoch gegenläufig angeordnete Schaufelkränze. Durch

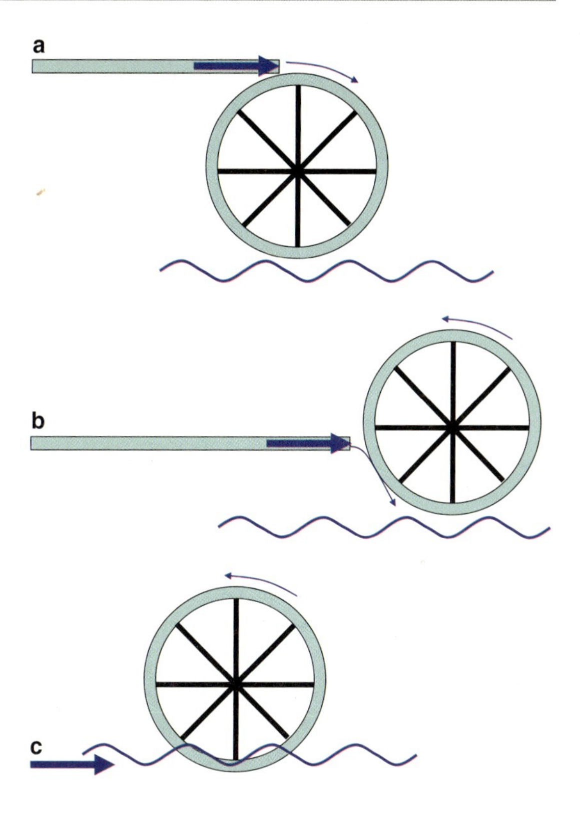

Abb. 5.1 Wasserradklassifikation nach der Anströmung und der Fallhöhe: **a** oberschlächtiges Wasserrad; **b** mittelschlächtiges Wasserrad; **c** unterschlächtiges Wasserrad

Umleitung des Zuflusses kann somit die Drehrichtung geändert werden. Kehrräder fanden u. a. im Bergbau Verwendung. Durch die Umkehr der Richtung konnten die Tonnen oder Körbe gehoben und gesenkt werden. In der Regel befand sich auch eine Seiltrommel oder ein Kettenkorb auf der Radwelle. Unabdingbar war darüber hinaus eine Bremsvorrichtung, um das Kehrrad abbremsen zu können (Bremsrad).

- **Mittelschlächtige Wasserräder** (Abb. 5.1b) werden etwa auf Nabenhöhe beaufschlagt. Sie können als Zellenrad oder als Schaufelrad gebaut werden. Mittelschlächtige Zellenräder werden auch rückschlächtig genannt, weil sie im Vergleich zu oberschlächtigen Wasserrädern in die entgegengesetzte Richtung drehen.
  Manche mittelschlächtigen Räder haben einen Kulisseneinlauf, der das Zulaufwasser in mehrere Teilstrahlen (meist drei) aufteilt und auf das Rad verteilt.
  Hier wird potentielle und kinetische Energie umgesetzt:

$$P = \eta \cdot P_{\text{hyd}} = \eta \cdot \dot{V} \cdot \Delta p_t = \eta \cdot \dot{V} \cdot \left(\frac{\rho}{2} \cdot c^2 + \rho \cdot g \cdot h\right)$$
$$= \eta \cdot \dot{V} \cdot \left[\frac{\rho}{2} \cdot \left(\frac{\dot{V}}{A}\right)^2 + \rho \cdot g \cdot h\right]$$

Mittelschlächtige Wasserräder können bei entsprechender Konstruktion von Zulauf und Ablauf sowie Kammern und Schaufelform Wirkungsgrade von bis zu 85 % erreichen.

- Bei **unterschlächtigen Wasserrädern** (Abb. 5.1c) fließt das Wasser unter dem Rad über einen Zulauf („Kropf"). Das Einsatzgebiet liegt bei geringen Gefällehöhen von 0,25 bis 2 m und Wassermengen über 0,3 m^3/s. Die Leistungsumsetzung erfolgt hier primär aus der kinetischen Strömungsenergie des Wassers:

$$P = \eta \cdot P_{\text{hyd}} = \eta \cdot \dot{V} \cdot \Delta p_t = \eta \cdot \dot{V} \cdot \left(\frac{\rho}{2} \cdot c^2\right) = \eta \cdot \left[\frac{\rho}{2} \cdot \frac{1}{A^2}\right] \cdot \dot{V}^3$$

Unter optimalen Bedingungen, insbesondere, wenn der Spalt zwischen Kropf und Rad klein ist, werden Wirkungsgrade von über 70 % erzielt. Unterschlächtige Wasserräder werden bei Umfangsgeschwindigkeiten von 1,6…2,2 m/s betrieben. Wegen des geringen Gefälles steht das Wasserrad normalerweise direkt am Wehr. Das Rad wird allein durch den Strömungswiderstand der Schaufeln angetrieben. Der Wirkungsgrad bei tiefschlächtigen Wasserrädern ist am besten, wenn die Umfanggeschwindigkeit des Rades ca. 30…50 % der Wassergeschwindigkeit entspricht; vgl. BETZsche Theorie Gl. (4.12b) und (4.15c).

Bei den Anströmvarianten muss auf jeden Fall der Einfluss der Strömungsgeschwindigkeit berücksichtigt werden. Bei schnell fließenden Gewässern steigt die Leistung mit der 3. Potenz, während die Fallhöhe nur linear in die Gleichungen eingeht.

Schiffsmühle Eine besondere Bauform des Wasserrades ist die Schiffsmühle. Hierbei liegt ein Schiff mit Wasserrad fest vertäut im Fluss; das Wasserrad treibt z. B. eine Mühle oder einen Generator auf dem Schiff an. Die Schiffsmühle hat den Vorteil, dass sie mit dem Wasserspiegel aufschwimmt oder absinkt und dadurch immer dieselbe Wasserzuströmung besitzt.

Legt man z. B. flussaufwärts einen Verankerungspunkt und das Ankertau über eine von der Schiffsmühle angetriebene Welle, so wickelt sich das Verankerungsseil um die Winde und kann bei richtiger Dimensionierung und ausreichender Strömungsgeschwindigkeit das Schiff sogar gegen die Strömung flussaufwärts ziehen.

5.1.2 Wasserturbine

Die Energieumsetzung erfolgt (wie bei der Windkraftanlage – Kap. 4) hydrodynamisch durch Strömungsumlenkung am Laufrad.

Energieumsetzung am Laufrad Zum Verständnis der Wirkmechanismen sind die nachfolgenden Strömungsgeschwindigkeiten zu unterscheiden:

1. **Umfangsgeschwindigkeit** aufgrund der Drehbewegung der Welle

$$u = \omega \cdot r = (2 \cdot \pi \cdot n) \cdot \frac{d}{2} = d \cdot \pi \cdot n \tag{5.7}$$

darin ist $(d/2)$ der Abstand des betrachteten Strömungsfadens von der Drehachse.
2. Die **Strömungsgeschwindigkeit *w* im Strömungskanal**, die sich aufgrund der Kontinuitätsgleichung in Abhängigkeit von der Querschnittsfläche A ergibt

$$w = \frac{\dot{V}}{A} \tag{5.8}$$

Ein mitbewegter Beobachter auf einer Turbine oder Pumpe würde nur diese relative Strömungsgeschwindigkeit erkennen.
3. Die **Absolutgeschwindigkeit *c***, die ein ruhender Beobachter (z. B. bei einer gläsernen Pumpe) erkennen könnte. Sie ergibt sich aus der vektoriellen Addition von Umfangsgeschwindigkeit u und relativer Strömungsgeschwindigkeit w:

$$\vec{c} = \vec{u} + \vec{w} \tag{5.9}$$

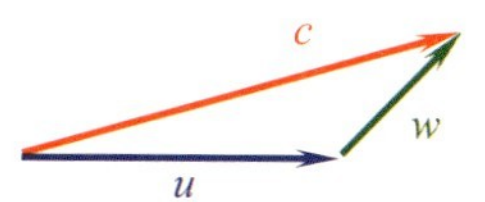

Für die Kraft- bzw. Momentenwirkung ist nur die tangentiale Komponente der Strömung maßgeblich. Aus dem Impulssatz der Mechanik ergibt sich die EULERsche Turbinengleichung zu

$$M = F \cdot r = \vec{I}_2 \cdot r_2 - \vec{I}_1 \cdot r_1 = \dot{m} \cdot (c_{u2} \cdot r_2 - c_{u1} \cdot r_1) \tag{5.10}$$

darin ist

r_1 Eintrittsradius des Strömungsfadens
r_2 Austrittsradius des Strömungsfadens
c_{u1} Umfangskomponente der Absolutströmung am Eintritt
c_{u2} Umfangskomponente der Absolutströmung am Austritt
$\dot{m}$ Massenstrom.

Im Falle einer Pumpe ergibt sich so ein positives Drehmoment ($r_2 \cdot c_{u2} \gg r_1 \cdot c_{u1}$), im Falle einer Turbine ein negatives Drehmoment.

Mit der mechanischen Leistungsdefinition erhält man aus der **EULER-Hauptgleichung** die spezifische Stutzenleistung

$$Y = \frac{P}{\dot{m}} = \frac{M \cdot \omega}{\dot{m}} = u_2 \cdot c_{u2} - u_1 \cdot c_{u1} \tag{5.11}$$

Wobei für die skalaren Größen die nachfolgende **Vorzeichenkonvention** gilt: Die Geschwindigkeitskomponenten zählen in Richtung der Umfangsgeschwindigkeit positiv und entgegen der Umfangsgeschwindigkeit negativ. Für eine gute Turbinenleistung muss diese Gleichung also maximal negativ werden. Dies wird erreicht, wenn die umgelenkte Austrittskomponente c_{u2} maximal entgegen der Drehrichtung u gewählt und die Eintrittsgeschwindigkeit c_{u1} tangential in Umfangsrichtung eingeleitet wird.

Durch Verknüpfung dieser Gleichung mit der Leistungsformel (5.5b), der **spez. Stutzenarbeit Y** und der Förder- oder **Fallhöhe H** erhält man die verbindende Gleichung zwischen dem äußeren Energieangebot und der internen Strömungsführung

$$Y = \frac{P_{\text{hyd}}}{\dot{m}} = \frac{P/\eta}{(\rho \cdot \dot{V})} = \frac{H}{\rho \cdot g} = \Delta p_t = (p_2 - p_1) + \frac{\rho}{2}\left(c_2^2 - c_1^2\right) + \rho \cdot g \cdot (h_2 - h_1)$$
$$= u_2 \cdot c_{u2} - u_1 \cdot c_{u1} \tag{5.12}$$

Zur Vertiefung sei auf die Spezialliteratur zur Berechnung von Strömungsmaschinen verwiesen.

Kennzahlen Zur Klassifizierung und Priorisierung der Energieumsetzung am Laufrad werden **dimensionslose Kennzahlen** eingeführt:

Durchflusszahl Um den Volumenstrom zu kennzeichnen, wird er durch das Produkt aus Umfangsgeschwindigkeit u und der projizierten Kreisringfläche A dimensionslos gemacht:

$$\varphi = \frac{c}{u} = \frac{\dot{V}/A}{u} = \frac{\dot{V}}{\left(d^2 \cdot \frac{\pi}{4}\right) \cdot (\omega \cdot r)} = \frac{\dot{V}}{\left(d^2 \cdot \frac{\pi}{4}\right) \cdot \left(2 \cdot \pi \cdot n \cdot \frac{d}{2}\right)} = \frac{4 \cdot \dot{V}}{d^3 \cdot \pi^2 \cdot n} \tag{5.13}$$

Druckzahl Zur dimensionslosen Beschreibung der spezifischen Stutzenarbeit wird diese mit der kinetischen Energie der Drehbewegung verglichen, die mit der Umfangsgeschwindigkeit u wächst:

$$\psi = \frac{Y}{u^2/2} = \frac{\Delta p_t}{(d \cdot \pi \cdot n)^2} \tag{5.14}$$

Schnellläufigkeit Im Allgemeinen ist zu Beginn einer Konstruktion der Durchmesser noch nicht bekannt. Aus der Durchfluss- und Durchsatzzahl wird daher der Durchmesser d eliminiert:

$$\sigma = \frac{\varphi^{1/2}}{\psi^{3/4}} = \frac{2 \cdot n \cdot \sqrt{\pi \cdot \dot{V}}}{(2 \cdot Y)^{3/4}} \tag{5.15}$$

Geometrische Ähnlichkeit Turbinen und Pumpen für unterschiedliche Leistungsanforderungen aber gleicher Bauart, werden geometrisch hochskaliert. Es ist daher von Interesse, wie die Konstruktionsdaten (Drehzahl, Durchmesser) zu wählen sind, damit die geforderten Leistungsdaten erreicht werden können (Druck, Volumenstrom, Leistung).

Die **spez. Drehzahl n_q** ist eine ältere, dimensionsbehaftete Kenngröße. Sie beschreibt eine geometrisch ähnliche Strömungsmaschine mit der Fall- oder Förderhöhe $H_q = 1\,\mathrm{m}$ und dem Volumenstrom $\dot{V}_q = 1\,\mathrm{m^3/s}$. Eine geometrisch ähnliche Pumpe hat die gleiche Laufzahl:

$$\frac{\sigma}{\sigma_q} = \frac{\frac{2 \cdot n \cdot \sqrt{\pi \cdot \dot{V}}}{(2 \cdot Y)^{3/4}}}{\frac{2 \cdot n_q \cdot \sqrt{\pi \cdot \dot{V}_q}}{(2 \cdot Y_q)^{3/4}}} = \frac{\frac{n \cdot \sqrt{\dot{V}}}{(H)^{3/4}}}{\frac{n_q \cdot \sqrt{\dot{V}_q}}{(H_q)^{3/4}}} = \frac{\frac{n \cdot \sqrt{\dot{V}}}{(H)^{3/4}}}{\frac{n_q \cdot \sqrt{1 \frac{\mathrm{m}^3}{\mathrm{s}}}}{(1\,\mathrm{m})^{3/4}}} = 1$$

Umgestellt nach der spez. Drehzahl n_q ist diese mit den dimensionsbehafteten Größen Volumenstrom $[\mathrm{m^3/s}]$ und Fallhöhe $[\mathrm{m}]$ definiert zu:

$$n_q[\mathrm{min}^{-1}] = n[\mathrm{min}^{-1}] \cdot \frac{\sqrt{\dot{V}[\mathrm{m^3/s}]}}{(H[\mathrm{m}])^{3/4}} \tag{5.16}$$

Zwischen der spez. Drehzahl und der **Laufzahl** besteht der Zusammenhang

$$\sigma = \frac{n_q[\mathrm{min}^{-1}]}{157{,}8} \tag{5.17}$$

Mit der spez. Drehzahl oder der Laufzahl kann die optimale Pumpenbauart ausgewählt werden. Bei großen Volumenströmen steigen spez. Drehzahl und Laufzahl, bei großen Fallhöhen sinken diese Kennwerte.

Dabei zeigt sich, dass die Turbine entweder in Richtung Druckumsetzung (Druckenergie; PELTON-Turbine) oder in Richtung Durchsatz (kinetische Energie; KAPLAN-Turbine) bzw. als Mischform (FRANCIS-Turbine) optimiert werden kann. Aus den nachfolgenden Ausführungen lässt sich der Schluss ziehen:

geringe Druckdifferenz + große Volumenströmen → axial durchströmte Turbine
→ Flusskraftwerke
→ KAPLAN-Turbine

hohe Drücke + kleiner Volumenstrom → radial durchströmte Turbine
→ PELTON-Turbine
→ Speicherkraftwerke im Hochgebirge

Die FRANCIS-Turbine zeigt als halbaxial durchströmte Turbine breite Einsatzgebiete für mittlere Volumenströme und Drücke (Fallhöhe). Die Abb. 5.2 zeigt diese Verhältnisse in Diagrammform.

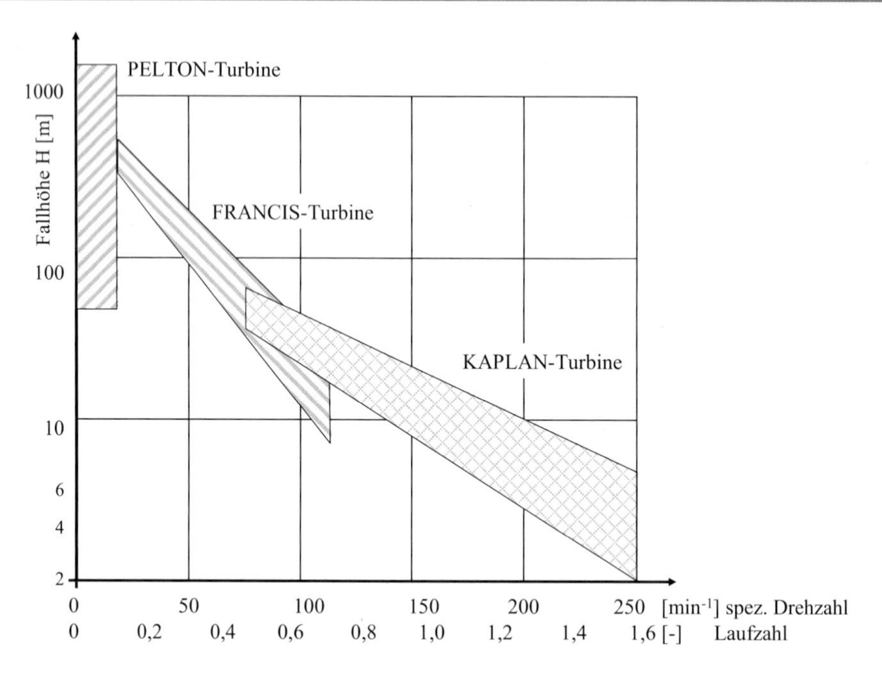

Abb. 5.2 Auswahldiagramm für verschiedene Bauformen in Abhängigkeit von der Laufzahl (spez. Drehzahl) und der Fallhöhe, nach [1, 2]

Abbildung 5.3 zeigt einen typischen Wirkungsgradverlauf. Weil Turbinen nicht nur Geschwindigkeiten, sondern auch Druck- und Impulskräfte umsetzen, können Wirkungsgrade oberhalb der BETZschen Grenze nach Gl. 4.15a–4.15c erreicht werden. Bei Null-Volumenstrom kann keine Leistung umgesetzt werden, der Wirkungsgrad ist gleich null. Im Wirkungsgradmaximum wird das Schaufelprofil optimal angeströmt; bei größerem oder kleinerem Durchsatz entstehen **Stoßverluste**, weil das Schaufelprofil in einem falschen Winkel angeströmt wird (vgl. z. B. Abb. 5.6).

PELTON-*Turbine* Die **PELTON-Turbine** ist eine so genannte Freistrahlturbine. Hier wird potentielle Energie der Höhe möglichst vollständig in kinetische Energie umgesetzt. Mit dem Impuls der Flüssigkeitsströmung wird ein spezielles Turbinenrad nach dem Staudruckprinzip angetrieben. Nach BERNOULLI gilt dabei:

$$\underbrace{p_1}_{p_0} + \frac{\rho}{2} \underbrace{c_1^2}_{\approx 0} + \rho \cdot g \cdot \underbrace{h_1}_{H} = \underbrace{p_2}_{p_0} + \frac{\rho}{2} c_2^2 + \rho \cdot g \cdot \underbrace{h_2}_{0} + \underbrace{\Delta p_V}_{0} \qquad (5.18a)$$

Fließt Wasser von einem höher gelegenen Gewässer (Stausee, Höhe H, Luftdruck p_0) durch eine Rohrleitung, so stellt sich am Rohrleitungsaustritt (Luftdruck p_0) nach TOR-

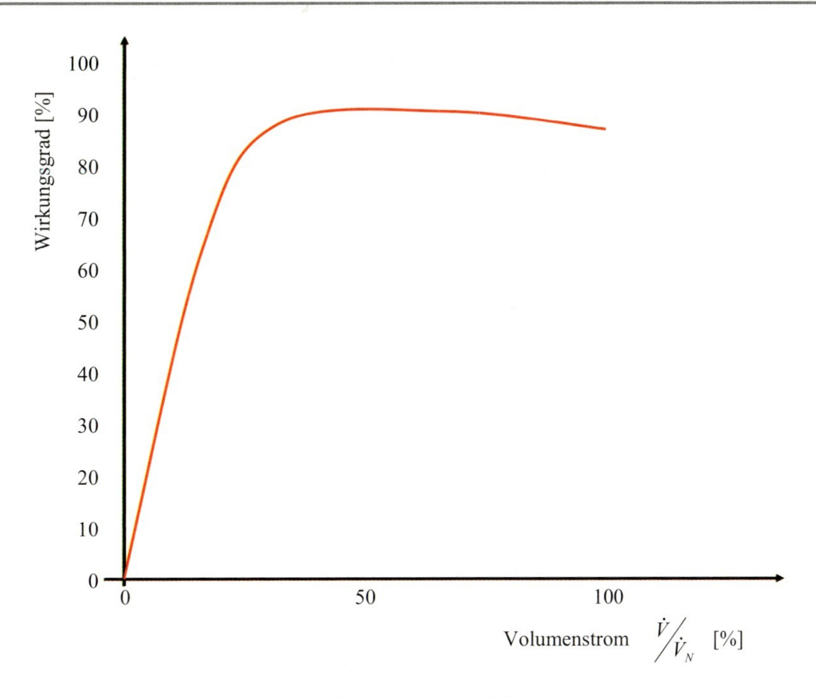

Abb. 5.3 Typischer Wirkungsgradverlauf einer Wasserturbine

RICELLI die Austrittsgeschwindigkeit

$$c_2 = \sqrt{2 \cdot g \cdot H} = \frac{\dot{V}_D}{A} \tag{5.18b}$$

ein. Die Austrittsgeschwindigkeit ist dabei unabhängig von der Anzahl der Austrittsdüsen! Die Anzahl der Düsen beeinflusst den Volumendurchsatz, die Düsenanzahl ist nur durch die geometrische Anordnung (Platzbedarf) begrenzt.

Bei der PELTON-Turbine tritt dieser Wasserstrahl als Freistrahl mit der Geschwindigkeit c_2 aus der oder den Düsen auf die Schaufeln des Laufrades (**Freistrahlturbine**), Abb. 5.4. Die Schaufelblätter sind als Halbschalen („**Becher**") ausgebildet. Am Rad tritt der Wasserstrahl tangential auf, um die max. Impulskraft in Drehbewegung umsetzten zu können. Die Düse übt auf das Laufrad in Umfangsrichtung die Impulskraft

$$\vec{F} = \int d\vec{F} = \int \frac{d(m \cdot \vec{c})}{dt} = \dot{m} \cdot \vec{c}\,\Big|_1^2 = \dot{m} \cdot \left(\vec{c}_2 - \vec{c}_1\right) \quad \text{hier} \quad F_U = \dot{m} \cdot (c_{2u} + c_{1u}) \tag{5.19}$$

aus, wobei hier c_1 die Eintritts- und c_2 die Austrittsgeschwindigkeit aus dem Laufrad ist. Bei der Formel ist zu beachten, dass die Geschwindigkeitsvektoren nicht algebraisch, sondern vektoriell zu addieren sind! Es wird daher angestrebt, dass das Wasser in

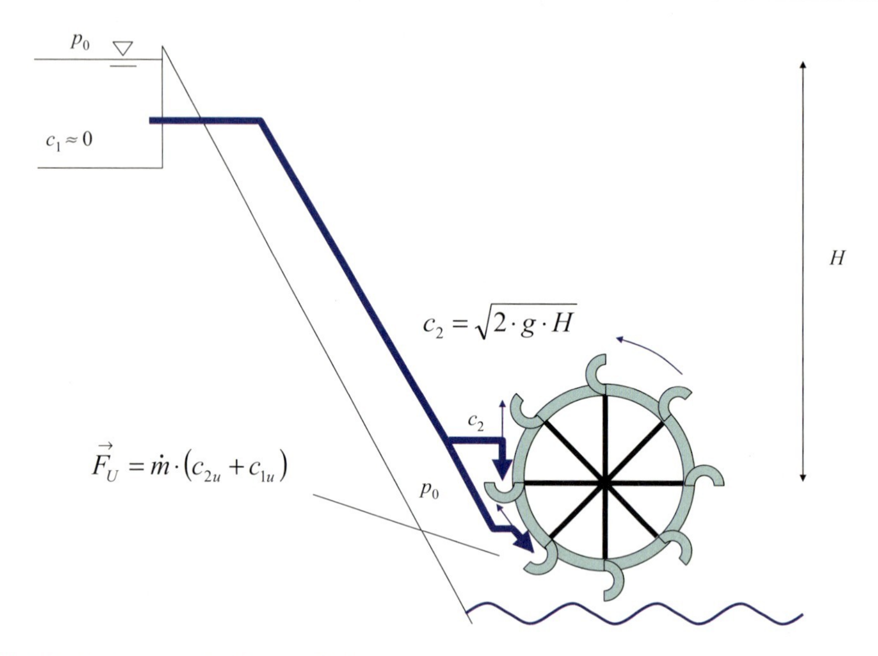

Abb. 5.4 Wirkprinzip der PELTON-Turbine

den Bechern in entgegengesetzte Richtung zurück reflektiert wird, um die Impulskraft zu erhöhen (Rückstoßprinzip). Durch eine „**Mittelschneide**" wird ein Staupunkt und damit erosiver Verschleiß im Becherzentrum vermieden. Ein betrieblicher Nachteil dieses Turbinentyps liegt in diesem hohen Verschleiß. Im Gegensatz zu den nachfolgenden Turbinentypen kann diese Turbine *nicht* als Pumpe betrieben werden (für Speicherkraftwerke daher ausgeschlossen).

FRANCIS-*Turbine* Bei der **FRANCIS-Turbine** wird das Wasser durch ein schneckenförmiges Spiralgehäuse tangential eingeleitet und über (i. Allg. verstellbare) Leitschaufeln auf das Laufrad geführt. Die Strömung tritt auf einem relativ großen Durchmesser (= hohe Umfangsgeschwindigkeit u_1) möglichst tangential (c_{u1} maximal) in das Laufrad ein, wird dort in entgegengesetzte Richtung umgelenkt (c_{u2} negativ), vgl. Abb. 5.5: Nach der EULER-Hauptgleichung wird die (abgegebene = negative) spezifische Stutzenleistung dann

$$Y = \frac{P}{\dot{m}} = \frac{M \cdot \omega}{\dot{m}} = -u_2 \cdot c_{u2} - u_1 \cdot c_{u1} \tag{5.20}$$

Aus den Strömungsdreiecken wird deutlich:

$$\omega = \frac{u_1}{r_1} = \frac{u_2}{r_2} \quad \text{also} \quad u_1 \gg u_2 \tag{5.21}$$

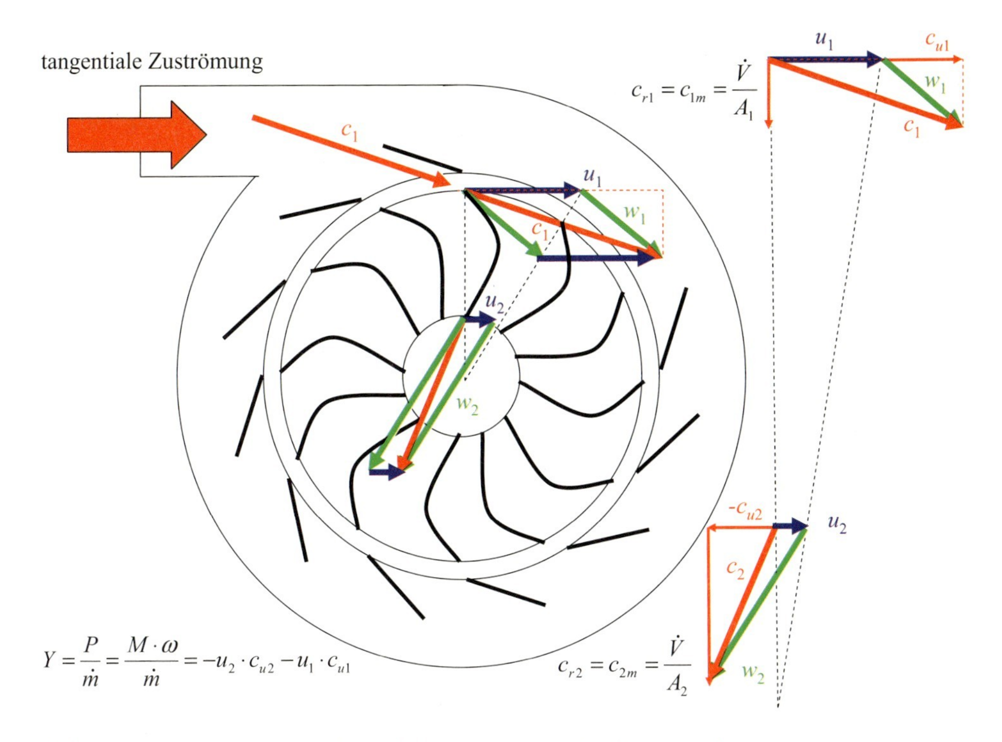

Abb. 5.5 Strömungs- und Geschwindigkeitsverhältnisse der FRANCIS-Turbine

Da der Strömungsquerschnitt am äußeren Eintritt größer ist als der Strömungsquerschnitt am Austritt der Pumpe wird die Radialgeschwindigkeit (Meridiangeschwindigkeit) wegen der Kontinuitätsgleichung steigen:

$$\dot{V} = A_1 \cdot c_{1r} = A_2 \cdot c_{2r} \quad \text{also} \quad c_{r1} = \frac{\dot{V}}{A_1} < c_{r2} = \frac{\dot{V}}{A_2} \tag{5.22}$$

KAPLAN-*Turbine* Die **KAPLAN-Turbine** ist eine axial angeströmte Wasserturbine mit verstellbarem Laufrad, sie ist trotz entgegengesetztem Energiefluss einem Schiffspropeller sehr ähnlich, vgl. Abb. 5.6. Der Anstellwinkel des Flügels wird **Propellersteigung** genannt. Dabei ist die Steigung der Weg, den die Schraube in einem festen Medium bei einer Umdrehung zurücklegen würde. Die Propellerflügel sind radial drehbar gelagert, so dass die Steigung dem Durchfluss angepasst werden kann.

Da in der KAPLAN-Turbine keine größeren Umlenkungen erfolgen und der Strömungsfaden auf dem gleichen Durchmesser bleibt, erfolgt die Energieumsetzung weniger aus der Geschwindigkeitsumsetzung, sondern viel mehr aus dem Volumenstrom:

$$P = \dot{m} \cdot \underbrace{(-u_2 \cdot c_{u2} - u_1 \cdot c_{u1})}_{\text{relativ klein}} \tag{5.23}$$

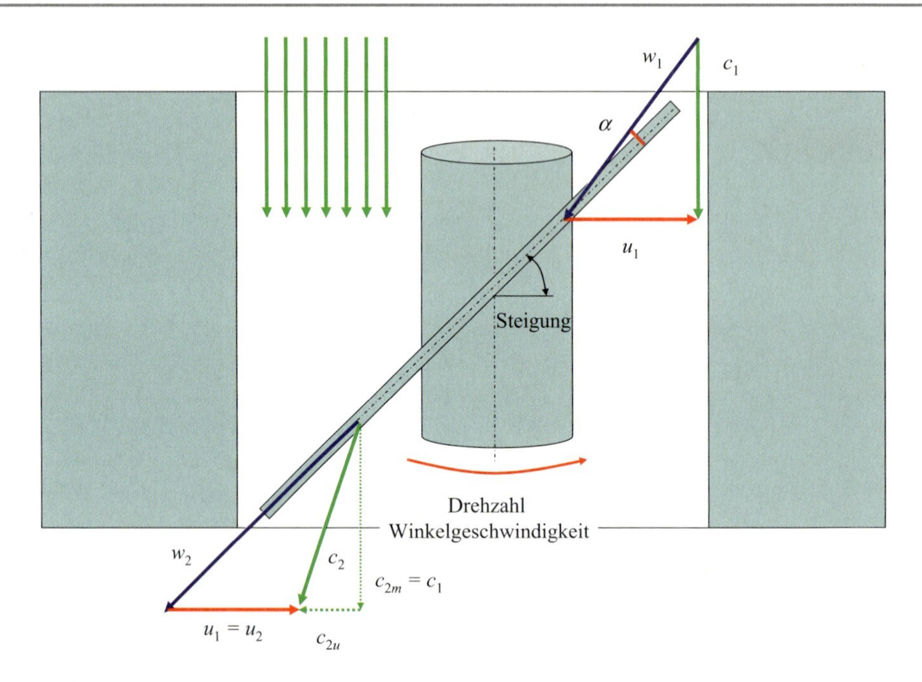

Abb. 5.6 Strömungs- und Geschwindigkeitsverhältnisse an der KAPLAN-Turbine

Die KAPLAN-Turbine wird daher bevorzugt bei Flusskraftwerken ohne großes Höhengefälle aber mit großem Volumendurchsatz eingesetzt. Sie erreicht einen Wirkungsgrad von 80–95 %. Im Bereich der hohen Strömungsgeschwindigkeiten (= an den Flügelspitzen) kann es zu Kavitationsschäden[1] kommen.

5.2 Funktionsprinzip

Gegenüber Luft hat Wasser eine ca. 1000fach größere Dichte. Trotz geringerer Geschwindigkeit können daher relativ große Leistungen erzielt werden. Nachteilig sind die deutlich höhere Viskosität (Zähflüssigkeit) und die Erosions- und Korrosionsneigung an metallischen Werkstoffen. Wechselnde Kraftbelastungen, Abdichtungsprobleme, Korrosion und Schwebstoffe erschweren den Einsatz der nachfolgenden Technologien.

[1] Kavitation ist die plötzliche, schlagartige Verdampfung des Fluids aufgrund der Unterschreitung des Dampfdruckes durch hohe Strömungsgeschwindigkeiten. Bei der anschließenden Überschreitung des Dampfdruckes implodiert die Dampfblase. Dabei kommt es zu örtlichen Druckspitzen bis zu 20.000 bar, die das Grundmaterial im Zylinderbereich zerstört. Kavitation macht sich durch lautere „prasselnde" Geräusche bemerkbar.

5.2.1 Laufwasserkraftwerk

Bei einem **Laufwasserkraftwerk** (auch **Laufkraftwerk** oder **Flusskraftwerk**) wird das Gewässer aufgestaut. Dabei entsteht i. Allg. ein größerer Stausee, der als Energiespeicher zur Verfügung steht. Laufkraftwerke arbeiten 24 Std. kontinuierlich und stellen daher i. Allg. Grundlastenergie zur Verfügung.

Volumenstrom und Fallhöhe zwischen Oberwasser und Unterwasser bestimmen die installierte Leistung des Kraftwerkes. Zur Energiewandlung kommen KAPLAN- oder FRANCIS-Turbinen zur Anwendung. Da die Fallhöhe meist relativ gering ist, handelt es sich um so genannte Niederdruckkraftwerke. Ihre Leistung wird hauptsächlich durch große Durchflussmengen erzielt.

Schwellbetrieb Bei Laufkraftwerken im Schwellbetrieb wird das Wasser zeitweise aufgestaut, um dann die elektrische Energie zu Spitzenlastzeiten in das Netz einzuspeisen.

Ausleitungskraftwerke Bei einer Ausleitungsanlage wird das aufgestaute Wasser über einen Kanal oder Stollen zum Turbinenhaus geleitet. Dadurch wird der (Teil-)Flusslauf stark verkürzt, um Fallhöhe zu gewinnen. So wird beispielsweise beim Innkraftwerk Imst durch einen 12,3 km langen Druckstollen die Innschleife bei Landeck abgeschnitten und damit eine Fallhöhe von 143,5 m erzielt.

Trinkwasserkraftwerk Ein Beispiel stellt das Trinkwasser-Kraftwerk in Gaming (Niederösterreich) dar. Das Wasser der zweiten Wiener Hochquellenwasserleitung überwindet zwischen Lunz am See und Gaming ein Gefälle von 220 m. Über eine 600 m lange Rohrleitung wird das Wasser zur Stromerzeugung genutzt und setzt danach seinen Weg nach Wien fort.

Strom-Boje Die **Strom-Boje** (Abb. 5.7) stellt (ähnlich wie die Schiffsmühle) ein „Kleinstkraftwerk" im Flusslauf dar. Dabei wird die Strom-Boje an einer Stelle mit ruhiger, gleichmäßiger und schneller Strömung verankert. Im Unterwasserbereich der Boje ist eine Turbine mit Generator angeordnet.

Seit Herbst 2006 ist der Prototyp einer Strom-Boje in der österreichischen Donau bei Rossatz-Arnsdorf (Wachau) im Einsatz[2]. Sie hat eine Länge von 11 m, eine Breite von 3 m und eine Höhe von 2 m. Der Rotor der Turbine hat einen Durchmesser von 150 cm und die Nennleistung beträgt 16 kW.

Hubflügelgenerator Bei einem **Hubflügelgenerator** (Abb. 5.8) erzeugt eine Strömung an einem in dieser Strömung angeordneten Tragflügel bei Änderung des Anstellwinkels eine Auf- und Abbewegung (ähnlich des Flügelschlages und der Drehbewegung eines Vogelflügels oder einer Rochenflosse). Es wird versucht, diese Auf- und Abbewegung

[2] http://www.energiewerkstatt.at/stromboje/stromboje_01.htm.

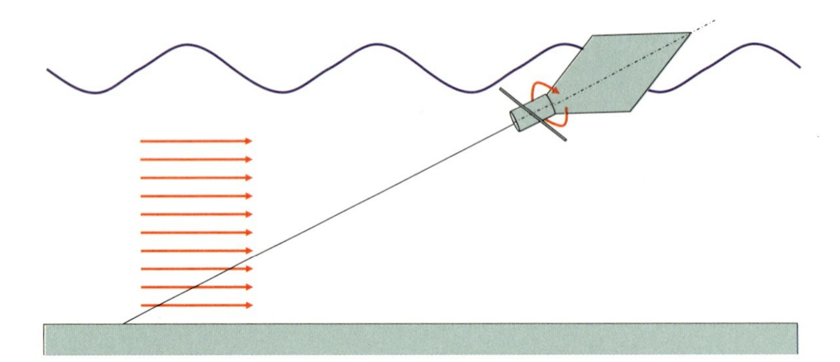

Abb. 5.7 Prinzipskizze Strom-Boje

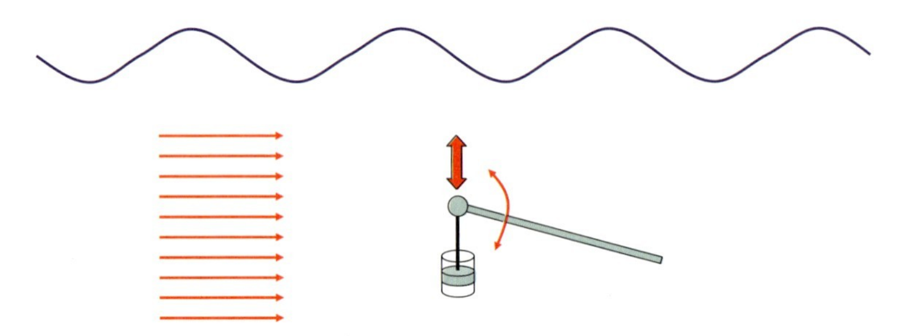

Abb. 5.8 Prinzipskizze Hubflügelgenerator

in elektrische oder mechanische Energie umzuwandeln. Derartige Systeme befinden sich noch im Versuchsstadium.[3]

5.2.2 Speicherkraftwerk

Als **Speicherkraftwerke** werden Wasserkraftwerke bezeichnet, die potentielle Energie in Form von höher gelagertem Wassers speichern und bei Bedarf in elektrische Energie umwandeln. Je nach Volumenstrom und Fallhöhe kommen FRANCIS- oder PELTON-Turbinen zur Anwendung.

Abhängig vom Füll- und Entleerungsrhythmus werden Speicherkraftwerke in Tages-, Wochen-, Monats- und Jahresspeicher unterteilt. Besonders in den Alpen fungieren Speicherkraftwerke häufig als Jahresspeicher. Bei relativ geringem Zufluss durch das Schmelzwasser von Gletschern wird das Wasser im Sommerhalbjahr gespeichert, um dann im zwar schneereichen aber wasserarmen Winterhalbjahr Strom zu produzieren.

[3] http://www.aniprop.de/; http://www.esru.strath.ac.uk/EandE/Web_sites/05-06/marine_renewables/technology/oschydro.htm.

Tab. 5.1 Beispiele für Pumpspeicherkraftwerke in Deutschland

Rang	Name	Bundesland	Leistung [MW]	Bauzeit, Inbetriebnahme
1	Pumpspeicherwerk Goldisthal	Thüringen	1060,0	2003
2	Pumpspeicherwerk Markersbach	Sachsen	1050,0	1970–1981/ 1979
3	Schluchseewerk: Hornbergstufe bei Wehr	Baden-Württemberg	980,0	1975
4	Pumpspeicherwerk Waldeck II	Hessen	460,0	ca. 1973
5	Schluchseewerk: Unterstufe Säckingen	Baden-Württemberg	370,0	1967
6	Pumpspeicherwerk Hohenwarte II	Thüringen	320,0	1956/1963, 1966 in Betrieb
7	Pumpspeicherwerk Erzhausen an der Leine	Niedersachsen	220,0	1964
8	Schluchseewerk: Mittelstufe Witznau	Baden-Württemberg	220,0	1943
9	Pumpspeicherkraftwerk Happurg bei Nürnberg	Bayern	160,0	1956–1958
10	Schluchseewerk: Unterstufe Waldshut	Baden-Württemberg	160,0	1951
...				
18	Pumpspeicherwerk Geesthacht	Schleswig-Holstein	120,0	1958

Die Leistung des Speicherkraftwerkes steht bei Bedarf innerhalb von Minuten zur Verfügung und kann in einem weiten Bereich flexibel geregelt werden (Spitzenlastkraftwerk).

Beim **Pumpspeicherkraftwerk** wird Grundlaststrom in nachfrageschwachen Zeiten genutzt, um das Wasser in den höher gelegenen Speicher zu pumpen. Bei erhöhter Nachfrage kann diese potentielle, gespeicherte Energie schnell zur Verfügung gestellt werden. Die Leistung steht bei Bedarf innerhalb von Minuten zur Verfügung und kann in einem weiten Bereich flexibel geregelt werden (Regelenergie). Tabelle 5.1 zeigt exemplarische Beispiele für Pumpspeicherkraftwerke in Deutschland.

5.2.3 Gezeitenkraftwerk

Ein **Gezeitenkraftwerk** ist ein Wasserkraftwerk, das die Energie des wechselnden Wasserspiegels des Meeres, also des Tidenhubs zwischen Ebbe und Flut sowie die kinetische Energie des Gezeitenstromes zur Energieerzeugung nutzt. Nachfolgend sollen die wesentlichen Wirkmechanismen vereinfacht dargestellt werden:

Der Tidenhub wechselt mit Ebbe und Flut im Zyklus von ca. 12 Stunden

$$h(t) = \frac{h}{2} \cdot [1 + \cos(T)] = \frac{h}{2} \cdot \left[1 + \cos\left(2\pi \frac{t[\text{Std.}]}{12\,\text{Std.}}\right)\right] \tag{5.24a}$$

Damit steht periodisch potentielle Energie in Form von Druckenergie als Flüssigkeitssäule zur Verfügung:

$$\Delta h(t) = \frac{h}{2} \cdot \left[1 + \cos\left(2\pi \frac{t\,[\text{Std.}]}{12\,\text{Std.}}\right)\right] \tag{5.24b}$$

Der zeitabhängige Zu- und Abfluss bezogen auf die Meeresoberfläche ist dann

$$\frac{\dot{V}(t)}{A} = \frac{dh(t)}{dt} = -\frac{h}{2} \cdot \frac{2\pi}{12\,\text{Std.}} \cdot \sin\left(2\pi \frac{t\,[\text{Std.}]}{12\,\text{Std.}}\right) \tag{5.24c}$$

Diese kinetische Energie kann in Staudruck oder mech. Energie umgewandelt werden

$$\frac{\rho}{2}c^2 = \frac{\rho}{2}\left(\frac{\dot{V}}{A}\right)^2 = \Delta p_{\text{dyn}} = \Delta p_{\text{stat}} \tag{5.24d}$$

so dass das aktuelle Leistungsvermögen pro m^2-Meeresoberfläche

$$\frac{P}{A} = \eta \cdot \frac{\dot{V}(t) \cdot \Delta p_{\text{dyn}}}{A} \sim \dot{V} \cdot \dot{V}^2 \sim \dot{V}(t)^3 \tag{5.24e}$$

Dabei muss die Turbine für auf- und ablaufendes Wasser umschaltbar sein. Es kommen daher fast ausschließlich KAPLAN-Turbinen mit positiver und negativer Steigung zur Anwendung. Das Gezeitenkraftwerk kann dann grundsätzlich auch als Pumpspeicherkraftwerk für Spitzenlasten genutzt werden.

In der Regel werden Gezeitenkraftwerke in Verbindung mit Staudämmen an Meeresbuchten oder Flussmündungen realisiert, die einen besonders hohen Tidenhub aufweisen. Da Ebbe und Flut in einem Zyklus von ca. 12 Stunden auftreten (Abb. 5.9), wird ein Mindesttidenhub von 5 m erforderlich. Standorte mit einer geeigneten Küstenführung und ökologisch unbedenklichen Staudammführungen stehen daher nur begrenzt zur Verfügung. Die energetischen Potentiale sind jedoch zumindest theoretisch sehr groß, vgl. Tab. 5.2.

Ein **Meeresströmungskraftwerk** nutzt die gezeitenabhängige oder natürliche Meeresströmung mittels freilaufenden Strömungspropellern ohne Staudamm. Zurzeit gibt es nur wenige Prototypenvarianten: Seaflow, Kobold (Straße von Messina, Prototypenstadium), Hammerfest (Norwegen).[4]

Das unter dem Namen **Seaflow** (Abb. 5.10) bekannte Kraftwerk arbeitet im Prinzip wie eine Windenergieanlage unter Wasser. Seaflow wird von der Uni Kassel geplant und mit Unterstützung der britischen Regierung vor der Küste von Cornwall in der Straße von Bristol im Südwesten Englands projektiert. Hier liegen kräftige Gezeitenströmungen und

[4] Özturan, Erdogan, Asiv: Regenerative Energiegewinnung durch ein Meeresströmungskraftwerk an den Darnellen in der Türkei, Studienarbeit (Prof. Dr. Koeppen), HAW Hamburg, 2007.

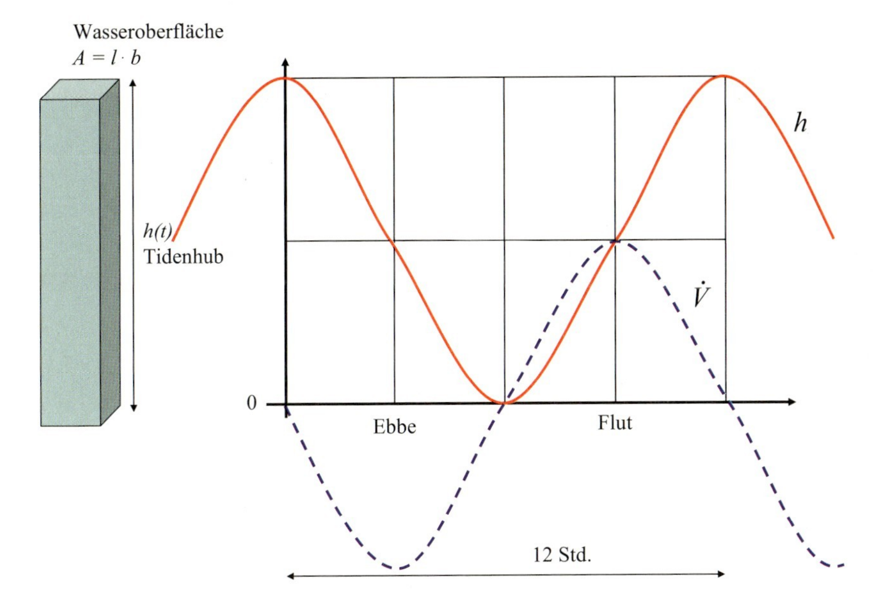

Abb. 5.9 Schematische Darstellung von Tidenhub, Ebbe und Flut

Tab. 5.2 Beispiele für Gezeitenkraftwerke

Standort	Land	Leistung [MW]
St. Malo	Frankreich	240
Fundy-Bay in Neuschottland	Kanada	20
Jiangxia in der Provinz Zhejiang	China	10
Murmansk (Russland)	Russland	0,4

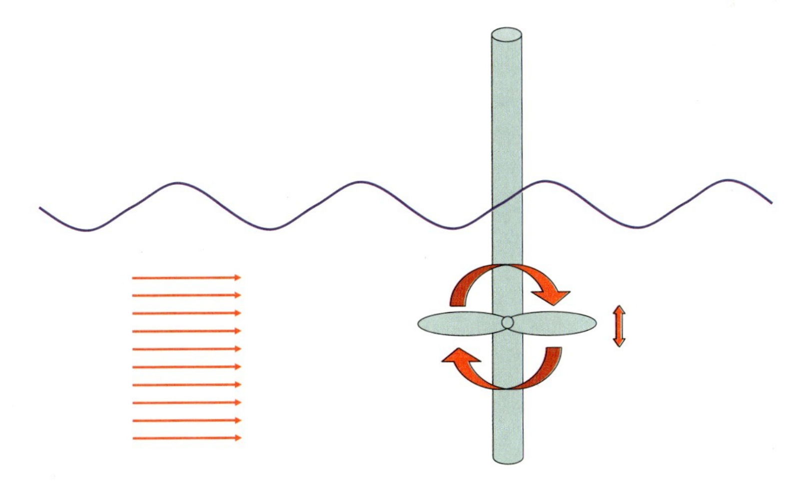

Abb. 5.10 Prinzipskizze Seaflow

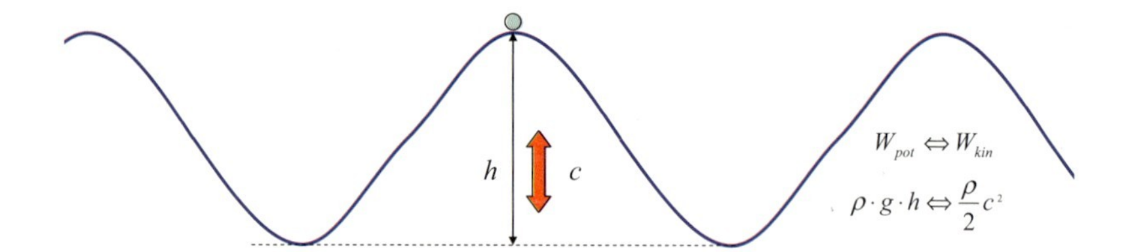

Abb. 5.11 Periodische Energieschwankungen in einer Welle

ein großer Tidenhub vor. In der Meeresströmung arbeitet ein zweiflügliger Propeller mit einem Durchmesser von 11 m. Der Prototyp besitzt eine Nennleistung von 300 kW. Der Turm, an dem der Rotor angebracht ist, ist knapp 50 m hoch und besitzt einem Durchmesser von 2,5 m. Er wurde 15 m tief in den Meeresboden gerammt. Der Propeller ist entsprechend der Meeresströmung orientiert, kann aber über die Verstelleinrichtung der Steigung die Strömungen für Ebbe und Flut ausnutzen. Für Wartungsarbeiten kann der Propeller hydraulisch über die Wasseroberfläche verfahren werden. Für die nächsten Jahre sind kommerzielle Anlagen geplant [3].

5.2.4 Wellenkraftwerk

Wellenkraftwerke nutzten die Auf- und Abbewegung der Meeresoberfläche zur Energieerzeugung.[5] Eine umfangreiche Zusammenstellung der wichtigsten Pilotprojekte findet sich bei [3, 6], eine Auswahl wird nachfolgend vorgestellt: Archimedes-Wave-Swing (Niederlande), Powerbuoy (USA), SeaBeav (USA), DWP-Buoy (Dänemark), Bristol-Zylinder (Großbritannien), IPS-Boje (Schweden), Hose Pump (Schweden), McCave Wave Pump (Irland), Finavera (USA), Pelamis (Großbritannien), Limpet (Großbritannien), PICO (Portugal), Mighty Whale (Japan), Oceanlinx (USA), OWC-PK (Australien), Wave Dragon (Dänemark), FWPV (Schweden), Tapchan (Norwegen).

Dabei ist zu beachten, dass bei einer Welle in der Regel ein Energie-, aber kein Stoffstrom erfolgt. Das heißt, ein Teilchen an der Wasseroberfläche führt eine periodische Auf- und Abbewegung aus – wird aber nicht horizontal transportiert. Mit der Wellenhöhe h wird gemäß Abb. 5.11 die maximale senkrechte Geschwindigkeit nach BERNOULLI

$$c_{\max} = \sqrt{2 \cdot g \cdot h} \tag{5.25}$$

im Wasser kommt es zu Druckschwankungen

$$\Delta p_{\max} = \rho \cdot g \cdot h \tag{5.26}$$

Dabei entspricht 1 m Wassersäule etwa 0,1 bar.

[5] Kuchenbecker, Rehder, Sack, Sauer, Schulz: Projektierung einer Wellenkraftanlage und Entwicklung eines Demonstrationsmodells, Projektarbeit (Prof. Dr. Koeppen), HAW Hamburg, 2008.

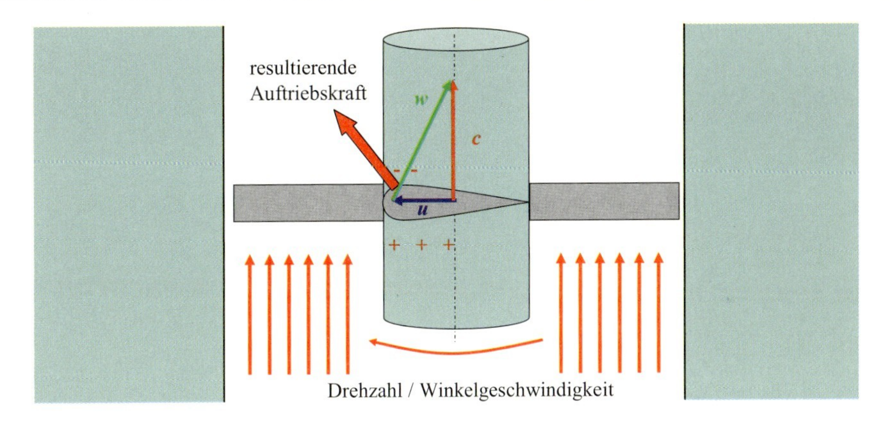

Abb. 5.12 Funktionsprinzip der WELLS-Turbine

Um diese periodischen Energieschwankungen nutzbar machen zu können, ist eine Turbine notwendig, die bei einer pulsierenden Strömung die Drehrichtung nicht ändert: Die **WELLS-Turbine** ist in der Lage, bei wechselnder Durchströmungsrichtung die Drehrichtung beizubehalten (vgl. Abb. 5.12). Die Schaufeln weisen – im Gegensatz zu konventionellen Turbinen, die für eine Durchströmungsrichtung optimiert wurden – ein symmetrisches Flügelprofil auf. Die Symmetrieebene liegt in der Rotationsebene und senkrecht zur Strömungsrichtung.

Wegen der Optimierung für zwei Strömungsrichtungen ist der Wirkungsgrad geringer als bei konventionellen Turbinen mit gleich bleibender Strömungsrichtung und auftriebsoptimierten, asymmetrischen Schaufelprofilen. Der Widerstandsbeiwert dieser Profile ist größer und der Auftriebsbeiwert geringer. Außerdem ist das symmetrische Profil besonders empfindlich gegen hohe Anströmwinkel, wie sie bei stark schwankenden Strömungsgeschwindigkeiten in Geschwindigkeitsmaxima auftreten (Stoßverluste). Es kommt dann zum Strömungsabriss. Der Wirkungsgrad dieser Turbinen liegt bei oszillierender Anströmung im Bereich von 40 bis 70 %.

Die Turbine ist nicht selbstanlaufend, da die Drehkräfte erst durch die Überlagerung der Relativgeschwindigkeiten entstehen. Beim Start muss die Turbine daher auf Anlassdrehzahl gebracht werden.

Die WELLS-Turbine wird in Wellenkraftwerken mit schwingender Luft- oder Wassersäule eingesetzt, um die Gleichrichtung des Luftstroms durch anfällige Ventilklappen zu vermeiden; vgl. Abb. 5.13.

Durch die Wucht der Welle kommt es zu starken mechanischen Belastungen der Bauteile. Häufig kommt daher bei Wellenkraftwerken das Wirkprinzip der **pneumatischen Kammer** zur Anwendung: Über einen Verbindungskanal hebt und senkt der Seegang den Wasserspiegel in einer separaten Kammer. Dabei wird Luft über einen Belüftungskanal verdrängt oder angesaugt (Prinzip der kommunizierenden Röhren). Über das Flächenverhältnis des Wasserschachtes und des Luftkanals kann die Geschwindigkeit pneumatisch

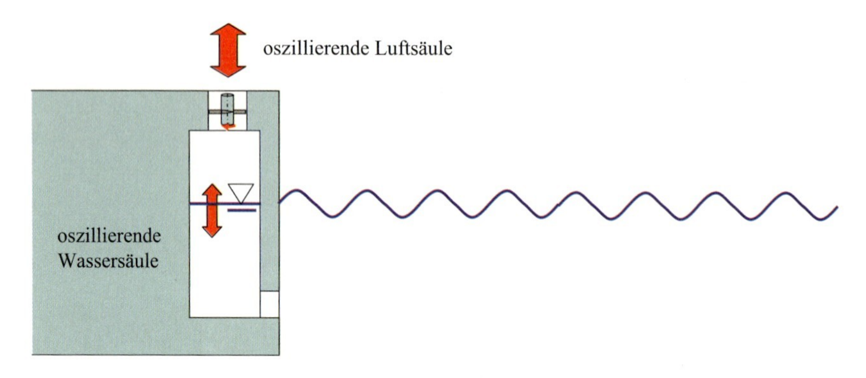

Abb. 5.13 OWC-Wellenkraftwerk mit pneumatischer Kammer

verstärkt werden. Mit einer WELLS-Luftturbine im Belüftungskanal kann indirekt ein Teil dieser Energie genutzt werden.

Ein erstes Wellenkraftwerk auf Basis des **OWC-Prinzip**s („oscillating water column", deutsch: schwingende Wassersäule) ist seit November 2000 auf der schottischen Insel Islay unter dem Projektnamen Wavegen in Betrieb[6]. Bei jeder Welle drückt das Wasser in kaminartige Betonröhren und zieht es dann bei einem Wellental wieder heraus. Am oberen Ende münden die Röhren in Luftturbinen. Durch die sich auf und ab bewegende Wassersäule wird die Luft in den Betonröhren abwechselnd komprimiert bzw. angesaugt. Dadurch entsteht im Auslass ein schneller Luftstrom, der eine WELLS-Turbine antreibt.

Die projektierten Leistungsdaten von Wavegen (500 kW) konnten jedoch im praktischen Betrieb nur zu etwa 50 % erreicht werden. Verbesserte Anlagenkonzepte befinden sich in der Erprobung (SeWave, färöische Insel Sandoy). Ein Problem stellen die statistisch verrauschten Wellenbewegungen und die instationären Strömungsvorgänge dar.

Bei der **OWC-Boje** (Abb. 5.14) erzeugt die Wellenbewegung eine oszillierende Luft- und Wassersäule in einem fest verankerten Auftriebskörper. Die Bewegungsenergie kann analog mit einer Luft- oder Wasserturbine genutzt werden.

Auftriebskörper/Seeschlange (Abb. 5.15): Bei diesem Konzept schwimmen verkettete, zylindrische Auftriebskörper an der Wasseroberfläche. In den Gelenkverbindungen befinden sich Verdrängerzylinder. Durch die Relativbewegung der Auftriebskörper zueinander, wird die Arbeitsflüssigkeit verdrängt. Die Energie soll durch Kleinstturbinen nutzbar gemacht werden, hier sind auch andere z. B. induktive Wandlungssysteme in der Erprobung.[7]

Die Firma Pelamis Wave Power aus Edinburgh-Schottland hat im Pilotprojekt Pelamis (griechisch für Seeschlange) 4 lange Stahlröhren und 3 „Energieumwandlungsmodule"

[6] Wavegen; Islay Limpet Project Monitoring – Final Report; http://www.wavegen.co.uk/pdf/art.1707.pdf.

[7] Fröhlingsdorf, Goosmann, Baller, Kirschenmann: Projektierung einer Wellenkraftanlage (Bauform Seeschlange), Projektarbeit (Prof. Dr. Koeppen), HAW Hamburg, 2007.

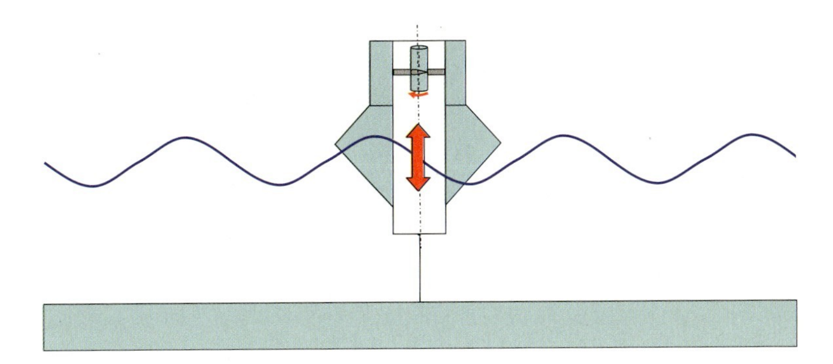

Abb. 5.14 OWC-Boje

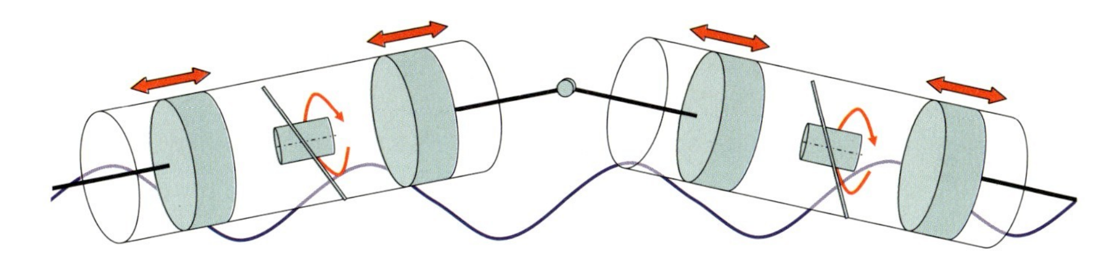

Abb. 5.15 Prinzipskizze Seeschlange

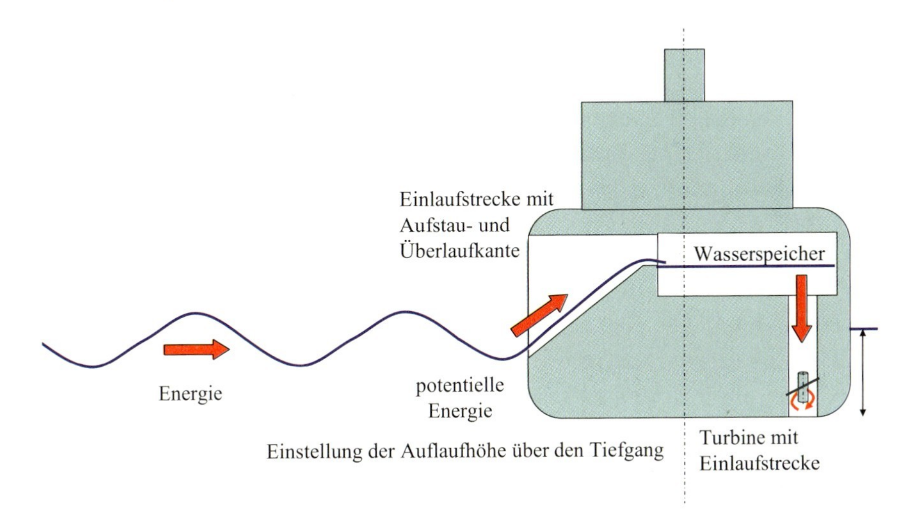

Abb. 5.16 Prinzipskizze Wave Dragon

mit je 250 kW Leistung entwickelt. Die Seeschlange ist 150 m lang und hat einen Durchmesser von 3,5 m (Gewicht inkl. Ballast ca. 700 t).[8]

[8] http://www.pelamiswave.com/.

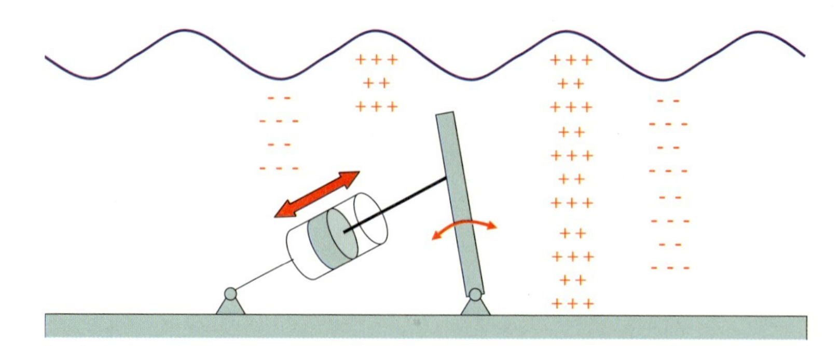

Abb. 5.17 Funktionsprinzip des Bodenwellengenerators

Im Projekt **Wave Dragon** (Abb. 5.16) werden die Wellen durch einen V-förmigen Zulauf sowohl in der Breite als auch in der Tiefe auf einer schwimmenden Plattform konzentriert und gebündelt. Die Wellenenergie wird so zunächst gebündelt und in einem höheren Becken als potentielle Energie gesammelt. Die Überlaufhöhe des Wellenkollektors liegt über dem Meeresspiegel und kann durch den Tiefgang des Schiffes eingestellt werden. Dadurch wird eine Fallhöhe erreicht, die durch eine Turbine in mechanische Energie überführt werden kann.

Ein Prototyp befindet sich seit 2003 in Nissum Bredning (Nord-Dänemark) in der Erprobung.[9]

Bodenwellengenerator (Abb. 5.17): Wellenbewegungen an der Meeresoberfläche erzeugen Druckschwankungen auch in größeren Tiefen. Bei diesem Prinzip werden die Druckschwankungen auf eine Stahlplatte übertragen, hydraulisch verstärkt und durch eine Turbine umgewandelt. Dies Konzept soll von der finnischen Firma AW-Energy verfolgt und vor Portugal erprobt werden (WaveRoller).[10]

Wave Star[11] (Abb. 5.18): In der dänischen *Nissum Breite*, dem Beginn des *Limfjords* an der Nordsee, hat das dänische Unternehmen „Wave Star" ein 5,5 kW-Wellenkraftwerk seit 2006 zu Testzwecken in Betrieb. Nach Unternehmensangaben sind die Betriebsergebnisse so vielversprechend, dass eine weitere Pilotanlage in der Nähe von Hanstholm an der Nordseeküste und eine größere 0,6 MW-Anlage beim Off-Shore-Windpark Honrs Rev I und II seit 2011 in der Realisierungsphase sind.

Funktionsprinzip: An einem Hauptträger sind mehrere Arme befestigt, die an die Beine eines Insektes erinnern. Am Ende befinden sich Auftriebskörper, die der Wellenbewegung folgen. Diese Bewegung wird hydraulisch auf Zylinder übertrag, die eine Hydraulikflüssigkeit in einen gemeinsamen Speicher fördern. Dieser Speicher speist einen Hydromotor, an dem die Energie über einen Generator nutzbar gemacht wird.

[9] http://www.wavedragon.net/.
[10] http://www.aw-energy.com/.
[11] http://www.wavestarenergy.com/.

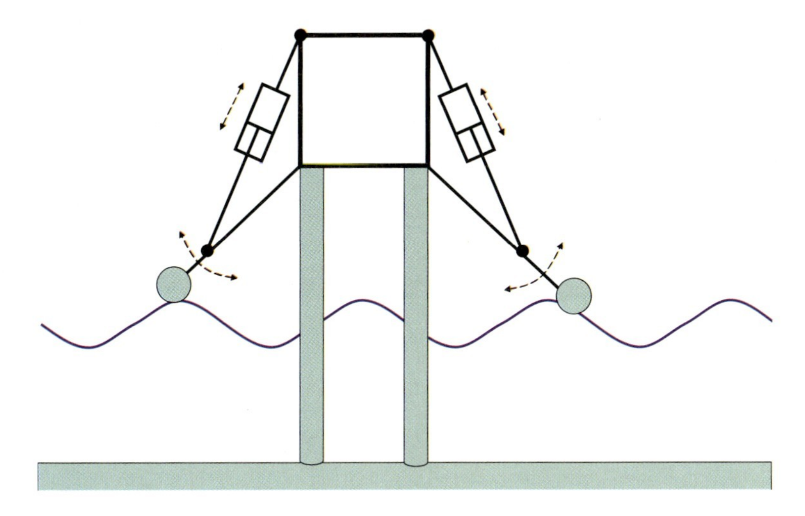

Abb. 5.18 Prinzipskizze Wave Star

5.2.5 Meereswärmekraftwerk

Ein **Meereswärmekraftwerk** gewinnt Energie aus der treibenden Temperaturdifferenz zwischen kalten und warmen Wassermassen in unterschiedlichen Tiefen der Meere (engl. Ocean Thermal Energy Conversion – **OTEC**).

Das Wasser an der Meeresoberfläche besitzt eine höhere Temperatur als das Wasser in tieferen Schichten. Dieses thermale Gefälle (thermaler Gradient) macht sich das Meereswärmekraftwerk zu Nutze. Wenn der Unterschied zwischen den oberen (0...50 m) und den unteren Schichten (ab 800...1000 m) des Wassers mehr als 20 °C beträgt, kann theoretisch mit der treibenden Temperaturdifferenz Energie gewonnen werden. Dabei sind zwei Prozessvarianten denkbar:

1. In einem **geschlossenen ORC-Prozess** (Organic Rankine Cycle; vgl. Abb. 5.19 und die Prozessbeschreibung in Kap. 12) wird in einem Verdampfer mit Hilfe des warmen Oberflächenwassers dampfförmiges Gas (Ammoniak, Propan o. ä.) erzeugt und mit dem kalten Tiefenwasser wieder kondensiert. Das Energiepotential beim Zusammenbruch des Dampfes treibt eine Turbine an.
2. Im **offenen Kreislauf** wird das Arbeitsmedium Wasser unter Vakuum mit dem warmen Oberflächenwasser verdampft (zu 21 °C gehört beispielsweise ein Dampfdruck von 0,025 bar abs.; vgl. Abb. 5.20) und anschließend in einem Kondensator zurück gekühlt. Durch die Volumenreduzierung bei der Kondensation kann eine Turbine betrieben werden. Das Destillat kann als Trinkwasser genutzt werden.

In der Vergangenheit gab es mehrere Pilotanlagen:

Im Jahre 1930 wurde an der Nordküste Kubas eine kleine Anlage mit offenem Kreislauf installiert, die ihren Betrieb jedoch schon nach wenigen Wochen einstellte. Die Pumpen

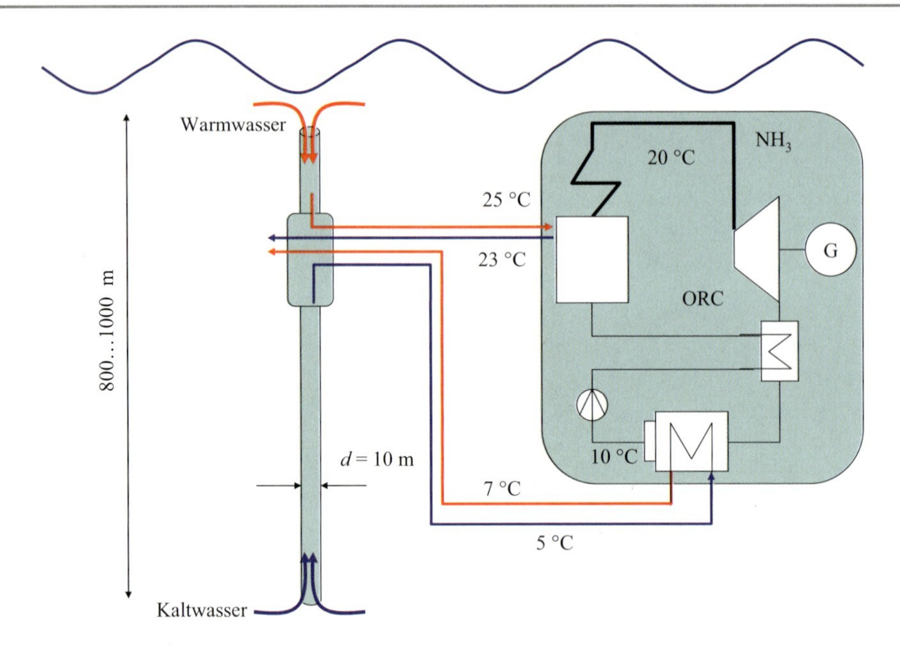

Abb. 5.19 OTEC-(Ocean Thermal Energy Conversion)-System

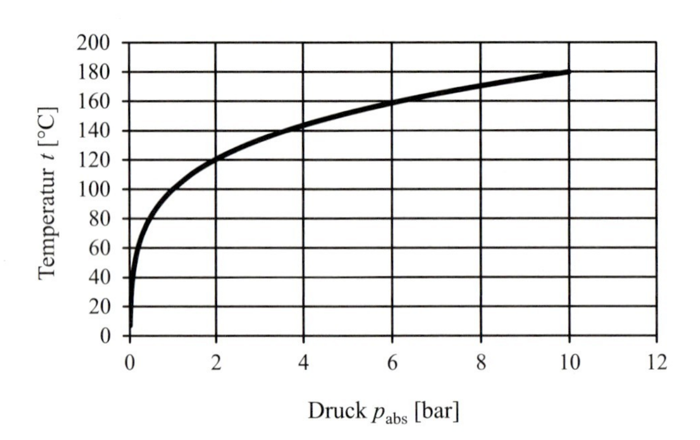

Abb. 5.20 Dampfdruckkurve von Wasser

benötigten eine größere Leistung als die 22 kW, die vom Generator abgegeben wurden. Gründe dafür waren der schlecht gewählte Standort und Probleme mit Algen und Seewasserbelagbildung.

1979 wurde an Bord eines US-Schiffes vor der Küste Hawaiis ein Experiment, das so genannte „Mini-OTEC", mit einem geschlossenen Kreislauf erfolgreich unter Beteiligung von Hawaii und eines Industriepartners durchgeführt. Es dauerte etwa drei Monate. Die Generatorleistung betrug ca. 50 kW, die Netzeinspeiseleistung 10–17 kW. Es wurden etwa 40 kW für den Betrieb der Pumpen benötigt, die das 5,5 °C kalte Wasser mit einer För-

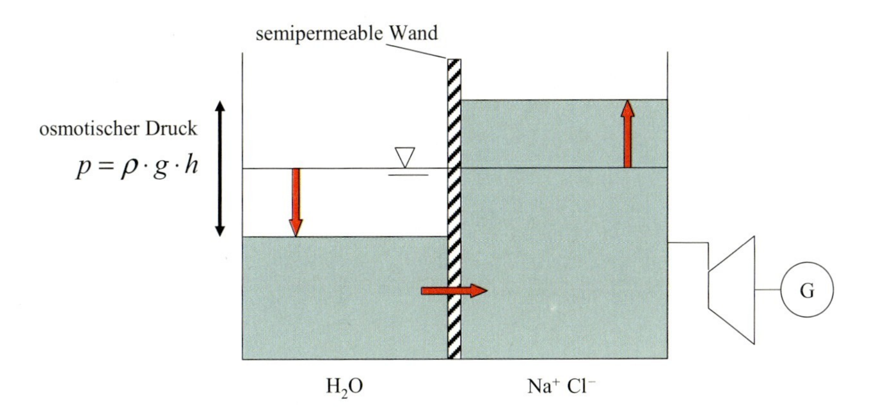

Abb. 5.21 Funktionsprinzip der Osmose

derleistung von 10,2 m³ in der Minute aus 670 m Tiefe in einem 61 cm durchmessenden Polyethylenrohr und das 26 °C warme Oberflächenwasser ebenfalls mit einer Förderleistung von 10,2 m³/min zur Anlage förderten.

1981 war für einige Monate ein kleines Meereswärmekraftwerk auf der Insel Nauru in Betrieb, welches von einem japanischen Konsortium zu Demonstrationszwecken errichtet worden war. Von den 100 kW Generatorleistung wurden rund 90 kW von den Pumpen benötigt. Die Gesamtbetriebsdauer betrug 1230 h.

In den Jahren 1993 bis 1998 war in Keahole Point, Hawaii ein experimentelles Meereswärmekraftwerk mit offenem Kreislauf in Betrieb. Die Generatorleistung betrug 210 kW, bei einer Oberflächenwassertemperatur von 26 °C und einer Tiefenwassertemperatur von 6 °C. Im Spätsommer bei sehr hohen Temperaturen konnten bis zu 250 kW vom Generator abgegeben werden. Dabei wurden etwa 200 kW von den Pumpen zur Förderung des Wassers verbraucht. Es wurden etwa 24.600 m³ kaltes Wasser durch ein Rohr mit 1 m Durchmesser aus rund 825 m Tiefe und 36.300 m³ warmes Oberflächenwasser an Land gefördert. Ein kleiner Teil des erzeugten Dampfes wurde zur Gewinnung von entsalztem Wasser genutzt (etwa 20 l/min zur Trinkwasserversorgung).

5.2.6 Osmosekraftwerk

Ein **Osmosekraftwerk** (Salzgradientenkraftwerk) ist ein Kraftwerk, das den Konzentrationsunterschied des Salzgehaltes zwischen Süßwasser und Meerwasser nutzt, Abb. 5.21.

Die Energiegewinnung beruht auf dem physikalischen Prinzip der Osmose: Werden zwei Salzlösungen unterschiedlicher Konzentration über eine semipermeable Membran in Kontakt gebracht, die nur das Wasser (als allg. Lösungsmittel), nicht jedoch die gelösten Salze hindurchtreten lässt, so kann ein Konzentrationsausgleich nur dadurch erreicht werden, dass Wasser von der niedrig in die höher konzentrierte Lösung übertritt (vgl.

Massenwirkungsgesetz in Abschn. 7.1.3). Es entsteht ein **osmotischer Druck**

$$p_{\text{Osm}} = c_A \cdot \mathfrak{R} \cdot T \tag{5.27}$$

mit

c_A	Molarität von A, d. h. Mol A pro Liter Lösung
$\mathfrak{R} = 0{,}08314 \frac{\text{bar}\cdot\text{l}}{\text{K}\cdot\text{mol}}$	(man beachte die Ähnlichkeit mit der allg. Gaskonstante!)
T	absolute Temperatur [K]

Die semipermeablen Membranen bestehen aus Polymerverbindungen (z. B. Polyamide, Polysulfane, Celluloseacetate) und sind aus dem Bereich der Trinkwasser- und Abwasseraufbereitung bekannt und praktisch bewährt: Bei der **Meerwasserentsalzung** nach dem Prinzip der Umkehrosmose wird von außen ein Druck angelegt, so dass der Fließprozess umgekehrt wird. Das reine Trinkwasser wird durch die Membran hindurchgepresst, die größeren Salzmoleküle verbleiben in der Sole.

Bei einem **Osmosekraftwerk** wird versucht, den natürlichen Osmosedruck über Turbinen nutzbar zu machen. Sie könnten in der Nähe von natürlichen Frischwasservorkommen (z. B. Flussmündungen) gebaut werden. Der erzielbare Energiegewinn wäre umso größer, je höher die Durchflussmenge und je größer der Unterschied im Salzgehalt ist. Das Osmosekraftwerk nutzt dazu die Unterschiede im chemischen Potential zwischen salzhaltigem Meer- und Süßwasser aus, um damit Turbinen für die Stromgewinnung zu betreiben. Osmosekraftwerke sind bislang noch nicht im kommerziellen Einsatz; Prototypen mit einer Leistung von bis zu drei Megawatt werden bereits seit einigen Jahren entwickelt.

Seit 2007 wird mit EU-Mitteln ein Osmosekraftwerk bei Hurum, am südlichen Ausläufer des Oslofjordes, projektiert. Systempartner sind Statkraft SF (Norwegen), Instituto de Ciencia e Tecnologia de Polimeros (Portugal); Norwegian Institute of Technology SINTEF (Norwegen); Technische Universität Helsinki (Finnland) und das GKSS-Forschungszentrum (Deutschland)[12].

5.3 Beispielanlagen

5.3.1 Pelton-Turbine

Bei einer Fallhöhe von 1000 m kann der Wasserstrahl eine Geschwindigkeit von nahezu 500 km/h erreichen. Die größte realisierte Aufprallgeschwindigkeit beträgt ca. 185 m/s; bei diesem Wert wird verständlich, dass die Mittelschneide in jedem Becher unverzichtbar ist. Die Pelton-Turbine verbraucht je nach Leistung zwischen 20 und 8000 l Wasser pro Sekunde. Sie hat eine sehr hohe Drehzahl bis $3000\,\text{min}^{-1}$. Ihr Wirkungsgrad liegt

[12] http://www.buch-der-synergie.de/c_neu_html/c_06_11_wasser_salintaetsgradient_hydrosphaere.htm.

zwischen 85 und 90 %, wobei sie, auch wenn sie nicht unter Volllast läuft, noch gute Leistungen erbringt. Eine der größten zurzeit realisierten Fallhöhen beträgt 1773 m, bei einer Durchsatzmenge von 6 m^3/s (gebaut von Fa. Voith, Heidenheim, Anlage Reißeck-Kreuzeck, Kärnten). Sie wurde im Jahre 2000 noch übertroffen von der Anlage Bieudron, Wallis. Dort befinden sich drei Pelton-Turbinen mit jeweils 5 Düsen, die 400 MW bei einer Fallhöhe von 1883 m leisten. Aus demselben Speichersee, dem Lac de Dix, bezieht auch das ältere Kraftwerk Chandoline Triebwasser (fünf Peltonturbinen bei einer Fallhöhe von 1748 m). Das Kraftwerk Silz im Inntal besteht aus zwei vertikalachsigen Maschinensätzen, mit je einer sechsdüsigen Pelton-Freistrahlturbine und einem vollständig wassergekühlten Generator. Die Wasserstrahlen treffen mit einer Geschwindigkeit von ca. 500 km/h über sechs Düsen mit einer Kraft von 350.000 N (35 t) 50 Mal pro Sekunde auf die Turbinenschaufeln. Die Fallhöhe beträgt hier 1258 m. Das Kraftwerk in Naturns, Südtirol, verfügt über drei Peltonturbinen mit insgesamt 180 MW bei einer Fallhöhe von 1193 m.

5.3.2 Francis-Turbine

Die Francis-Turbine ist der am meisten verbreitete Turbinentyp bei Wasserkraftwerken. Sie kommt zum Einsatz bei mittleren Fallhöhen und mittleren Durchflussmengen. Sie wird daher in Laufwasserkraftwerken und Speicherkraftwerken eingesetzt; vgl. Tab. 5.3. Ihr Leistungsspektrum erstreckt sich von 10 kW bis hin zu 770 MW. Der Rekord für die Fallhöhe von Francis-Turbinen liegt bei 695 m, und zwar beim Kraftwerk Häusling im Zillertal, es handelt sich um 2 Einheiten von je 180 MW.

5.3.3 Beispiele für Laufkraftwerke

Tab. 5.3 Auswahl aus der Liste der Kraftwerke/Stauseen am Lech

Kraftwerk	Name	Lage	Fluss [km]	Stauziel ü. NN [m]	Stauhöhe [m]	Leistung [MW]
Staustufe	Horn	Schwangau	164,5	786,6	6,1	5,0
Staustufe 1	Forggensee	Roßhaupten	154,0	780,5	35,0	45,5
Staustufe 2	Premer Lechsee	Prem	149,2	745,6	15,6	19,2
Staustufe	Lechbruck	Leckbruck	146,5	730,0	–	–
Staustufe 3	Urspring Lechsee	Urspring	143,0	722,0	8,0	10,2
Staustufe 4		Dessau	140,0	713,0	8,0	10,2
Staustufe 6	Dornautalsperre	Schongau	125,7	694,0	19,0	16,6

Tab. 5.3 (Fortsetzung)

Kraftwerk	Name	Lage	Fluss [km]	Stauziel ü. NN [m]	Stauhöhe [m]	Leistung [MW]
Staustufe 7	–	Finsterau	119,7	667,0	8,0	7,7
Staustufe 8	–	Sperber	116,0	659,0	–	7,3
Staustufe 9	–	Apfeldorf	110,0	642,0	7,0	7,2
Staustufe 10	–	Epfach	107,0	635,0	9,0	8,3
Staustufe 11	–	Leckblick	101,2	626,0	8,0	8,1
Staustufe 12	–	Lechmühlen	98,5	618,0	9,0	7,9
Staustufe 13	–	Dornstetten	94,0	613,0	8,0	8,2
Staustufe 14	–	Pitzling	89,5	601,0	8,0	7,9
Staustufe 15	–	Landsberg	86,3	593,0	8,0	7,8
Wehr	Karolinenwehr	Landsberg	84,6	584,0	–	–
Staustufe 16	nicht gebaut	–	–	–	–	–
Staustufe 17	nicht gebaut	–	–	–	–	–
Staustufe 18	–	Kaufering	76,9	569,5	13,3	16,7
Staustufe 19	–	Schwabstadl	71,9	555,9	9,6	12,0
Staustufe 20	–	Scheuring	67,8	546,0	10,0	12,2
Staustufe 21	–	Prittriching	63,9	536,1	9,9	12,1
Staustufe 22	–	Unterbergen	60,4	526,2	9,9	12,4
Staustufe 23	Mandichosee	Merching	56,7	516,3	8,3	12,0
Wehr	Sohlschwellen 6-1	Augsburg	–	–	–	–
Staustufe 24	nicht gebaut	Kissing	–	–	–	–
Staustufe 25	nicht gebaut	Augsburg-Siebenbrunn	–	–	–	–
Wehr	Hochablass/Kuhsee	Augsburg-Hochzoll	47,0	486,0	5,7	–
Wehr	Eisenbahnerwehr	Augsburg-Hochzoll	45,6	476,8	6,0	3,2
Wehr	Wolfzahnauwehr	Augsburg	40,7	–	5,7	–
Wehr	Gersthofer	Augsburg	37,3	457,0	4,0	–
Kraftwerk	–	Gersthofen	3,0	456,0	9,0	9,9
Kraftwerk	–	Langweid am Lech	9,0	446,0	7,0	7,0
Kraftwerk	–	Meitingen	14,5	438,0	10,0	11,6
Staustufe	–	Ellgau	17,1	426,0	9,0	10,0

5.3.4 Gezeitenkraftwerk

Das erste und zurzeit auch größte Gezeitenkraftwerk wurde ab 1961 an der Atlantikküste in der Mündung der Rance bei Saint-Malo in Frankreich erbaut und am 26. November 1966 eingeweiht. Die Inbetriebnahme erfolgte am 4. Dezember 1967. Der Tidenhub beträgt in der Bucht bei St. Malo 12 m, bei Springflut auch 16 m. Der Betondamm ist 750 m lang, wodurch ein Staubecken mit einer Oberfläche von 22 km^2 und einem Nutzinhalt von 184 Mio. m^3 entsteht. Der Damm besitzt 24 Durchlässe, in denen jeweils eine Turbine mit einer Nennleistung von 10 MW installiert ist. Die gesamte Anlage hat somit eine Leistung von 240 MW und erzeugt jährlich rund 600 Millionen Kilowattstunden Strom. Dieses Kraftwerk arbeitet auch als Pumpspeicherkraftwerk.

Ein weiteres Gezeitenkraftwerk mit allerdings nur 20 MW befindet sich in Annapolis Royal an einer Nebenbucht der Bay of Fundy in Nova Scotia, Kanada. Es wurde 1984 errichtet und dient in erster Linie der Forschung und Entwicklung. Es arbeitet im Ein-Richtungs-Betrieb und nutzt nur den Ebbstrom.

Seit längerem wird an der Bay of Fundy auch ein großes Gezeitenkraftwerk von 5000 MW Leistung geplant, aufgrund der hohen Investitionen wurde es aber bisher nicht realisiert. Daneben bestehen auch Bedenken über die Auswirkungen eines derartigen Projektes; neben ökologischen Folgen (die Bay of Fundy ist ein wichtiges Fischereigebiet) wird auch befürchtet, dass der Gezeitenhub an der Gegenseite der Bucht durch einen Kraftwerksdamm verändert würde und dadurch Städte wie Boston überflutet werden könnten. Weitere kleinere Gezeitenkraftwerke gibt es in Russland bei Murmansk mit 0,4 MW und in China. Das größte chinesische Gezeitenkraftwerk befindet sich bei Jiangxia in der Provinz Zhejiang. Es wurde 1986 fertiggestellt und hat 10 MW Leistung. Das größte Gezeitenkraftwerk mit 10 Turbinen zu je 26 MW (gesamt 260 MW) wird zurzeit in Sihwa Südkorea, südlich von Seoul, gebaut.

5.3.5 Pumpspeicherkraftwerk

Das hier exemplarisch vorgestellte Pumpspeicherwerk **Langenprozelten** dient seit 1976 der Versorgung der Deutschen Bahn mit elektrischer Energie zu Spitzenzeiten. Als Einphasenkraftwerk bietet es in der maschinellen und elektrischen Ausrüstung eine Reihe von Besonderheiten.

Jeder Maschinensatz besteht aus einer FRANCIS-Pumpenturbine, einer auf der Welle direkt aufgebrachten FRANCIS-Anfahrturbine und der Synchronmaschine mit Drehstrom-Hilfsgenerator. Die FRANCIS-Turbine ist aufgrund des Momentenverlaufs – das Drehmoment ist um 50 % größer als bei Nenndrehzahl – ein gutes Anfahrverhalten.

Da bei der Kombination von Turbinen- und Pumpbetrieb in einem Laufrad von einem Pumpenlaufrad auszugehen ist, kann der Turbinenbetrieb nicht im optimalen Wirkungsgradbereich liegen, wenn in beiden Betriebsarten die gleiche Synchrondrehzahl beibehalten wird. Dieser Nachteil wirkt sich umso stärker aus, je größer die betrieblichen Fall- und Förderhöhenschwankungen sind.

Hauptdaten Pumpspeicherwerk Langenprozelten[13]:

Max. Fall- bzw. Förderhöhe	310 m
Min. Fall- bzw. Förderhöhe	284 m
Energieinhalt des Speichers	950 MWh
Turbinenleistung bei h_{max}	2×84 MW
Turbinenleistung bei h_{min}	2×77 MW
Wasserstrom Turbinenbetrieb	$2 \times 32\,m^3/s$
Wasserstrom Pumpenbetrieb	$2 \times 26\,m^3/s$
Anfahrturbine (bei 500 l/min)	2×27 MW
Synchronmaschine	
Nennspannung	10,75 kV
Frequenz	$16\frac{2}{3}$ Hz
Scheinleistung ($\cos\varphi = 0{,}8$) als Generator	2×94 MVA
Nennleistung als Motor	2×82 MW

5.4 Übungen

5.1 Bei der Turbinendimensionierung ist es üblich, die Strömungsverhältnisse auf dem mittleren Stromfaden als repräsentativ zu betrachten. Eine Kaplan-Turbine arbeitet bei einer Drehzahl von $n = 70\,\text{min}^{-1}$ in einem Strömungskanal mit dem Durchmesser $d = 1$ m, die Anströmung sei rein axial und habe die Strömungsgeschwindigkeit von $c = 10\,m/s$. Durch die Propellerwelle wird der Strömungskanal im Bereich der Turbine flächenhalbiert. Die Abströmung erfolgt mit einem Drall von 30°. Der Turbinenwirkungsgrad sei 90 %.
Berechnen Sie: Volumen- und Massenstrom der Pumpe [m^3/s und kg/s], Lage des mittleren Stromfadens in der Pumpe d_m [mm], die Umfangsgeschwindigkeit u [m/s] auf diesem mittleren Stromfaden, die axiale Strömungsgeschwindigkeit im Turbinenbereich, Fallhöhe der Zuströmung, die erzielbare Wellenleistung.

5.2 Eine Welle einer FRANCIS-Turbine befindet sich $z = 1{,}9$ m über dem Wasserspiegel des unteren Wasserplateaus (Unterwasser). Die Daten für den Nennbetriebspunkt lauten: Drehzahl $n_1 = 750\,\text{min}^{-1}$, Volumenstrom $\dot{V}_1 = 1{,}4\,m^3/s$, Dichte des Wassers beträgt $\rho = 1000\,kg/m^3$, die Leistung $P_1 = 600$ kW. In diesem Betriebspunkt zeigt die Manometeranzeige auf der Seite des Turbineneintritts einen statischer Überdruck von $p_1 = 4{,}5$ bar; es wird eine Strömungsgeschwindigkeit von $c_1 = 7{,}5\,m/s$ gemessen.

[13] Grüner, J.: Das Pumpenspeicherwerk Langenprozelten. Donau-Wasserkraft-Aktiengesellschaft, München, Sonderdruck „Elektrizitätswirtschaft", 1975.

a) Mit welcher Fallhöhe H_1 arbeitet die Turbine?
b) Wie groß ist der Turbinenwirkungsgrad η_T?
c) Welche Drehzahl stellt sich bei dieser Turbine ein, wenn sich die Fallhöhe auf $H_2 = 65$ m ändert?
d) Welcher Volumenstrom wird dann an der Turbine verarbeitet?
e) Welche Leistung kann erwartet werden, wenn angenommen wird, dass der Turbinenwirkungsgrad gleich bleibt?

5.3 Für ein Gezeitenkraftwerk soll das Leistungspotential (pro m^2 Meeresoberfläche) bei einem maximalen Tidenhub von 3 m prognostiziert werden. Es sind die Leistungspotentiale des reinen Gezeitenstroms (z. B. mittels Strom-Boje) und einer Staustufe zu untersuchen.

5.4 Eine Salzlösung enthält 9 g NaCl pro Liter Wasser. Wie groß ist ungefähr der osmotische Druck bei 37 °C? *Zum Vergleich:* Der Salzgehalt der Ozeane beträgt im Mittel ca. 3,5 Masse-%; in der Ostsee nur 0,8 %[14]. Der osmotische Druck von menschlichem Blut gegenüber Wasser wechselt zwischen ca. 7,3 bar (am frühen Morgen) und 8,1 bar (nach ausgedehnten Mahlzeiten) [5].

5.5 Zur Gewinnung von Trinkwasser aus salzhaltigem Meerwasser wird auch das Verfahren zur umgekehrten Osmose angewendet. Dazu wird die Lösung unter einen höheren, als den osmotischen Druck gesetzt wird. Auf diese Weise wird das Lösungsmittel Wasser gezwungen, in Richtung reines Lösungsmittel zu fließen. Die Konzentration der wichtigsten gelösten Teilchen sind in [Mol/kg Meerwasser]: $Cl^- = 0{,}546$; $Na^+ = 0{,}456$; $Mg^{2+} = 0{,}053$; $SO_4{}^{2-} = 0{,}028$; $Ca^{2+} = 0{,}010$ [4]. Welcher Druck muss auf Meerwasser (Dichte ca. 1,025 kg/l bei 25 °C) in einer Umkehrosmoseanlage ausgeübt werden?

Literatur

1. Menny, K.: Strömungsmaschinen, Vieweg+Teubner Verlag, Wiesbaden, 2006
2. Bohl, W.: Strömungsmaschinen (Band 1: Aufbau und Wirkungsweise; Band 2: Berechnung und Konstruktion), 4. Aufl., Vogel-Fachbuchverlag, Würzburg, 1991
3. BINE Informationsdienst: Seaflow – Strom aus der Meeresströmung, Projektinfo 04/04. Fachinformationszentrum Karlsruhe/Bonn. www.bine.info (2008). Zugegriffen: Mai 2008
4. Dickerson/Geis: Chemie – eine lebendige und anschauliche Einführung, Verlag Chemie, Weinheim, Deerfield Beach, Florida, Basel, 1981
5. http://de.wikipedia.org/wiki/Scrollverdichter. Zugegriffen: Mai 2008

Weiterführende Literatur

6. Graw, K.-U.: Wellenenergie – eine hydrodynamische Analyse. Bergische Universität – Gesamthochschule Wuppertal. http://www.uni-leipzig.de/~grw/lit/texte_099/40__1995/ (2008). Zugegriffen: Mai 2008

[14] http://de.wikipedia.org/wiki/Salinität.

Erdwärme und Wärmepumpe

6

Unter dem Begriff „Erdwärme“ wird allgemein

- oberflächennahe Erdwärme und
- Wärme aus tiefen Erdschichten subsumiert.

Bei der oberflächennahen Erdwärme handelt es sich jedoch i. Allg. nicht um Wärme aus dem Erdinneren, vielmehr handelt es sich dabei um gespeicherte Sonnenenergie. Der Begriff ist also genau genommen an dieser Stelle irreführend, weil in Tiefen bis zu 100 m „nur“ ein gleichmäßiges Temperaturniveau von ca. 5 bis 15 °C vorherrscht. Diese Wärme kann in der Regel nur sinnvoll genutzt werden, wenn sie mit Hilfe einer Wärmepumpe auf ein angemessenes Temperaturniveau angehoben wird.

Höhere Temperaturen, die durch die Aktivitäten im Erdinnern „nachgespeist“ werden, beginnen in der Regel in Mitteleuropa ab Tiefen von (100...) 1000...2000 m. Regionen, in denen diese Aktivitäten bis nahe an die Erdoberfläche heranreichen, sind auf wenige, vulkanisch aktive Regionen begrenzt (z. B. Island, Lanzarote, Italien u. a.). Hier ist ein enormer geologischer, bohrtechnischer und finanzieller Aufwand mit einem beträchtlichen Risiko zu betreiben. Für derartige Konzepte zur Nahwärmeversorgung von Wohngebieten und zur geothermischen Stromerzeugung wird auf die einschlägige Literatur und Kap. 10 verwiesen.

Die nachfolgenden Ausführungen beziehen sich zunächst auf Systeme zur Nutzung der oberflächennahen Wärme in Verbindung mit einer Wärmepumpe für die Gebäudetechnik.

6.1 Grundlagen

Wärmepumpen und Kältemittelkreisläufe für Kühlaggregate zur Raumklimatisierung und Lebensmittellagerung arbeiten nach dem gleichen, linkslaufenden CARNOT-Prozess. Die Grundkenntnisse aus der Thermodynamik werden hier kurz zusammengefasst.

H. Watter, *Regenerative Energiesysteme*, DOI 10.1007/978-3-658-09638-0_6

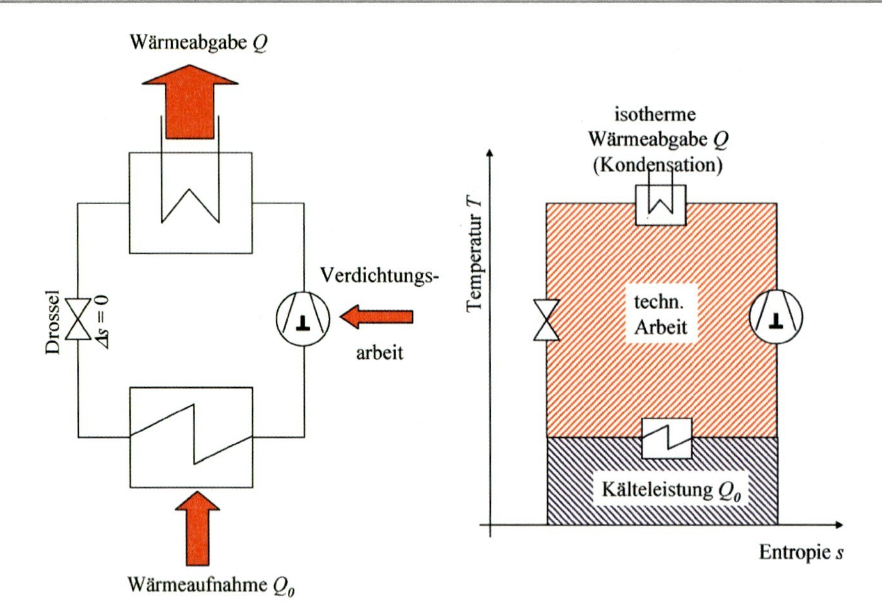

Abb. 6.1 Idealer CARNOT-Prozess

6.1.1 Carnot-Prozess

Die Grundidee des Prozesses kann durch folgendes Gedankenexperiment anschaulich dargestellt werden:

Gedankenexperiment

Wenn man Luft mit Hilfe einer normalen Fahrradpumpe komprimiert, entsteht fühlbar Wärme. Kühlt man den Inhalt der Pumpe (z. B. durch aktives Blasen oder sonstige Kühlmaßnahmen) ab, dann erhält man nach der Expansion auf das Ursprungsvolumen in der Pumpe ein tieferes Temperaturniveau als zu Beginn des Versuches.

Mit der Pumpe kann Wärme von einem niedrigen Temperaturniveau auf ein höheres Temperaturniveau „gepumpt" werden, wenn die Wärmeabgabe nach der Verdichtung bei höheren Temperaturen und die Wärmeaufnahme nach der Rückexpansion bei tieferen Temperaturen stattfindet.

Ist die Zielrichtung das niedrigere Temperaturniveau zu kühlen, so spricht man vom *Kältemittelkreislauf*. Ist dagegen die Zielrichtung das hohe Temperaturniveau zu heizen, so spricht man von der *Wärmepumpe*. Der Kälte- und Wärmepumpenkreislauf unterscheidet sich daher vom Grundsatz nicht, es liegen nur unterschiedliche Zielrichtungen vor. Abbildung 6.1 zeigt den kontinuierlich arbeitenden, idealen CARNOT-Prozess schematisch und im T-s-Diagramm.

Tab. 6.1 Zustandsänderungen von idealen Gasen

Zustandsänderung / **Polytropenexponent n**	**Zustandsgleichung**	**Volumenänderungsarbeit** $w_{1,2} = -\int_1^2 p \cdot dv =$	**Techn. Arbeit** $w_{t1,2} = -\int_1^2 v \cdot dp =$	**Wärme** $q_{1,2} =$	**p-v-Diagr.**	**T-s-Diagr.**
Isochore **v=konst** n = ∞	$\frac{p_2}{p_1} = \frac{T_2}{T_1}$	**0**	$= v \cdot (p_1 - p_2)$ $= R \cdot (T_1 - T_2)$	$c_{vm} \cdot (T_2 - T_1)$	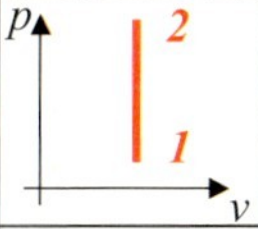	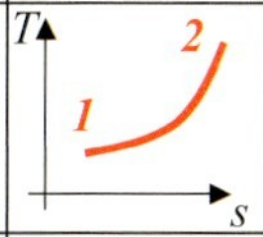
Isobare **p=konst** n = 0	$\frac{v_2}{v_1} = \frac{T_2}{T_1}$	$= p \cdot (v_2 - v_1)$ $= R \cdot (T_2 - T_1)$	**0**	$c_{pm} \cdot (T_2 - T_1)$	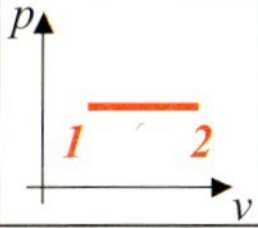	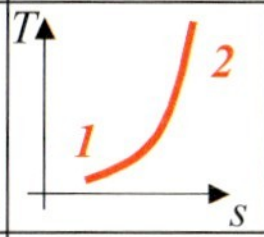
Isotherme **T=konst** n = 1	$\frac{p_2}{p_1} = \frac{v_1}{v_2}$	$= R \cdot T \cdot \ln\left(\frac{p_1}{p_2}\right)$	$= w_{1,2}$	$= w_{1,2}$	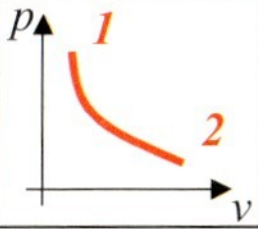	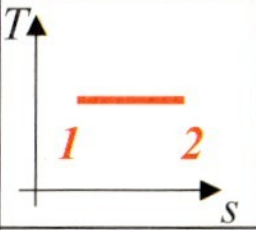
Isentrope **s=konst** n = κ	$\frac{p_2}{p_1} = \left(\frac{T_2}{T_1}\right)^{\frac{\kappa}{\kappa-1}}$ $= \left(\frac{v_1}{v_2}\right)^{\kappa}$	$c_{vm} \cdot (T_1 - T_2) =$ $\frac{R \cdot T_1}{\kappa - 1} \cdot \left[1 - \left(\frac{p_2}{p_1}\right)^{\frac{\kappa-1}{\kappa}}\right]$	$c_{pm} \cdot (T_1 - T_2) =$ $\frac{\kappa \cdot R \cdot T_1}{\kappa - 1} \cdot \left[1 - \left(\frac{p_2}{p_1}\right)^{\frac{\kappa-1}{\kappa}}\right]$	**0**	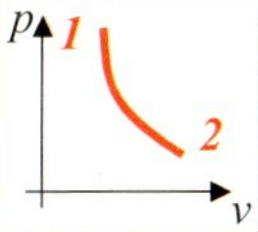	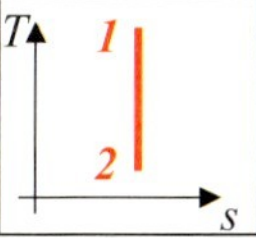
Polytrope n = const.	wie Isentrope n statt κ ersetzen				beliebig	

1. Die Verdichtungsarbeit w_t erfolgt durch einen Verdichter/Kompressor. Mit den Zustandsänderungen aus Tab. 6.1 errechnet sich die Verdichterantriebsleistung P bei der Druckerhöhung von p_1 auf p_2 nach

$$P = \frac{1}{\eta} \cdot w_t \cdot \dot{m} = \frac{1}{\eta} \cdot \Delta h_S \cdot \dot{m} = \frac{1}{\eta} \cdot p_1 \cdot \dot{V}_1 \cdot \frac{\kappa}{\kappa - 1} \left[\left(\frac{p_2}{p_1}\right)^{\frac{\kappa-1}{\kappa}} - 1\right] \tag{6.1}$$

Das Kältemittel wird dabei erwärmt und erreicht eine druckabhängige, höhere Verdichtungsendtemperatur. Im idealen (isentropen) Fall also mindestens:

$$\frac{T_2}{T_1} = \left(\frac{p_2}{p_1}\right)^{\frac{\chi-1}{\chi}} \tag{6.2}$$

2. Die Wärmeabgabe erfolgt idealerweise bei konstanter Temperatur, weil nach den Regeln der Thermodynamik die Prozesseffizienz dann am größten wird. Wärmeabgabe bei konstanter Temperatur kann bei durch Rückkondensation von verdampften Flüssigkeiten erreicht werden (siehe nachfolgenden Abschnitt).
3. Durch Drosselung bzw. Rückexpansion auf den Ursprungsdruck kühlt das Gas gem. (6.2) aus.

4. Nun kann das Kältemittel wieder Wärme aufnehmen. Die Wärmeaufnahme bei konstanter Temperatur erfolgt durch Verdampfung des Kältemittels.

Nach dem ersten Hauptsatz der Thermodynamik gilt im stationären Betrieb für den Kreislauf:

$$P + \dot{Q}_0 = \dot{Q} + \underbrace{\frac{dU}{d\tau}}_{0} \tag{6.3a}$$

bzw. bezogen auf den umlaufenden Massenstrom $\dot{m}$

$$w_t + q_0 = q + \underbrace{\frac{du}{d\tau}}_{0} \tag{6.3b}$$

wobei in den Gleichungen

P	Kompressionsleistung des Verdichters [kW]
$w_t = \eta \frac{P}{\dot{m}} = \Delta h_S$	technische Arbeit, isentrope Enthalphiedifferenz [kJ/kg]
$\dot{Q}$	Wärmestrom [kW]
$q = \frac{\dot{Q}}{\dot{m}} = \Delta h$	spezifischer Wärmestrom bei der Rückkondensation [kJ/kg]
$q_0 = \frac{\dot{Q}_0}{\dot{m}} = \Delta h_0$	spezifischer Wärmestrom bei der Verdampfung [kJ/kg]
$\frac{dU}{d\tau}$	Änderung der inneren Energie (im stationären Betrieb null)

Die Wärme- und Energiemengen sind im T-s-Diagramm Flächen.

Das Kältemittel wird so ausgewählt, dass Rückverflüssigung und Verdampfung bei geeigneten Temperaturen erfolgen können. Abbildung 6.2 (links) zeigt den idealen Kältemittelprozess eingepasst in das Nassdampfgebiet eines Kältemittels. Leider ist der ideale CARNOT-Prozess so nicht umsetzbar, weil im Nassdampfgebiet der ideale Endpunkt der Wärmeaufnahme und der ideale Verdichtungsbeginn messtechnisch nicht zu erfassen sind (Druck und Temperatur sind ja während der Wärmeaufnahme gleich). Außerdem bestünde so die Gefahr des „Flüssigkeitsschlages", d. h. noch nicht verdampftes Kältemittel wird in Tropfenform vom Verdichter angesaugt. Da Flüssigkeiten weitgehend inkompressibel sind, würde der Kompressor beim Verdichtungsversuch zerstört werden.

Es wird daher in der Praxis eine vollständige Verdampfung vorgenommen, die Verdichtung erfolgt dann im gasförmigen, überhitzten Zustand; Abbildung 6.2 (rechts) zeigt diese Verhältnisse.

In der Praxis erfolgt die Darstellung jedoch nicht im T-s-Diagramm sondern in einem lg-p-h-Diagramm nach Abb. 6.3; hier sind Energiemengen (Enthalphiedifferenzen) als Längen leichter abzulesen; gleiche Druckverhältnisse haben den gleichen Vertikalabstand.

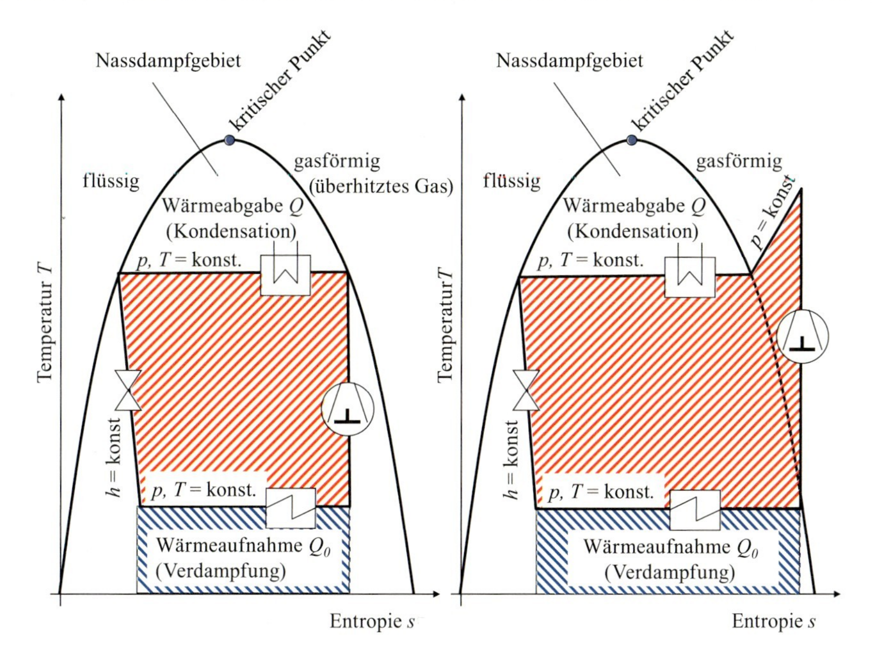

Abb. 6.2 CARNOTisierter Prozess

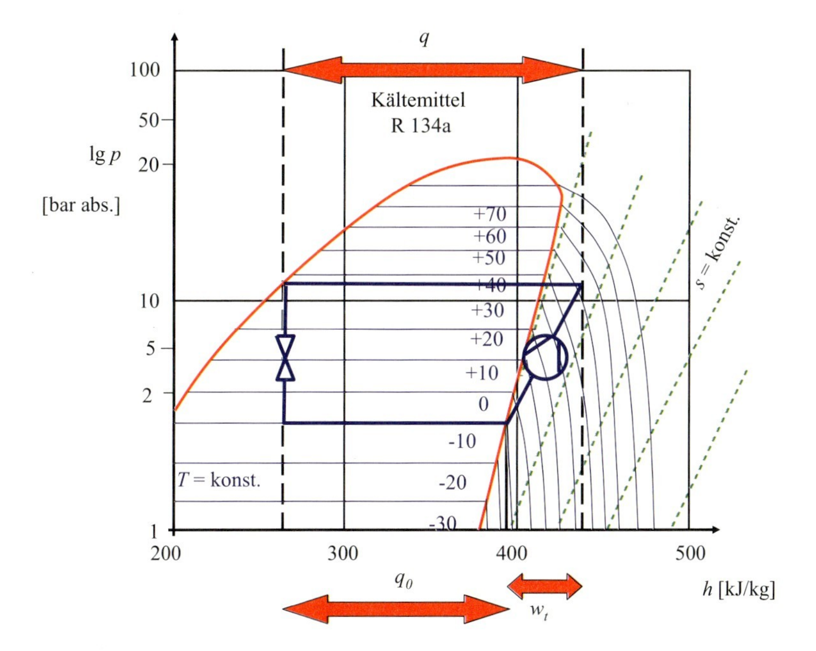

Abb. 6.3 Kältemittelkreislauf lg-p-h-Diagramm

Um das Leistungsvermögen des Kältemittelkreislaufes beurteilen zu können, werden Nutzen und Aufwand ins Verhältnis gesetzt. Diese Kennzahl wird **Leistungszahl** (oder im Englischen **„Coefficient of Performance“ = COP**) genannt:

$$\text{Leistungszahl} = \frac{\text{Nutzen}}{\text{Aufwand}} \tag{6.4a}$$

Je nach Umgebungsbedingungen können als Anhaltswerte für den Kältemittelprozess gelten

$$\text{Leistungszahl} = \frac{\text{Kältestrom } Q_0}{\text{Kompressorantriebsleistung } P} \rightarrow \varepsilon_K = \frac{\dot{Q}_0}{P} = \frac{q_0}{w_t} = 2...3 \tag{6.4b}$$

und für die Wärmepumpe

$$\begin{aligned}\text{Leistungszahl} = \frac{\text{Nutzwärmestrom } Q}{\text{Kompressorantriebsleistung } P} \rightarrow \varepsilon_W &= \frac{\dot{Q}}{P} = \frac{\dot{Q}_0 + P}{P} \\ &= \frac{q_0 + w_t}{w_t} = \varepsilon_K + 1 = 3\ldots4\end{aligned} \tag{6.4c}$$

Die Leistungszahl einer Wärmepumpe ist also per Definition stets um „1“ größer als für den gleichen Kälteprozess bei gleichen Randbedingungen.

Bei der **Jahresarbeitszahl** werden Nutzen und Aufwand über ein Jahr berechnet, damit werden auch Peripheriegeräte (Regelung, Pumpen) und Verluste durch instationäre Betriebspunkte berücksichtigt.

Verbesserung der Leistungszahl Die Leistungszahl kann durch Unterkühlung des Kältemittels verbessert werden. Vergrößert man die wärmeübertragende Fläche im Rückkühler (Kondensator), so wird das Kältemittel nach der vollständigen Kondensation im flüssigen Zustand weiter zurückgekühlt; man spricht von Unterkühlung. Abbildung 6.4 veranschaulicht die Temperaturverhältnisse über die wärmeaustauschende Fläche.

In Abb. 6.5 werden die Verhältnisse im lg-p-h-Diagramm dargestellt. Da die Kompressionsarbeit gegenüber Abb. 6.3 gleich gehalten, die übertragene Wärmemenge aber vergrößert wurde, steigt die Leistungszahl.

Hinweis Im Flüssigkeitsgebiet werden gewöhnlich keine Isothermen eingezeichnet, weil Isotherme (T = konst.) und Isenthalpe (h = konst.) hier wegen $h = c_p \cdot t$ zusammenfallen. Im Flüssigkeitsgebiet sind die Isothermen also senkrechte Linien.

Der Eckpunkt kann also durch den Schnittpunkt aus der Isobaren und der Senkrechten zur Unterkühlungstemperatur gefunden werden.

Eine zusätzliche Unterkühlung kann mit Hilfe des kalten Kältemitteldampfes über einen separaten Wärmetauscher (Economiser) erfolgen. Dabei nimmt das verdampfte, aber kalte Kältemittel zusätzliche Wärme vom Kältemittelstrom am Kondensatoraustritt auf und kühlt diesen gleichzeitig weiter herunter.

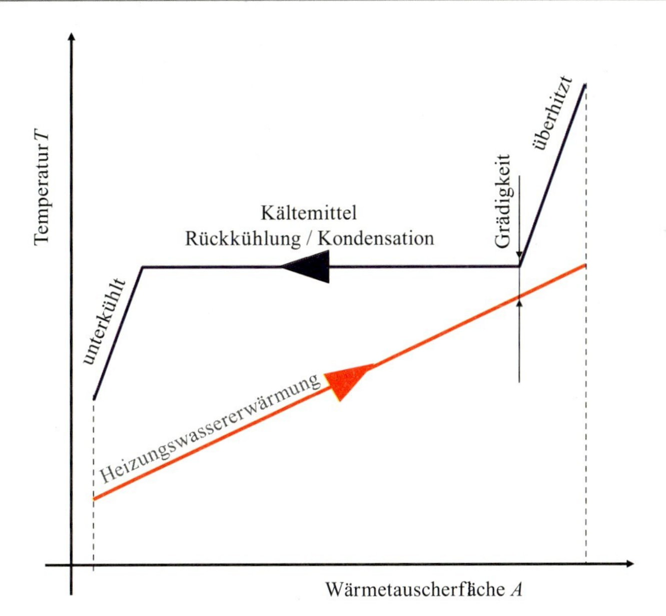

Abb. 6.4 Unterkühlung im Kondensator

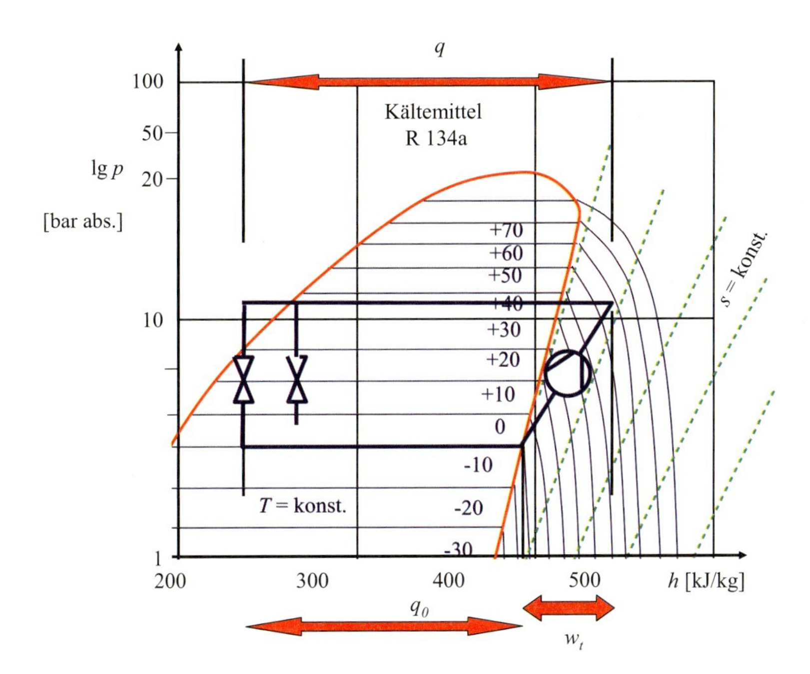

Abb. 6.5 Unterkühlung des Kältemittels lg-p-h-Diagramm

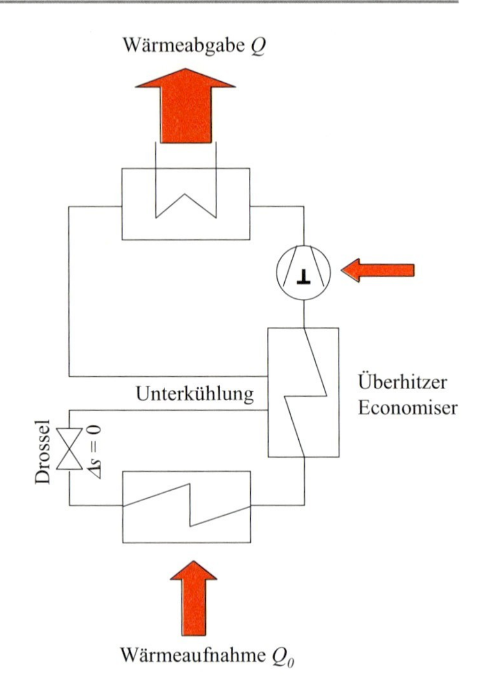

Abb. 6.6 Unterkühlung mittels Wärmetauscher

Die Verhältnisse im lg-p-h-Diagramm zeigt Abb. 6.7. Die Leistungszahl steigt jedoch nur, wenn der prozentuale Gewinn an Kälteleistung größer ist als die erforderliche Mehrarbeit des Verdichters. Die Verdichterleistung steigt, weil jetzt überhitztes Kältemittel mit einem größeren spez. Volumen gefördert werden muss. Im Allgemeinen ist daher die Verbesserung der Leistungszahl begrenzt. Vorteilhaft ist, dass der Kompressor durch die Überhitzung vor Flüssigkeitsschäden geschützt wird; nachteilig ist die erhöhte Verdichtungsendtemperatur (120 °C sollten nicht überschritten werden, da einige Kältemitteln und Schmierstoffadditive hier bereits thermisch zersetzt werden).

6.1.2 Kältemittel

Bei der Auswahl eines Kältemittels sind folgende Aspekte zu berücksichtigen:

Die thermodynamischen Daten des Nassdampfgebietes sollten auf die Anwendung abgestimmt sein, d. h.:

- Das Kältemittel muss bei dem Temperaturniveau des Prozesses verdampfbar sein. Das heißt die Kondensationstemperatur und die Verdampfungstemperatur müssen bei einem Druck- und Temperaturniveau erfolgen, dass für die Anwendung sinnvoll ist.
- Die Verdampfungsenthalphie (= Wärmeaufnahmevermögen) sollte möglichst groß sein.

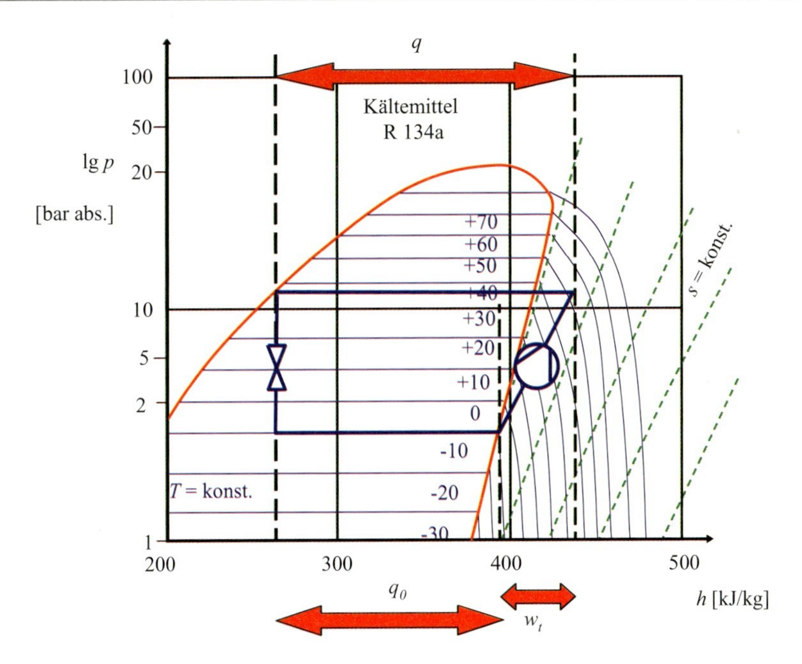

Abb. 6.7 Wirkung des Economisers im lg-p-h-Diagramm

- Es soll eine möglichst gute Leistungszahl ε bzw. ein gutes Verhältnis Kälteleistung/Antriebsleistung (Coefficient of Performance COP) erreichbar sein.
- Der Stoff muss gute Wärmeübertragungseigenschaften besitzen.

Zusätzliche Eigenschaften:

- gute Umweltverträglichkeit,
- ungiftig,
- nicht brennbar (keine Explosionsgefahren),
- Verträglichkeit mit Anlagekomponenten (Korrosion, Dichtungsverträglichkeit, Schmierstoffverträglichkeit),
- aus logistischen Gründen sollte der Stoff weltweite Verfügbarkeit sein,
- Wartungsfreundlichkeit (Wie wirken sich Leckagen auf das Betriebsverhalten aus? Einfache Lecksuche möglich?).

Kältemittel sind wegen der ozonzerstörenden Wirkung und wegen des Treibhauseffektes in die öffentliche Diskussion gekommen. Nachfolgend werden Parameter zur Beurteilung der Umweltverträglichkeit vorgestellt.

Wirkmechanismen der FCKWs in der Stratosphäre Ozon (O_3) in der Stratosphäre (15…40 km Höhe) schützt die Erdoberfläche gegen ultraviolette Strahlung (UV) durch

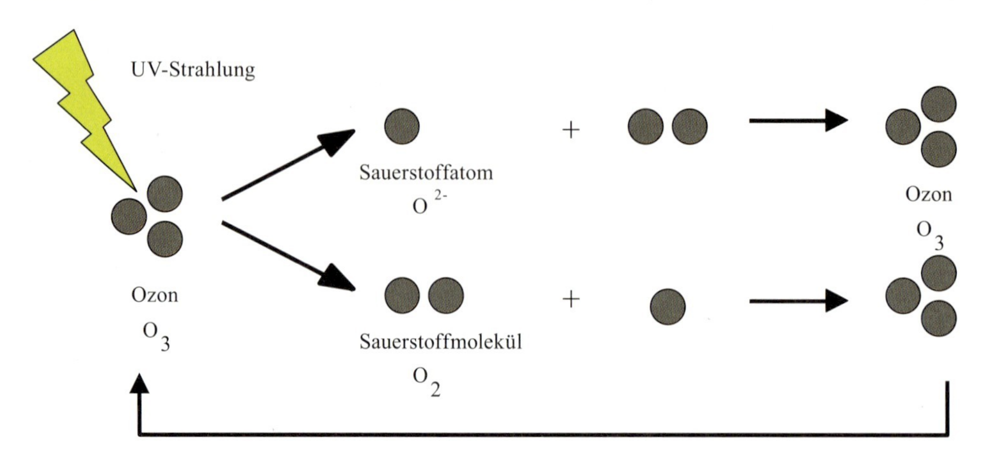

Abb. 6.8 Absorption der UV-Strahlung durch Ozon (O_3) und die dazugehörigen Gleichgewichtsreaktionen

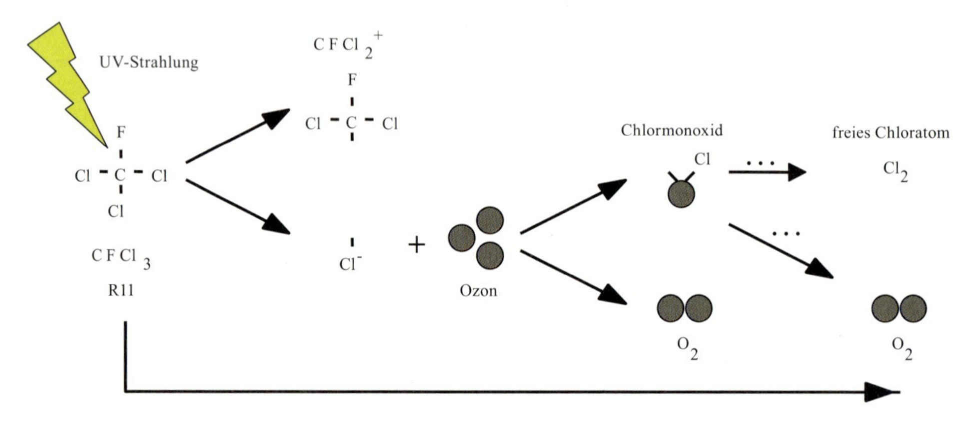

Abb. 6.9 Zerstörung der UV-Schicht am Beispiel von R11 ($CFCl_3$)

Absorption. Dabei stellt sich eine Gleichgewichtsreaktion bezüglich der Ozonzersetzung und deren Regeneration ein. Chloratome aus Kältemitteln, Schäumen, und Reinigungsmitteln stören diesen natürlichen Gleichgewichtszustand (vgl. Abb. 6.9). Bei der Brechung des FCKW-Moleküls bilden sich aus dem Ozon molekularer Sauerstoff (O_2) und atomares Chlor. Im Rahmen von mehrstufigen Wechselwirkungen kann dieses Chloratom mit bis zu 100.000 Ozonmolekülen weiter reagieren, ehe es inaktiv wird. Der Aufstieg der FCKW's in die Stratosphäre und die dortige Verweildauer wird auf mehrere Jahrzehnte beziffert.

Für die Beurteilung der Umweltverträglichkeit von Kältemittel haben sich drei Kennzahlen durchgesetzt:

Ozon-Abbau-Potential (Ozone Depletion Potential ODP/R11-Äquivalent) Der Grad der Schädlichkeit hängt vom Chloranteil im Molekül des Kältemittels ab; vgl. Abb. 6.8 (im Gleichgewicht) und Abb. 6.9 (mit Abbauwirkungsmechanismus). Wegen seines hohen Chloranteils wurde R11 als Bezugsgröße zur Bewertung des Ozon-Abbau-Potentials herangezogen. Somit ist der ODP-Wert von R11 per Definition 1,0. Zum Vergleich: Der ODP-Wert von R22 liegt mit 0,05 um den Faktor 20 geringer.

Treibhauspotential (Global Warming Potential GWP/CO_2-Äquivalent) Enthielte die Erdatmosphäre keine klimarelevanten Spurengase (H_2O, CO_2, O_3, N_2O, CH_4) würde sich eine Temperatur an der Oberfläche von $-18\,°C$ einstellen. Dank dieser so genannten Treibhausgase wird ein Teil der Wärmestrahlung (Infrarotstrahlung) jedoch in der Atmosphäre absorbiert, so dass sich eine Durchschnittstemperatur in Bodennähe von $+15\,°C$ einstellt (vgl. Abb. 2.3). Auch Kältemittel tragen in den oberen Luftschichten zum Aufheizen der Erdatmosphäre bei. Als Bewertungsziffer wurde hier der GWP-Wert (Greenhouse Warming Potential) eingeführt, wobei das Treibhausgas Kohlendioxid (CO_2) als Bezugsgröße gewählt wurde. Der GWP-Wert beschreibt somit das Treibhauspotential im Verhältnis zu Kohlendioxid (CO_2). Ein kg R22 (GWP = 1650) hat in der Atmosphäre das gleiche Treibhauspotential wie 1650 kg CO_2. Im Vergleich mit R12 (GWP = 7100) bzw. R502 (GWP=4300) ist dies also ein relativ niedriges Treibhauspotential. Bessere Ergebnisse liefert z. B. R134a mit einem GWP von 1300.

Total Equivalent Warming Impact (TEWI) Der TEWI-Wert berücksichtigt u. a. zusätzlich die CO_2-Emissionen, die beim Betrieb der Kälteanlage aufgrund des Energiebedarfes (Verdichterantriebsleistung) entstehen:

$$\text{TEWI} = (\text{GWP} \cdot L \cdot t) + [\text{GWP} \cdot m \cdot (1 - \alpha)] + (n \cdot W \cdot \beta) \tag{6.5}$$

darin ist:

GWP Treibhauspotential (CO_2-Äquivalent)
L Leckrate pro Jahr [kg]
t Betriebszeit der Anlage [Jahre]
m Anlagenfüllgewicht [kg]
α Recycling-Faktor [-]
W Energiebedarf pro Jahr [kWh]
β CO_2-Emissionen pro kWh (Energiemix)

Darin berücksichtigt der erste Term also die Leckrate, der zweite Term die Recycling-Rate und der dritte Term den indirekten Treibhauseffekt durch den Energiebedarf der Anlage. Er berücksichtigt damit also indirekt auch die Leistungszahl ε (also das Verhältnis Kälteleistung Q_o zur Antriebsleistung P, Coefficient of Performance COP).

Grundstoffe der FCKWs:

Fluor -	**Chlor -**	**Kohlen -**	**Wasserstoffe**
F	Cl	—C—	H
7. Gruppe		4. Gruppe	1. Gruppe

im Periodensystem der Elemente

Strukturformel der FCKWs:

$$C_k\ H_l\ Cl_m\ F_n$$

$$2k + 2 = l + m + n$$

—C— —C—C—

Bezeichnung der FCKW: Rxyz

$x = k - 1$	C-Atome	(entfällt bei 0)
$y = l + 1$	H-Atome	
$z = n$	F-Atome	
	Cl-Atome ⟶ Rest	

Abb. 6.10 Bezeichnung der FCKW

Bezeichnungen, Zusammensetzung und ausgewählte Eigenschaften Für die Fluor-Chlor-Kohlenwasserstoffe (FCKW) hat sich die amerikanische Bezeichnung bestehend aus dem Buchstaben F (Frigene) oder R (Refrigerant) und einer drei-ziffrigen Kennzahl (xyz) durchgesetzt; vgl. Abb. 6.10:

1. Ziffer x: Zahl der Kohlenstoffatome (C) im Molekül −1
2. Ziffer y: Zahl der Wasserstoffatome (H) im Molekül +1
3. Ziffer z: Zahl der Fluoratome (F) im Molekül

Alle weiteren, nicht beanspruchten Kohlenstoffvalenzen tragen Chlor (Cl). Für alle übrigen Kältemittel und für deren Gemische regelt DIN 8962 die Bezeichnungen.

Die Gefährdungspotentiale der Kältemittel werden in Abb. 6.11 und den nachfolgenden Tabellen dargestellt.

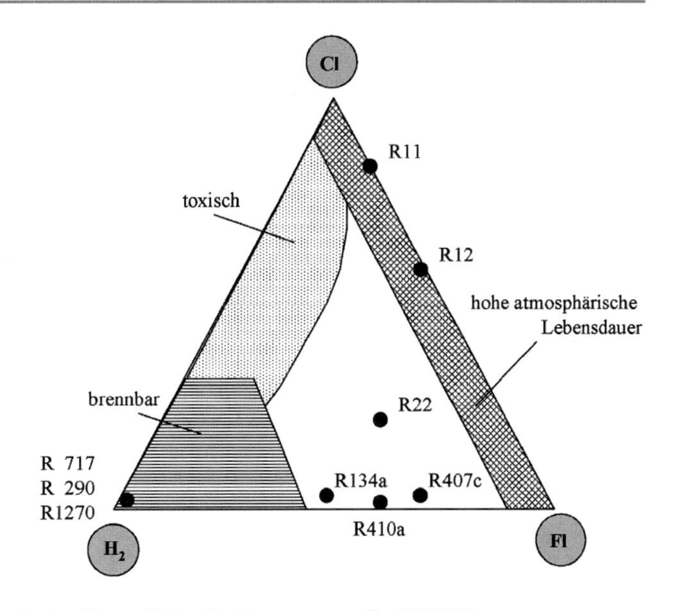

Abb. 6.11 Eigenschaften der Kältemittel [1]

Tab. 6.2 Halogenisierte Kältemittel = Fluor-Chlor-Kohlenwasserstoffe (FCKW)

Kältemittel	**Zusammensetzung**	**Bemerkung: Ozon-Abbau-Potential (ODP) Treibhauspotential (GWP)**
R11	Trichlorfluormethan CCl_3F Cl I Cl – C – F I Cl	ODP = 1,0 (per Def.) nicht brennbar Ersatz: R123 und R134a
R12	Dichlordifluormethan CCl_2F_2 Cl I Cl – C – F I F	ODP = 1 GWP = 7100 nicht brennbar Ersatzmittel: R134a
R13	Chlortrifluormethan $CClF_3$ Cl I F – C – F I F	nicht brennbar Ersatz: R410 und R23
R22	Chlordifluormethan $CHClF_2$ (a) (b) Cl I H – C – F I F	ODP = 0,05 → Übergangsfristen GWP = 1650 nicht brennbar Ersatz: R407C und R410
R40	Chlormethan CH_3Cl Cl I H – C – H I H	nicht brennbar
R115	Chlortetrafluorethan $CClF_2$-CF_3 F F I I Cl – C – C – F I I F F	

Tab. 6.3 Chlorfreie Kohlenwasserstoffe (HFC)

Kältemittel	**Zusammensetzung**		**Bemerkung:** **Ozon-Abbau-Potential (ODP)** **Treibhauspotential (GWP)**
R134	1,1,2,2- Tetrafluorethan CHF_2-CHF_2	F F I I H – C – C – H I I F F	ODP = 0
R134 a	1,1,1,2- Tetrafluorethan CF_3-CH_2F	F H I I F – C – C – F I I F H	Hohe Verfügbarkeit, da es sich z.B. in der Automobilindustrie durchgesetzt hat. ODP = 0 GWP = 1300

Tab. 6.4 Halogenfreie Kohlenwasserstoffe

Kältemittel	**Zusammensetzung**		**Bemerkung:** **Ozon-Abbau-Potential (ODP)** **Treibhauspotential (GWP)**
R50	Methan CH_4	H I H – C – H I H	ODP = 0 GWP = 25 brennbar
R170	Ethan C_2H_6 CH3-CH3	H H I I H – C – C – H I I H H	ODP = 0 GWP = 3 brennbar
R290	Propan C_3H_8		ODP = 0 GWP = 3 brennbar
R600	Butan C_4H_{10}		ODP = 0 GWP = 3 brennbar → sicherheitstechnische Vorkehrungen
R1150	Ethen (Äthylen) C_2H_4	H H I I C = C I I H H	ODP = 0 brennbar
R1270	Propen (Propylen) C_3H_6		ODP = 0 GWP = 3 brennbar

Tab. 6.5 Nicht azeotrope Gemische (Azeotrop [zu griech.: *a-* = nicht; *zeĩn* = sieden und *trŏpe* = hinwenden] aus der Chemie: Ein Flüssigkeitsgemisch aus mehreren Komponenten, das einen konstanten Siedepunkt besitzt.)

Kältemittel	Zusammensetzung	Bemerkung: Ozon-Abbau-Potential (ODP) Treibhauspotential (GWP)
R404a	Mischung 44 % R143a 52 % R125 4 % R134a	ODP = 0 GWP = 3750 Temperaturgleit 0,7 °C bei 1 bar
R 407a	Mischung 20 % R 32 40 % R125 40 % R134a	ODP = 0 GWP = 1920 Temperaturgleit 6,6 °C bei 1 bar
R 407b	Mischung 10 % R 32 70 % R125 20 % R134a	ODP = 0 GWP = 2560 Temperaturgleit 4,4 °C bei 1 bar
R 407c	Mischung 23 % R 32 25 % R125 52 % R134a	ODP = 0 GWP = 1610 Temperaturgleit 7,4 °C bei 1 bar
R410(a)	Mischung 50 % R 32 50 % R125	ODP = 0 GWP = 1890 Temperaturgleit 0,2 °C bei 1 bar
R502	Mischung R22/R155	ODP = 0,23 GWP = 4300 Ersatz: R507 und R404A
R507	Mischung 50 % R143a 50 % R125	ODP = 0 GWP = 3800 Temperaturgleit 0 °C bei 1 bar

Tab. 6.6 Halogenfreie Kältemittel

Kältemittel	Zusammensetzung	Bemerkung: Ozon-Abbau-Potential (ODP) Treibhauspotential (GWP)
R717	Ammoniak NH_3	ODP = 0 GWP = 0 → für Neuanlagen zweckmäßig brennbar (bildet mit Luft explosives Gemisch) giftig, ätzend, stechender Geruch → die natürliche Warnschwelle liegt bei 0,0005 Vol.-%; Schädigungen treten ab ca. 0,1 Vol.-% auf (Faktor 200 !) → sicherheitstechnische Ausrüstung: – Ammoniak-Scrubber (Beregnungsanlagen) – getrennter Solekreislauf mit Calciumchlorid-Sole[a]
R718	Wasser H_2O	ODP = 0 GWP = 0 nicht brennbar
R744	Kohlendioxid CO_2	ODP = 0 **GWP = 1,0 (per Def.)** nicht brennbar
R729	Luft	ODP = 0 GWP = 0 nicht brennbar

[a] Calciumchlorid $CaCl_2$ = sehr hydroskopisch, sehr leicht löslich; Festpunkt (Schmelzpunkt) 772 °C. Kristallisiert aus wässrigen Lösungen bei Zimmertemperatur als kolloide Lösung $CaCl_2 \cdot 6H_2O$ („Sole"), wobei sich diese Sole wiederum unter Abkühlung löst.

Tab. 6.7 Bevorzugte Einsatzbereiche für Kältemittel [1, 2]

	FCKW-Kältemittel	halogenfreie Kältemittel
Haushaltsgeräte	R134a	R600a
Kälteanlagen	R134a, R404a, R507a	R290, R1270, CO_2, NH_3
Wärmepumpen	R134a, R407c, R410a	R290, NH_3

6.2 Funktionsprinzip

Da das Temperaturniveau der „Erdwärme“ (eigentlich gespeicherte Sonnenenergie) in der Regel weit unterhalb der erforderlichen Vorlauftemperatur zur Gebäudebeheizung liegt, ist eine zwischengeschaltete Wärmepumpe erforderlich. Abbildung 6.12 veranschaulicht diese Verhältnisse. In Abb. 6.13 werden die dazugehörigen Verhältnisse im lg-p-h-Diagramm dargestellt:

Durch die Bodentemperatur wird indirekt die Verdampfungstemperatur und durch die geforderte Heizungsvorlauftemperatur die Rückverflüssigungstemperatur bestimmt. Dabei ist zu bedenken, dass nur dann ein Wärmestrom fließen kann, wenn eine treibende Temperaturdifferenz vorliegt:

$$\dot{Q} = k \cdot A \cdot (T - T_{\text{Verd}}) \tag{6.6}$$

darin ist

k Wärmedurchgangskoeffizient [W/m^2 K]
A wärmeübertragende Fläche [m^2]
$T - T_{\text{Verd}}$ treibende Temperaturdifferenz [K]

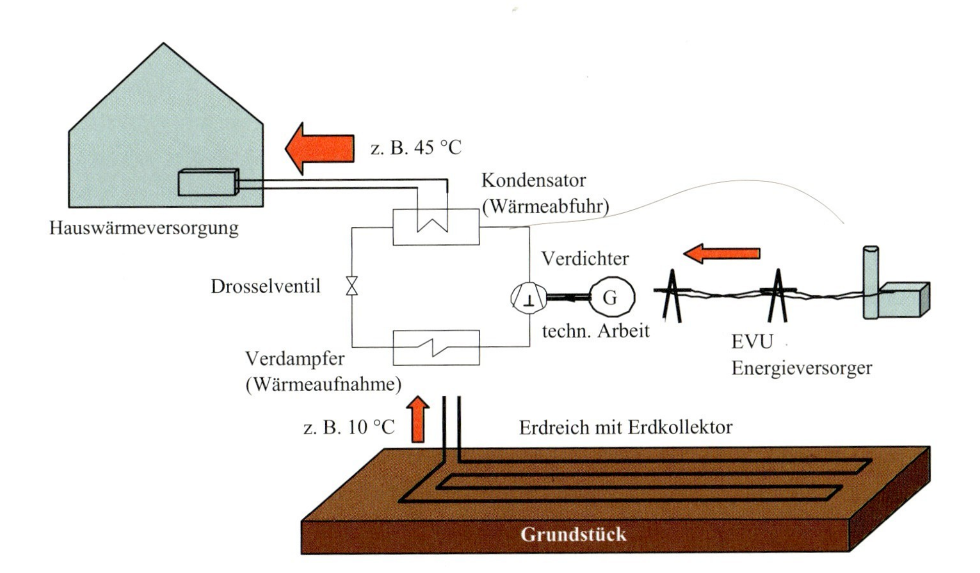

Abb. 6.12 Wärmepumpenkreislauf zur Gebäudebeheizung

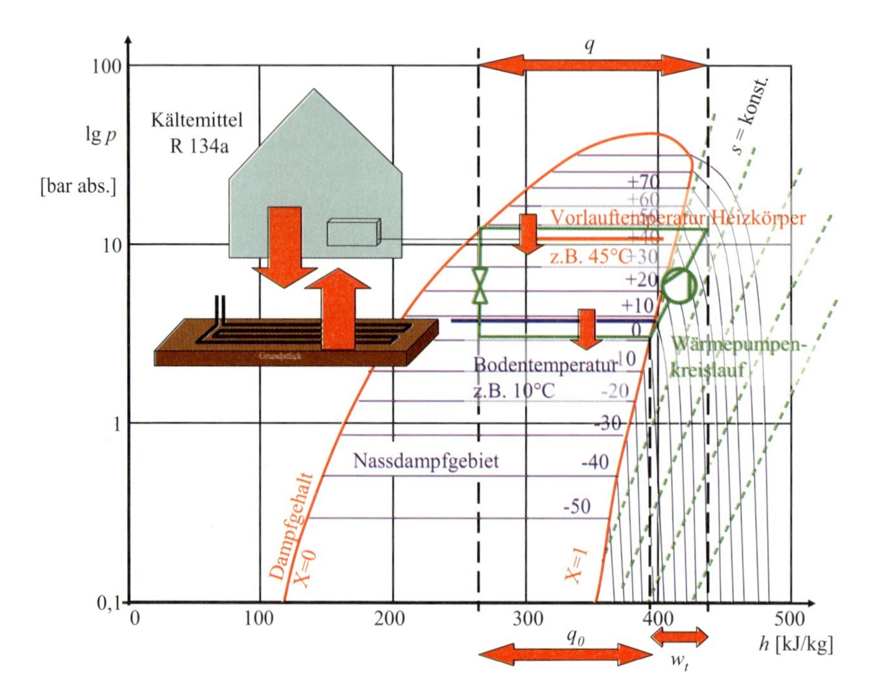

Abb. 6.13 Koppelung von Boden- und Gebäudetemperatur an den Wärmepumpenkreislauf

Es ist daher eine wirtschaftliche Grädigkeit[1] von 5 bis 10 K erforderlich (vgl. Abb. 6.4), so dass die Heizungsvorlauftemperatur unterhalb der Rückkondensationstemperatur und die Bodentemperatur oberhalb der Verdampfungstemperatur liegen muss (vgl. Abb. 6.13).

Aus Abb. 6.13 ist auch ersichtlich, dass die Leistungszahl der Wärmepumpe umso besser wird, je dichter Verdampfungs- und Kondensationstemperatur beieinander liegen. Im Umkehrschluss: Je weiter die Bodentemperatur und Heizungstemperatur auseinander liegen (Winter!), desto schlechter wird also die Leistungszahl. **Wärmepumpen können also nur wirtschaftlich betrieben werden, wenn eine möglichst niedrige Heizungstemperatur vorliegt.**

Dies hat zwei Konsequenzen:

1. Bei Altbauten sind Wärmepumpen i. Allg. unwirtschaftlich, da wegen des schlechteren Isolierzustandes viel zu hohe Vorlauftemperaturen erforderlich sind.
2. Wärmepumpen könnten für Niedrigenergiehäuser sinnvoll sein, sofern die Jahresarbeitszahl ausreichend hoch ist.
3. Da die Vorlauftemperatur nicht zur Warmwasserversorgung und zum Abtöten von möglichen Bakterien (ca. 60 °C) ausreicht, wird i. Allg. die Wärmepumpe nicht zur

[1] Grädigkeit = kleinste treibende Temperaturdifferenz der Wärmeübertragungsstrecke (vgl. Abb. 6.4)

Warmwasserversorgung genutzt. Hier kommt ein **elektrischer Heizstab** zur Anwendung.

Dieser Zusammenhang hat auch Konsequenzen für die **Jahresarbeitszahl**, weil die Boden- und Heizungsvorlauftemperatur jahreszeitlichen Schwankungen unterliegt; vgl. Tab. 6.8. Die Zusammenhänge sollen an einem Beispiel (Abb. 6.14) verdeutlicht werden:

1. Im Herbst sei die Bodentemperatur 5 °C und die erforderliche Vorlauftemperatur 35 °C.
2. Im Winter seien diese Eckdaten: 0 und 50 °C.
3. Grädigkeiten werden zunächst vernachlässigt.
4. Es wird von einem Verdichterwirkungsgrad 45 % ausgegangen,
5. als Kältemittel wird R134a zugrunde gelegt.

Die Leistungszahl kann durch Ablesen des Streckenverhältnisses aus Abb. 6.14 relativ einfach bestimmt werden; vgl. Tab. 6.9. Es zeigt sich, dass die Leistungszahl sehr stark von den Randbedingungen (d. h. also Wetterverhältnissen) abhängig ist. Die Prognose einer realistischen Jahresarbeitszahl ist also entsprechend schwierig (vgl. Beispielanlagen in Abschn. 6.3).

6.2.1 Erdkollektor und Rückwirkungen auf das Erdreich

Die Leistungszahl und Effizienz einer Wärmepumpe hängt auch sehr stark von den Bodenbeschaffenheitswerten ab. Eine vereinfachte Überschlagsrechnung soll die wesentlichen Zusammenhänge verdeutlichen:

Nach dem ersten Hauptsatz der Thermodynamik ändert sich die Bodentemperatur, wenn Energieabgabe (via Wärmepumpe) und Energieaufnahme (über Sonnenenergie, nachfließendes Grundwasser o. Ä.) nicht im Gleichgewicht sind:

$$\dot{Q}_{\mathrm{zu}} - \dot{Q}_{\mathrm{ab}} = \frac{dQ}{d\tau} = m \cdot c_p \cdot \frac{dT(\tau)}{d\tau} \tag{6.7a}$$

Kollektor und Erdreich sollen zunächst einen einheitlichen Körper bilden, der von der Wärmepumpe mit konstanter Verdampfungstemperatur gekühlt wird. Mit dem Wärmeübertragungsgesetz (6.6) wird aus (6.7a)

$$\dot{Q}_{\mathrm{zu}} - k \cdot A \cdot [T(\tau) - T_{\mathrm{Verd}}] = m \cdot c_p \cdot \frac{dT(\tau)}{d\tau} \tag{6.7b}$$

Darin ist die Bodentemperatur die zeitveränderliche Größe. Durch Umstellen erhält man eine **Differentialgleichung 1. Ordnung**

$$\underbrace{\frac{m \cdot c_p}{k \cdot A}}_{\text{Zeitkonstante}} \cdot \dot{T}(\tau) + T(\tau) = \underbrace{\frac{\dot{Q}_{\mathrm{zu}}}{k \cdot A} + T_{\mathrm{Verd}}}_{\text{Störglied=Endtemp.}} \tag{6.7c}$$

Tab. 6.8 Jahreszeitliche Schwankungen der Bodentemperaturen und mittlere Bodentemperaturen für 2007; Deutscher Wetterdienst (DWD): Durchschnittstemperaturen Deutschlands im Jahre 2007, http://www.dwd.de/, 15. 01. 2008

Monat	Tagesmax. [°C]	Nachtmin. [°C]	mittl. Temp. Tag+Nacht. [°C]	mittl. Tagestemp. [°C]	mittl. Nachttemp. [°C]
Januar	6,8	1,3	4,1	5,5	2,7
Februar	7,8	0,6	3,9	5,9	2,3
März	11,1	1,2	5,8	8,5	3,5
April	20,6	5,5	2,9	11,8	4,2
Mai	21	9,1	15	18	12,1
Juni	23,9	13	18,1	21	15,6
Juli	24,4	13,2	18,5	21,5	15,9
August	22,9	12,2	17,1	20	14,7
September	17,5	7,7	12,1	14,8	9,9
Oktober	12,9	4,4	8	10,5	6,2
November	4,8	0,2	2,4	3,6	1,3
Dezember	2,4	−1,7	0,4	1,4	−0,7

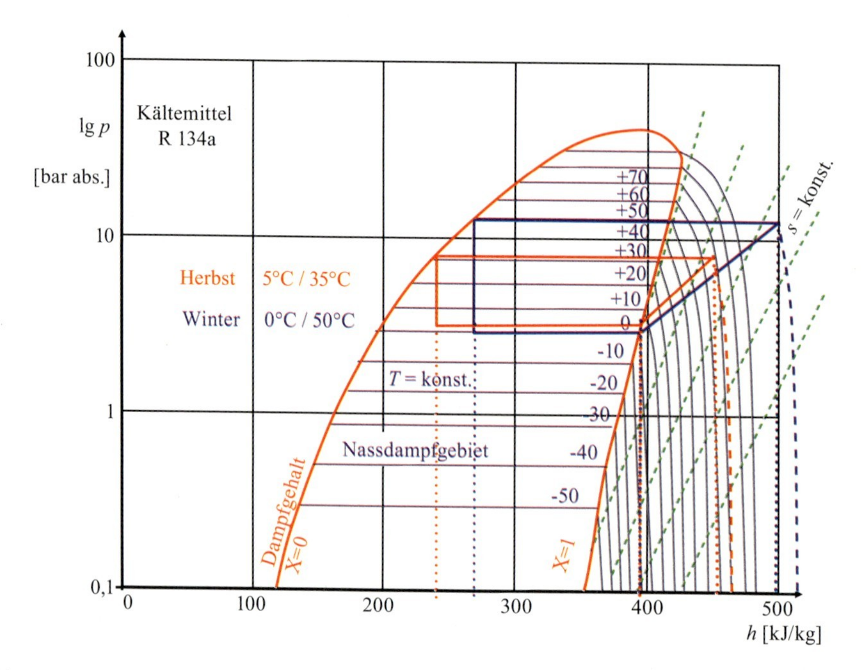

Abb. 6.14 Einfluss der jahreszeitlichen Schwankungen auf Leistungszahl und Jahresarbeitszahl

Tab. 6.9 Überschlagsrechnung zur Bestimmung der Leistungszahl

Herbst			**Enthalphie**	*h'(35 °C)*	245 kJ/kg
Vorlauftemperatur Heizung	**35**	9,0 bar		*h''(5 °C) = h₁*	395 kJ/kg
Bodentemperatur	**5**	3,5 bar		h_2	450 kJ/kg
				h_{2S}	420 kJ/kg
			Verdichterwirkungsgrad		**45%**
			Wärme und Arbeit		
				Arbeit w_t	55 kJ/kg
				Nutzwärme q	205 kJ/kg
				Leistungszahl:	**3,73**
			Beispiel:		10,0 kW
				Kältemittelstrom	0,0667 kg/s
Winter			**Enthalphie**	*h'(50 °C)*	270 kJ/kg
Vorlauftemperatur Heizung	**50**	10,5 bar		*h''(0 °C) = h₁*	380 kJ/kg
Bodentemperatur	**0**	3,0 bar		h_2	510 kJ/kg
				h_{2S}	440 kJ/kg
			Verdichterwirkungsgrad		**46%**
			Wärme und Arbeit		
				Arbeit w_t	130 kJ/kg
				Nutzwärme q	240 kJ/kg
				Leistungszahl:	**1,85**
			Beispiel:		10 kW
				Kältemittelstrom	0,09091 kg/s = + 36%

Bedenke Grädigkeit der Wärmetauscher (Δt > 5…10 °C)!

Die Lösung dieser Differentialgleichung setzt sich aus der homogenen Lösung (Störglied gleich null) und der speziellen Lösung (die vom Störglied bestimmt wird) zusammen.

Durch Einsetzten des allgemeinen Exponentialansatz

$$T = C_1 \cdot e^{\lambda \cdot \tau} \quad \rightarrow \quad \dot{T} = C_1 \cdot \lambda \cdot e^{\lambda \cdot \tau}$$

in die homogene Differentialgleichung (6.7c) erhält man die charakteristische Gleichung

$$\frac{m \cdot c_p}{k \cdot A} \cdot \lambda + 1 = 0 \quad \text{mit dem Eigenwert } \lambda = -\frac{k \cdot A}{m \cdot c_p} \left[\mathrm{s}^{-1}\right]$$

so dass

$$T = C_1 \cdot e^{-\frac{k \cdot A}{m \cdot c_p} \cdot \tau}$$ als **Lösung der homogenen Differentialgleichung**.

Die **spezielle Lösung der inhomogenen Differentialgleichung** folgt dem Verhalten des Störgliedes. Für veränderliche Wärmezufuhr $\dot{Q}_{\mathrm{zu}} = f(\tau)$kann das Verhalten am einfachsten durch Simulationsuntersuchungen analysiert werden [3, 4].

Hier soll zur Verdeutlichung ein einfacher *Sonderfall*, nämlich $\dot{Q}_{zu} = 0$ (z. B. nachts) beschrieben werden: Der spezielle Lösungsansatz dieser inhomogenen Differentialgleichung hat dann nämlich die einfache Form

$$T = C_2 \quad \text{mit} \quad \dot{T} = 0$$

Durch Einsetzen in die inhomogene Differentialgleichung (6.7c) wird

$$C_2 = T_{\text{Verd}}$$

so dass die **allgemeine Lösung der Differentialgleichung für diesen Sonderfall** nun

$$T(\tau) = C_1 \cdot e^{\lambda \cdot \tau} + C_2 = C_1 \cdot e^{-\frac{k \cdot A}{m \cdot c_p} \cdot \tau} + T_{\text{Verd}}$$

Die unbekannte Konstante C_1 kann mit Hilfe der **Randbedingungen** aus Anfangs- und Endwerten berechnet werden. Dazu soll davon ausgegangen werden, dass das Erdreich von der Temperatur T_1 auf die Temperatur T_2 auskühlt; es wird nur Wärme abgeführt, aber nicht neu zugeführt $\dot{Q}_{zu} = 0$; nach beliebig langer Zeit $\tau \rightarrow \infty$ tritt dann ein stationäres Gleichgewicht ein:

$$\begin{aligned} T(\tau = 0) &= T_1 \\ T(\tau) &= T \\ T(\tau = \infty) &= T_2 = T_{\text{Verd}} \quad \text{und} \quad \dot{T}(\tau = \infty) = 0 \end{aligned}$$

Die erste Randbedingung liefert unmittelbar:

$$\frac{m \cdot c_p}{k \cdot A} \cdot C \cdot \lambda \cdot e^0 + T_1 = T_{\text{Verd}} \rightarrow C = T_1 - T_{\text{Verd}} \rightarrow T(\tau) = T_{\text{Verd}} + (T_1 - T_{\text{Verd}}) \cdot e^{-\frac{k \cdot A}{m \cdot c_p} \cdot \tau}$$

Abbildung 6.15 zeigt die dazugehörige Funktion. Es zeigt sich, dass durch den Auskühlprozess die Wärmeübertragung verschlechtert und damit die Leistungszahl beeinflusst wird.

Mit diesem einfachen Sonderfall konnte gezeigt werden, von welchen Parametern das Auskühlen des Erdreiches abhängig ist. Es sind im Wesentlichen die Masse und die spezifische Wärmekapazität des Bodens sowie die Wärmeübertragungseigenschaften und die Fläche des Wärmeübertragers. Für die Praxis lässt sich daraus ableiten:

1. Feuchte, nasse Böden können die Wärme besser speichern, als trockene Böden. Tabelle 6.10 zeigt einige Beispiele für typische Bodenwerte.
2. Die Flächendichte des Wärmeübertragers und der Wärmeentzug pro Quadratmeter dürfen bestimmte Grenzwerte nicht überschreiten. Die VDI 4640 – Blatt 2 gibt dazu Grenz- und Anhaltswerte; vgl. Tab. 6.11. Bei einem Verlegeabstand von 1 m entsprechen die Zahlenwerte in etwa dem max. zulässigen Wärmeentzug pro Kollektormeter, so dass sich daraus die erforderliche Rohrlänge berechnen lässt.

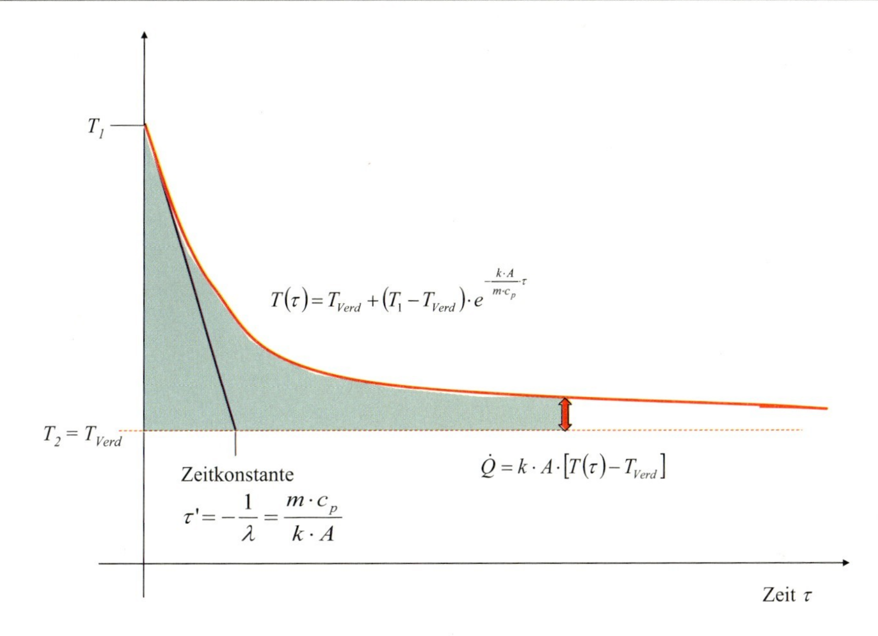

Abb. 6.15 Auskühlung des Erdreiches bei fehlender Sonneneinstrahlung

Tab. 6.10 Typische Bodenwerte [3]

Bodentypen	Dichte [kg/m³]	Wärmeleitfähigkeit [W/(m · K)]	Wärmekapazität [J/(kg · K)]
Marschböden	1800	2,0	1500
Braunerden	1300	1,5	800
Podsole	800	0,5	1000
Vergleichswert:			
Wasser-Glykol-Gemisch	1036	0,6	4200

Tab. 6.11 Richtwerte für den Wärmeentzug von Flachkollektoren nach VDI 4640, Bl. 2 [1, 5]

Sandige, trockene Böden	10–15 W/m²
Feuchte, sandige Böden	15–20 W/m²
Trockene lehmige Böden	20–25 W/m²
Feuchte lehmige Böden	25–30 W/m²
Wassergesättigter Sand/Kies	30–40 W/m²

6.2.2 Wärmeträgermedium

Aus Frostschutzgründen wird (ähnlich wie bei den solarthermischen Anlagen) ein Wasser-Glykol-Gemisch als Wärmeträgermedium gewählt. Dabei sind die Werkstoffe und die Dichtungsmaterialien auf den Wärmeträger abgestimmt, so dass keine Unverträglichkeiten auftreten sollten. Tabelle 6.12 zeigt exemplarisch die Eigenschaften für ein Gemisch mit 34 Vol.-% (= 36,7 Gew.-% Glykol), frostsicher bis −20 °C.

Tab. 6.12 Beispieldaten für ein Wärmeträgermedium (34 %iges Wasser-Glykol-Gemisch)

Temp. °C	Dichte g/cm^3	λ W/m · K	c_p kJ/kg · K	dyn.Vis. mPa · s	kin.Vis. mm^2/s	Prandtl-zahl	rel. Druckv.	rel. Wärm.
−14,0	1,066	0,460	3,57	10,71	10,05	83	1,78	0,280
−12,0	1,065	0,460	3,58	9,60	9,01	75	1,73	0,290
−10,0	1,064	0,460	3,58	8,64	8,12	67	1,68	0,310
−8,0	1,063	0,460	3,58	7,80	7,34	61	1,64	0,320
−6,0	1,062	0,460	3,59	7,07	6,65	55	1,60	0,340
−4,0	1,062	0,461	3,59	6,43	6,06	50	1,56	0,350
−2,0	1,061	0,461	3,60	5,87	5,53	46	1,52	0,370
0,0	1,060	0,461	3,60	5,38	5,07	42	1,49	0,380
2,0	1,059	0,461	3,60	4,94	4,67	39	1,46	0,400
4,0	1,058	0,462	3,61	4,55	4,30	36	1,43	0,420
6,0	1,057	0,462	3,61	4,21	3,98	33	1,40	0,430
8,0	1,056	0,462	3,62	3,90	3,70	31	1,37	0,450
10,0	1,055	0,462	3,62	3,63	3,44	28	1,35	0,460
12,0	1,054	0,463	3,63	3,39	3,21	27	1,32	0,480
14,0	1,053	0,463	3,63	3,16	3,00	25	1,30	0,490
16,0	1,052	0,463	3,63	2,97	2,82	23	1,28	0,510
18,0	1,051	0,463	3,64	2,79	2,65	22	1,26	0,520
20,0	1,050	0,464	3,64	2,62	2,50	21	1,24	0,540
22,0	1,049	0,464	3,65	2,48	2,36	19	1,22	0,550
24,0	1,048	0,464	3,65	2,34	2,24	18	1,20	0,570
26,0	1,047	0,464	3,66	2,22	2,12	17	1,18	0,580
28,0	1,046	0,465	3,66	2,11	2,02	17	1,17	0,600
30,0	1,045	0,465	3,66	2,01	1,92	16	1,15	0,610
32,0	1,044	0,465	3,67	1,91	1,83	15	1,14	0,620
34,0	1,043	0,466	3,67	1,82	1,75	14	1,12	0,640
36,0	1,042	0,466	3,68	1,74	1,67	14	1,11	0,650
38,0	1,041	0,466	3,68	1,67	1,60	13	1,10	0,660
40,0	1,040	0,466	3,69	1,60	1,54	13	1,08	0,680
42,0	1,039	0,467	3,69	1,54	1,48	12	1,07	0,690
44,0	1,037	0,467	3,69	1,48	1,42	12	1,06	0,700
46,0	1,036	0,467	3,70	1,42	1,37	11	1,05	0,720
48,0	1,035	0,468	3,70	1,37	1,32	11	1,04	0,730

6.2.3 Anfahren der Anlage/Instationäre Betriebszustände/ Leistungsregelung

Gewöhnlich arbeitet die Wärmepumpe nicht 24 Stunden in einem stationären Betriebspunkt. Vielmehr wird die Pumpe bei Erreichen von Schwellwerten an- oder abgeschaltet; ggf. erfolgt eine Leistungsregelung des Kompressors.

Abb. 6.16 Funktionsprinzip des Scroll-Verdichters

Dabei wird das Kältemittel intermittierend verdampft und kondensiert. Im Kondensator erfolgt durch die Kühlung eine Volumenreduzierung und Druckabsenkung; im Wärmeübertrager für den Erdkollektor muss erst ein ausreichender Anteil verdampfen (X→1). In den Wärmetauschern stellt sich ein Druckniveau ein, das von dem Kältemittelmassenstrom und der zu- oder abgeführten Wärme abhängig ist. Nach dem 1. Hauptsatz der Thermodynamik gilt auf der Kältemittelseite:

$$\dot{Q} = \dot{m}(p) \cdot \Delta h(p) \quad \Rightarrow \quad p = f\left(\frac{\dot{Q}}{\dot{m}}, \Delta h\right)$$

Der Kompressor kann daher erst im stationären Betriebspunkt sein Soll-Druckverhältnis und damit die Nennleistung erreichen.

Eine einfache Möglichkeit zur **Leistungsregelung** bietet der Scrollverdichter:

Der **Scrollverdichter** oder **Scrollkompressor**[2] nach Abb. 6.16 wird z. B. in Wärmepumpen oder Kältemaschinen eingesetzt. Er besteht aus zwei ineinander verwundenen Spiralen, von denen eine statisch ruht und die andere kreisförmig in der ersten rotiert. Dabei wälzen sich die Spiralen ineinander ab und bilden innerhalb der Windungen mehrere verengende Kammern. Das Gas wird so innerhalb der Spirale nach innen gefördert und dabei komprimiert.

Die Leistungsregelung erfolgt, indem die Spiralen kurzfristig in axiale Richtung abheben. Der Fördervorgang wird dadurch unterbrochen.

6.2.4 Nachhaltigkeit und Effizienz

Im Allgemeinen werden die Kompressoren von Wärmepumpen durch elektrische Energie angetrieben. Legt man hier aktuelle Wirkungsgrade konventioneller Kraftwerke zugrunde, so erkennt man, dass mindestens eine Leistungszahl von 3 erforderlich ist, damit die Energie- und CO_2-Bilanz ausgeglichen ist. Andernfalls wäre die direkte Verfeuerung der Primärenergieträger ökologisch sinnvoller.

[2] engl. *scroll* „Getriebeschnecke“

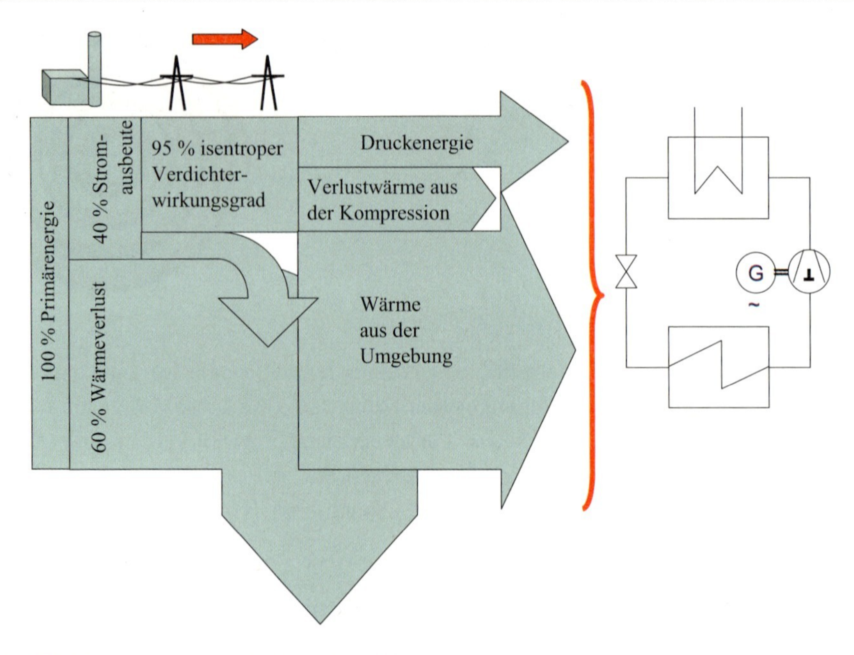

Abb. 6.17 Energiefluss vom Kraftwerk zur Wärmepumpe

Die nachfolgenden Beispiele zeigen, dass im Jahresmittel diese Forderung nicht immer erfüllt wird. Ursachen hierfür können sein [6]:

- überdimensionierte Hilfsantriebe
- schlechte hydraulische Einbindung in das Wärmeverteilsystem
- falsche Auslegung des Wärmeverteilsystems mit zu hohen Vor-/ Rücklauftemperaturen
- falsch justiertes bzw. zu einfaches Regelungskonzept
- zu häufiges Ein-/Ausschalten
- nicht erkannte Fehlfunktionen bzw.
- Fehleinstellungen der Komponenten.

Fazit

1. Der Vergleich zeigt, dass eine Wärmepumpenheizung nicht ohne weiteres deutlich günstiger und nicht unbedingt ökologisch sinnvoller als eine Heizkessel-Heizung ist.
2. Nur wenn regenerative Energiequellen für den Kompressorantrieb verwendet werden, wird die CO_2-Bilanz auf jeden Fall verbessert.
3. Erst bei einer Leistungszahl >3 (vgl. Abb. 6.17) kann es zu nennenswerten Primärenergie-Einsparungen kommen; die Betriebsbedingungen beeinflussen die Leistungszahl jedoch stark.
4. Niedrige Vorlauftemperaturen (Fußbodenheizung) begünstigen dieses Ziel.
5. Durch Unterkühlung des Kältemittels können gute Leistungszahlen erreicht werden.

6. Es ist schwierig, im Einzelfall die passende Lösung zu finden, da die Wirtschaftlichkeit individuell schwer zu prognostizieren ist.
7. Die Installation einer Wärmepumpe muss gezielt geplant, richtig kalkuliert, kundenspezifisch angeboten und sorgfältig ausgeführt werden. Alles dies überfordert den typischen Heizungsbauer. Eine projektbezogene Unterstützung durch den Komponentenhersteller oder durch spezielles „Energie-Contracting" (= kompletter Wärmelieferungsvertrag) erscheint daher sinnvoll.[3]

6.2.5 Absorptionskälteanlage

In der Regel arbeiten Wärmepumpen nach dem Prinzip der Kompressionskälteanlage. Der Vollständigkeit halben soll hier auch das Prinzip der Absorptionskälteanlage vorgestellt werden, bei dem mit Hitze Kälte erzeugt wird. Das Verfahren dürfte vom Kühlschrank aus dem Campingwagen, dem Wohnmobil oder dem Segelboot bekannt sein. Hier wird nämlich das Kühlaggregat mit Hilfe einer Propanflamme betrieben. Der Vorteil dieses Verfahrens ist, dass man so von einer elektrischen Energieversorgung autark wird. Der Nachteil ist eine (gegenüber den Kompressionskälteanlagen) schlechtere Leistungszahl (ε_K ca. 1,1 – genauer wäre *Wärmeverhältnis*). In den Fällen, wo (Ab-) Wärme auf relativ hohem Temperaturniveau vorliegt, könnte die Absorptionskälteanlage z. B. zur Raumklimatisierung eine sinnvolle Alternative sein.

Abbildung 6.18 zeigt eine solche Absorptionskälteanlage. Der linke Teil der Schaltung ist identisch mit dem Kompressionskältekreislauf. Im rechten Teil wurde der Kompressor durch den Absorber und den Austreiber ersetzt. Hier wird nicht wie beim Kompressor mechanische Energie verwendet, um ein höheres Druckniveau zu erreichen, sondern es wird mit Hilfe von Wärme ein Lösungsmittel aus einer Salzlösung ausgetrieben. Dadurch steht dann Sattdampf zur Verfügung, der wie im Kompressionskältemittelkreislauf kondensiert, gedrosselt und rückverflüssigt werden kann.

Absorptionskälteprozesse sind also Zweistoffkreisläufe, bei denen das Kältemittel in einem Lösungsmittel gelöst ist und durch Wärme als Reinstoff ausgetrieben wird. Es stehen zwei Stoffpaare zur Auswahl (nachfolgend in der Reihenfolge Kältemittel/Lösungsmittel):

1. Ammoniak NH_3/Wasser H_2O für Verdampfungstemperaturen $<0\,°C$
2. Wasser H_2O/Lithiumbromid LiBr für Verdampfungstemperaturen $>4\ldots5\,°C$ (Klimatechnik) – vgl. Abb. 6.18, hier ist Wasser das Kältemittel.

Im Absorber dient die Salzlösung zur Bindung der Dampffeuchte. Dadurch fällt der Dampf am Austritt Verdampfer „in sich zusammen". Durch die starke Volumenreduzierung entsteht ein Unterdruck.

[3] vgl. VDI-NACHRICHTEN Nr. 18 vom 4. Mai 2007, Seite 11

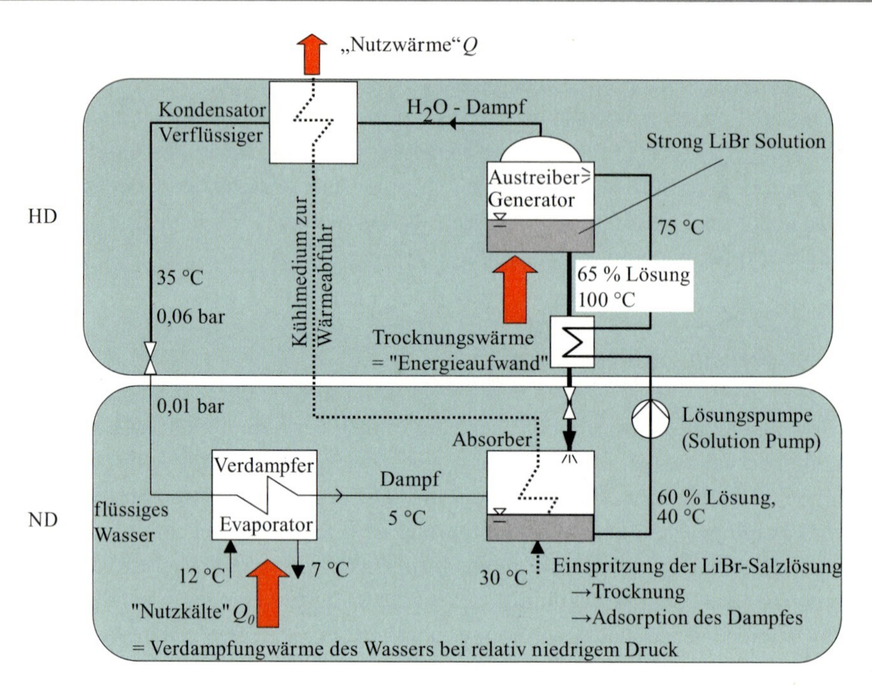

Abb. 6.18 Absorptionskälteanlage

Zur Vermeidung von Lösungs-Kristallisationen sind besondere Sicherheits- und Überwachungsvorrichtungen erforderlich.

Lösungspumpe Die den Absorber verlassende kältemittelreiche Lösung wird durch eine Pumpe abgesaugt. Die Lösungsmenge wird durch einen Wärmetauscher zum Generator gefördert.

Austreiber/Generator Die kältemittelreiche Lösung wird gleichmäßig über dem Generator verteilt. Durch die Zufuhr von Warmwasser wird aus der Lösung Kältemittel ausgedampft. Die nun wieder konzentrierte Lithiumbromid-Lösung wird zurück zum Absorber gefördert.

Kondensator Der im Generator ausgetriebene Kältemitteldampf strömt zum Kondensator und wird dort verflüssigt. Die dabei frei werdende Wärme wird an das Kühlwasser abgegeben. Das verflüssigte Kältemittel wird über eine Drossel entspannt und dem Verdampfer zugeführt.

Verdampfer Das vom Kondensator kommende Kältemittel fließt zum Verdampfer. Durch die Wärmezufuhr und auf Grund des Vakuums verdampft ein Teil des Kältemittels bereits bei sehr niedrigen Temperaturen. Die für die Verdampfung notwendige Wärme entzieht

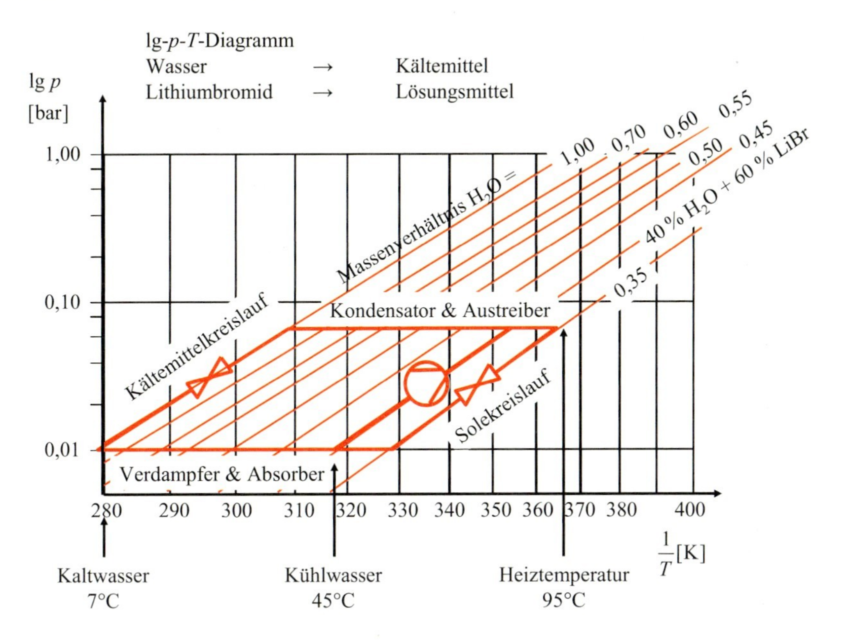

Abb. 6.19 lg-p-T-Diagramm für Wasser-Lithiumbromid

das Kältemittel dem in den Verdampferrohren fließendem Kaltwasser, welches sich dabei von 12 °C auf bis zu 6 °C abkühlt.

Absorber Im Absorber wird der aus dem Verdampfer kommende Kältemitteldampf mit konzentrierter Lösung in Verbindung gebracht, wobei die Lösung ebenfalls mit einem Berieselungssystem fein verteilt wird. Bei diesem Vorgang wird der Kältemitteldampf von der Lösung absorbiert. Die entstehende kältemittelreiche Lösung sammelt sich im Sumpf des Absorbers und wird durch die Lösungsmittelpumpe zum Austreiber gefördert.

Weil das Lösungsvermögen druck- und temperaturabhängig ist, erfolgt die Darstellung dieses Prozesses im lg-p-$1/T$-Diagramm; Abb. 6.19 [7]. Die etwas merkwürdige Skalierung der Abszisse resultiert aus dem allgemeinen Gasgesetz. Im dampfförmigen Zustand gilt nämlich

$$\frac{p \cdot V}{R_{\text{gem}} \cdot T} = \text{konst} \quad \text{mit} \quad R_{\text{gem}} = \frac{\Re}{M_{\text{gem}}} = \sum \xi_i \cdot R_i$$

wobei

$\Re$ allgemeine Gaskonstante [J/mol K]
R_i spezielle Gaskonstante der Einzelkomponente i [J/kgK]
ξ_i Massenanteil der Einzelkomponenten i [-]
M_{gem} Molmasse des Gemisches [kg/kmol]

Beispieldaten einer Absorptionskälteanlage für den Betrieb mit Heizwasser[4]:

Stoffpaar:	Lithiumbromid/Wasser	
Kälteleistung		30 kW
COP der Kälteanlage		0,75
COP als Wärmepumpe		1,75
Kaltwasser	Eintrittstemperatur	15 °C
	Austrittstemperatur	9 °C
	Menge	4,3 m³/h
	Druckverlust	350 mbar
Heizwasser	Heizleistung	40 kW
	Eintrittstemperatur	86 °C
	Austrittstemperatur	73 °C
	Menge	2,6 m³/h
	Druckverlust	300 mbar
Kühlwasser	Rückkühlleistung	70 kW
	Eintrittstemperatur	27 °C
	Austrittstemperatur	32 °C
	Menge	12 m³/h
	Druckverlust	650 mbar
Elektrische Anschlussleistung		0,5 kW

6.3 Beispielanlagen

Nachfolgend werden die Eckdaten und die Jahresabrechnung für elektrische Energie einer Wärmepumpenanlage im Taunus und in Nordfriesland vorgestellt. Die Datenanalyse und Diskussion der Jahresarbeitszahl erfolgt im nachfolgenden Kapitel.

6.3.1 Messdaten einer Beispielanlage im Taunus

Lage:	Taunus, 400 m über NN, Bad Schwalbach / Langenseifen
Haushalt:	Baujahr 2006, 200 m² – viel Glasfassade, 2-Personen-Haushalt
Wärmepumpe:	2 Brunnen à 85 m Tiefe

Verbrauchsdaten (elektr. Verbrauch gem. Abrechnung des Energieversorgungsunternehmens):

[4] www.EAW-Energieanlagenbau.de; WEGRACAL SE 30

Datum		Tage	Verbrauch [kWh]		
von	bis		El.-Energie	WärmeP	*E-Anteil*
26.05.2006	30.06.2006	36	268	1133	
01.07.2006	30.09.2006	92	692	2919	
01.10.2006	31.10.2006	31	282	1310	
01.11.2006	31.12.2006	61	639	2577	
01.01.2007	31.03.2007	90	921	3888	
01.04.2007	11.05.2007	41	362	1526	

Summe	351		kWh
Jahresverbrauch Strom für WärmeP			**kWh**
angenommener Wärmeverbrauch			kWh / m² a
geschätzter Wärmeverbrauch			**kWh**
errechnete Jahresarbeitszahl			

Aufgrund dieser Daten und der daraus abgeleiteten Jahresarbeitszahl wurde die Anlage nachjustiert (Absenkung der Reglerkurve und Vorlauftemperatur). Nach Ablauf eines Jahres zeigte sich das nachfolgende Ergebnis:

Datum		Tage	Verbrauch [kWh]		
von	bis		El.-Energie	WärmeP	*E-Anteil*
12.05.2007	30.06.2007	50	13	498	
01.07.2007	30.09.2007	92	23	901	
01.10.2007	31.12.2007	92	31	1201	
01.01.2008	04.06.2008	156	50	1937	

Summe	390		kWh
Jahresverbrauch Strom für WärmeP			**kWh**
angenommener Wärmeverbrauch			kWh / m² a
geschätzter Wärmeverbrauch			**kWh**
errechnete Jahresarbeitszahl			

6.3.2 Messdaten einer Beispielanlage in Nordfriesland

Lage: Bordelum, Nordfriesland (Marschboden: sehr feuchter Untergrund durch die Nähe zur Nordsee)

Haushalt: Baujahr 1981, ca. 190 m^2 (ohne Ferienwohnung), 4-Personenhaushalt, Fußbodenheizung (Vorlauftemperatur < 40 °C)

Wärmepumpe: 800 m^2 Flachkollektor auf 1,5 m Tiefe, Ethylengydol/Wassergemisch mit 33 Vol.-% Ethylenglykol. 1981 – 2005 Wärmepumpe mit R12, 2005 Erneuerung der Wärmepumpe (Kältemittel R410A). Temperatur am Kollektoraustritt +10 °C zu Beginn der Heizperiode, etwas über 0 °C im tiefsten Winter

Verbrauchsdaten (elektr. Verbrauch gem. Abrechnung des Energieversorgungsunternehmens):

E-Antrieb Wärmepumpe + Warmwasser

Datum von	bis	Tage	El.-Energie [kWh]	Jahresbedarf [kWh / a]	geschätze (Nutzen/Aufwand) Jahresarbeitszahl	
12.10.2001	31.12.2001	81	3767			
01.01.2002	12.10.2002	285	7624	11.360		2002
13.10.2002	31.12.2002	80	4360			
01.01.2003	04.10.2003	277	8618	13.269		2003
05.10.2003	31.12.2003	88	4616			
01.01.2004	05.10.2004	279	8621	13.165		2004
06.10.2004	31.12.2004	87	4287			
01.01.2005	19.06.2005	170	7197			
20.06.2005	23.09.2005	96	1205	13.120		2005
24.09.2005	31.01.2006	130	7079			
01.02.2006	31.12.2006	334	2230	9.309		2006
01.01.2007	31.12.2007	365	7538	7.538		2007

Geschätzte Heizkosten:

Wohnfläche 190 m^2

Ansatz [ ] kWh / m^2 a

6.3.3 Daten aus einer Herstelleranimation

Im Internet weisen Wärmepumpenhersteller die Leistungsfähigkeit gerne mit Animationen nach. Die Eckdaten in Abb. 6.20 stammen aus einer solchen Animation.

Als Kältemittel wird hier R404A eingesetzt. Nachfolgend werden daher das dazugehörige lg-p-h-Diagramm in Abb. 6.21 und die Kältemitteldaten des Nassdampfgebietes in Tab. 6.13 wiedergegeben.

Oft fehlen die Daten des überhitzten Bereiches. Hier kann für den Verdichtungsvorgang näherungsweise mit den Gleichungen eines idealen Gases nach Tab. 6.1 gerechnet werden:

$$\Delta h_S = p_1 \cdot v_1'' \cdot \frac{\kappa}{\kappa - 1} \left[\left(\frac{p_2}{p_1} \right)^{\frac{\kappa - 1}{\kappa}} - 1 \right] \tag{6.8}$$

$$P = \frac{1}{\eta} \cdot w_t \cdot \dot{m} = \frac{1}{\eta} \cdot \Delta h_S \cdot \dot{m} = \frac{\dot{m}}{\eta} \cdot p_1 \cdot v_1'' \cdot \frac{\kappa}{\kappa - 1} \left[\left(\frac{p_2}{p_1} \right)^{\frac{\kappa - 1}{\kappa}} - 1 \right] \tag{6.9}$$

$$\dot{Q} = \Delta h \cdot \dot{m} = \dot{m} \cdot \left[h''(p_2) - h'(p_2) + w_t \right] \tag{6.10}$$

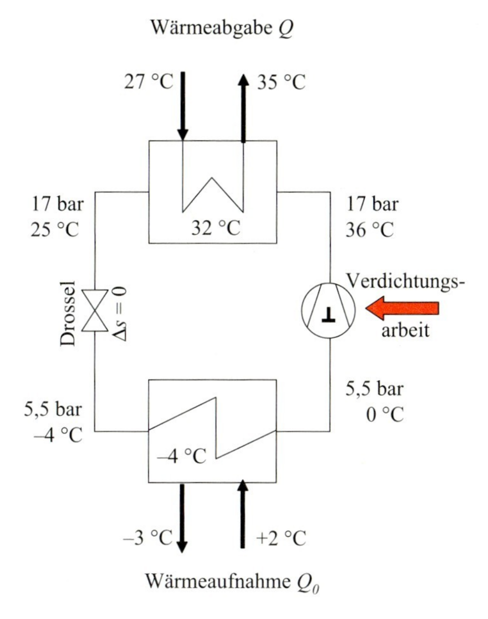

Abb. 6.20 Exemplarische Betriebsdaten aus einer Herstelleranimation zur Funktionsbeschreibung

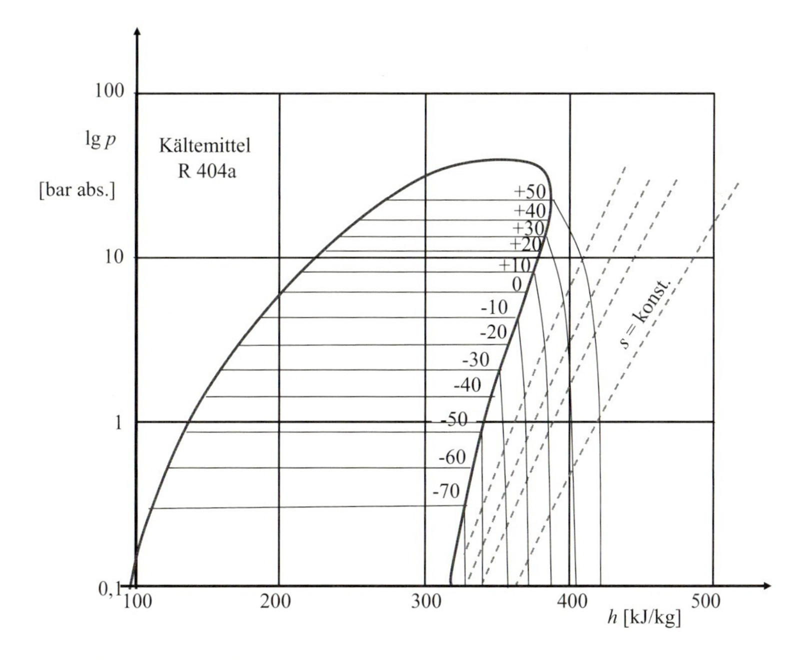

Abb. 6.21 lg-p-h-Diagramm R404A

Tab. 6.13 Nassdampfdaten Kältemittel R404a

t [°C]	p' [bar]	p'' [bar]	v' [dm³/kg]	v'' [dm³/kg]	h' [kJ/kg]	h'' [kJ/kg]	r [kJ/kg]	s' [kJ/kg K]	s'' [kJ/kg K]
−10	4,416	4,332	0,842	46,18	185,02	364,86	179,84	0,9445	1,6279
−8	4,725	4,639	0,847	43,18	187,99	366,03	178,04	0,9557	1,6271
−6	5,050	4,961	0,852	40,41	190,97	367,19	176,21	0,9668	1,6264
−4	5,392	5,300	0,858	37,85	193,97	368,33	174,36	0,9779	1,6257
−2	5,751	5,656	0,863	35,48	196,98	369,46	172,48	0,9890	1,6251
0	6,127	6,029	0,869	33,28	200,00	370,58	170,58	1,0000	1,6245
2	6,522	6,421	0,875	31,23	203,03	371,67	168,64	1,0110	1,6239
4	6,935	6,831	0,880	29,33	206,08	372,75	166,67	1,0219	1,6233
6	7,367	7,260	0,887	27,57	209,14	373,81	164,67	1,0328	1,6227
8	7,820	7,710	0,893	25,92	212,22	374,85	162,63	1,0437	1,6221
10	8,292	8,179	0,900	24,39	215,31	375,87	160,56	1,0545	1,6216
12	8,785	8,670	0,906	22,95	218,41	376,87	158,45	1,0653	1,6210
14	9,300	9,182	0,913	21,61	221,53	377,84	156,31	1,0761	1,6204
16	9,838	9,717	0,921	20,36	224,67	378,79	154,12	1,0868	1,6198
18	10,397	10,274	0,928	19,19	227,82	379,71	151,89	1,0975	1,6192
20	10,981	10,855	0,936	18,09	230,99	380,60	149,61	1,1082	1,6185
22	11,588	11,460	0,944	17,05	234,18	381,46	147,28	1,1188	1,6178
24	12,220	12,089	0,952	16,08	237,39	382,29	144,90	1,1295	1,6171
26	12,877	12,745	0,961	15,17	240,63	383,08	142,46	1,1401	1,6163
28	13,561	13,426	0,970	14,31	243,89	383,84	139,95	1,1508	1,6155
30	14,272	14,135	0,980	13,50	247,17	384,56	137,39	1,1614	1,6146
32	15,010	14,871	0,990	12,73	250,48	385,23	134,75	1,1721	1,6137
34	15,776	15,636	1,001	12,01	253,83	385,85	132,03	1,1828	1,6126
36	16,572	16,431	1,012	11,32	257,20	386,43	129,23	1,1935	1,6115
38	17,398	17,256	1,024	10,68	260,62	386,95	126,33	1,2042	1,6102
40	18,255	18,112	1,037	10,06	264,08	387,41	123,33	1,2150	1,6089
42	19,143	19,000	1,050	9,48	267,59	387,80	120,21	1,2259	1,6073
44	20,065	19,922	1,065	8,93	271,15	388,12	116,96	1,2369	1,6057
46	21,020	20,877	1,081	8,40	274,78	388,35	113,57	1,2479	1,6038
48	22,010	21,868	1,098	7,90	278,48	388,50	110,01	1,2592	1,6017
50	23,036	22,896	1,117	7,42	282,27	388,54	106,27	1,2706	1,5994

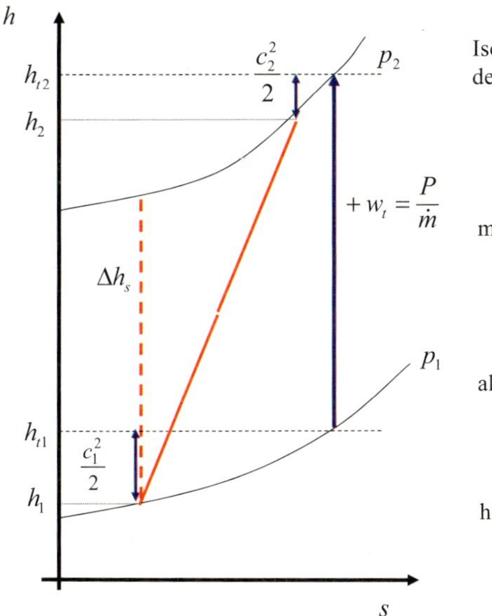

Isentropenwirkungsgrad der Verdichterstufe:

$$\eta_{s_{Verd}} = \frac{\Delta h_s}{\Delta h} = \frac{\Delta h_s}{h_1 - h_2}$$

mit

$$\Delta h_S = \frac{\kappa}{\kappa - 1} \cdot R \cdot T_1 \cdot \left[\left(\frac{p_2}{p_1} \right)^{\frac{\kappa-1}{\kappa}} - 1 \right]$$

allg. Gasgesetz

$$p_1 \cdot v_1 = R \cdot T_1$$

hier

$$v_1 = v''(p_1)$$

Abb. 6.22 Kompressionsverlauf im h-s-Diagramm

Der Isentropenexponent liegt bei Kältemitteln im Bereich $\kappa = 1{,}0 \ldots 1{,}3$ (je mehr Atome, desto stärker geht der Wert in Richtung 1 [8]). Auch hier helfen oft Angaben aus dem Internet; für R404A wird angegeben:

Molmasse $M = 97{,}60$ kg/kmol
Spez. Wärmekapazität $c_p = c_p(T) \approx 1{,}200$ kJ/kg K[5]
Isentropenexponent $\kappa \approx 0{,}9971$[6]

6.3.4 Daten eines Kompressorherstellers

Auch die Kältemittelverdichterhersteller stellen Betriebsdaten für die Auslegung bereit. Nachfolgende Tabelle zeigt die Herstellerangaben für einen halbhermetischen, einstufigen Kolbenverdichter für das Kältemittel R404A. Die Leistungszahl wird in den Übungen ermittelt:

[5] SOLVAY FLUOR: Solkane-Informationsdienst – Solkane R404A – Thermodynamik, www.solvay-fluor.com (2008)

[6] Förster, Hans: Die Stärken der chlorfreien Kältemittel und die Prozessgestaltung, Luft- und Kältetechnik 3/2005, S. 86–90, http://www.ki-portal.de/ai/resources/57c32d91236.pdf (2008)

Halbhermetischer, einstufiger Kolbenverdichter
bezogen auf Sauggastemperatur 20 °C ohne Flüssigkeits-Unterkühlung
50 Hz, R 404A und R507A

Q_0 Kälteleistung Q_0 [kW]
P Verdichterantriebsleistung P [kW]
ε Leistungszahl [-]

Verdichtertyp	Verflüssigungstemp. [°C]	⇓	Verdampfungstemperatur [°C]										
			7,5	**5**	**0**	**-5**	**-10**	**-15**	**-20**	**-25**	**-30**	**-35**	**-40**
Typ A		Q_0	4690	4290	3560	2940	2390	1920	1510	1160	865	610	395
		P	820	810	800	780	750	720	680	630	570	500	420
	30	ε											
		Q_0	3850	3520	2920	2390	1940	1540	1200	90	650	435	255
		P	980	960	930	890	890	840	720	650	570	470	360
	40	ε											
		Q_0	3080	2810	2320	1890	1520	1190	910	670	460	285	140
		P	1140	1110	1050	990	920	840	760	660	550	430	300
	50	ε											
Typ B		Q_0	7860	7200	6020	5000	4110	3340	2680	2110	1620	1210	855
		P	1420	1420	1400	1370	1320	1250	1160	1060	950	830	700
	30	ε											
		Q_0	6620	6070	5060	4190	3430	2760	2190	1700	1270	915	610
		P	1730	1700	1640	1560	1470	1360	1240	1100	960	800	640
	40	ε											
		Q_0	5400	4940	4110	3380	2740	2190	1710	1290	935	630	375
		P	2000	1960	1850	1730	1590	1590	1280	1110	930	750	560
	50	ε											

6.4 Übungen

1. Schätzt man den Wärmebedarf mit Hilfe von Abschn. 7.2.3 ab, so kann die Jahresarbeitszahl der Wärmepumpe nachträglich über die Verbrauchsabrechnung des Stromlieferanten relativ einfach abgeschätzt werden. Berechnen Sie für die Anlage im Taunus die Jahresarbeitszahl und den Anteil der sonstigen Verbraucher am Gesamtstromverbrauch.
2. Für die Anlage in Nordfriesland ist auf gleiche Weise die Jahresarbeitszahl abzuschätzen.
3. Das Animationsbeispiel aus dem Internet ist auf Plausibilität zu untersuchen. Übertragen Sie die Daten in ein lg-p-h-Diagramm (Abb. 6.21) und erörtern Sie die berechenbaren Zwischenergebnisse mit Hilfe der Kältemitteltabelle nach Tab. 6.13 und den thermodynamischen Randbedingungen nach folgendem Muster:

Firmenangaben:

	Druck	Temp.	Enthalphie		Bemerkung
Verdichtungsbeginn	5,5	0	$h''(5{,}5bar)=$		[kJ/kg]
			$v''(5{,}5bar)=$		[dm³/kg]
Verdichtungsende	17,0	36			
Druckverhältnis	3,1				
Unterkühlung			$h'(17bar)=$		[kJ/kg]
Drosseleintritt	17,0	25	$h'(25°C)=$		Unterkühlung?
Drosselaustritt	5,5	-4	$h=konst.=$		[kJ/kg]

berechnet mit:

Isentropenexponent	0,9971		$\Delta h_S =$		[kJ/kg]
Verdichterwirkungsgrad	0,53		$\Delta h =$		[kJ/kg]
Austrittsenthalphie					[kJ/kg]
Nutzwärme Δh					[kJ/kg]
Leistungszahl ε					
Leistungszahl ε ohne Unterkühlung					
spez. Wärmekapazität		1,2 kJ/kg K	$\Delta T=$		K Verdichter
Verdichteraustrittstemperatur			$T_1 + \Delta T =$		°C

4. Bestimmen Sie aus den Angaben des Kolbenverdichterherstellers die resultierende Leistungszahl.

Literatur

1. BITZER: Kältemittelreport (13. Auflage), Bitzer-Kühlmaschinenbau GmbH, Sindelfingen, www.bitzer.de; Stand: Mai 2008
2. BITZER: Einsatz von Propan (R290) mit halbhermetischen Kältemittelverdichtern, Technische Information, Bitzer-Kühlmaschinenbau GmbH, Sindelfingen, www.bitzer.de; Stand: Mai 2008
3. Safenreiter, M.; Schulze, M.: Simulationsberechnungen zur Rückwirkung von Erdwärmepumpen auf das Erdreich, Studienarbeit, HAW Hamburg, 2008
4. Schulz, C.: Ein Beitrag zur Berechnung der Wärmeübertragungseigenschaften in einem Erdwärmekollektor, Diplomarbeit, HAW Hamburg, 2008
5. DIMPLEX: Projektierungs- und Installationshandbuch für Heizungs- und Warmwasserwärmepumpen, Ausgabe 02/2006, www.dimplex.de, 2007; Stand: Mai 2008
6. BINE Informationsdienst: Neue Wärmepumpen-Konzepte für energieeffiziente Gebäude, Projektinfo 14/01, Fachinformationszentrum Karlsruhe/Bonn, www.bine.info; Stand: Mai 2008
7. Dozenten der Kältetechnik an Fachhochschule (Hrsg.): Aufgabensammlung Kältetechnik – Aufgaben und Lösungen mit Begleitdiskette, C.F. Müller Verlag, Heidelberg, 1995
8. Groth, K.: Kompressoren (Grundzüge des Kolbenmaschinenbaus II), Vieweg Verlag, Braunschweig, Wiesbaden, 1995

Weiterführende Literatur

9. Landesamt für Natur und Umwelt des Landes Schleswig-Holstein: Geothermie in Schleswig-Holstein, Leitfaden für oberflächennahe Erdwärmeanlagen (Erdwärmekollektoren – Erdwärmesonden), www.lanu-sh.de, 2007

10. BINE Informationsdienst: CO2 als Kältemittel für Wärmepumpen und Kältemaschinen, Projektinfo 10/00, Fachinformationszentrum Karlsruhe/Bonn, www.bine.info; Stand: Mai 2008
11. http://de.wikipedia.org/wiki/Scrollverdichter; Stand: Mai 2008
12. Huber, A.; Pahud, D.: Untiefe Geothermie – Woher kommt die Energie? Schlussbericht zur Projektstudie, Bundesamt für Energie (BfE), 1999

7 Biomasse

7.1 Grundlagen

Für die thermochemische Umsetzung von Biomasse zu Energie, Kraftstoffen oder Gasen sind einige biochemische und thermodynamische Grundkenntnisse erforderlich. Nachfolgend wird daher die wesentliche Nomenklatur kurz zusammengefasst:

7.1.1 Biochemische Grundlagen

Photosynthese Als **Photosynthese** wird die Erzeugung (Synthese) von organischen Stoffen unter Verwendung von Lichtenergie bezeichnet. Die Lichtenergie wird mit Hilfe lichtabsorbierender Farbstoffe aufgenommen und in chemische Energie umgewandelt. Die Photosynthese ist nicht nur der bedeutendste biochemische Prozess der Erde, sondern auch einer der ältesten. Sie treibt durch die Bildung organischer Stoffe direkt und indirekt nahezu alle bestehenden Ökosysteme an, da sie anderen Lebewesen energiereiche Baustoff- und Energiequellen liefert. Zur Photosynthese sind fast alle Landpflanzen und Algen sowie einige Bakterien fähig. Die Photosynthese kann in drei Schritte untergliedert werden:

1. Im ersten Schritt wird die elektromagnetische Energie in Form von Licht unter Verwendung von Farbstoffen (Chlorophylle, Phycobiline, Carotinoide, Bacteriorhodopsin) absorbiert.
2. Dann erfolgt im zweiten Schritt eine Umwandlung der elektromagnetischen Energie in chemische Energie (Phototrophie).
3. Im letzten Schritt wird diese chemische Energie zur Synthese energiereicher organischer Verbindungen verwendet.

Bei der Photosynthese von Bau- und Reservestoffen können sowohl organische als auch anorganische Ausgangsstoffe verwendet werden; Abb. 7.1. Bei der dominierenden Form

H. Watter, *Regenerative Energiesysteme*, DOI 10.1007/978-3-658-09638-0_7

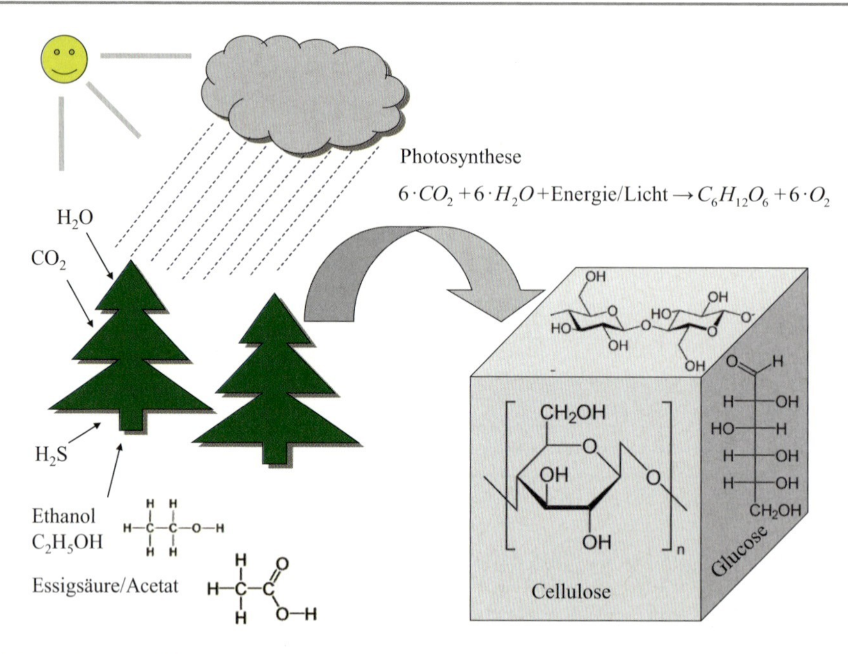

Abb. 7.1 Biomassebildung durch Photosynthese

der Photosynthese werden für die Kohlenhydratherstellung Kohlenstoffdioxid (CO_2) als Kohlenstoff- und Sauerstoffquelle und Wasser (H_2O) als Wasserstoffquelle verwendet. Als Beispiel diene die chemische Gleichung zur Bildung von **Glucose** ($C_6H_{12}O_6$):

$$6 \cdot CO_2 + 6 \cdot H_2O + \text{Energie/Licht} \rightarrow C_6H_{12}O_6 + 6 \cdot O_2\,, \quad \Delta H = +2870 \frac{\text{kJ}}{\text{mol}} \tag{7.1}$$

Die Bedeutung dieses Vorgangs liegt in der Primärproduktion von organischen Stoffen (die den Lebewesen als Energie- und Baustoffquelle dienen) und in der Bildung von O_2 (für die Atmung der meisten Lebewesen).

Cellulose Die **Cellulose** (fachsprachliche Schreibweise, standardsprachlich **Zellulose**, Summenformel: $(C_6H_{10}O_5)_n$; Abb. 7.2), ist der **Hauptbestandteil von pflanzlichen Zellwänden** (Massenanteil 50 %) und damit die häufigste organische Verbindung der Erde. Die Zellulose ist deshalb auch das häufigste Polysaccharid[1]. Cellulose ist ein unverzweigtes Polysaccharid, das aus mehreren Hundert bis zehntausend Glucose-Molekülen[2]

[1] **Polysaccharide** (auch als **Glykane** bezeichnet), eine Unterklasse der Kohlenhydrate, sind Vielfachzucker mit vielen Monosaccharideinheiten. Polysaccharide haben die allgemeine Formel: $-[C_x(H_2O)_y]_n-$ mit x meist 5 bis 6 und y meist $x - 1$. Zu den Polysacchariden zählen u. a. Schleimstoffe und Stärkearten. Schleimstoffe wirken schützend auf entzündete Schleimhäute und somit reizmildernd.

[2] **Traubenzucker** (**D-Glucose**), kurz **Glc**, auch **Dextrose** genannt, ist ein Einfachzucker (Monosaccharid) und gehört damit zu den Kohlenhydraten.

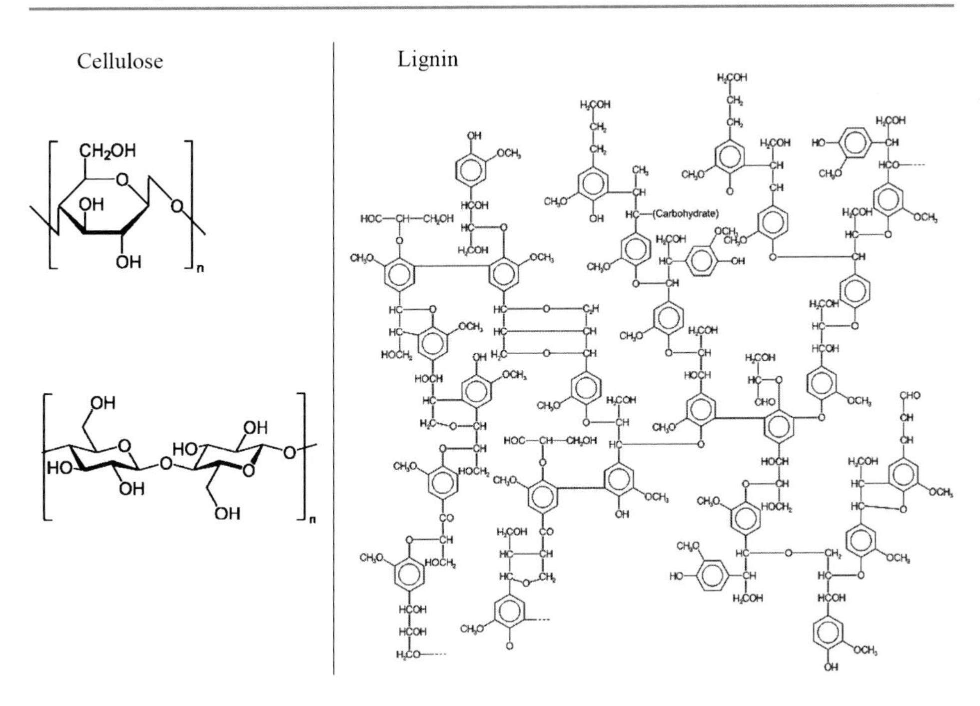

Abb. 7.2 Wichtige Holzbestandteile [1, 2]

besteht. Cellulose wird in der Plasmamembran gebildet und vernetzt sich untereinander zu fibrillären Strukturen.

Hemicellulose (Polyosen) ist Bestandteil der Zellwand pflanzlicher Zellen und dient (meist zusammen mit Cellulose) als Stütz- und Gerüstsubstanz. Hemicellulosen gehören zusammen mit Cellulose und Pektinen (pflanzliche Polysaccharide) zu den Strukturkohlenhydraten. **Kohlenhydrate** oder **Saccharide**, zu denen auch die Zucker gehören, bilden eine biologisch bedeutsame Stoffklasse. Als Produkt der Photosynthese machen Kohlenhydrate den größten Teil der Biomasse aus. Sie stellen zusammen mit den Fetten und Proteinen den quantitativ größten verwertbaren (u. a. Stärke) und nicht-verwertbaren (Ballaststoffe) Anteil an der Nahrung. Neben ihrer zentralen Rolle als physiologischer Energieträger spielen sie als Stützsubstanz vor allem im Pflanzenreich und in biologischen Signal- und Erkennungsprozessen (z. B. Zell-Zell-Erkennung, Blutgruppen) eine wichtige Rolle.

Ballaststoffe sind weitgehend unverdauliche Nahrungsbestandteile, meist Polysaccharide, also Kohlenhydrate, die vorwiegend in pflanzlichen Lebensmitteln vorkommen. Sie können durch die Enzyme im Dünndarm nicht zerlegt und vom Stoffwechsel daher nicht direkt aufgenommen werden. Ein Großteil der Ballaststoffe werden jedoch im Dickdarm zum Teil durch die Mikroorganismen fermentiert und u. a. in kurzkettige Fettsäuren umgewandelt und dadurch für den Körper aufnahmefähig und verwertbar gemacht. Der Teil

Tab. 7.1 Anhaltswerte für verschiedene, trockene Holzsorten [2]

Holzsorte	Heizwert [wasserfrei] H_U [kWh/kg]	Elementaranalyse [m/m-%, wasserfrei]					flüchtige Bestandteile [m/m-%]	Asche-gehalt [m/m-%]
		C	H	O	N	S		
Pappel	5,1	47,5	6,6	43,1	0,42	0,03	81,2	1,9
Weide	5,1	47,1	6,1	43,2	0,54	0,05	80,3	2,2
Fichte	5,3	49,7	6,3	42,3	0,13	0,02	82,9	0,6
Buche	4,9	47,0	6,2	44,7	0,22	0,02	84	0,5
Eiche	4,9				0,18		80,2	0,4

der Ballaststoffe, der im Dickdarm durch die Mikroflora nicht fermentiert wird, wird unverändert ausgeschieden.

Lignin (zu lateinisch *lignum* „Holz") ist ein phenolisches Makromolekül (Abb. 7.2) aus verschiedenen Monomerbausteinen und ein fester, farbloser Stoff, der in die pflanzliche Zellwand eingelagert wird und dadurch die **Verholzung** der Zelle bewirkt (Lignifizierung). Lignin ist damit neben der Zellulose der häufigste organische Stoff der Erde. Lignin ist auch für das „Vergilben" von Papier verantwortlich (bei so genanntem „holzhaltigem" mehr als bei „holzfreiem" Papier). Die Begriffe „holzhaltig" und „holzfrei" sind zwar im Handel und umgangssprachlich üblich, technisch jedoch unsinnig, da Papier aus dem Rohstoff Holz in jedem Fall Holzbestandteile enthält (bei „holzfreiem" Papier eben nur die Zellulose und die Hemizellulosen). Sinnvoller sind stattdessen die Begriffe „ligninhaltig" und „ligninfrei".

Physikalisch-chemische Eigenschaften der Biomasse Aus der biochemischen Analyse ist erkennbar, dass es sich um sehr komplexe Molekularstrukturen primär bestehend aus Kohlenstoff (C), Wasserstoff (H), Sauerstoff (O), Stickstoff (N) und Schwefel (S) handelt. Die Zusammensetzung und die chemische Struktur hängen von der Biomassestruktur ab. Tabelle 7.1 liefert hierzu grobe Anhaltwerte. Vergleicht man die Werte mit dem Energieinhalt von Heizöl ($42{,}707\,\mathrm{kJ/kg} = 11{,}86\,\mathrm{kWh/kg}$; $850\,\mathrm{kg/m^3}$) so ist erkennbar, dass 2,3 kg Holz etwa 1 kg oder $2{,}3/0{,}85 =$ ca. 2 Ltr. Heizöl entspricht. Vergleichswerte für die physikalisch-chemische Zusammensetzung von konventionellen Kraft- und Brennstoffen liefert Tab. 7.2.

Asche bezeichnet im umgangssprachlichen Sinn den Verbrennungsrückstand. Chemisch betrachtet handelt es sich dabei um den Mineralstoffgehalt, also den anorganischen Anteil des Stoffgemisches. Asche besteht vor allem aus Oxiden und (Bi-)Karbonaten diverser Metalle, z. B. Al_2O_3, CaO, Fe_2O_3, MgO, MnO, P_2O_5, K_2O, SiO_2, Na_2CO_3, $NaHCO_3$, etc. Die Bestimmung der Asche stellt eine Reinheitsprüfung von organischen Substanzen dar.

Tab. 7.2 Konventionelle Kraft- und Brennstoffe [3]

Name	Summenformel	Schmelzpunkt [°C]	Siedepunkt [°C]	Aggregatzustand bei 25 °C und 1 bar	Vorkommen	Verwendung
Methan	CH_4	−182,6	−161,7	gasförmig	Erdgas Biogas	Heizgas
Ethan	C_2H_6	−172,0	−88,6	gasförmig	Erdgas	Heizgas, Ethenherstellung
Propan	C_3H_6	−187,1	−42,2	gasförmig	Erdgas	Kohlehydrierung, Heizgas
Butan	C_4H_{10}	−135,0	−0,5	gasförmig	Erdgas, Erdöl	Flüssiggas, Campinggas
Pentan	C_5H_{12}	−129,7	36,1	flüssig	Erdöl	Benzin
Hexan	C_6H_{14}	−94,0	68,7	flüssig	Erdöl	Benzin
Heptan	C_7H_{16}	−90,5	98,4	flüssig	Erdöl	Benzin
Oktan	C_8H_{18}	−56,8	125,6	flüssig	Erdöl	Benzin
Nonan	C_9H_{20}	−53,7	150,7	flüssig	Erdöl	Benzin
Dekan	$C_{10}H_{22}$	−29,7	174,0	flüssig	Erdöl	Benzin
Undekan	$C_{11}H_{24}$	−25,6	195,8	flüssig	Erdöl	Benzin
Dodekan	$C_{12}H_{26}$	−9,6	216,3	flüssig	Erdöl	Diesel, Heizöl
Tridekan	$C_{13}H_{28}$	−6,0	230	flüssig	Erdöl	Diesel, Heizöl
Tetradekan	$C_{14}H_{30}$	5,5	251	flüssig	Erdöl	Diesel, Heizöl
Pentadekan	$C_{15}H_{32}$	10,0	268	flüssig	Erdöl	Diesel, Heizöl
Hexadekan	$C_{16}H_{34}$	18,1	280	flüssig	Erdöl	Diesel, Heizöl
Heptadekan	$C_{17}H_{36}$	22,0	303	flüssig	Erdöl	Diesel, Heizöl
Oktadekan	$C_{18}H_{38}$	28,0	308	fest	Erdöl	Paraffine
Nonadekan	$C_{19}H_{40}$	32,0	330	fest	Erdöl	Kerzen, Straßenbelag
Eicosan	$C_{20}H_{42}$	36,4		fest	Erdöl	Kerzen, Straßenbelag
Heneicosan	$C_{21}H_{44}$	40,4		fest	Erdöl	Kerzen, Straßenbelag
Docosan	$C_{22}H_{46}$	44,4		fest	Erdöl	Kerzen, Straßenbelag

Aschegehalt (in Gew.-%) ist der Anteil anorganischer und metallorganischer Verbindungen, die nach der Veraschung und Glühen einer definierten Probenmenge zurückbleibt. Die Dichte von Holzasche (frisch aus dem Ofen, unkomprimiert) liegt bei ca. 0,3 kg/dm^3.

Ist die Temperatur im Feuer so hoch, dass die Asche weich und teigig wird, so entsteht beim Abkühlen durch Sinterung eine poröse, aber feste Masse. Diese nennt man auch **Schlacke**. Der Ascheerweichungspunkt liegt je nach Bestandteilen typischerweise zwischen 900–1200 °C.

In diesem Fall interessieren speziell der Energiegehalt und die Brenndauer. Für die Praxis ist dabei die Kenntnis der genauen chemischen Struktur nicht notwendig, da unterschiedliche Molekularstrukturen auch unterschiedliche Bindungs-, Aktivierungs- und Freisetzungsenergien besitzen. Da der Energieinhalt unter praktischen Bedingungen statistischen Schwankungen unterliegt (z. B. abhängig vom Wasser oder Aschegehalt ist),

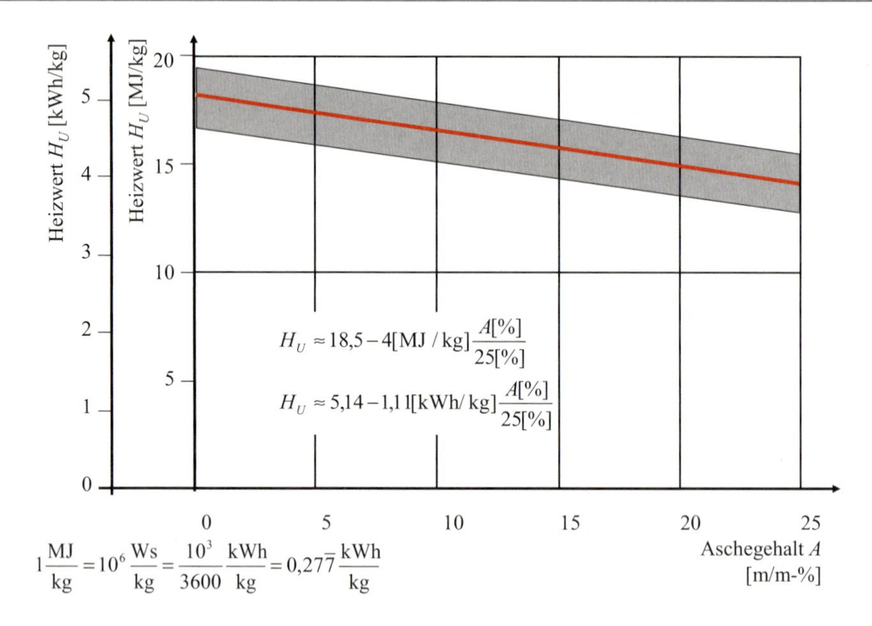

Abb. 7.3 Heizwert in Abhängigkeit vom Aschegehalt nach [1]

bedient man sich der **statistischen Verbrennungsrechnung**. Sie liefert mit ausreichender Genauigkeit Anhaltswerte für den unteren und oberen Heizwert; vgl. Abb. 7.3 und 7.4.

Der **Heizwert H_U** (veraltet „unterer Heizwert", umgangssprachlich unpräzise „Energiegehalt" oder „Energiewert" genannt) ist die bei einer Verbrennung maximal nutzbare Wärmemenge, bei der es nicht zu einer Kondensation des im Abgas enthaltenen Wasserdampfes kommt (bezogen auf die Menge des eingesetzten Brennstoffs). Er entspricht also der **Verbrennungswärme**, die bei vollständiger Verbrennung frei wird, wenn die Anfangs- und Endprodukte eine Temperatur von 25 °C haben und das bei der Verbrennung entstandene Wasser dampfförmig vorliegt (wegen des niedrigen Partialdruckes). Im Gegensatz zum Brennwerte bezeichnet der Heizwert die nutzbare Wärmemenge bei Freisetzung heißer Abgase, wobei die Verdampfungswärme des entstehenden flüssigen Wassers nicht mehr als nutzbare Wärme zur Verfügung steht. Der Energieinhalt von wasserstoffreichen Brennstoffen ist wegen der Wasserentstehung aus der Reaktion verringert.

Der **Brennwert H_O** (veraltet „kalorischer Brennwert" oder „oberer Heizwert") ist ein Maß für die spezifisch je Bemessungseinheit in einem Stoff enthaltene thermische Energie. Der Brennwert ist identisch mit der Standardverbrennungsenthalpie $\Delta H_m{}^\circ$ der allgemeinen Thermodynamik (vgl. Tab. 7.4). Der Brennwert eines Brennstoffes gibt die Wärmemenge an, die bei Verbrennung und anschließender Abkühlung der Verbrennungsgase auf 25 °C, erzeugt wird. Der Brennwert berücksichtigt sowohl die notwendige Energie zum Aufheizen der Verbrennungsluft und der Abgase als auch die Verdampfungs- bzw. Kondensationswärme von Flüssigkeiten, insbesondere Wasser.

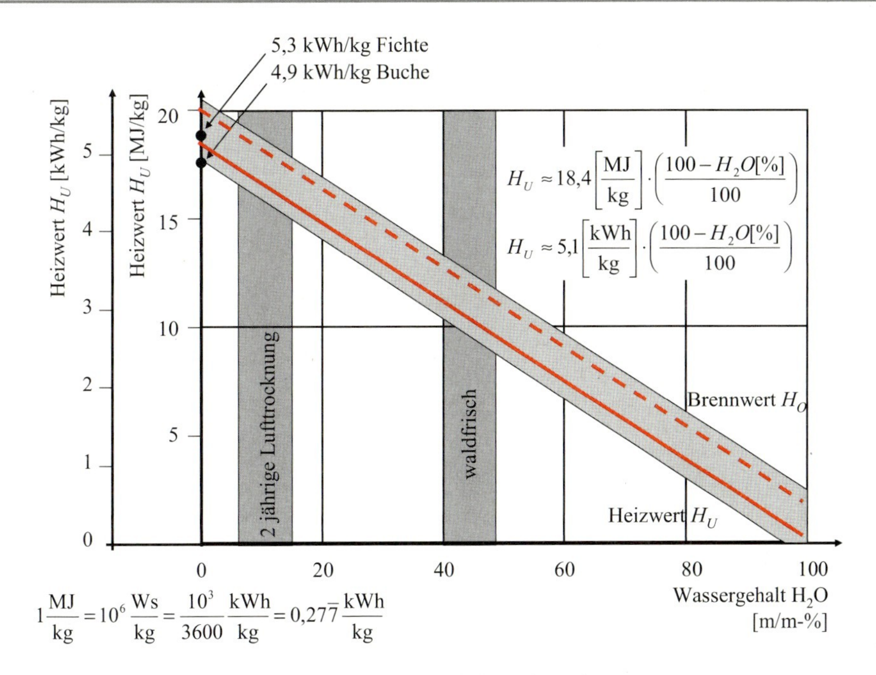

Abb. 7.4 Heizwert in Abhängigkeit vom Wassergehalt nach [1, 2]

Der Energieinhalt ist massegebunden, gehandelt werden aber Volumina. Abbildung 7.5 gibt daher einen Überblick zum spez. Raumbedarf: $\frac{V}{Q} = \frac{V}{m \cdot H_U} = \frac{1}{\rho \cdot H_U}$

und zum spez. Massebedarf: $\frac{m}{Q} = \frac{1}{H_U}$

Für die Bemessung des Transport- oder Raumvolumens sind die Bezeichnungen „Festmeter", „Schüttraummeter" und „Raummeter" gebräuchlich:

Der **Raummeter** (rm) oder **Ster** ist ein Raummaß für Holz und die gebräuchlichste Maßeinheit beim Handel mit Brennholz. Ein Raummeter (1 Ster) entspricht einem Würfel von einem Kubikmeter **geschichtetem Holz**, einschließlich der Zwischenräume in der Schichtung. Der Holzanteil im Inhalt eines Raummeters ist von der Stückgröße und -form sowie der Sorgfalt beim Aufsetzen abhängig und kann somit schwanken. Gewöhnlich entspricht 1 Raummeter ca. 0,7 Festmeter.

Der **Schüttraummeter** (srm) entspricht einer lose geschütteten Holzmenge von einem Kubikmeter. Im Handel und Transport ist eine ordentliche Schichtung häufig unwirtschaftlich, z. B. für gespaltenes Kaminholz oder Hackschnitzel. Das entsprechende Gut wird dann einfach geschüttet, was deutlich mehr Zwischenräume hinterlässt. Der Schüttraummeter ist kein festes Maß, je nach Dichte und Körnung der Schüttung ist die gelieferte Menge unterschiedlich.

Ein Kubikmeter Holz ohne Zwischenräume ist der **Festmeter** (fm).

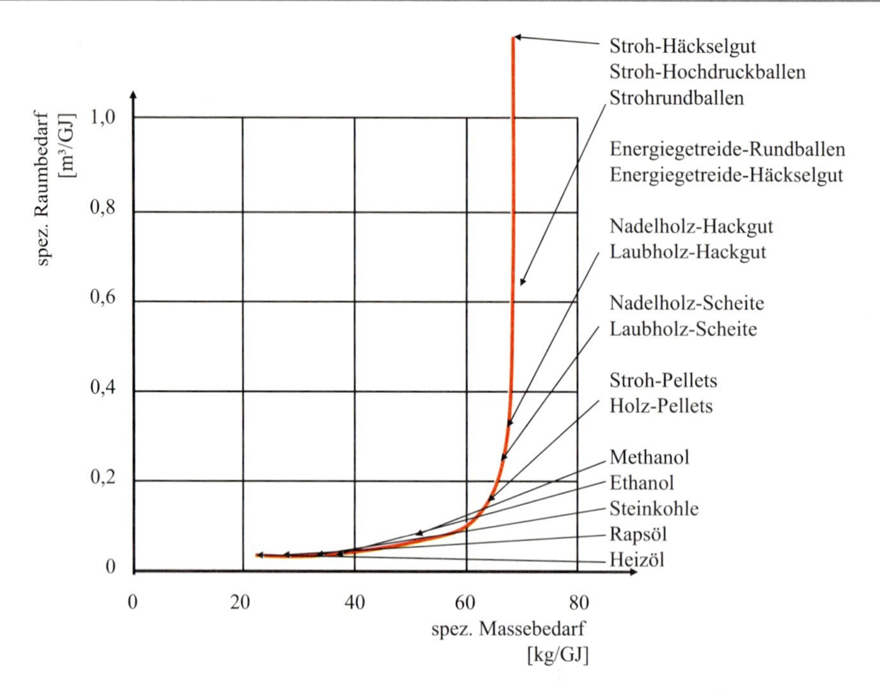

Abb. 7.5 Raum- und Massebedarf (1 GJ = 10^9 J) verschiedener Bioenergieträger nach [1]

- Beim Brennholz ergeben 1,4 Schüttraummeter ordentlich aufgesetzt ca. einen Raummeter. Ein Schüttraummeter ist daher ca. 0,7 Raummeter und ca. 0,5 Festmeter.
- Bei Hackschnitzeln entspricht ein Schüttraummeter ca. 0,6 Raummeter bzw. ca. 0,4 Festmeter.

Der Verband für Holzwirtschaft rechnet mit folgenden Umrechenfaktoren (bezogen auf Buchenholz):

- **1,0** Festmeter (fm) = 1,61 Raummeter/Ster (rm) = 2,38 Schüttraummeter (srm)
- 0,62 Festmeter (fm) = **1,0** Raummeter/Ster (rm) = 1,48 Schüttraummeter (srm)
- 0,42 Festmeter (fm) = 0,68 Raummeter/Ster (rm) = **1,0** Schüttraummeter (srm)

Früher wurde teilweise das **Klafter** als Raummaß für Schichtholz genutzt. Je nach Region entsprechen 3–4 Raummeter einem Klafter. Das Klafter ist eigentlich eine alte Längeneinheit und beschreibt das Maß zwischen den ausgestreckten Armen eines erwachsenen Mannes (traditionell 6 Fuß oder 1,80 m). Als maritimes Tiefenmaß entspricht ein Klafter einem Faden.

Tab. 7.3 Phasen der thermochemischen Umwandlung

<table>
<tr><th>Phase</th><th>Temperatur-bereich</th><th colspan="2">Bemerkungen</th></tr>
<tr><td>1</td><td>100...200 °C</td><td colspan="2">Aufheizung und Trocknung: Freies und ungebundenes Wasser wird ausgetrieben, es entstehen weißer Wasserdampf (H_2O) und Rauch, erste flüchtige Bestandteile vergasen.</td></tr>
<tr><td>2</td><td>200...300 °C</td><td colspan="2">zellgebundenes Wasser wird ausgetrieben → H_2O</td></tr>
<tr><td>3</td><td></td><td colspan="2">$\lambda = 0...1$ pyrolytische Zersetzung
und $\lambda > 1$ Oxidation</td></tr>
<tr><td>4</td><td>200...260 °C</td><td>Zersetzung von Hemicellulose</td><td rowspan="3">Die Molekularstrukturen werden thermisch aufgespalten, es entstehen kurzkettige, leicht flüchtige Kohlenwasserstoffe, CH_4, C_nH_m, CO, CO_2, H_2, H_2O, N_2 und ggf. NO_x sowie Staub aus unverbrannten Stoffen.</td></tr>
<tr><td>5</td><td>250...400 °C</td><td>Zersetzung von Cellulose</td></tr>
<tr><td>6</td><td>280...800 °C</td><td>Zersetzung von Lignin</td></tr>
</table>

7.1.2 Verbrennung von Biomasse

Die Verbrennung von Biomasse erfolgt in Phasen vgl. Tab. 7.3: Zunächst wird die Biomasse auf Reaktionstemperatur erwärmt, Wasser und flüchtige Bestandteile werden ausgetrieben. Ist die Zündtemperatur erreicht, werden die komplexen Molekularstrukturen aufgebrochen (thermisches „Cracken“), es entstehen kurzkettige, gasförmige Verbindungen, die den Verbrennungsvorgang erst ermöglichen:

Trocknungs- und Entgasungsphase Das luftgetrocknete Holz gibt zunächst etwa 15 bis 20 %, der Brennstoffmasse als Wasser ab. Während dieses Trocknungsvorganges erwärmt sich das Holz zunächst nur auf ca. 100 °C. Erst wenn das am Brennstoff anhaftende und das Wasser in den Holzzellen verdampft ist, steigt die Temperatur des Holzes an. Dann wird auch das chemisch-physikalisch an die Holzsubstanz gebundene Wasser verdampft.

Bereits bei 60 °C werden aus der Holzsubstanz die ersten organischen Abbauprodukte in geringen Mengen freigesetzt. Die thermische Zersetzung beginnt aber erst bei 160 °C bis 180 °C und wird als **Pyrolyse oder Entgasungsphase** bezeichnet. Diese Phase wird durch die zugeführte Primärluft[3] gesteuert. Mit steigender Temperatur nehmen die thermischen Abbaureaktionen immer stärker zu und ab etwa 250 °C wird der Zersetzungsvorgang sehr stark. Die Entgasungsphase wirkt bis ca. 600 °C an. Das Holz hat ungefähr 85 % seiner Masse in Form von Wasser und brennbaren Gasen verloren.

Während dieser Phase werden 70 % des Heizwertes freigesetzt. Es verbleibt die energiereiche Holzkohle. Das gebildete Gas enthält vor allem **Kohlenmonoxid CO**, **Wasserstoff H_2** und **organische Verbindungen C_nH_m** als brennbare Bestandteile. Dieses Gas ist sehr reaktionsfreudig und kann mit Luftsauerstoff unter Energiefreisetzung zu **Kohlen-**

[3] Die Bezeichnung „Primärluft“, „Sekundärluft“ und ggf. „Tertiärluft“ beschreibt die Reihenfolge mit der Luft und Brennstoff in Berührung kommen. Die stufenweise Zugabe von Luft hat den Vorteil, dass die Verbrennung besser geführt und gesteuert werden kann.

dioxid CO_2 und **Wasser H_2O** oxidieren, dies führt dann zur Flammenbildung. Stört man die Verbrennungsvorgänge an dieser Stelle vorzeitig, z. B. durch Wärmeentzug, entsteht ein schadstoffreiches und geruchintensives Gas, das mit schwer flüchtigen organischen Verbindungen, Ruß und Kohlenwasserstoffen (Teer, C_nH_n) beladen ist.

Verbrennung (Oxidation) der Brenngase In der Praxis werden eine vollständige, also stöchiometrische Verbrennung und die Unterschreitung der Emissionsgrenzwerte für unvollständige Verbrennungsprodukte angestrebt. In dieser Phase ist es notwendig, ausreichend Luftsauerstoff zuzuführen, dies wird durch die Zugabe von Sekundärluft gewährleistet. Der Luftsauerstoff muss mit dem Brenngas gut vermischt sein und das Gemisch muss ausreichend lange reagieren können, um die vollständige Verbrennung zu gewährleisten.

Die Reaktionen in der Flamme laufen über so genannte Radikale ab. Radikale sind reaktionsfreudige Atome oder Moleküle mit mindestens einem ungepaarten Elektron. Im Temperaturbereich von 800...1000 °C finden im Rahmen der Energiefreisetzung auch reduzierende Prozesse statt.

Verbrennung der Holzkohle Das Endprodukt der Verbrennung von Holz ist Holzkohle. Dieser kohlenstoffreiche Rückstand, mit ca. 90 % C, glüht bei Temperaturen über 600 °C praktisch ohne eine Flamme. Die Oxidation der Holzkohle setzt die restlichen ca. 30 % des Heizwertes frei. Am Ende der Verbrennung bleibt Asche übrig. Sie hat einen Anteil von ca. 0,5 bis 1 % der anfänglichen Holzmasse.

Energie- und Stoffstrombilanz Bei der Verbrennung reagieren brennbare Stoffe unter Wärmeabgabe und Entwicklung hoher Temperaturen mit Sauerstoff. Bei der vollständigen Verbrennung von Holz treten folgende Oxidationsreaktionen auf:

$$C + O_2 \rightarrow CO_2 \tag{7.2a}$$

$$H_2 + \frac{1}{2}O_2 \rightarrow H_2O \tag{7.2b}$$

$$S + O_2 \rightarrow SO_2 \tag{7.2c}$$

Bei den Verbrennungsreaktionen wird Energie freigesetzt (exotherme Reaktion). Die Reaktionsenthalphie lässt sich nach dem **Wärmesatz von HESS** mit den Reaktionsenthalphien der Stoffe bestimmen: So ist die Reaktionsenthalpie einer gegebenen Reaktion unter Standardbedingungen die Differenz zwischen den Standardbildungsenthalpien der Reaktionsprodukte („Produkte") einerseits und der Ausgangsstoffe (Reaktanden; „Edukte") andererseits.

Die **Standardbildungsenthalpie** ist die Enthalpie, die bei der Bildung von einem Mol einer Substanz aus der stabilsten Form der reinen Elemente unter Standardbedingungen (1,013 bar und 25 °C) frei wird (exotherme Reaktion, negatives Vorzeichen) oder zur Bildung erforderlich ist (endotherme Reaktion, positives Vorzeichen). Sie wird in Kilojoule pro Mol angegeben und symbolisch mit $\Delta\, H_m^0$ bezeichnet.

Stark negative Werte der Standardbildungsenthalpie sind ein Kennzeichen chemisch besonders stabiler Verbindungen (d. h. bei ihrer Bildung wird viel Energie frei und zur Zerstörung der Bindungen muss auch wieder viel Energie aufgewendet werden). Die Standardbildungsenthalpie der chemischen Elemente in ihrem stabilsten Zustand (H_2, He, Li, ...) ist per Definition auf 0 kJ/mol festgesetzt.

Eine wichtige Anwendung der Standardbildungsenthalpien ist, dass sich damit Reaktionsenthalpien durch den Satz von HESS berechnen lassen: So ist die Reaktionsenthalpie einer gegebenen Reaktion unter Standardbedingungen die Differenz zwischen den Standardbildungsenthalpien der Reaktionsprodukte („Produkte") einerseits und der Ausgangsstoffe (Reaktanden; „Edukte") andererseits:

$$a \cdot A + b \cdot B \Leftrightarrow c \cdot C + d \cdot D \quad \Delta H^0_{\text{Reaktion}} \tag{7.3}$$

$$\Delta H^0_{\text{Reaktion}} = \sum \left(c \cdot \Delta H^0_{\text{C}} + d \cdot \Delta H^0_{\text{D}}\right) - \sum \left(a \cdot \Delta H^0_{\text{A}} + b \cdot \Delta H^0_{\text{B}}\right) \tag{7.4}$$

Dies ist gleichbedeutend mit der Aussage, dass die Bildungsenthalpie eines Stoffes unter Normalbedingungen nur vom Stoff selbst, und nicht von dem Weg seiner Herstellung abhängt. Die Bildungsenthalpie ist also eine thermodynamische Zustandsgröße.

Mit Tab. 7.4 und den dazugehörigen Molgewichten der Reaktanden

- Kohlenstoff C = 12 kg/kmol,
- Wasserstoff H = 1 kg/kmol und
- Schwefel S = 32 kg/kmol,

erhält man für die Kohlenstoffverbrennung aus der o. g. Gl. (7.3)

$$12\,\text{kg}\,\text{C} + 2 \cdot 16\,\text{kg}\,\text{O}_2 \rightarrow 44\,\text{kg}\,\text{CO}_2 + 394\,\text{MJ/kmol}$$

Wobei 1 Mol aller Gase bei Normdruck und -temperatur 22,4 Liter Gasvolumen einnimmt.

Für 1 kg reinen Kohlenstoff bedeutet dies massebezogen

$$1\,\text{kg}\,\text{C} + 2{,}67\,\text{kg}\,\text{O}_2 \rightarrow 3{,}664\,\text{kg}\,\text{CO}_2 + 33\,\text{MJ/kg} \tag{7.5}$$

bzw. molar und volumetrisch

$$1\,\text{kg}\,\text{C} + 22{,}4/12\,\text{Ltr}\,\text{O}_2 \rightarrow 22{,}4/12\,\text{Ltr}\,\text{CO}_2 + 33\,\text{MJ/kg}$$

Die analogen Reaktionen für die anderen Verbrennungsprodukte sind

$$\begin{aligned} 2 \cdot 1\,\text{kg}\,\text{H}_2 + \frac{1}{2} \cdot 2 \cdot 16\,\text{kg}\,\text{O}_2 &\rightarrow 18\,\text{kg}\,\text{H}_2\text{O} + 241\,\text{MJ/kg} \\ 1\,\text{kg}\,\text{H}_2 + 8\,\text{kg}\,\text{O}_2 &\rightarrow 9\,\text{kg}\,\text{H}_2\text{O} + 120\,\text{MJ/kg} \end{aligned} \tag{7.6}$$

Tab. 7.4 Reaktions-/Bildungsenthalpie, Entropie und freie Enthalpie von Verbindungen im Standardzustand (1033 h Pa; 25 °C); von http://de.wikibooks.org/wiki/Tabellensammlung_Chemie/_Thermodynamische_Daten

Substanz	Enthalphie ΔH_m^0 [kJ/mol]	Entropie S_m^0 [J/(mol. K)]	Freie Enthalpie ΔG_m^0 [kJ/mol]
$C_{Graphit}$	0	+5,7	0
CO (g)	−110,5	198,0	−137,3
CO_2(g)	−393,5	213,6	−394,38
CH_4 Methan(g)	−74,85	186,19	−50,8
CH_3OH (Methanol, l)	−238,57	126,78	−166,2
C_2H_6(Ethan,g)	−84,68	229,49	−32,9
C_2H_4(Ethen, g)	52,26	219,45	68,12
C_2H_5OH (Ethanol, l)	−277,65	160,67	−174,77
C_2H_5COOH (Essigsäure, l)	−487,02	159,83	−392,5
C_3H_8(Propan, g)	−103,8	−269,4	−23,5
C_6H_6(Benzol, l)	82,93	269,2	129,6
H(g)	218,0	114,6	203,3
H_2	0	130,6	0
H_2O (g)	−241,8	188,9	−234,6
H_2O (l)	−286,0	70,0	−237,2
N (g)	472,7	153,2	–
N_2 (g)	0	191,6	0
NH_3 (g)	−46,2	192,5	−16,6
Na	0	51,0	0
O_2	0	205,0	0
OH^- aq	229,7	−10,5	−157,3
S (rhomb)	0	31,8	0
H_2S (g)	−20,1	205,4	−33,0
SO_2 (g)	−296,9	248,5	−300,4
SO_3 (g)	−395,0	256,1	−370,3
H_2SO_4 (fl)	−811,3	–	–

und

$$\begin{aligned} 32\,\text{kg S} + 32\,\text{kg O}_2 &\rightarrow 64\,\text{kg SO}_2 + 296\,\text{MJ/kg} \\ 1\,\text{kg S} + 1\,\text{kg O}_2 &\rightarrow 2\,\text{kg SO}_2 + 9{,}25\,\text{MJ/kg} \end{aligned} \quad (7.7)$$

Die Zahlenwerte reduzieren sich bei der Verbrennung von Biomasse anteilig zum Massenanteil von Kohlenstoff, Wasserstoff, Schwefel und sonstiger Bestandteile des Brenngutes (vgl. Tab. 7.1). Der Energieinhalt ist dann der (untere) **Heizwert**

$$H_U = 33\,\text{C} + 120\,\text{H} - \text{O} + 9{,}25\,\text{S} - 2{,}45\,\text{W} \quad [\text{MJ/kg}] \quad (7.8)$$

und der **Brennwert**/oberer Heizwert (mit Ausnutzung der Verdampfungsenthalpie von $r = 2450\,\text{kJ/kg}$ des enthaltenen Wassers plus Anteil aus der Wasserstoffreaktion)

$$H_O = H_U + 2{,}45(9\,\text{H} + \text{W}) \quad [\text{MJ/kg}] \tag{7.9}$$

Der **massebezogene Mindestsauerstoffbedarf** ist demnach

$$o_{\min} = 2{,}67 \cdot \text{C} + 8 \cdot \text{H} + \text{S} - \text{O} \quad [\text{kg/kg}] \tag{7.10}$$

Dabei wird der Sauerstoff durch Umgebungsluft bereitgestellt. Luft ist ein Gasgemisch bestehend aus 21 Vol.-% Sauerstoff und ca. 79 Vol.-% Stickstoff. Die Mol- bzw. Volumenanteile sind somit

$$y^{\text{L}}_{\text{O}_2} = 0{,}21 \quad y^{\text{L}}_{\text{N}_2} = 0{,}79 \tag{7.11}$$

und wegen des unterschiedlichen Molgewichts sind die Massenanteile in der Luft

$$\xi^{\text{L}}_{\text{O}_2} = 0{,}232 \quad \xi^{\text{L}}_{\text{N}_2} = 0{,}768 \tag{7.12}$$

so dass der **massebezogene Mindestluftbedarf**

$$l_{\min} = \frac{\dot{m}_{\text{L}\min}}{\dot{m}_B} = \frac{o_{\min}}{\xi^{\text{L}}_{\text{O}_2}} = \frac{o_{\min}}{0{,}232}\,. \tag{7.13}$$

Gewöhnlich wird versucht mit einer nahstöchiometrischen Verbrennung ($\lambda = 1$) eine optimale Energieumsetzung zu erreichen. Zu wenig Luft führt zur unvollständigen Verbrennung, zu viel Luft führt zu einer niedrigeren Verbrennungstemperatur wegen des „Kühlluftanteils". Das **Verbrennungsluftverhältnis** ist daher

$$\lambda = \frac{\dot{m}_\text{L}}{\dot{m}_{\text{L}\min}} = \frac{\dot{m}_\text{L}}{\dot{m}_B \cdot l_{\min}} \approx 1{,}4\ldots1{,}8 \tag{7.14}$$

Die zugeführte Verbrennungsluftmenge ist dann $\dot{m}_\text{L} = \lambda \cdot \dot{m}_B \cdot l_{\min}$.

Emissionswerte Die massebezogenen **Verbrennungsprodukte** sind nach den o. g. Reaktionsgleichungen

$$\begin{aligned}
m^*_{\text{CO}_2} &= \frac{\dot{m}_{\text{CO}_2}}{\dot{m}_B} = \xi_{\text{CO}_2} = 3{,}664 \cdot \text{C} \\
m^*_{\text{H}_2\text{O}} &= \frac{\dot{m}_{\text{H}_2\text{O}}}{\dot{m}_B} = \xi_{\text{H}_2\text{O}} = 9 \cdot \text{H} + \text{W} \\
m^*_{\text{SO}_2} &= \frac{\dot{m}_{\text{SO}_2}}{\dot{m}_B} = \xi_{\text{SO}_2} = 2 \cdot \text{S} \\
m^*_{\text{N}_2} &= \frac{\dot{m}_{\text{N}_2}}{\dot{m}_B} = \xi_{\text{N}_2} = \xi^{\text{L}}_{\text{N}_2} \cdot \lambda \cdot l_{\min} + \text{N} \\
m^*_{\text{O}_2} & \frac{\dot{m}_{\text{O}_2}}{\dot{m}_B} = \xi_{\text{O}_2} = \xi^{\text{L}}_{\text{O}_2} \cdot (\lambda - 1) \cdot l_{\min}
\end{aligned} \tag{7.15}$$

Aus den o. g. Gleichungen lässt sich auch ein **spezifischer CO_2-Emissionswert** bei optimaler Energieumsetzung ableiten. Bei günstigsten Umsetzungsbedingungen beträgt er

$$\frac{\xi_{CO_2}}{\eta_U \cdot H_U} = \frac{3{,}664 \cdot C}{\eta_U \cdot H_U} \frac{[\text{kg CO}_2/\text{kg Brennstoff}]}{[\text{ MJ/Brennstoff}]} \tag{7.16}$$

Da bei der Rauchgasmessung der Kohlendioxidgehalt in Vol.-% gemessen wird, kann dieser Wert durch einen Luftüberschuss abgesenkt werden. Hausfeuerungsanlagen arbeiten mit einem Luftverhältnis von 1,4... 1,8, um Bereiche mit unvollständiger Verbrennung besonders im Eckbereich des Feuerungsraumes zu vermeiden. Industrielle Großfeuerungsanlagen können mit wesentlich kleinerem Luftverhältnis die Verbrennungstemperatur und damit den Kesselwirkungsgrad erhöhen. Ein Maßstab für die Vollständigkeit der Verbrennung ist der **Kohlenmonoxidanteil**. Je niedriger der CO-Anteil und desto höher der CO_2-Anteil desto besser ist die Verbrennung (ideal ist $CO = 0$).

Im Falle der Biomasse wurde der Kohlenstoff vorab bei der Biomassebildung biochemisch gebunden, so dass die bei der Verbrennung freiwerdenden CO_2-Gase als „klimaneutral" bezeichnet werden.

Bei einem Schwefelgehalt von 2 bis 5 m/m-% bildet sich in Verbindung mit den Verbrennungsprodukten Wasser und Schwefeldioxid SO_2 flüssiger **Schwefelsäure** H_2SO_4:

$$\begin{aligned} S + O_2 &\rightarrow SO_2 \\ 2SO_2 + O_2 &\rightarrow 2SO_3 \\ SO_3 + H_2O &\rightarrow H_2SO_4 \end{aligned} \tag{7.17}$$

Aus der Reaktionsgleichung lässt sich ableiten:

1. Je kleiner der Luftüberschuss, desto geringer die Wahrscheinlichkeit der Schwefelsäurebildung. Es wird daher eine nahstöchiometrische Verbrennung angestrebt.
2. Schwefelsäurekondensation und -korrosion tritt nur auf, wenn die Schwefelsäure kondensiert; d. h. primär am kalten Ende des Kessels. Zur Vermeidung ist entweder die Taupunktunterschreitung zu vermeiden (klassische Kesselbauweise → höhere Abgastemperaturverluste) oder durch säurefeste, nicht korrodierende Werkstoffe weitgehend einzudämmen (Brennwertkessel).

Nicht genügend säurefeste Ausmauerungen und Eisenwerkstoffe werden angegriffen; es bildet sich Eisensulfat:

$$Fe + H_2SO_4 \rightarrow FeSO_4 + H_2 \tag{7.18}$$

Das Eisensulfat (= grünlich-gelblicher Niederschlag) erhält jedoch durch Brennstoffasche, Ruß und Flugkoks relativ schnell eine graue bis dunkle Farbe.

7.1.3 Thermochemische Umwandlung

Die o. g. Verbrennungsgleichungen gelten für Luftdruck (1 bar) und Umgebungstemperatur der Ausgangsstoffe bei optimaler Verbrennung (Luftverhältnis $\lambda > 1$ **Oxidation**). Bei der thermischen Zersetzung unter Sauerstoffabschluss ($\lambda = 0$) spricht man von **Pyrolyse**, bei Luftmangel ($\lambda = 0\ldots1$) spricht man von **Vergasung.** Die Konzentration der thermischen Spaltprodukte kann durch das chemische Gleichgewicht (Stoffkonzentration, Druck und Temperatur) beeinflusst werden.

Grundlagen
Aus der Chemie ist bekannt, dass Reaktionsgleichungen nicht nur in eine Richtung ablaufen, sondern dass sich ein **Gleichgewichtszustand** aus Hin- und Rückreaktion einstellt. Dieser Gleichgewichtszustand ist abhängig von der

- Stoffmengenkonzentration sowie von
- Druck und
- Temperatur.

Nach dem **Massenwirkungsgesetz** ist die Geschwindigkeit einer chemischen Reaktion direkt proportional zur Aktivität der Ausgangsstoffe ist. Je höher diese Aktivität, desto schneller läuft die Reaktion ab. Im Verlauf einer Gleichgewichtsreaktion nimmt die Aktivität der Ausgangsstoffe („Edukte“) ständig ab. Dadurch verringert sich auch die Geschwindigkeit der Hinreaktion. Gleichzeitig nimmt die Aktivität der Reaktionsprodukte (kurz „Produkte“) ständig zu. Dadurch vergrößert sich die Geschwindigkeit der Rückreaktion. Sind schließlich beide Reaktionsgeschwindigkeiten gleich, werden in gleichen Zeitspannen ebenso viele Produkte wie Edukte gebildet: Das Gleichgewicht ist erreicht.

In der Reaktionsgleichung wird der Gleichgewichtspfeil zur Beschreibung verwendet:

$$a \cdot A + b \cdot B \Leftrightarrow c \cdot C + d \cdot D \quad \Delta H^0_{\text{Reaktion}} \tag{7.19}$$

mit $a, b, c, d = n_i$ stöchiometrische Umsatzzahlen der Reaktionspartner.

Die Geschwindigkeit der chemischen Hinreaktion v_{hin} bzw. der chemischen Rückreaktion $v_{\text{rück}}$ lautet dabei:

$$v_{\text{hin}} = k_{\text{hin}} \cdot c^a(A) \cdot c^b(B) \tag{7.20a}$$

$$v_{\text{rück}} = k_{\text{rück}} \cdot c^c(C) \cdot c^d(D) \tag{7.20b}$$

Dabei ist k_{hin} die Geschwindigkeitskonstante der Hinreaktion und $k_{\text{rück}}$ ist die Geschwindigkeitskonstante der Rückreaktion. Im Gleichgewichtszustand sind die Geschwindigkeiten der Hin- und der Rückreaktion gleich groß:

$$v_{\text{hin}} = v_{\text{rück}} \tag{7.20c}$$

Daraus folgt für die **Gleichgewichts- oder Massenwirkungskonstante**:

$$K_C = \frac{k_{\text{hin}}}{k_{\text{rück}}} = \frac{c^c(C) \cdot c^d(D)}{c^a(A) \cdot c^b(B)} \tag{7.21}$$

Die Lage eines Gleichgewichts – und damit die Gleichgewichtskonstante – ist durch die Reaktionsbedingungen Temperatur, Druck und Stoffmengenkonzentration festgelegt:

1. Ist die Gleichgewichtskonstante sehr groß ($K > 1$), liegt das Gleichgewicht praktisch vollständig auf der Seite der Produkte.
2. $K = 1$: Das Gleichgewicht liegt zu je 50 % auf der Seite der Ausgangs- und Endprodukte.
3. Ist die Gleichgewichtskonstante sehr klein ($K < 1$), liegt das Gleichgewicht praktisch vollständig auf der Seite der Edukte.

Die Gleichgewichtskonstante sagt etwas darüber aus, auf welcher Seite der chemischen Gleichung sich das Gleichgewicht befindet: Eine Zunahme der Gleichgewichtskonstante K bedeutet eine Verschiebung des Gleichgewichts auf die Seite der Produkte, eine Abnahme von K bedeutet eine Verschiebung des Gleichgewichts auf die Seite der Edukte.

Ein **Katalysator** beschleunigt bzw. bremst Hin- und Rückreaktion auf die gleiche Weise. Er verändert damit nicht die Gleichgewichtskonzentrationen der Edukte und Produkte, bewirkt aber, dass sich der Gleichgewichtszustand schneller einstellt. Ein Katalysator setzt die Aktivierungsenergie herab. Die Funktion eines Katalysators beruht auf der Eröffnung eines neuen Reaktionsweges, der über andere Elementarreaktionen läuft als die unkatalysierte Reaktion. An diesen Elementarreaktionen ist der Katalysator zwar selbst beteiligt, jedoch verlässt er selbst den Vorgang (chemisch) unverändert.

Einfluss des Druckes auf die Gleichgewichtslage

Das chemische Gleichgewicht von Reaktionen, an denen keine Gase beteiligt sind, wird kaum durch eine von außen bewirkte **Druckänderung** (Volumenänderung) beeinflusst. Sind hingegen gasförmige Stoffe beteiligt, wird das Gleichgewicht nur dann beeinflusst, wenn sich die Teilchenzahl in der Gasphase durch die Gleichgewichtsverschiebung ändert. **Bei Gleichgewichtsreaktionen, die ohne Änderung des Gesamtvolumens ablaufen, hat der Druck keinen Einfluss auf die Lage des Gleichgewichts.** Da 1 mol aller Gase (unter Standardbedingungen) 22,4 Liter Raum einnimmt, bedeutet dies: Ändern sich die stöchiometrischen Umsatzzahlen nicht ($a + b = c + d$), bleibt das Gleichgewicht erhalten.

Eine Druckänderung wirkt sich nur in einem geschlossenen System auf das Gleichgewicht aus. Je nach Reaktionsbedingung kann man eine Druckänderung oder eine Volumenänderung feststellen: Das System verringert den durch eine Volumenverkleinerung erzeugten Druck, indem es zugunsten der Seite abläuft, die die geringere Teilchenzahl aufweist und somit das kleinere Volumen benötigt. Dadurch fällt die Druckerhöhung weniger stark aus, als wenn die Gase zu keiner Reaktion fähig wären. Entsprechend verschiebt eine Volumenvergrößerung das Gleichgewicht in Richtung größerer Teilchenzahlen.

Die Lage des Gleichgewichts kann durch eine Druckerhöhung von außen beeinflusst werden:

1. bei konstantem Reaktionsvolumen durch weitere Zufuhr von Edukten,
2. bei veränderlichem Reaktionsvolumen durch Kompression.

Findet die Reaktion in einem offenen System statt, kann das bei der Reaktion entstehende Gas ständig entweichen. Dadurch wird ständig neues Gas produziert, das wiederum entweicht. Diese Störung des Gleichgewichts führt dazu, dass es sich nicht einstellen kann: die Reaktion verläuft vollständig zur Produktseite.

Für die Komponenten i eines Gasgemische gilt nach dem allgemeinen Gasgesetz

$$p_i \cdot V = n_i \cdot \Re \cdot T = m_i \cdot R_i \cdot T \tag{7.22a}$$

wobei

$\Re = 8314{,}4\,\text{J/kmol} \cdot \text{K}$	allgemeine Gaskonstante und
$R_i = \frac{\Re}{M_i}$	spezielle Gaskonstante [J/kg K]
$M_i = \frac{m_i}{n_i}$	molare Masse [kg/kmol]
n_i	Stoff-/Substanzmenge (stöchiometrische Umsatzzahl) [mol, kmol]

Die Partialdrücke p_i bzw. Volumenanteile der Komponenten sind von der Konzentration

$$p_i = \frac{n_i}{V} \cdot \Re \cdot T = c_i \cdot \Re \cdot T \tag{7.22b}$$

bzw. von den Stoffmengen

$$\psi_i = \frac{n_i}{\sum n_i} = \frac{p_i}{p_{\text{ges}}} = r_i = \frac{V_i}{V_{\text{gem}}} \tag{7.22c}$$

abhängig, wobei nach dem DALTONschen Gesetz der Gesamtdruck die Summe aus den Partialdrücken ist:

$$p_{\text{ges}} = \sum p_i \tag{7.23}$$

Dies bedeutet für die Gleichgewichtskonstante

$$K_C \cdot \Re \cdot T = \frac{c^c(C) \cdot c^d(D)}{c^a(A) \cdot c^b(B)} \cdot \Re \cdot T = \frac{p_C^c \cdot p_D^d}{p_A^a \cdot p_B^b} = K_p \tag{7.24}$$

also

$$K_p = K_C \cdot \Re \cdot T \quad \text{mit} \quad K_p = \frac{p_C^c \cdot p_D^d}{p_A^a \cdot p_B^b} \tag{7.25}$$

gilt. Durch Druckerhöhung wird das Gleichgewicht nach der Seite der Stoffe mit dem geringeren Partialdruck (Volumenanteil, Stoffmenge) verschoben; durch Druckminderung wird das Gleichgewicht nach der Seite der Stoffe mit dem größeren Partialdruck (Volumenanteil, Stoffmenge) verschoben.

Einfluss der Temperatur auf die Gleichgewichtslage
Wärmezufuhr bzw. Wärmeentzug bewirken eine Gleichgewichtsverschiebung, d. h. die Einstellung eines neuen Gleichgewichts mit veränderten Konzentrationen. Wärmeentzug begünstigt die Wärme liefernde (exotherme) Reaktion, Wärmezufuhr die Wärme verbrauchende (endotherme) Reaktion. Dadurch fällt die Temperaturänderung des Systems geringer aus als ohne Gleichgewichtsverschiebung. Eine **Temperaturänderung** führt immer zu einer Änderung der Gleichgewichtskonzentrationen. Welche Konzentration dabei zunimmt bzw. abnimmt, hängt davon ab, ob die Bildung der Produkte exotherm oder endotherm ist:

Störung	Art der Reaktion	Zunahme der
Temperaturerhöhung	exotherm	Edukte
	endotherm	Produkte
Temperaturerniedrigung	exotherm	Produkte
	endotherm	Edukte

Die Umwandlung von Wärme in eine andere Energieform (z. B. mechanische Arbeit) gelingt nur teilweise. Der Rest verbleibt als ungenutzte Wärme, d. h. ungeordnete Molekularbewegung. Dieser Energieanteil $Q = T \cdot dS$ ist von der theoretisch verfügbaren Enthalphie H abzuziehen. Diese sogenannte **Freie Enthalpie,** auch **GIBBS-Energie** G genannt, ist ein thermodynamisches Potential mit den unabhängigen Variablen Temperatur T, Druck p und Stoffmenge n. Die GIBBSsche Energie ist definiert nach JOSIAH WILLARD GIBBS

$$\Delta G = \underbrace{\Delta U + p \cdot V}_{\Delta H} - T \cdot \Delta S = \Delta H - T \cdot \Delta S \tag{7.26a}$$

In differentieller Schreibweise

$$dG = -S \cdot dT + V \cdot dp + \sum_i \mu_i \cdot dn_i \,, \tag{7.26b}$$

mit der inneren Energie U, dem Volumen V, der Entropie S, der Enthalpie H sowie dem chemischen Potential μ_i. Diese Gleichung ist maßgeblich für chemische Reaktionen, da diese sehr häufig an ein Druck- sowie an ein Temperatur-Reservoir gekoppelt sind. Je größer der Unterschied in der Freien Enthalpie ΔG^0 zwischen Edukten und Produkten ist, desto mehr liegt das Gleichgewicht auf der Seite mit der niedrigeren Freien Enthalpie. Tabelle 7.4 enthält die Freie Enthalphie für die wichtigsten Stoffe.

$$a \cdot A + b \cdot B \Leftrightarrow c \cdot C + d \cdot D$$

$$\Delta G^0_{\text{Reaktion}} = \sum \left(c \cdot \Delta G^0_C + d \cdot \Delta G^0_D\right) - \sum \left(a \cdot \Delta G^0_A + b \cdot \Delta G^0_B\right) \tag{7.27}$$

Ohne Beweis [3, 4] wird hier der Zusammenhang zwischen der Gleichgewichtskonstanten, der Freien Enthalphie und der Temperatur wiedergegeben:

$$\Delta G_T^0 = -\Re \cdot T \cdot \ln K_T \tag{7.28}$$

so dass die temperaturabhängige Lage des Gleichgewichts bestimmt wird durch

$$K_T = e^{-\frac{\Delta G_T^0}{\Re \cdot T}} = \exp\left(-\frac{\Delta G_T^0}{\Re \cdot T}\right) \tag{7.29}$$

Im Sinne der o. g. Ausführungen bedeutet dies:

1. $K > 1 \rightarrow \Delta G < 0 \rightarrow$ Gleichgewicht liegt auf der Seite der Endprodukte
2. $K = 1 \rightarrow \Delta G = 0 \rightarrow$ Gleichgewicht zu je 50 % bei den Ausgangs- und Endprodukten
3. $K < 1 \rightarrow \Delta G > 0 \rightarrow$ Gleichgewichtskonstante auf der Seite der Ausgangsstoffe

Pyrolyse

Pyrolyse (von griechisch: *pyr* = Feuer, *lysis* = Auflösung) ist die Bezeichnung für die thermische Spaltung chemischer Verbindungen, wobei durch hohe Temperaturen ein Bindungsbruch innerhalb von großen Molekülen erzwungen wird (thermische Spaltung, „Cracken“). Meistens geschieht dieses unter **Sauerstoffausschluss**, um die Verbrennung zu unterbinden ($\lambda = 0$). Es bilden sich gasförmige (CO, CO_2), flüssige (Bioöl) und feste (Holzkohle-) Komponenten. Man spricht dann auch von **Verschwelung**. Eine ältere Bezeichnung ist **Brenzen** oder **trockene Destillation**.

Auch beim Verkoken von Kohle und bei der Holzkohle-Herstellung bzw. Holzvergasung finden Pyrolysevorgänge statt, neben Holzkohle bzw. Koks entsteht brennbares Gas und Teer.

Beim Brandverhalten von Holz bezeichnet man als Pyrolyse auch den Zeitpunkt, an dem die oberste Holzschicht langsam verkohlt und somit für den Restquerschnitt eine wärmedämmende Schutzschicht bildet. Im sog. Temperaturbrandzeitkurvendiagramm geschieht die Pyrolyse in Phase 1 (Zündung) bei Temperaturen zwischen **200 bis 400 °C** (vgl. Abb. 7.6).

Bei der Herstellung von Kraftstoffen aus Biomasse kann die Pyrolyse (Abb. 7.7) ein Teilschritt der mehrstufigen Biokraftstoffherstellung sein (siehe BtL-Kraftstoffe in Kap. 9: BIOLIQ-Konzept des Forschungszentrums Karlsruhe; CHOREN, Freiberg; CUTEC, Clausthal). Bei der Direktverflüssigung (vgl. Abschn. 7.3) finden ebenfalls Pyrolysereaktionen statt.

Pyrolyseprodukte Generell entstehen Gase, Flüssigkeiten und Feststoffe. Die Mengenanteile und die Zusammensetzung hängen nicht nur vom Einsatzstoff, sondern auch von der Pyrolysetemperatur, den zugegebenen Hilfsstoffen, den Druckverhältnissen und der Behandlungsdauer ab. Je nach zu pyrolysierendem Produkt und Reaktionstemperatur entstehen z. B. eher langkettige oder kurzkettige Moleküle. Bei der Pyrolyse von Polymeren

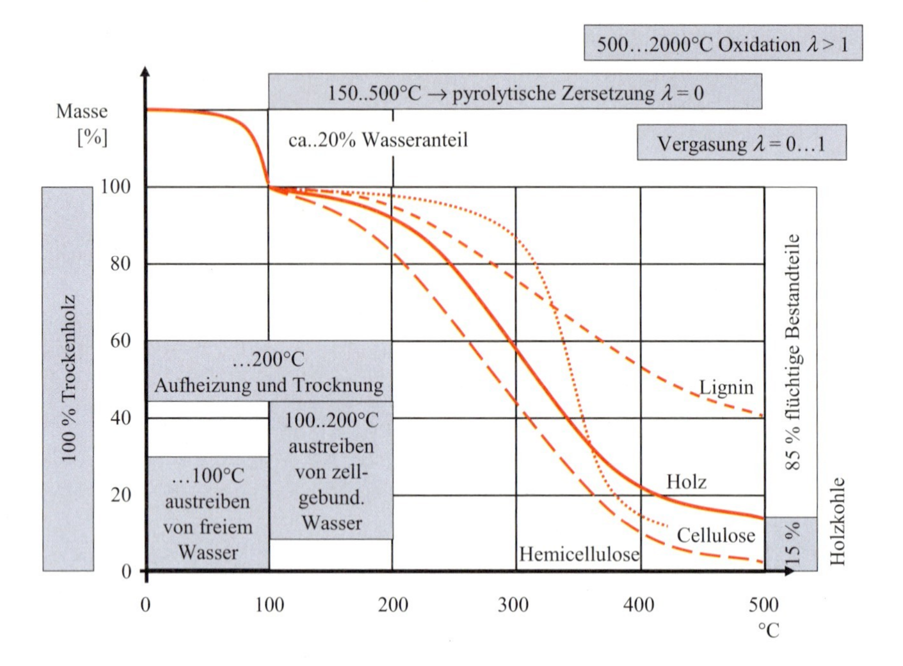

Abb. 7.6 Thermische Zersetzung von Holz und Holzbestandteilen; nach [1]

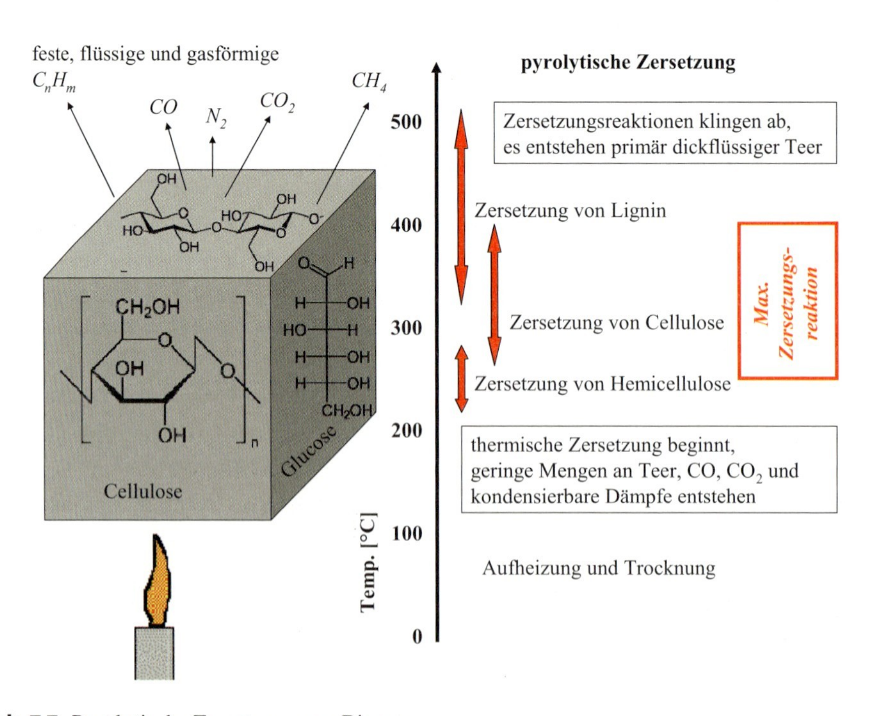

Abb. 7.7 Pyrolytische Zersetzung von Biomasse

entsteht in vielen Fällen das zugehörige Monomer[4] als bedeutsamer Anteil des Pyrolysegases. An Kältebrücken am Reaktor können dampfförmige Pyrolyseprodukte (z. B. Teeröl) kondensieren und möglicherweise an Undichtigkeiten heraustropfen.

Geschichte Die Trockendestillation ist eines der ältesten vom Menschen genutzten chemischen Verfahren. Die Trockendestillation von Birkenrinde lieferte Birkenpech, den ersten Klebstoff der Menschheitsgeschichte, der dem Frühmenschen zur Herstellung von Werkzeugen diente. Die Neandertaler verwandten schon vor mindestens ca. 45.000 Jahren das Birkenpech, um Stein und Holz ihrer Waffen und Werkzeuge miteinander zu verbinden. Der steinzeitliche Mensch, der 3340 v. Chr. auf dem Similaun starb und vor einigen Jahren als Gletschermumie „Ötzi" aufgefunden wurde, befestigte die Schäfte seiner Pfeile mittels Pflanzenfasern und Birkenpech. Auch zum Abdichten von Kanus und Schiffen wurde es genutzt.

Grundvarianten des Verfahrens Die **direkte Pyrolyse** erhitzt das zu pyrolysierende Gut durch Verbrennungsgase. Die erforderliche Wärme wird aus der Teilverbrennung der Biomasse gewonnen. Hier wird die Reaktionstemperatur durch die Luftzufuhr in einen geschlossenen Behälter gesteuert. Bei der **indirekten Pyrolyse** (abgeschlossener, von außen erhitzter Raum, z. B. Drehöfen) können gezielt sauerstofffreie Atmosphären eingestellt werden. Die Beheizung von außen erfolgt in den meisten Systemen durch heiße Gase. Das Verfahren wird auch zur Bodenreinigung und zur thermischen Verwertung von Müll eingesetzt.

Die **Flash-Pyrolyse** ist ein Mitteltemperatur-Prozess (ca. 475 °C), in dem Biomasse unter Sauerstoffabschluss sehr schnell erhitzt wird. Die entstehenden Pyrolyseprodukte werden schnell abgekühlt und kondensieren zu einer rötlich-braunen Flüssigkeit, die etwa die Hälfte des Heizwertes eines konventionellen Heizöles besitzt. Verfahren für schnelle und gute Wärmeübertragungen sind **Wirbelschichtreaktoren**, **ablative Verfahren** oder **allotherme Verfahren** unter Sauerstoffabschluss mit Dampfzugabe. Die Funktionsprinzipien werden in Abschn. 7.2 beschrieben. Die wesentlichen Merkmale der Flash-Pyrolyse sind:

- sehr hohe Aufheiz- und Wärmeübertragungsraten, die eine kleine Partikelgröße (2–5 mm) erfordern,
- Temperaturkontrolle im Bereich von ca. 475 °C sowie
- schnelles Abkühlen und Abscheiden der Produkte zur Erzielung hoher Flüssigkeitsausbeuten.

Die Flash-Pyrolyse ist im Gegensatz zur Holzverkohlung ein Verfahren, dessen spezielle Verfahrensparameter hohe Flüssigausbeuten ermöglichen. Das Hauptprodukt – Bio-Öl –

[4] **Monomere** sind niedermolekulare, reaktionsfähige Moleküle, die sich zu molekularen Ketten oder Netzen, zu unverzweigten oder verzweigten Polymeren, zusammenschließen können.

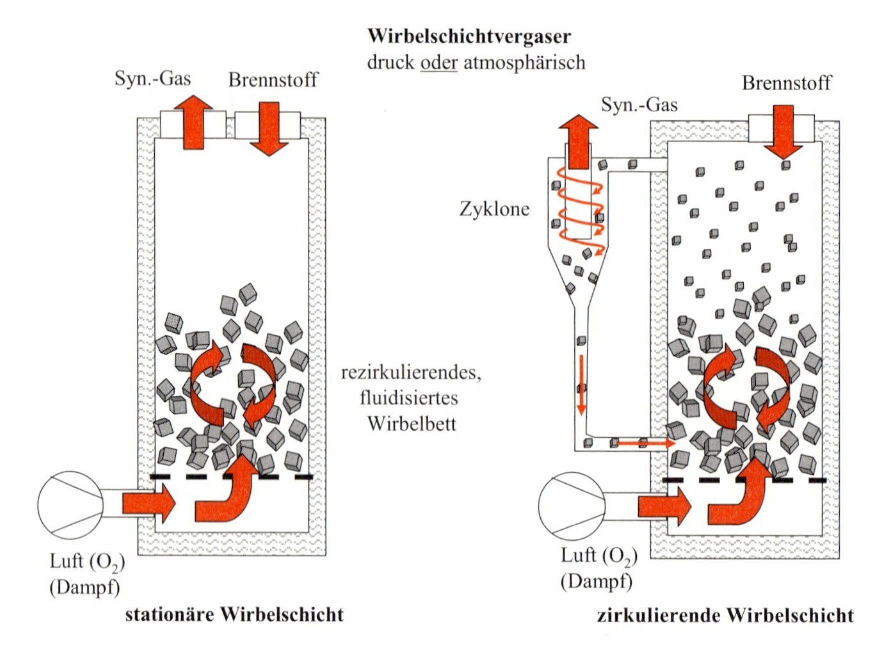

Abb. 7.8 Wirbelschichtvergaser

wird in Ausbeuten von ca. 75 % (bezogen auf trockenen Rohstoff) gewonnen. Zusätzlich entstehen als wertvolle Nebenprodukte Holzkohle (10–15 %) und Gas (15–20 %), die zur Erzeugung von Prozessenergie eingesetzt werden können, so dass – außer Asche – kein Abfall anfällt. Von den zahlreich entwickelten Reaktorkonfigurationen haben sich stationäre und zirkulierende Sandwirbelbett-Reaktoren durchgesetzt (vgl. Abb. 7.8), da sie relativ leicht beherrschbar sind und ihr Up-scaling problemlos ist. Die Verfahren für Holz können auch für andere organische Stoffe angewendet werden (Energiepflanzen, getrockneter Biomüll) und spielen eine zunehmende Rolle bei der Etablierung nachhaltiger Energieerzeugung.

Explosionssicherheit Ist die Temperatur der Reaktionskammer zu niedrig oder wird durch fehlerhafte Dichtungen beim Abkühlen Sauerstoff eingezogen, kann sich ein explosives Gemisch bilden. Ab ca. 450 °C reagiert der freie Sauerstoff jedoch sofort im Sinne einer Teilverbrennung mit dem brennbaren Reaktorinhalt (Gas, Kohlenstoff) und es können sich keine explosiven Gemische mehr bilden.

Vergasung

Die **Holzvergasung** ist ein physikalisch-chemisches Verfahren beim dem durch Pyrolyse oder Teilverbrennung unter Luftmangel („unterstöchiometrische Verbrennung“, $\lambda = 0 \ldots 1$) aus Holz das brennbare Holzgas entsteht (Abb. 7.9). Es sind Reaktionstemperaturen von mindestens 800 °C erforderlich [5].

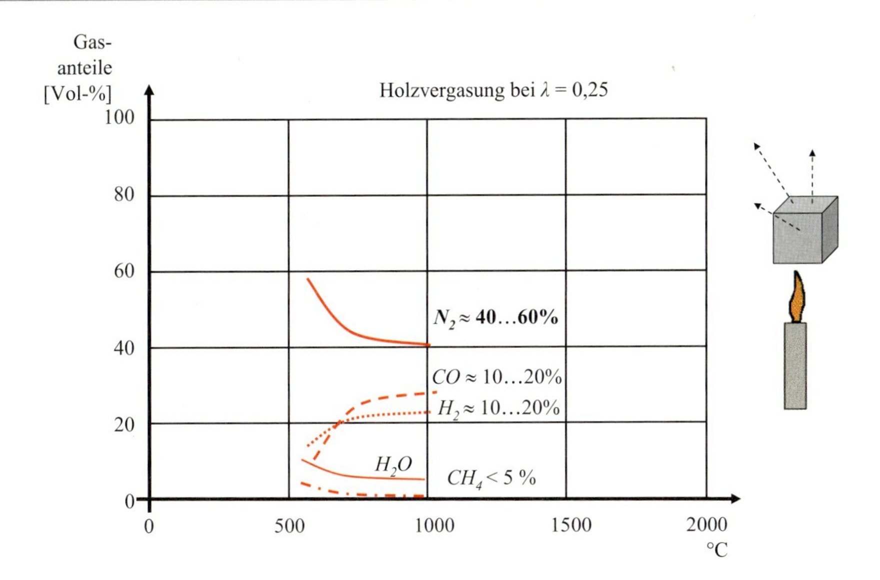

Abb. 7.9 Exemplarische Gaszusammensetzung der Holzvergasung bei $\lambda = 0{,}25$

Differenzierung Pyrolyse – Vergasung Ein eindeutiger Sprachgebrauch hat sich nicht etabliert; die Begrifflichkeiten verwischen hier in der allgemeinen Diskussion. Zumeist bezeichnet man mit dem Wort Vergasung Vorgänge, bei denen unter **Zugabe eines Vergasungsmittels (Dampf, Luft oder Sauerstoff)** der gesamte organische Gehalt des Einsatzstoffs in gasförmige Stoffe umgewandelt wird, wobei nur die mineralische Asche oder Schlacke zurückbleibt. Das Wort **Pyrolyse** wird im engeren Sinne für Vorgänge verwendet, bei denen neben den mineralischen Bestandteilen des Einsatzstoffs auch fester Kohlenstoff zurückbleibt. Dieser Rest wird bei nennenswertem Kohlenstoffgehalt auch als Pyrolysekoks bezeichnet.

Chemische Reaktionen Ziel der Vergasung ist es, unter Druck und Temperatur möglichst viele Makromoleküle in brennbare, leicht flüchtige, kurzkettige Kohlenwasserstoffe zu zerlegen:

$$\mathrm{C}_n\mathrm{H}_m \rightarrow \mathrm{CO}, \mathrm{CH}_4, \mathrm{H}_2$$

Die chemischen Reaktionen sind sehr komplex und schwer vorhersagbar. Die nachfolgenden Reaktionen laufen teilweise parallel ab:

Chem. Gas–Feststoffreaktion
vollständige Verbrennung/Oxidation:

$$\mathrm{C} + \mathrm{O}_2 \rightarrow \mathrm{CO}_2 \quad \Delta H = -393{,}5\,\mathrm{kJ/mol} \tag{7.30}$$

unvollständige Verbrennung/Oxidation:

$$C + \frac{1}{2}O_2 \rightarrow CO \quad \Delta H = -110{,}5\,\text{kJ/mol} \tag{7.31}$$

Wassergasreaktion:

$$C + H_2O \rightarrow CO + H_2 \quad \Delta H = \text{fl.} + 175{,}5/\text{gasf. } 131\,\text{kJ/mol} \tag{7.32}$$

Boudouard-Reaktion:

$$C + CO_2 \rightarrow 2\,CO \quad \Delta H = +172{,}5\,\text{kJ/mol} \tag{7.33}$$

hydrierende Vergasung:

$$C + 2H_2 \rightarrow CH_4 \quad \Delta H = -75\,\text{kJ/mol} \tag{7.34}$$

Chem. Gas–Gas–Reaktionen (Dampfreformierung)
Shift-Reaktion:

$$CO + H_2O \rightarrow CO_2 + H_2 \quad \Delta H = -41\,\text{kJ/mol} \tag{7.35}$$

Methanisierung

$$CO + 3H_2 \rightarrow CH_4 + H_2O \quad \Delta H = -206\,\text{kJ/mol} \tag{7.36}$$

Beispiele [6]

1. Die Umsetzung von glühendem Koks mit Wasserdampf zur Erzeugung von Wassergas verläuft endotherm (vgl. Wassergasreaktion). Sie würde durch Abkühlung des Koks zum Stillstand kommen, wenn nicht durch unterstöchiometrische Zufuhr von Luft (als Vergasungsmittel) die exotherme Kohlenmonoxidbildung (vgl. unvollständige Oxidation) durchgeführt würde.
2. Beim Boudouard-Gleichgewicht verläuft die Bildung des Kohlenmonoxid endotherm, der Zerfall in Kohlendioxid und Kohlenstoff exotherm. Die Lage des Gleichgewichts kann durch Druck und Temperatur beeinflusst werden; vgl. Abb. 7.10.

Die nachfolgende Tab. 7.5 und Abb. 7.11 zeigen typische Gaszusammensetzungen bei der Holzvergasung.

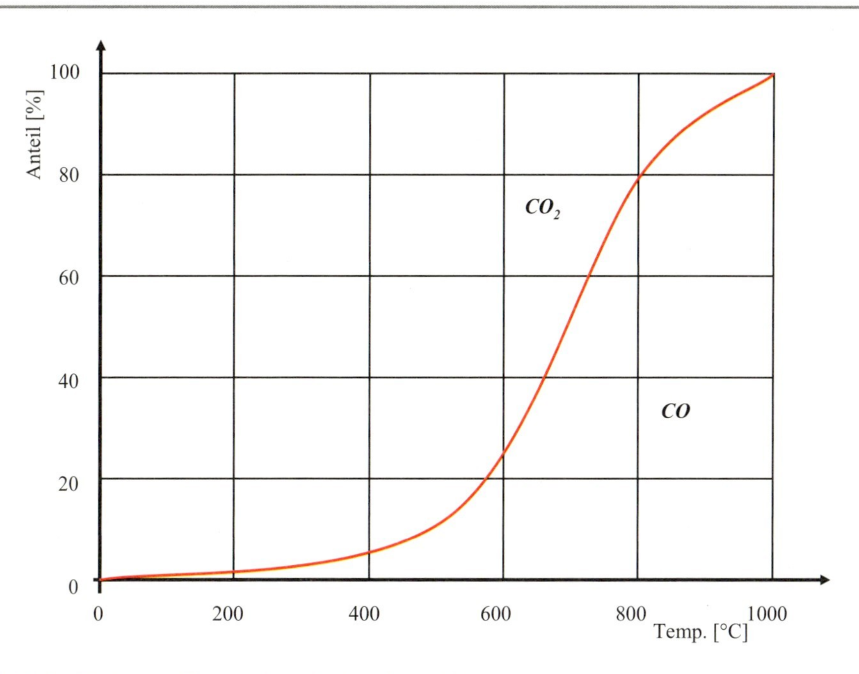

Abb. 7.10 Gleichgewichtsverhalten der Boudouard-Reaktion

Tab. 7.5 Typische Gaszusammensetzungen des trockenen Produktgases bei atmosphärischer Vergasung von holzartiger Biomasse nach [1]

Komponente	Anteil [Vol.-%]	Mittelwert [Vol.-%]
H_2	6...19	12,5
CO	9...21	16,3
CO_2	11...19	13,5
CH_4	3...7	4,4
langkettige Kohlenwasserstoffe C_{2+}	0,5...2	1,2
N_2	42...60	52
Heizwert [MJ/Nm^3]	3,0...6,5	5,1

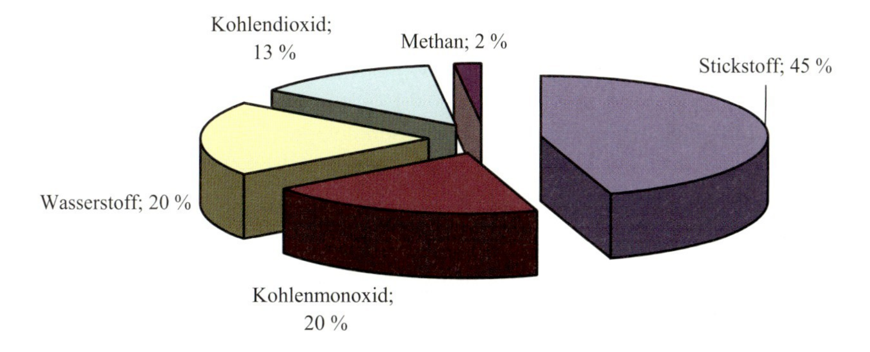

Abb. 7.11 Durchschnittliche Holzgasbestandteile; nach www.holzgas.com/

7.2 Funktionsprinzipien

7.2.1 Holzvergasersysteme

Der **Holzvergaser**, auch **Holzkohlevergaser**, **Holzgaserzeuger** oder **Holzgasgenerator**, wird mit Brennholz befüllt. Bei Temperaturen **oberhalb von 800 °C** entweicht aus dem Holz das brennbare Gasgemisch (Holzgas), das zu **ca. 40 Vol-%** aus **brennbaren Bestandteilen**, hauptsächlich Kohlenstoffmonoxid CO, Wasserstoff H_2 sowie kleineren Anteilen von Methan CH_4 und anderen Kohlenwasserstoffen, bestehen. Die langkettigen Kohlenwasserstoffe (Teer) zerfallen bei ca. 900 bis 1200 °C in gasförmige Bestandteile.

In **Holzvergaser-Heizkesseln** wird das Holz in einem Teil des Heizkessels zu Gas umgewandelt, das in einem weiteren Teil des Kessels mit relativ gutem Wirkungsgrad zu Heizzwecken in einer so genannten „zweistufigen Verbrennung" verbrannt wird. Diese Holzvergaser-Heizungskessel erreichen etwa die Nutzungswerte einer modernen Öl- oder Gasheizung und zeichnen sich im Vergleich zu einfacher Holzverbrennung durch erheblich verbesserte Abgaswerte aus.

Dieses Gas kann daher u. a. auch dazu benutzt werden, mit einem Verbrennungsmotor mechanische Energie zu erzeugen (Holzgasmotor). Georg Imbert entwickelte ab 1923 für einen Opel Adler Diplomat 3 GS einen Gleichstromvergaser[5], der von 1939 bis 1948 vereinzelt für Nutzfahrzeuge genutzt wurde.

Festbettvergasung Im Festbett liegen die Holzscheite oder -späne wie in einem normalen Feuerofen auf einem Gitterrost. Die Festbettvergasung kann im Gegenstrom- oder im Gleichstromverfahren ausgeführt werden; vgl. Abb. 7.12.

Im **Gegenstromverfahren** wird die Luft durch das Gitterrost und das verbrennende Holz nach oben abgesaugt. Die darüber liegenden Holzschichten verbrennen nur teilweise und verschwelen zu Holzgas, das am oberen Ende des Ofens abgezogen wird. Luft und Holzgas bewegen sich in entgegengesetzte Richtung (im Gegenstrom) zum langsam absinkenden Holz. Das Gas hat eine relativ niedrige Temperatur von meistens etwa 100 °C und enthält wegen der stattfindenden Trocknung und Verschwelung des Holzes entsprechend viel Wasserdampf und organische Bestandteile, die bei weiterer Abkühlung zum Holzgaskondensat kondensieren. Das Kondensat ist in der Regel recht sauer (pH-Wert ca. 3, im Wesentlichen verursacht durch Teer, Ameisen- und Essigsäurebestandteile). Ca. 20 bis 40 % des Energieanteils können noch im Teer gebunden sein. Ein Vorteil des Gegenstromvergasers besteht in der Fähigkeit, Brennstoffe mit hohem Feuchtigkeitsgehalt (bis 50 %) und Brennstoffe mit niedrigem Schlackeschmelzpunkt (z. B. Stroh) zu vergasen. Soll das Gas in einem Motor verwendet werden, ist wegen der hohen Schadstoffbelastung eine aufwendige Gasreinigung erforderlich [5].

[5] Gleich- und Gegenstrom bedeuten hier: Holzaufspeisung und Holzgas haben die gleiche oder entgegengesetzte Bewegungsrichtung im Reaktor.

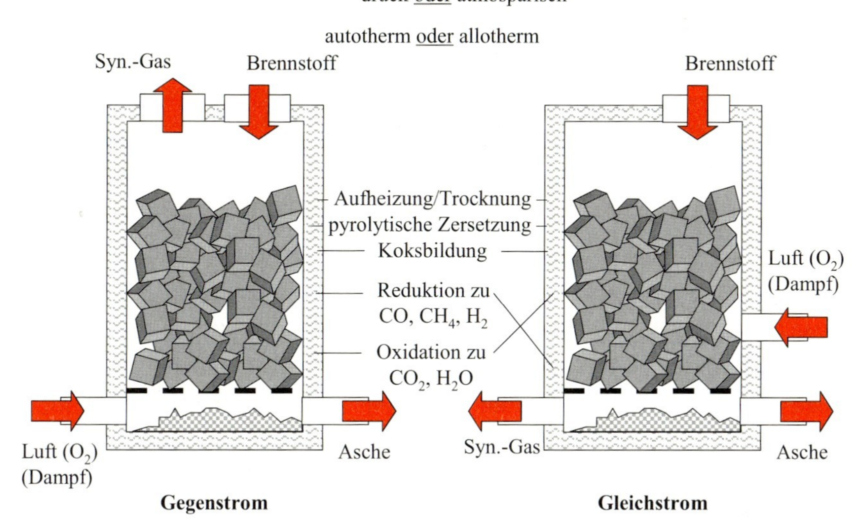

Abb. 7.12 Festbettvergaser in Gegen- und Gleichstrombauweise

Holzbefeuerte **Gleichstromvergaser** wurden im Zweiten Weltkrieg auch für den Fahrzeugantrieb genutzt. Dabei wird die Luft unmittelbar über dem Gitterrost direkt in die heiße Vergasungszone des Ofens zugeführt und unter dem Gitterrost abgesaugt. Holzgas und Luft bewegen sich im Bereich des Gitterrostes in gleicher Richtung (im Gleichstrom). Die Temperatur des Holzgases liegt hier wesentlich höher (mehrere hundert °C) und das Gas enthält, da es vor dem Verlassen des Ofens eine sehr hohe Temperatur hat, deutlich weniger organische Bestandteile im Kondensat (Teer). Das Kondensat ist leicht basisch (aus den Ammoniak-(NH_3) und Ammonium-(NH_4)-Verbindungen, die bei der Verbrennung unter Sauerstoffabschluss entstehen). Für Brennstoffe mit einem niedrigen Ascheschmelzpunkt (z. B. Stroh) ist das Verfahren weniger geeignet, weil es hier im Reaktionsbereich zu Verklumpungen führen kann. Außerdem sind Brennstoffe mit einem niedrigen Wassergehalt erforderlich (max. 25. . . 30 % Restfeuchte) [5].

Bei der **atmosphärischen Vergasung** wird der Druck im Vergaser nahe dem Umgebungsdruck gehalten. Dieses Verfahren wirkt sich positiv auf die Kosten der Vergaserkonstruktion und die Sicherheit des Vergasungsbetriebes aus. Sämtliche Verbindungen zum Vergaserinnenraum müssen somit nicht übermäßig druckdicht ausgeführt werden. Bei leichter Unterdruckfahrweise (erreichbar durch einen Saugzug am kalten Ende des Vergasungsprozesses) kann ein Austreten von Produktgas unterbunden werden. Sehr geringe Leckmengen durch Eintreten von Umgebungsluft werden durch den Prozess kompensiert.

Unter **Druckvergasung** versteht man Reaktionsbedingungen im Vergaser, die mit einem höheren Druck als der Umgebung arbeiten. Vorteile der Druckvergasung sind kleinere Volumenströme, und die Möglichkeit das Gas ohne zusätzliche Verdichtung in den nachfolgenden Nutzungsprozessen (z. B. Gasturbine) einsetzen zu können. Ein zusätzlicher Vorteil entsteht durch die Verschiebung von Reaktionsgleichgewichten hin zu gewünschten Produktgas-Komponenten.

Wirbelschichtvergasung Beim **Wirbelschicht-Vergaser** handelt es sich im Prinzip um eine Wirbelschichtfeuerung, die mit Luftmangel betrieben wird und so durch die unvollständige Verbrennung des Holzes das gewünschte Holzgas liefert. Das Holz wird hier in Form von Hackschnitzeln oder Sägemehl in den Brennraum eingebracht.

Die **Wirbelschichtfeuerung** ist eine Feuerung, die in einer Wirbelschicht aus zerkleinertem Brennstoff und heißer Verbrennungsluft stattfindet. Der Brennstoff wird über dem Düsenbett in der Schwebe gehalten und fluidisiert. Die zerkleinerten Brennstoffpartikel haben eine große Oberfläche, so dass ein guter Ausbrand erfolgen kann. Die starke turbulente Strömung hat einen sehr guten Impuls- und Wärmeaustausch zur Folge, so dass eine gleichmäßige Temperatur in der Wirbelschicht herrscht. Die Verbrennungstemperatur wird durch den eingebrachten Luft- und Brennstoffmassenstrom bestimmt. Die Temperatur wird so eingestellt, dass die Bildung schädlicher Gase (CO, NOx) möglichst gering ist. Bei der Wirbelschichtfeuerung können sehr geringe Stickoxidemissionen eingehalten werden, da eine relative niedrige Verbrennungstemperatur ohne Temperaturspitzen gefahren werden kann (Stickoxide entstehen nur bei hohen Temperaturen).

Es muss je nach der Eigenschaft der Brennstoffe Sand zur Fluidisierung in die Wirbelschicht zugegeben werden. Es wird unterschieden zwischen der stationären und der zirkulierenden Wirbelschicht:

1. bei der **stationären Wirbelschicht** wird die aus dem Brennraum ausgetragene Asche abgezogen.
2. die **zirkulierende Wirbelschicht** hat hinter dem Brennraum eine Zyklone (Abscheider), über den die abgeschiedene Asche mit einem gewissen Anteil von unverbranntem Brennstoff wieder in den Brennraum zurückgeleitet wird.

Eine **Zyklone** ist ein Fliehkraftabscheider, manchmal auch Zyklonabscheider genannt. Hier werden feste oder flüssige Partikel durch Fliehkräfte aus einem Gas herausgeschleudert. Das Gas wird durch die Strömungsführung in eine Drehbewegung versetzt. Durch die wirkenden Zentrifugalkräfte sammeln sich die Partikel im äußeren Bereich, das grob vorgereinigte Gas kann in der Mitte der Zyklone abgezogen werden.

Abb. 7.13 Flugstromvergaser

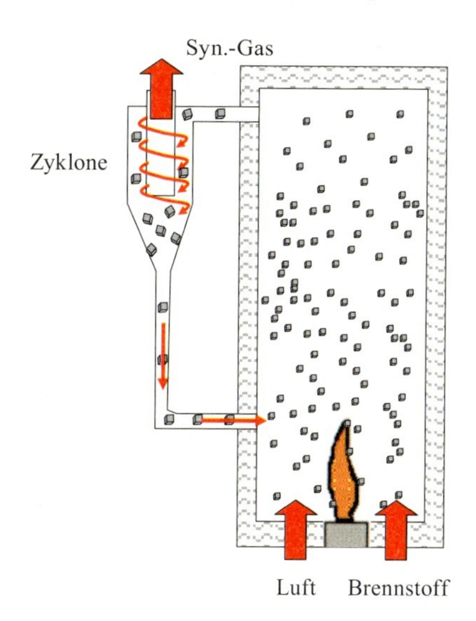

Flugstromvergasung (Abb. 7.13) Unter einer **Flugstromvergasung** versteht man ein spezielles Verfahren zur Vergasung. Im Gegensatz zur Wirbelschicht (bei der die Partikel in Schwebe gehalten werden), werden hier die Teilchen mit dem Luftstrom mitgerissen. Vom Wirkprinzip handelt es sich um einen Hochtemperatur-Gleichstromvergaser (bis zu 2000 °C), der neben gasförmigen und flüssigen auch primär staubförmige Ausgangsstoffe verarbeitet. Ein Vorteil des Verfahrens ist, dass durch die sehr hohen Temperaturen die Bildung von Teer weitgehend unterdrückt und andere organische Schadstoffe zerstört werden. Im Gegensatz zu Festbett- und Wirbelschichtvergasern kann der Flugstromvergaser auch mit Gasen und Flüssigkeiten (z. B. als Stützflamme) betrieben werden. Durch die Rezirkulation der Koksreste kann bei hohem thermischem Wirkungsgrad der Ausgangsstoff vollständig vergast werden. Als Katalysator der Reaktion dient meist Nickel auf Al_2O_3, CaO, MgO-Trägern.

Mit festen Brennstoffen werden Flugstromvergaser nur **autotherm**[6] betrieben. Der Brennstoff wird dabei zu ca. 0,1 mm feinem Staub vermahlen, mit dem Vergasungsmittel aus Wasserdampf und Sauerstoff bzw. Luft gründlich gemischt und in einer ca. 1300 °C heißen Staubflamme umgesetzt. Der Staub reagiert durch die kleine Korngröße und guter

[6] Als **autotherm** werden chemische Reaktionen bezeichnet, bei denen eine exotherme und eine endotherme Reaktion parallel verlaufen, so dass der Gesamtprozess unabhängig von äußerer Wärmezufuhr ist.

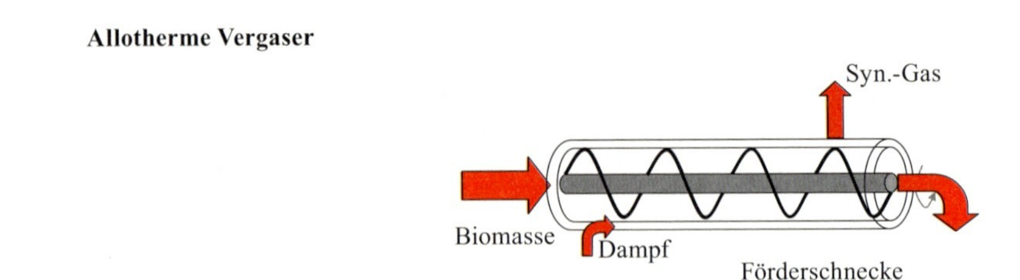

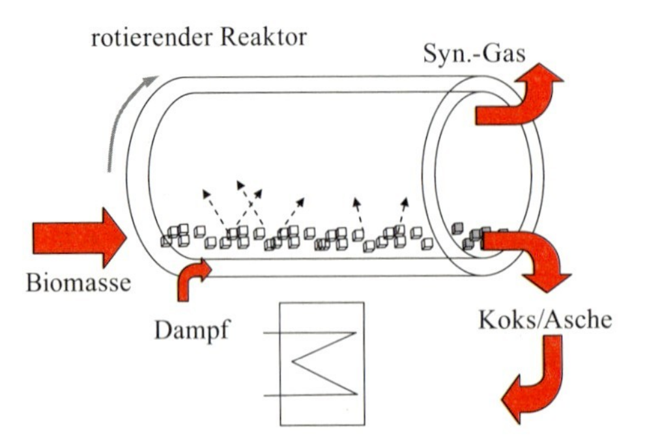

Abb. 7.14 Allotherme Vergaser

Luftdurchmischung sehr schnell (ca. 1 Sek.) und entwickelt sehr hohe Temperaturen. Das entstehende Synthesegas enthält viel Staub, weil auch die Aschebestandteile fein verteilt werden, schmelzen und bei der hohen Temperatur teilweise sublimieren (vom festen in den gasförmigen Zustand übergehen). Ein Teil der geschmolzenen Asche wird ausgetragen oder schlägt sich als Schlackenmantel auf der Reaktoroberfläche nieder.

Wegen der sehr hohen Synthesegastemperatur kann ein Teil der Energie durch chemisches Quenchen[7] mittels eingeblasenem Kokspulver zurückgewonnen werden. Durch die endotherme Vergasungsreaktion $C + H_2O \rightarrow CO + H_2$ kühlt sich das Synthesegas auf 900...1000 °C ab, ohne dass nennenswerte Mengen an Teer gebildet werden. Das nicht umgesetzte Kokspulver wird abgeschieden und kann rezirkulieren. Flugstromvergaser werden atmosphärisch oder unter Druck (30...40 bar) betrieben.

Bei der **allothermen Vergasung**[8] (Abb. 7.14) wird die erforderliche Wärme für den Pyrolysevorgang über eine Wärmeübertragerfläche von außen auf den Reaktor aufgebracht. Wesentlicher Vorteil dieses Verfahren ist die Erzeugung von Prozessgas mit hohem

[7] **Quenchen** = in der Verfahrenstechnik das schockartige Abkühlen heißer Gase durch Einspritzen von Flüssigkeiten, um dadurch schnell und sicher ungefährliche Temperaturen eines Gases zu erreichen und gleichzeitig die Gase von Schadstoffen zu befreien.

[8] Als **allotherm** werden chemische Reaktionen bezeichnet, bei denen eine äußere Wärmezufuhr notwendig ist. Der Gegensatz dazu sind **autotherme** Reaktionen.

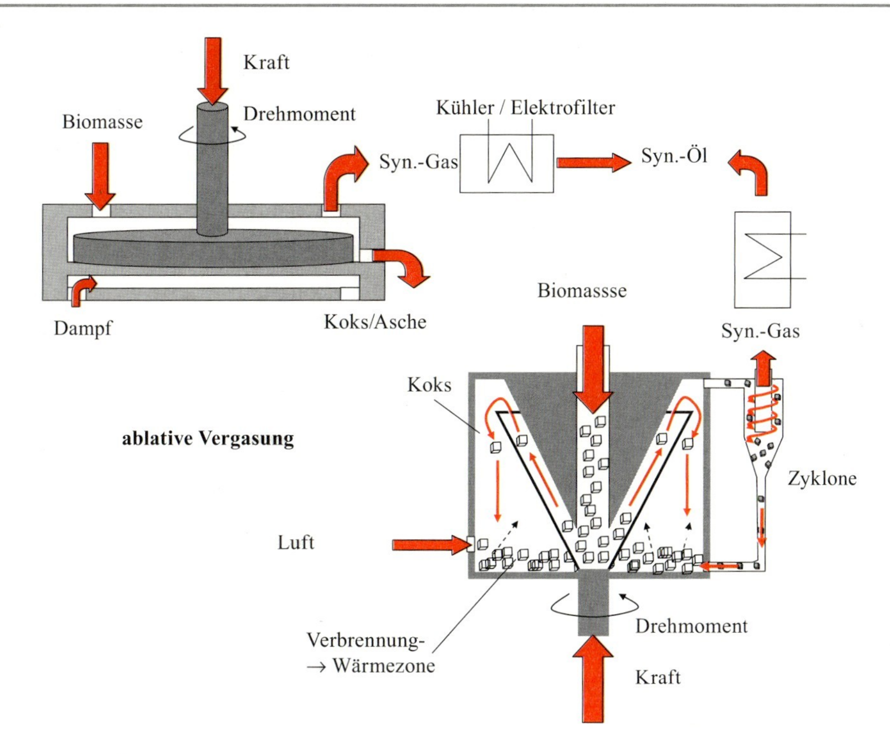

Abb. 7.15 Ablative Vergasung

Heizwert (hauptsächlich Wasserstoff und Kohlenmonoxid). Durch den allothermen Wärmeeintrag wird das Prozessgas nicht mit zusätzlichen Rauchgasen belastet.

Ähnliche Qualität erhält man durch Wärmeeinbringung mit **Wasserdampf als Vergasungsmittel**. Nach der Pyrolyse wird dem Prozessgas der Dampf durch Kondensation wieder entzogen, so entsteht auch hier ein Gas mit hohem Heizwert. Die entstehenden Rückstände bei der Vergasung (Koks) werden dem Dampferzeuger als Energieträger zugeführt, dadurch erhöht sich der Gesamtwirkungsgrad der Anlage.

Reaktoren mit ablativer Wirkung[9] (Abb. 7.15): Ablation bedeutet die Entfernung eines Materials durch Abschmelzen. Übertragen auf die Pyrolysetechnologie bedeutet dies, dass Biomassepartikel durch einen direkten Kontakt mit einer heißen Reaktoroberfläche pyrolytisch zersetzt werden. Dabei werden die Holzpartikel an der Kontaktfläche durch die eingebrachte therm. Energie regelrecht zum Schmelzen gebracht; vgl. Abb. 7.16.

---

[9] Die Bezeichnung **Ablativ** leitet sich vom lateinischen *(casus) ablativus* ab. Entsprechend dieser Bezeichnung ist der Ablativ zunächst eine Trennung beziehungsweise Wegbewegung.

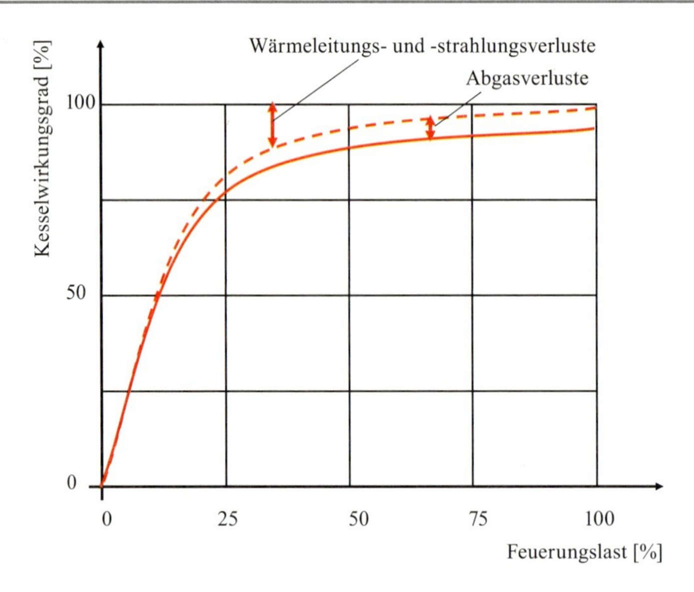

Abb. 7.16 Kesselwirkungsgrad (schematisch)

7.2.2 Verkokung

Koks ist ein poröser, stark kohlenstoffhaltiger Brennstoff mit hoher spezifischer Oberfläche, der in Kokereien aus asche- und schwefelarmer Fettkohle (Braun- oder Steinkohle) durch Wärmeeinwirkung unter Sauerstoffabschluss (Pyrolyse) erzeugt wird.

Bei dem Vorgang der so genannten *Verkokung* werden die flüchtigen Bestandteile entfernt, indem sie in einem Ofen unter Luftausschluss bei mehr als 1000 °C erhitzt werden, so dass der feste Kohlenstoff und die verbleibende Asche verschmelzen. Das Pyrolysegas kann weiter genutzt werden, der Koksrückstand bildet einen wertvollen Energieträger (Holzkohle).

7.2.3 Hausfeuerungsanlagen

Zur Auslegung einer Kesselanlage ist eine **Wärmebedarfberechnung** durchzuführen. Nachfolgend wird eine einfache Überschlagsrechnung zum Gebäudeenergieausweis nach der Energieeinsparverordnung (EnEV) für das Beispiel aus Anhang 15.1 und 15.2 wiedergegeben:

Anhaltswerte

1 Ltr Heizöl =	1 m³ Erdgas =	10 kWh

Verbrauchsdaten:

Wärme	Heizöl		Ltr/a x 10 =	0 kWh/a
	Erdgas		m³/a x 10 =	0 kWh/a
	Fernwärme			17000 kWh/a
Warmwasser				
		4	Personen x 1000 kWh =	4000 kWh/a
Heizleistung				13000 kWh/a

Wohnfläche	160 m² →	81,25 kWh / m² a

Grenzwert:

Sanierung lohnt sich, wenn größer als **150 kWh / m² a**

Kalkulationsdaten:

Jährliche Vollbenutzungsstunden nach VDI 2067	1760 Std / a
entspricht:	20% des Jahres
Normwärmebedarf [kWh-Wärme/Volllast-Std] =	**9,66 kW**
installierte Wärmeleisung gem. Versorger	18 kW

Anhaltswerte http://www.energieberatung-flensburg.de/

KfW-40-Haus	40 kWh / m² a
KfW-60-Haus	60 kWh / m² a
EnEV-Neubau	100 kWh / m² a
teilmodernisiertes Gebäude	200 kWh / m² a
nicht modernisiertes Gebäude	400 kWh / m² a

Eine **Holzheizung** erzeugt Wärme durch Verbrennen von Holz. Handelsübliche Formen von Energieholz sind Stückholz, Holzbriketts, Holzpellets und Hackschnitzel.

Teillastverhalten Bei Teillast geht der Wärmeverbrauch zurück, die Brennstoff- und Luftzufuhr wird entsprechend zurückgefahren. Im Feuerungsraum wird die Wärme durch Strahlung – vgl. Gl. (3.4) – und Konvektion übertragen

$$\dot{Q} = \dot{Q}_{\text{Konv}} + \dot{Q}_{\text{Str}} = \alpha \cdot A \cdot (T - T_W) + \varepsilon \cdot \sigma_S \cdot A \cdot \left(T^4 - T_W^4\right) \tag{7.37}$$

Die Wirkmechanismen für Teillast kann man besser erkennen, wenn die Terme zusammenfasst werden

$$\dot{Q} = \dot{Q}_{\text{Konv}} + \dot{Q}_{\text{Str}} = \alpha_{\text{St}}^* \cdot A \cdot (T - T_W) \tag{7.38}$$

wobei der Strahlungs-Wärmeaustauschkoeffizient bei dieser Definition [7] stark temperaturabhängig wird

$$\alpha_{\text{St}}^* = \alpha + \varepsilon \cdot \sigma_S \cdot \frac{\left(T^4 - T_W^4\right)}{T - T_W} \tag{7.39}$$

Bei Teillast sinkt Strahlungs- und konvektiver Wärmeanteil wegen der verminderten Stoff- und Energieumsetzung. Der Feuerraum ist für Teillast im Vergleich zum Nennbetriebspunkt „zu groß dimensioniert". Der Kesselwirkungsgrad sinkt stark ab (vgl. Abb. 7.16).

Der **Kesselwirkungsgrad** berücksichtigt zusätzliche Verluste

$$\eta_K = \frac{\dot{Q}_{\text{Nutz}}}{\dot{Q}_{\text{zu}}} = \frac{\dot{Q}_{\text{zu}} - \dot{Q}_V}{\dot{m}_B \cdot H_U} = 1 - q_{uA} - q_{\text{Abg}} - q_{\text{VSt}} - q_{\text{VL}} \tag{7.40}$$

nämlich die auf die Energiezufuhr bezogenen

$$q_{uvA} = \frac{\dot{Q}_{uvA}}{\dot{m} \cdot H_U} \quad \text{Verluste durch unverbrannte Anteile}$$

$$q_{\text{Abg}} = \frac{\dot{Q}_{\text{Abg}}}{\dot{m} \cdot H_U} = \frac{m_{\text{Abg}} \cdot c_{p\text{Abg}} \cdot \Delta T_{\text{Abg}}}{\dot{m} \cdot H_U} \quad \text{Abgasverluste}$$

$$q_{\text{VSt}} + q_{\text{VL}} \quad \text{Verluste durch Strahlung und Leitung}$$

Abbildung 7.16 zeigt den Kesselwirkungsgrad in Abhängigkeit von der Last.

Da Volllaststunden nur an wenigen Tagen des Jahres erwartet werden können, arbeitet der Kessel also primär bei Teillast (Kesselnutzungsgrad < Kesselwirkungsgrad). Für eine energieeffiziente Kesselnutzung ist es also zweckmäßiger, den Kessel eher kleiner auszuwählen. Wobei der Wärmebedarf für Spitzenzeiten (z. B. durch häufiges Duschen) hier die begrenzende Größe darstellt.

Aussagekräftiger ist daher der **Jahresnutzungsgrad**, er beschreibt das Verhältnis von genutzter Heizwärme zu zugeführter Feuerungswärme über ein Heizjahr und enthält nach VDI 2067 und 3808 auch Stillstands- und Bereitschaftsverluste. Meist liegt der Jahresnutzungsgrad nur bei etwa 50...70 %. Bei kleinen Auslastungen nehmen die Bereitschaftsverluste überproportional zu.

Die **Emission** von Feinstaub, polyzyklischen aromatischen Kohlenwasserstoffen (PAK) und Ruß bei Holzheizungen hängt von der Auswahl des Kessels ab, ist jedoch auch bei Verwendung erlaubter Brennstoffe deutlich höher als bei Gas- oder Ölheizungen vergleichbarer Leistungen.

In Klein-Holzheizungen (private Kamine oder Öfen bis zu einer Nennleistung von 15 kW) dürfen nur die in § 3 der 1. BImSchV, Nr. 1–4 sowie 5a genannten Brennstoffe verwendet werden, also naturbelassenes, stückiges oder zu Presslingen verarbeitetes Holz. Die Verbrennung lackierter, gestrichener oder imprägnierter Hölzer ist verboten. Die Verbrennung behandelter Hölzer kann nachträglich durch eine Rußprobe nachgewiesen werden, eine Überprüfung findet aber nur im Verdachtsfalle statt.

Seitdem die in der 22. BImSchV im Jahre 2002 festgelegten Grenzwerte für Feinstaub in Deutschland verbindlich sind (ab 1. Januar 2005), werden gesetzliche und technische Maßnahmen zur Begrenzung der Feinstaubemissionen durch Holzheizungen diskutiert. Seitens der Gesetzgebung ist zu erwarten, dass auch für Anlagen mit einer Leistung kleiner 15 kW Emissions-Grenzwerte festgesetzt werden. Darüber hinaus erlassen Kommunen bereits heute Auflagen bei der Errichtung (bis hin zu Verboten z. B. in Stadtgebieten).

Abb. 7.17 Holzpelletofen

Beim **Naturzugkessel** wird die Zuluft über eine thermostatisch oder von Hand eingestellte Öffnung geregelt. Dadurch ist es zwar möglich, die Leistung zu regeln, es kommt jedoch zu unvollständiger Verbrennung und damit erhöhten CO-Emissionen.

Holzpelletsheizung (Abb. 7.17) **Holzpelletkessel** bieten den Komfort der klassischen Öl- oder Gasheizung, weil der Betrieb automatisiert ist (Beschickung durch Förderschnecke, Entzündung durch Heißluft und Kesselreinigung durch Rütteln). Aufgrund des definierten Grades an Restfeuchte der Pellets und geregelter Verbrennung entstehen geringe Aschemengen. Moderne Pelletheizungen haben einen guten Wirkungsgrad (90...95 %) und geringe Abgaswerte.

Holzpellets sind genormte, zylindrische Presslinge aus getrocknetem, naturbelassenem Restholz (Sägemehl, Hobelspäne, Waldrestholz) mit einem Durchmesser von ca. 4–10 mm und einer Länge von 20–50 mm. Sie werden ohne Zugabe von chemischen Bindemitteln unter hohem Druck gepresst und haben einen Heizwert von ca. 5 kWh/kg; vgl. Tab. 7.6 und 7.7 sowie Abb. 7.18 und 7.19. Damit entspricht der Energiegehalt von einem kg Pellets ungefähr dem von einem halben Liter Heizöl.

Die Qualitätsanforderungen für den genormten Brennstoff sind in Deutschland in der DIN 51731 festgelegt. Seit Frühjahr 2002 ist zusätzlich ein neues Zertifikat, die „DIN plus", erschienen, das die Vorzüge der DIN 51731 und der ÖNORM M 7135 vereint und darüber hinaus Anforderungen an Abriebfestigkeit und Prüfverfahren stellt.

Tab. 7.6 Zusammensetzung von Pellets

Element	Anteil
Kohlenstoff	49 %
Sauerstoff	43 %
Wasserstoff	6 %
Stickstoff	1 %
Wasser	1 %

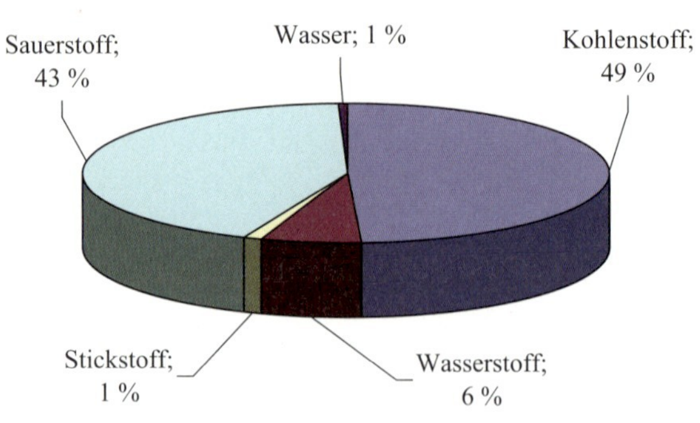

Abb. 7.18 Zusammensetzung von Pallets in Tortenform

Tab. 7.7 Pelletnorm (DIN 51731)

Eigenschaften	Grenzwert
Durchmesser d	4–10 mm
Länge l	$\leqslant 5 \cdot d$ mm
Rohdichte ρ	$\geqslant 1$ kg/dm^3
Schüttdichte	ca. 650 kg/m^3
Heizwert H_U	$\geqslant 17{,}5$ MJ/kg
Energiegehalt	4,9–5 kWh/kg
Wasseranteil	$\leqslant 12$ %
Abrieb	$\leqslant 2{,}3$ %
Aschegehalt	$\leqslant 1{,}5$ %
Schwefelgehalt	$\leqslant 0{,}08$ %
Stickstoffgehalt	$\leqslant 0{,}3$ %
Chlorgehalt	$\leqslant 0{,}3$ %

Abb. 7.19 Pelletnorm (DIN 51731)

Pellets werden im Gegensatz zu fossilen Energieträgern als CO_2-neutral bezeichnet. Dies bedeutet, dass bei der Verbrennung der Pellets die Menge an Kohlenstoffdioxid (CO_2) freigesetzt wird, die die Pflanze zuvor beim Wachsen aufgenommen hat. Emissionen, die durch den Pressvorgang und den Transport verursacht werden, sind in dieser Bilanz natürlich nicht enthalten.

Holzvergaserkessel Der **Holzvergaserkessel** (vgl. *Festbettvergaser* s. o.) ist eine Variante des Stückholzkessels. Durch die verfahrenstechnische Trennung von Vergasung und anschließender Nachverbrennung können (im Vergleich zu anderen Festbrennstoffkesseln) sehr niedrige Schadstoffemissionen und sehr hohe Wirkungsgrade erreicht werden.

Im Falle des *Gleichstromvergasers* (s. o.) wird der Kessel durch eine Brennerplatte in eine Ober- und eine Unterkammer geteilt. In der Oberkammer wird das Stückholz chargenweise auf der Brennerplatte geschichtet. Die leicht flüchtigen Bestandteile werden bereits hier thermisch umgesetzt. Schwer brennbare Bestandteile werden im Bereich der Holzkohle bei etwa 1100 °C thermisch zersetzt und vergasen.

Die Verbrennung wird – je nach Bauart – von einem Saugzugventilator im Abgasstrom oder einem Druckgebläse im Frischluftkanal unterstützt. Die Luftzufuhr teilt sich im Kessel in Primär- und Sekundärluft. Die Primärluft wird der Oberkammer zugeführt, mit ihr werden die Vergasung und damit auch die Kesselleistung gesteuert. Die Sekundärluft wird in der Unterkammer dem Holzgas zu dessen vollständiger Verbrennung zugeführt. Die Optimierung der Primär- und Sekundärluftzufuhr erfolgt separat durch Messung des Restsauerstoffgehalts mittels **Lambdasonde**.

Wie alle Holzkessel benötigt auch ein Holzvergaserkessel eine **Rücklauftemperaturanhebung**, damit die Bildung aggressiver Kondensate und Teerablagerungen bei Rücklauftemperaturen unter 55 °C vermieden werden.

Holzvergaserkessel haben einen höheren Wirkungsgrad und deutlich niedrigere Emissionswerte als die Naturzugkessel, da ein geregeltes Gebläse für die richtige Luftzufuhr bei der Verbrennung sorgt.

Der Holzvergaserkessel wird i. Allg. manuell beschickt. Wegen des Bedienkomforts sollen zwischen den Beschickungsvorgängen möglichst lange Zeitintervalle liegen. Deshalb wird der Kessel in der Regel mit einem möglichst großen Wärmespeicher (**Pufferspeicher**) kombiniert. So kann der Kessel über lange Zeiträume im günstigen Volllastbetrieb Wärme erzeugen. Für Holzkessel über 15 kW Leistung ist daher nach der BImSchV (Bundesimmissionsschutzverordnung) ein Puffer vorgeschrieben. Die Puffergröße muss mindestens 25 l je kW Kesselleistung betragen. Für Spitzenbedarfe sollte das Puffervermögen aber oberhalb 50 l je kW Kesselleistung liegen (Wärmekomfort z. B. fürs Duschen).

Holzhackschnitzel **Hackschnitzel** bzw. **Holzhackschnitzel** sind zerkleinertes Holz (z. B. mit Häckslern) und dienen als Rohstoff für die holzverarbeitende Industrie (z. B. Pressspanplatten, Holzfaserdämmplatten), für den Pilzanbau oder direkt als Brennstoff z. B. für Heizkraftwerke oder für Hackschnitzelheizungen. Hackschnitzelkessel bieten ebenfalls den Komfort der klassischen Öl- oder Gasheizung, weil der Betrieb automatisiert ist (Beschickung durch Förderschnecke, Entzündung durch Heißluft und Kesselreinigung durch Rütteln). Aufgrund der geregelten Verbrennung (mittels Lambdasonde) entstehen geringe Aschemengen.

Eigenschaften Die Hackschnitzeln bestehen zu 100 % aus Holz; Brennwert rund 4,0 kWh (= 14,4 MJ) je kg (je nach Holzart, bei ca. 20 % Wassergehalt). Sie sind mittels Förderschnecken zur automatischen Beschickung geeignet. Dichte ca. 0,2 t/m^3, Schüttwinkel ca. 45°.

7.3 Anwendungsbeispiele

Nachfolgend wird von verschiedenen Demonstrationsprojekten der DTU (Danmarks Tekniske Universitet) [5] und exemplarisch ausgewählten, kommerziellen Projekten berichtet. Es soll damit der Stand der Technik und zukünftige Handlungsfelder dargestellt werden:

Gegenstromvergaser Kyndby – DK Mit einer Pilotanlage wurden von 1988 bis 1997 Vergasungsversuche mit Stroh in einem Gegenstromvergaser durchgeführt. Dabei zeigten sich die folgenden Problembereiche:

1. Bei der Brennstoffbeschickung kam es zu Verstopfung und damit zu einer ungleichmäßigen Brennstoffzufuhr. Dies führte zur Verschlechterung des Vergasungsprozesses (Durchbrenntendenzen) sowie schlechte und schwankende Gasqualitäten.
2. Es kam zu Inhomogenitäten der Brennstoffschichten, d. h. das Stroh verklumpte in kalten Bereichen.
3. Nicht umgesetztes Strohkoks wurde mit dem Synthesegas aus dem Vergaser ausgetragen.

Die ergriffenen Gegenmaßnahmen zeigte folgende Wirkung:

1. Durch Einbau eines Rührwerkes sollten die Verklumpungen vermieden werden. Es zeigte sich jedoch, dass durch diese Maßnahme teilpyrolysiertes Strohkoks vermahlen und damit als fluidisiertes Strohpulver mit ausgetragen wurde. Die Staubbelastung im Synthesegas stieg und in den kalten Zonen kam es zur Verklumpungen und Verdichtungen, so dass teilweise gasundurchlässige Schichten entstanden, die eine gleichmäßige Wärmübertragung und eine gleichmäßige Glutschicht behinderten.
2. Durch den Wechsel des Brennstoffes von Stroh auf Holzhackschnitzel konnten mit der gleichen Anlage bessere Betriebsergebnisse erzielt werden. Durch die bessere Granulatstruktur und die Bildung von relativ stabilem Holzkoks verbesserten sich die Vergasungsergebnisse.

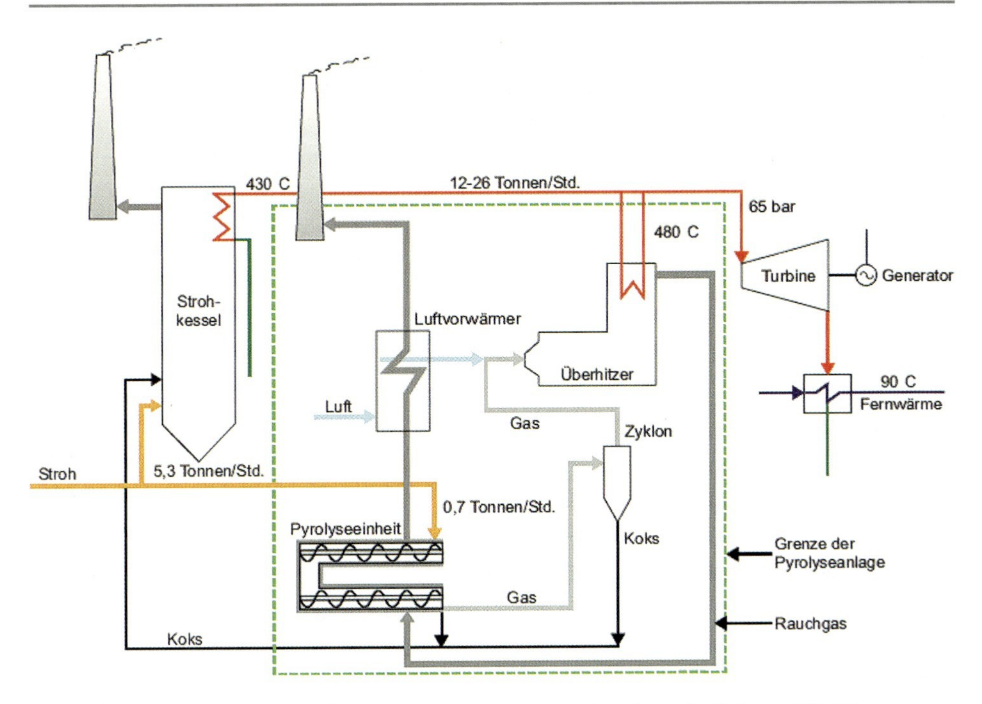

Abb. 7.20 Pyrolyseeinheit und Kraft-Wärme-Kopplung Heizkraftwerk Haslev – DK [5]

Strohpyrolyseanlage Haslev – DK (Abb. 7.20) Aus der Thermodynamik ist bekannt, dass der effektive Wirkungsgrad eines Dampfturbinenprozesses durch hohe Dampftemperaturen und -drücke verbessert werden kann.

Hohe Dampftemperaturen werden jedoch durch die so genannte **Hochtemperaturkorrosion** (catastrophic corrosion/hot corrosion) begrenzt: Die Metallverbindungen des Kesselwerkstoffes wirken im Verbrennungsprozess katalytisch. Es bilden sich flüssige, stark haftende Ascheschmelzen (Oxyde, Karbonate, Sulfate). Sie haben keinen Schmelzpunkt, sondern Schmelzbereiche, die sich aus den einzelnen Schmelzpunkten der verschiedenen Verbindungen ergeben. Die Asche mit der höchsten, vom Schmelzpunkt abhängigen Korrosionsrate ist z. B. eine Verbindung aus Natriumsulfat (Na_2SO_4) und Vanadiumpentoxyd (V_5O_5). Die Natriumverbindung senkt die Hafttemperatur und erhöht die Korrosivität der Schmelze. Als äußerst kritisch gilt das Verhältnis von Natrium zu Vanadium bei ungefähr 1 zu 3. Der Schmelzbereich beginnt dann unterhalb von 500 °C, die Hafttemperaturen bereits deutlich darunter. Die anhaftende Asche ist stark korrosiv, es wird daher versucht, mit der Dampftemperatur ausreichend weit unterhalb der kritischen Hafttemperaturen (<500 °C) zu bleiben, um korrosive Ablagerungen auf der Rauchgasseite der Heizflächen zu vermeiden.

Stroh hat einen relativ **hohen Chlor- und Alkaligehalt**[10]. Deshalb ist es für Kesselfeuerungen mit hohen Dampfwerten nicht geeignet.

Ziel der hier vorgestellten Pyrolyseeinheit ist es, den Wirkungsgrad des Dampfprozesses durch Zwischenüberhitzung (vgl. Abschn. 12.2) zu erhöhen, wobei der Zwischenüberhitzer nur mit Pyrolysegas befeuert wird. Das Pyrolysegas wird mit einer Zyklone grob vorgereinigt und enthält daher primär kurzkettige Kohlenwasserstoffe, die Chlor- und Alkalirückstände verbleiben im Koksrest. Erosion, Belagbildung und Korrosion an den Überhitzerheizflächen werden so weitgehend vermieden.

Durch Einführung der Pyrolyseeinheit zur Zwischenüberhitzung soll also der Verstromwirkungsgrad für hausmüll- und biomassebefeuerte KWK-Konzepte verbessert werden. Für die hier vorgestellte Anlage liefen seit 1987 Vorversuche, seit 1996 wurden der Versuchsbetrieb und einzelne Modifikationen vorgenommen. Es handelt sich hierbei um eine schneckenbasierte Pyrolyseeinheit mit Manteltemperaturen von ca. 600 °C. Es wird dadurch eine Pyrolysetemperatur von ca. 550 °C bei einem Strohdurchsatz von 675 kg/Std. (mit H_U ca. 4 kWh/kg $\rightarrow$ ca. 2,7 MW) erreicht. Es stehen ca. 1 MW Pyrolysegas und 1,7 MW Koks zur Verfügung (Wirkungsgrad 1/1,7 = 58,8 %). Durch den guten Heizwert des Strohkoks können Schwankungen in der Strohqualität bei der Feuerung ausgeglichen werden, so dass eine konstante Kessellast erreicht wird (aufgrund der niedrigeren Dampftemperatur besteht hier ja nicht die Gefahr der Hochtemperaturkorrosion). Teilmengen des Strohkoks können (nach Herstellerangaben!) auch als Aktivkohleersatz zur Rauchgasreinigung genutzt werden. Als Alternativbrennstoff wird in den Wintermonaten auch Trockenschlamm aus der Region eingesetzt.

Holzgegenstromvergasung Harboore – DK Bei der projektierten Holzhackschnitzelvergasung einem modifizierten zweistufigen Gegenstromvergaser werden 4 MW Holzhackschnitzel nach einer Gasaufbereitung über zwei **Gasmotoren** mit zusammen 1,4 MW_{el} verstromt (vgl. Abschn. 12.1). Der elektrische Wirkungsgrad beträgt somit 1,4 MW/4,0 MW = 32,5 %; mindestens die gleiche Energiemenge steht in Form von Kühlwasser- und Abgaswärme zu Heiz- und Vorwärmzwecke als Kraft-Wärme-Koppelung zur Verfügung.

[10] Als **Alkalien** (arab. al-qali = Pottasche) werden Substanzen bezeichnet, die mit Wasser alkalische Lösungen (Laugen) bilden. Zu dieser nicht eindeutig definierten Substanzgruppe zählen insbesondere die Oxide und Hydroxide der Alkali- und Erdalkalimetalle. Alkalien gehören zur Gruppe der Basen.

Als **Alkalimetalle** werden die chemischen Elemente Lithium, Natrium, Kalium, Rubidium, Caesium und Francium aus der 1. Hauptgruppe des Periodensystems bezeichnet.

Der Name **Erdalkalimetalle** bezeichnet die Elemente der 2. Hauptgruppe des Periodensystems. Die Bezeichnung leitet sich von den beiden benachbarten Hauptgruppen, den Alkalimetallen und den Erdmetallen ab. Ihr gehören die stabilen Elemente Beryllium (Be), Magnesium (Mg), Calcium (Ca), Strontium (Sr) und Barium (Ba) an.

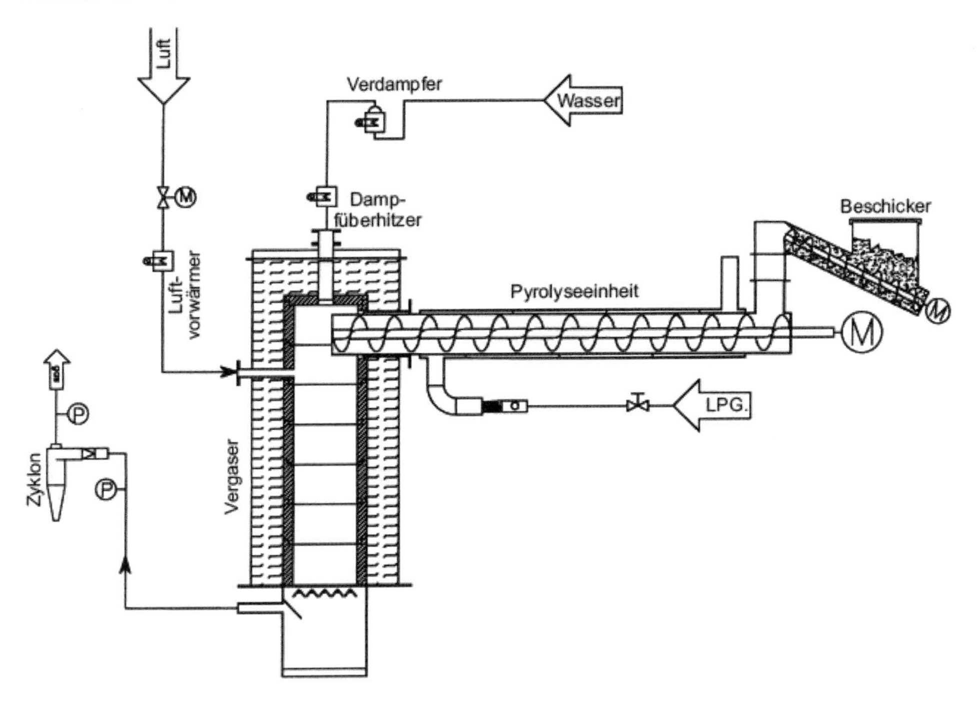

Abb. 7.21 100 kW-Zweistufenvergaser [5]

Zweistufenvergasung Blaere – DK (Abb. 7.21) Für einen landwirtschaftlicher Betrieb in Blaere (DK) wurde eine Pilotanlage der DTU (Danmarks Tekniske Universitet) mit einem Zweistufenvergaser für 400 kW-Brennstoffleistung und einen 100 kW Gasmotor entwickelt und erprobt. Der Vergaser besteht in der ersten Stufe aus einem erdgasbeheizten[11] Pyrolyserohr (zukünftig soll die Beheizung aber mit Abwärme erfolgen) und in der zweiten Stufe aus einem nachgeschalteten Gleichstromvergaserreaktor mit Luft und Dampf als Vergasungsmittel. Die Grobreinigung des Gases erfolgt mittels Zyklone.

Gleichstromvergaser Hoegild – DK Hier soll trockenes Industrieholz über einen Gleichstromvergaser sowie einen nachgeschalteten Nasswäscher und einen Feinfilter mit einem Gasmotor verstromt werden. Im Nennbetriebspunkt sollen 500 kW Brennstoffleistung gasmotorisch zu ca. 120 kW_{el} gewandelt werden. Dies entspricht einem Wirkungsgrad von ca. 20 %. Die Abwärme wird in das Fernwärmenetz eingespeist. Versuche mit Holzhackschnitzeln lieferten keine zufrieden stellenden Ergebnisse.

Kraft-Wärmekopplung mit einem Stirling-Motor Technisch interessant ist auch eine Demonstrationsanlage für einen landwirtschaftlichen Betrieb bei Salling (DK) mit einem 35 kW-Stirling-Motor i. V. mit einem Holzhackschnitzelkessel. Beim Stirling-

[11] LPG = Liquid Petrol Gas

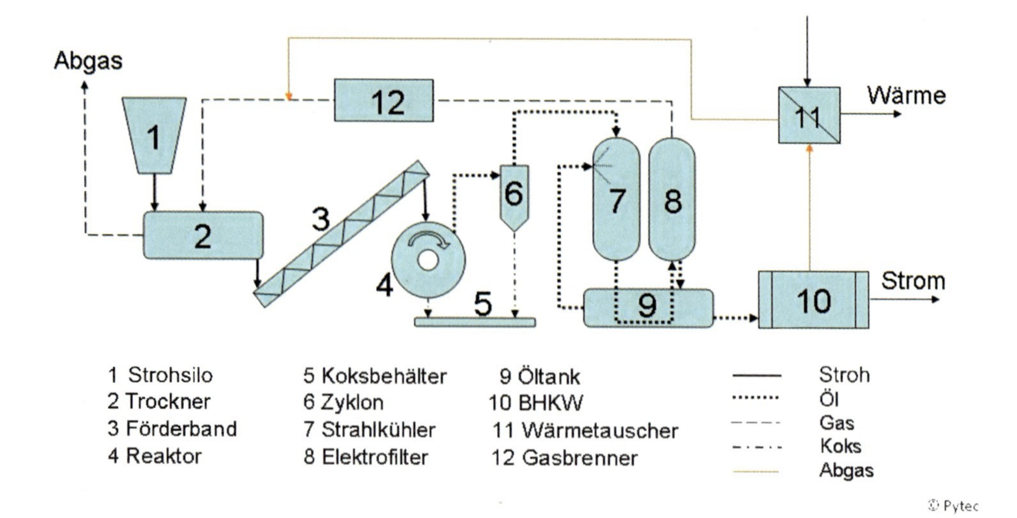

Abb. 7.22 Ablative Strohverflüssigung; Quelle: www.pytec.de

Motor (vgl. Kap. 12) erfolgt die Energiezufuhr im Gegensatz zum Otto- oder Dieselmotor über externe Wärmetauscher. Schwankungen in der Brennstoffqualität können daher relativ gut verarbeitet werden.

Kommerzielle Anlagenkonzepte mit kombinierten Pelletheizungen in Verbindung mit einem Stirling-Motor sind auf dem Markt verfügbar.[12]

Ablative Strohverflüssigung[13] (Abb. 7.22) Das Stroh wird in einem Strohsilo (1) gesammelt und über den Trockner (2), der von einem Gasbrenner beheizt wird, auf ein Förderband (3) transportiert. Am Ende des Förderbandes schließt ein Trichter an. Hier fließt das Stroh auf einem Rüttelsieb kontinuierlich zu. Die Strohpyrolyse erfolgt mit einem Revolversystem (4). Es wird zunächst axial, in die revolverförmig angeordneten Kammern und dann auf die senkrecht dazu angeordnete Ablationsscheibe gepresst. In diesem Reaktor wird das Stroh bei einer Temperatur von ca. 550 °C mittels Hydraulikzylinder an die Ablationsschreibe gepresst und pyrolysiert dort. Es entsteht ein Gas-Flüssigkeitsgemisch (Aerosol), das weiter in die Zyklone (6) zur Vorreinigung geleitet wird. Die Reststoffe (Koks) werden im Koksbehälter (5) gesammelt.

Das nun vorgereinigte Aerosol, wird in einem Strahlkühler (7) mit Pyrolyseöl beregnet; ca. ein Drittel kondensiert im Öl; die anderen zwei Drittel werden im Elektrofilter[14] (8) als Öl zurückgehalten und im Öltank (9) gesammelt. Unkondensierbare Gase dienen

[12] z. B. www.sunmachine.com/animation.htm

[13] www.pytec.de

[14] **Elektrofilter**, auch: EGR (Elektrische Gasreinigung), Elektro-Staubfilter, Elektrostat (engl.: ESP = electrostatic precipitator) sind Anlagen zur Abscheidung von Partikeln aus Gasen, die auf dem elektrostatischen Prinzip beruhen. Da es sich strenggenommen um keinen Filter im klassi-

Tab. 7.8 Eigenschaften von Pyrolyseöle (Durchschnittswerte nach www.pytec.de)

Wassergehalt	20–35 %
pH	2–3
Dichte	1,2 g/cm^3
Kohlenstoff	56 %
Wasserstoff	7 %
Sauerstoff	37 %
Stickstoff	0,1 %
dyn. Viskosität (40 °C, 20 % H_2O)	4–10 Pa s
Feinpartikel	< 0,3 %
Heizwert	16–18 MJ/kg

zur Beheizung des Trockners (2). Das Pyrolyseöl wird mit den Durchschnittswerten nach Tab. 7.8 direkt in einem Blockheizkraftwerk (10) dieselmotorisch in elektrische Energie umgewandelt. Die Abwärme aus dem BHKW wird ebenfalls zu Trocknungszwecke genutzt.

Verunreinigungen der Biomasse werden vor der Zuführung in die Anlage in einem Wasserbad abgeschieden. Der Spalt an der Ablationsschreibe beträgt im Normalfall 3 mm. Werden dennoch Fremdkörper eingetragen, so wird der Spalt zwischen Revolver und Reaktorscheibe bis auf 5 cm vergrößert, so dass die Verunreinigung nicht den ablativen Prozess behindert.

Ziel ist es eine gleich bleibende Pyrolyseöl-Qualität zu erreichen, Qualitätsschwankungen werden z. Zt. durch gute Durchmischung in einem Mischbehälter ausgeglichen.

Feststoffvergaser[15] Das Funktionsprinzip des Feststoffvergasers lässt sich anhand der Bedienoberfläche nach Abb. 7.23 darstellen. Die Biomasse wird in einem Schubbodencontainer in Form von Hackschnitzeln oder geschreddertem Material angeliefert. Über eine Dosierschnecke und eine Zellradschleuse gelangt das Material in die Pyrolyseschnecke (**Bewegtbettvergasung**). Diese ist teilweise im Inneren des heißen Reaktors angeordnet. Dadurch wird die Pyrolyseschnecke von außen beheizt, die Biomasse trocknet und entgast. Bei der Abgabe gasförmiger Substanzen verliert der Restfeststoff der Biomasse einen Großteil der Festigkeit und wird zu einer holzkohleartigen Substanz mit einer Körnung kleiner 10 mm. Über einen Fallschacht und eine Eintragsschnecke werden die gasförmigen und festen Pyrolyseprodukte mit einer Temperatur von ca. 350 bis 400 °C in die heiße Reaktionszone eingetragen und bei Temperaturen im Bereich von 950 °C mit einem Wasserdampf-Luftgemisch umgesetzt. Die heiße Reaktionszone verlässt einerseits ein ascheartiger Feststoff mit einem Restkohlenstoffgehalt von etwa 20 Prozent, andererseits entweicht ein energiereiches Gas, das zu jeweils etwa 20 Prozent aus Kohlenmonoxyd und Wasserstoff besteht. Dieses energiereiche Gas gibt einen Großteil der

schen Sinne handelt, ist die wissenschaftlich korrekte Bezeichnung Elektroabscheider oder Elektro-Staubabscheider.

[15] www.be-sys.com

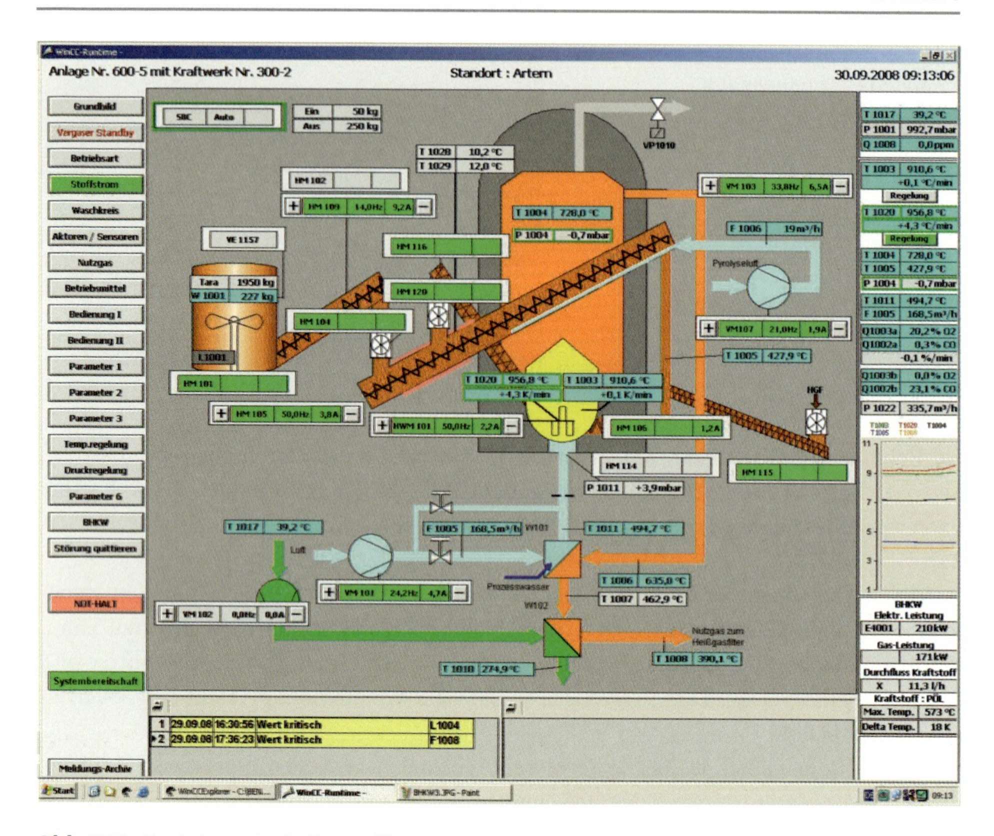

Abb. 7.23 Funktionsprinzip Feststoffvergaser; Quelle: www.be-sys.com

fühlbaren Wärme an das Pyrolyserohr ab, wo die Wärme auf einem Temperaturniveau von etwa 350 °C genutzt wird. Da der Pyrolysereaktor unmittelbar oberhalb der Hauptreaktionszone positioniert wurde, gibt es auf diesem Weg praktisch keine Wärmeverluste. Danach wird die Wärme des so auf etwa 600 °C abgekühlten Gases zur Aufwärmung des Vergasungsmittels auf ca. 200 °C genutzt.

Das gereinigte und abgekühlte Gas wird einem Zündstrahlmotor mit einem relativ hohen Hubraum und geringer Nenndrehzahl zugeführt. Dieser nach dem Dieselprinzip arbeitende Motor hat konstruktionsbedingt einen Wirkungsgrad bis 40 Prozent. Die Zündstrahlmenge wird so geregelt, dass eine intensive und schnelle chemische Umsetzung des Gases erfolgen kann und somit zündverzugbedingte Wirkungsgradverringerungen vermieden werden. Abbildung 7.24 zeigt eine weitere Konstruktionsvariante eines Feststoffvergasers.

Direktverflüssigung: Unter Direktverflüssigung versteht man die einstufige thermochemische Niedertemperatur-Umwandlung eines festen organischen Rohstoffes in ein flüssiges organisches Hauptprodukt [9]. Dazu gehören Verfahrensvarianten wie

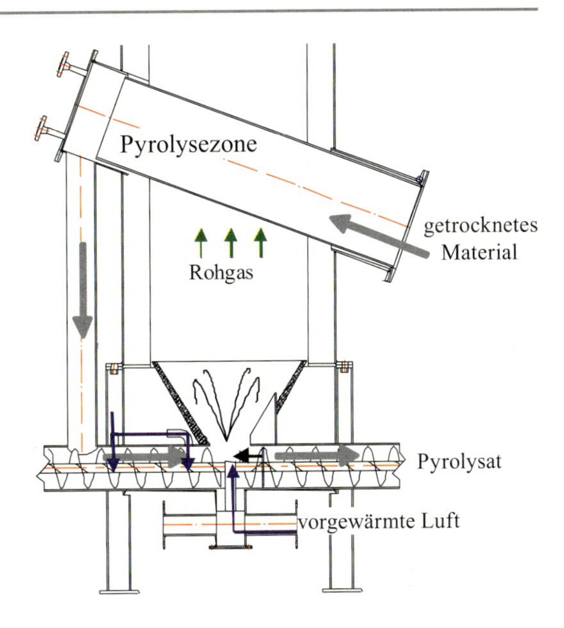

Abb. 7.24 Vergaser nach BENDIX [8]

- Thermolyse bzw. Niedertemperaturpyrolyse in inerter Atmosphäre wie zum Beispiel bei der Flashpyrolyse,
- Solvolyse unter Anwendung organischer oder wässriger Lösungsmittel im unter- und überkritischen Bereich,
- Deoxygenierung und/oder Hydrogenolyse unter Anwendung reduzierender und/oder hydrierender Reaktionsmedien und
- Kombinationen dieser Varianten.

Alle Verfahrensvarianten können durch den Einsatz von Katalysatoren unterstützt werden. Der übliche Temperaturbereich liegt zwischen 300 und 500 °C. Angewandte Druckbereiche reichen von Vakuum über Atmosphärendruck bis in den Hochdruckbereich der Größenordnung von 30 MPa (300 bar).

Hier werden exemplarisch zwei Verfahren nach WILLNER [9, 10][16] vorgestellt:

1. **Katalytische Niederdruck-Direktverflüssigung (NDDV)** Hier wird die Biomasse mit Hilfe von temperaturbeständigen, hochsiedenden Startölen (z. B. kommerzielle Wärmeträgeröle) bei Temperaturen von 300 bis 500 °C in einem gasdichten, verschließbaren Druckbehälter (Autoklav) thermische aufgebrochen (quasi „gekocht"). Die dabei entstehenden flüssigen „Biorohölphasen" reichern sich im Startöl an. Man spricht daher von einem „Sumpfphasenprozess" oder auch „Reaktivdestillation". Wegen der Kombination von effektivem Wärme- und Stofftransport sowie den Um-

[16] Forschungs- und Transferzentrum Regenerative Energien und Verfahrenseffizienz (REEVE), http://www.haw-hamburg.de/ftz-reeve.html

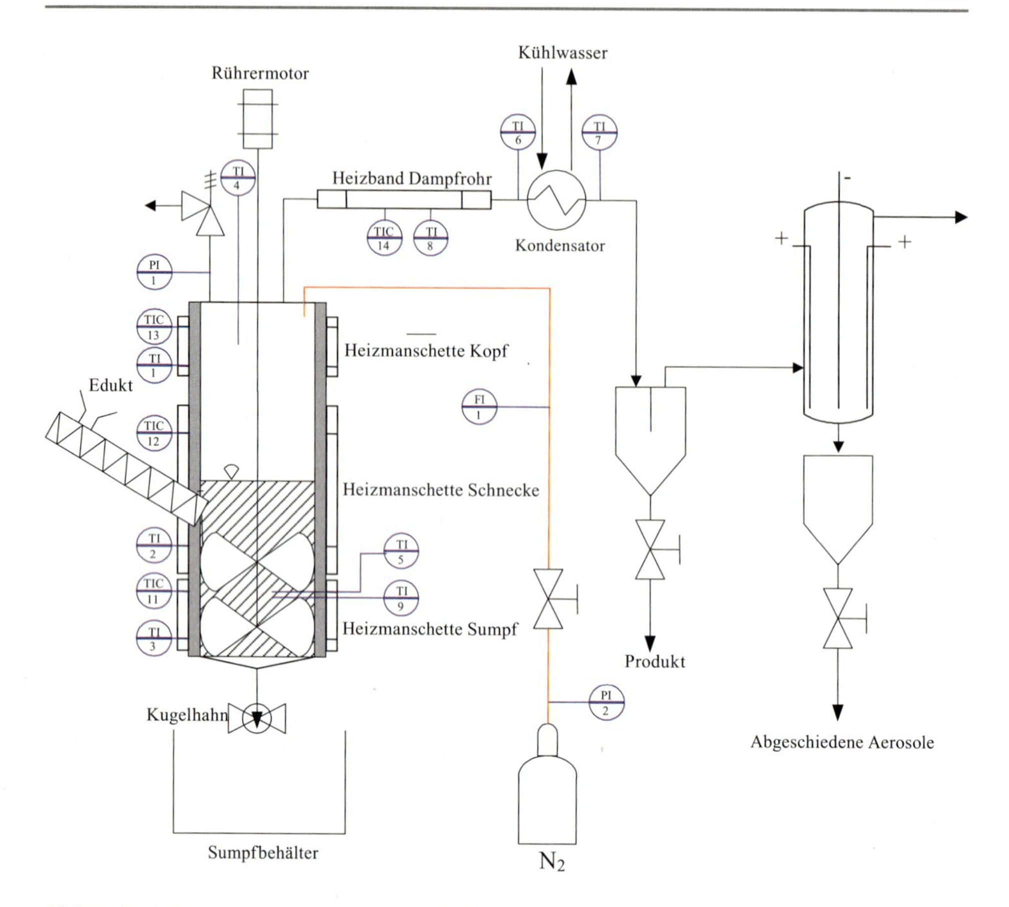

Abb. 7.25 Schematische Darstellung der halbkontinuierlichen 1 kg/h HAW-Laboranlage zur katalytischen Direktverflüssigung unter Atmosphärendruck [9]

wandlungsreaktionen in der Sumpfphase mit destillativem Produktaustrag gehört das Verfahren zu den solvolytischen Direktverflüssigungsmethoden.

Abbildung 7.25 zeigt den Aufbau eines semikontinuierlichen Versuchsreaktors: Die Edelstahlapparatur besteht im Kern aus einem elektrisch beheizten Rührreaktor, Innendurchmesser 268 mm, mit rund 20 Liter Volumen, ausgelegt für eine Leistung von etwa 1 kg/h Rohstoffdurchsatz. Im unteren Teil des Reaktors befindet sich die Flüssig- bzw. Sumpfphase mit dem suspendierten Katalysator, der bei jedem Versuch noch vor der Heizphase eingerührt wird. Nach Inertisierung und Aufheizung des Reaktors wird der feste zerkleinerte Rohstoff zusammen mit einem weiteren, vergleichsweise geringen Katalysatoranteil zum Ausgleich des Katalysatorverbrauchs kontinuierlich über eine Förderschnecke direkt in die auf Reaktionstemperatur vorgeheizte Sumpfphase gefahren und bei einer Drehzahl von etwa 200 U/min eingerührt. Angewandte Reaktionstemperaturen liegen rohstoffabhängig meist im Bereich zwischen 350 und 400 °C.

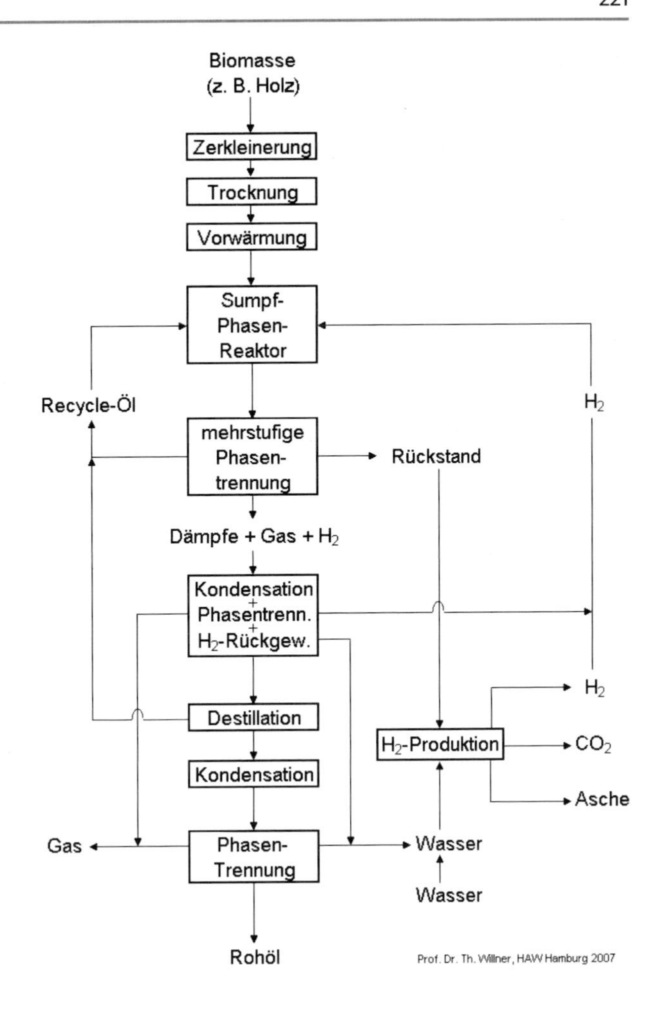

Abb. 7.26 Fließbild des HP DoS®-Prozesskonzeptes [9]

Die aufsteigenden Krackdämpfe verlassen den Reaktor kontinuierlich am Kopfausgang und werden über einen wassergekühlten Kondensator geleitet. Das Kondensat, in der Regel aus einer schwereren Wasserphase und der darüber liegenden leichteren Produktölphase bestehend, wird in einem Scheidetrichter aufgefangen, das Reaktionsgas mittels eines Elektrofilters von Aerosolen gereinigt, abgefackelt und abgezogen. Feste Rückstände und Schwerölanteile verbleiben im Reaktorsumpf und werden nach Versuchsende in die Sumpfvorlage abgelassen. Die stetige Regeneration der Sumpfphase geschieht über Neubildung von Schwerölanteilen durch Krackreaktionen der Rohölmoleküle.

2. **DoS-Verfahren:** Die Produktqualität kann durch die Verwendung von Wasserstoff verbessert werden. Unter Wasserstoffdruck lagern sich Wasserstoffmoleküle an die Krackprodukte an. Es entstehen Kohlenwasserstoffketten unterschiedlicher Länge. Bis auf den erhöhten Sauerstoff- und Asphaltengehalt kommen die Produktöle aus der

Holzumwandlung unter Wasserstoffdruck (80 bar, 450 °C) nahe an Erdöl heran. Das DoS-Verfahren ist zwar aufwendiger, erreicht aber nach WILLNER bessere Rohölqualitäten, so dass der Raffinationsaufwand geringer ist. Abbildung 7.26 zeigt die Prozesskette des DoS-Konzeptes einschließlich interner Wasserstoffherstellung.

Der energetische Wirkungsgrad der o. g. Verfahren zur Rohölgewinnung (Flashpyrolyse, NDDV und DoS) wird mit 70 % angegeben [10].

Die Heizwerte der produzierten Rohöle liegen bei [9]:

- Flashpyrolyse ca. 16 MJ/kg,
- katalytische Niederdruck-Direktverflüssigung (NDDV) ca. 25 MJ/kg,
- DoS ca. 30 MJ/kg.

7.4 Übungen

1. Bestimmen Sie anhand der Strukturformel die Kohlenstoff-Massenanteile für Methan, Ethan, Propan, Benzol und Heizöl sowie die CO_2-Emissionen bei der Verbrennung [kg/kg] dieser Energieträger.
2. Berechnen Sie den Heizwert von 1 Kilogramm Pappelholz (trocken 5,1 kWh/kg) mit 20 % Wassergehalt nach der Überschlagsformel und mit Hilfe der Elementaranalysedaten.
3. Berechnen Sie die spez. CO_2-Emissionen für durchschnittliche Biomasse und konventionelle Energieumsetzungsprozesse. Für das Beispielgebäude im Anhang 15.1 sind die jährlichen CO_2-Emissionen bei der Verwendung von Heizöl mit gebräuchlichen Eckdaten abzuschätzen.
4. Für die Konvertierung von Wassergas (Shiftreaktion) gilt $O + H_2O \rightarrow CO_2 + H_2$. Tritt bei der Reaktion eine Volumenänderung (Druckänderung) im Reaktor auf [6]?
5. Die Reaktionsgleichung für die Methanverbrennung lautet: $CH_4 + 2O_2 \rightarrow CO_2 + 2H_2O$. Bestimmen Sie die Standardreaktionsenthalphie (Heizwert, mit Wasser kondensiert und Wasser nicht kondensiert) sowie die Freie Enthalphie unter Standardbedingungen (25 °C, 1 bar). Welche Rückschlüsse lassen sich daraus ziehen [11]?
6. Wassergas ist ein Gemisch, bei dem Wasser, Wasserstoff, Kohlenstoffdioxid und Kohlenstoffmonoxid in der Gasphase im Gleichgewicht nebeneinander vorliegt (Shiftreaktion)

$$CO + H_2O \rightarrow CO_2 + H_2$$

   Bestimmen Sie die molare Standardreaktionsenthalphie, die Freie Enthalphie und die Gleichgewichtskonstante unter Normbedingungen. Wie ändert sich das Gleichgewicht unter höheren Temperaturen, wenn man annimmt, dass die Freie Enthalphie gleich bleibt[17] ? Die Darstellung in Abhängigkeit von der Temperatur erfolgt zweckmäßigerweise mit einem Tabellenkalkulationsprogramm [11].

7. Methanisierung: $CO + 3\,H_2 \rightarrow CH_4 + H_2O$; $\Delta H = -206\,\text{kJ/mol}$. Erklären Sie den Einfluss von Temperatur, Druck und Kohlenstoffdioxidkonzentration im betrachteten System [3, 11].
8. Für eine Presse zur Herstellung von Holzpellets werden folgende Leistungsangaben gemacht: 1,5...8...(40) t/h Holzpellets, elektrische Leistungsaufnahme: 3...400 kW. Für das Wertepaar 400 kW bei 8 t/h ist der Anteil des zukünftigen Pelletheizwerts zu bestimmen.
9. Bei der Pyrolyse von Holz ($H_{U\text{H}} = 5\,\text{kWh/kg}$) entstehen in einer Anlage bei einem Luftverhältnis von $\lambda = 0{,}25$ die nachfolgenden Produktanteile: Gasförmige Produkte: $H_{U\text{G}} = 5\,\text{MJ/Nm}^3$, Dichte $\rho_\text{G} = 1{,}16\,\text{kg/m}^3$ bei 20 °C und atmosphärischem Druck; flüssige Produkte: $H_{U\text{fl}} = 25\,\text{MJ/kg}$, $\rho_\text{fl} = 900\,\text{kg/m}^3$ @ 20 °C. Der energetische Umsetzungsgrad sei 70 % für beide Anteile. Der verbleibende feste Rückstand habe einen Anteil von 5 Masse-%. Bestimmen Sie unter idealisierten Bedingungen mit Hilfe einer Energie- und Massenbilanz für die gasförmige und die flüssige Produktphase (a) die Massenanteile und das Massenverhältnis, (b) das Volumenverhältnis sowie (c) die Energieanteile. Für Parametervariationen sind die Ergebnisse als Säulen in einem Tabellenkalkulationsprogramm darzustellen.
10. Nachfolgend ist eine vereinfachte Überschlagsrechnung für die Holzvergasung aufgestellt worden. Es sind die fehlenden Daten zu vervollständigen und der Energieinhalt des Holzes mit dem Energieinhalt des Holzgases zu vergleichen.

[17] Für die Freie Enthalpie und die Gleichgewichtskonstante können Polynome höheren Grades experimentell gefunden werden, die die Abhängigkeit von der Temperatur beschreiben, vgl. z. B. Gl. (9.8) und in der einschlägigen Literatur [8, 12–14].

Holzzusammensetzung	**Element**	**C**	**H**	**O**	**N**	**S**	**Summe**	**Bemerkungen**	
(hier: Pappel)	**m/m-%**	**47,5%**	**6,6%**	**43,1%**	**0,42%**	**0,03%**	100%	vgl. Tab. 7.1	
	Molzahl [kg/kmol]	12	1	16	14	32			
	Bildungsenthalphie [kJ/mol]	0	0	0	0	0		vgl. Tab. 7.4	
	Mindestsauerstoff o_{min} [kg/kg]	1,268	0,528	-0,431		0,0003		vgl. Gl. (7.10)	
	Mindestluft l_{min} [kg/kg]							vgl. Gl. (7.13)	
	Heizwertanteil, stöchiometr. [MJ/kg Holz]	-15,576	-7,979			-0,003	-23,56	*-6,54*	*kWh/kg*
	Heizwertanteil, unterstöchiometr. [MJ/kg Holz]	-4,873					-12,85	*-3,57*	*kWh/kg*
	Rauchgas [kg/kg Holz], stöchiometr. (λ=1)		0,594	0,000	4,525	0,001		vgl. Gl. (7.15)	
	Rauchgas [Ltr/kg Holz], stöchiometr.	887	739	näherungsweise mit Rauchgasdichte (s.u.):			5911		
Gaszusammensetzung	flüchtige Anteile	81,2%						vgl. Tab. 7.1	
	Asche	1,9%						vgl. Tab. 7.1	
	Produkt	**CO**	**CO_2**	**H_2**	**CH_4**	**N_2**			
	Molzahl [kg/kmol]	28	44	2	16	28		vgl. Gl. (8.4)	
	Vol.-% = Mol-%	**16,3%**	**13,5%**	**12,5%**	**4,4%**	**52,0%**	100%	vgl. Tab. 7.5	
	Gaskonst. R_{gem} [J/kg K]							vgl. Gl. (8.5)	
	Rauchgasdichte 0°C, 1 bar [kg/m³]							vgl. Gl. (8.6)	
	Heizwertanteil [MJ/m³]		0,0	-1,3	-1,6	0,0		vgl. Tab. 7.4 (5,1)	
Reaktionsgl. Holzverbr.	**vollst. Verbr.**	**C**	+	**O_2**	=	**CO_2**		vgl. Gl. (7.30) ff.	
	Molzahl [kg/kmol]	12		32		44			
	Mol-Volumen (Ltr/mol]			22,4		22,4			
	Rauchgas [Ltr/kg C]					1867			
	Bildungsenthalphie [kJ/mol]	0		0		-393,5		vgl. Tab. 7.4	
	Heizwert C [MJ/kg C]					-32,8			
	unvollst. Verbr.	**C**	+	**$1/2 \cdot O_2$**	=	**CO**		vgl. Gl. (7.30) ff.	
	Molzahl [kg/kmol]	12		8		28			
	Mol-Volumen (Ltr/mol]			11,2		22,4			
	Rauchgas [Ltr/kg C]					1867			
	Bildungsenthalphie [kJ/mol]	0		0		-123,1		vgl. Tab. 7.4	
	Heizwert C [MJ/kg C]								
	vollst. Verbr.	**H_2**	+	**$1/2 \cdot O_2$**	=	**H_2O**		vgl. Gl. (7.30) ff.	
	Molzahl [kg/kmol]	2		16		18			
	Mol-Volumen (Ltr/mol]	22,4		11,2		22,4			
	Rauchgas [Ltr/kg H]					11200			
	Bildungsenthalphie [kJ/mol]	0		0		-241,8		vgl. Tab. 7.4	
	Heizwert H [MJ/kg H]					-120,9			
	Heizwert H [kJ/Ltr H = MJ/m³ H]					-10,8			
	vollst. Verbr.	**S**	+	**O_2**	=	**SO_2**		vgl. Gl. (7.30) ff.	
	Molzahl [kg/kmol]	32		32		64			
	Mol-Volumen (Ltr/mol]			22,4		22,4			
	Rauchgas [Ltr/kg S]					700			
	Bildungsenthalphie [kJ/mol]	0		0		-296,9		vgl. Tab. 7.4	
	Heizwert H [MJ/kg S]					-9,3			
Reaktionsgl. Holzgasverbr.	**vollst. Verbr.**	**CO**	+	**$1/2 \cdot O_2$**	=	**CO_2**			
	Molzahl [kg/kmol]	28,0		16		44,0			
	Mol-Volumen (Ltr/mol]	22,4		11,2		22,4			
	Rauchgas [Ltr/kg CO]					800			
	Bildungsenthalphie [kJ/mol]	-123,1		0		-393,5	-270,4		
	Heizwert CO [MJ/kg CO]						-9,7		
	Heizwert CO [kJ/Ltr CO = MJ/m³ CO]						-12,071		
	vollst. Verbr.	**CH_4**	+	**$2 \cdot O_2$**	=	**CO_2**	**$2\ H_2O$**		
	Molzahl [kg/kmol]	16		64		44,0	36,0		
	Mol-Volumen (Ltr/mol]	22,4		44,8		22,4	44,8		
	Rauchgas [Ltr/kg CH_4]					1400	2800		
	Bildungsenthalphie [kJ/mol]	-74,9		0		-393,5	-483,6	→	-802,3
	Heizwert CH_4 [MJ/kg CH_4]								-50,1
	Heizwert CH_4 [kJ/Ltr = MJ/m³ CH_4]								-35,8
	Stickstoff (N) ist ein Inertgas und reagiert erst bei 1200 ... 1400°C zu Stickoxiden (NOx)								

Literatur

1. Kaltschmitt, M.; Hartmann, H. (Hrsg.): Energie aus Biomasse – Grundlagen, Techniken und Verfahren. 2. Aufl., Springer-Verlag, Berlin, Heidelberg, New York, 2009
2. BINE Informationsdienst: Holz – Energie aus Biomasse, Basis Energie 13, Fachinformationszentrum Karlsruhe/Bonn, www.bine.info; Stand: Mai 2008
3. Feßmann; Orth: Angewandte Chemie und Umwelttechnik für Ingenieure, Handbuch für Studium und betriebliche Praxis, Ecomed-Verlag, Landsberg/Lech, 1999
4. Dickerson; Geis: Chemie – eine lebendige und anschauliche Einführung, Verlag Chemie, Weinheim, Deerfield Beach, Florida, Basel, 1981
5. N.N.: Abschnitt 6. Theorie der Holzverbrennung ... 9. Vergasung und Pyrolyse... 10. Vergasung und andere Kraft/Wärmetechniken, www.videncenter.dk; Stand: Nov. 1998
6. Schröter, W.; Lautenschläger, K. H.; Bibrack, H.: Taschenbuch der Chemie (17. Auflage), Verlag Harri Deutsch, Frankfurt am Main, 1995
7. Polifke, W.; Kopitz, J.: Wärmeübertragung – Grundlagen, analytische und numerische Methoden, Pearson-Verlag, München, 2005 (S. 118)
8. Bendix, D.; Faulstich, M.: Vorlesungsmanuskript Technische Thermodynamik, www.rohstofftechnologie.de; Technische Universität München, 2008
9. Willner, Th.: Direktverflüssigung von Biomasse am Beispiel der Entwicklungen der HAW Hamburg, Gülzower Fachgespräche, Band 28, Hrsg. Fachagentur Nachwachsende Rohstoffe, Gülzow 2008, S. 54–86
10. Willner, Th.: persönliche Mitteilungen (28. Sept. und 7. Okt. 2008)
11. Hölzel, G.: Einführung in die Chemie für Ingenieure, Hanser-Verlag, München/Wien, 1992
12. Groth, K.: Kompressoren (Grundzüge des Kolbenmaschinenbaus II), Vieweg Verlag, Braunschweig, Wiesbaden, 1995
13. Dozenten der Kältetechnik an Fachhochschule (Hrsg.): Aufgabensammlung Kältetechnik – Aufgaben und Lösungen mit Begleitdiskette, C.F. Müller Verlag, Heidelberg, 1995
14. Huber, A.; Pahud, D.: Untiefe Geothermie – Woher kommt die Energie? Schlussbericht zur Projektstudie, Bundesamt für Energie (BfE), 1999

Weiterführende Literatur

15. Hartmann, H.; Reisinger, K.; Thuneke, K.; Höldrich, A.; Roßmann, P.: Handbuch Bioenergie-Kleinanlagen, Fachagentur nachwachsende Rohstoffe (FNR), Gülzow (2. Aufl.), 2007
16. Baehr, H. D.: Thermodynamik (5. Aufl.), Springer-Verlag, Berlin, Heidelberg, New York (1981), Seite 346 ff bzw. Tab. 10.6 und 10.11
17. Wedler, G.: Lehrbuch der Physikalischen Chemie (3. Aufl.), VCH-Verlagsgesellschaft, Weinheim, 1987
18. European Commission: Biomass Conversion Technologies; Achievements and Prospects for Heat and Power Generation; Directorate-General Science, Research and Development; Nov. 1998
19. Mayr, F.: Kesselbetriebstechnik – Kraft- und Wärmeerzeugung in Praxis und Theorie (8. Auflage), Resch-Verlag, Gräfelfing/München, 1999

20. Lehmann, H.: Dampferzeugerpraxis – Grundlagen und Betrieb, Resch-Verlag, Gräfelfing/München, 1994
21. Leible, L.; Kälber, S.; Kappler, G.: Energiebereitstellung aus Stroh und Waldrestholz, BWK Bd. 60 (5/2008); S. 56–62
22. Gaderer, M.; Kunde, R.; Spliehoff, H.: Systemuntersuchung an Heizungsanlagen – Holzpellets, Heizöl-Brennwert- und Erdgas-Brennwertkessel im Vergleich; BWK Bd. 59 (12/2007), S. 39–46
23. Senger, W.: IUTA-Kombi-Vergaser – Energiebündel Holz, UMWELT 6/2001, S. 34–36
24. Hiller, A.: Beiträge zur energetischen Nutzung von Biomasse in zirkulierende Wirbelschicht-Anlagen mit Festbettvergasung, Dissertation TU Dresden, 2004
25. Hertwig, K.; Martens, L.: Chemische Verfahrenstechnik – Berechnung, Auslegung und Betrieb chemischer Reaktoren, Oldenbourg Wissenschaftsverlag GmbH, München, 2007

Biogas

8

8.1 Anlagenbeschreibung

Eine **Biogasanlage** (Abb. 8.1) dient zur Erzeugung von Biogas aus Biomasse. Als Nebenprodukt wird Dünger produziert. In vielen Fällen wird das entstandene Gas zur Strom- und Wärmeerzeugung mittels Gasmotoren genutzt, man spricht von Kraft-Wärme-Koppelung (KWK) und Blockheizkraftwerken (BHKW).

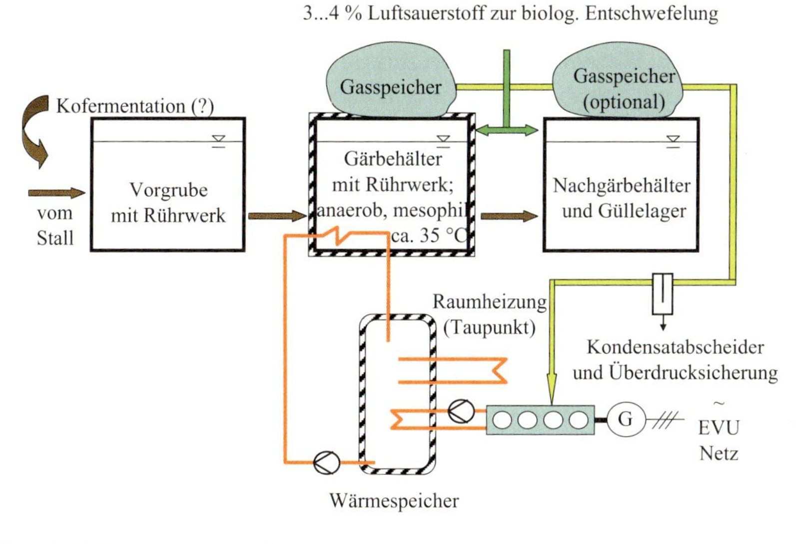

Abb. 8.1 Fließbild einer Biogasanlage

H. Watter, *Regenerative Energiesysteme*, DOI 10.1007/978-3-658-09638-0_8

8.2 Fermentation

Es werden verschiedene Rohstoffe, z. B. Bioabfall, Gülle, Klärschlamm, Fette oder Pflanzen in einen luftdicht verschlossenen Fermenter (Bioreaktor) eingebracht (vgl. Abb. 8.4 bis 8.6). Dort entsteht durch anaerobe Gär- oder Fäulnisprozesse das Biogas, das je nach Ausgangsstoff aus 40–75 % Methan, 25–55 % Kohlendioxid, bis zu 10 % Wasserdampf sowie darüber hinaus aus geringen Anteilen Stickstoff, Sauerstoff, Wasserstoff, Ammoniak (Harnstoff) und Schwefelwasserstoff H_2S besteht.

Anschaulich gesprochen ist die Biogasanlage eine technische Verlängerung des Enddarms. Bakterien (Anaeroben), die im Darm die Nahrung zerlegen, werden bei körperspezifischen Temperaturen (30…40 °C) so gehalten, dass eine optimale Stoffumsetzung erfolgen kann.

Die Verfahren und Bakterientypen sind auch aus der Abwasseraufbereitung bekannt:

Bei **aeroben Verfahren** besorgen verschiedene Bakterien (Aerobier) diesen Abbau bei mindestens 1…2 mg/ ltr gelöstem Sauerstoff im Wasser. Dabei wird durch die Umsetzung der in den abbaubaren Stoffen enthaltenen Energie meist auch Wärme freigesetzt (exothermer Ablauf), durch die bei der Schlammstabilisierung (Abwasserstabilisierung) spürbare Aufwärmungen mit z. T. erwünschten Effekten bis zu über 50 °C erreicht werden können. Das bei diesem Vorgang freigesetzte Kohlensäuregas ist auch im gesunden, natürlichen Vorfluter (Flüsse, Gräben, Teiche etc.) vorhanden. Diese Prozesse laufen normalerweise ohne oder nur mit mäßigen Geruchsemissionen ab. Die biologischen Abwasseraufbereitungsverfahren sind daher überwiegend aerobe Verfahren.

Beim **anaeroben Verfahren (Faulverfahren)** holen sich bestimmte Bakterientypen (Anaerobier) den zum Atmen fehlenden freien Sauerstoff durch Reduktion von im Wasser vorhandenen chem. Verbindungen z. B. aus NO_2- oder SO_4-Ionen. Dabei wird außer einem CO_2-Anteil von ca. 40 % meist auch Methan mit einem erheblichen Energieinhalt aus diesen Abbauprozessen freigesetzt. Bei bis zu 50 °C handelt es sich um **mesophile**, über 50 °C um **thermophile Bakteriengruppen**. Da die Umsetzung bei den anaeroben Verfahren über verschiedene Fettsäuren[1] vor sich geht, sind diese Prozesse wegen der unangenehmen Gerüche nur in geschlossenen Räumen üblich. Sie kommen auch in der Natur häufig beim Bodenschlamm, aber auch bei Überlastung des Selbstreinigungsvermögens der Gewässer vor (umgekippte Gewässer). Die Entwicklung in der Abwasseraufbereitungstechnik der letzten Jahre geht zunehmend dahin, Kombinationen der aeroben und anaeroben Verfahren anzuwenden [1].

An dem Prozess der Biogasbildung sind verschiedene Arten von anaeroben Mikroorganismen beteiligt, deren Mengenverhältnis zueinander durch Ausgangsstoffe, pH-Wert, Temperatur- und Faulungsverlauf beeinflusst wird. Aufgrund der Anpassungsfähigkeit dieser Mikroorganismen an die Prozessbedingungen können nahezu alle organischen Stoffe durch Verfaulen abgebaut werden. Lediglich höhere Holzanteile können durch das mikrobiologisch schwer zersetzbare Lignin schlecht verwertet werden. Voraussetzung für

[1] **Carbonsäuren** enthalten die funktionelle Gruppe -COOH (Carboxylgruppe).

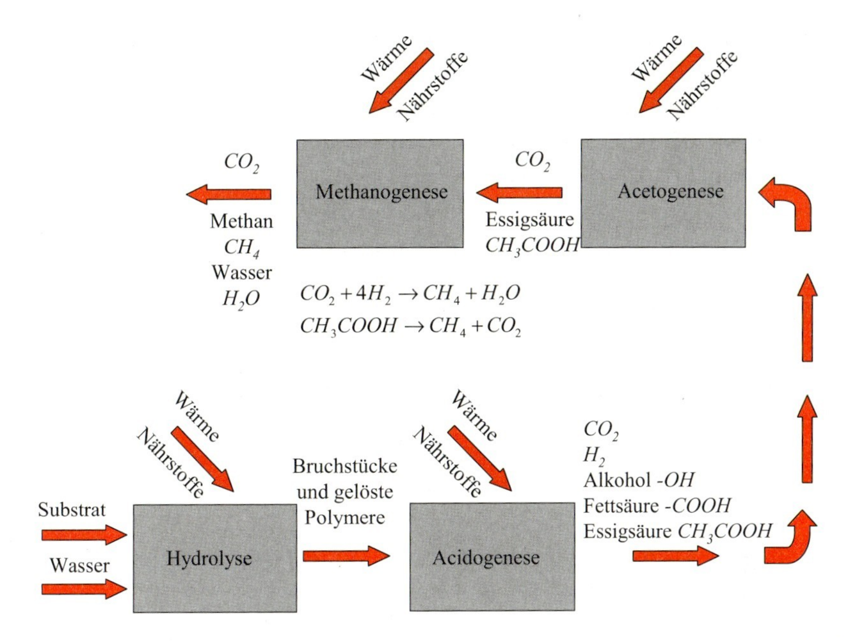

Abb. 8.2 Vier Phasen der Biogaserzeugung

eine erfolgreiche Methanbildung ist ein Wasseranteil im Ausgangssubstrat von mindestens 50 %.

Man unterscheidet vier parallel bzw. nacheinander ablaufende und ineinandergreifende biochemische Einzelprozesse, die den anaeroben Abbau biogener Stoffe ermöglichen (Abb. 8.2):

1. Während der **Hydrolyse**[2] werden die Biopolymere in monomere Grundbausteine oder andere lösliche Abbauprodukte zerlegt. Fette werden in Fettsäuren, Kohlenhydrate, wie z. B. Polysaccharide, in Mono- oder Oligosaccharide und Proteine, in Peptide bzw. Aminosäuren zerlegt. Diese Reaktionen werden durch anaerobe Mikroorganismen katalysiert, wobei diese die Edukte mittels ausgeschiedener Exoenzyme hydrolysieren. Dieser Reaktionsschritt ist aufgrund der Komplexität des Ausgangsmaterials geschwindigkeitsbestimmend.
2. Im Rahmen der **Acidogenese** (allgemeinsprachlich auch als **Fermentation** bezeichnet) – die zeitgleich zur Hydrolyse stattfindet – werden diese monomeren Zwischenprodukte einerseits in niedere Fett-/Carbonsäuren, wie z. B. Butter-, Propion- und Es-

[2] Die **Hydrolyse** ist die Spaltung einer chemischen Verbindung durch Reaktion mit Wasser. Dabei wird (formal) ein Wasserstoffatom an das eine „Spaltstück" abgegeben, der verbleibende Hydroxylrest an das andere Spaltstück gebunden. Durch Hydrolyse werden viele Biomoleküle (z. B. Proteine, Disaccharide, Polysaccharide oder Fette) im Stoffwechsel durch Enzyme in ihre Bausteine (Monomere) zerlegt.

sigsäure, andererseits in niedere Alkohole, wie z. B. Ethanol, umgesetzt. Bei diesem Umsetzungsschritt gewinnen die anaeroben Mikroorganismen erstmals Energie. Bei dieser Umsetzung werden bereits bis zu 20 % des Gesamtanteils an Essigsäure gebildet.

3. Die **Acetogenese** stellt die dritte Stufe des anaeroben Abbaus biogener Substanzen im Rahmen der Vergärung dar. Hierbei werden die während der Hydrolyse und Acidogenese gebildeten niederen Fett-/Carbonsäuren sowie die niederen Alkohole, durch acetogene Mikroorganismen primär zu Essigsäure, bzw. dessen gelöstem Salz, dem Acetat umgesetzt. Diese Stufe des anaeroben Abbaus kann als „spezifische organische Säurebildung" angesehen werden.
4. In der letzten Phase – der **Methanogenese** – wird die Essigsäure durch entsprechend acetoklastische Methanbildner in Methan umgewandelt:

$$CH_3COOH \rightarrow CO_2 + CH_4 \tag{8.1}$$

Etwa 30 % des Methans entstehen aus Wasserstoff und CO_2 nach:

$$CO_2 + 4H_2 \rightarrow CH_4 + 2H_2O \tag{8.2}$$

Zurück bleibt ein Gemisch aus schwer abbaubarem organischem Material, beispielsweise Lignin und anorganischen Stoffen wie zum Beispiel Sand oder anderen mineralischen Stoffen, der so genannte Gärrest. Er kann als Dünger verwendet werden, da er noch alle Spurenelemente und zusätzlich noch fast den gesamten Stickstoff des Substrates in bioverfügbarer Form (NH_4^+ bei neutralem pH) enthält.

Bezüglich der **Gasproduktion** kann man von folgenden Anhaltswerten ausgehen; vgl. Abb. 8.3:

- 1000 Schweine = 230 Mastbullen = 700 Kälber = 125 Kühe → 150…250 m³/Tag;
- pro **Großvieheinheit** (500 kg Lebendgewicht) wird mit ca. 1 m³ Biogas je Tag
- Biogas mit einem Heizwert H_U von ca. 6,3 kWh/(d m³)
- aus Vollgülle bei einer **Gärzeit von 3 Wochen** und
- einer **Gärtemperatur von ca. 35 °C** erzeugt,

wobei die Zusammensetzung folgende Schwankungsbreiten aufweist [1]:

Methan	CH_4	55…75 Vol.-%
Kohlendioxid	CO_2	25…45 Vol.-%
Stickstoff	N_2	0…3 Vol.-%
Schwefelwasserstoff	H_2S	0…1 Vol.-%
Sauerstoff	O_2	0…1 Vol.-%

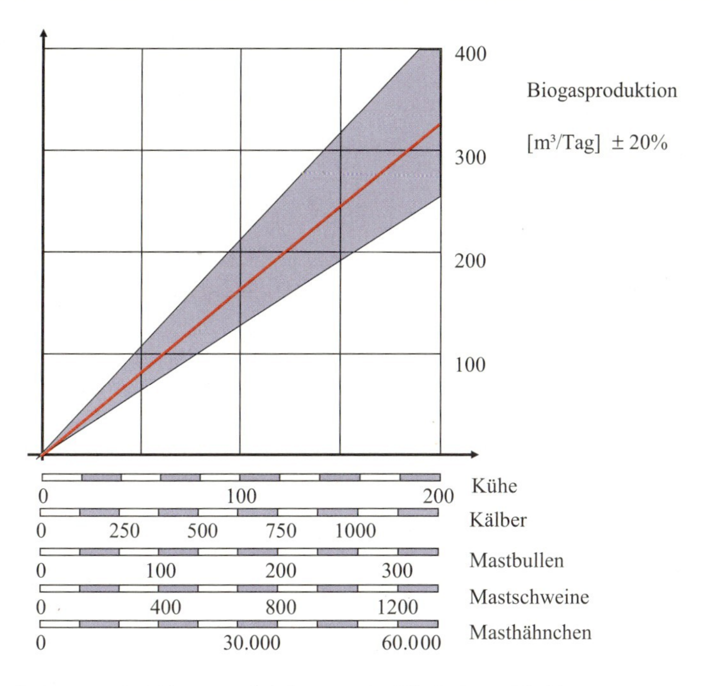

Abb. 8.3 Anhaltswerte für Biogasproduktion aus der Tierhaltung [2, 3]

Abb. 8.4 Maissilage Lagerung und Schneckenantrieb zur Fermenterbeschickung

Abb. 8.5 Fermenter

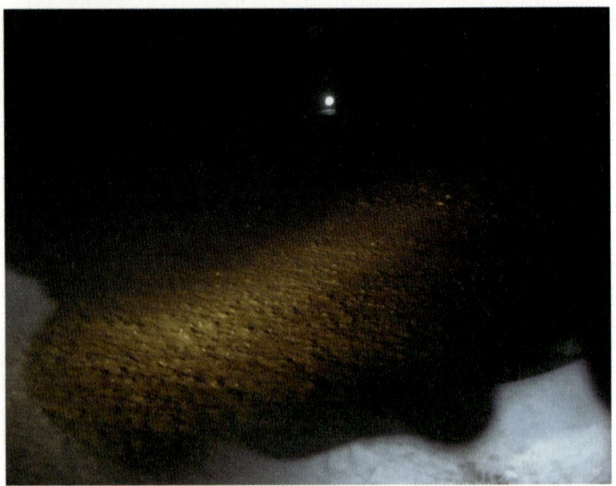

Abb. 8.6 Blick in den Fermenter

Hier bringt also das Methan den Hauptenergiebeitrag. Je höher dessen Anteil ist, desto energiereicher ist das Gas. Nicht nutzbar sind das Kohlendioxid und der Wasserdampf. Problematisch im Biogas sind vor allem der Schwefelwasserstoff und das Ammoniak, hier sind gesonderte betriebliche Maßnahmen zum Schutz des Motors und des Abgasweges zu berücksichtigen.

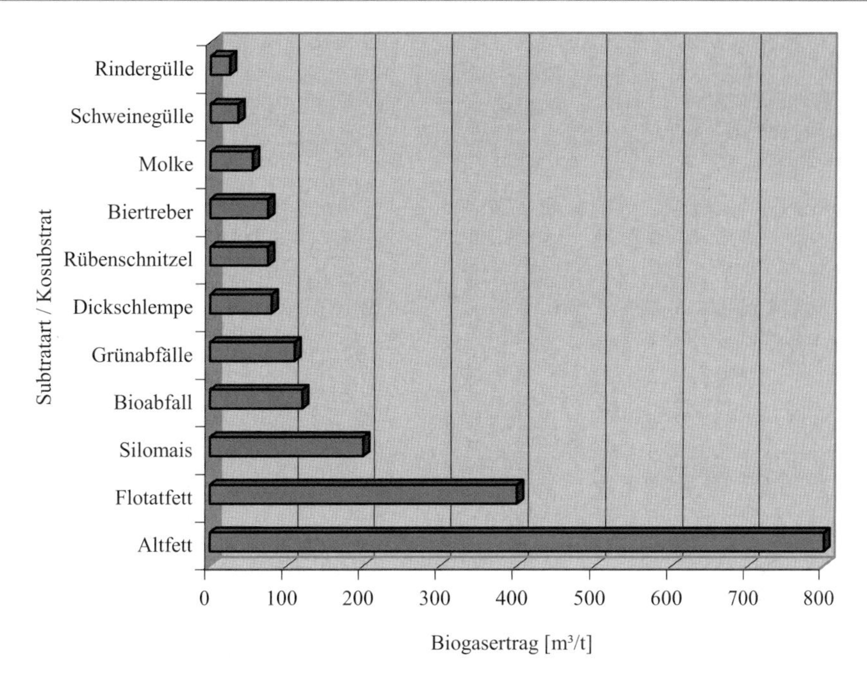

Abb. 8.7 Biogaserträge verschiedener Substrate, nach [2, 3]

8.3 Gaszusammensetzung und Aufbereitung

Dieses Biogas wird im Güllespeicher (= Bioreaktor = Fermenter) gesammelt, über eine Gasreinigung entschwefelt und der Verwertung zugeführt. Die thermodynamischen Eigenschaften des Biogases sind sehr stark von der Gaszusammensetzung abhängig:

Der **Volumenanteil** ist zahlenmäßig identisch mit dem Molverhältnis ψ_i und den Partialdrücken p_i der Gasbestandteile:

$$\psi_i = \frac{n_i}{\sum n_i} = \frac{p_i}{p_{\text{ges}}} = r_i = \frac{V_i}{V_{\text{gem}}} \tag{8.3}$$

So dass mit den thermodynamischen Daten nach Tab. 8.1 das **Molgewicht des Gasgemisches** bestimmt werden kann:

$$M_{\text{gem}} = \sum \psi_i \cdot M_i \tag{8.4}$$

Die **Gaskonstante des Gemisches** ist

$$R_{\text{gem}} = \frac{\Re}{M_{\text{gem}}} = \sum \xi_i \cdot R_i \tag{8.5}$$

Tab. 8.1 Thermodynamische Daten der wichtigsten Gasbestandteile bei kleinen Drücken und 0 °C [5]

		M [kg/kmol]	R [J/kg K]	c_v [J/kg K]	c_p [J/kg K]	κ [-]
Luft (ideales Gas)		28,96	287	716	1003	1,4
Sauerstoff	O_2	32	260	655	915	1,4
Stickstoff	N_2	28	297	742	1039	1,4
Wasserstoff	H_2	2,016	4124	10.111	14.235	1,41
Kohlenmonoxid	CO	28	297	743	1040	1,4
Kohlendioxid	CO_2	44,01	188,92	628	817	1,3
Wasser	H_2O	18	462	1396	1858	1,33
Methan	CH_4	16,043	518	1637	2155	1,32

Bemerkungen:
Isotherme ($n = 1$) $R = \Re/M = c_p - c_v$
Isentrope ($n = \kappa$) $\Re$ = 8,3143 kJ/kmol K
Polytrope ($n < \kappa$) $\kappa = c_p/c_v$

Somit wird die **Dichte** des Gemisches bei 0 °C und 1 bar

$$\rho_{\text{gem}} = \frac{p}{R_{\text{gem}} \cdot T} \tag{8.6}$$

Die thermodynamischen Daten des Gemisches hängen von den **Masseverhältnissen** (m/m-%) der Stoffkomponenten ab. Es kann mit Hilfe der Molzahlen aus dem Volumenverhältnis (Vol.-%) umgerechnet werden [4]:

$$\xi_i = \frac{m_i}{\sum m_i} = \frac{M_i}{M_{\text{gem}}} \psi_i \tag{8.7}$$

Es wird nun die **spez. Wärmekapazität des Gemisches bei konstantem Druck**

$$c_p = \sum \xi_i \cdot c_{p_i} \tag{8.8}$$

und die **spez. Wärmekapazität des Gemisches bei konstantem Volumen**

$$c_v = \sum \xi_i \cdot c_{v_i} \tag{8.9}$$

Das Energiepotential erhält man aus der Verbrennungsreaktionsgleichung mit den Bildungsenthalphien gewichtet mit Volumenanteilen der Einzelkomponenten nach Abschn. 7.1.2.

Hinweis N_2 und CO_2 sind Inertgase und reagieren daher nicht.

Verunreinigungen durch Schwefelwasserstoff und Ammoniak wirken sich negativ auf die Nutzung von Biogas aus. Es ist daher fast immer notwendig, eine **Reinigung und Aufbereitung** vorzunehmen:

1. **Entschwefelung:** Dafür gibt es verschiedene Möglichkeiten. Gegebenenfalls sind mehrere Stufen nötig wie Grob- bzw. Feinentschwefelung:
   Reinigung nach der Gasproduktion durch Entschwefelungsfilter: Hier wird das Gas durch eisenhaltiges Filtermaterial (Raseneisenstein, Stahlwolle) geleitet. Das Filtermaterial muss ausgetauscht oder durch Erhitzen regeneriert werden, wenn es gesättigt ist.
   Die **Zugabe von Eisenionen**: Bei hohen Proteinanteilen im Ausgangssubstrat können die Schwefelwasserstoffkonzentrationen schon 20.000 ppm übersteigen. Hier erreicht der Filter die Grenze seiner Leistungsfähigkeit. Die Zugabe von Eisenionen hilft, die Bildung von Schwefelwasserstoff im Faulbehälter wegen der hohen Affinität zum Eisen zu verhindern. Das Eisen verbindet sich mit Schwefel zu unlöslichen Eisensulfid (FeS). Das Eisensulfid verbleibt als Feststoff in der Gülle.
   Reinigung im Gasraum durch Zugabe von Sauerstoff: Das H_2S (Schwefelwasserstoff) wird in elementaren Schwefel umgewandelt. Der Schwefel lagert sich im Gasraum ab. Dies ist bisher die gängigste und billigste Methode, hat aber den Nachteil, dass elementarer Schwefel in der Anlage akkumuliert. Andererseits bleibt der elementare Schwefel als Dünger in der Substratausbringung pflanzenverfügbar und kann als Schwefeldünger bilanziert werden. Das Verfahren kann nur eine begrenzte Menge von Schwefelwasserstoff neutralisieren. Außerdem ist dieses Verfahren nur möglich, wenn das Biogas vor Ort in einem BHKW oder Brenner verwendet wird.
   Bei Aufreinigung auf Erdgasqualität sind vor allem die zusätzlichen Stickstoffanteile sowie freie Kohlendioxidanteile problematisch, da es zu Qualitätseinschränkungen im aufbereiteten Biomethan führt. Eventuell können dadurch vorgegebene maximale Grenzwerte im aufbereiteten Gas nicht oder nur noch mit erhöhtem Aufwand eingehalten werden.
   Ein verbessertes Verfahren ist die Zugabe von Luft oder eines anderen Oxidationsmittels direkt in die Reaktorflüssigkeit (LINDE-Verfahren). Es läuft derselbe Prozess wie bei der Gasraumentschwefelung ab.
   Rückführung von teilweise entschwefeltem Biogas in die Reaktorflüssigkeit. Dadurch wird das Austreiben des noch in der Flüssigkeit gelösten H_2S verbessert. Zu beachten ist hier die Hemmwirkung des in der Gülle gelösten Schwefelwasserstoffes auf die Methanbildung. Wird nur auf die Entschwefelung des Gases geachtet und die Entschwefelung der Reaktorflüssigkeit vernachlässigt, geht die Methanbildung durch Vergiftung der Methan erzeugenden Bakterien bis auf Null zurück. Diese Probleme treten jedoch nur in Abfallvergärungsanlagen mit hohen Proteinfrachten oder bei stark schwefelhaltigen Pflanzenteilen (Raps) auf und kann durch die Mischung der zu vergärenden Substrate beeinflusst werden.
2. **Verdichtung**: Die Verdichtung von Biogas ist meist dann notwendig, wenn Biogas, nach dessen Aufbereitung, in das Erdgasnetz eingespeist werden soll. Vor allem aber für die Nutzung als Treibstoff ist eine starke Komprimierung auf über 200 bar notwendig, um ausreichende Energiedichten zu erhalten.

3. **Trocknung**: Biogas wird durch die Kühlung des Gases im Erdreich oder durch Unterkühlung, z. B. mittels eines Kompressionskältemittelkreislaufes entfeuchtet. Die Unterschreitung der Taupunkttemperatur des Wasserdampfes lässt das Wasser kondensieren. Dann kann das Wasser in Tiefpunkten der meist erdverlegten Biogasleitung gesammelt und abgeleitet werden (Achtung Korrosionsgefahr durch Schwefelsäurebildung!). Bei einer Kühlung durch Kältemaschinen fällt das Wasser im Biogas an den Kälteregistern aus und kann dort gesammelt und abgeleitet werden.

CO_2-Abtrennung In der Regel werden Biogasanlagen in Kombinationen mit Verbrennungsmotoren zur Kraft-Wärme-Kopplung eingesetzt. Da diese Anlagen jedoch in der Regel dezentral und eher im ländlichen Raum ohne größere, ganzjährliche Wärmeverbraucher betrieben werden, kann ein Großteil der Abwärme nicht sinnvoll genutzt werden und geht verloren.

Es wird daher vorgeschlagen, das Biogas so weit zu reinigen, dass es als Erdgasersatz in das Gasnetz eingespeist werden kann [6]. Hierzu ist vornehmlich das Kohlendioxid abzuscheiden. Diese CO_2-Abscheider arbeiten nach einem Wirkprinzip, bei dem ein Stoff mit dem CO_2reagiert und anschließend konzentriert abgeschieden wird. Das CO_2 kann dann gelagert oder für andere Zwecke (Kältemittel, Kohlensäure etc.) genutzt werden.

Verfahren zur CO_2-Abtrennung sind aus der Kraftwerkstechnik bekannt [6, 7]: Bei dem **Post-Combustion-Capture-Verfahren** werden die Gase durch einen Aminwäscher[3] oder einen Carbonatwäscher (CO_3^{2-}) gereinigt (engl. *„scrubber"*). Dort wird das CO_2 durch fein verteilte Amintröpfchen absorbiert. In einem zweiten Schritt werden die Amine oder das Hydrogencarbonat in einen Abscheider (Stripper) thermisch ausgetrieben, sodass das CO_2 wieder in konzentrierter Form vorliegt. Die Waschsubstanz kann anschließend wieder verwendet werden.

Bei der Aminwäsche (vgl. Abb. 8.8 und Tab. 8.2) wird Kohlendioxid bei 27 °C an den Träger angelagert, bei 150 °C ausgetrieben. Bei der Carbonatwäsche erfolgt die Absorption bei ca. 40 °C und die Abspaltung bei 105 °C. Die Kohlendioxidabtrennrate liegt bei ca. 90 %, nachteilig ist jedoch der relativ große Energiebedarf für den Austreiberprozess. Dies führt zu einer Wirkungsgradminderung von ca. 10 %.

Die derzeit gängigen Verfahren der Methananreicherung durch CO_2-Abtrennung sind Gaswäschen wie z. B. die Druckwasserwäsche (Absorptionsverfahren mit Wasser oder speziellen Waschmitteln) und die Druckwechsel-Adsorption (Adsorptionsverfahren an Aktivkohle).

Bei der **Druckwechsel-Adsorption** wird das Biogas auf 4 bis 7 bar verdichtet. Wasser, Kohlendioxid und Schwefelwasserstoff lagern sich an Aktivkohle, Zeolithe (Stoffgruppe der kristallinen Aluminium-Silikate) oder Molekularsiebe an. Das stabile, reaktionsträge Methanmolekül passiert den Adsorber ungehindert.

[3] Als **Amine** bezeichnet man organische Abkömmlinge (Derivate) des Ammoniaks (NH_3).

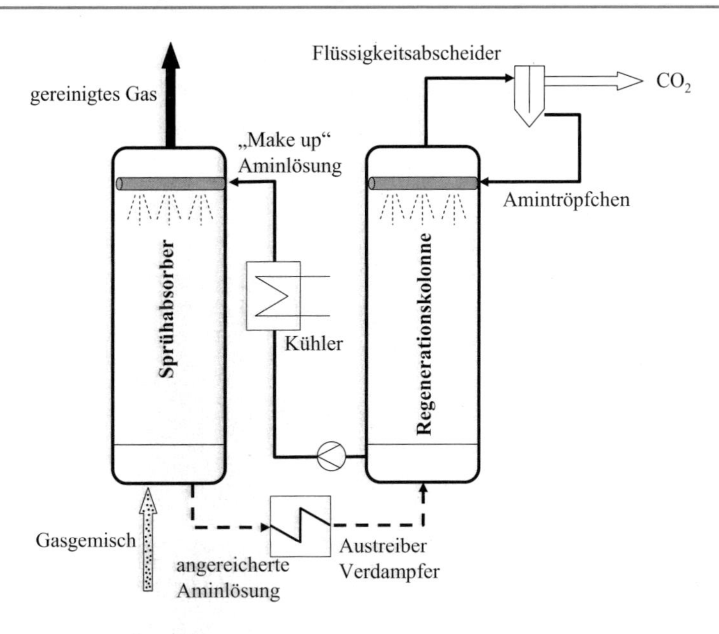

Abb. 8.8 Aminwäscher/Scrubber

Tab. 8.2 Übersicht zu den Aminen (*R* bezeichnet hier den org. Rest des Moleküls)

Typen		Funktionelle Gruppe		Beispiel	
primäre Amine	R-NH_2	primäre Aminogruppe	-NH_2	Methylamin	$H_3C-N(H)-H$
sekundäre Amine	R-NH-R	sekundäre Aminogruppe	-NHR	Dimethylamin	$H_3C-N(CH_3)-H$
tertiäre Amine	NR_3	tertiäre Aminogruppe	-NR_2	Trimethylamin	$H_3C-N(CH_3)-CH_3$
quartäre Ammonium-verbindungen	NR_4^+ (X^-)	quartäre Aminogruppe	-NR_3^+	Betain	$(H_3C)_2N^+(CH_3)-CH_2-COO^-$

Bei der **Druckwasserwäsche** geht das leicht lösliche CO_2 mit zunehmendem Druck im Wasser in Lösung. Gase haben grundsätzlich das Bestreben sich unter Druck in Flüssigkeiten zu lösen (Absorption). Der Effekt ist aus der „Sprudelflasche“ bekannt und wird durch den stoffabhängigen HENRY-, BUNSEN- oder OSTWALD-Koeffizient beschrieben. In weiten Bereichen ist das Lösungsvermögen proportional zum Druck p und kann durch das HENRY-DALTONsche Löslichkeitsgesetz beschrieben werden:

$$\psi = \frac{V_{\text{Gas}}}{V_{\text{Fl}}} = \underbrace{\alpha_{\text{Gas}} \cdot \frac{p}{p_0}}_{\text{OSTWALD-Koeff.}} \tag{8.10}$$

darin ist:

ψ Volumen- bzw. Molverhältnis
V_{Gas} gelöstes Gasvolumen
V_{Fl} Flüssigkeitsvolumen
α_{Gas} Löslichkeitskoeffizient (BUNSEN-Koeff./HENRY-Konstante).

Da mehrere Versionen des HENRY-Gesetzes existieren, muss auf die Definition und die Dimension der Lösungskoeffizienten geachtet werden. Bei den hier in Frage kommenden Anlagen wird mit einem Druck von 5 bis 20 bar gearbeitet. Bei 20 °C und 1 bar beträgt der OSTWALD-Lösungskoeffizient nach SEIBT[4] ca. 94 % für CO_2, 4 % für CH_4, Sauerstoff ca. 3 % und 1,5 % für N_2. Damit ist die relativ hohe Gasreinheit nach dem CO_2-Wäscher erklärbar.

Mit steigender Temperatur nimmt das Lösungsvermögen ab. Im Siedezustand ist das Lösungsvermögen gleich null („voll entgastes Wasser").

Nach dem Wäscher ist eine Entfeuchtung (durch Kühlung und Unterschreitung der Taupunkttemperatur oder alternative Trocknungsverfahren) notwendig.

Bereits in den 1980er Jahren wurden in zwei Klärwerken in Deutschland eine Trennung des CO_2 im Klärgas durch Absorptionsmittel wie z. B. Monoethanolaminlösung (C_2H_7NO) oder Diethanolamin $C_4H_{11}NO_2$über Jahre erfolgreich betrieben, um sie dann ins Erdgasnetz einzuspeisen. Daneben sind weitere Verfahren wie eine kryogene Gastrennung (mittels tiefen Temperaturen) oder eine Gastrennung durch Membrantechnik in der Entwicklung und für eine allgemeine Anwendung im Biogasbereich denkbar.

Die **Membrantechnologie** nutzt die unterschiedliche Größe von Gasmolekülen. CO_2-Moleküle sind kleiner als CH_4-Moleküle. Sie durchdringen deshalb die Mikroporen der Polymembrane. Methan sammelt sich auf der Hochdruckseite (ca. 16 bar), während die unerwünschten Bestandteile des Biogases die Membran passieren.

Nur der Vollständigkeit halben sei hier noch das **Pre-Combustion-Capture**-Verfahren erwähnt: In Kombikraftwerken mit integrierter Kohle- oder Holzvergasung (*Integrated Gasification Combined Cycle*, IGCC) und CO_2-Abtrennung (*Carbon Dioxide Capture and Storage*, CCS) reagiert der Brennstoff in einem ersten Schritt (Vergasen, partielle Oxidation) durch unterstöchiometrische Wasserzugabe zu Wasserstoff und Kohlenstoffmonoxid

[4] Seibt, A. et al.: Lösung und Entlösung von Gasen in Thermalwässern – Konsequenzen für den Anlagenbetrieb, http://bib.gfz-potsdam.de/pub/str9904/9904-6.pdf

(vgl. Kap. 7, Abschn. 9.2 und 13.1). Mit Hilfe geeigneter Katalysatoren kann Kohlenstoffmonoxid und Wasserdampf zu Kohlendioxid und Wasserstoff reagieren (homogene Wassergasreaktion). Dadurch kann ein Gasgemisch gewonnen werden, das hauptsächlich aus Wasserstoff und Kohlendioxid besteht. Bedingt durch die Vergasung bei Drücken bis 60 bar, kann eine hohe CO_2-Konzentration und damit ein hoher CO_2-Partialdruck im Gasgemisch eingestellt werden. Dieses Verfahren wird als Pre-Combustion-Capture bezeichnet, da das CO_2 vor der Verbrennung entfernt wird.

Beim **Oxyfuel-Verfahren** wird der Brennstoff statt mit Luft mit reinem Sauerstoff verbrannt. Dadurch wird die Entstehung von Stickoxiden vermieden. Das Rauchgas besteht überwiegend aus Kohlendioxid und Wasserdampf. Durch Abkühlung und Kondensation des Wassers lässt sich das CO_2 dann leicht abtrennen. Zur Weiterentwicklung dieses Verfahrens betreibt E.ON ein Pilotkohlekraftwerk im englischen Ratcliff. VATTENFALL plant die Inbetriebnahme eines *Clean-Coal-Kraftwerks* am Standort *Schwarze Pumpe.*[5] VATTENFALL betreibt seit 2008 ein Clean-Coal-Kraftwerk als Pilotanlage und sammelt z. Zt. erste Betriebserfahrungen. Ein wirtschaftlicher Betrieb ist z. Zt. nicht möglich.

8.4 Kraft-Wärme-Kopplung

Derzeit wird Biogas vor allem zur dezentralen gekoppelten Strom- und Wärmeerzeugung in Blockheizkraftwerken genutzt (Kraft-Wärme-Kopplung, KWK; Abb. 8.9). Dazu wird das Gasgemisch getrocknet (der Wasseranteil im Biogas wird reduziert), durch Einblasen einer kleinen Menge Frischluft entschwefelt (durch Bakterien wird der chemisch gebundene Schwefel herausgelöst und als Nährstoff verarbeitet) und dann einem Gasmotor (vgl. Abb. 8.10 und 8.11 sowie Kap. 12) zugeführt, der einen Generator antreibt. Typische Anlagengrößen liegen im Bereich 300 bis 500 kW_{el}.

Der so produzierte Strom wird ins Netz eingespeist. Die im Abgas und Motorkühlwasser enthaltene **Wärme** wird in Wärmeübertragern zurück gewonnen. Ein Teil der Wärme wird benötigt, um den Fermenter zu beheizen (Abb. 8.12). Die infrage kommenden Bakterienstämme, die die Biomasse abbauen, arbeiten am besten in einem Temperaturbereich von entweder 37 (mesophil) oder 55 °C (thermophil). Überschüssige Wärme des Motors kann zur Beheizung von Gebäuden oder zum Trocknen der Ernte (Getreide) verwendet werden. Besonders effektiv arbeitet die Anlage, wenn die überschüssige Wärme ganzjährig genutzt wird.

[5] VDI-Nachrichten Nr. 40 vom 2. Okt. 2008 S. 15

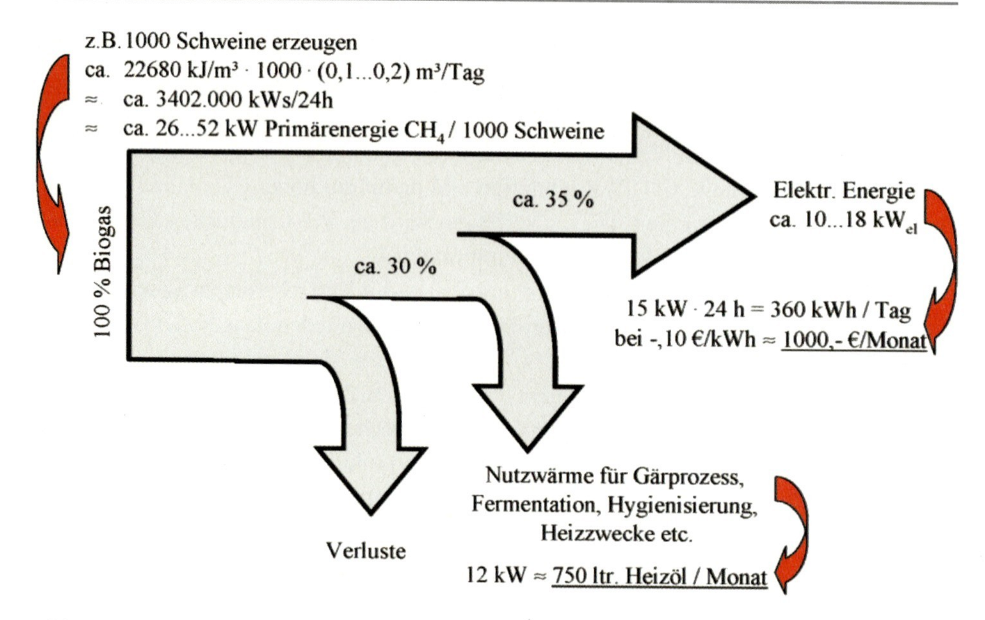

Abb. 8.9 SANKEY-Diagramm zur Kraft-Wärme-Kopplung von Biogas

Abb. 8.10 Containerisiertes BHKW

Abb. 8.11 Gasmotor und Generator

Abb. 8.12 Umwälzpumpen zur Beheizung des Fermenters mit Abwärme

8.5 Betriebliche Aspekte

Die optimale Steuerung und Regelung der Lebensbedingungen für die Bakterienkulturen stellt eine besondere Herausforderung für den Anlagenbetreiber dar[6]. Zur Aufrechterhaltung des Faulprozesses wird bei niedrigen Substratkonzentrationen (und damit großen Wassermengen) Abwärme aus der Stromproduktion zur Aufrechterhaltung der Fermentertemperatur benötigt. Der Wärmebedarf schwankt jahreszeitlich wegen der Wandwär-

[6] Forschungs- und Transferzentrum für „Regenerative Energien und Verfahrenseffizienz" HAW Hamburg; Prof. Dr. SCHERER; www.haw-hamburg.de/ftz-reeve.html

Tab. 8.3 Betriebsparameter für Biogasanlagen [2, 8]

Parameter	Hydrolyse/ Versäuerung	Methangärung
Temperatur	25...35 °C	mesophil: 32...42 °C thermophil: 50...58 °C
pH-Wert	5,2...6,3	6,7...7,5
Redox-Potential	−300....400 mV	< −250 mV
Feststoffgehalt	< 40% Trockensubstanz	< 30% Trockensubstanz
C : N-Verhältnis	10...45	20...30
Nährstoffbedarf: C : N : P : S	500 : 15 : 5 : 3	600 : 15 : 5 : 3
Spurenelemente	keine bes. Ansprüche	Ni, Co, Mo, Se

meverluste. Bei der energetischen Nutzung der Abwärme ist die Korrelation zwischen Angebot und Nachfrage also nicht immer gegeben. Diese Wärmebedarfsschwankungen müssen bei der Wärmeberechnung berücksichtigt und geprüft werden.

Überwachung der Betriebswerte (Tab. 8.3) Für ein gutes Bakterienwachstum sind nach SCHERER die nachfolgenden Stell- und Steuergrößen von Bedeutung [8]:

- **Feuchtes Milieu** (mind. 50 % Wasser), auch bei der sog. Feststoffvergärung.
- **Luftabschluss:** Methanbakterien sind Anaerobier, d. h. es sind nur geringe Mengen O_2 zulässig. Leichte Sauerstoffzugabe zur Entschwefelung oder im Falle von Wartungsarbeiten ist zulässig.
- Der Fermenter wird neutral gefahren, d. h. **pH-Wert** ca. 7. Während durch die pH-Wertmessung „nur" eine Aussage über den aktuellen Stand des Säure-Base-Verhaltens möglich ist, beschreibt das **Redoxpotenzial [mV]**[7] die Bereitschaft des biochemischen Systems Ionen aufzunehmen. Es ist also eine vorausschauende Steuerung möglich.
- **Lichtabschluss:** Licht verzögert das Bakterienwachstum.
- **Gleichmäßige Temperatur** der optimale Temperaturbereich für mesophile, methanproduzierende Bakterien liegt zwischen 38 und 42 °C. Den Zusammenhang zwischen Temperatur und Gasausbeute beschreibt Abb. 8.3.

Die nachfolgende Übersicht beschreibt exemplarisch den Zusammenhang zwischen den Betriebsparametern und den Bakterienkulturen:

Beim Abbau sind die Stoffwechselprodukte der einen Bakteriengruppe die Nahrung für die darauf folgende Gruppe. Wobei die Populationsgeschwindigkeiten der Bakteriengruppen nicht einheitlich sind. Im Idealfall stellt sich zwischen den Abbauphasen ein

[7] Das Ausmaß der Reduktionskraft eines Systems wird durch ihr **Redoxpotential** beschrieben; dies ist die Bereitschaft, bei einer chemischen Redoxreaktion Elektronen abzugeben und damit in die oxidierte Form überzugehen oder umgekehrt Elektronen aufzunehmen, um in die reduzierte Form überzugehen. Für biochemische Vorgänge rechnet man mit den auf pH 7 bezogenen Potentialen ΔE^{o}'.

Fließgleichgewicht der Stoffkonzentrationen ein. Ein häufiges Problem ist hier die **Überdüngung** (= Überfütterung einer Bakteriengruppe) durch schnell abbaubares Substrat. Die sauren Stoffwechselprodukte nehmen stark zu und können durch Messung des **pH-Wertes**[8] kontrolliert werden. Während die hydrolisierenden und säurebildenden Bakterien bei einem sauren Milieu von pH = 4,5. . .6,3 ihr Aktivitätsoptimum besitzen, bevorzugen Essigsäure- und Methanbildner einen neutralen bis schwach alkalischen pH-Wert von 6,8. . . 8,0. Schnell abbaubares Substrat darf also nur langsam und in gut dosierten Mengen beigemischt werden.

Die Substrate unterscheiden sich auch in der Fähigkeit, den pH-Wert zu puffern. Steigt die Wasserstoff-Ionen-Konzentration, können die Substrate diese in gewissem Umfang an sich binden, bis die **Pufferkapazität**[9] erschöpft ist. Im Gegensatz zum pH-Wert, der nur den aktuellen Stand beschreibt, kann mit der Messung der Pufferkapazität rechtzeitiger und besser in die Prozessführung eingegriffen werden.

Die unterschiedliche Abbaubarkeit von verschiedenen Substraten beeinflusst die Verweildauer. Auslegung und Betrieb des Fermenters sind auf die Eingangsstoffe abzustimmen. Die Menge an organischer Trockenmasse, die täglich dem Fermenter zugeführt wird, nennt man **Faulraumbelastung**

$$B_R = \frac{\dot{m} \cdot c}{V_R} \tag{8.11}$$

mit

B_R Raumbelastung [kg oTS/m³ d]
$\dot{m}$ zugeführte Substratmenge [kg/d]
c Konzentration organische Substanz [%]
V_R Fermentervolumen [Ltr.]

[kg oTS/m³d = kg organische Trockensubstanz pro Tag bezogen auf das Fermentervolumen]. Sie beträgt etwa 3. . . 5 kg oTS/m³ d. Als Anhaltswerte können hier 500 bis 1300 kg Gras, Ganzpflanzsilage oder Rindermist pro 100 kW installierte elektrische Leistung genommen werden. Anlagen mit kleinen Raumbelastungszahlen zeigen in der Regel eine bessere Substratausnutzung [9].

Die **Mindestverweildauer** des Substrates im Fermenter ist abhängig von Generationenzeit der Bakterien. Eine Bakteriengeneration liegt je nach Bakterientyp im Bereich von wenigen Minuten bis mehreren Tagen. Die betriebswirtschaftlich sinnvolle Verweildauer liegt je nach Substrattyp im Bereich von 100 bis 130 Tagen [9]. Die hydraulische

---

[8] Der **pH-Wert** ist ein Maß für die Stärke der sauren bzw. basischen Wirkung einer wässrigen Lösung. Als logarithmische Größe ist er durch den mit −1 multiplizierten dekadischen Logarithmus (= „Zehnerlogarithmus") der Wasserstoffionenkonzentration definiert. pH < 7 entspricht einer Lösung mit saurer Wirkung; pH = 7 entspricht einer neutralen Lösung; pH > 7 entspricht einer alkalischen Lösung (basische Wirkung).

[9] In der Chemie ist die **Pufferkapazität** die Menge starker Base (oder Säure), die durch eine Pufferlösung ohne wesentliche Änderung des pH-Wertes aufgenommen werden kann.

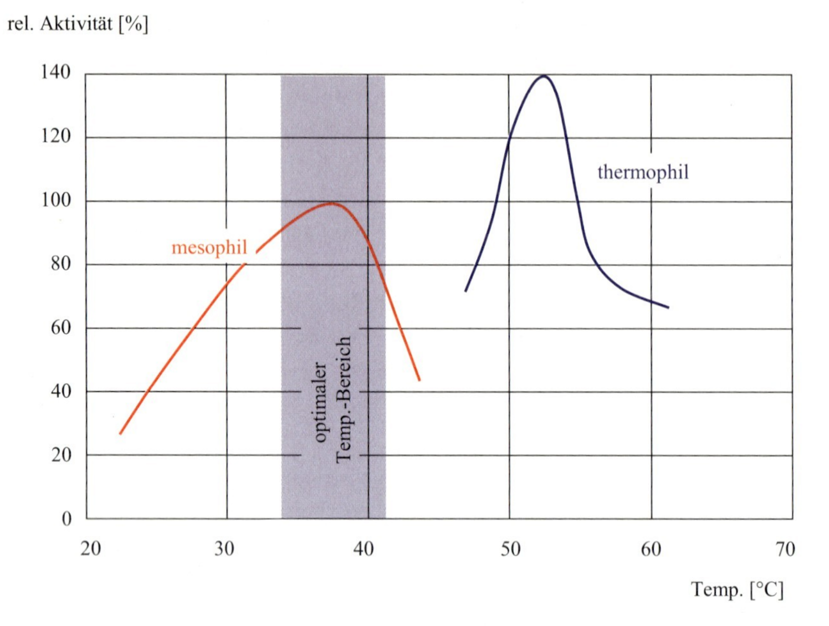

Abb. 8.13 Bakterienaktivität in Abhängigkeit von der Temperatur und dem Bakterientyp

Verweildauer (hydraulic retention time) des Ferments wird bestimmt durch

$$HRT = \frac{V_R}{\dot{V}} \tag{8.12}$$

Faulraumbelastung (zugeführte Substratmengen $\dot{V}$) und Verweildauer *(HRT)* bestimmen das Fermentervolumen.

Bezüglich des gewählten **Temperaturbereich**es (vgl. Abb. 8.13) wird zwischen dem mesophilen und dem thermophilen Bereich unterschieden.

Mesophile Bakterien fördern den natürlichen Stoffwechsel im Lebewesen und bevorzugen daher eine Temperatur von 37 bis 40 °C. Sie werden mit der Gülle in den Fermenter eingebracht („Impfung"). Vorteile dieses Verfahrens sind

- ein breites Spektrum an unempfindlichen Bakterien, die Temperaturschwankungen tolerieren,
- neues Animpfen mit mesophilen Bakterien aus dem Wirtschaftsdünger (Gülle),
- hohe Prozessstabilität.

Als Nachteil muss die langsamere Umsetzungsgeschwindigkeit genannt werden (vgl. Abb. 8.13).

Eine geringere Anzahl von **thermophilen Bakterien** erreicht die maximale Wachstumsrate bei etwa 50 °C. Oberhalb einer Temperatur von 55 bis 60 °C denaturieren die meisten Enzyme mit der Folge eines schnellen und vollständigen Aktivitätsverlusts.

Die Anlagenhersteller empfehlen hier unterschiedliche Fahrweisen, die u. a. auch von Betriebsbedingungen der Anlage abhängig sein können [9]:

- Für faserreiche Substrate oder für Anlagen mit hohen Raumbelastungen und/ oder kurzen hydraulischen Verweilzeiten wird der höhere Temperaturbereich empfohlen.
- Näherungsweise kann davon ausgegangen werden, dass eine Temperaturerhöhung um 10 °C eine Verdoppelung der biologischen und chemischen Umsetzungsgeschwindigkeit bewirkt (VAN'T HOFFsche Regel).
- Die Temperatur beeinflusst aber auch physikalische und chemische Parameter wie Druck, Volumen, Gaslöslichkeit, pH-Wert und Leitfähigkeit. Dies gilt z. B. in hohem Maße für das Gleichgewicht zwischen dem ungiftigen Ammonium NH_4^+ und dem giftigen Ammoniak NH_3: Je höher die Temperatur und der pH-Wert, desto mehr überwiegt das Ammoniak. Gleichzeitig steigt mit der Temperatur die Empfindlichkeit der Bakterien gegenüber dem Ammoniak.
- Mit der Temperatur sinkt die Viskosität des Fermenterinhalts. Eine Temperaturerhöhung reduziert also den Energieaufwand für Rührwerk und Pumpe.
- Hohe Temperaturen im Fermenter bedeuten jedoch auch einen hohen thermischen Energieaufwand und größere thermische Verluste (z. B. als Wandwärmeverluste).

In [7] wurden bundesweit über 1200 Anlagen hinsichtlich ihrer Betriebsparameter untersucht. Dabei zeigte sich, dass wider Erwarten mesophile Anlagen die höchste Substratausbeute liefern, auch wenn hier schwer abbaubare Rohstoffe wie Grassilage oder Rindermist eingesetzt werden. Die durch thermophile Betriebsweise erwartete höhere Umsetzungsgeschwindigkeit und damit verbesserte Ausnutzung der Substrate konnte dort mit den Praxiswerten nicht bestätigt werden.

Niedertemperaturkorrosion Bei der Verbrennung schwefelhaltiger Brennstoffe entstehen große Mengen von SO_2 und SO_3 in der Dampfphase der Abgase. In Verbindung mit dem Kondensat aus der Verbrennung (bei der Verbrennung von 1 kg Brennstoff entsteht ca. 1 kg Wasser als Reaktionsprodukt!) bilden sich schweflige Säure (H_2SO_3) und Schwefelsäure (H_2SO_4). Bei niedrigen Oberflächentemperaturen einiger Bauteile kann es zur Taupunktsunterschreitung kommen, es bilden sich korrosive Säuren („Niedertemperaturkorrosion"). Besonders gefährdete Bereiche sind Zylinderbuchse, Kolbenhemd, Kolbenringe und Kolbenringnut, und alle Einbauten im Abgaskanal. Auf betrieblicher Seite ist daher zu beachten: Zylinderkühlwassertemperatur nicht zu niedrig, Basenzahl des Zylinder- bzw. Motorenöles an den Schwefelgehalt des Brennstoffes anpassen; keine Taupunktunterschreitung im Abgaskanal (d. h. Abgastemperaturen nicht kleiner als 120 °C).

Grenzflächenkorrosion Die Bakterien erzeugen bei der Stoffwechselumsetzung sauren, aggressiven Harnstoff, der das Fermentermaterial angreift. Starke Korrosion ist daher an den Stellen zu beobachten (bzw. durch Schutzmaßnahmen zu vermeiden!), an denen die

Bakterien eine gute Stoffwechselrate zeigen. Dies ist im Bereich der Gas-Flüssigkeitsgrenzschicht der Fall, weil hier Sauerstoff, Wasser, Mineralien und Wärme in ausreichender Menge zur Verfügung stehen.

Für die **Entschwefelung** von Biogas hat sich die Zuführung von ca. 3...4 % Luftsauerstoff in den Gasraum über dem Substrat bewährt. Für dieses sehr preisgünstige und effektive Verfahren (99 % Abscheidung) wird lediglich eine geeignete Pumpe benötigt. Der Luftsauerstoff befähigt Bakterien zur Mineralisierung und biologische Bindung des Schwefels, der somit für die Düngung erhalten bleibt [2].

Die Beigabe (**Kofermentation**) von Lebensmittelabfällen erhöht die Methanausbeute, hat jedoch unter Hygienegesichtspunkten Nachteile. Da keine keimtötenden Temperaturen vorliegen, darf das Endsubstrat nach der Hygieneverordnung nicht mehr auf der Ackerfläche als Dünger ausgebracht werden.

Im Fall von Gülle als Substrat: In den Wintermonaten darf keine Gülle ausgebracht werden, für diese Zeit muss die Gülle gelagert werden (das Gleiche gilt aber auch für unvergorene Gülle). Es muss verhindert werden, dass Gülle von Tieren, die mit Antibiotika behandelt worden sind, in zu hoher Konzentration in den Faulbehälter gelangt.

Die vergorenen Rohstoffe werden als landwirtschaftliche Düngemittel verwendet. Sie sind chemisch weit **weniger aggressiv als Rohgülle**, die **Stickstoffverfügbarkeit** ist besser (günstigere Stickstoffaufnahmefähigkeit für die Pflanzen) und der Geruch weniger intensiv. Hier liegt ein wesentlicher Vorteil für den landwirtschaftlichen Betrieb.

Der gezielte Anbau von Energiepflanzen kann ökologische Probleme nach sich ziehen (Monokulturen, intensive Landwirtschaft). Insbesondere die Erhöhung des Maisanbaus im Zuge des Baus von Biogasanlagen führt zu weiteren ökologischen Belastungen durch die Landwirtschaft (Boden-, Grundwasserbelastung, Artenrückgang). Erfahrungsgemäß wird für eine 130 kW-Anlage etwa 50 ha Silagemaisanbaufläche, 2500 m^3 Siloraum und ein 1500 m^3 Fermenter benötigt.

Sicherheitstechnik Da Methan ein hochexplosives Gas ist, kann es im Falle einer Leckage zu einer Explosion kommen. Es sind daher sicherheitstechnische Geräte und Maßnahmen vorgeschrieben. So ereignete sich am 16. Dezember 2007 bei einer Biogasanlage in Riedlingen eine schwere Explosion, bei der der 22 Meter hohe Fermenter zerstört wurde. Einige Bauteile der Anlage wurden mehrere hundert Meter weit geschleudert, 1 Million Liter Jauche liefen aus. Zu den notwendigen sicherheitstechnischen Einbauten gehören u. a. die Über- und Unterdrucksicherung sowie die Gasfackel. Zusätzlich sind Unfallverhütungsvorschriften, Druckbehälterverordnung und baurechtliche Vorschriften und Prüfungsauflagen (Abnahmeprüfung, wiederkehrende Prüfungen) zu beachten [10]. Das Methan hat einen 23-mal so hohen Treibhauseffekt wie Kohlendioxid (vgl. Abschn. 6.1.2). Eine gasdichte Anlage ist daher auch aus ökologischen Gesichtspunkten wichtig.

In mehreren Projekten wird das Biogas inzwischen aufbereitet und ins Erdgasnetz eingespeist (vgl. Abschn. 8.3). Damit werden Biogasanlagen auch an Standorten ohne Wärmeabnehmer sinnvoll.

8.6 Gasprognose

Die Biogasausbeute eines Substrates wird hauptsächlich durch den Gehalt an Proteinen, Fetten und Kohlenhydraten beeinflusst. Hier kann auf die bewährte Erfahrung in der Landwirtschaft zurückgegriffen werden, weil hier der Verdauungsprozess hinlänglich bekannt und mit Erfahrungswerten hinterlegt ist. Zur Bestimmung der Gaszusammensetzung des Substrates wird dabei auf die DLG-Futterwerttabelle zurückgegriffen (Tab. 8.4). Nachfolgend wird dies beispielhaft anhand von Grassilage durchgeführt.

Für den Verdauungsprozess ist nicht die Trockensubstanz (TS), sondern nur der Anteil der **organischen Trockensubstanz (oTS)** relevant. Dieser Anteil ergibt sich aus der Summe von Rohfaser *Rf*, stickstoffreiche Extraktstoffe *NfE*, Rohprotein *Rp* und Rohfett *Rf*:

$$\begin{aligned}\mathrm{oTS}[\%] &= \mathrm{oTS}\left[\frac{\mathrm{g}}{\mathrm{kg\,TS}} = \frac{\mathrm{g}}{1000\,\mathrm{g\,TS}}\right]\\ &= m_{\mathrm{Rfas}}\left[\frac{\mathrm{g}}{\mathrm{kg}\,TS}\right] + m_{\mathrm{NfE}}\left[\frac{\mathrm{g}}{\mathrm{kg\,TS}}\right] + m_{\mathrm{Rp}}\left[\frac{\mathrm{g}}{\mathrm{kg\,TS}}\right] + m_{\mathrm{Rf}}\left[\frac{\mathrm{g}}{\mathrm{kg\,TS}}\right]\cdot\frac{100}{1000}\end{aligned}$$

Für das Beispiel der Grassilage bedeutet dies:

$$\begin{aligned}\mathrm{oTS}[\%] &= 293\left[\frac{\mathrm{g}}{\mathrm{kg\,TS}}\right] + 436\left[\frac{\mathrm{g}}{\mathrm{kg\,TS}}\right] + 132\left[\frac{\mathrm{g}}{\mathrm{kg\,TS}}\right] + 37\left[\frac{\mathrm{g}}{\mathrm{kg\,TS}}\right]\cdot\frac{100}{1000}\\ &= 89{,}8\,\%\end{aligned}$$

Die Biogasausbeute eines Substrates wird hauptsächlich durch den Gehalt an Proteinen, Fetten und Kohlenhydraten bestimmt. Diese können mit dem Verdauungsquotienten *VQ* der spezifischen Anteile bestimmt werden.

Kohlenhydrate sind organische Verbindungen aus Kohlenstoff, Sauerstoff und Wasserstoff $C_lH_mO_m$. Die Berechnung der **verdaulichen Kohlenhydrate *Kh*** erfolgt mit dem

Tab. 8.4 Substratzusammensetzung der Grassilage nach DLG-Futterwerttabelle

Trockensubstanz	*TS*-Gehalt	36	%
Rohfaser	*Rfas*	293	g/kg TS
Verdauungsquotient der Rohfaser	VQ_{Rfas}	74,30	%
stickstoffreiche Extraktstoffe	*NfE*	436	g/kg TS
Verdauungsquotient	VQ_{NfE}	69,97	%
Rohprotein	*Rp*	132	g/kg TS
	VQ_{RP}	65,09	%
Rohfett	*Rf*	37	g/kg TS
	VQ_{Rfett}	67,51	%

Verdauungsquotienten *VQ* und den Rohfaser- und den stickstoffreichen Extraktstoffanteilen *NfE*:

$$\mathrm{Kh}\left[\frac{\mathrm{g}}{\mathrm{kg\,oTS}}\right] = \frac{m_{\mathrm{Rfas}}\left[\frac{\mathrm{g}}{\mathrm{kg\,TS}}\right]\cdot VQ_{\mathrm{Rfas}}[\%] + m_{\mathrm{NfE}}\left[\frac{\mathrm{g}}{\mathrm{kg\,TS}}\right]\cdot VQ_{\mathrm{NfE}}[\%]}{\mathrm{oTS}\,[\%]}$$

Für dieses Beispiel:

$$\mathrm{Kh}\left[\frac{\mathrm{g}}{\mathrm{kg\,oTS}}\right] = \frac{293\left[\frac{\mathrm{g}}{\mathrm{kg\,TS}}\right]\cdot 74{,}3[\%] + 432\left[\frac{\mathrm{g}}{\mathrm{kg\,TS}}\right]\cdot 69{,}97[\%]}{89{,}8\,\%} = 579\frac{\mathrm{g}}{\mathrm{kg\,oTS}}$$

Der Ausdruck „**Protein**“ beruht auf der irrigen Annahme, dass alle Eiweißkörper auf einer Grundsubstanz basieren. Biochemisch bestehen diese aus Eiweißkörpern, die überwiegend aus Aminosäuren aufgebaut sind. Für die Gasproduktion ist der verdauliche Anteil relevant, der sich aus der Rohprotein *Rp* und dem spezifischen Verdauungsquotienten *VQ* ergibt:

$$\mathrm{Protein}_{\mathrm{verd}}\left[\frac{\mathrm{g}}{\mathrm{kg\,oTS}}\right] = \frac{m_{\mathrm{Rp}}\left[\frac{\mathrm{g}}{\mathrm{kg\,TS}}\right]\cdot VQ_{\mathrm{Rp}}[\%]}{\mathrm{oTS}[\%]}$$

In diesem Fall ergibt sich für die Grassilage

$$\mathrm{Protein}_{\mathrm{verd}}\left[\frac{\mathrm{g}}{\mathrm{kg\,oTS}}\right] = \frac{132\left[\frac{\mathrm{g}}{\mathrm{kg\,TS}}\right]\cdot 65{,}09[\%]}{89{,}8[\%]} = 96\frac{\mathrm{g}}{\mathrm{kg\,oTS}}.$$

Für die verdaulichen Rohfette gilt analog

$$\mathrm{Rohfett}_{\mathrm{verd}}\left[\frac{\mathrm{g}}{\mathrm{kg\,oTS}}\right] = \frac{m_{\mathrm{Rf}}\left[\frac{\mathrm{g}}{\mathrm{kg\,TS}}\right]\cdot VQ_{\mathrm{Rf}}[\%]}{\mathrm{oTS}[\%]}$$

also für dieses Beispiel

$$\mathrm{Rohfett}_{\mathrm{verd}}\left[\frac{\mathrm{g}}{\mathrm{kg\,oTS}}\right] = \frac{37\left[\frac{\mathrm{g}}{\mathrm{kg\,TS}}\right]\cdot 67{,}51[\%]}{89{,}8[\%]} = 28\frac{\mathrm{g}}{\mathrm{kg\,oTS}}$$

Tab. 8.5 Anhaltswerte für die spezifische Gasausbeute nach BASERGA (Baserga, U.: Landwirtschaftliche Co-Vergärungs-Biogasanlagen, FAT-Berichte Nr. 512, Tänikon. 1998)

Stoffgruppe		Biogasertrag Nm^3/kg oTS	Methangehalt Vol-%
Kohlenhydrate	*Kh*	0,79	50
Rohprotein	*Rp*	0,70	71
Rohfett	*Rf*	1,25	68

Den Einzelkomponenten kann eine **spezifische Gasausbeute** (Nm^3 = Norm-m^3 = Gasvolumen bei Normbedingungen 1 bar abs und 20 °C) und ein **spezifischer Methangehalt** zugeordnet werden (Tab. 8.5).

Die Gasausbeute der Einzelkomponenten Kohlenhydrate, Rohprotein und Rohfett beträgt dann:

$$\text{Gasausbeute}_{\text{Kh}} = \frac{0{,}79\,\text{Nm}^3/\text{kg}_{\text{oTS}} \cdot 579\text{g}/\text{kg}_{\text{oTS}}}{1000\,\text{g}} = 0{,}457\frac{\text{Nm}^3}{\text{kg oTS}}$$

$$\text{Gasausbeute}_{\text{Rp}} = \frac{0{,}70\,\text{Nm}^3/\text{kg}_{\text{oTS}} \cdot 96\text{g}/\text{kg}_{\text{oTS}}}{1000\,\text{g}} = 0{,}067\frac{\text{Nm}^3}{\text{kg oTS}}$$

$$\text{Gasausbeute}_{\text{Rf}} = \frac{1{,}25\,\text{Nm}^3/\text{kg}_{\text{oTS}} \cdot 28\text{g}/\text{kg}_{\text{oTS}}}{1000\,\text{g}} = 0{,}035\frac{\text{Nm}^3}{\text{kg oTS}}$$

Gasausbeute in Summe für die Grassilage: 0,559 Nm/kg oTS

Das entstandene Biogas besteht primär aus Methan und Kohlendioxid (vgl. Abschn. 8.3). Mit den o. g. **spezifischen Methananteil**en bedeutet dies hier

$$CH_{4_{\text{Kh}}} = 50\,\% \cdot 0{,}457\,\text{Nm}^3/\text{kg}_{\text{oTS}} = 0{,}229\,\frac{\text{Nm}^3}{\text{kg}_{\text{oTS}}} \rightarrow \frac{0{,}229\,\text{Nm}^3/\text{kg}_{\text{oTS}}}{0{,}559\,\text{Nm}^3/\text{kg}_{\text{oTS}}} = 40{,}9\,\%$$

$$CH_{4_{\text{Rp}}} = 71\,\% \cdot 0{,}067\,\text{Nm}^3/\text{kg}_{\text{oTS}} = 0{,}048\frac{\text{Nm}^3}{\text{kg}_{\text{oTS}}} \rightarrow \frac{0{,}048\,\text{Nm}^3/\text{kg}_{\text{oTS}}}{0{,}559\,\text{Nm}^3/\text{kg}_{\text{oTS}}} = 8{,}6\,\%$$

$$CH_{4_{\text{Rf}}} = 68\,\% \cdot 0{,}035\,\text{Nm}^3/\text{kg}_{\text{oTS}} = 0{,}024\,\frac{\text{Nm}^3}{\text{kg}_{\text{oTS}}} \rightarrow \frac{0{,}024\,\text{Nm}^3/\text{kg}_{\text{oTS}}}{0{,}559\,\text{Nm}^3/\text{kg}_{\text{oTS}}} = 4{,}3\,\%$$

In Summe: Aus 1 kg oTS Grassilage ergeben sich bei guter Betriebsführung 0,559 m^3 Biogas mit einem Methangehalt von 53,8 %. Oder: Wegen des Trockensubstanzgehalts

(TS) von 36 % und des berechneten organischen Anteils (oTS) von 89,8 % erhält man aus 1 t Frischmasse Grassilage

$$\begin{aligned} \text{Gasausbeute} &= \text{TS}\,[\%] \cdot \text{oTS}\left[\frac{\text{g oTS}}{\text{g TS}}\right] \cdot \text{spez. Gasausbeute}\left[\frac{\text{Nm}^3}{\text{kg oTS}}\right] \\ &= 36\,\% \cdot 89{,}8\,\% \cdot 0{,}559\,\frac{\text{Nm}^3}{\text{kg Grassilage}} \\ &= 0{,}1807\,\frac{\text{Nm}^3}{\text{kg Grassilage}} \end{aligned}$$

Also pro Tonne Frischmasse Grassilage 181 m^3 Biogas.

8.7 Anlagenbeispiel

Bei der Biogasanlage nach Abb. 8.1 [3, 11] handelt es sich um ein einstufiges mesophiles Nassvergärungsverfahren; sie ist seit Dezember 2001 in Betrieb und besteht im Wesentlichen aus einer Güllegrube sowie einem Feststoffeintrag, einem stehenden Reaktor mit 2500 m^3 Nutzvolumen, einem externen 500 m^3-Gasspeicher und einem offenen, 10.000 m^3 großen Endlager. Täglich werden 110 m^3 Substratmenge über einen Sammelschacht in den Reaktor gefördert. Das Substrat besteht zu ca. 95 % aus Rindergülle, zu 3 % aus Rindermist und zu 2 % aus Maissilage (vgl. Tab. 8.6). Das entstehende Biogas wird biologisch entschwefelt und kann in Notfällen über eine Gasfackel verbrannt werden. Der Strom, den das Gas-BHKW mit einer installierten elektrischen Leistung von 373 kW erzeugt, wird überwiegend ins Netz eingespeist. Die Wärmeenergie dient zum Betrieb des Fermenters und zur Heiz- bzw. Warmwasserbereitstellung für das Wirtschaftsgebäude.

Tab. 8.6 Beispieldaten einer Biogasanlage; Quelle [3, 11]

Allgemeine Betriebsdaten				
	Tierbesatz		1150	Rinder
	Nutzfläche	Ackerland	850	ha
		Grünland	200	ha
		nachwachsende Rohstoffe	128	ha
Substrat				
		Rindergülle	95,1	m/m-%
		Rinderfestmist	2,8	m/m-%
		Silomais	2,1	m/m-%
Biogasanlage/mittlere Zusammensetzung				
	TS	Trockensubstanz	6,6	% Frischmasse
	oTS	organ. Trockensubstanz	5,3	% Frischmasse
	N, NH_3	Stickstoff (gesamt)	5,6	kg/t
		Betriebstemp.	39	°C
		Arbeitsraumvolumen	2500	m^3
		Substratzugabe	801	t/Woche
		hydr. Verweilzeit	20	Tage
		Häufigkeit Substratzugabe	6	mal pro Tag
Gärrückstandslager				
		Größe	10.000	m^3
	Zusammensetzung:			
	TS	Trockensubstanz	6,2	kg/t
	oTS	organ. Trockensubstanz	4,6	kg/t
	N, NH_3	Stickstoff (gesamt)	3,8	% Frischmasse
Gasproduktion				
		@ 0 °C, 1013 h Pa	2547	m^3/Tag
BHKW				
	Elektr.:	Nennleistung	373	kW_{el}
		elektr. Wirkungsgrad	35	%
	Wärme:	therm. Wirkungsgrad	47,8	%
Energiebilanz der Biogasanlage				
		Eigenverbrauch, elektr.	0,8	kWh/t Substrat
		Eigenverbrauch, Wärme	43,1	kWh/t Substrat

8.8 Betriebsdatenüberwachung

Für eine optimale Gasausbeute und zur Vermeidung von Produktionsausfällen und Störungen ist eine intensive Betriebsstoffüberwachung notwendig. Nach Abb. 8.2 laufen im Fermenter parallele biochemische Prozesse ab. Im Abschn. 8.5 wurden die wichtigsten Prozessparameter beschrieben. Hierbei entstehen organische Säuren (Essigsäure, Buttersäure u. a.), die im Falle eines Übercshusses wegen der toxischen Wirkung den Prozess hemmen. Der Anteil an organischen Säuren (FOS) und die Pufferkapazität (TOC) wird daher in regelmäßigen Abständen durch Titration einer Probe geprüft und dokumentiert. Durch Anpassung der „Fütterungsrate" können diese Parameter im Optimalbereich gehalten werden. Dabei entwickelt jede Anlage aufgrund ihrer spezifischen Bakterienkultur eine eigene Charakteristik, die nur durch eine Langzeittrendanalyse herausgearbeitet werden kann. Die nachfolgenden Betriebsdaten stellen daher exemplarische Beispiele dar:

Datum	Leitfähigkeit [mS/ cm]	pH-Wert	FOS [mg Säure/l]	TAC [mg TAC/l]	FOS/ TAC	NH_4-N [g/l]
13.07.2009	20,2	7,5	2406	10.019	0,24	0,0
20.07.2009	21,1	7,7	1763	10.769	0,16	2,0
03.08.2009	20,6	7,6	1452	10.369	0,14	0,0
03.09.2009	20,2	7,7	1950	10.588	0,18	0,0
14.09.2009	20,3	7,6	1742	9994	0,17	0,0
01.10.2009	20,1	7,7	1805	10.750	0,17	0,0
22.10.2009	19,2	7,7	1651	9850	0,17	1,7
12.11.2009	19,2	7,7	2000	10.088	0,20	0,0
30.11.2009	19,5	7,7	1908	9706	0,20	1,5
14.12.2009	19,3	7,6	1971	9356	0,21	0,0
28.12.2009	19,3	7,6	2137	10.006	0,21	0,0
04.02.2010	19,5	7,5	2344	9600	0,24	0,0
25.02.2010	19,0	7,6	1618	9269	0,17	1,8
15.03.2010	18,7	7,6	1929	9213	0,21	0,0
29.03.2010	19,3	7,6	1805	9544	0,19	1,4
26.04.2010	19,5	7,6	1929	9431	0,20	0,0
10.05.2010	20,5	7,6	1784	9806	0,18	0,0

TAC = Totales anorganisches Carbonat (alkalische Pufferkapazität) [mg CaCO3/l] = Säurekapazität bis pH 5. Es gilt empirisch: TAC = H_2SO_4-Verbrauch vom Beginn bis pH 5 in ml × 250
FOS = Konzentration an (wasserdampf)flüchtigen organischen Säuren [mg/l Essigsäureäquivalente]: Essigsäure CH_3COOH (Essiggeruch) + Propionsäure C_2H_5COOH (Geruch nach ranzigem Käse) + Buttersäure C_3H_7COOH (Geruch nach Erbrochenem) + Valeriansäure C_4H_9COOH (ranzig, fauliger Geruch). Näherungsweise kann empirisch gerechnet werden: FOS = (H_2SO_4-Verbrauch von pH 5 bis pH 4,4 in ml × 1,66 – 0,15) × 500

Das Verhältnis FOS/ TAC gibt Hinweise zum Fermentationsprozess und zur Anlagenstabilität. Es sollte unter bzw. im Bereich von 0,3 liegen. Ist der Wert > 0,5 ist die Anlage „überfüttert", der Substrateintrag ist zu drosseln. Bei Werten unterhalb von 0,3 ist die „Fütterung zu steigern". Wegen der Anlagenspezifika ist die Entwicklung dieses Wertes wichtiger als sein absoluter Wert.

Säurespektrum	25.02.2010 [mg/l]	29.03.2010 [mg/l]	30.04.2010 [mg/l]
Essigsäure	59	85	81
Propionsäure	58	58	62
iso-Buttersäure	< 50	< 50	< 50
Buttersäure	< 50	< 50	< 50
iso-Valeriansäure	< 50	< 50	< 50
Valeriansäure	< 50	< 50	< 50
Capronsäure	< 50	< 50	< 50
Essigsäureäquivalent	106	132	131
Kommentar:	Spektrum ist i. O.		

	Motor 1 kWel:	370		Motor 2 kWel:	190		13440	kWhel Soll:						
	Ertrag					Fütterung				Berechnungen				
	Stromzähler stand	Gaszähler stand	Betriebs- stunden	Stromzähler stand	Gaszähler stand	Betriebs- stunden	Substrat 1	Substrat 2	Fütterung	Gülle %	Rohgas ist	kWhel ist	el Leistung % von Soll
Übertrag Vormonat	kWhel	m³	h	kWhel	m³	h	Mais [t]	Gülle [m³]	Gesamt- FS/d		m³/d		
--->	**8985479**	**4586740**		**2949325**	**711464**								
1.12.09	8994288	4591230	24	2953910	713710	24	26,59	16,08	42,67	38	6736	13394	**100**
2.12.09	9003103	4595730	24	2958521	715953	24	26,12	15,85	41,97	38	6743	13426	**100**
3.12.09	9011934	4600280	24	2963131	718230	24	26,61	15,49	42,1	37	6827	13441	**100**
...													
30.12.09	9249708	4719740	24	3085965	777847	24	24,87	16,54	41,41	40	6552	13431	**100**
31.12.09	9258541	4724280	24	3090579	780207	24	24,95	16,58	41,53	40	6900	13447	**100**
Summe:			**742**			**740,5**	**806,2**	**525,75**	**1331,95**	**39,4**	**206283**	**414316**	**99**

Abb. 8.14 Betriebsdaten der Beispielanlage nach diesem Kapitel

8.9 Übungen

1. Für ein einfaches Biogas sind die wesentlichen thermodynamischen Eckdaten zu bestimmen:

Methan	CH_4	65	Vol.-%
Kohlendioxid	CO_2	35	Vol.-%

   Berechnen Sie: Molmasse, Gaskonstante, Dichte, spez. Wärmekapazität, unteren Heizwert, Luftbedarf und Mindestsauerstoffbedarf für dieses Gemisch.
2. Erklären Sie die nachfolgenden Begrifflichkeiten und Abkürzungen. Gehen Sie kurz auf die betrieblichen Konsequenzen und Bedeutung ein:
   - H_2S
   - NH_3 und NH_4
   - Silage
   - TS
   - oTS
   - C/N
   - Hygienisierung
   - Raumbelastung [kg oTS/m^3 d]
   - Verweilzeit
   - Volllaststunden
3. Für die Biogasanlage nach Abschn. 8.7 sind die nachfolgenden Kennzahlen zu bestimmen:
   - GV, GV/ ha
   - Raumbelastung
   - Erträge: [m^3 Biogas/m^3 Fermentervol.], [m^3 Biogas / GV]
   - Energieinhalt/ Leistungsvermögen der Biogasanlage (in kW, vgl. Biogasdaten nach Aufg. 8.1)
   - elektr. Leistung bei einem Wirkungsgrad von 35 %
   - Leistungsausnutzung (= Leistung/Nennleistung der Motoren)
   - therm. Leistung bei einem therm. Wirkungsgrad von 48 %
   - elektr. Energie [kWh/ Woche], therm. Energie [kWh/ Woche]
   - elektr. und therm. Eigenverbrauch [kWh/ Woche] und Prozent der erzeugten Energie. Welche Parameter beeinflussen den Eigenverbrauch?
   - Gesamtnutzungsgrad, wenn die Wärme vollständig genutzt werden kann?
   - Produktivität [kW/ GV]?
4. Für Maissilage sind die Gasausbeute und der Methangehalt zu prognostizieren. Die DLG-Futterwerttabelle gibt dazu folgende Anhaltswerte:

- *TS* 35 %
- *Rf* 204 g/kg TS; VQ_{Rfas} 66 %
- *NfE* 631 g/kg TS; VQ_{NfE} 85 %
- *Rp* 86 g/kg TS; VQ_{Rp} 63 %
- *Rf* 33 g/kg TS; VQ_{Rf} 85 %

Literatur

1. Dreyhaupt, F. J. (Hrsg.): VDI-Lexikon Umwelttechnik, VDI-Verlag, Düsseldorf, 1994
2. Eder; Schulz: Biogas Praxis (4. Auflage), Ökobuch Verlag, Staufen, 2007
3. FNR/FAL: Biogas-Anlagen – 12 Datenblätter, Gülzow, 2004, www.fnr.de
4. Baehr, H. D.: Thermodynamik (5. Aufl.), Springer-Verlag, Berlin, Heidelberg, New York (1981), Seite 346 ff bzw. Tab. 10.6 und 10.11
5. Grote, K.-H.; Feldhusen, J. (Hrsg.): Dubbel – Taschenbuch für den Maschinenbau (24. Aufl.), Springer-Vieweg, Berlin, Heidelberg, New York, 2014
6. Urban, W.; Girod, K.; Lohmann, H. (Fraunhofer-Institut für Umwelt-, Sicherheits- und Energietechnik – Fraunhofer UMSICHT): Technologien und Kosten der Biogasaufbereitung und Einspeisung in das Erdgasnetz, BMBF-Studie, Oberhausen, 2008
7. Theißing, M.: Biogas – Einspeisung und Systemintegration in bestehende Gasnetze, Öster. Ministerium f. Verkehr, Innovation u. Technologie, Berichte aus der Energie- und Umweltforschung 1/2006, Wien; http://www.nachhaltigwirtschaften.at
8. Institut für Energetik und Umwelt gGmbH; Bundesforschungsanstalt für Landwirtschaft, Fachagentur für nachwachsende Rohstoffe (FNR – Hrsg.): Handreichung Biogasgewinnung und -nutzung (3. Auflage), Gülzow, 2006, www.fnr.de
9. Hölker, Udo: Nicht zu heiß vergären. Biogas-Journal 02/2009, S. 24 bis 27, Fachverband Biogas e.V.
10. Wirtschaftsministerium des Landes Baden-Württemberg: Sicherheitsregeln für landwirtschaftliche Biogasanlagen – Planungshilfe für Bauherren, Ingenieure und Fachbehörden, Stuttgart, 1998
11. FNR (Hrsg.): Biogas – eine natürliche Energiequelle, Gülzow, 2002, www.fnr.de

Weiterführende Literatur

12. Scherer, Paul A.: Zur Biologie von Vergärung von Biomasse, persönliche Mitteilungen, August 2008
13. BINE: Betriebserfahrungen mit Biogasanlagen in der Landwirtschaft – Ergebnisse einer Strukturanalyse, BINE Fachinformationsdienst, Bonn/Karlsruhe, 1998

Biokraftstoffe

9

Für die Synthese von Biokraftstoffen kommen verschiedene Verfahrenswege infrage, nachfolgend soll dazu ein kurzer Überblick gegeben werden (siehe Abb. 9.1).

Die aktuelle Diskussion um die Nachhaltigkeit und mögliche Verdrängungsmechanismen in Bezug auf die Lebensmittelindustrie wird hier ausdrücklich ausgeklammert. Vielmehr sollen nur die technischen Umsetzungs- und Realisierungsmöglichkeiten dargestellt werden.

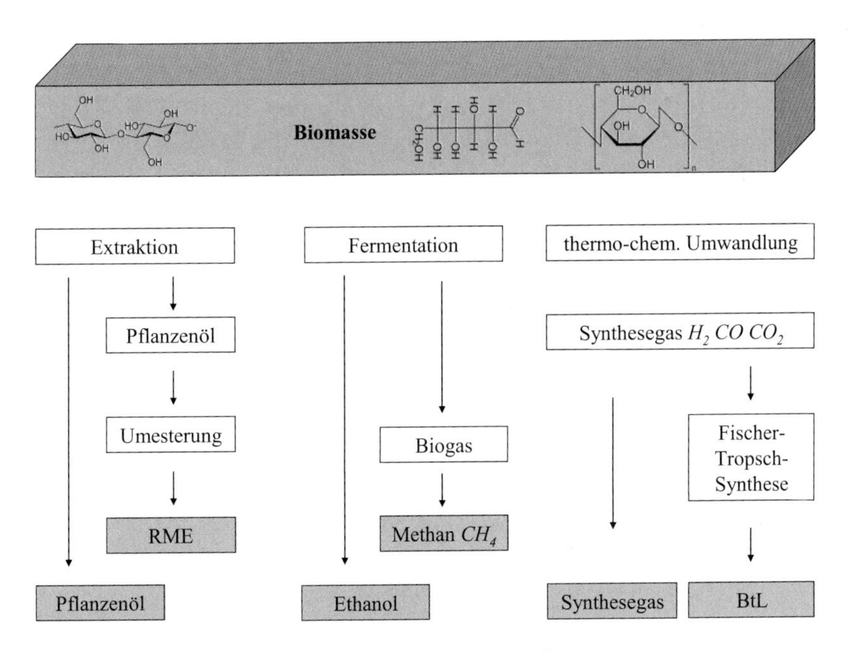

Abb. 9.1 Alternative Verfahrenswege zur Biokraftstoffherstellung

H. Watter, *Regenerative Energiesysteme*, DOI 10.1007/978-3-658-09638-0_9

Generell kann gesagt werden, dass der Einsatz von Biokraftstoffen in Verbrennungskraftmaschinen kein grundsätzliches Problem darstellt. Es sind lediglich einige Besonderheiten, wie

- Zünd- und Verbrennungseigenschaften,
- Dichtungs- und Lackverträglichkeit,
- thermische Stabilität (Alterung) und
- Rückwirkungen auf das tribologische System „Brennstoff-Brenngas-Schmierstoff-Oberflächenbeschaffenheit"

zu berücksichtigen. Diese Biokraftstoffe sollten daher nur nach Absprache mit dem Hersteller eingesetzt werden (vgl. auch Kap. 12).

9.1 Biokraftstoffe der 1. Generation[1]

9.1.1 Biodiesel (Rapsölmethylester, RME)

Biodiesel[2] (Tab. 9.1) ist ein nach seiner Verwendung dem Dieselkraftstoff entsprechender pflanzlicher Kraftstoff, meistens aus Raps (**Rapsdiesel**). Im Gegensatz zum konventionellen Dieselkraftstoff wird er nicht aus Rohöl, sondern aus Pflanzenölen oder tierischen Fetten gewonnen. Biodiesel wird deshalb als ein erneuerbarer Energieträger bezeichnet. Chemisch handelt es sich um Fettsäuremethylester (FAME). RME wird durch die Umesterung von Pflanzenöl mit Methanol hergestellt (vgl. Abb. 9.2 und 9.3). Dabei werden ca. 10 % des Raps-Rohöls als Glyzerin abgetrennt und durch fossiles Methanol ersetzt. In Deutschland ist Rapsöl der primäre Rohstoff. Eine Produktion ist aber auch aus anderen Pflanzenölen, Altspeise- und Tierfetten möglich.

Rapsdiesel, ist der einzige genormte „Biokraftstoff" – DIN EN 14214 (Dichte: ca. 0,88 kg/l, Heizwert: 37 MJ/kg $\approx$ 9,1 kWh/L, Cetanzahl: CZ = 54–58). In Deutschland werden ca. 80 % Rapsöl und ca. 20 % Sojaöl verarbeitet.

Die Beimischungen von Biodiesel zu herkömmlichem Dieselkraftstoff werden, je nach Anteil, als B5, B10 oder B20 bezeichnet. Dies entspricht einem Anteil von 5, 10, oder 20 % an Biodiesel. B100 entspricht demnach reinem Biodiesel.

Eigenschaften Durch die Umesterung (vgl. Abb. 9.3 und 9.4) hat das Endprodukt eine deutlich geringere Viskosität als das unbehandelte Pflanzenöl und kann auf Grund seiner physikalischen Eigenschaften als Ersatz für Dieselkraftstoff verwendet werden. Einspritzsystem und (Dichtungswerkstoffe) müssen auf die Eigenschaften dieses Kraft-

[1] VDI-Nachrichten, Düsseldorf, 11. 04. 08

[2] Biodiesel = Rapsölmethylester = Raps-Methylester [RME] = Fettsäuren, C16–18- und C18-ungesättigt, Methylester = Fettsäuremethylester [FAME], Palmölmethylester [PME]

Tab. 9.1 Biodiesel-Eigenschaften

Aggregatzustand	flüssig
Kin. Viskosität	7,5 mm^2/s (20 °C)
Dichte	0,875...0,885 kg/L (20 °C)
Heizwert	37 MJ/kg ≈ 32,6 MJ/L
Brennwert	40 MJ/kg ≈ 35,2 MJ/L
Cetanzahl	54...58 CZ
Schmelzbereich	−10 °C
Siedebereich	ca. 176 ... 300 °C
Flammpunkt	180 °C
Zündtemperatur	ca. 250 °C

$$\begin{array}{c} H \\ | \\ H\text{–}C\text{–}OOC\text{–}R^1 \\ | \\ H\text{–}C\text{–}OOC\text{–}R^2 \\ | \\ H\text{–}C\text{–}OOC\text{–}R^3 \\ | \\ H \end{array} + 3\ CH_3\text{–}OH \xrightarrow{\text{Kat}} \begin{array}{c} H \\ | \\ H\text{–}C\text{–}OH \\ | \\ H\text{–}C\text{–}OH \\ | \\ H\text{–}C\text{–}OH \\ | \\ H \end{array} + 3\ CH_3\text{–}OOC\text{–}R^{1,2,3}$$

Triglycerid (z.B. Rapsöl) — Methanol — Glycerin — Biodiesel (z.B. **R**aps**M**ethyl**E**ster, RME)

Abb. 9.2 Allgemeine Reaktionsgleichung zur Herstellung von Biodiesel

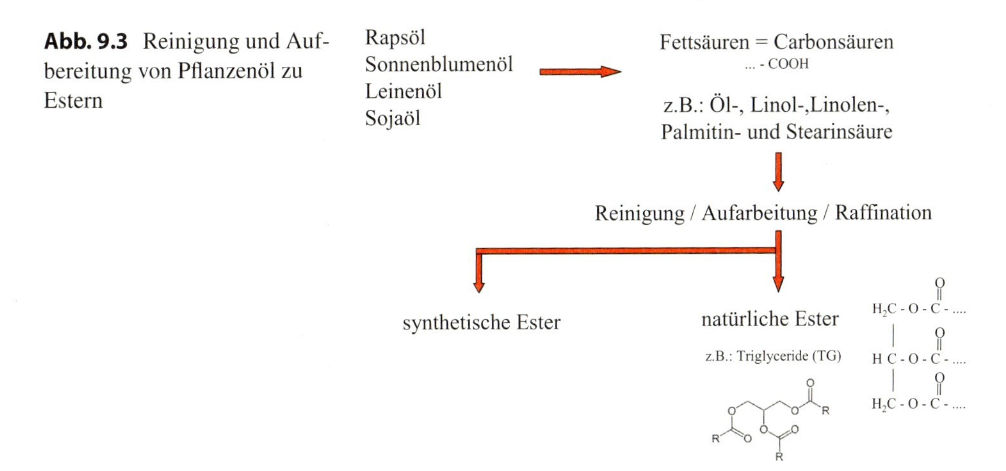

Abb. 9.3 Reinigung und Aufbereitung von Pflanzenöl zu Estern

stoffes abgestimmt werden: Eine Umstellung sollte daher nur nach Abstimmung mit dem Hersteller erfolgen.

Die Schmiereigenschaften von RME sind deutlich besser als bei herkömmlichem Diesel, wodurch sich der Verschleiß der Einspritzmechaniken vermindert. Nachteilig kann

Abb. 9.4 Esterbildung

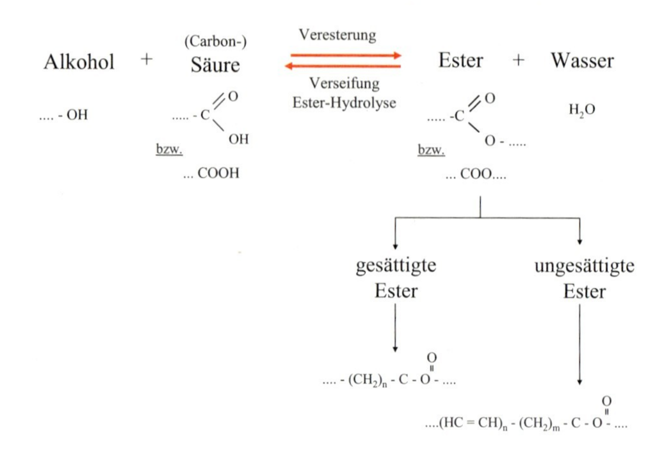

die höhere Wasserlöslichkeit von Biodiesel sein (Hydrolyse). Außerdem altert Biodiesel wesentlich stärker als konventioneller Diesel, was zur Säurebildung und zu Ablagerungen in den kraftstoffführenden Komponenten führen kann.

Herstellung von Biodiesel aus Raps Als Rohstoff für Biodiesel stellt sich unter mitteleuropäischen Verhältnissen Raps als die geeignete Pflanze mit einem Ölgehalt in den Samen von 40 bis 45 % dar. In der Ölmühle wird aus der Rapssaat Öl gewonnen. Als Nebenprodukt geht Rapsschrot in die Futtermittelindustrie.

Das Öl wird in einer Ölmühle gewonnen. Die im Raps vorliegenden Öl- und Fettmoleküle (zu fast 95 % C18-Ketten) haben stets den gleichen Aufbau. Es sind mit dem dreiwertigen Alkohol Glyzerin ($C_3H_8O_3$) veresterte Fettsäuren. Das Glyzerinmolekül ist auf diese Weise mit drei langen Fettsäure-Ketten verbunden.

In der Umesterungsanlage tauschen bei einer einfachen chemischen Reaktion drei Fettsäuren in Gegenwart eines Katalysators ihren Platz am dreiwertigen Glycerin mit einwertigem Methanol. So entstehen drei einzelne Fettsäuremethylester-Moleküle und ein Glycerin-Molekül.

9.1.2 Bioethanol

Herstellung durch *alkoholische Gärung* von Zucker (aus Zuckerrüben, Zuckerrohr oder durch Umwandlung von Stärke aus Kartoffeln, Reis oder Mais)[3]:

$$\underbrace{C_6H_{12}O_6}_{\text{Zucker}} \underset{\text{Fermentation}}{\overset{\text{Zymasse}}{\rightarrow}} 2 \cdot \underbrace{C_2H_5OH}_{\text{Ethanol}} + 2 \cdot CO_2 \qquad (9.1)$$

[3] **Zymase** ist ein Ferment (Enzym, Biokatalysator) der Hefe; sie wirkt unabhängig von der lebenden Hefezelle.

Tab. 9.2 Eigenschaften Ethanol-Kraftstoffgemisch E85

Aggregatzustand	flüssig
Dichte	0,785 kg/L (15 °C)
Heizwert	37 MJ/kg = ca. 32,6 MJ/L = ca. 9,1 kWh/L
Brennwert	40 MJ/kg = ca. 35,2 MJ/L
Oktanzahl	ca. 102 ROZ
Siedebereich	55–180 °C
Flammpunkt	< −21 °C
Zündtemperatur	385 °C
Explosionsgrenze	2,2–25,5 Vol.-%

Abb. 9.5 Ethanol-Bezeichnungen und -Strukturformel

Ethanol = Ethylalkohol, Spiritus, Weingeist C_2H_5OH

$CH_3 - CH_2OH$

normal-Ethanalkohol

```
    H   H
    |   |
H - C - C - OH
    |   |
    H   H
```

Als **Bioethanol** (auch Agraralkohol) bezeichnet man Ethanol, das ausschließlich aus Biomasse oder den biologisch abbaubaren Anteilen von Abfällen hergestellt wurde und für die Verwendung als Biokraftstoff bestimmt ist (Abb. 9.5). Die in der Biomasse enthaltene Stärke[4] wird enzymatisch in Glukose aufgespalten und dieser anschließend mit Hefepilzen zu Ethanol und Kohlenstoffdioxid vergoren.

Gängige Mischungen werden mit **E2**, **E5**, **E10**, **E15**, **E25**, **E50**, **E85** und **E100** bezeichnet. Die dem *E* angefügte Zahl gibt an, wie viel Volumenprozent Ethanol dem Benzin beigemischt wurden (Tab. 9.2). E85 besteht zu 85 % aus wasserfreiem Bioethanol und zu 15 % aus herkömmlichem Benzin. Bedingt durch die höhere Klopffestigkeit kann die Motorleistung mit E85 gegenüber herkömmlichem Benzin zum Teil deutlich gesteigert werden.

In Deutschland werden max. 5 % Bioethanol[5] zu Benzin bei gemischt. In den USA, Schweden und vor allem in Brasilien (BR) ist E85 (85 % Bioethanol) weit verbreitet; die Produktion in der EU aus Getreide und Zuckerrüben ist z. Zt. etwa doppelt so teuer wie aus Zuckerrohr.

[4] **Stärke** (lat. *Amylum*) ist eine organische Verbindung, und zwar ein Polysaccharid mit der Formel $(C_6H_{10}O_5)_n$, das aus α-D-Glucose-Einheiten besteht. Das Makromolekül zählt daher zu den Kohlenhydraten. Stärke ist einer der wichtigsten Inhaltsbestandteile pflanzlicher Zellen.

[5] auch: Bio-Ethanol, Äthanol, Äthylalkohol, Ethylalkohol, Alkohol, Agraralkohol, Spiritus, Kartoffelsprit, Weingeist, E100

Herstellung Um den Zucker (Glucose) aus dem Rohstoff zu gewinnen, muss dieser je nach Art aufbereitet werden: Stärkehaltige Rohstoffe wie Getreide werden vermahlen. Durch enzymatische Zerlegung wird in der Verflüssigung/Verzuckerung die Stärke in Zucker umgewandelt. Zuckerhaltige Rohstoffe wie Melasse können direkt fermentiert werden. Cellulosehaltige Rohstoffe wie Stroh müssen ebenfalls durch Säuren und Enzyme aufgespalten werden.

Das Produkt der Rohmaterialaufbereitung ist eine zuckerhaltige Maische, die in der Fermentation mit Hefe versetzt wird. Es entsteht eine alkoholische Maische mit etwa 12 % Ethanolgehalt. Diese wird in der Destillation/Rektifikation bis zu einer Konzentration von 94,6 % zu sogenanntem Rohalkohol gereinigt. In der Dehydratisierung wird der verbleibende Wasseranteil von rund 5 % in einem Adsorptionsprozess mittels Molekularsieb entfernt. Das Endprodukt hat eine Reinheit von bis zu 99,95 %.

Nebenprodukte Als Nebenprodukt entsteht Schlempe, welche die Reststoffe der Maische abhängig vom Rohmaterial enthält. Getreideschlempe enthält u. a. Proteine und wird getrocknet als Futtermittel vermarktet (Trockenschlempe). Melasseschlempe wird neben Tierfutterzusatz auch als Dünger eingesetzt oder aber zur Dampferzeugung für die Ethanolanlage verbrannt.

Rohstoffe Als Rohstoffe sind in Lateinamerika Zuckerrohr bzw. Zuckerrohr-Melasse und in Nordamerika Mais von größter Bedeutung, denn sie liefern hohe Gehalte an Zucker und Stärke, die nach enzymatischer Aufspaltung als Glukose[6] zur Ethanolproduktion durch Hefen[7] genutzt werden. In Europa werden Zuckerrüben und Zuckerrüben-Melasse, Kartoffeln sowie verschiedene Getreidearten eingesetzt.

Die derzeit größte europäische Anlage zur Bioethanolgewinnung steht in Zeitz (Sachsen-Anhalt). Hier werden von CropEnergies (früher Südzucker Bioethanol GmbH) aus Weizen, Gerste, Triticale[8] und Mais 260.000 m^3/a Bioethanol produziert. In der zweitgrößten deutschen Anlage wird von Verbio im brandenburgischen Schwedt aus 500.000 t Roggen jährlich 180.000 t Bioethanol hergestellt.

[6] **Traubenzucker** (**D-Glucose**, kurz **Glc**, auch **Dextrose** oder **D-Glukose** genannt) ist ein Einfachzucker (Monosaccharid) und gehört damit zu den Kohlenhydraten.

[7] Die **Hefen** sind einzellige Pilze, die sich durch Sprossung oder Teilung (Spaltung) vermehren und meist aus der Abteilung der Schlauchpilze (Ascomycota) stammen.

[8] **Triticale**: (x *Triticosecale*) ist eine Getreidekreuzung aus Weizen (*Triticum aestivum* L.) als weiblichem und Roggen (*Secale cereale* L.) als männlichem Partner. Der Name ist aus *TRITIcum* und *seCALE* zusammengesetzt. Geschmack und Inhaltsstoffe der Triticale liegen zwischen denen von Weizen und Roggen.

9.1.3 Pflanzenöl

Pflanzenöle (pflanzliche, native Öle) zählen zu den Fetten und fetten Ölen, welche aus Ölpflanzen gewonnen werden und im Gegensatz zu den ätherischen Ölen Fettflecken auf Papier hinterlassen. Werden Pflanzensamen zur Ölgewinnung benutzt, werden diese als Ölsaaten bezeichnet. In den Samen kommt das Öl in Form von Lipiden[9] vor, die dessen Zellmembran und Energiereserven darstellen. Eigentlich sollte man umfassend von „Ölen und Fetten" sprechen, denn der Unterschied ergibt sich nur aus der jeweiligen Konsistenz bei unterschiedlichen Temperaturen, basierend auf der Anzahl von Bindungen auf molekularer Ebene. Chemisch gesehen bestehen Öle aus Triglyceriden[10]. Nach dem Anteil an ungesättigten Fettsäuren unterscheidet man zwischen nichttrocknenden (Bsp. Olivenöl), halbtrocknenden (Bsp. Soja- oder Rapsöl) und trocknenden Ölen (Bsp. Lein- oder Mohnöl). Der Begriff „Trocknung" bezeichnet hierbei nicht Verdunstung, sondern das durch Oxidation und Polymerisation der ungesättigten Fettsäuren bedingte Festwerden des Öls während der Alterung.

Herstellung und Eigenschaften Pflanzenöle werden durch das Auspressen von Pflanzen bzw. ihrer Samen gewonnen. Die Herstellung von Pflanzenölen wird im Artikel Ölmühle am Beispiel von Walnussöl beschrieben. Pflanzenöle enthalten oft einen höheren Anteil an ungesättigten Fettsäuren als tierische Fette und galten daher lange Zeit als gesünder.

Pflanzenöl ist nicht nur Ausgangsstoff für Biodiesel, sondern kann auch in unveränderter Form in umgerüsteten Dieselmotoren verwendet werden. Da Qualitätsstandards für die dieselmotorische Verbrennung in Form einer Norm fehlen, kann es zu Umstellungsproblemen beim Dieselmotoren und zu Problemen bei der Einhalten von Abgasnormen kommen (Dichte: 0,92 kg/l, Brennwert: 37,6 MJ/kg; 1 Ltr. Rapsöl ersetzt wegen des geringeren Heizwertes nur 0,96 Ltr. Diesel).

[9] **Lipide** ist eine Sammelbezeichnung für ganz oder zumindest größtenteils wasserunlösliche (hydrophobe) Naturstoffe, die sich dagegen aufgrund ihrer geringen Polarität sehr gut in hydrophoben beziehungsweise lipophilen Lösungsmitteln wie Hexan lösen. Ihre Wasserunlöslichkeit rührt vor allem von den langen Kohlenwasserstoff-Resten, welche die allermeisten Lipide besitzen. In lebenden Organismen werden Lipide hauptsächlich als Strukturkomponente in Zellmembranen, als Energiespeicher oder als Signalmoleküle gebraucht. Oft wird der Begriff „**Fett**" als Synonym für Lipide gebraucht, jedoch stellen die Fette nur eine Untergruppe der Lipide dar (nämlich die Gruppe der Triglyceride). Die Lipide können in sieben Gruppen eingeteilt werden: Fettsäuren, Triacylglyceride (Fette und Öle), Wachse, Phospholipide, Sphingolipide, Lipopolysaccharide und Isoprenoide (Steroide, Carotinoide etc.)

[10] **Triglyceride**, **Triglyzeride** oder **Triacylglycerine** (TAG), auch **Glycerol-Triester**, sind dreifache Ester des dreiwertigen Alkohols Glycerin mit drei Säuremolekülen (vgl. Abb. 9.2 und 9.3). Triacylglycerine mit drei Fettsäuren sind die Verbindungen in Fetten und fetten Ölen. Natürliche Fette bestehen zum überwiegenden Teil aus Triglyceriden mit drei langkettigen Fettsäuren, die meist aus unverzweigten Ketten mit 4 bis 26, typischerweise 12 bis 22 Kohlenstoff-Atomen bestehen. Sind sie bei Raumtemperatur flüssig, werden sie als „Öle" oder - um sie von den Mineralölen zu unterscheiden - „fette Öle" bezeichnet. Reine Triacylglycerine von Fettsäuren werden auch als Neutralfette bezeichnet.

9.1.4 Dimethylether (DME)

Dimethylether ist der einfachste Ether; er hat 2 Methylgruppen als organische Reste. Er kann zum Beispiel durch säurenkatalysierte Kondensation aus 2 Molekülen Methanol (unter Abspaltung von Wasser) gewonnen werden:

$$2 \cdot CH_3OH \rightarrow CH_3 - O - CH_3 + H_2O \tag{9.2}$$

Es handelt sich um ein (bei Normalbedingungen) farbloses, leicht narkotisierend wirkendes, ungiftiges, hochentzündliches Gas. Unter Druck sind bis zu 34 % in Wasser löslich. Dimethylether ist polar und in flüssiger Form ein ausgezeichnetes Lösungsmittel.

Technischer Dimethylether ist eine **Alternative zu Flüssiggas** mit ausgezeichneten Brenneigenschaften. Er wird üblicherweise direkt aus Synthesegas unter Umgehung der Zwischenstufe Methanol hergestellt und enthält noch geringe Mengen Methanol und Wasser. Als Quelle für das Synthesegas sind insbesondere Kohle, Erdgas und Biogas von hohem Interesse.

Aufgrund einer Cetanzahl von 55 bis 60 lässt sich Dimethylether im **Dieselmotor** als Ersatz für Dieselkraftstoff verwenden. Dabei sind nur leichte Modifikationen erforderlich, die hauptsächlich die Einspritzpumpe betreffen. Dimethylether verbrennt im Dieselmotor sehr sauber ohne Rußbildung, hat aber z. Zt. keine praktische Relevanz. Der Heizwert liegt bei 28,4 MJ/kg.

Gemäß der Biokraftstoffrichtlinie 2003-30-EG gilt Dimethylether als Biokraftstoff, sofern er „aus Biomasse hergestellt wird und für die Verwendung als Biokraftstoff bestimmt ist“ und soll langfristig Flüssiggas ablösen.

9.1.5 Biogas

Die Biogaserzeugung ist eine etablierte Technologie und wurde bereits in Kap. 8 ausführlich behandelt. Es wird jedoch hauptsächlich zur Stromerzeugung eingesetzt. Eine Nutzung als Kraftstoff erfolgt z. Zt. nur in geringem Umfang (CNG = Compressed Natural Gas).

Biogas entspricht nach einer Aufbereitung chemisch dem Erdgas (Dichte: 0,72 kg/m bis 0,83 kg/m, Brennwert: 48,5 MJ/kg, ROZ = 130). Es kann auf 200 bar komprimiert werden. Vorteil: Biogas bringt mit 178 GJ/ha höhere Energieerträge als Biodiesel mit nur 5 GJ/ha.

Tab. 9.3 Eigenschaften von Dimethylether (DME)

Strukturformel	
$H_3C-O-CH_3$	
Allgemeines	
Name	Dimethylether
Summenformel	C_2H_6O
Kurzbeschreibung	farbloses Gas
Eigenschaften	
Molare Masse	46,06 $g \cdot mol^{-1}$
Aggregatzustand	flüssig/gasförmig
Dichte	2,11 $g \cdot l^{-1}$ (0 °C, 1013 h Pa) 0,74 g/cm^3 (–25 °C)
Schmelzpunkt	–142 °C
Siedepunkt	–25 °C
Dampfdruck	510 kPa (20 °C)
Löslichkeit	schlecht in Wasser (70 g/l bei 20 °C)

9.2 Biokraftstoffe der 2. Generation

9.2.1 Biomass-to-Liquid (BtL)-Kraftstoffe

BtL-Kraftstoff (Biomass to Liquid, deutsch: Biomasse zu Flüssigkeit); Abb. 9.6 bezeichnet Kraftstoffe, die aus Biomasse synthetisiert werden. Hierzu wird in einem ersten Verfahrensschritt mittels Vergasung ein Synthesegas erzeugt (vgl. Kap. 7). Im zweiten Schritt wird hieraus der Treibstoff synthetisiert (Fischer-Tropsch-Verfahren, Abb. 9.7).

Im Gegensatz zu Biodiesel wird BtL-Kraftstoff allgemein aus fester Biomasse (z. B. Holz, Stroh), also aus Cellulose, Hemicellulose und Lignin und nicht aus Ölfrüchten hergestellt. Die gesamte geerntete Biomasse wird somit für die Kraftstoffproduktion ver-

Abb. 9.6 BtL-Pyrolyseöl (Dichte 0,76–0,79 kg/l, Brennwert 43,9 MJ/kg, CZ > 70)

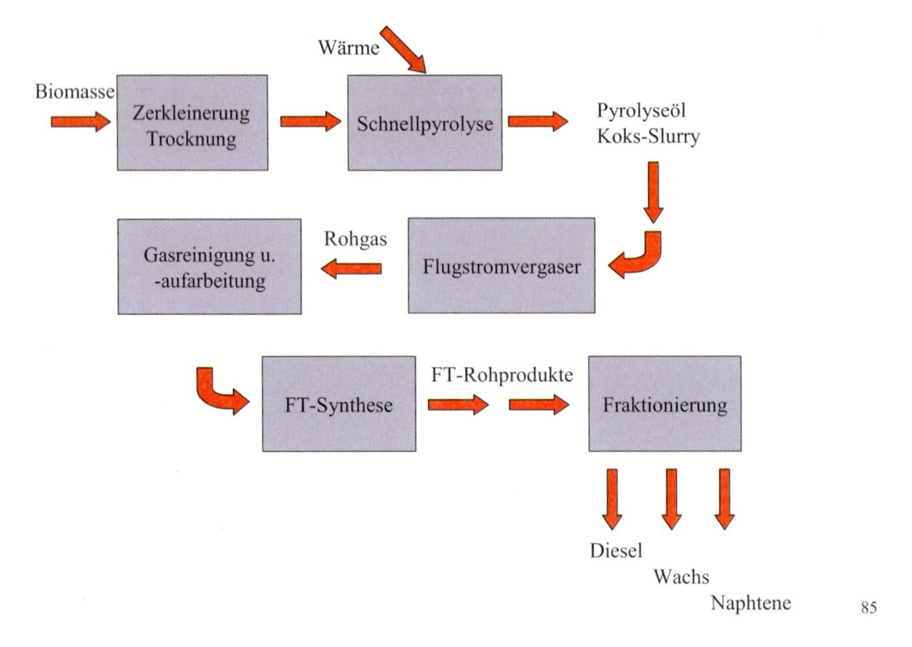

Abb. 9.7 BtL-Verfahrensschritte, nach [1]

wendet. Damit kann je nach Ausgangsprodukt evtl. ein höherer Hektar-Ertrag für die genutzte Biomasse erzielt werden.

Allerdings gehen bei der thermischen Umwandlung je nach Verfahren und Nebenprodukten (Strom, Wärme, Naphtha) 30...60 % der in der Biomasse gespeicherten Energie verloren. Der Treibstoffertrag pro Hektar ist somit nicht zwingend höher als bei anderen Biotreibstoffen und kann je nach Ausgangsmaterial und Verfahren stark schwanken.

Die BtL-Kraftstofferzeugung befindet sich allerdings noch in der Entwicklungsphase. Hauptsächlich wird derzeit an der Herstellung von Dieselkraftstoffen geforscht. Sie sollen unter Bezeichnungen wie **SunDiesel** oder **Eco-Par** vertrieben werden. Eine Pilotanlage läuft seit April 2003 in Sachsen (CHOREN Industries GmbH, Freiberg) mit Unterstützung des Deutschen Bundesministeriums für Wirtschaft in Kooperation mit der Daimler AG und der Volkswagen AG sowie als Partner von Shell. CHOREN plant in Schwedt (Brandenburg) eine Anlage mit einem Jahresausstoß von 200.000 t.

FISCHER-TROPSCH-*Verfahren* Die Techniken zur Herstellung und Umwandlung von Synthesegas mit der **FISCHER-TROPSCH-Synthese** in einen flüssigen Kraftstoff sind bereits seit den 1920er Jahren bekannt. Sie wurden teilweise auch schon im Zweiten Weltkrieg in Deutschland zur Herstellung von Kraftstoff mittels Kohleverflüssigung angewendet und in der DDR weiterentwickelt. Die DDR mit ihren reichen Braunkohlevorkommen und Erdölmangel besaß ein Kompetenzzentrum für Kohleverarbeitung in Freiberg, das Deutsche Brennstoffinstitut (DBI).

Das Verfahren wurde von FRANZ FISCHER und seinem Mitarbeiter HANS TROPSCH in Mülheim an der Ruhr vor 1925 entwickelt und diente zur Umwandlung von Synthesegas (CO/H_2) in flüssige Kohlenwasserstoffe. Großtechnisch wurde das Verfahren ab 1934 von der Ruhrchemie AG angewandt.

Es ist eine Aufbaureaktion von CO/H_2-Gemischen an **Eisen-, Magnesiumoxid-, Thoriumdioxid- oder Cobalt-Katalysatoren** zu Alkanen[11] und Alkoholen (...-OH):

$$n \cdot CO + (2n+1) \cdot H_2 \underset{\text{Normaldruck, 160...200°C}}{\overset{Co/MgO/ThO_2/\text{Kieselgur}}{\rightarrow}} C_nH_{2n+2} + n \cdot H_2O \quad (9.3a)$$

Die Reaktion findet bereits bei Atmosphärendruck (bei höheren Drücken entstehen hauptsächlich Alkene) und bei einer Temperatur von 160...200 °C statt und verläuft nach folgenden allgemeinen Formeln:

$$\text{Alkane} \quad nCO + (2n+1)\,H_2 \Leftrightarrow C_nH_{2n+2} + nH_2O \quad (9.3b)$$

$$\text{Alkene} \quad nCO + (2n)\,H_2 \Leftrightarrow C_nH_{2n} + nH_2O \quad (9.3c)$$

$$\text{Alkohol} \quad nCO + (2n)\,H_2 \Leftrightarrow C_nH_{2n+1}OH + (n-1)\,H_2O \quad (9.3d)$$

Dabei entstehen rund 15 % Flüssiggase (Propan und Butane), 50 % Benzin, 28 % Kerosin (Dieselöl), 5 % Weichparaffin, 2 % Hartparaffine.

Bisher war Südafrika das einzige Land, das einen Großteil seines Treibstoffbedarfes ausgehend von Kohle durch die FISCHER-TROPSCH-Reaktion deckte. Während der Apartheid war dies die wichtigste Quelle für Kraftstoffe, da Südafrika selbst kein Erdöl aber dafür große Kohlevorkommen besaß und von Erdöllieferungen durch ein Embargo abgeschnitten war. Da die Steinkohle im Tagebau relativ preisgünstig gewonnen werden kann, deckt das Land auch heute noch etwa 30 % seines Kraftstoffbedarfs aus Kohlebenzin.

Auch in Deutschland nehmen die Unternehmen CHOREN und CUTEC die Forschung wieder auf und arbeiten an Verfahren, um Diesel aus Biomasse mittels FT-Synthese zu produzieren[12].

Als Ausgangsmaterial finden sowohl Biomasseabfälle, wie Stroh oder Restholz, als auch speziell für die Kraftstofferzeugung angebaute Nutzpflanzen Verwendung. Die ge-

---

[11] Alkane = **Paraffin** (lateinisch für „wenig reaktionsfähig") sind Gemische aus kettenförmigen, gesättigten Kohlenwasserstoffen mit Einfachbindungen (Alkanen); allgemeine Summenformel C_nH_{2n+2}.

[12] **Naphtha**, auch **Rohbenzin** genannt, ist das unbehandelte Erdöldestillat aus der Raffination von Erdöl oder Erdgas und ein wichtiger Rohstoff für die Petrochemie. Naphtha ist kein chemisch einheitlicher Stoff, sondern ein Erdöldestillat, das in etwa den Siedebereich von Benzin aufweist, da es sich aus Leichtbenzin und Schwerbenzin zusammensetzt. Man unterscheidet entsprechend der mittleren Molekülmasse zwischen leichterem und schwererem Naphtha. Der Stoff wird im Wesentlichen für die Produktion von Benzin eingesetzt und ist daneben ein wichtiger Rohstoff für die Petrochemie. Beispielsweise ist Naphtha ein möglicher Einsatz für Steamcracker, in denen Ethylen und Propylen gewonnen wird. Diese chemischen Grundstoffe werden unter anderem für die Produktion von Kunststoffen wie Polyethylen und Polypropylen verwendet.

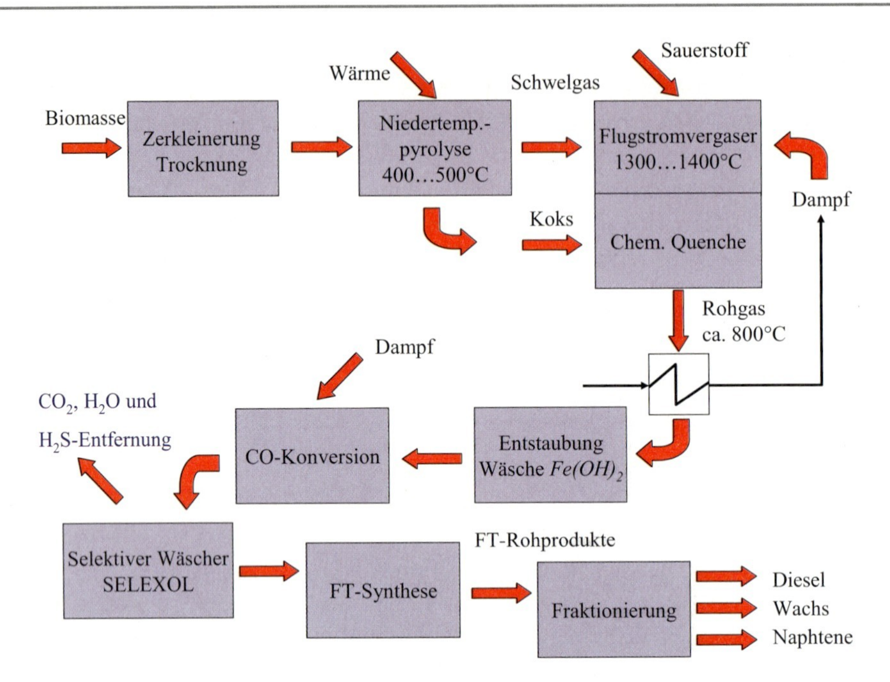

Abb. 9.8 Flugstromvergasung und Fischer-Tropsch-Synthese, nach [1]

trocknete Biomasse wird zunächst zu Synthesegas umgewandelt und dann in einer chemischen Synthese (meist das sogenannte Fischer-Tropsch-Verfahren) verflüssigt.

Es gibt bereits verschiedene Demonstrationsanlagen, mit denen Biomasse im Größenmaßstab von einigen hundert Litern am Tag zu BtL-Kraftstoff umgewandelt wird (Abb. 9.8). Beispielsweise das **Carbo-V-Verfahren** von CHOREN bei dem Pyrolysegas mit der „Shell Middle Distillate Synthese“ (einer Weiterentwickelung des Fischer-Tropsch-Verfahrens) zu BtL-Kraftstoff umgesetzt wird. Das Verfahren beruht auf einem zweistufigen Prozess, wobei zuerst bei ca. 450 °C die stückige Biomasse in Koks und teerhaltiges Schwelgas thermisch zerlegt wird. Während der Biokoks ausgeschleust und zermahlen wird, erfolgt bei ca. 1500 °C eine **Flugstromvergasung**, bei der die längerkettigen Kohlenwasserstoffe des Schwelgases in einfache Moleküle und damit in ein teerfreies Synthesegas zerlegt werden. Die hohe Temperatur dieses Gases wird anschließend genutzt, um den ausgeschleusten Biokoks bei nun 900 °C ebenfalls zu vergasen. Das damit entstandene Rohgas ist nach Herstellerangaben teerfrei und nach dem Entstauben und Waschen von ähnlicher Qualität wie aus Erdgas erzeugtes Synthesegas.

Beispiel für ein BtL-Pyrolyseverfahren Die Flash-Pyrolyse (vgl. Kap. 7) verarbeitet erhitzte Biomasse unter Sauerstausschluss bei ca. 475 °C. Entstehende Pyrolyseprodukte werden abgekühlt und kondensieren zu rötlich-brauner Flüssigkeit (Slurry) mit rd. der Hälfte des Heizwertes konventionellen Heizöls.

Herzstück der Verfahrenslinie sind die drei Apparateschritte 1. Niedertemperaturvergaser, 2. Brennkammer, 3. endotherme Flugstromvergasung, wobei 2. und 3. in einem Apparat, dem Hochtemperaturvergaser, untergebracht sind.

Niedertemperaturvergasung (NTV) Über ein mehrstufiges Schleusensystem erfolgt der Eintrag der aufbereiteten Biomasse in eine Trommel. Eine Welle mit Paddel durchmischt das Gut. Bei einer Temperatur im Bereich von 400 bis 500 °C vergast und pyrolysiert ein Teil des Brennstoffs in einer exothermen Verbrennungsreaktion. Es entstehen ein teerhaltiges Gas und Koks. Der Koks wird abgekühlt, gemahlen und zwischengelagert, so dass eine kontinuierliche Beschickung des HTV-Reaktors gewährleistet ist.

Hochtemperaturvergaser (HTV) Das aggressive und teerhaltige Gas der NTV läuft über eine kurze Leitung in den Kopf des HTV. Mit Hilfe von Luft bzw. bei der BtL-Herstellung reinem Sauerstoff erfolgt die Vergasung. Die Kühlung der Wände erfolgt über unter Druck stehende, wasserführende Rohre. Die Reaktionstemperatur kann im Bereich von 1300...1500 °C variiert werden. Das Gas strömt anschließend in die Mischzone, wo die Eindüsung von Koks erfolgt. Die im Gas enthaltene Energie und instabile Stoffe reagieren mit dem Koks zum eigentlichen Roh-Synthesegas. Es verlässt den Reaktor mit einer Temperatur von ca. 800 °C.

Flüssige Schlacke fällt aus dem HTV in ein Wasserbad und erstarrt.

Rekuperator Der Wärmetauscher kühlt das Rohgas auf einen Bereich um die 150 °C ab. Die Wärmeenergie wird zur Dampferzeugung genutzt.

Gasreinigung Über einen Gewebefilter erfolgt die Gasentstaubung; anschließend über einen Quench[13] die Abkühlung auf Kühlgrenztemperatur und in der angeschlossenen mehrstufigen Füllkörperkolonne die Abscheidung von HCl, HF, Schwermetallsulfide (Stufe 1) und von H_2S (Stufe 2) mit Hilfe von $Fe(OH)_2$, welches den Schwefel als FeS niederschlägt. In einer abschließenden Stufe werden durch Zugabe von reinem Waschwasser die Waschlösung und verbliebene Feinstäube ausgewaschen. Die Filterasche geht zurück in den Kopf der Brennkammer zur Unterstützung der Bildung eines Schlackepelzes.

Gasaufbereitung Die Gasaufbereitung beinhaltet die Stufen CO-Konversion, CO_2-Abtrennung und adsorptive Feinreinigung. Die CO-Konversion erfolgt für einen Teilstrom des gereinigten Synthesegases über einem Katalysator mittels **Wassergas-Shift-Reaktion zu H_2 und CO_2**. Mit organischen Lösungsmitteln kann das Kohlendioxid aus dem Rauchgas entfernt werden. Beispielsweise mit Methanol (**Rectisolwäsche**), N-Methylpyrrolidin

[13] Quenchen = schockartiges Abkühlen heißer Gase durch Einspritzen von Flüssigkeiten

(**Purisolwäsche**) oder Polyethylenglykoldimethylether (**Selexol-Wäsche**); vgl. auch Abschn. 13.1.

Fischer-Tropsch-Synthese (FTS) Das aufgearbeitete Synthesegas geht in die FT-Synthese zwecks Herstellung eines Rohöls mit hohem Dieselanteil. Seit August 2005 besteht eine Partnerschaft der Firmen Choren Industries mit der Fa. Shell. Zweck der Gemeinschaft ist die Weiterentwicklung des von Shell aus der ursprünglichen FTS entwickelten Shell Middle Distillate Synthesis für die Anwendung in der BtL-Produktion (Anmerk.: Shell entwickelte das Verfahren für die Umwandlung von Erdgas).

*Druckverflüssigung/*Bergius-Pier-*Verfahren* Das **Bergius-Verfahren** ist ein von Friedrich Bergius 1913 erfundenes Verfahren zur Gewinnung flüssiger Produkte aus Kohle, es ist auf Biomasse übertragbar. Hierbei wird Biomasse mit Holzteer angeteigt und bei einem Druck von 100 bar und einer Temperatur von ca. 380 °C in Autoklaven (= gasdichter Druckbehälter) unter Anwendung von Katalysatoren (Palladium auf Aktivkohle) mit Wasserstoff zur Reaktion gebracht. Der Wasserstoff lagert sich an den Kohlenstoff an. Reaktionsprodukte sind Kohlenwasserstoffketten unterschiedlicher Länge (Schweröle, Mittelöle, Benzin und Gase) [2, 3].

Methanolsynthese **Methanol** (auch Methylalkohol, Karbinol, **Holzgeist**, MeOH; Summenformel: CH_3OH) ist ein einwertiger Alkohol, der sich vom Methan durch Ersetzung eines H-Atoms mit einem OH-Molekül ableiten lässt. In der Natur kommt er in Baumwollpflanzen, Heracleum-Früchten, Gräsern und in ätherischen Ölen vor. Methanol entsteht auch bei Gärungsvorgängen, z. B. von Zuckerrohrsaft. Bei der Vergärung von Früchten können die darin enthaltenen Pektine[14] u. a. zu Methanol abgebaut werden. Der Verzehr von Methanol, z. B. als Bestandteil von selbst gebrannten Alkoholika, führt zu schweren Vergiftungen. In käuflichen alkoholischen Getränken wird aber kaum Methanol gefunden, da Prozessführung, Destillation sowie Lebensmittelkontrolleure für ein hohes Maß an Sicherheit sorgen.

Historisch wurde Methanol schon im 17. Jahrhundert durch trockene Destillation (= Erhitzen unter Luftabschluss, Pyrolyse) von Laubholz (daher der Trivialname Holzgeist) gewonnen. Im Holzdestillat befanden sich etwa 1,5–3 % Methanol, 10 % Essigsäure, 0,5 % Aceton, Essigsäuremethylester, Acetaldehyd, Holzteer und im Gasgemisch Wasserstoff, Kohlenstoffmonoxid und Ethen. Heutzutage wird Methanol großtechnisch aus Synthesegas hergestellt. Als Nebenprodukte fallen Ethanol und Dimethylether an.

1923 entwickelte Matthias Pier einen Prozess, um aus Kohle und Wasserstoff Methanol zu synthetisieren. 1923 begann die erste Großproduktion in den Leuna-Werken (Ammoniakwerk Merseburg). Dieser Prozess basierte auf einem Zink-Chrom-Katalysator,

[14] **Pektine** sind pflanzliche Polysaccharide, genauer Polyuronide, die im Wesentlichen aus α-1,4-glycosidisch verknüpften D-Galacturonsäure-Einheiten bestehen. Ernährungsphysiologisch betrachtet sind Pektine für den Menschen Ballaststoffe.

hohen Drücken und Temperaturen. In modernen Methanolsynthesen werden effizientere Katalysatoren eingesetzt, welche die Verwendung von moderateren Temperaturen und Drücken erlauben.

Von der Firma ICI wurde im Jahr 1966 die erste Niederdrucksynthese mit einem Kupferoxid-Zinkoxid-Aluminium-Katalysator durchgeführt. Fast alle späteren Niederdruckkatalysatoren nutzten ebenfalls die preisgünstigen Grundstoffe Kupfer, Zink, Aluminium. Die Mehrzahl der Anlagenneubauten seit den siebziger Jahren erfolgte dann für das Niederdruckverfahren; sie nutzen als Ausgangsstoff fast ausschließlich Erdgas.

$$CO + 2H_2 \underset{\substack{60\,\text{bar} \\ 250\ldots300\,°C}}{\overset{CuO/Cr_2O_3}{\rightarrow}} CH_3OH \tag{9.4}$$

Die aktuellen Verfahren zur Herstellung von Methanol unterscheiden sich durch den Reaktionsdruck. Die Verfahren können wie folgt klassifiziert werden:

- Hochdruckverfahren, 250–350 bar, 320–380 °C.
- Mitteldruckverfahren, 100–250 bar, 220–300 °C.
- Niederdruckverfahren, 50–100 bar, 200–300 °C.

Am wichtigsten ist das Niederdruckverfahren, das in der Regel bei 230–250 °C ausgeführt wird. Als Rohstoffe für die Methanolherstellung können Erdgas, Benzin, Rückstandsöle der Erdölaufarbeitung, Kohle oder auch Kohlenstoffdioxid und Wasserstoff verwendet werden. Bislang ist der wichtigste Grundstoff das Erdgas; eine Synthese aus Kohle, Ölschiefer, Teersande sowie Biomasse, Holz und kommunalen Abfällen ist möglich.

Herstellung von Methanol aus Erdgas oder Biogas Erdgas besteht fast vollständig aus Methan CH_4. Vor der Reaktion müssen vom Erdgas alle Bestandteile entfernt werden, die den Katalysator für die Reaktion zerstören könnten. Der Schwefelwasserstoffgehalt muss unter 0,1 ppm liegen. Unter katalytischem Einfluss kann sich Methan und Wasserdampf zu Kohlenstoffmonoxid und Wasserstoff umsetzen (**Dampfreformierung** $\sim$ 800 °C):

$$CH_4 + H_2O \Leftrightarrow CO + 3H_2 \quad \Delta H\,(300\,K) = 206\,kJ/mol \tag{9.5}$$

Die Reaktion von Methan und Wasser zu Kohlenstoffmonoxid und Wasserstoff ist endotherm, d. h. es muss Energie zugeführt werden, damit der Prozess in Richtung Kohlenstoffmonoxidbildung abläuft. Das Methangas muss auf etwa 420 bis 550 °C vorgeheizt werden und wird dann durch Röhren geleitet, die mit Nickel imprägniert sind. Da aus zwei Molekülen vier Moleküle entstehen, begünstigt ein niedriger Druck diese Reaktion (Prinzip von Le Chatelier); eine Druckerhöhung würde die Rückreaktion in Richtung Methan begünstigen.

Tab. 9.4 Methanol-Kraftstoff

Eigenschaften	
Aggregatzustand	flüssig
Dichte	0,79 kg/L
Heizwert	5,1 kWh/L = 6,49 kWh/kg
Brennwert	17,9 MJ/L = 22,7 MJ/kg
Oktanzahl	160 ROZ
Schmelzbereich	−98 °C
Siedebereich	65 °C
Flammpunkt	9 °C
Zündtemperatur	440 °C
Explosionsgrenze	6–50 Vol.-%
Andere Namen:	M100, Methol, Spritol, Methyloxyhydrat, Methynol, Pyroholzether, Spiritol, Holzin, Holzalkohol, Holzspiritus, Karbinol, Holzgeist, Carbinol, Methylalkohol
Substitution:	Ottokraftstoff für angepasste Motoren

Das Kohlenstoffmonoxid reagiert gem. **Wassergas-Shift-Reaktion** weiter mit Wasserdampf, so dass sich neben Kohlenstoffmonoxid zusätzlich auch Kohlenstoffdioxid bildet:

$$\mathrm{CO} + \mathrm{H_2O} \Leftrightarrow \mathrm{CO_2} + \mathrm{H_2} \quad \Delta\mathrm{H}\,(300\,\mathrm{K}) = -41\,\mathrm{kJ/mol} \tag{9.6}$$

Hohe Temperaturen begünstigen die Verschiebung des so genannten Boudouard-Gleichgewichts nach links, welches sich zwischen Kohlenstoffmonoxid auf der linken, Kohlenstoffdioxid auf der rechten Seite einstellt (angestrebtes H2/CO-Verhältnisses von 2 : 1):

$$2\,\mathrm{CO} \Leftrightarrow \mathrm{CO_2} + \mathrm{C} \quad \Delta\mathrm{H}\,(300\,\mathrm{K}) = -172{,}6\,\mathrm{kJ/mol} \tag{9.7}$$

Die Lage des Gleichgewichtes für (9.6) kann nach [4] berechnet werden mit

$$\ln \mathrm{K} = -4{,}0 + \frac{4863}{\mathrm{T}} - 0{,}2586 \cdot \ln \mathrm{T} + 1{,}568 \cdot 10^{-3} \cdot \mathrm{T} - 0{,}2646 \cdot 10^{-6} \cdot \mathrm{T}^2 \tag{9.8}$$

Für die **Bildung von Methanol** (Tab. 9.4) aus Kohlenstoffmonoxid oder Kohlenstoffdioxid und Wasserstoff können die folgenden Gleichungen formuliert werden:

$$\mathrm{CO} + 2\mathrm{H_2} \Leftrightarrow \mathrm{CH_3OH} \quad \Delta\mathrm{H}\,(300\,\mathrm{K}) = -90{,}8\,\mathrm{kJ/mol} \tag{9.9}$$

$$\mathrm{CO_2} + 3\mathrm{H_2} \Leftrightarrow \mathrm{CH_3OH} + \mathrm{H_2O} \quad \Delta\mathrm{H}\,(300\,\mathrm{K}) = -49{,}6\,\mathrm{kJ/mol} \tag{9.10}$$

Diese beiden Reaktionen sind exotherm, d. h. die Wärmeentwicklung während der Reaktion kann für die Durchführung der Niederdruckkatalyse bei etwa 250 °C genutzt werden.

Nach den Gleichungen entstehen aus drei bzw. aus vier Molekülen eines bzw. zwei. Nach dem Prinzip von Le Chatelier führt also eine Druckerhöhung zu einer Verschiebung des Gleichgewichtes nach rechts. Für die Temperaturabhängigkeit der Gleichgewichtskonstanten der Reaktion (9.9) gilt [4].

$$\log K = \frac{3921}{T} - 7{,}971 \cdot \log T + 2{,}499 \cdot 10^3 \cdot T - 2{,}953 \cdot 10^{-7} \cdot T^2 + 10{,}20 \qquad (9.11)$$

Damit lässt sich die Methanolbildung nach (9.9) bei verschiedenen Reaktionstemperaturen berechnen.

Herstellung von Methanol aus Kohle In diesem Verfahren wird Kohle unter Hitze und Zugabe von Luftsauerstoff vergast (Kohledruckvergasung). Nach Kühlung des entstandenen Synthesegases ($CO + 2\,H_2$) werden die Teerabscheidungen entfernt und die schwefelhaltigen Verunreinigungen, die in der Kohle beträchtlich höher sind als im Erdgas, mit dem Rectisolverfahren[15] entfernt. Der weitere Prozess verläuft analog der Darstellung aus Erdgas.

Die **Herstellung von Methanol aus Biomasse** erfolgt analog zur Synthese aus Kohle [2]: Da das Methanol möglichst wenig Inertgasanteile besitzen sollte, erfolgt die Biomassevergasung mit Sauerstoff und/oder Dampf. Das Kohlenstoffdioxid wird mit einem Aminwäscher (engl. *„scrubber"*) abgeschieden. Die Methansynthese erfolgt bei Drücken > 200 bar und der Anwesenheit von Zink- und Chromkatalysatoren bei 350 bis 400 °C. Das Synthesegases ($CO + 2\,H_2$) wird mit der Shift-Reaktion (9.6)

$$CO + H_2O \rightarrow CO_2 + H_2 \quad \Delta H = -40{,}9\,\text{kJ/kmol} \qquad (9.12)$$

so eingestellt, dass ein stöchiometrisches Verhältnis nach (9.9) entsteht:

$$CO + 2H_2 \rightarrow CH_3OH \quad \Delta H = -92\,\text{kJ/kmol} \qquad (9.13)$$

Otto- und Diesel-Kraftstoffsubstitution Nach der Europäischen Norm für Ottokraftstoffe EN 228 sind maximale Zumischungen von 3 Vol.-% zum Kraftstoff zulässig (mit zusätzlichem Stabilisierungsmittel). Derartige geringe Zumischungen können von heutigen Ottomotoren ohne Anpassungen verkraftet werden. Aus Kostengründen wurden bisher diese Möglichkeiten in Deutschland aber kaum genutzt.

In einem vom Bundesministerium für Forschung und Technologie unterstützten Großversuch wurden in den 80er Jahren ein sog. M15-Kraftstoff, bestehend aus 15 % Methanol und 85 % Benzin, und ein M85-Kraftstoff, bestehend aus 85 % Methanol und 15 % Benzin, mit über 1000 Fahrzeugen verschiedener Automobilhersteller getestet. Die Fahrzeuge

[15] Beim **Rectisolverfahren** handelt es sich um ein physikalisches Gasreinigungsverfahren, um aus erzeugtem Rohgas unerwünschte Gaskomponenten wie Kohlenstoffdioxid, Schwefelwasserstoff oder Ammoniak mit Hilfe des Waschmediums Methanols zu entfernen.

wurden für den Betrieb mit diesen Kraftstoffen werkstoff- und gemischbildungsseitig entsprechend angepasst. Ebenfalls wurde in diesem Programm ein Methanol-Diesel-Mischkraftstoff mit 20 % Methanol in PKW getestet. Für die Verwendung von reinem Methanol (M100) wurden Nutzfahrzeug-Dieselmotoren entsprechend modifiziert. Wegen der niedrigen Cetanzahl von Methanol ist ein Motorbetrieb als Selbstzünder nicht möglich, deshalb wurden zusätzliche Zündhilfen in Form von Diesel-Piloteinspritzung oder Kerzen- bzw. Glühzündung eingesetzt. Auch ein Zweistoffbetrieb Diesel-Methanol ist möglich.

Durch Reaktion mit anderen Kohlenwasserstoffen lassen sich Alkohole in andere sauerstoffhaltige Komponenten umwandeln, die ebenfalls als Kraftstoff oder Mischkomponente eingesetzt werden können. Von besonderem Interesse ist der aus Methanol und Isobuten gewonnene Methyl-tertiär-butylether (MTBE), der zur Erhöhung der Klopffestigkeit dem Ottokraftstoff zugemischt wird. Wegen seiner umweltkritischen Eigenschaften wird MTBE jedoch zunehmend durch Ethanol ersetzt.

Durch Umesterung von Pflanzenölen mit Methanol werden Fettsäuremethylester erzeugt, wobei Nebenprodukte wie Glycerin anfallen. Bekannt geworden ist der „Rapsölmethylester“ (RME), der schon seit längerem als Kraftstoff in Dieselmotoren eingesetzt wird (vgl. Biodiesel).

Durch das MTG-Verfahren (Methanol to Gasoline) kann Methanol zu hochoktanigem Ottokraftstoffen umgewandelt werden. Es kann auf diese Weise auch in konventionellen Motoren eingesetzt werden.

9.2.2 Bioethanol der 2. Generation

Wird das Ethanol aus pflanzlichen Abfällen, Holz, Stroh oder Ganzpflanzen hergestellt, bezeichnet man es auch als **Cellulose-Ethanol** oder Lignocellulose-Ethanol (Abb. 9.9). Er wird durch Vergärung von pflanzlichen Abfallstoffen gewonnen. Im Gegensatz zum herkömmlichen Bioethanol besitzt Cellulose-Ethanol eine bessere CO_2-Bilanz und konkurriert nicht mit der Lebensmittelindustrie. Allerdings befindet sich die Herstellung von Lignocellulose-Ethanol-Prozessen noch in der Entwicklung. So kann durch eine biotechnologische Herstellung kein wasserfreies Ethanol gewonnen werden. Es entsteht ein Ethanol-Wasser-Gemisch, das in dieser Form nicht als Autotreibstoff geeignet ist. Angestrebt wird zunehmend die Nutzung von kostengünstigen pflanzlichen Reststoffen wie Stroh, Holzresten und Landschaftspflegegut oder von Energiepflanzen wie Rutenhirse oder Chinaschilf, die keiner intensiven landwirtschaftlichen Bewirtschaftung bedürfen und auch auf minderwertigen Böden wachsen.

Alkohol aus Lignozellulose (Stroh, Holz, Rinde, landwirtschaftliche Abfälle) wird in mehrstufigen thermischen, chemischen und enzymatischen Verfahren in Glucose aufgebrochen und fermentiert. Die kanadische Firma Iogen betreibt die erste Pilotanlage und wird voraussichtlich in Kanada eine erste kommerzielle Anlage bauen.

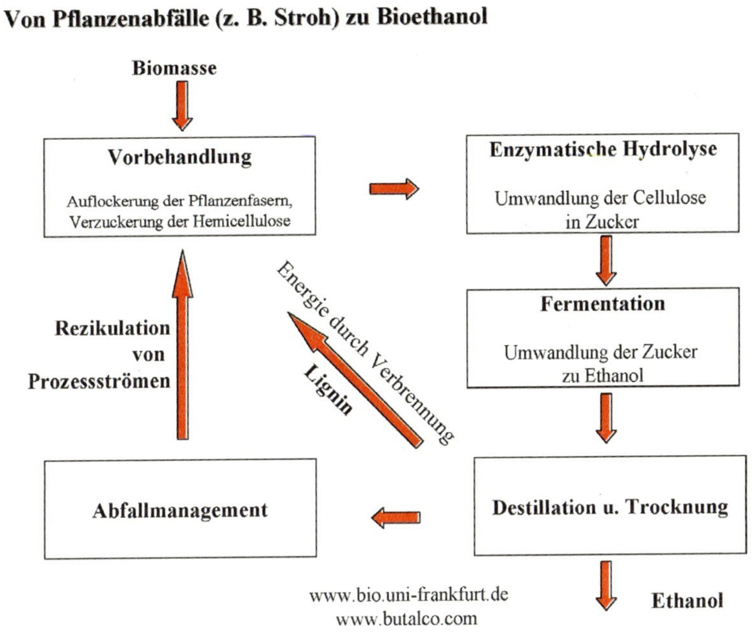

Von Pflanzenabfälle (z. B. Stroh) zu Bioethanol

Biomasse

Vorbehandlung
Auflockerung der Pflanzenfasern, Verzuckerung der Hemicellulose

Enzymatische Hydrolyse
Umwandlung der Cellulose in Zucker

Fermentation
Umwandlung der Zucker zu Ethanol

Destillation u. Trocknung

Ethanol

Abfallmanagement

Rezikulation von Prozessströmen

Lignin

Energie durch Verbrennung

www.bio.uni-frankfurt.de
www.butalco.com

Abb. 9.9 Herstellung von Cellulose-Ethanol

Gefahrenhinweis zu den nachfolgenden Übungen:
Bei der Produktion von Alkohol muss immer davon ausgegangen werden, dass **Methanol** als Nebenprodukt entsteht.

Gefahrenhinweise für **Methanol** nach der GefStoffV: F (Flammensymbol) und T (toxisch). Gesundheitsschäden sind nachgewiesen, Aufnahme über die Haut möglich, Schädigung des zentralen Nervensystems, Herzen, Leber, Nieren sind möglich. Bei oraler Einnahme Erblindung, Arbeitsplatzgrenzwert: 200 ppm, Geruchsschwelle: 100 ppm, Siedetemp.: 64,7 °C, Flammpunkt: 11 °C, wasserlöslich wie Ethylalkohol, Untere und obere Explosionsgrenzen: 5,5 Vol. %/36 Vol. % in Luft, Zündtemperatur: 455 °C.

Versuch nur im Freien oder unter einer Abzugshaube durchführen; Dämpfe nicht einatmen! Schutzbrille tragen, falls das Glas durch Wärmespannungen springen sollte!

9.3 Übungen

Beachten Sie die zuvor genannten Gefahrenhinweise!

1. **Ethanolfermentation** im Selbstversuch:
   1. 1 ltr. 15 %ige Rohrzuckerlösung mit 3...4 g frischer Backhefe verrühren und in einem verschlossenen Gefäß mehrere Tage bei 27 bis 30 °C warm lagern.
   2. Dabei erfolgt die Vergärung des Zuckers. Er zerfällt unter Aufnahme von Wasser in Monosaccharide:

      $$C_{12}H_{22}O_{11} + H_2O \rightarrow 2 \cdot C_6H_{12}O_6$$

      Dieser wird dann in **Ethylalkohol (Ethanol C_2H_5OH)** und Kohlendioxid aufgespalten

      $$C_6H_{12}O_6 \rightarrow 2 \cdot C_2H_5OH + 2CO_2$$

      Die Spaltung wird durch das Enzymkomplex Zymase bewirkt. Das entweichende Kohlendioxid kann durch Einleiten in Kalkwasser $Ca(OH)_2$ nachgewiesen werden.
   3. Setzt sich die Hefe am Boden des Gefäßes ab und hört die Gasentwicklung auf, so ist der Gärvorgang beendet.
      Durch Erhitzen von vergorener Zuckerlösung (z. B. in einem Glas über einer Flamme) entsteht Alkoholdampf. Kondensiert besteht er aus einer farblosen Flüssigkeit mit einem Siedepunkt von 78 °C. Er verbrennt mit einer blauen Flamme zu Kohlendioxid und Wasser.
2. **Trockene Destillation**: Wer noch einen alten Chemieexperimentierkasten hat, kann folgenden Versuch machen: Alle organischen Verbindungen (Holz, Fleisch, Zucker, ...) können vergast und destilliert werden:
   1. Bringen Sie Holzspäne in ein größeres, schwer schmelzbares Reagenzglas und erhitzen es vorsichtig mit einer Gasflamme.
   2. Als Destillationsprodukte entstehen: Holzkohle, Teer und brennbare Gase; u. a. auch **Methylalkohol CH_3OH** (deshalb auch **Holzgeist** genannt). Methylalkohol ist eine farblose, dünnflüssige, brennbare Flüssigkeit mit einem Siedepunkt von 67 °C. **Methylalkohol ist sehr giftig; schon bei dem Genuss von kleinen Mengen kann Erblindung oder Tod eintreten.**

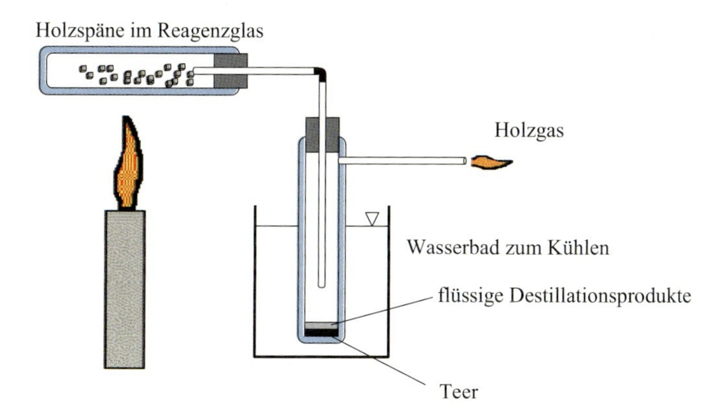

Literatur

1. Vogel, A.; Bolhar-Nordenkampf, M.; Hofbauer, H.: Systemkonzepte für die Produktion von Fischer-Tropsch-Biokraftstoffen, BWK Bd. 56 (03/2004), S. 57–62
2. Kaltschmitt, M.; Hartmann, H. (Hrsg.): Energie aus Biomasse – Grundlagen, Techniken und Verfahren. 2. Aufl., Springer-Verlag, Berlin, Heidelberg, New York, 2009
3. Schröter, W.; Lautenschläger, K. H.; Bibrack, H.: Taschenbuch der Chemie (17. Auflage), Verlag Harri Deutsch, Frankfurt am Main, 1995
4. Wedler, G.: Lehrbuch der Physikalischen Chemie (3. Aufl.), VCH-Verlagsgesellschaft, Weinheim, 1987

Weiterführende Literatur

5. Fachagentur Nachwachsende Rohstoffe (FNR): Biokraftstoffe – eine vergleichende Analyse; Gülzow, 2006; www.bio-kraftstoffe.info; www.fnr.de; Stand: Mai 2008
6. Leible, Kälber, Kappler, Lange, Nieke, Proplesch, Wintzer, Fürniß (Institut für Technikfolgenabschätzung und Systemanalyse, Forschungszentrum Karlsruhe): Kraftstoff, Strom und Wärme aus Stroh und Waldrestholz – eine systemanalytische Untersuchung, Wissenschaftliche Bericht FZKA 7170, Forschungszentrum Karlsruhe, 2008; http://www.itas.fzk.de/deu/lit/2007/leua07a.pdf; Stand: Mai 2008
7. Clausthaler-Umwelttechnik-Institut: Anforderungen an Biomasse zur Kraftstoffherstellung aus der Sicht von Anlagenbetreibern (Abschlussbericht), 2006; www.cutec.de; www.fnr.de; Stand: Mai 2008

10 Geothermische Stromerzeugung

Die **Geothermie** oder **Erdwärme** bezieht sich hier auf die in tiefen Erdschichten gespeicherte und geologisch aktivierte Wärme. Sie kann für thermale Anwendungen (Thermalbad), zum Heizen (oder mittels Absorptionskälteanlage auch zum Kühlen) und bei ausreichend hohen Temperaturen auch zur Erzeugung von elektrischer Energie genutzt werden.

10.1 Grundlagen

Geologische Grundlagen Die Temperatur im inneren Erdkern beträgt zwischen 4500 °C bis 6500 °C. 99 Prozent unseres Planeten sind heißer als 1000 °C; ca. 90 Prozent der restlichen Erdkruste sind immer noch heißer als 100 °C. Bis zu einer Tiefe von ca. 1 km liegen die Temperaturen jedoch in der Regel weit unter 100 °C. Nur unter besonderen geologischen Bedingungen – zum Beispiel in vulkanisch aktiven Regionen – entstehen geothermische Anomalien mit einem höheren Temperaturniveau.

Vernachlässigt man die Wärmeübergangskoeffizienten an den Grenzflächen ($\alpha \to \infty$), so werden die Gesetze der geothermischen Wärmeübertragung durch die Wärmeleitung in den Erdschichten dominiert. Der terrestrische Wärmestrom folgt dem Wärmeleitungsgesetz von FOURIER:

$$\dot{Q} = \sum \frac{\lambda}{\Delta x} \cdot A \cdot \Delta T \tag{10.1}$$

darin ist

$\dot{Q}$ der Wärmestrom durch die Erdschichten
λ die Wärmeleitfähigkeit des Erdreiches (vgl. dazu Tab. 6.10)
Δx die durchströmte Strecke bzw. Tiefe ins Erdreich
A die durchströmte Fläche und
ΔT die Temperaturdifferenz zwischen Eintritt- und Austritt.

H. Watter, *Regenerative Energiesysteme*, DOI 10.1007/978-3-658-09638-0_10

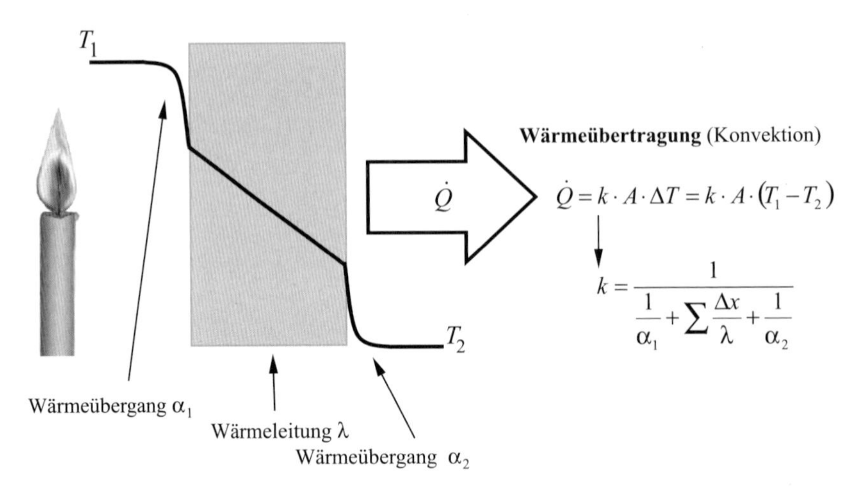

Abb. 10.1 Wärmeübergang, Wärmeleitung und Wärmeübertragung am Beispiel einer ebenen beheizten Wand

Abbildung 10.1 zeigt die Verhältnisse an einer ebenen, beheizten Wand. Die Verhältnisse sind auf den heißen Erdkern und die Erdschichten übertragbar. Mit den Wärmeleitungskoeffizienten für verschiedene Bodenwerte nach Tab. 6.10 und im Vergleich mit der Wärmeleitfähigkeit anderer Stoffe nach Tab. 3.2 sind somit nur mittelmäßige Wärmeleitungseigenschaften zu erwarten. Entsprechend tiefe Bohrungen sind notwendig.

Tiefe Geothermie Mit zunehmender Tiefe in der Erdkruste steigt die Temperatur an. Im Durchschnitt beträgt die **Temperaturerhöhung 35 K bis 40 K pro Kilometer Eindringtiefe**. Dieser Wert schwankt regional. Abweichungen vom Standard werden als **Wärmeanomalien** bezeichnet. Interessant sind besonders Gebiete mit deutlich höheren Temperaturen. Hier können die Temperaturen schon in geringer Tiefe mehrere hundert Grad betragen. Derartige Anomalien sind häufig an Vulkanaktivität geknüpft. Sie können zur Stromerzeugung genutzt werden.

Die **terrestrische Wärmestromdichte** (also die von der Erde pro Quadratmeter an den Weltraum abgegebene Leistung) beträgt etwa 0,063 Watt/m^2 (**63 mW/m^2**). Wegen der geringen Wärmestromdichte wird bei der Geothermienutzung vorwiegend nicht die aus dem Erdinneren nachströmende Energie, sondern die in der Erdkruste gespeicherte Energie genutzt. Eine Geothermienutzung muss dabei so dimensioniert werden, dass die Auskühlung des betreffenden Erdkörpers so langsam voranschreitet, das in der 20- bis 30jährigen Anlagennutzungszeit die Temperatur nur in einem Umfang absinkt, der einen wirtschaftlichen Betrieb der Anlage auf Jahrzehnte gestattet.

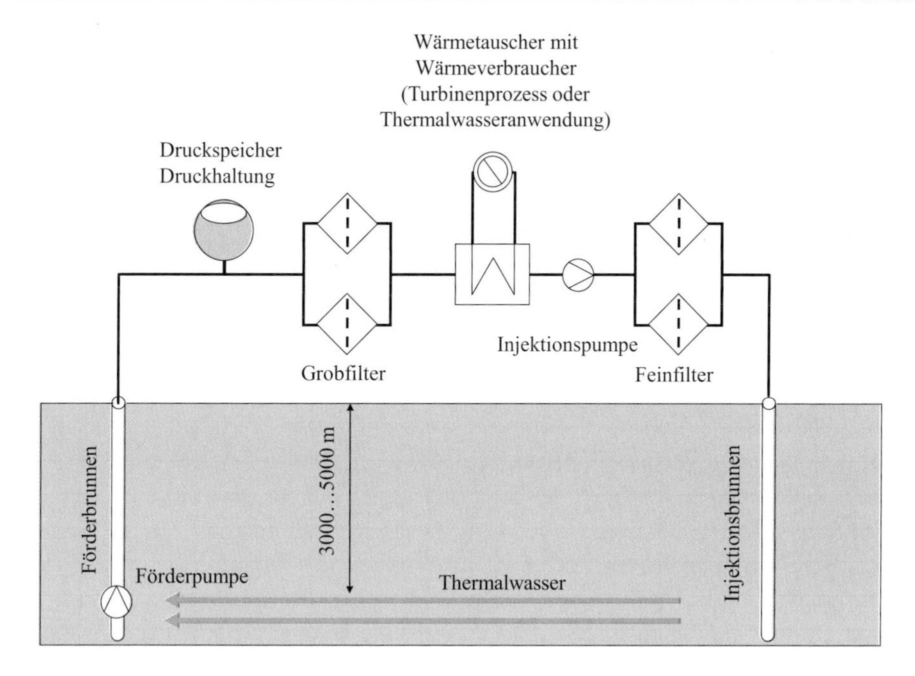

Abb. 10.2 Fließschema zur Förderung, Aufbereitung und Injektion des Thermalwasser

Technisch ist zu beachten, dass geförderte Thermalwasser (vgl. Abb. 10.2) mit mineralischen Auswaschungen aus dem Fördergebiet belastet sind. Da das **Lösungsvermögen** druck- und temperaturabhängig ist, kommt es bei Temperaturabsenkung im Betrieb zu **Ausfällungen und Belagbildung (Scaling)**. Hier sind geeignete betriebliche Gegenmaßnahmen erforderlich (Wasseraufbereitung).

10.1.1 Hochenthalpie-Lagerstätten

Die weltweite Stromerzeugung aus Geothermie wird durch die Nutzung von Hochenthalpie-Lagerstätten dominiert. Dies sind Wärmeanomalien, die mit vulkanischer Tätigkeit einhergehen. Dort sind mehrere hundert Grad heiße Flüssigkeiten in relativ geringer Tiefe anzutreffen. Abhängig von den Druck- und Temperaturbedingungen können Hochenthalpie-Lagerstätten mehr dampf- oder mehr wasserdominiert sein (**Thermalwasseranwendung**; vgl. Abb. 10.2). Das heiße Fluid kann zur Bereitstellung von Industriedampf, zur Speisung von Nah- und Fernwärmenetzen oder (bei ausreichend hohem Temperaturniveau) auch zur Stromerzeugung genutzt werden.

Bei ersten Anwendungen wurde der Dampf nach der Nutzung in die Luft entlassen, was zu erheblichem Schwefelgeruch führen konnte (Italien, Larderello). Heute werden die abgekühlten Fluide in die Lagerstätte reinjiziert (zurückgepumpt). So werden negative

Umwelteinwirkungen vermieden und gleichzeitig die Produktivität durch Aufrechterhalten eines höheren Druckniveaus in der Lagerstätte verbessert.

HDR-Verfahren (petrothermale Geothermie) Ist das heiße Gestein eher trocken, so dass aus ihm kein Wasser gefördert werden kann, so kommt das **Hot-Dry-Rock-Verfahren** zur Anwendung (vgl. Abb. 10.3): Dabei wird Wasser mit einem hohen Druck in das Gestein eingepresst (hydraulische Stimulation); hierdurch werden Fließwege aufgebrochen und aufgeweitet, so dass die Durchlässigkeit des Gesteins steigt. Es entsteht ein künstlicher, geothermaler Wärmeübertrager aus einem System von natürlichen und künstlichen Rissen. Das Verfahren wird auch als **petrothermale Geothermie** bezeichnet, weil die geologischen Verfahren aus der Erdölförderung bekannt sind.

Das tiefe, heiße Gestein wird dann über zwei Bohrungen thermisch genutzt. Durch die **Injektions- oder Verpressbohrung** wird Wasser in das Kluftsystem eingepresst, wo dieses zirkuliert und sich erhitzt. Anschließend wird es durch die zweite Bohrung, die **Produktions-/Förderbohrung**, wieder an die Oberfläche gefördert.

Das HDR-Verfahren befinden sich z. Zt. in verschiedenen Pilotprojekten in Bad Urach und in Soultz-sous-Forêts im Elsass sowie in Basel in der Erprobung. In Australien (Cooper Basin, New South Wales) ist seit 2001 eine kommerzielle Anlage im Betrieb (Firma Geodynamics Limited).

Kleinere, kaum oder nicht spürbare Erderschütterungen sind bei Projekten der tiefen Geothermie in der Stimulationsphase nicht ungewöhnlich. Diese können jedoch, wenn das Geothermieprojekt in einem Erdbebengebiet liegt, vorhandene Spannungen im Untergrund abbauen und dabei stärkere Erdstöße auslösen. Dies war zum Beispiel bei dem Geothermieprojekt Deep Heat Mining im Großraum Basel/Schweiz der Fall: Seit dem 8. Dezember 2006 gab es im Abstand von mehreren Wochen fünf leichte Erschütterungen mit abnehmender Magnitude (von 3,4 bis 2,9 auf der Richterskala). Es entstand erheblicher Sachschaden, dass Projekt ruht vorübergehend.

Tiefe Erdwärmesonden Die **tiefe Erdwärmesonde** (Abb. 10.4) ist ein geschlossenes System zur Erdwärmegewinnung. Die mineralische Belastung des injizierten Wassers entfällt daher bei diesem System: Die Erdwärmesonde besteht aus einer 2000 bis 3000 m tiefen Bohrung, in der ein Fluid in einem geschlossenen koaxialen Rohr zirkuliert. Im Ringraum der Bohrung fließt das kalte Wärmeträgerfluid nach unten, um anschließend in der dünneren eingehängten Steigleitung erwärmt wieder aufzusteigen. Derartige Erdwärmesonden haben gegenüber offenen Systemen den Vorteil, dass kein Kontakt zum Grundwasser besteht. Ihre Entzugsleistung hängt neben technischen Parametern von den Gebirgstemperaturen und den Leitfähigkeiten des Gesteins ab. Aufgrund der geringeren wärmeübertragenden Oberfläche sind die erzielbaren Leistungen jedoch deutlich kleiner als bei einem offenen System. Tiefe Erdwärmesonden werden zurzeit in Aachen (SuperC der RWTH Aachen) und in Arnsberg (Freizeitbad *Nass*) erprobt.

Abb. 10.3 HDR-Verfahren

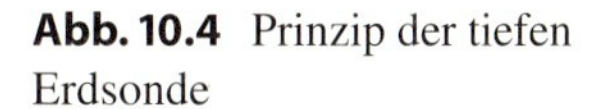

Abb. 10.4 Prinzip der tiefen Erdsonde

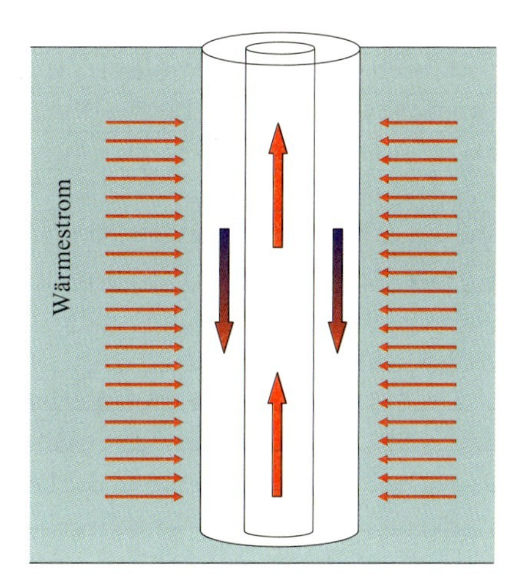

10.1.2 Niederenthalpie-Lagerstätten

In nichtvulkanischen Gebieten ist das Temperaturniveau deutlich geringer.

Hydrothermale Geothermie Bei der **hydrothermale Geothermie** werden in großen Tiefen natürlich vorkommende Thermalwasservorräte, so genannte Heißwasser-Aquifere (wasserführende Schichten), angezapft. Das Thermalwasser fließt zwischen dem Injektions- und dem Förderbrunnen auf natürlichen Wegen. Wegen der im Wasser enthaltenen Mineralien ist die technische Handhabung nicht unproblematisch (mineralische Ausfällungen aufgrund des geringen Lösungsvermögens bei niedrigeren Arbeitstemperaturen). Die hydrothermale Energiegewinnung ist je nach Temperatur als Wärme oder Strom möglich. Für eine wirtschaftliche Stromerzeugung sind jedoch Temperaturen von über 100 °C erforderlich.

Die für die Stromerzeugung erforderlichen hohen Temperaturen sind in Deutschland nur in großer Tiefe vorhanden (Tab. 10.1 und 10.2). Hier liegen in der Regel nur ein geringer Wärmestrom von ca. 0,06 Watt/m^2 und eine geringe Temperaturzunahme von ca. 3 °C/100 m vor. Die Bohrkosten sind daher mit einem hohen finanziellen Aufwand und geologischen Risiken verbunden.

Das **Geothermiekraftwerk Neustadt-Glewe** ist das erste Kraft-Wärme-Kraftwerk in Deutschland[1]. Aus einer Tiefe von 2250 Metern wird etwa 97 °C heißes Wasser gefördert und zur Strom- und Wärmeversorgung genutzt. Die installierte elektrische Leistung des ORC-Prozesses (vgl. Kap. 12) beträgt 230 kW. Bei einer zugeführten geothermischen Wärmeleistung von 3000 kW errechnet sich daraus ein elektrischer Bruttowirkungsgrad von 7,7 %. Unter Berücksichtigung des Eigenbedarfs der Anlage von ca. 155 kW (Förderpumpe mit 140 kW und Kühlwasserpumpe von 15 kW) ergeben sich eine Nettoleistung von 75 kW und ein elektrischer Nettowirkungsgrad von 2,5 %. Diese sehr geringen Werte sind die Konsequenz der geringen Thermalwassertemperaturen von ca. 100 °C.

Aus diesen Gründen wird die Anlage in Kombination mit dem 1994 in Betrieb genommenen Geothermie-Heizwerk Neustadt-Glewe als Kraft-Wärme-Kopplungs-Anlage betrieben. Dabei hat die Fernwärmeerzeugung Vorrang vor der Stromerzeugung, so dass während der Sommermonate ein Volllastbetrieb möglich ist und in der Übergangszeit und im Winter nur diejenige Thermalwasserenergie zur Stromerzeugung genutzt wird, die nicht für die Fernwärmeversorgung notwendig ist. Mit diesem Prinzip kann die Thermalwasserenergie ganzjährig optimal ausgenutzt und der Gesamtnutzungsgrad deutlich verbessert werden.

Das Geothermiekraftwerk **Unterhaching** liefert seit 2009 elektrische Energie und Wärme. Zahlreiche weitere Projekte sind im Bau, so dass in den nächsten Jahren mit einem deutlichen Anstieg beim Anteil der geothermisch erzeugten Strommenge zu rechnen ist.

Recht weit verbreitet ist dagegen die direkte **Wärmenutzung von hydrothermaler Geothermie** für Fern- und Nahwärmenetzen[2].

Der **norddeutsche Raum** verfügt über ein großes Potential geothermisch nutzbarer Energie in thermalwasserführenden Porenspeichern des Mesozoikums[3] in einer Tiefe von 1000 bis 2500 m mit Temperaturen zwischen 50 °C und 100 °C. Die Geothermische Heiz-

[1] http://de.wikipedia.org/wiki/Geothermiekraftwerk_Neustadt-Glewe.

[2] Eine Übersicht über die in Deutschland vorhandenen Anlagen zur hydrothermalen Nutzung ist in dem *„Verzeichnis Geothermischer Standorte“* unter http://www.geotis.de/vgs/ zu finden.

[3] Das **Mesozoikum**, abgeleitet vom griechischen $\mu\acute{\varepsilon}\sigma o\varsigma$ (mésos) = mittlerer, mitten und $\zeta\acute{\omega}\omega$ (zóo) = leben, ist ein Erdzeitalter, das vor 251 Millionen Jahren begann und vor 65,5 Millionen Jahren endete. Es wird in Trias, Jura und Kreide gegliedert.

Tab. 10.1 Anlagen zur tiefen geothermischen Wärmegewinnung in Deutschland [1]

	Leistung [MW]	Temp. [°C]	Förderrate [Ltr/Sek.]	Bohrungstiefe [m]	Nutzung
Neubranden-burg	3,50	54	28	1280	Heizung
Neustadt-Gle-we	6,50	98	33	2250	Heizung u. Brauchwasser
Waren (Müritz)	1,50	62	17	1566	Heizung
Prenzlau	0,40			3000	Heizung
Bad Urach	1,00	58	10		Heizung u. Brauchwasser
Biberach	1,17	49	40		Gewächshaus, Brauchwasser
Buchau	1,13	48	30		Heizung u. Brauchwasser
Wiesbaden	1,76	69	13		Heizung u. Brauchwasser
Konstanz	0,62	29			Heizung u. Brauchwasser
Birnbach	1,40	70	16	2400	Heizung u. Brauchwasser
Erding	9,00	65	24	1550	Heizung, Brauchwasser Trinkwasser
Straubing	6,00	38	45	825	Heizung u. Brauchwasser
Staffelstein	1,70	54			Heizung u. Brauchwasser
Füssingen I, II, III	0,4...1,0	56	60	2000	Heizung u. Brauchwasser
Griesbach	0,2	60	5,5	2000	Heizung u. Brauchwasser
Weiden	0,2	26		800	Heizung u. Brauchwasser
Simbach	> 10	70		2300	Heizung u. Brauchwasser

zentrale (GHZ) in Neubrandenburg war eines der Pilotprojekte zur Nutzung der Geothermie.

Das Molassebecken in **Süddeutschland** (Alpenvorland) bietet ebenfalls günstige Voraussetzungen für die geothermische Nutzung. Zahlreiche Thermalbäder in Baden-Württemberg bestehen bereits seit einigen Jahrzehnten. Das Thermalwasser stammt aus einer Kalksteinschicht des Oberjura (Malm).

Tab. 10.2 Geothermieprojekte zur Stromerzeugung in Mitteleuropa

	Geoth. Leistung in MW	Elektrische Leistung in MW	Temperatur in °C	Förderrate in m^3/h	Bohrtiefe in m	Geplante Inbetriebnahme
Deutschland						
Bremerhaven	0,5	0,065	90		5000	stillgelegt
Groß Schönebeck	10	1,0	150	< 50	4294	2008
Neustadt-Glewe	1,3–3,5	0,21	98	119	2250	Im Kraftwerksbetrieb seit 2003
Bad Urach	6–10	ca. 1,0	170	48	4500	stillgelegt
Bruchsal	4,0	ca. 0,5	118	86	2500	2008
Karlsruhe	28,0		> 150	270	3100	
Landau	22	ca. 2,5	150	250	3000	Im Kraftwerksbetrieb seit 2007
Offenbach an der Queich	30–45	4,8–6,0	160	360	3500	gestoppt wg. Bohrlochinstabilität
Riedstadt	21,5	ca. 3,0		250	3100	2008
Speyer	24–50	4,8–6,0	150	450	2900	2009
Unterhaching	> 30	3,4	122	> 540	3577	2008 (Wärmelieferung seit 2007)
Sauerlach	ca. 80	ca. 8,0	130	> 600	> 4000	2009
Dürrnhaar	ca. 50	ca. 5,0	130	> 400	> 4000	2009
Mauerstetten	40	4,0–5,0	120–130	ca. 300	4100	2009
Österreich						
Altheim (Oberösterreich)	18,8	0,5	105	ca. 300–360	2146	Im Kraftwerksbetrieb seit 2000
Bad Blumau	7,6	0,18	107	ca. 80–100	2843	Im Kraftwerksbetrieb seit 2001
Frankreich						
Soultz-sous-Forêts	30,0	6,0	200	240	8084	2008
Schweiz						
Basel	17,0	6,0	200		5000	vorübergehend eingestellt (Beben)

Quelle: Greenpeace *2000 MW – sauber!* mit Aktualisierung (http://de.wikipedia.org/wiki/Geothermie#Stromerzeugung_2)

Der **Oberrheingraben** bietet besonders gute geothermische Voraussetzungen (u. a. hohe Temperatur, Wärmefluss, Struktur im Untergrund). An verschiedenen Standorten sind Projekte in Planung und im Bau. Für viele Regionen sind bereits Konzessionen erteilt worden.

Weitere Niedertemperatur-Wärmequellen

Tunnelwasser Zur Gewinnung thermischer Energie aus Tunnelbauwerken kann auch austretendes relativ warmes Tunnelwasser zur Raum- und Gebäudeklimatisierung genutzt werden.

- Beim Nordportal des Gotthard-Basistunnels tritt beispielsweise Tunnelwasser mit Temperaturen zwischen 30 und 34 °C aus.
- Eine erste Anlage wurde 1979 beim Südportal des Gotthard-Straßentunnels in Betrieb genommen. Sie versorgt den Autobahnwerkhof mit Niedertemperaturwärme und -kälte zur Klimatisierung.
- Das Tunnelwasser des neuen Lötschberg-Bahntunnels wird für eine Störzucht und für ein Tropenhaus verwendet.

Eine weitere mögliche Anwendung ist die Kühlung von überhitzten Straßen im Sommer durch eingebaute Kühlschlangen oder das Eisfreihalten von Brücken und Straßen bodenerwärmter Wärmeträgerschleifen.

Geothermie aus Bergbauanlagen Bergwerke und stillgelegte Erdgaslagerstätten werden als denkbare Projekte für Niedertemperaturgeothermieanlagen vorgeschlagen. Die dortigen Formationswasser sind je nach Tiefe der Lagerstätte 60 bis 120 °C heiß, die Bohrungen oder Schächte sind oft noch vorhanden und könnten nachgenutzt werden, um die warmen Lagerstättenwässer einer geothermischen Nutzung zuzuführen. Problematisch ist hierbei, dass oft ein ausreichendes Temperaturniveau vorliegt, aber die thermische Nachversorgung nicht ausreicht, so dass nur **geringe Wärmeleistungen** übertragen werden können. Das nutzbare Temperaturniveau und die (wegen der kleinen treibenden Temperaturdifferenz) erforderlichen großen Wärmeübertragerflächen müssen (aufgrund der größeren Förderhöhe) in Relation zu den Pumpenleistungen gesetzt werden. Eine sinnvolle CO_2-Bilanz und Refinanzierung erscheinen hier schwierig.

10.2 Funktionsbeschreibung

Zur Stromerzeugung wurde die Geothermie bereits früh in Larderello in der Toskana eingesetzt. Unter der Toskana treffen die nordafrikanische und die eurasische Kontinentalplatte aufeinander, was dazu führt, dass sich Magma relativ dicht unter der Oberfläche befindet. Dieses heiße Magma erhöht hier die Temperatur des Erdreiches soweit, dass eine wirtschaftliche Nutzung der Erdwärme möglich ist. 1913 wurde dort von Graf PIERO GINORI CONTI ein Kraftwerk erbaut, in dem wasserdampfbetriebene Turbinen 220 kW elektrische Leistung erzeugten. Heute werden dort 400 MW in das italienische Energienetz eingespeist.

Die Stromerzeugung aus Geothermie erfolgt traditionell in Ländern, die über Hochenthalpielagerstätten verfügen, in denen Temperaturen von weit über einhundert Grad in vergleichsweise geringen Tiefen (< 2000 m) vorliegen. Die Lagerstätten können dabei, je nach Druck und Temperatur, wasser- oder dampf-dominiert sein. Bei modernen Förderungstechniken werden die ausgekühlten Fluide reinjiziert, so dass praktisch keine negativen Umweltauswirkungen (z. B. Schwefelgeruch) mehr auftreten.

10.2.1 Entspannungsverdampfung (Flash-Evaporation)

Bei der Entspannungsverdampfung wird siedende (oder fast siedende) Flüssigkeit (Dampfgehalt $X = 0$) unter erhöhtem Druck gefördert. Wird diese Flüssigkeit an einer Drosselstelle entspannt, verdampft ein Teil ($X > 0$); vgl. Abb. 10.5. Der Sattdampfanteil ($X = 1$) wird zum Antreiben einer Dampfturbine genutzt. Es steht das Enthalpiegefälle zwischen Sattdampf und siedender Flüssigkeit bei gleichem Druck (und Temperatur) zur Verfügung:

$$\mathrm{P_T} = \eta \cdot \dot{m}_\mathrm{T} \cdot \Delta h = \eta \cdot \dot{m}_\mathrm{T} \cdot \underbrace{(h'' - h')}_{r} \tag{10.2}$$

Die flüssige Phase kann für Niedertemperaturanwendungen (Gewächshäuser, Fischzucht, Heizzwecke, ...) genutzt werden.

Der Wirkungsgrad kann durch eine mehrstufige Entspannung verbessert werden (Abb. 10.6), indem der Wärmeinhalt der siedenden Flüssigkeit aus der ersten Stufe ($X = 0$) in einer nachgeschalteten zweiten Stufe noch einmal durch Entspannungsverdampfung teilweise genutzt werden. Der Investitionsaufwand steigt jedoch deutlich an.

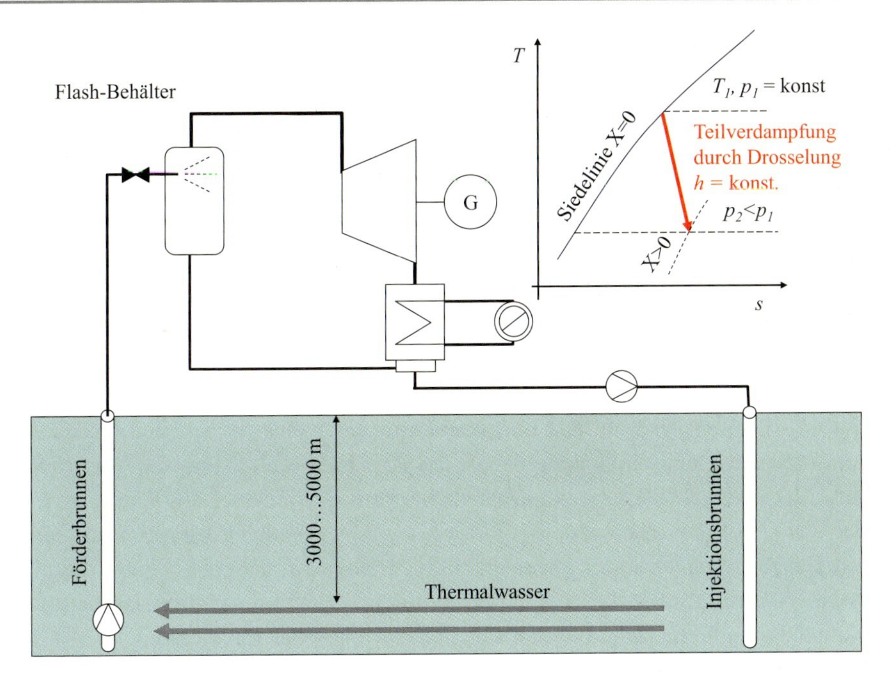

Abb. 10.5 Vereinfachtes Schaltbild der geothermischen Stromerzeugung und Darstellung der Entspannungsverdampfung (Flash-Evaporation) im T-s-Diagramm

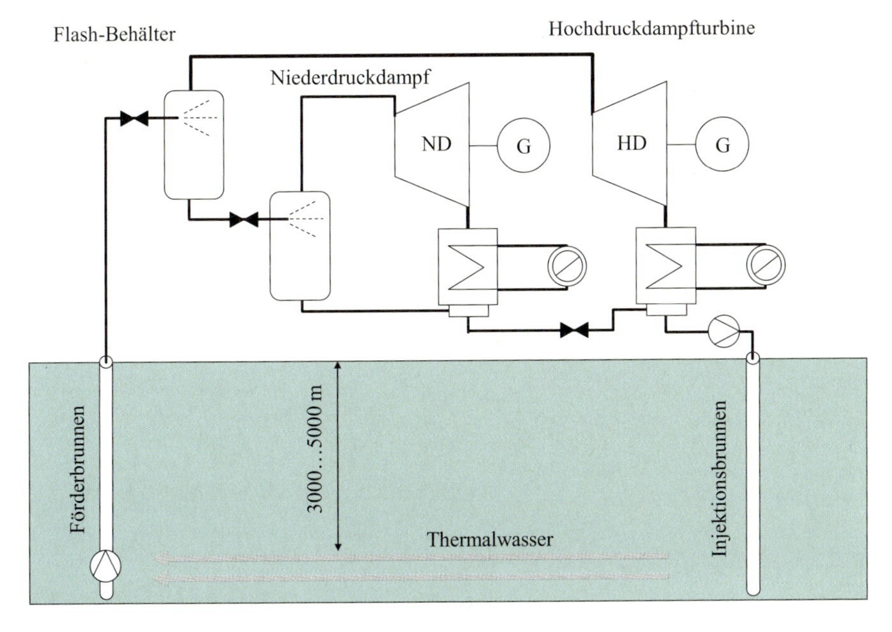

Abb. 10.6 Double-Flash-Evaporator-Prinzip

10.2.2 ORC- und KALINA-Prozess

Bei der **hydrothermalen Stromerzeugung** sind Wassertemperaturen von mindestens 100 °C notwendig. Hydrothermale Heiß- und Trockendampfvorkommen mit Temperaturen über 150 °C können direkt zum Antrieb einer Turbine genutzt werden. In Deutschland liegen allerdings die üblichen Temperaturen geologischer Warmwasservorkommen deutlich niedriger. Lange Zeit wurde Thermalwasser daher ausschließlich zur Wärmeversorgung im Gebäudebereich oder für Thermalwasseranwendungen genutzt. Neu entwickelte **Organic Rankine Cycle-Anlagen (ORC)** ermöglichen eine Nutzung von Temperaturen **ab 80 °C** zur Stromerzeugung. Diese arbeiten mit einem organischen Medium, das bei relativ geringen Temperaturen verdampft (vgl. Abb. 10.7 und Abschn. 12.6). Dieser Dampf treibt über eine Turbine den elektrischen Generator an.

Eine Alternative zum ORC-Verfahren ist das **KALINA-Verfahren** (vgl. Abb. 10.8 und Abschn. 12.7). Hier werden **Zweistoffgemische**, zum Beispiel aus Ammoniak und Wasser, zur Verdampfung und Kondensation verwendet (vgl. auch Absorptionskälteanlage Kap. 6). Ein bedeutender Vorteil gegenüber ORC-Anlagen ist der etwas höhere thermodynamische Wirkungsgrad, insbesondere bei niedrigen Vorlauftemperaturen (unter 140 °C). Die Kalina-Technologie steht allerdings noch am Anfang der Entwicklung und ist durch verschiedene Patentrechte geschützt.

In Australien wird in Cooper Basin das erste rein wirtschaftliche Geothermiekraftwerk auf HDR-Basis (auch HFR = Hot Fractured Rock) erstellt. Bisher sind zwei Bohrungen auf über 4000 m Tiefe gebohrt und ein künstliches Risssystem erzeugt. Der Kraftwerksblock arbeitet nach dem KALINA-Prinzip.

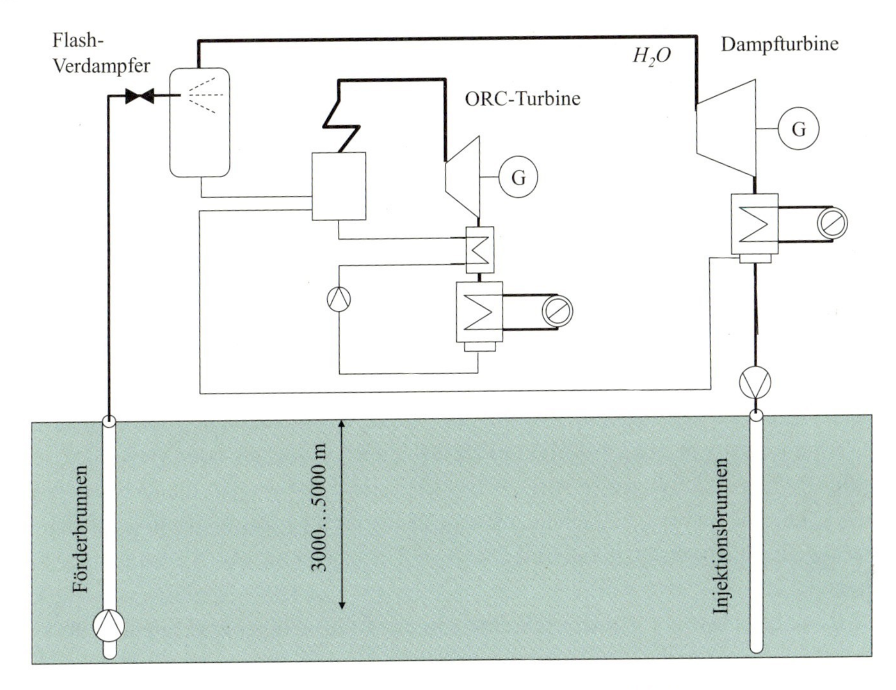

Abb. 10.7 Funktionsschema einer kombinierter Single-Flash und ORC-Prozess

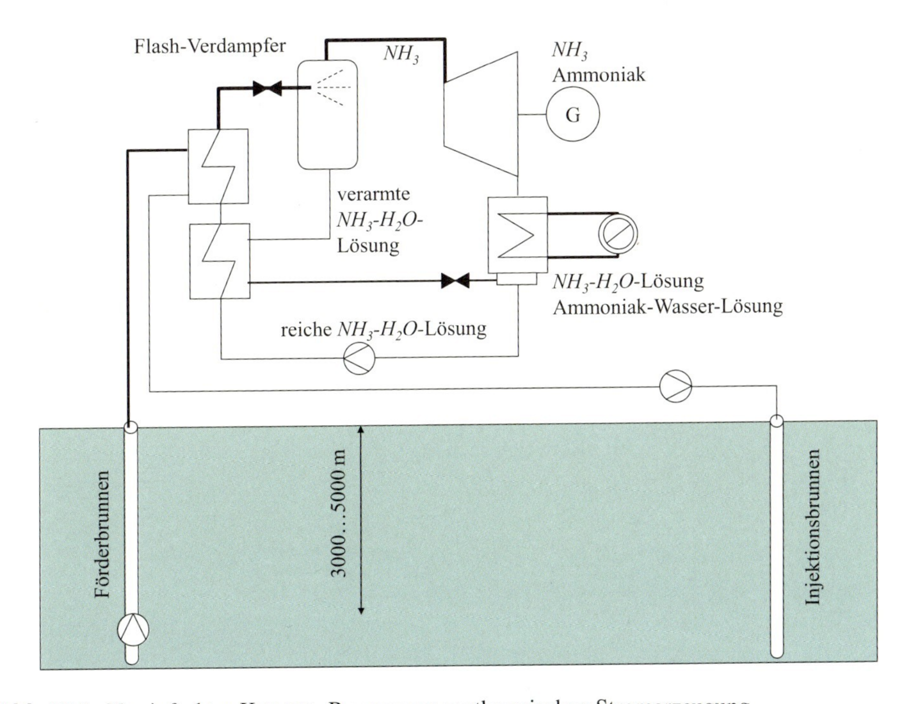

Abb. 10.8 Vereinfachter KALINA-Prozess zur geothermischen Stromerzeugung

10.3 Beispielanlage

Unter der Gemeinde Insheim (Südpfalz) befindet sich in 3600 m Tiefe ein Thermalwasservorkommen mit einer Temperatur von 165 °C. Das geothermische Kraftwerk ist mit folgenden Eckdaten geplant (vgl. www.bine.info):

Elektrische Leistung	4,8	MW
Verfügbarkeit	8000	Betr.Std. (ca. 90 %)
Ertragsprognose	34.000	MWh

Damit könnten rein rechnerisch ca. 8500 Vierpersonen-Haushalte (4000 kWh/a) mit Strom versorgt werden. Die Restwärme nach der Stromerzeugung reicht noch aus, den Wärmebedarf von etwa 600 bis 800 Haushalten zu decken oder Gewerbebetriebe mit regenerativer Wärme zu versorgen. Derzeit wird geprüft, wie die Wärme genutzt werden kann. Dabei wird betrachtet, ob eine Nahwärmeversorgung wirtschaftlich realisierbar aufgebaut werden kann oder welche Unternehmen als Abnehmer in Frage kommen.

Die Rückführung des geförderten Wassers in die Tiefe erfolgt dabei erstmals über eine gegabelte Bohrung, um den Druck zu reduzieren. Damit soll verhindert werden, dass beim Verpressen des Wassers kleine, aber merkliche Erschütterungen an der Erdoberfläche ausgelöst werden.

Abbildung 10.9 zeigt den thermodynamischen Expansionsverlauf sowie die Dampf- und Flüssigkeitspotenziale zur Energieausnutzung im h-s-Diagramm. Es visualisiert damit auch die Anteile der elektrischen und thermischen Nutzungsmöglichkeiten.

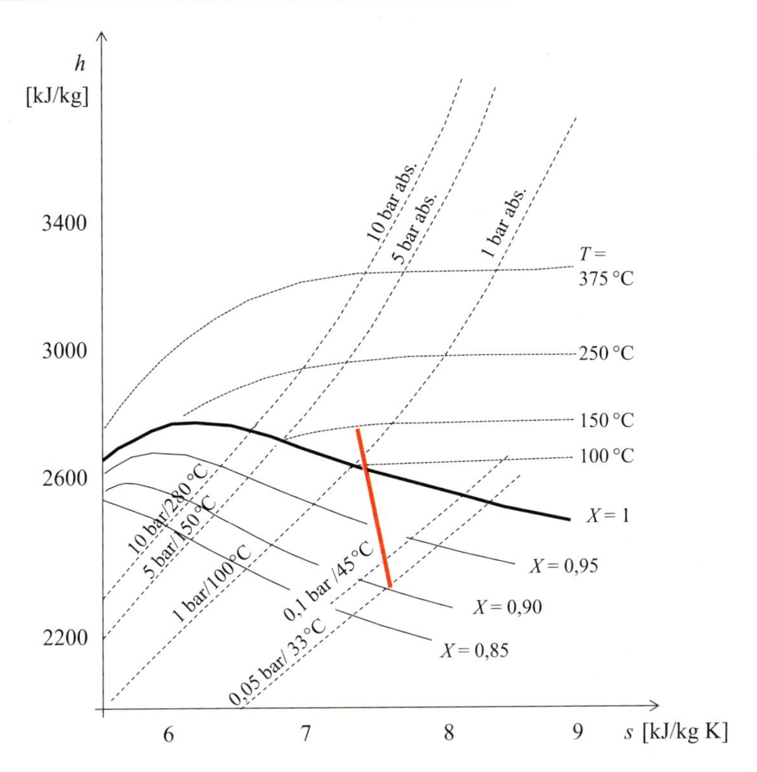

Abb. 10.9 Vereinfachter, schematisierter Expansionsverlauf der Turbine eines Geothermiekraftwerkes im h-s-Diagramm

10.4 Übungen

1. Der natürliche Wärmefluss aus dem Erdinnern beträgt nach Abschn. 10.1 rund 0,06 bis 0,07 W/m^2 oder 60 bis 70 kW/km^2. Der terrestrische Wärmestrom erfolgt gem. den Ausführungen in Kap. 3, 6 und diesem Kapitel dem Wärmeleitungsgesetz nach FOURIER. Die Wärmeleitfähigkeit λ des Erdreiches liegt im Mittel zwischen 2 bis 5 W/(m K); vgl. Tab 6.10.
   Bestimmen Sie
   - den Temperaturgradienten [°C/m] für eine mittlere Wärmeleitfähigkeit von 2 W/(m K),
   - die mindestens erforderliche Bohrtiefe [m], um eine Temperatur von 120 °C zu erreichen (Minimaltemperatur zur Dampferzeugung). Die Bodentemperatur wird mit 10 °C angenommen.
2. Welche Folgen treten ein, wenn der Wärmeentzug größer als 60 bis 70 kW/km^2 gewählt wird? Beachten Sie diese thermische Größe liegt in etwa in der Größenordnung einer Pkw-Antriebsleistung. Berechnen Sie den Temperaturgradienten, wenn zusätz-

lich 70 kW aus einem 10 × 10 × 10 m^3 Block entnommen wird (spez. Wärmekapazität 1000 J /kg K, Dichte 1000 kg/m^3; vgl. Tab. 6.10).

3. Beschreiben und skizzieren Sie den ORC-Prozess. Worin liegen hier die spezifischen Vor- und Nachteile?
4. Beschreiben und skizzieren Sie den KALINA-Prozess. Worin liegen die spezifischen Vor- und Nachteile?
5. Für das exemplarische Geothermiekraftwerk aus der Südpfalz ist die Wahl des Systemdruckes und der Einfluss der Umgebungs- und Betriebsbedingungen auf den Expansionsverlauf zu diskutieren.

Literatur

1. Kaltschmitt, M.; Streicher, W. Wiese, A.; (Hrsg.): Erneuerbare Energien – Systemtechnik, Wirtschaftlichkeit, Umweltaspekte (5. Aufl.), Springer-Verlag, Berlin, Heidelberg, New York, 2013

Weiterführende Literatur

2. Rogge, S.: Geothermische Stromerzeugung in Deutschland – Ökonomie, Ökologie und Potentiale; Dissertation, TU Berlin, http://edocs.tu-berlin.de/diss/2003/rogge_silke.pdf, 2004
3. Paschen, H.; Oertel, D.; Grünwald, R.: Möglichkeiten geothermischer Stromerzeugung in Deutschland, Büro für Technikfolgenabschätzung beim Deutschen Bundestag, Berlin, 2003; http://www.tab.fzk.de/de/projekt/zusammenfassung/ab84.pdf; Stand: Mai 2008
4. http://www.geothermie.de/egec_geothernet/menu/frameset.htm; Stand: Mai 2008

Solare Kraftwerke

11

Solare Kraftwerke können entweder als Photovoltaik-Kraftwerke [1] oder als solar betriebener CARNOT-Prozesse (mittels Dampf- oder Gasturbinen sowie STIRLING-Motoren) konzipiert werden. Im Gegensatz zu Kap. 2 und 3 in denen einfache Anlagen zur Gebäudeversorgung behandelt wurden, sollen hier komplexe Anlagen zur Versorgung mit elektrischer Energie im Vordergrund stehen.

Thermische Solarkraftwerke bündeln das Sonnenlicht und erzeugen über einen CLAUSIUS-RANKINE-Prozess elektrische Energie (Tab. 11.1). Der Vorteil liegt in einem deutlich höheren Wirkungsgrad im Vergleich zu Photovoltaikanlagen (vgl. Tab. 2.2 und 11.1 sowie Abb. 12.1). Das Leistungsvermögen wird bestimmt durch das solare Angebot und ist daher eher für südeuropäische Regionen geeignet. Zum Ausgleich der Tag- und Nachtschwankungen sind thermische Speicher ggf. auch eine Zusatzfeuerung für Spitzenzeiten sinnvoll.

Durch die konzentrierenden Spiegelflächen sollen in einem Brennpunkt möglichst hohe Temperaturen und Leistungen zur Verfügung stehen. Zur Energiebündelung stehen drei Systemvarianten zur Auswahl:

1. **Parabolrinnen** werden einachsig der Sonne nachgeführt und konzentrieren die Strahlung auf ein Absorberrohr in der Brennlinie. In diesem befindet sich ein Thermoöl, das nach Erhitzung über einen „normalen“ Dampfkreislauf eine Turbine und einen Stromgenerator antreibt.
2. **Heliostaten**[1] sind nachgeführte, großflächige Spiegel (Abb. 11.1). Sie werden verwendet, um das einfallende Sonnenlicht zu bündeln. Die Heliostaten eines solarther-

[1] Ein **Heliostat** ist ein Spiegelapparat mit einem Spiegel, der das Sonnenlicht unabhängig von der Änderung der Sonnenposition am Himmel immer auf den gleichen, ortsfesten Punkt reflektiert. Jean Bernard Léon Foucault entwickelte um 1865 einen verbesserten Heliostaten, der für einen größeren Bereich des Himmels verwendbar war. Heliostaten sind in neuerer Zeit in so genannten Solarturm-Kraftwerken eingesetzt worden, in denen hunderte von computergesteuerten Heliostaten ihr Licht auf einen in einer Turmspitze untergebrachten Absorber konzentrieren.

H. Watter, *Regenerative Energiesysteme*, DOI 10.1007/978-3-658-09638-0_11

Tab. 11.1 Beispiele zur solarthermischen Elektrizitätserzeugung [6]

	Solarturm	Solarturm (REFOS)	Parabolrinne	Parabolrinne	Paraboloid
Leistung (solar) MW_{el}	5–200	5–200	5–200	5–200	0,01–0,1
Einsatz	Dampfturbine, ISCCS	Gasturbine, GuD-Kraftwerk	Dampfturbine, ISCCS	Dampfturbine, ISCCS	Gasturbine, Stirling Motor
Receiver/ Absorber	Rohrbündel od. drucklose volumetrische Receiver	Volumetrische Receiver	Absorberrohr	Hochdruck-Absorberrohr	Rohrbündel od. Heat Pipe
Wärmeträger	Luft, Salz, Dampf	Luft	Thermoöl	Dampf	Luft, Helium, Wasserstoff
Spitzenwirkungsgrad %	18–23	ca. 30	18–21	20–23	20–29
mittl. Wirkungsgrad %	14–19	ca. 25	10–15	14–18	16–23
Betriebstemperatur °C	600–800	800–1200	300–400	400–500	900–1200
Betriebsdruck bar	< 5	15–20	< 5	100–120	< 15
Status	Demonstration	Demonstration	kommerziell	F&E	Demonstration

GuD: Gas- und Dampfturbinenkraftwerk,
REFOS: Solar-Hybrid Gas Turbine-based Power Tower Systems,
Solar Receiver für fossile Gasturbinen und GuD-Anlagen,
ISCCS: Integrated Solar and Combined Cycle System

Abb. 11.1 Untersuchungen zur Abschattungsproblematik im Photovoltaik- oder Heliostatenfeld [2] (Bild erzeugt mit *Google SketchUp*, http://sketchup.google.com)

mischen Kraftwerks reflektieren das Sonnenlicht auf einen zentralen Absorber, der sich an der Spitze eines hohen Turms befindet. Die Spiegel der Heliostaten werden zweiachsig so nachgeführt, dass alle Spiegel die Strahlung genau auf den Absorber reflektieren. Dadurch werden sehr hohe Temperaturen erreicht. Die so gewonnene Wärme wird in einem nachgeschalteten konventionellen Dampfkraftwerk in elektrische Energie umgewandelt.

3. **Parabolspiegel** sind große, 2-achsige, der Sonne nachgeführte, parabolische Spiegel (engl. „Dish") mit einem Stirlingmotor im Brennpunkt, an den ein stromerzeugender Generator direkt angeschlossen ist. Experimentell wurden bei sehr großen Anlagen unter Einsatz eines Solar-Stirlings mit angeschlossenem Generator Wirkungsgrade um 20 % erreicht; vgl. dazu den Abschnitt Stirling-Motor in Abschn. 12.5.

Sonnenwärmekraftwerke erreichen je nach Bauart höhere Wirkungsgrade und meist niedrigere spezifische Investitionen als Photovoltaikanlagen, haben jedoch höhere Betriebs- und Wartungskosten und erfordern große Direktstrahlungsleistungen. Sie sind daher nur in besonders sonnenreichen Regionen wirtschaftlich einsetzbar.

11.1 Parabolrinnenkraftwerk

Parabolrinnenkollektoren bestehen aus gewölbten Spiegeln, die das Sonnenlicht auf ein in der Brennlinie verlaufendes Absorberrohr bündeln (Abb. 11.2). Die Länge solcher Kollektoren liegt je nach Bautyp zwischen 20 und 150 Metern. Die Parabolrinnen werden i. Allg. in Nord-Südrichtung ausgerichtet. Für die Bündelung und Nachführung reicht dann eine einachsige Nachführung von Osten nach Westen aus (durch Drehung um die Nord-Südachse für den Tagesgang der Sonne). In den Absorberrohren wird die konzentrierte Sonnenstrahlung in Wärme umgesetzt und an ein zirkulierendes Wärmeträgermedium abgegeben.

Im Kollektorfeld wird ein Wärmeträgermedium erhitzt, entweder **Thermoöl** oder überhitzter Wasserdampf. Bei Thermoölanlagen sind Temperaturen von bis zu 390 °C erreichbar, die in einem Wärmeübertrager zur Dampferzeugung genutzt werden. Dabei arbeitet das Thermalöl quasi drucklos, so dass die gesamte Anlage nicht als „Druckbehälter" ausgelegt werden muss. Die Anlagenkosten sind dadurch deutlich geringer als bei druckbeaufschlagten Anlagen.

Die Direktdampferzeugung *(DISS = Direct Solar Steam)* kommt ohne solche Wärmeübertrager aus, da der überhitzte Wasserdampf direkt in den Absorberrohren erzeugt wird. Vorteilhaft sind hier die geringeren Wärmeübertragungs- und Exergieverluste. Damit sind Temperaturen von über 500 °C möglich. Der Wasserdampf wird anschließend in einem konventionellen Dampfkraftwerk einer Dampfturbine mit Generatorsatz zugeführt. Der Vorteil dieser Kraftwerkstypen liegt in der konventionell verfügbaren, erprobten und robusten Technik.

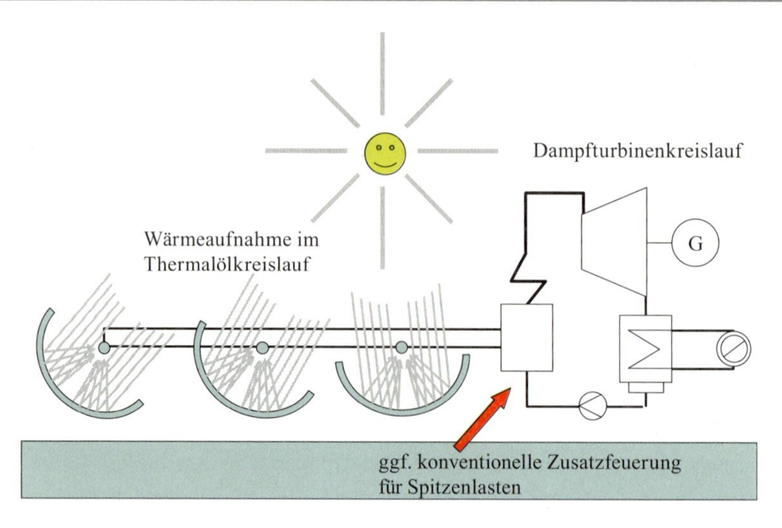

Abb. 11.2 Prinzipskizze eines Parabolrinnenkraftwerks

Bereits 1912 wurden Parabolrinnen zu Dampferzeugung für eine 45 kW-Dampfmotorpumpe in Meadi/Ägypten von SHUMANN und BOYS eingesetzt. Die Kollektoren hatten eine Länge von 62 m, eine Aperturweite[2] von 4 m und eine Gesamtaperturfläche von 1200 m^2.

1916 hatte der Deutsche Reichstag 200.000 Reichsmark für eine Parabolrinnen-Demonstrationsanlage in Deutsch-Südwest-Afrika bewilligt. Durch den Ersten Weltkrieg kam es jedoch nicht zu einer Realisierung.

Zwischen 1977 und 1982 wurden Parabolrinnen-Prozesswärme-Demonstrationsanlagen in den USA installiert. Der kommerzielle Betrieb begann 1984 in den USA. Die mittlerweile neun **SEGS-Kraftwerke** (*SEGS = Solar Electricity Generation System*) in Südkalifornien produzieren eine Leistung von insgesamt 354 MW. Ein weiteres Kraftwerk namens Nevada **Solar One** mit einer Leistung von 64 MW wurde in Boulder City/Nevada errichtet und ging im Juni 2007 ans Netz. Der Wirkungsgrad dieses Kraftwerktyps wird mit 14 Prozent angegeben. Weitere Kraftwerke werden unter anderem in Marokko, Algerien, Mexiko und in Ägypten errichtet.

1981 wurde in Europa eine Demonstrationsanlage mit 500 kW elektrischer Leistung auf der Plataforma Solar de **Almería** (Spanien) in Betrieb genommen.

Im spanischen Andalusien werden seit Juni 2006 mit **Andasol** 1 und Andasol 2 (je 50 MW) die derzeit größten Solarkraftwerke Europas gebaut; ein drittes, baugleiches Kraftwerk mit identischer Leistung (Andasol 3) an gleicher Stelle ist in Planung.

[2] In der Optik ist eine **Apertur** die Öffnung eines technischen Gerätes, durch das Lichtstrahlen entweder durch Linsen oder Spiegel weitergeleitet werden. Diese Öffnung ist oft kreisförmig. Man spricht auch von einer Aperturblende.

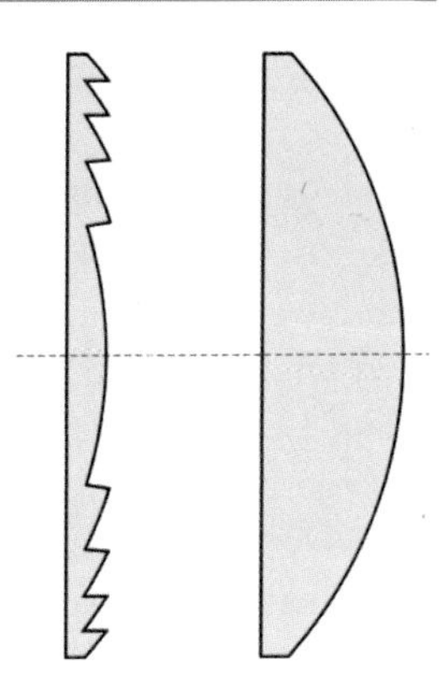

Abb. 11.3 FRESNELsche Stufenlinse und optische Linse im Vergleich

FRESNEL-Kollektoranlagen

Eine Weiterentwicklung der Parabolrinnen sind so genannte Fresnel-Spiegel-Kollektoren.

Eine **FRESNEL-Linse** (Abb. 11.3) oder genauer eine **FRESNELsche Stufenlinse** ist eine optische Linse, die auf AUGUSTIN JEAN FRESNEL zurückgeht. Ursprünglich für Leuchttürme entwickelt, ermöglicht das Bauprinzip die Konstruktion großer Linsen mit kurzer Brennweite ohne das Gewicht und Volumen herkömmlicher Linsen. Die Verringerung des Volumens geschieht bei der FRESNEL-Linse durch eine Aufteilung in ringförmige Bereiche. In jedem dieser Bereiche wird die Dicke verringert, so dass die Linse eine Reihe ringförmiger Stufen erhält. Da Licht nur an der Oberfläche der Linse gebrochen wird, ist der Brechungswinkel nicht von der Dicke, sondern nur vom Winkel zwischen den beiden Oberflächen einer Linse abhängig. Deshalb behält die Linse ihre optischen Eigenschaften bei, obwohl die Bildqualität durch die Stufenstruktur beeinträchtigt wird.

Bei einem Solarkraftwerk befinden sich FRESNEL-Streifen über den Absorberrohren und konzentrieren so das Sonnenlicht. Von der Verwendung der einfacher herzustellenden ungewölbten Spiegelstreifen werden Kostenvorteile erwartet. Das Absorberrohr wird im Gegensatz zu den meisten Parabolrinnenkonstruktionen nicht bewegt. So können sehr lange Kollektoren gebaut werden, die durch fehlende Rohrbögen und flexible Verbindungen geringe Strömungswiderstände für das Wärmeträgermedium aufweisen. Dem stehen Verschattungsverluste zwischen den Spiegelstreifen gegenüber.

Die Technologie wird in verschiedenen Projekten erprobt. Seit 2004 unterstützt beispielsweise ein derartiges System die Dampferzeugung in einem australischen Kohlekraftwerk. Die Pilotanlage soll nach ihrer Fertigstellung für das Kraftwerk Liddell im Hunter Valley, zirka 250 km nordwestlich von Sydney, rund 15 MW_{th} erzeugen und so zur Brennstoffeinsparung am Kraftwerk beitragen. Es handelt sich dabei um ein rund 60×30 m großes Feld aus ebenen Spiegeln, die das Sonnenlicht auf Linien im Kollektorfeld konzentrieren. Dort wird mit einer Direktdampferzeugung unter Optimalbedingungen ein Dampfzustand von 285 °C erreicht.

11.2 Solarturmkraftwerk/Zentralreceiverkraftwerke

Beim Solarturmkraftwerk handelt es sich um Dampfkraftwerke mit solarer Dampferzeugung. Bei guten Sonnenverhältnissen werden zahlreiche nachgeführte Spiegel (Heliostate) so ausgerichtet, dass das Sonnenlicht auf den zentralen Absorber (*Receiver*) konzentriert wird. Dadurch entstehen an der Turmspitze sehr hohe Temperatur- und Leistungsdaten. Das verwendete Wärmeträgermedium ist entweder flüssiges Nitratsalz (als zwischengeschalteter, druckloser Wärmeträger), Wasserdampf (für eine Dampfturbine; siehe Abb. 11.4) oder Heißluft (für eine Gasturbine; siehe Abb. 11.5). (Der **Joule-Kreisprozess** oder **Brayton-Kreisprozess** ist ein rechtslaufender, thermodynamischer Kreisprozess, der nach dem britischen Physiker James Prescott Joule benannt ist. Er ist ein Vergleichsprozess für den in Gasturbinen und Strahltriebwerken ablaufenden Vorgang und besteht aus zwei isentropen und zwei isobaren Zustandsänderungen.)

Die größten derzeit existierenden Anlagen sind „**Solar Two**" (10 MW, Arbeitstemperatur: 290–570 °C) in **Kalifornien** und Forschungsanlagen in **Almería/Spanien**. Das erste kommerzielle Solarturmkraftwerk ging 2007 in Portugal ans Netz und liefert 11 MW_{el}.[3]

In Deutschland wurde im Juli 2006 mit dem Bau eines solarthermischen Demonstrations- und Versuchskraftwerks in Jülich (NRW) begonnen, das 2008 in Betrieb ging und laut Projektierung 1,5 MW Leistung erbringen soll.[4]

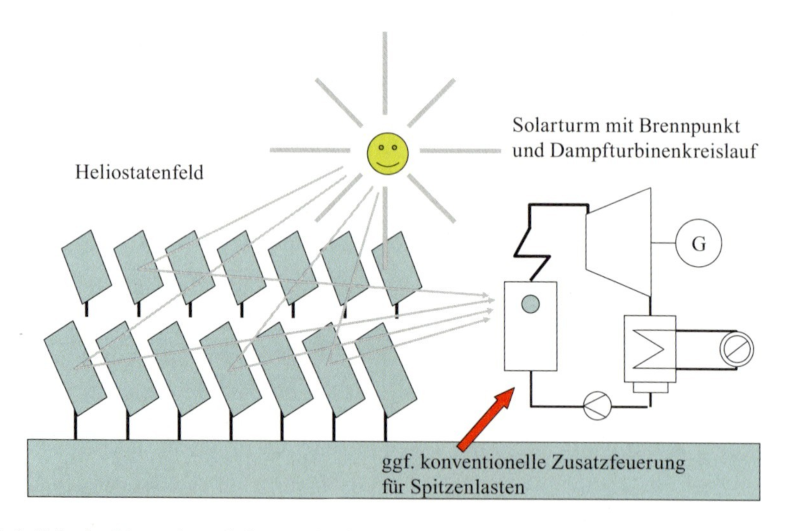

Abb. 11.4 Prinzipskizze eines Solarturmkraftwerk mit Heliostatenfeld

[3] http://www.abengoasolar.com/sites/solar/en/nproyectos_ps10.jsp

[4] http://www.bmu.de/pressemitteilungen/aktuelle_pressemitteilungen/pm/37405.php

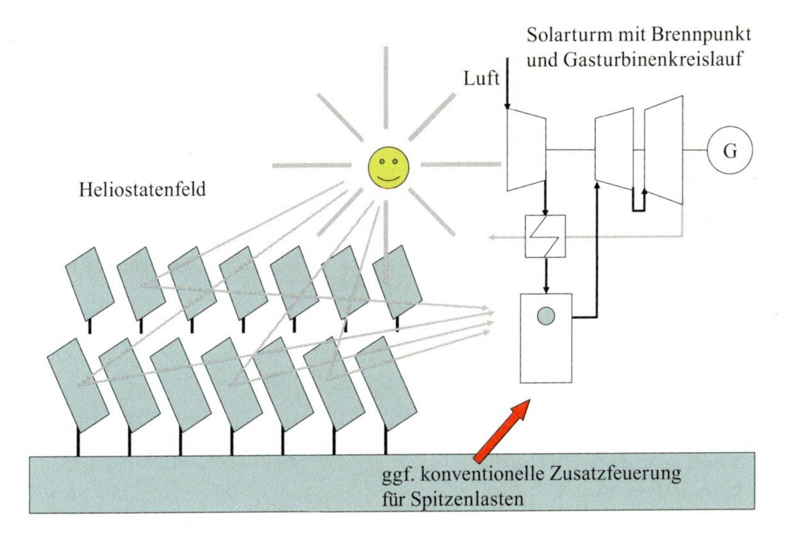

Abb. 11.5 Prinzipskizze des solaren Gasturbinenprozesses

Bei Sevilla soll ein Solarpark mit insgesamt 302 MW und unterschiedlichen Technologien entstehen. Ende März 2007 ging als erstes ein von dem spanischen Konzern ABENGOA errichtetes Solarturmkraftwerk (PS10 mit 11 MW und einem Jahresertrag von 23 GWh) ans Netz. In der zweiten Ausbaustufe wird derzeit eine Turmanlage mit 20 MW (PS20) errichtet. Nach einer weiteren Anlage mit 20 MW (AZ20) sollen noch fünf weitere Parabolrinnenkraftwerke mit je 50 MW entstehen.[5]

11.3 Dish-Stirling-Anlage

Bei dieser Konstruktionsform konzentrieren Paraboloidspiegel die Sonnenenergie in einem Punkt. Sie werden zweiachsig der Sonne nachgeführt (Abb. 11.6). Es werden Spiegel mit Durchmessern von drei bis 25 Metern ausgeführt, womit Leistungen bis zu 50 kW pro Modul erreichbar sind.

Bei *Dish-Stirling-Anlagen* ist im Brennpunkt ein Stirlingmotor angeordnet (Abb. 11.7), der die thermische Energie direkt in mechanische Arbeit umsetzt (vgl. Abschn. 12.5). Diese Anlagen erreichen die höchsten Wirkungsgrade bei der Umwandlung von Sonnenlicht in elektrische Energie. Bei einer Pilotanlage in Frankreich mit einem Parabolspiegel von 8,5 m Durchmesser (Fläche 56,7 m^2) wurde eine Nettoleistung von 9,2 kW erzielt, dies entspricht einem Wirkungsgrad von 16 % bei optimalen Bedingungen.

[5] http://www.abengoasolar.com/sites/solar/es/

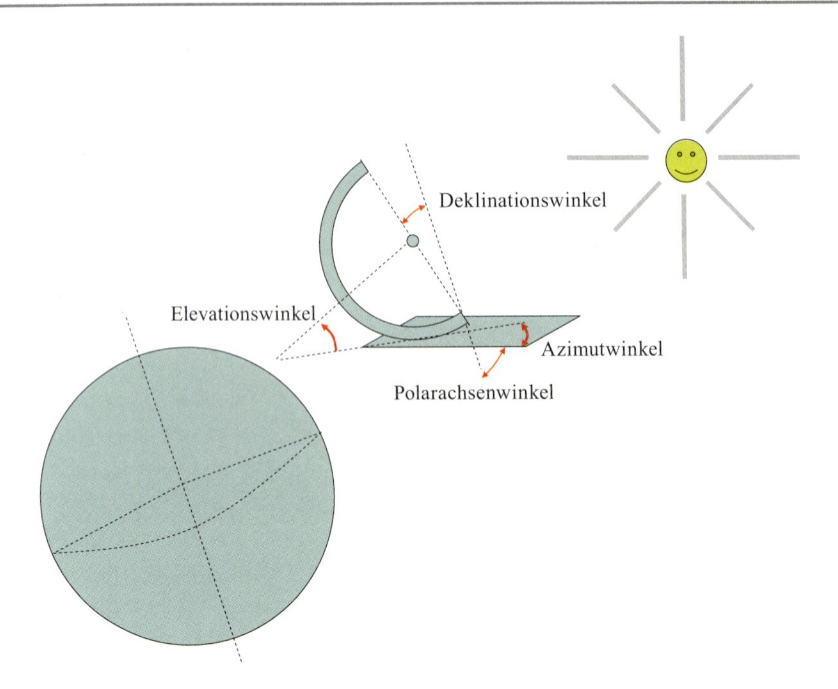

Abb. 11.6 Zweiachsige Nachführung von Parabolspiegel und Heliostat

Abb. 11.7 Solarthermische Stromerzeugung mittels Dish-Stirling-System

11.4 Nicht konzentrierende Kraftwerkskonzepte

11.4.1 Solarteichkraftwerke

Bei *Solarteichkraftwerken* bilden Schichten unterschiedlich salzhaltigen Wassers den Kollektor und Absorber (Abb. 11.8). In Solarteichkraftwerken bilden flache Salzseen eine Kombination von Solarkollektor und Wärmespeicher. Das Wasser am Grund ist salz-

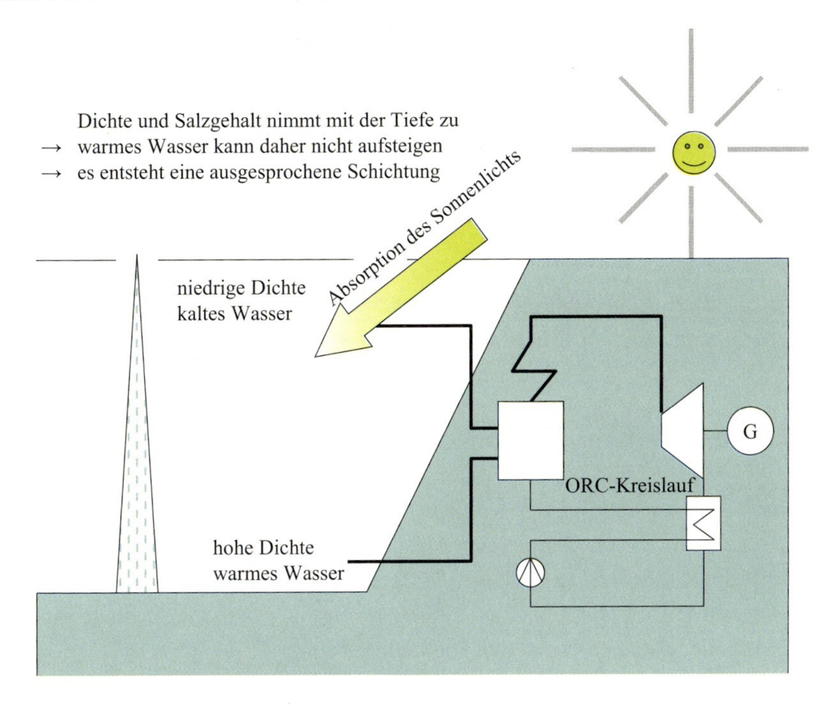

Abb. 11.8 Prinzipskizze eines Solarteichkraftwerks

haltiger und daher dichter als an der Oberfläche. Wird Sonnenstrahlung in den tieferen Schichten absorbiert, heizen sich diese auf 85 bis 90 °C auf. Aufgrund des durch den unterschiedlichen Salzgehalt bestehenden Dichtegradienten kann das erwärmte Wasser nicht aufsteigen, es finden keine Durchmischung und kein Wärmeaustausch statt. Durch geschickte Betriebsführung kann diese Schichtung erhalten und gepflegt werden. Hierin besteht die spezielle Herausforderung für diesen Kraftwerkstyp: Pflege und Aufrechterhaltung der Schichtung.

Die gespeicherte Wärme kann zur Stromerzeugung in einem Turbinen-Generator-Block verwendet werden und steht bei entsprechender Auslegung 24 Stunden pro Tag zur Verfügung. Da die erreichbaren Temperaturen vergleichsweise gering sind, muss bei der Stromerzeugung mit Arbeitsmedien gearbeitet werden, die bei niedrigen Temperaturen verdampfen. Die Umwandlung der Wärme in elektrischen Strom erfolgt daher mit Hilfe eines so genannten *Organic Rankine Cycle*-Kraftwerks (vgl. Abschn. 12.6).

Da die zur Verfügung stehenden Temperaturdifferenzen nur etwa 60 K erreichen, ist der Wirkungsgrad solcher Kraftwerke nur gering – er kann aus thermodynamischen Gründen theoretisch maximal nur etwa 15 % erreichen (Tab. 11.2). Dennoch sind Solarteichkraftwerke ggf. für Entwicklungsländer interessant, da mit relativ geringem Investitionsaufwand die dort vorhandenen sonnenreichen, vegetationslosen und unbebauten Flächen genutzt werden können. Wirtschaftlich attraktiv sind Sonnenteichkraftwerke vor allem auch

Tab. 11.2 Daten ausgeführter Solarteich-Kraftwerke [3]

	El Paso, Texas, USA	Beit Ha'Arava, Israel	Pyramid Hill, Australien
Leistung, therm. [kW]	300	< 5000	60
Leistung, elektr. [kW]	70	570	
Teichfläche [m²]	3350	250.000	3000

dann, wenn die thermische Energie direkt ohne den Umweg über die Stromerzeugung genutzt werden kann, z. B. als Prozesswärme zur Trocknung oder Kühlung.

11.4.2 Aufwindkraftwerk/Thermikkraftwerke

Thermikkraftwerke machen sich den Kamineffekt zu Nutze, bei dem warme Luft aufgrund ihrer geringeren Dichte nach oben steigt (Abb. 11.9). Sie bestehen aus einem großen flächigen Glasdach (Kollektor), unter dem sich die Luft am Boden wie in einem Treibhaus erwärmt. Die warme Luft steigt nach oben und strömt unter dem Glasdach zu einem Kamin in der Mitte der Anlage. Durch den Dichteunterschied

$$\rho(T) = \frac{p}{R \cdot T} \tag{11.1}$$

entsteht ein natürlicher Auftrieb. Ist der Temperaturunterschied ausreichend hoch (d. h. hohe Sonneneinstrahlungsdaten, gutes Absorptionsverhalten in Bodennähe, sehr große Abzugshöhe), so entsteht eine natürliche Auftriebsströmung, die mit einer Luftturbine (Gasturbine) genutzt werden kann. Auf ein Volumenelement V wirkt die Gewichtskraft

$$F_G = m \cdot g = V \cdot \rho \cdot g \tag{11.2}$$

Durch die Temperaturerhöhung sinkt die Dichte, das Volumen nimmt zu, es entsteht eine nach oben gerichtete Auftriebskraft, die durch den Kaminzug unterstützt wird.

Das Leistungsvermögen eines Aufwindkraftwerks hängt von der Kollektorfläche und der Kaminhöhe ab. Da die Druckdifferenz relativ klein ist, kann die Luft näherungsweise wie ein inkompressibles Medium behandelt werden, so dass die maximal erzielbare Leistung:

$$P = \dot{V} \cdot \Delta p \tag{11.3}$$

Der Volumenstrom wächst mit der verfügbaren Dachfläche; die Druckdifferenz steigt mit der Dichtedifferenz (Kamineffekt). Da der Kamin sehr hoch ist, wird die treibende Druckdifferenz durch den mit der Höhe abnehmenden Luftdruck und durch dynamische Druckabsenkung durch Höhenwinde am Kaminaustritt unterstützt.

Die Energie des Luftstromes kann an der Luftturbine nach dem BETZschen Gesetz nur zu maximal 59,3 % genutzt werden.

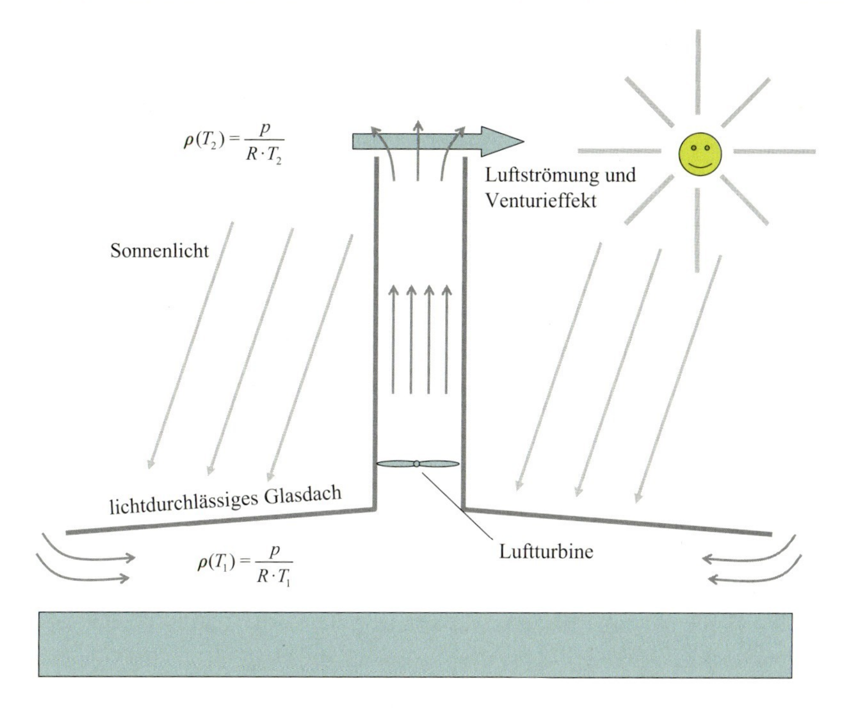

Abb. 11.9 Funktionsschema Aufwindkraftwerk

In den 1980er Jahren konnte mit einer Versuchsanlage in Spanien (Manzanares) die grundsätzliche Machbarkeit in kleinerem Maßstab nachgewiesen werden. Diese Anlage hatte einen Kollektordurchmesser von 244 m und eine Kaminhöhe von 195 m, damit erreichte sie eine Leistung von 50 kW.

Es können entweder

- Horizontalachsenturbinen, die ringförmig am Fuße des Turms im Übergangsbereich vom Kollektor zum Turm am Boden stehen (geplant beim Mildura-Projekt), oder
- Vertikalachsenturbinen, die am unteren Ende der Turmröhre (Manzanares/ Spanien, vgl. Abb. 11.2) eingehängt sind, projektiert werden.

Das erste kommerzielle Thermikkraftwerk soll in Buronga (Australien) errichtet werden. Die Bauarbeiten hätten 2005 beginnen sollen. Tatsächlich laufen noch Vorbereitungen – die Inbetriebnahme soll nach 2010 erfolgen. Der Kamin wird 1000 m hoch und von einem 38 km^2 großen Kollektor umgeben sein. Die Maximalleistung soll auf 200 MW ausgelegt werden.

In Namibia ist ebenfalls bei Arandis eine Anlage mit knapp 38 km^2 Treibhausfläche und einem über 1500 m hohen Turm projektiert worden. Mit 32 Turbinen und einer Nennleistung von 400 MW soll der gesamte Strombedarf des Landes (ohne industrielle Großabnehmer) gedeckt werden.

Weitere Anlagen sind in der Volksrepublik China, Spanien (Aufwindkraftwerk Ciudad Real) und in den USA in der Projektierung.

11.4.3 Fallwindkraftwerk

Fallwindkraftwerke existieren derzeit nur als Konzept. Sie bestehen aus einem hohen (>1000 m) Turm, an dessen Spitze der Umgebungsluft durch Besprühen mit Wasser Energie entzogen wird. Durch die Verdunstungskälte und das Gewicht des Wassers fällt die Luft nach unten und treibt am Kaminfuß Windturbinen an. Sie eignen sich für heiße und trockene Klimate mit großen Wasservorräten (Meeresnähe).

11.5 Beispielanlage

Die **Beispielanlage** bei Flensburg (Schleswig-Holstein) wurde 2009 errichtet und ist mit 4,2 MW-Nennleistung bis dato einer der größten Photovoltaik-Parks Norddeutschlands. Für den Park wurde auf einer Fläche von 15 Hektar (1 ha = 10.000 m^2) insgesamt 55.818 Dünnschichtmodule auf Gestell-Systemen für 36.505 m^2 Modulfläche mit folgenden **Prognosedaten** errichtet (Abb. 11.10 und 11.11):

Betriebswirtschaftliche Daten		
Investitionssumme	12,2	Mio. €
30 Anteilseigner a Restsumme durch 3 Landwirte	12.000	€
Einspeisevergütung	31,94	Ct/kWh
Bezugspreis (Haushalt), Stand Dez. 2009	16,00	Ct/kWh
Technische Daten		
Nennleistung	4,2	MW_p
Modulfläche	36.505	m^2
Ertragsprognose	4.000.000	kWh/a
Globalstrahlungsangebot	ca. 1000	kWh/m^2 a

Die Umwandlung des Gleichstroms in Wechselstrom erfolgt über 15 Wechselrichter mit folgenden Eckdaten:

- DC-Leistung 280 kW_p ($15 \cdot 280 = 4{,}2\,MW_p$),
- DC-Eingangsspannung 493...965 V,
- MPP-Spannung 493...780 V,
- Netznennspannung 400 V, Nennstrom 361 A,
- Nennleistung des Wechselrichters 250 kW,
- Klirrfaktor < 2 %,
- Wirkungsgrad 98,2 % (im Optimalpunkt),

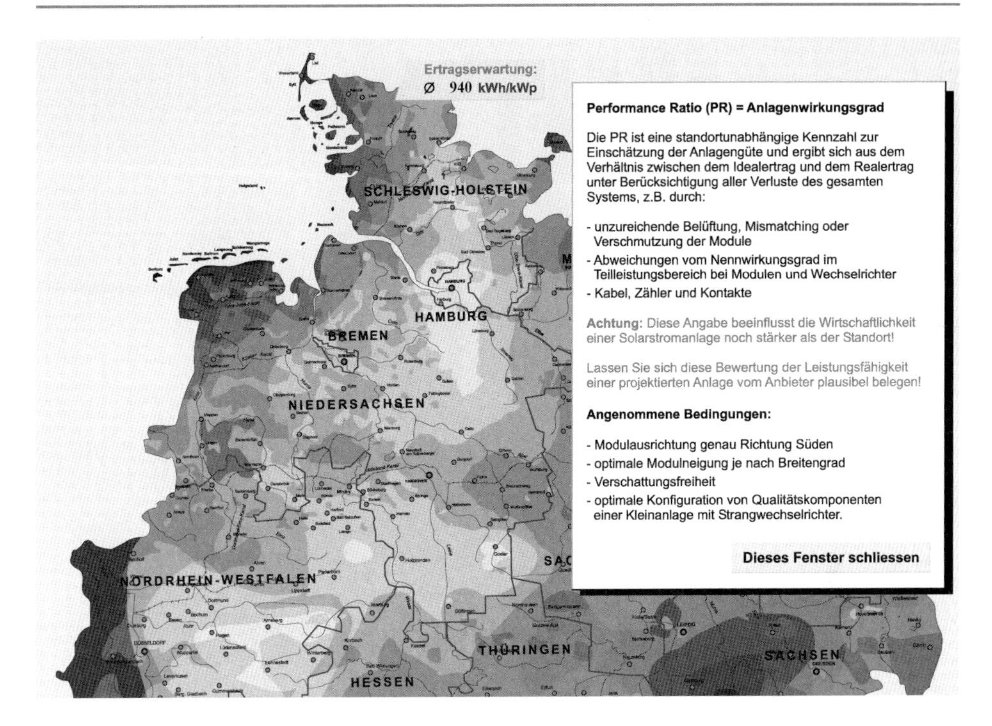

Abb. 11.10 Prognose-Daten gemäß www.solarertrag-nord.de

Abb. 11.11 Teil-Ansicht Solarpark

- Verbrauch Hilfssystem 60 W
- benötigte Luftkühlung 3500 m^3/h pro Wechselrichter.

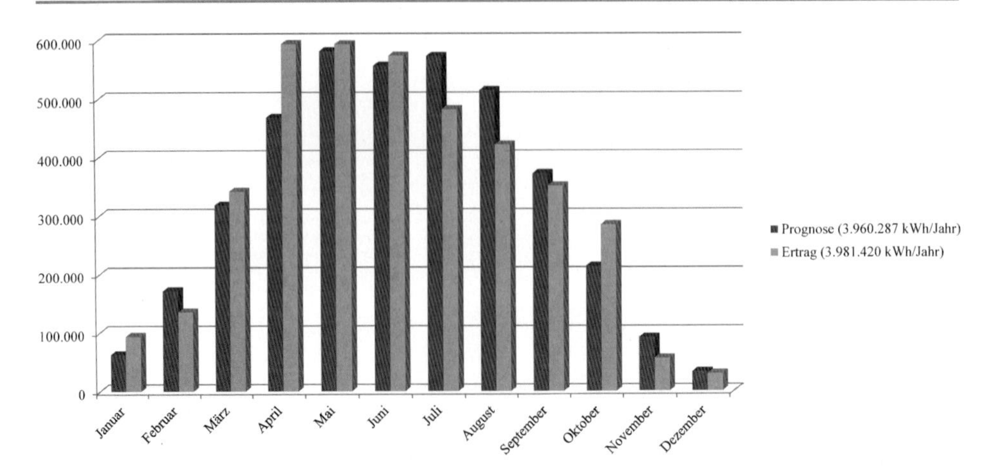

Abb. 11.12 Monatlicher und jährlicher Ertrag sowie Ertragsprognose für 2011

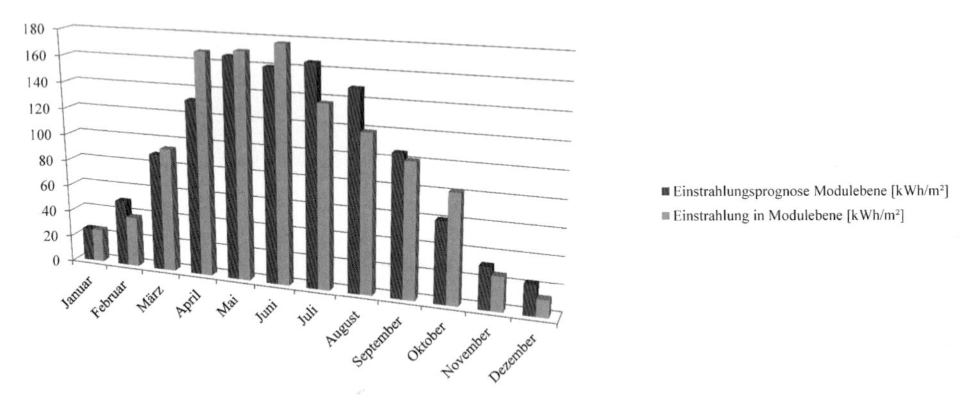

Abb. 11.13 Einstrahlung in die Modulebene [kWh/m^2] Ertrag versus Ertragsprognose für 2011 (ca. 1150 kWh/m^2 pro Jahr)

Die Einspeisung in das Netz erfolgt über drei Transformatoren 20 kV / 400 V (Scheinleistungen: 1 × 1000 kVA, 1 × 1250 kVA, 1 × 1600 kVA). Solarparkansicht nach Abb. 11.12 sowie Betriebsdaten für 2011 in Abb. 11.12 und 11.13 (monatlicher Vergleich der Prognose- und Ertragsdaten 2011).

Beispielanlage Versuchsfeld der Fachhochschule Flensburg: Anlagenbeschreibung und tagesaktuelle Daten unter www.fh-flensburg.de/ret/

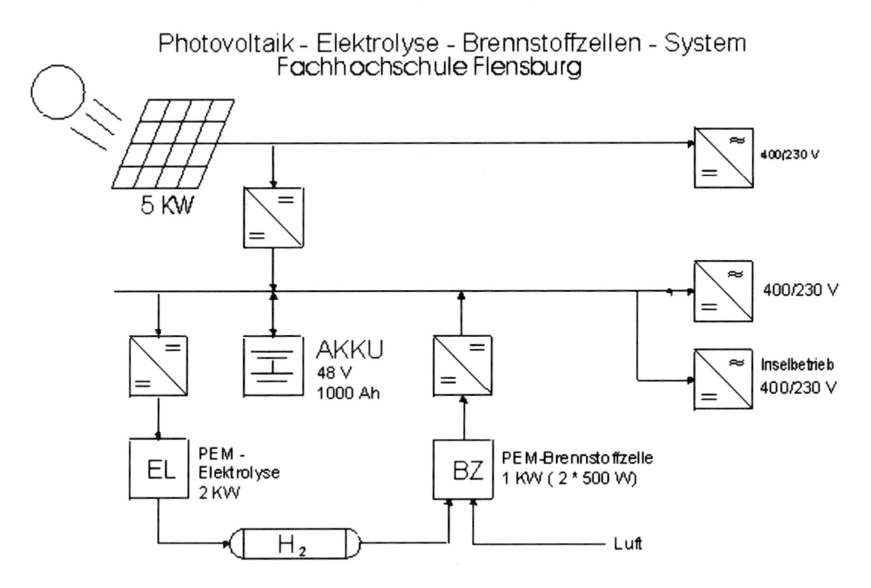

Feld 1 und 3 mit je 10 × SIEMENS SM 110 Zellen monokristallin bestückt

	Moduldaten	Felddaten je
Modulleistung	110 W	1,1 kW
Nennspannung	24 V	48 V
Leerlaufspannung	43,5 V	87 V
MPP-Spannung	35 V	70 V
MPP-Strom	3,15 A	15,75 A
Kurzschlussstrom	3,45 A	17,25 A
Abmessungen	1,31 m × 0,66 m	
Fläche	0,868 m^2	8,68 m^2

Feld 2 mit 7 × Sharp NA-801 WP Zellen Dünnschicht bestückt

	Moduldaten	Felddaten je
Modulleistung	80 W	560 W
Nennspannung	48 V	48 V
Leerlaufspannung	63,2 V	63,2 V
MPP-Spannung	47,6 V	47,6 V
MPP-Strom	1,68 A	1,68 A
Kurzschlussstrom	2,08 A	2,08 A
Abmessungen	1,129 m × 0,934 m	
Fläche	1,0545 m^2	7,38 m^2

Feld 4 mit 24 x SIEMENS ST 40 Zellen Kupfer-Indium-Diselenid = CIS

	Moduldaten	Felddaten je
Modulleistung	38 W	912 W
Nennspannung	12 V	48 V
Leerlaufspannung	22,5 V	90 V
MPP-Spannung	16,6 V	66,4 V
MPP-Strom	2,29 A	13,7 A
Kurzschlussstrom	2,49 A	14,94 A
Abmessungen	1,29 m × 0,33 m	
Fläche	0,425 m^2	10,21 m^2

Hinweis Die Leistung [kW] ist nach oben aufgetragen; die Energie [kWh] ist die Fläche unterhalb der Kurve. Im Sinne von Anhang A3 ist der Betrieb einer Kaffeemaschine nur bedingt möglich, elektrisches Kochen ist gar nicht möglich.

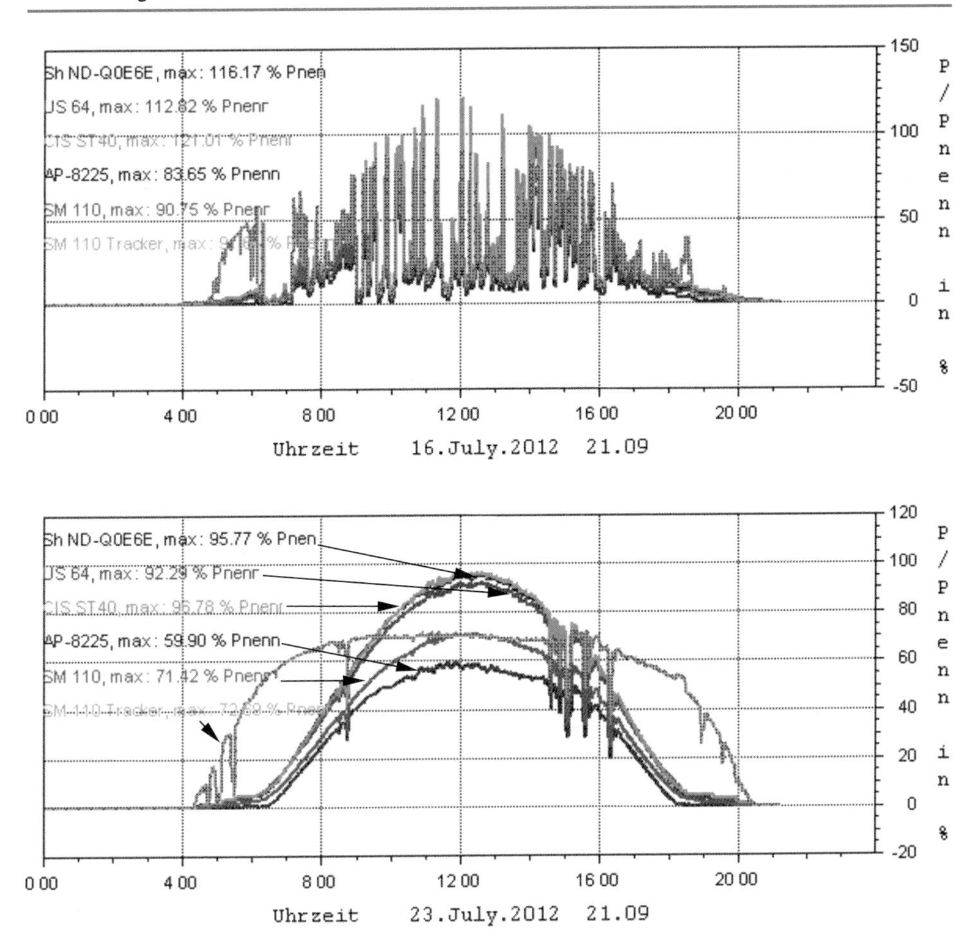

Abb. 11.14 Exemplarische Ertragsdaten am Wechselrichter des Versuchsfeldes am 16. Juli 2012 (Wetter stark und wechselhaft bewölkt) und 23. Juli 2012 (sonnig, nahezu wolkenlos); vgl. aktuelle Daten unter http://www.fh-flensburg.de/ret/

11.6 Übungen

1. Berechnen Sie für den zuvor genannten PV-Solarpark bei Flensburg anhand der Prognosedaten und vergleichen Sie mit den Ertragsdaten
   - das Flächenverhältnis von Kollektorfläche zu Grundfläche
   - den PV-Ertrag in [kWh/m^2 a]
   - aus dem prognostiziertem Ertrag und der Nennleistung die Volllaststunden des Kraftwerks und setzen Sie diese in Relation zu den Jahresstunden
   - ausgehend von einer Globalstrahlung von 1000 kWh/(m^2 a) den prognostizierten, mittleren Jahreswirkungsgrad der Anlage

- den prognostizierten Ertrag der Anlage [€/a] und den daraus abgeleiteten prozentualen Ertrag in [%] bezogen auf die Investitionssumme, der für Zins, Tilgung, Wartung und Instandhaltung verfügbar ist
- die über das Jahr gemittelte Leistung und stellen Sie diese mittlere Leistung in Relation zur Nennleistung; die gemittelte Leistung für Januar und Juli des dargestellten Jahres in analoger Weise
- die „Stromgestehungskosten" bei einer Laufzeit von 20 Jahren [€/kWh]
- Was ist unter „Klirrfaktor" der Wechselrichter zu verstehen?
- Was versteht man unter dem „Performance-Faktor"?

2. Mit Hilfe der Leistungskurve des Versuchsfeldes in Flensburg ist der Tagesertrag [kWh] abzuschätzen.
3. Das kommerzielles Solarturm-Kraftwerk IVANPAH SOLAR COMPLEX in den USA soll mit tausend Spiegeln Wasser erhitzt und damit eine Dampfturbine mit 123 MW betrieben werden [4]; vgl. Abb. 11.3. Es ist ausgelegt auf einen Druck von < 100 bar und eine Temperatur von < 400 °C. Zur Auswahl steht eine einfache oder eine doppelte Zwischenüberhitzung (vgl. Abb. 12.2) mit den Eckdaten:
   - Einfachen Zwischenüberhitzung: Erste Expansion von ca. 100 bar/375 °C auf 40 bar/275 °C; zweite Expansion von ca. 40 bar/375 °C ins Nassdampfgebiet auf 0,1 bar abs., Restfeuchte 85 %.
   - Doppelten Zwischenüberhitzung: Erste Expansion von ca. 100 bar/375 °C auf 40 bar/275 °C; zweite Expansion von ca. 40 bar/375 °C auf 10 bar/200 °C; dritte Expansion von ca. 10 bar/375 °C ins Nassdampfgebiet auf 0,1 bar abs., Restfeuchte 95 %.
   - Der Kondensatordruck beträgt in beiden Fällen 0,1 bar (alle Druckangaben als Absolutdrücke).

   Problemstellungen:

   a) Stellen Sie die Expansionsverläufe für die beiden Alternativen im nachfolgenden h-s-Diagramm dar.

   b) Bestimmen Sie die Enthalphiedifferenzen in den Stufen und den erforderlichen Dampfmassenstrom für die o. g. Leistung von 123 MW.

   c) Welche solare Leistung ist bei einem Wirkungsgrad von 25 % (vgl. Tab. 11.1) durch Bündelung bereitzustellen?

   d) Die Umgebungstemperatur kann im Sommer bis zu 45 °C betragen. Welchen Einfluss hat die Umwelttemperatur auf (a) den Kondensatordruck, (b) auf den Wirkungsgrad und (c) auf die Restfeuchte bzw. Erosionserscheinungen in den letzten Stufen der Turbine.

Dampftafelauszug für überhitzten Dampf:

p bar	t °C	v dm³/kg	h kJ/kg	u kJ/kg	s kJ/kg K	c_p kJ/kg K
100	375	24,53479958	3.016,80	2.771,80	6,115999699	3,436000109
40	375	69,97470093	3.150,70	2.870,70	6,655000210	2,427000046
	275	54,55550003	2.887,50	2.668,50	6,252000332	3,163000107
10	375	294,5711975	3.211,20	2.916,20	7,395999908	2,128000021
	200	205,9011993	2.828,20	2.622,20	6,704999924	2,400000095

und für Nassdampf

T	p	v'	v''	h'	h''	s'	s''
°C	bar	m³/kg	m³/kg	kJ/kg	kJ/kg	kJ/(kg K)	kJ/(kg K)
45	0,100	0,0010104	14,5342	192,62	2584,2	0,6517	8,1453

h-*s*-Diagramm schematisch

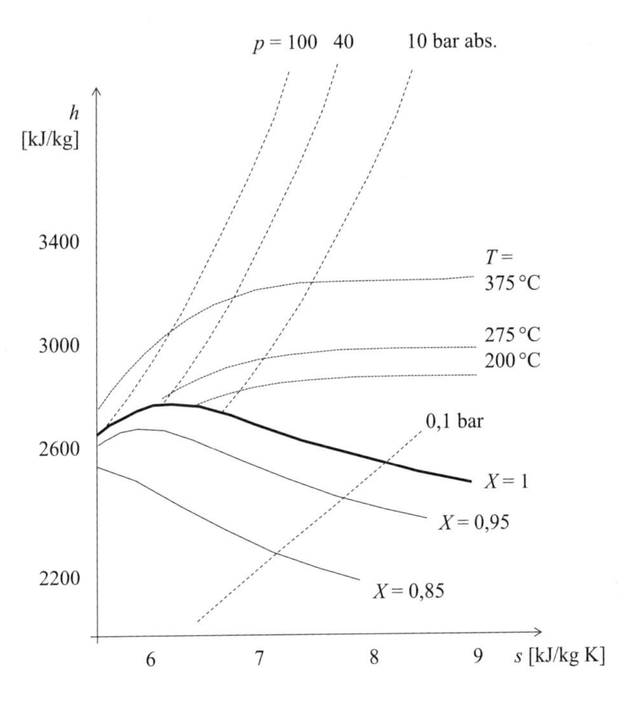

Literatur

1. Hoste, Annette: Entwicklung eines Simulationsmodells für Photovoltaik-Kraftwerke, Diplomarbeit (Prof. Dr. Koeppen), HAW Hamburg, 2008
2. Reyels, Daniel: Konstruktion eines Nachführungssystemes für Photovoltaikanlagen, Diplomarbeit, HAW-Hamburg, 2008
3. Kaltschmitt, M.; Streicher, W.; Wiese, A.; (Hrsg.): Erneuerbare Energien – Systemtechnik, Wirtschaftlichkeit, Umweltaspekte (5. Aufl.), Springer-Verlag, Berlin, Heidelberg, New York, 2013
4. Rüth, U.; Riebisch, K.: Effizient Strom aus der Sonne, BWK Nr. 6/2011 S. 29–32

Weiterführende Literatur

5. BMU: Ökologisch optimierter Ausbau der Nutzung erneuerbarer Energien in Deutschland, Herausgeber BMU, inhaltliche Bearbeitung DLR, ifeu, Wuppertal Institut, April 2004, 285 Seiten; verfügbar über: http://www.erneuerbare-energien.de/inhalt/5650/20049/
6. BINE Informationsdienst: Solarthermische Kraftwerke werden Praxis, Projektinfo 07/08, Fachinformationszentrum Karlsruhe/Bonn, www.bine.info

Kraft-Wärme-Kopplung

12

Nachfolgend werden die wichtigsten Kraftmaschinen in Bezug auf nachhaltige Energiesysteme angesprochen. Zur Vertiefung sei auf die einschlägige Fachliteratur verwiesen.

Abbildung 12.1 gibt eine Übersicht zu den Leistungs- und Wirkungsgradpotentialen der wichtigsten Energiewandler. Dabei haben sich Dieselmotoren und kombinierte Gas-/Dampfturbinenprozesse in der Praxis bewährt. Neben den relativ guten Wirkungsgraden zeichnen sie sich durch hohe Zuverlässigkeit und Verfügbarkeit aus. Sie werden deshalb als betriebswirtschaftliche Lösungen in der Regel favorisiert.

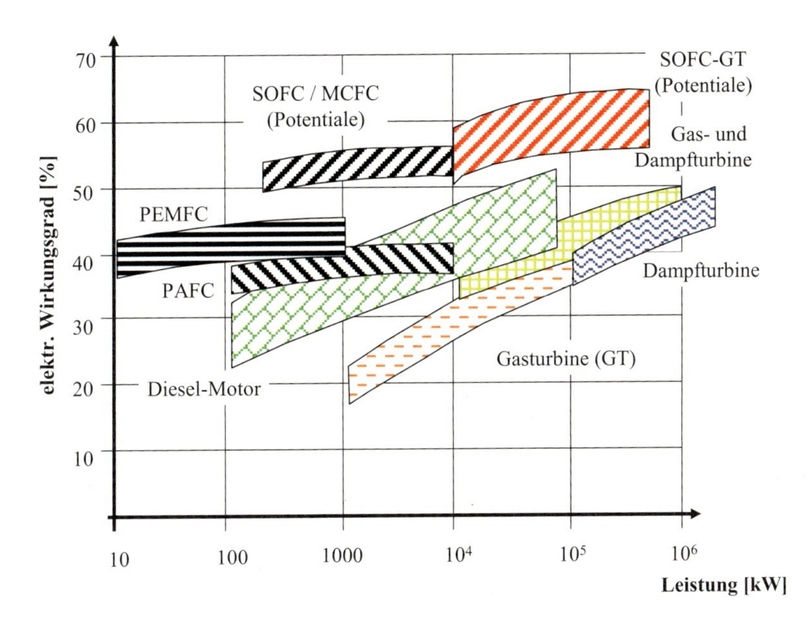

Abb. 12.1 Leistungs- und Wirkungsgradpotentiale von Energiewandlern

H. Watter, *Regenerative Energiesysteme*, DOI 10.1007/978-3-658-09638-0_12

Die Brennstoffzellensysteme haben die Ebene der Laborversuche verlassen und werden z. Zt. in Feldversuchen erprobt. Die hier gezeigten Leistungs- und Wirkungsgradoptionen müssen sich in der Praxis noch bewähren.

12.1 Verbrennungsmotoren

In Blockheizkraftwerken mit nachhaltigen Energiesystemen kommen Pflanzenöl- und Gasmotoren zur Anwendung. Es sind Sonderformen der Verbrennungskraftmaschinen, die für den jeweiligen Betriebsstoff hinsichtlich Gemischbildung, Zündung, Verbrennung und eingesetzter Materialien (Dichtungen, Schläuche usw.) sowie abgestimmter Schmieröle optimiert wurden. Es wird daher an dieser Stelle nur eine kurze Einführung gegeben:

12.1.1 Pflanzenölmotor

Wegen der speziellen Anforderung des Pflanzenöls (Verharzung, Verklumpung u. a.) werden in der Regel schweröltaugliche **Schiffsdieselmotoren** als Pflanzenölmotoren eingesetzt, da hier schon langjährige Betriebserfahrungen mit schwierigen Kraft- und Brennstoffen vorliegen.

Eine Sonderstellung nimmt hier der **Elsbett-Motor**, Vielstoff-Hubkolbenmotor, der nach dem Dieselprinzip arbeitet, ein. Der Name **Elsbett-Motor** geht auf den Namen seines Erfinders Dr. h. c. Ludwig Elsbett (* 08. 11. 1913; † 28. 03. 2003) zurück. Das charakteristische Merkmal ist der optimierte Verbrennungsprozess der im Verbrennungsraum rotierenden Verbrennungsluft mit dem eingespritzten Kraftstoff. Der Kraftstoff wird hierzu in einer Weise in den Verdichtungsraum eingespritzt, dass die umgebenden Wände nicht benetzt werden (Vergleich: Mittenkugelmotor). Dadurch wird ein besseres Temperaturmanagement erreicht und somit das Verkoken des Motors vermieden. Deshalb können nahezu alle dieselähnlichen Kraftstoffe, auch Pflanzenöle hoher Viskositäten, eingesetzt werden.

12.1.2 Gasmotor

Gasmotoren sind Verbrennungsmotoren, die nach dem Otto- oder Dieselprinzip arbeiten können. Als Kraftstoffe können grundsätzlich (fast alle brennbaren Gase z. B.) Erd-, Flüssig-, Holz-, Bio-, Deponie-, Grubengase oder Wasserstoff verwendet werden.

Die Zündung des Kraftstoff-Luftgemisches erfolgt bei Motoren nach dem Otto-Prinzip durch Fremdzündung mittels Zündkerze, bei Aggregaten nach dem Diesel-Prinzip durch Selbstzündung einer geringen Einspritzmenge (Zündöl, im allgemeinen Dieselkraftstoff).

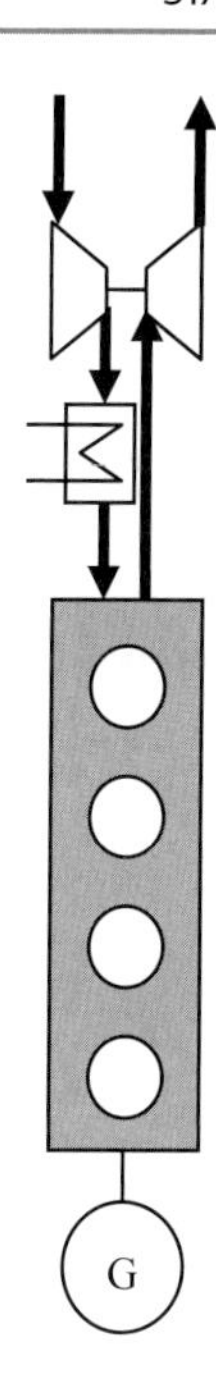

Abb. 12.2 Schematische Komponentendarstellung eines motorischen Generatorsatzes mit Abgasturboaufladung und Ladeluftkühlung

Eine äußere Gemischbildung kann durch Gasmischeinheiten vor oder nach einer eventuellen Abgasturboaufladung erfolgen. Die innere Gemischbildung ist durch separate Gaseinlassventile oder Injektionsnadeln möglich.

Beim Betrieb mit Biogas (Methan, CH_4) können hohe Wirkungsgrade, eine saubere Verbrennung und eine gute CO_2-Bilanz erzielt werden. Stationär betriebene Anlagen zur Kraftwärmekopplung unterliegen der TA-Luft und damit erheblich strengeren Grenzwerten als Kraftfahrzeuge.

Bei der Bewertung von gasförmigen Kraftstoffen sind neben dem Heizwert auch die Zündeigenschaften von Bedeutung. Zur Quantifizierung der **Zündeigenschaften** geht man von dem sehr klopffesten Methan (CH_4) aus. Hieraus ergibt sich auch die Bewertungsgrundlage: Die **Methanzahl (MZ)**. Reines Methan hat die MZ $= 100$, reiner Wasserstoff, als Gas mit der geringsten Klopffestigkeit, hat die MZ $= 0$. Methanzahlen von > 85 gelten als „gut geeignet", > 70 als „brauchbar" [1].

12.1.3 Kenngrößen zur Beurteilung von Motoren

Wichtige Kenngrößen zur Beurteilung von Motoren sind

- die mittlere Kolbengeschwindigkeit (als Maß für die mechanische Belastung)
- der Nutzmitteldruck (als Maß für die thermische Belastung) sowie

- der Wirkungsgrad bzw. der spez. Kraftstoffverbrauch (zur Beurteilung der Energieeffizienz und der Emissionsneigung).

Hubkolbenmotoren führen eine oszillierende Auf- und Abbewegung aus: Im oberen und unteren Totpunkt sind die Geschwindigkeiten gleich null, dazwischen beschleunigt der Kolben auf eine maximale Geschwindigkeit. Nach dem Schwerpunktsatz der Mechanik sind die Trägheitskräfte (Massenkräfte) proportional zur Beschleunigung – je höher die mittlere Geschwindigkeit, desto größer die Massen- und Triebwerkskräfte. Die **mittlere Kolbengeschwindigkeit** errechnet sich aus

$$c_m = 2 \cdot s \cdot n \quad [\mathrm{m/s}] \tag{12.1}$$

darin ist

s der Kolbenhub (also 2 s der Kolbenweg für eine Umdrehung) [m]
n die Motordrehzahl (als Kehrwert der Periodendauer für eine Umdrehung) [s^{-1}]

Abbildung 12.3 zeigt übliche Wertebereiche und die Bedeutung der mittleren Kolbengeschwindigkeit als Maß für die **mechanische Belastung** von Kraftwerks- und Schiffsmotoren.

Der **Nutzmitteldruck** (*mean effective pressure*) p_{me} ist kein physikalischer Druck, sondern eine volumenspezifische Arbeit und damit ein Maß für die **thermische Belastung** des Motors. Zur formalen Ableitung aus dem p-V-Diagramm sei auf die Fachliteratur verwiesen, die Bezeichnung „Nutzmitteldruck" hat sich durchgesetzt, weil die volumenspezifische Arbeit die Dimension eines Druckes besitzt und so auch verwendet wird:

$$p_{\mathrm{me}} = \frac{W_e}{V_h} = \frac{P_e}{V_h \cdot z \cdot \frac{n}{a}} \quad [\mathrm{bar}] \tag{12.2}$$

darin ist

$P_e = M \cdot \omega = M \cdot (2 \cdot \pi \cdot n)$	die effektive Kupplungsleistung des Motors [kW]
$V_h = \frac{d^2 \cdot \pi}{4} \cdot s$	das Hubvolumen des Einzelzylinders [m^3]
d	Kolben bzw. Laufbuchsendurchmesser [mm]
s	Kolbenhub [mm]
z	Anzahl der Zylinder
n	Drehzahl (meist im Nennbetriebspunkt) [min^{-1}]
a	Anzahl der Umdrehungen pro Arbeitsspiele 4-Takt: $a = 2$; 2-Takt: $a = 1$

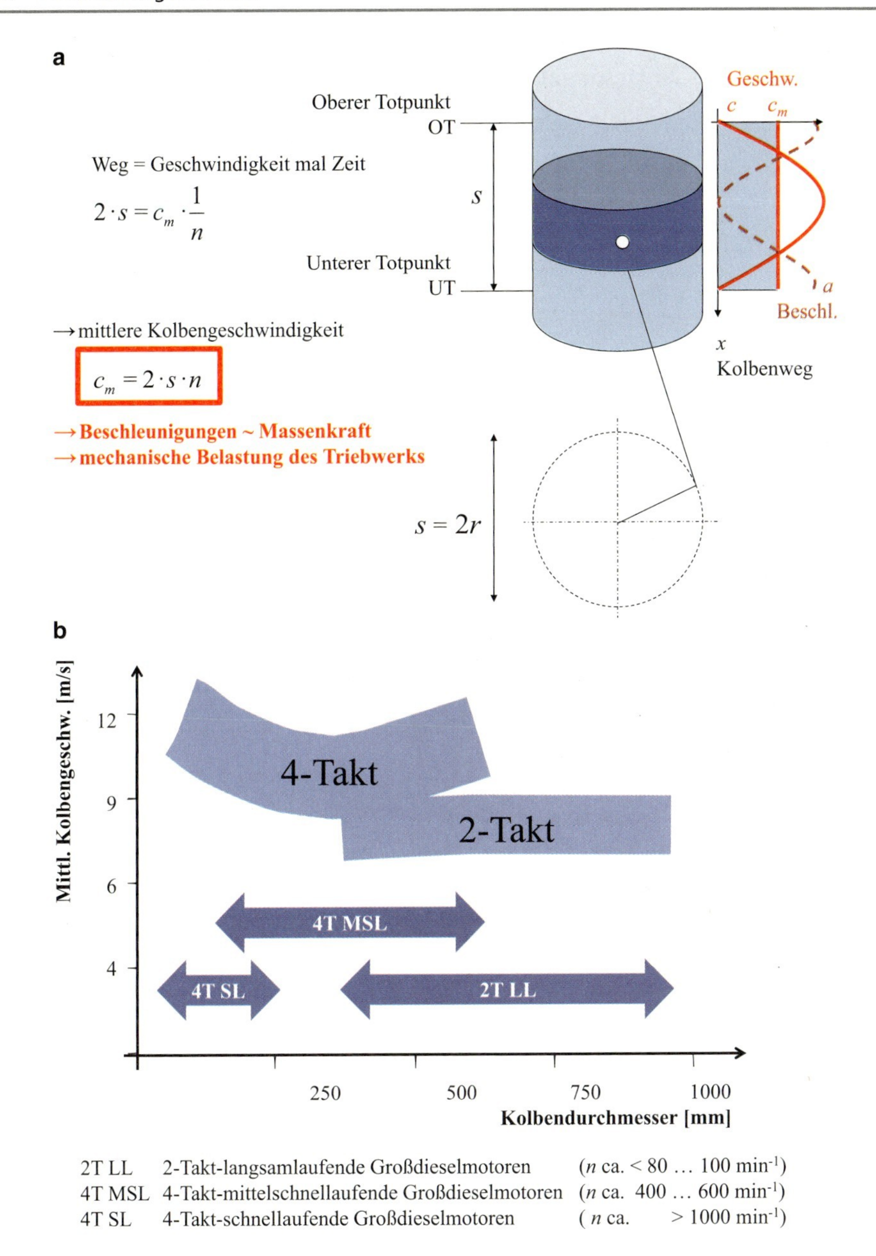

2T LL	2-Takt-langsamlaufende Großdieselmotoren	(n ca. < 80 … 100 min^{-1})
4T MSL	4-Takt-mittelschnellaufende Großdieselmotoren	(n ca. 400 … 600 min^{-1})
4T SL	4-Takt-schnellaufende Großdieselmotoren	(n ca. > 1000 min^{-1})

Abb. 12.3 Anhaltswerte und Bedeutung der mittleren Kolbengeschwindigkeit

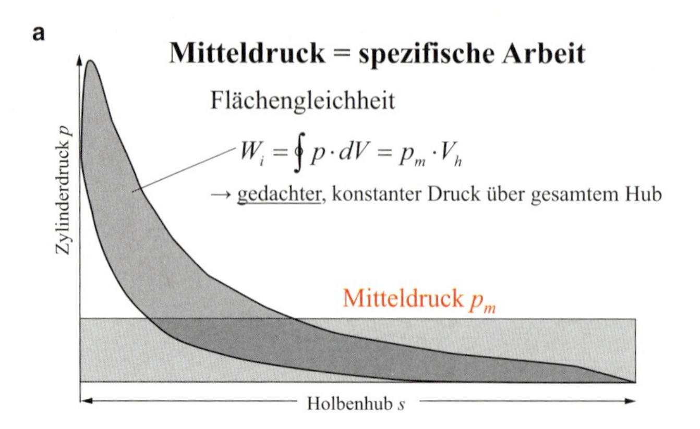

Induzierte Leistung

$$P_i = W \cdot z \cdot \frac{n}{a} = p_{mi} \cdot V_h \cdot z \cdot \frac{n}{a}$$

z = Zylinderzahl
n = Drehzahl [min^{-1}]

a = Anzahl der Umdrehungen pro Arbeitsspiele 4-Takt: $a = 2$; 2-Takt: $a = 1$

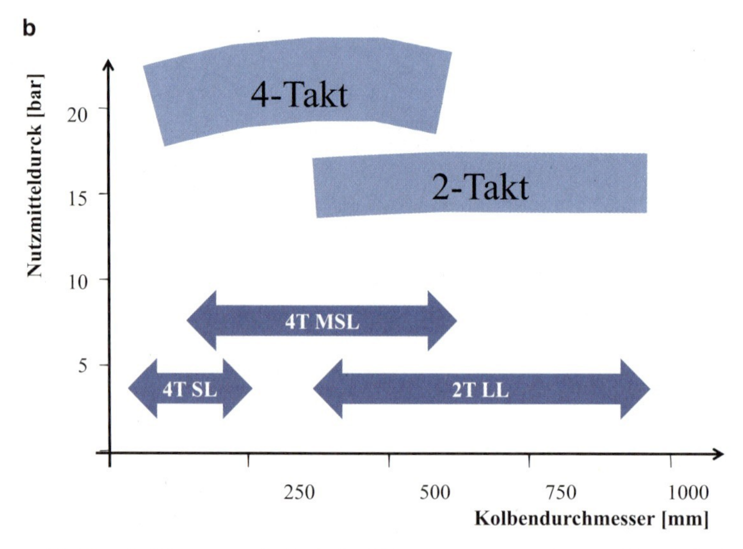

2T LL 2-Takt-langsamlaufende Großdieselmotoren (n ca. < 80 … 100 min^{-1})
4T MSL 4-Takt-mittelschnellaufende Großdieselmotoren (n ca. 400 … 600 min^{-1})
4T SL 4-Takt-schnellaufende Großdieselmotoren (n ca. > 1000 min^{-1})

Abb. 12.4 Anhaltswerte und Bedeutung des Mitteldruckes als Maß für die thermische Belastung

Analog ist der **indizierte Mitteldruck** p_{mi} die volumenspezifische Arbeit auf der Gasseite. Je höher die Mittendrücke sind, desto mehr ist das p-V-Diagramm in die Höhe gezogen und umso höher sind die thermischen Belastungen. Abbildung 12.4 veranschaulicht den Mitteldruck und zeigt typische Anhaltswerte für Kraftwerks- und Schiffsmotoren.

Zur Beurteilung Energieeffizienz ist der **effektive Wirkungsgrad**

$$\eta_e = \frac{P_e}{\dot{Q}_{\text{zu}}} = \frac{P_e}{\dot{m}_B \cdot H_u} = \frac{M \cdot \omega}{\dot{m}_B \cdot H_u} \quad [-] \tag{12.3a}$$

oder der **spez. Kraftstoffverbrauch**

$$b_e = \frac{\dot{m}_B}{P_e} = \frac{1}{\eta_e \cdot H_u} \quad [\text{g/kWh}] \tag{12.3b}$$

üblich. Die beiden Kennwerte sind direkt über den unteren Heizwert H_u [kJ/kg] des Brennstoffes miteinander gekoppelt. In den Gleichungen ist

$\dot{m}_B$ der Kraftstoffmassenstrom [kg/h]

Typische Werte im Optimalpunkt sind

170 g/kWh für 2-Takt-Großdieselmotoren = ca. 50% Wirkungsgrad,
170...180 g/kWh für 4-Takt-mittelschnellaufende Motoren = ca. 45 % Wirkungsgrad,
200...230 g/kWh für 4-Takt-schnellaufende Motoren = ca. 40...45 % Wirkungsgrad.

12.2 Dampfturbinenkraftwerk

Kraftwerke gelten nach aktueller gesellschaftlicher Lesart als CO_2-neutral, wenn sie mit Biomasse befeuert werden, weil das bei der Verbrennung frei werdende CO_2 vorab aus der Atmosphäre biochemisch gebunden wurde. Dampfkraftwerke mit modernen Feuerungsanlagen zeigen hohe Wirkungsgrade und sind bezüglich Qualitätsschwankungen der Brennstoffe weniger anfällig. Hier liegt ein wesentlicher Vorzug des Dampfturbinenkraftwerkes gegenüber anderen Kraft-Wärme-Konzepten.

Beste Wirkungsgrade zeigen Dampfturbinenprozesse mit Zwischenüberhitzung und regenerativer Speisewasservorwärmung.

Durch Zwischenüberhitzung wird die Fläche im T-s-Diagramm in der Breite vergrößert. Da die Fläche in diesem Diagramm der erzielbaren Arbeit entspricht, wird also bei gleichen Verbrennungstemperaturen mehr Leistung erzeugt.

Durch regenerative Speisewasservorwärmung kann der Wirkungsgrad um weitere Prozentpunkte verbessert werden. Abbildung 12.5 zeigt einen Prozess mit Zwischenüberhitzung und dreistufiger regenerativer Speisewasservorwärmung. Dabei wird eine kleine Menge Entnahmedampf aus der Turbine entnommen und zur Temperaturanhebung des

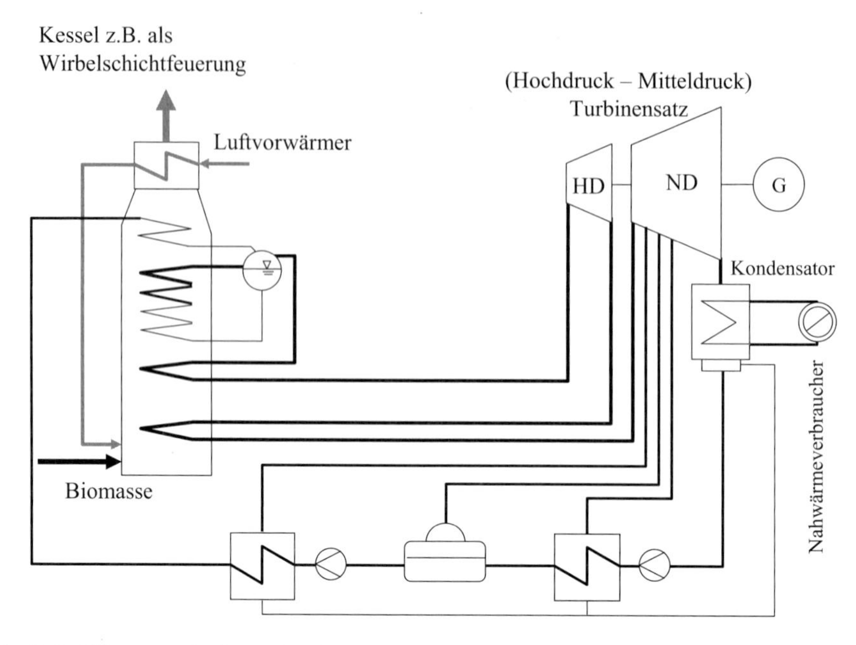

Abb. 12.5 CO_2-neutraler Dampfturbinenprozess mit Zwischenüberhitzung und 3-stufiger, regenerativer Speisewasservorwärmung

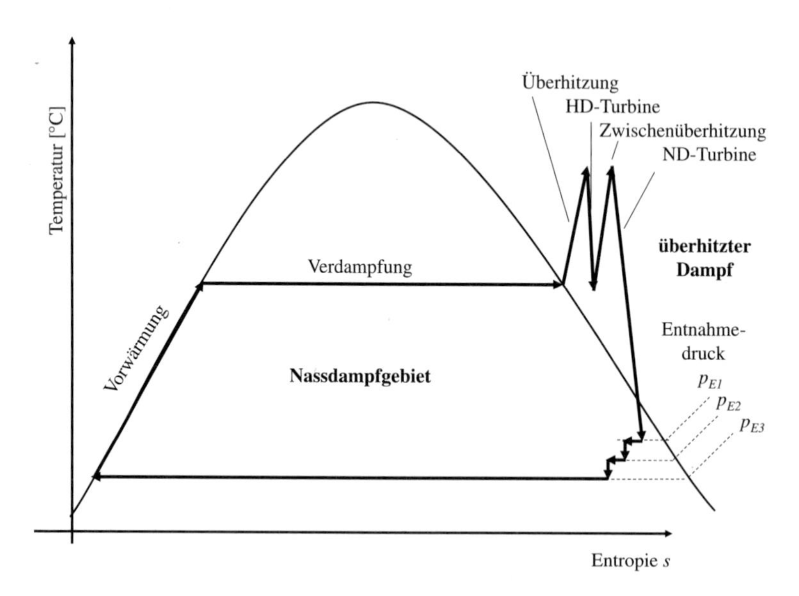

Abb. 12.6 Dampfturbinenprozess im T-s-Diagramm (für den Entnahmedampf)

Kesselspeisewassers genutzt. Dabei sinkt zwar die Turbinenleistung, aber die Temperaturdifferenz und die Entropieverluste im Kessel sinken ebenfalls. Abbildung 12.6 zeigt die Verhältnisse im T-s-Diagramm (für den Entnahmedampf). Dabei zeigt sich, dass die Fläche die Form eines Parallelogramms annimmt. Da das Parallelogramm einem Rechteck mit gleicher Grundlinie und Höhe flächengleich ist, wird der Dampfkreislauf durch regenerative Speisewasservorwärmung weitgehend dem optimalen CARNOT-Prozess angeglichen.

12.3 Gasturbinenprozess

Zur Erzeugung von elektrischer Energie und Wärme aus fester Biomasse im kleinen Leistungsbereich wurde die indirekt befeuerte **Heißgasturbine** einwickelt (vgl. Abb. 12.7). 2006 wurde eine erste Turbine an der Harper Adams University in England installiert. Die Anlage erzeugt 100 kW elektrischen Strom (25 % Wirkungsgrad) und 230 kW Wärme (Gesamtwirkungsgrad 80 %).

Funktionsprinzip Im Feuerungsraum wird feste Biomasse verbrannt. Die heißen Verbrennungsgase werden von einem Rauchgasventilator zuerst über einen Luft-Wärmetauscher und nachfolgend über einen Wasser-Wärmetauscher geführt. Abschließend werden sie über den Kamin an die Umwelt abgegeben. Die im Verdichter komprimierte Außenluft wird im Luft-Wärmetauscher erhitzt und in einer Heißgasturbine entspannt und abgekühlt. Die Heißgasturbine treibt einen Generator zur Erzeugung von elektrischem Strom an. Die Restluft aus dem Prozess wird wieder der Verbrennung zugeführt. Das im Wasserwärmetauscher erhitzte Wasser kann für Prozesswärme oder zu Heizzwecken genutzt werden.

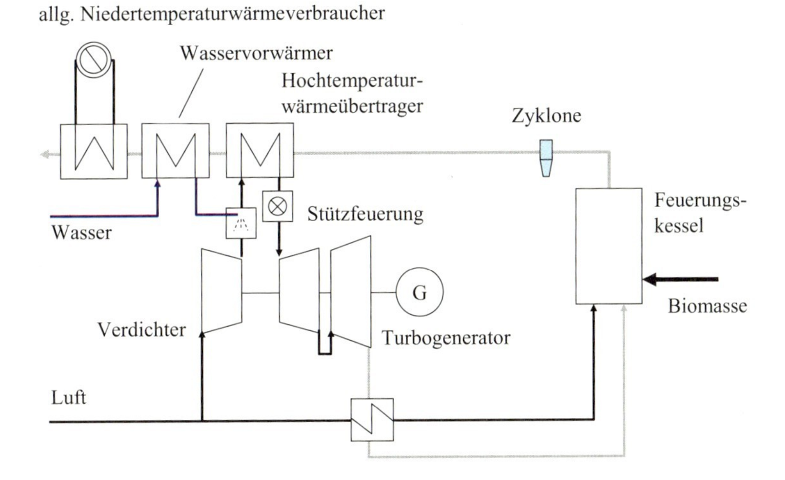

Abb. 12.7 Heißluftturbinenprozess, nach [2]

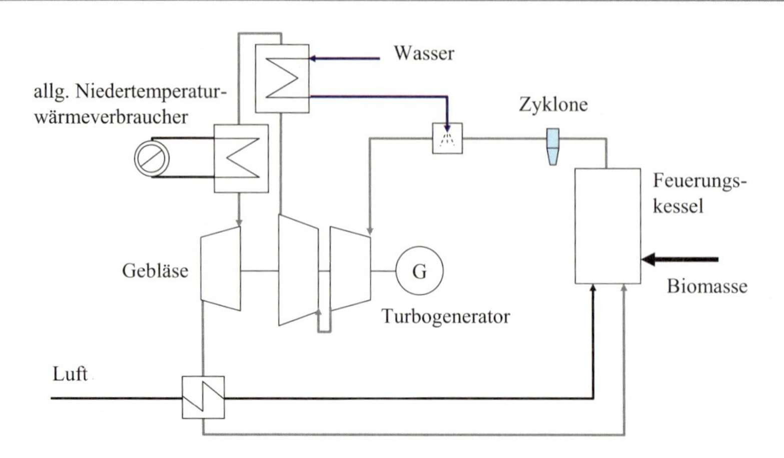

Abb. 12.8 Inverser Gasturbinenprozess, nach [2]

In einer **Staubturbine** wird ein fester, staubförmiger Brennstoff (interne Verbrennung) verbrannt. Das Verbrennungsverhalten ist dabei ähnlich dem von Gasen. Trotz verschiedener Schaltungsvarianten befindet sich diese Technik noch in einem Entwicklungsstadium und ist noch nicht uneingeschränkt marktreif. Problematisch sind hier insbesondere die Erosionen durch Feinstpartikel. Bei dem in Abb. 12.8 dargestellten inversen Gasturbinenprozess wird im Kessel atmosphärisch verbrannt. Die Entspannung erfolgt dann in den Unterdruckbereich und wird durch das Gebläse unterstützt.

12.4 Kombinierter Gas-Dampfturbinenprozess

Höchste Wirkungsgrade zeigen kombinierte Dampf-Gasturbinenprozesse (vgl. Abb. 12.9 und 12.10 sowie Tab. 12.1). Gasturbinen besitzen bei Volllast einen moderaten Wirkungsgrad, der bei Teillast jedoch stark absinkt. Am Turbinenaustritt liegen relativ hohe Abgastemperaturen von 500 °C vor. Diese Abgase werden genutzt, um einen nachgeschalteten Dampfturbinenprozess mit Wärme zu versorgen. Der Kessel wird also durch eine Gasturbine ersetzt, so dass zwei CARNOT-Maschinen Leistung erzeugen können. Die Leistung der Dampfturbine liegt etwa bei 50 % der Gasturbine:

$$P_{\mathrm{DT}} \approx 0{,}5 \cdot P_{\mathrm{GT}} \tag{12.4}$$

Der effektive, elektrische Wirkungsgrad derartiger Kombiprozesse beträgt bis zu 50 %.

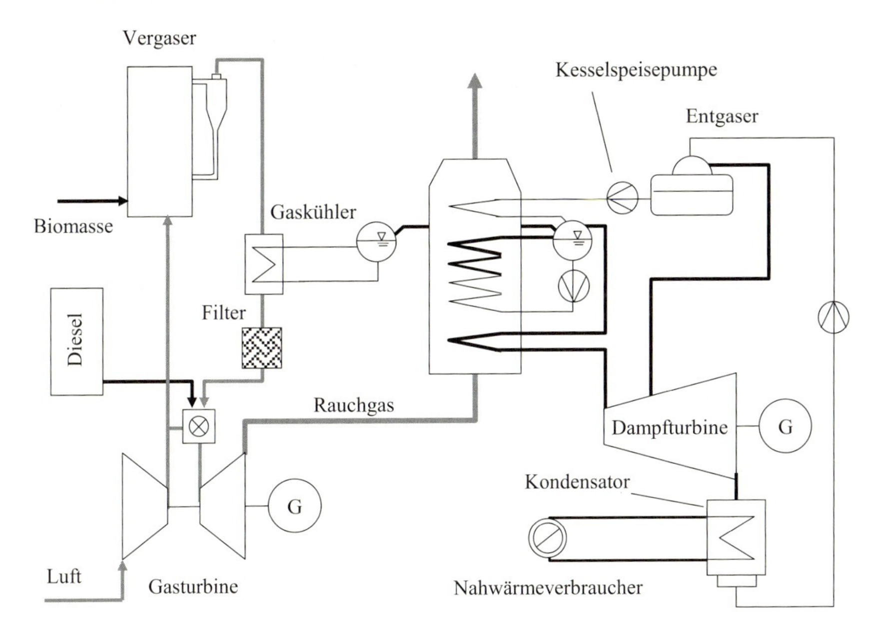

Abb. 12.9 Kombiniertes Gas-Dampfturbinenkraftwerk

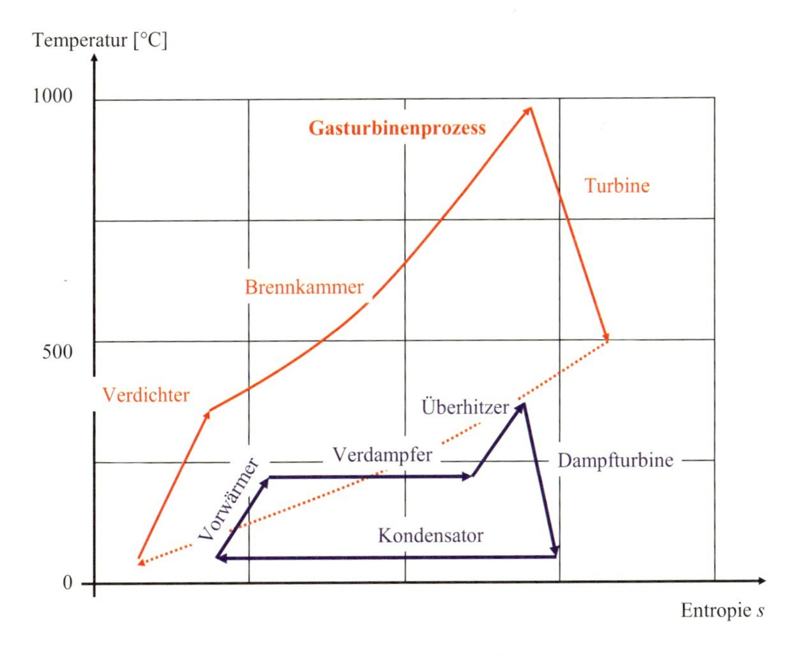

Abb. 12.10 Prozessführung des Kombi-Prozesses im T-s-Diagramm

Tab. 12.1 Daten des Kombikraftwerks Värnamo; nach [2]

Prozessdaten			
Gasturbine	P_{GT}	4	MW_{el}
Dampfturbine	P_{DT}	2	MW_{el}
therm. Leistung	Q	9	MW_{th}
Brennstoffleistung Holzhackschnitzel	$\dot{m} \cdot H_U$	18	MW
elektr. Wirkungsgrad	η	32	%
energetischer Nutzungsgrad		83	%
Vergasungstemp.	T_{Verg}	$\approx$ 1000	°C
Vergasungsdruck	p	20	bar
Dampftemp.	T_{DT}	455	°C
Dampfdruck	p_D	40	bar
Synthesegas			
Heizwert des Produktgases	H_U	5	MJ/Nm^3
Gaszusammensetzung	H_2	$\approx 10 \ldots 12$	Vol.-%
	CO	$\approx 15 \ldots 20$	Vol.-%
	CO_2	$\approx 15 \ldots 17$	Vol.-%
	CH_4	$\approx 6 \ldots 7$	Vol.-%
	N_2	≈ 50	Vol.-%
	Benzene	5000–9000	mg/Nm^3
	Teere	1500–3700	mg/Nm^3

12.5 Stirling-Motor

Im Gegensatz zum OTTO- oder DIESEL-Motor arbeitet der STIRLING-Motor mit äußerer Wärmezufuhr. Dies ermöglicht den Einsatz für nachhaltige Energiesysteme, wie den solarbetriebenen Dish-Stirling-Motor oder Wärmezufuhr durch Verbrennung von Biomasse (Holzpellets o. Ä.).

12.5.1 Kinematik

Aus der Kinematik der Hubkolbenmaschinen ist der Zusammenhang zwischen Kolbenweg x und Kurbelwinkel φ mit der Näherungsgleichung

$$x = r \cdot \left[1 - \cos\varphi + \frac{r/l}{2} \sin^2\varphi\right] \tag{12.5}$$

bekannt. Darin ist

r Kurbelradius
l Pleuellänge

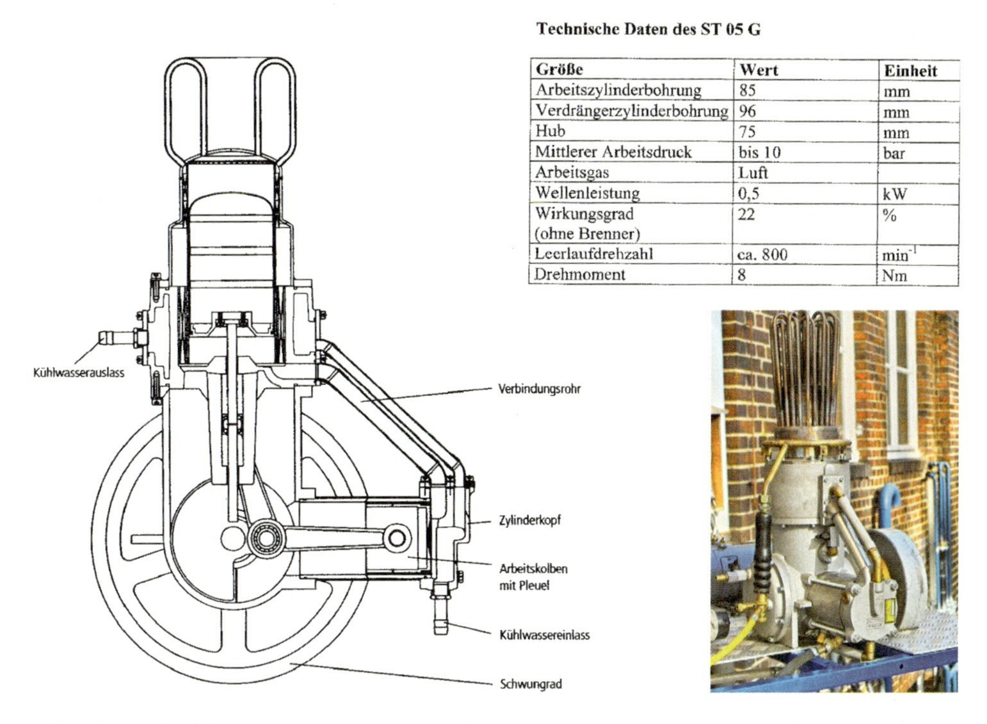
Technische Daten des ST 05 G

Größe	Wert	Einheit
Arbeitszylinderbohrung	85	mm
Verdrängerzylinderbohrung	96	mm
Hub	75	mm
Mittlerer Arbeitsdruck	bis 10	bar
Arbeitsgas	Luft	
Wellenleistung	0,5	kW
Wirkungsgrad (ohne Brenner)	22	%
Leerlaufdrehzahl	ca. 800	min^{-1}
Drehmoment	8	Nm

Abb. 12.11 HAW-Versuchsmotor VIEBACH ST 05 G (http://www.geocities.com/Viebachstirling/); Schnittzeichnung aus [4]

x Kolbenweg (gemessen vom oberen Totpunkt) und
φ Kurbelwinkel (gemessen vom oberen Totpunkt).

Bei dem hier in Abb. 12.11 und 12.12 dargestellten Stirling-Motor (mit einem Phasenwinkel von 90°) sind Arbeits- und Verdrängerkolben über die Kinematik des Kurbeltriebes miteinander verbunden, so dass

$$s = 2r \quad \text{Kolbenhub}$$

und

$$\cos\varphi_2 = \cos(90 + \varphi_1) = -\sin\varphi_1$$
$$\sin^2\varphi_2 = (\sin\varphi_2)^2 = [\sin(90 + \varphi_1)]^2 = \cos^2\varphi_1$$

Arbeits- und Expansionskolben sind mit einem Arbeitsgas gefüllt, das zwischen den beiden Kolben hin- und hergeschoben wird und dabei wechselseitig Wärme aufnimmt und abgibt. Für das gesamte Gasvolumen gilt:

$$V_{\text{ges}} = V_E + V_C + V_{\text{Tot}} \qquad (12.6)$$

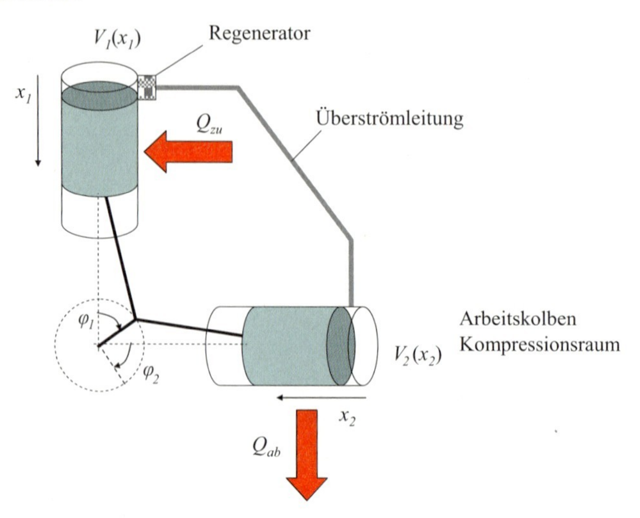

Abb. 12.12 Kinematik des Kurbeltriebes am Stirling-Motor

wobei

V_{Tot} Totraumvolumen, bestehend aus dem Kompressionsvolumen und der Überleitung

$$V_E + V_C = V_1(x_1) + V_2(x_2) = A_1 \cdot x_1 + A_2 \cdot x_2$$

für den Sonderfall $A_1 = A_2 = A$ ergibt sich

$$V_E + V_C = A \cdot \left[\underbrace{(1 - \cos\varphi_1)}_{Q_{\text{Zu}}} + \underbrace{(1 + \sin\varphi_1)}_{Q_{ab}} + \frac{r/l}{2} \underbrace{\left(\sin^2\varphi + \cos^2\varphi\right)}_{=1} \right] \tag{12.7}$$

Durch die Kinematik ergeben sich also Phasen mit konstantem Volumen $V_{\max}$ und $V_{\min}$ sowie Kompressions- und Expansionsphasen, wobei zeitgleich Wärme zu- und abgeführt wird; vgl. Abb. 12.13.

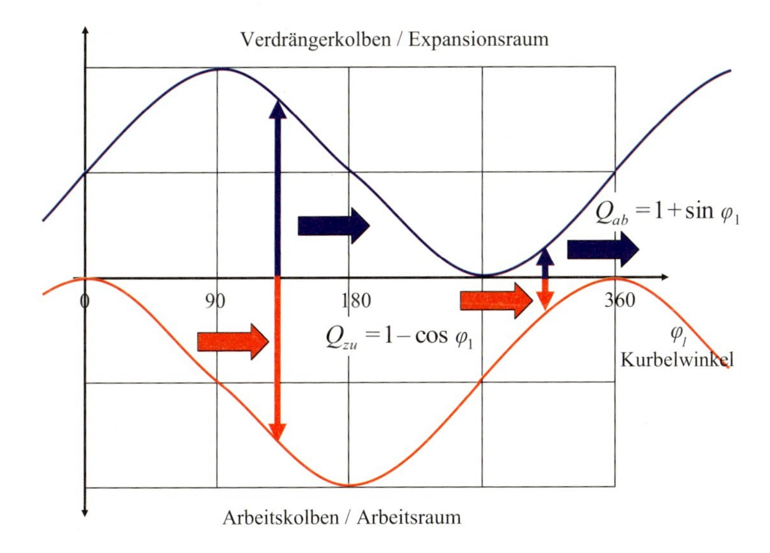

Abb. 12.13 Volumenänderung über dem Kurbelwinkel des Verdrängerkolbens

12.5.2 Thermodynamik

Es ergibt sich also ein p-V-Diagramm analog zum Otto- oder Dieselmotor (Abb. 12.14), nur dass hier die Wärme extern zu- und abgeführt wird und eine klare Zuordnung zum Gesamtgasvolumen nicht eindeutig möglich ist. Vergleicht man Kinematik und p-V-Diagramm und ordnet dem p-V-Diagramm Phasen zu, in denen primär Wärme zu- oder abgeführt wird, ergeben sich die vier Phasen:

1-2	Kompression mit Wärmeabfuhr	am Kompressionsraum durch Arbeitskolben;
2-3	isochore Wärmezufuhr	am Expansionsraum, Verdrängerkolben weicht zurück; Arbeitskolben synchron bei min. Vol.
3-4	Expansion und Wärmezufuhr	am Expansionsraum, isochore Kühlung am Kompressionsraum, Arbeits- u. Verdrängerkolben synchron bei max. Vol.

Die Wärmezufuhr kann kontinuierlich am Expansionsraum durch Verbrennung von Biomasse oder durch solare Energie erfolgen, sofern die Leistungskonzentration ausreichend hohe Temperaturen erreicht (>800 °C).

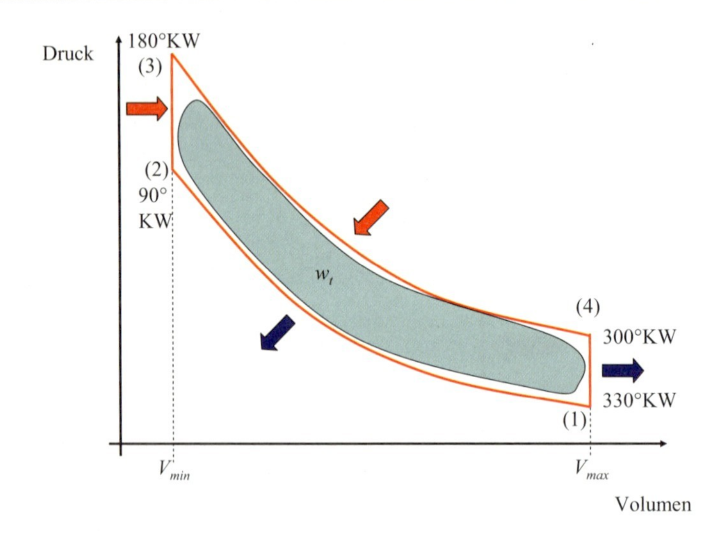

Abb. 12.14 Tatsächliches und theoretisches p-V-Diagramm des Stirling-Motors (schematisch)

Die thermodynamische Trennung von Arbeits- und Expansionsraum erfolgt durch Drahtgeflecht im Regenerator (Abb. 12.12 und 12.16). Hier erfolgt der Wärmeaustausch auf das Arbeitsmedium beim Übertritt zwischen dem Kompressions- und Arbeitsraum.

In der Motorentechnik ist es üblich, die technische Arbeit aus dem p-V-Diagramm nach Abb. 12.15 auf das Hubvolumen V_h zu beziehen. Formal ergibt sich daraus der **indizierte Mitteldruck** des Motors:

$$p_{\text{im}} = \frac{\oint V \cdot dp}{V_h} = \frac{W_t}{\Delta V} = \frac{P}{n \cdot \Delta V} = \frac{M \cdot \omega}{n \cdot \Delta V} = \frac{M \cdot (2 \cdot \pi \cdot n)}{n \cdot \Delta V} = \frac{2 \cdot \pi}{\Delta V} M \qquad (12.8)$$

wobei

$W_t = \oint V \cdot dp$	die technische Arbeit und die umschlossene Fläche im p-V-Diagr.
P	die Leistung
M	das Drehmoment
n	die Motordrehzahl

$$\Delta V = V_{\max} - V_{\min} = V_h$$

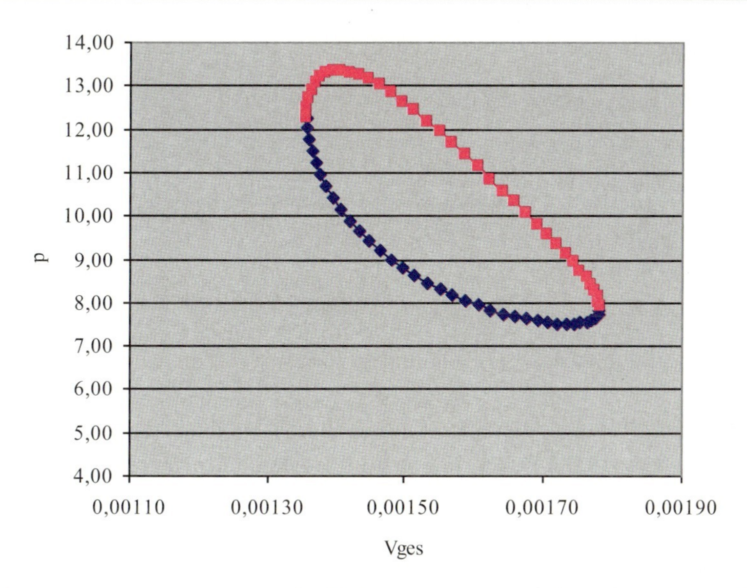

Abb. 12.15 Gerechnetes p-V-Diagramm des HAW-Versuchsmotors $W = \oint V \cdot dp = 120\,\text{J}$

Abb. 12.16 Drahtgeflecht als Regeneratormaterial

Das maximale Hubvolumen $V_h = \Delta V$ erhält man aus Gl. (12.7) durch differenzieren; hier also

$$\frac{d}{d\varphi_1}(V_E + V_C) = \frac{d}{d\varphi_1} A \cdot \left[\underbrace{(1 - \cos\varphi_1)}_{Q_{\text{Zu}}} + \underbrace{(1 + \sin\varphi_1)}_{Q_{\text{ab}}} + \frac{r/l}{2} \underbrace{(\sin^2\varphi + \cos^2\varphi)}_{=1} \right] \stackrel{!}{=} 0 \tag{12.9}$$

$$\frac{d}{d\varphi_1}(V_E + V_C) = [\sin\varphi_1 + \cos\varphi_1] \stackrel{!}{=} 0$$

Das Volumenminimum liegt hier bei diesem Motor bei $-45°$, das Maximum bei $135°$ (vgl. Abb. 12.13).

Der indizierte Mitteldruck ist also eine spezifische Volumenarbeit („Literarbeit") und kein physikalisch messbarer Druck. Für STIRLING-Maschinen gebräuchlicher ist der **Mitteldruck p_m**, er beschreibt den **arithmetischen Mittelwert** des Druckes über einen Zyklus:

$$p_m = \frac{1}{2\pi} \int_0^{2\pi} p \cdot d\varphi_1 \tag{12.10}$$

Die STIRLING-Maschine wird vor Inbetriebnahme mit einem Arbeitsgas „aufgeladen", dabei stellt sich der **Mitteldruck p_m** oberhalb des atmosphärischen Druckes ein.

$$m = V \cdot \rho = \frac{p \cdot V}{R \cdot T} \tag{12.11}$$

Mit der **Aufladung** steigen in gleichem Maße auch die Druckamplituden und damit das Arbeitsvermögen des Gases, weil das Volumenverhältnis über die Isentropengleichung mit dem Druckverhältnis gekoppelt ist (vgl. Tab. 6.1):

$$\frac{p_2}{p_1} = \left(\frac{T_2}{T_1}\right)^{\frac{\kappa}{\kappa-1}} = \left(\frac{v_1}{v_2}\right)^{\kappa} \tag{12.12}$$

Bei gleichem Druckverhältnis resultiert aus einem höheren Ausgangs- oder Mitteldruck also auch eine größere Druckamplitude und wegen Gl. (12.8) ein größeres Arbeitsvermögen.

Für die hier dargestellte Maschine beträgt der Mitteldruck 10 bar (vgl. Abb. 12.15). Um die Kompressionsarbeit nicht unnötig zu erhöhen, wird der Kolben auf der Unter- und Oberseite mit Druck beaufschlagt, so dass die gesamte Maschine unter Druck steht.

Als **Arbeitsmedium** kann Luft oder Helium zur Anwendung kommen. Wegen der deutlich besseren Wärmeleitfähigkeit werden die Wärmeübertragungseigenschaften und damit die Leistung des Motors mit Helium wesentlich besser [3]:

$$\text{Wärmeleitfähigkeit} \quad \frac{\lambda_{\text{He}}}{\lambda_{\text{Luft}}} = \frac{0{,}152\,\text{W/mK}}{0{,}0262\,\text{W/mK}} = 5{,}8$$

dynamische Viskosität $\frac{\eta_{\text{He}}}{\eta_{\text{Luft}}} = \frac{1{,}84 \cdot 10^{-5}\text{kg/ms}}{1{,}60 \cdot 10^{-5}\text{kg/ms}} = 1{,}15$

Dichte $\frac{\rho_{\text{He}}}{\rho_{\text{Luft}}} = \frac{1{,}785\,\text{kg/m}^3}{12{,}693\,\text{kg/m}^3} = 0{,}14$

→ Wärmeübergangskoeffizient:

$$\alpha = f(\text{Nu}) = f(\text{Re}, \text{Pr}) = f\left(\frac{c \cdot d}{\nu}; \frac{\eta \cdot c_p}{\lambda}\right) = f\left(\frac{c \cdot d \cdot \rho}{\eta}; \frac{\eta \cdot c_p}{\lambda}\right) = f(\rho, \eta, \lambda)$$

$$\rightarrow \quad \frac{\alpha_{\text{He}}}{\alpha_{\text{Luft}}} = \frac{94{,}8}{18{,}5} = 5{,}12$$

12.6 ORC-Prozess

Der **Organic Rankine Cycle** (Abkürzung **ORC**) ist ein Verfahren des Betriebs von Dampfturbinen mit einem anderen Arbeitsmittel als Wasserdampf. Der Name des Verfahrens geht auf William John Macquorn Rankine (*1820; †1872) zurück, einem schottisch-britischen Physiker und Ingenieur. Als Arbeitsmittel werden organische Flüssigkeiten mit einer niedrigen Verdampfungstemperatur verwendet (vgl. Tab. 12.2 und Tab. 6.2 ff.).

Das Verfahren kommt vor allem dann zum Einsatz, wenn das zur Verfügung stehende Temperaturgefälle zwischen Wärmequelle und -senke zu niedrig für den Betrieb einer von Wasserdampf angetriebenen Turbine ist. Dies ist vor allem bei der Stromerzeugung mit Hilfe der Geothermie, der Kraft-Wärme-Kopplung sowie bei Meereswärmekraftwerken der Fall. Die Turbinen werden beispielsweise mit Ammoniak betrieben, das mit 100 °C warmem Tiefenwasser aufgeheizt wird und seine überschüssige Wärme an einen 18 °C kalten Kondensator abgeben kann. Im ersten geothermischen Kraftwerk Deutschlands in Neustadt-Glewe wird ebenfalls eine ORC-Turbine zur Stromerzeugung verwendet.

Arbeitsmedien Das Arbeitsmittel bestimmt die Optimierungspotential des Kreislaufes hinsichtlich Wirkungsgrad, Wärmeübertragungseigenschaften, Abmessungen der Wärmetauscher etc. Wegen der geringen Quelltemperaturen werden ORC-Systeme weit mehr noch als die konventionellen Dampfkreisläufe durch die Irreversibilitäten des Wärmeüberganges in den einzelnen Phasen des Kreislaufes limitiert. Ziel ist ein Arbeitsmedium, welches dem Temperaturverlauf der Quelle bzw. der Senke möglichst eng folgt, um die Wärmeübergangsverluste zu minimieren.

Ausgehend vom T-s-Diagramm werden nach der Form der Sattdampfkurve drei verschiedene Fluidklassen unterschieden:

1. Die Sattdampfkurve ($X = 1$) „*trockener*" Medien ist steigend; das Nassdampfgebiet ist im T-s-Diagramm nach rechts geneigt (vgl. Abb. 12.17). Hierbei handelt es sich in der Mehrzahl um höhermolekulare Substanzen wie R113,
2. „*Nasse*" Medien wie Wasser (vgl. Abb. 12.6) haben eine fallende Sattdampfkurve,

Tab. 12.2 Mögliche Arbeitsmedien für den ORC-Prozess (http://de.wikipedia.org/wiki/Organic_Rankine_Cycle; Stand: Mai 2008)

Medium	Molmasse M	kritischer Punkt		Siedetemperatur T_S (1 bar)	Verdampfungswärme r (1 bar)	Steigung der Sattdampfkurve im T-s-Diagr.	Zersetzung bei ca.
NH_3	17	405,3 K	11,33 MPa	239,7 K	1347 kJ/kg	negativ	750 K
Wasser	18	647,0 K	22,06 MPa	373,0 K	2256 kJ/kg	negativ	–
n-Butan C_4H_{10}	58,1	425,2 K	3,80 MPa	272,6 K	383,8 kJ/kg	–	–
n-Pentan C_5H_{12}	72,2	469,8 K	3,37 MPa	309,2 K	357,2 kJ/kg	–	–
C_6H_6	78,14	562,2 K	4,90 MPa	353,0 K	438,7 kJ/kg	positiv	600 K
C_7H_8	92,1	591,8 K	4,10 MPa	383,6 K	362,5 kJ/kg	positiv	–
R134a (HFC 134a)	102	374,2 K	4,06 MPa	248,0 K	215,5 kJ/kg	isentrop	450 K
C_8H_{10}	106,1	616,2 K	3,50 MPa	411,0 K	339,9 kJ/kg	positiv	–
R12	121	385,0 K	4,13 MPa	243,2 K	166,1 kJ/kg	isentrop	450 K
HFC-245fa	134,1	430,7 K	3,64 MPa	288,4 K	208,5 kJ/kg	–	–
HFC-245ca	134,1	451,6 K	3,86 MPa	298,2 K	217,8 kJ/kg	–	–
R11 (CFC-11)	137	471,0 K	4,41 MPa	296,2 K	178,8 kJ/kg	isentrop	420 K
HFE-245fa	150	444,0 K	3,73 MPa	–	–	–	–
HFC-236fa	152	403,8 k	3,18 MPa	272,0 K	168,8 kJ/kg	–	–
R123	152,9	456,9 K	3,70 MPa	301,0 K	171,5 kJ/kg	positiv	–
CFC-114	170,9	418,9 K	3,26 MPa	276,7 K	136,2 kJ/kg	–	–
R113	187	487,3 K	3,41 MPa	320,4 K	143,9 kJ/kg	positiv	450 K
n-Perfluoro-Pentan C_5F_{12}	288	420,6 K	2,05 MPa	302,4 K	87,8 kJ/kg	–	–

3. *„Isentrope"* Medien haben eine nahezu senkrechte Sattdampfkurve; hierzu zählen R11 und R12.

Isentrope und „trockene" Medien versprechen bei ihrem Einsatz eine Reihe von thermodynamischen Vorteilen, weil der überhitzte Dampf am Austritt der Turbine für die regenerative Vorwärmung genutzt werden kann.

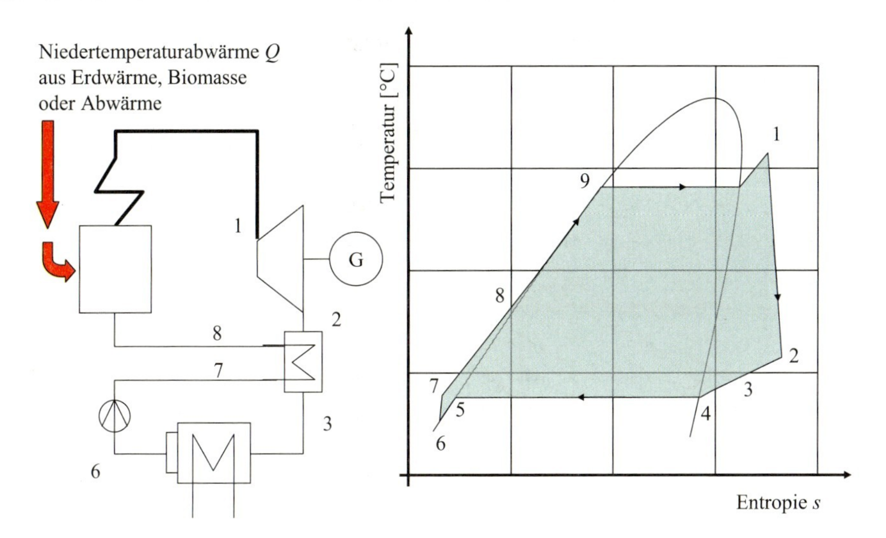

Abb. 12.17 Verdampfung mittels Niedertemperatur (< 100 °C) und Prozessführung im ORC-Prozess

12.7 Kalina-Prozess

Unter dem **KALINA-Kreisprozess** oder *Kalina-Cycle-Verfahren* versteht man einen in den 1970er Jahren vom russischen Ingenieur ALEXANDER KALINA entwickelter Kreisprozess zur Dampferzeugung auf einem niedrigen Temperaturniveau (Abb. 12.18). Herkömmliche Wasserdampfturbinen benötigen Wasserdampf mit Temperaturen von über hundert Grad Celsius, um eine rentable Energieerzeugung zu gewährleisten – bei geothermischen Kraftwerken ist dies nur durch kostspielige Tiefbohrungen zu erreichen. Um auch Wasser mit Temperaturen um 90 Grad nutzen zu können, entwickelte Kalina einen Kreislauf, bei dem die Wärme des Wassers an ein Ammoniak-Wasser-Gemisch abgegeben wird (Abb. 12.19). Der jetzt schon bei wesentlich niedrigeren Temperaturen

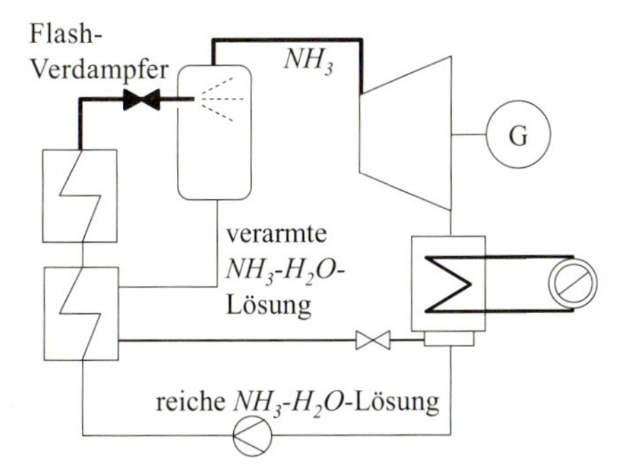

Abb. 12.18 Vereinfachter KALINA-Prozess

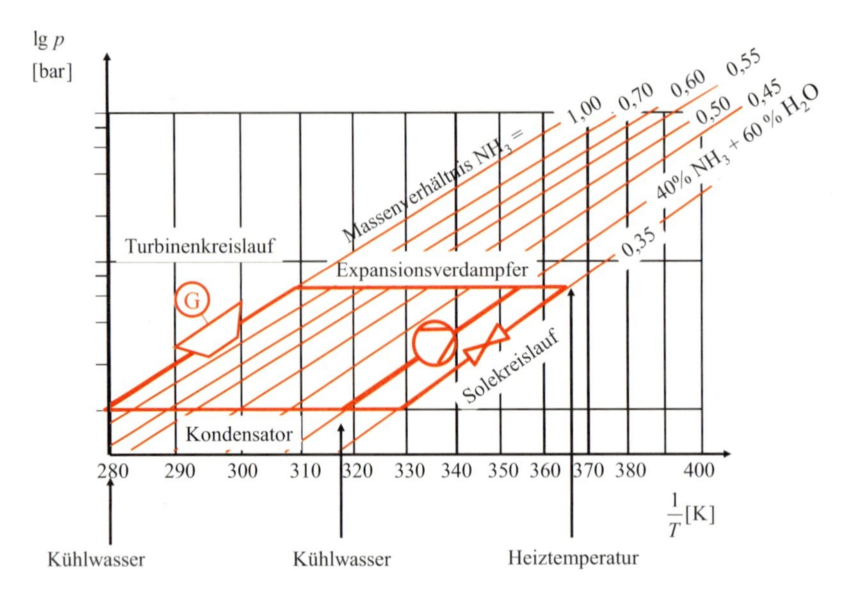

Abb. 12.19 Funktionskreislauf und lg-p-T-Diagramm des KALINA-Prozesses

entstehende Dampf wird dann zum Antrieb von Turbinen genutzt. Gegenüber einem Organic Rankine Cycle (ORC) soll der Wirkungsgrad etwas höher sein [5]. Hierdurch kann schon bei relativ geringeren Bohrtiefen ein Erdwärmekraftwerk betrieben werden. Das Verfahren ist durch verschiedene Patente geschützt.

Beschreibung Im Verdampfer wird die „Arbeitslösung", ein Gemisch aus Ammoniak und Wasser, verdampft und in der Turbine auf einen Druck entspannt, der niedriger liegt als der bei der Kühlwassertemperatur mögliche Kondensationsdruck für das Ammoniakgemisch. Kalina macht hier von der Eigenschaft von Gemischen Gebrauch, durch Verringerung der Gesamt-Ammoniakkonzentration aus flüssiger und dampfförmiger Phase bei konstanter Temperatur den Siededruck abzusenken bzw. bei konstantem Druck die Siedetemperatur anzuheben. Die Konzentrationsänderung erfolgt im Absorber/Kondensator durch Zumischen einer „armen" Ammoniaklösung aus dem Austreiber zum Turbinendampf. Durch die Konzentrationserniedrigung vergrößert sich das Druckgefälle für die Turbine. Dafür muss im Absorptionsteil der mehrfache Turbinenmassenstrom umgewälzt werden. Absorptions- und Kondensationswärme werden an das Kühlwasser abgeführt (vgl. Absorptionskälteanlage in Kap. 6).

Die entstandene „Basislösung" wird mittels einer Pumpe auf den notwendigen Kondensationsdruck der Arbeitslösung gebracht und der größere Teilstrom davon in den Austreiber gefördert. Dort wird mit Hilfe von Abwärme aus dem Turbinenabdampf fast reines Ammoniak ausgetrieben. Die verbleibende arme Lösung fließt über ein Drosselventil zum Kondensator zurück. Der Ammoniakdampf wird nun im Absorber/Kondensator mit dem anderen Teilstrom der Basislösung zusammengeführt und kann dort wieder als Arbeitslösung endgültig beim dafür notwendigen Siededruck unter Wärmeabgabe an das Kühlwasser kondensieren. Nach Druckerhöhung wird die Arbeitslösung wieder in den Abhitzedampferzeuger gefördert.

Der besondere Vorteil der Kalina-Schaltung liegt im Wesentlichen in den günstigeren Wärmeübertragungsverhältnissen im Dampferzeuger und Kondensator begründet. Dabei wird die Eigenschaft der Gemische genutzt, durch Konzentrationsänderungen Temperaturänderungen zu bewirken. Hier geschieht das durch Änderung der Konzentration der Einzelphasen aus Dampf und Flüssigkeit bei konstanter Gesamtkonzentration und konstantem Druck. Dabei verdampft das Gemisch unter stetig ansteigenden Temperaturen bzw. kondensiert unter stetig sinkenden Temperaturen. Durch die nicht-isotherme Verdampfung des Gemisches liegen die Verdampfungstemperaturen näher an der Ideallinie der Wärmequelle als die des Wassers, das bei konstanter Temperatur verdampft. Ein weiterer Effekt ist, dass mehr Flüssigkeits- und Überhitzungswärme übertragen werden kann. Die Verluste bei der Wärmeübertragung werden dadurch geringer bzw. die mittlere Temperatur der Wärmezufuhr wird angehoben, was nach CARNOT eine Verbesserung des Prozesswirkungsgrades bedeutet. Umgekehrt wird auch bei der Wärmeabfuhr in ähnlicher Weise durch die sinkenden Siedetemperaturen des Gemisches bei der Kondensation die mittlere Temperatur der Wärmeabfuhr abgesenkt, mit dem gleichen positiven Effekt auf den Wirkungsgrad. Der thermodynamische Vorteil kleiner Temperaturdifferenzen bei der Wärmeübertragung wird jedoch mit großen Heizflächen der Wärmeübertrager erkauft, die zusätzlich noch durch schlechteren Wärmeübergang infolge von Diffusions- und Absorptionsvorgängen belastet werden.

Kritisch für den Kalina-Prozess sind neben den nur begrenzt beherrschbaren Zersetzungsproblemen des Ammoniaks insbesondere die prozessbedingt erforderlichen wesentlich größeren Wärmeübertragerflächen. Dies fällt umso mehr ins Gewicht, als der Flächenbedarf für den Wärmetransport mit sinkender Quellentemperatur stark zunimmt.

12.8 Brennstoffzellen

Die **Brennstoffzelle** ist eine galvanische Zelle, die die chemische Reaktionsenergie eines kontinuierlich zugeführten Brennstoffes und eines Oxidationsmittels direkt in elektrische Energie wandelt. Sie ist dabei nicht an die Begrenzungen des CARNOT-Faktors gebunden. Im Wesentlichen werden die nachfolgenden Brennstoffzellentypen unterschieden (vgl. Tab. 12.3).

Die **Alkalische Brennstoffzelle** (engl. *Alkaline Fuel Cell, AFC*) ist eine Niedrigtemperatur-Brennstoffzelle. In der Regel wird eine alkalisch-wässrige Kaliumhydroxid-Lösung als Elektrolyt verwendet (Abb. 12.20). Als Brenngas dient Wasserstoff an der Anode, der durch Oxidation mit reinem Sauerstoff an der Kathode umgesetzt wird. An der Anode entsteht dabei als Reaktionsprodukt Wasser, das den Elektrolyten verdünnt und daher

Tab. 12.3 Übersicht Brennstoffzellen

Bezeichnung	Elektrolyt[a]	Mobiles Ion	Gas der Anode[b]	Gas der Kathode[c]	P [kW]	T [°C]	η [%]
Alkalische Brennstoffzelle (AFC)	KOH	OH^-	H_2	O_2	10...100	< 80	60–70
Polymerelektrolytbrennstoffzelle (PEMFC)	Polymer-Membran	H^+	H_2	O_2	0,1...500	60–80	35
Direktmethanolbrennstoffzelle (DMFC)	Polymer-Membran	H^+	CH_3OH	O_2	< 0,001...100	90–120	40
Phosphorsäurebrennstoffzelle (PAFC)	H_3PO_4	H_3O^+	H_2	O_2	< 10.000	200	38
Schmelzkarbonatbrennstoffzelle (MCFC)	Alkali-Carbonat-Schmelzen	CO_3^{2-}	H_2, CH_4, Kohlegas	O_2	100.000	650	48
Festoxidbrennstoffzelle (SOFC)	oxidkeramischer Elektrolyt	O^{2-}	H_2, CH_4, Kohlegas	O_2 (Luft)	< 100.000	800–1000	47

[a] Ein **Elektrolyt** ist ein (üblicherweise flüssiger) Stoff, der beim Anlegen einer Spannung unter dem Einfluss des dabei entstehenden elektrischen Feldes elektrischen Strom leitet, wobei seine elektrische Leitfähigkeit und der Ladungstransport durch die gerichtete Bewegung von Ionen bewirkt wird. Außerdem treten an den mit ihm in Verbindung stehenden Elektroden chemische Vorgänge auf.
[b] Eine **Anode** ist eine Elektrode, die aus dem Elektrolyt Elektronen aufnimmt, an der also eine Oxidationsreaktion stattfindet. Die aufgenommenen Elektronen können über einen elektrischen Verbraucher zur Kathode fließen.
[c] Eine **Kathode** ist die Elektrode, die Elektronen über den elektrischen Anschluss aufnimmt und an den Elektrolyten abgibt (Reduktion); vgl. Abschn. 13.2.

abgeführt werden muss. Dieser Zellentyp wird bei 60–120 °C betrieben (vgl. auch die Ausführungen zur Elektrolyse in Abschn. 13.2).

Reaktionsgleichungen der AFC

$$\begin{aligned} \text{Anode} \quad & 2H_2 + 4OH^- \rightarrow 4H_2O + 4e^- \\ & \text{Oxidation/Elektronenabgabe} \\ \text{Kathode} \quad & O_2 + 2H_2O + 4e^- \rightarrow 4OH^- \\ & \text{Reduktion/Elektronenaufnahme} \\ \text{Gesamtreaktion} \quad & 2H_2 + O_2 \rightarrow 2H_2O \\ & \text{Redoxreaktion/Zellreaktion} \end{aligned} \tag{12.13}$$

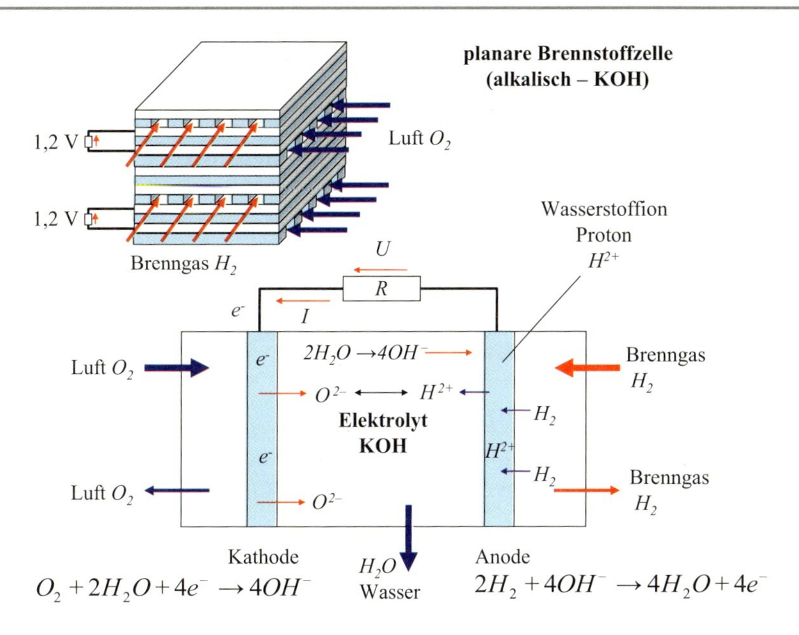

Abb. 12.20 Grundfunktion der alkalischen Brennstoffzelle AFC

Die der Kathode zugeführte Luft muss CO_2-frei sein, da dieses sonst mit der Lauge zu einem Karbonat reagiert. Dieses ist dann ein Feststoff (weißer Niederschlag, nicht mehr gelöst), welcher die porösen Elektroden verstopft und zu einem Leistungsabfall der Zelle führt. Im Vergleich zur PEMFC hat die AFC eine geringere Leistungsdichte bei jedoch leicht besserem Wirkungsgrad aufgrund einer höheren Zellenspannung. Sie erreicht jedoch zurzeit nicht die hohen Stromdichten wie die PEMFC. Der Elektrolyt dient gleichzeitig zur Temperaturregelung des Stacks, womit kein weiterer Kühlkreislauf notwendig ist.

Vorteile einer AFC sind:

- robustes System
- hoher Wirkungsgrad
- gutes dynamisches Verhalten
- preiswerte Katalysatoren (Nickel, Silber)

Nachteile sind:

- sehr empfindlich gegen Verschmutzungen, insbesondere durch CO_2 wegen

$$2\,KOH + CO_2 \rightarrow K_2CO_3 + H_2O$$

- niedrige Lebensdauer, bedingt durch den korrosiven Elektrolyten.

Der innere Ladungstransport erfolgt bei dieser Zelle mittels Hydroxyl-Ionen (OH). Aus der Anoden- und Kathodenreaktion geht hervor, dass die Anzahl der durch den Leiter transportierten Elektronen zur Anzahl der umgesetzten Wasserstoffmoleküle proportional ist. In einem stationären Fließprozess ist der **Elektronenmolenstrom** doppelt so groß wie der **Wasserstoffmolenstrom**:

$$\dot{n}_{\mathrm{el}} = 2 \cdot \dot{n}_{\mathrm{H}_2} \quad \text{wobei} \quad \dot{n}_{H_2} = \frac{p_{H_2}}{\Re \cdot T} \cdot \dot{V}_{\mathrm{H}_2} \left[\frac{\mathrm{mol}}{\mathrm{s}}\right] \tag{12.14}$$

wobei jedes Elektron die **Elementarladung**

$$e = -1{,}60217733 \cdot 10^{-19}\,\mathrm{As} \quad [\mathrm{As} = \mathrm{C}]$$

trägt und ein Mol ca. 10^{23} Teilchen entspricht[1]. Die **AVOGADRO-Konstante** ist

$$N_A = 6{,}0221367 \cdot 10^{23}\mathrm{mol}^{-1}\,.$$

Damit wird der **Ladungsstrom** mit der FARADAY-Konstante

$$F = e \cdot N_A = 96.487\frac{\mathrm{As}}{\mathrm{mol}} \quad [\mathrm{As/mol} = \mathrm{C/mol}] \tag{12.15}$$

Der **elektrische Strom** I ist also nur abhängig von der umgesetzten Brennstoffmenge

$$I = N \cdot e = (\dot{n}_{\mathrm{el}} \cdot N_A) \cdot e \tag{12.16}$$

Aus der **Leistungsbilanz** der Brennstoffzelle erhält man mit der freien Reaktionsenthalphie ΔG als Maß für das Arbeitsvermögen im reversiblen Idealfall

$$P_{\mathrm{rev}} = U_{\mathrm{rev}} \cdot I = \dot{n}_{\mathrm{H}_2} \cdot \Delta G \tag{12.17}$$

so dass im Fall der AFC (vgl. Tab. 7.3: ΔG für H_2O 237,13 kJ/mol) für die **theor. max. mögliche Zellspannung**:

$$U_{\mathrm{rev}} = \frac{\dot{n}_{\mathrm{H}_2} \cdot \Delta G}{(\dot{n}_{\mathrm{el}} \cdot N_A) \cdot e} = \frac{\Delta G}{(2 \cdot N_A) \cdot e} = \frac{-237{,}13\,\mathrm{kJ/mol}}{2 \cdot (-96.485\,\mathrm{As/mol})} = 1{,}229\,\mathrm{V} \tag{12.18}$$

Die tatsächlichen Werte U liegen etwas darunter, da sich die Zelle erwärmt und damit **irreversible Verluste** entstehen [6, 7]. Die thermische Molekularbewegung vermindert das

[1] Ein **Coulomb** (Einheitenzeichen C) ist die abgeleitete SI-Einheit der elektrischen Ladung. Ein Coulomb ist die elektrische Ladung, die durch den Querschnitt eines Drahts transportiert wird, in dem ein elektrischer Strom der Stärke 1 Ampere für 1 Sekunde fließt: 1C = 1A · 1 s.

Arbeitsvermögen der Zelle und wird durch den **reversiblen Teilwirkungsgrad** beschrieben:

$$\eta_{rev} = \frac{U}{U_{rev}} = \frac{\Delta G}{\Delta H} = \left(\frac{237\,\text{kJ/mol}}{286\,\text{kJ/mol}} = 83\,\% \right) \Bigg|_{\substack{1\,\text{bar} \\ 25^\circ\text{C}}} = \frac{\Delta H - T \cdot \Delta S}{\Delta H} \tag{12.19}$$

Der Substanzmengenstrom des Brennstoffes wird nicht vollständig umgesetzt, da ein Teil im Elektrolyt in gelöster Form verbleibt [6]. Man definiert daher den **Umsetzungsgrad**

$$\eta_U = \frac{\left(\dot{n}_{H_2}\right)_U}{\dot{n}_{H_2}} \tag{12.20}$$

so dass die **Zellenleistung**

$$P = U \cdot I = \eta_U \cdot \eta_{rev} \cdot \dot{n}_{H_2} \cdot \Delta G = \eta_U \cdot \frac{U}{U_{rev}} \cdot \dot{n}_{H_2} \cdot \Delta G \tag{12.21}$$

und der **Zellwirkungsgrad**

$$\eta = \frac{P}{P_{rev}} = \eta_U \cdot \eta_{rev} \tag{12.22}$$

Die Zelle zeigt nach Gl. (12.19) mit steigender Temperatur eine leicht fallende Wirkungsgradkennlinie, wobei die Zellspannung auch stark von der **Stromdichte**

$$i = \frac{I}{A} \left[\frac{\text{V}}{\text{mm}^2} \right] \tag{12.23}$$

abhängt. Hier ist A die projizierte aktive Zellfläche.

Die **Polymerelektrolytbrennstoffzelle** (engl. *Polymer Electrolyte Fuel Cell, PEFC*, auch Protonenaustauschmembran-Brennstoffzelle, engl. *Proton Exchange Membrane Fuel Cell, PEM*) ist eine Niedrigtemperatur-Brennstoffzelle. Die PEM-Zelle wurde Anfang der 1960er Jahre bei General Electric für das amerikanische Raumflugprojekt Gemini entwickelt.

Unter Verwendung von Wasserstoff (H_2) und Sauerstoff (O_2) wird chemische in elektrische Energie umgewandelt. Der elektrische Wirkungsgrad beträgt je nach Arbeitspunkt etwa 60 %. Als Elektrolyt dient eine feste Polymermembran (beispielsweise aus einem sulfonierten Tetra-fluorethylen-Polymer). Die Membranen sind beidseitig mit einer katalytisch aktiven Elektrode beschichtet, einer Mischung aus Kohlenstoff und einem Katalysator (häufig Platin oder ein Gemisch aus Platin-Ruthenium (PtRu-Elektroden), Platin-Nickel (PtNi-Elektroden) oder Platin-Cobalt (PtCo-Elektroden)). H_2-Moleküle zerfallen (dissoziieren) auf der Anodenseite und werden unter Abgabe von zwei Elektronen zu je zwei Protonen oxidiert (Wasserstoffkern H^+ oder genauer H_3O^+). Diese Protonen diffundieren durch die Membran. Auf der Kathodenseite wird Sauerstoff durch die Elektronen, die zuvor in einem äußeren Stromkreis elektrische Arbeit verrichten konnten, reduziert;

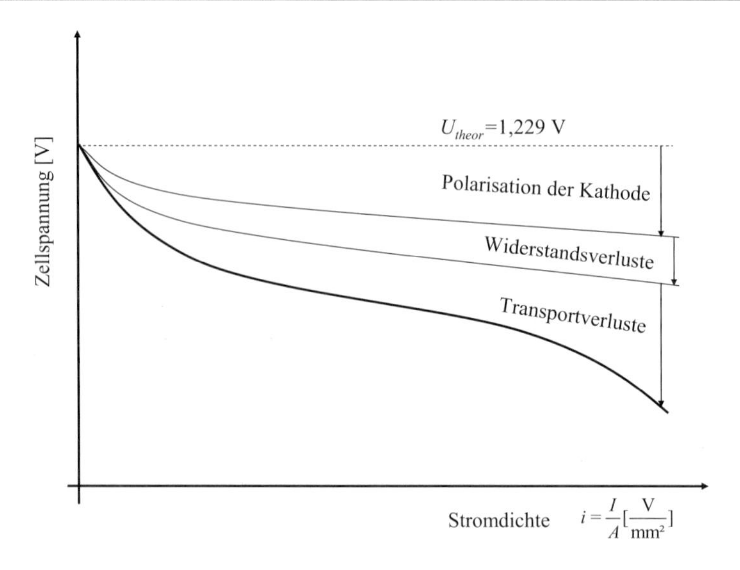

Abb. 12.21 Zellspannung in Abhängigkeit von der Stromdichte, nach [8]

zusammen mit den durch den Elektrolyt transportierten Protonen entsteht Wasser. Um die elektrische Arbeit nutzen zu können, werden Anode und Kathode an den elektrischen Verbraucher angeschlossen – Membran, Elektronenabgabe an der Anode, Elektronenaufnahme an der Kathode und Verbraucher bilden einen geschlossenen Stromkreis; vgl. Abb. 12.22.

Saure elektrolytische Reaktionsgleichungen der PEM-Zelle

$$\begin{aligned} \text{Anode} \quad & 2H_2 + 4H_2O \rightarrow 4H_3O^+ + 4e^- \\ & \text{Oxidation/ Elektronenabgabe} \\ \text{Kathode} \quad & O_2 + 4H_3O^+ + 4e^- \rightarrow 6H_2O \\ & \text{Reduktion/Elektronenaufnahme} \\ \text{Gesamtreaktion} \quad & 2H_2 + O_2 \rightarrow 2H_2O \\ & \text{Redoxreaktion/Zellreaktion} \end{aligned} \tag{12.24}$$

Auf der Anodenseite benötigt die Reaktion Wasser, das sie auf der Kathodenseite wieder abgibt. Bei der Reaktion wird Abwärme freigesetzt: 60 – 80 °C.

CO-Toleranz Die Kohlenmonoxid-Konzentration der kathodenseitig zugeführten Luft sowie das auf der Anodenseite zugeführte wasserstoffreiche Gasgemisch sollte bei Pt-Elektroden deutlich unter 10 ppm und bei PtRu-Elektroden deutlich unter 30 ppm liegen. Andernfalls werden zu viele katalytisch aktive Zentren der Membranoberfläche durch CO-Moleküle blockiert. Die Sauerstoffmoleküle bzw. Wasserstoff-Moleküle können nicht

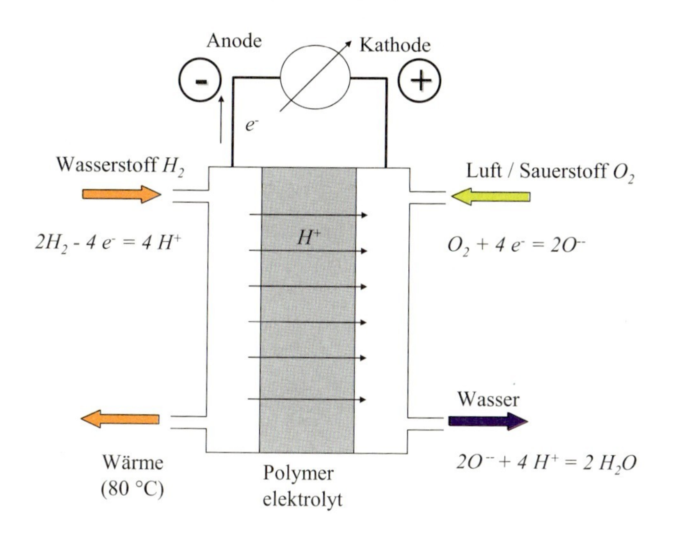

Abb. 12.22 **a** Wirkmechanismen der PEM-Zelle; **b** PEM-Zelle des Fuel-Cell-Ship ALSTERWASSER, HAW Hamburg

mehr adsorbieren und die Reaktion bricht zusammen. Durch das Spülen der Brennstoffzelle mit reinem Inertgas oder reinem Wasserstoff kann das CO wieder von der Membran ausgetrieben werden. CO führt auf jeden Fall zu einer irreversiblen Alterung der Membran.

Schwefelgehalt Schwefel und Schwefelverbindungen (hier insbesondere Schwefelwasserstoff) sind starke Katalysatorgifte, die zu einer nicht reversiblen Zerstörung führen. Die Konzentration im Gasstrom muss im unteren zweistelligen ppb-Bereich liegen, um Schädigungen zu vermeiden.

Vorteile der PEM

- fester Elektrolyt (keine aggressiven Flüssigkeiten die auslaufen könnten)
- weist eine hohe Stromdichte auf
- hat ein gutes dynamisches Verhalten
- auf der Kathodenseite kann Luft verwendet werden (kein Reingas erforderlich)
- der Elektrolyt ist CO_2-beständig

Nachteile

- sehr empfindlich gegen Verschmutzungen durch CO, NH_3 und Schwefelverbindungen im Brenngas
- aufwändiges Wassermanagement
- Anlagenwirkungsgrad eher niedrig

In Tab. 12.4 werden exemplarisch die technischen Daten des brennstoffzellenbetriebenen Ausflugsschiffes ALSTERWASSER aus dem mit EU-Mitteln geförderten ZEMSHIPS-Projekt (Zero Emission Ship; www.zemships.eu) dargestellt.

Die **Direktmethanolbrennstoffzelle** (engl. *Direct Methanol Fuel Cell, DMFC*) ist eine Niedrigtemperatur-Brennstoffzelle, die bei einer Temperatur von ca. 90–120 °C arbeitet. Als Elektrolyt verwendet dieser Zellentyp eine Polymermembran (PEM). Ein alternativer Ansatz verwendet statt der zweidimensionalen Polymermembran als Reaktionsfläche eine 3D-Architektur aus porösem Silizium als Elektrolyt, mittels derer bei gleichzeitiger Platzersparnis eine größere Reaktionsfläche erzielt wird. Diese Technologie mit Betriebstemperaturen von 25–50 °C steht ebenfalls kurz vor der Marktreife, und ist zunächst für den Einsatz als militärische Feldbatterie und in weiterer Folge im Bereich Consumer Electronics, beispielsweise in Laptops vorgesehen.

Als Brennstoff dient bei der DMFC Methanol (CH_3OH), das ohne vorherige Reformierung zusammen mit Wasser direkt der Anode zugeführt und dort oxidiert wird. An der Anode entsteht als Abgas CO_2. Der Kathode kann als Oxidationsmittel Luftsauerstoff zugeführt werden. Der Sauerstoff reagiert dort mit H^+-Ionen und Elektronen zu Wasser.

Tab. 12.4 Technische Daten des Ausflugsschiffes FCS ALSTERWASSER

Schiffsdaten		
Personenkapazität	100	Pers.
Schiffslänge	25,46	m
Breite	5,36	m
Tiefgang	1,33	m
Verdrängung	72	t
Geschwindigkeit	15	km/h
Antriebssystem		
Brennstoffzellen	2 × PEM	
Spitzenleistung	2 × 48	kW
Systemwirkungsgrad	> 50	%
Betriebstemperatur der Zellen	< 70	°C
Volumen eines Zellensystems	2200 × 1100 × 900	mm mm mm
Gewicht eines Zellensystems	500	kg
Pufferbatterie	7 × 80 = 560 260	V V Ah
elektr. Antriebsmotor	100	kW
Brennstoff: Komprimierter Wasserstoff (GH_2) @ 350 bar/15 °C		
Tankkapazität	50	kg

Reaktionsgleichung der DMFC

$$\begin{aligned}
&\text{Anode} && CH_3OH + H_2O \rightarrow 6H^+ + 6e^- + CO_2\\
& && \text{Oxidation/Elektronenabgabe}\\
&\text{Kathode} && \frac{3}{2}O_2 + 6H^+ + 6e^- \rightarrow 3H_2O\\
& && \text{Reduktion/Elektronenaufnahme}\\
&\text{Gesamtreaktion} && CH_3OH + \frac{3}{2}O_2 \rightarrow 2H_2O + CO_2\\
& && \text{Redoxreaktion/Zellreaktion}
\end{aligned} \tag{12.25}$$

Der innere Ladungstransport erfolgt mittels H^+-Ionen. Auf der Anodenseite benötigt die Reaktion Wasser, das auf der Kathodenseite entsteht. Um den Wasserbedarf auf der Anodenseite zu decken, ist ein aufwändigeres Wassermanagement erforderlich. Realisiert wird dies u. a. durch Rückdiffusion durch die Membran und Befeuchtung der Edukte.

Die **Phosphorsäurebrennstoffzelle** (engl. *Phosphoric Acid Fuel Cell, PAFC*) ist eine Mitteltemperatur-Brennstoffzelle. Die PAFC unterscheidet sich von anderen Brennstoffzellen dadurch, dass sie mit Phosphorsäure als Elektrolyt arbeitet. Die hochkonzentrierte Phosphorsäure (90 –100 %) ist in einer Polytetrafluorethylen(PTFE)-Faserstruktur fixiert. Wie alle Brennstoffzellen produziert sie Strom durch die Oxidation eines Brenngases.

Als Brenngas dient Wasserstoff. Als Oxidationsmittel können Luft oder reiner Sauerstoff eingesetzt werden. Spuren von Kohlendioxid in den Gasen stellen bei der PAFC im Gegensatz zur AFC kein Problem dar. Die phosphorsaure Brennstoffzelle arbeitet in einem Temperaturbereich von 135...200 °C.

Aufgrund der Temperatur und des Einsatzes von Phosphorsäure gelten hohe Anforderungen an die Qualität und die Widerstandskraft der Bauteile. In der Regel werden Kohlenstoff und Graphitteile für die Elektroden benutzt. Der Vorteil dieses Typs ist, dass er relativ unempfindlich gegen Brenngasverunreinigungen ist.

Reaktionsgleichungen der PAFC

$$\begin{aligned}
\text{Anode} \quad & H_2 + 2H_2O \rightarrow 2H_3O^+ + 2e^- \\
& \text{Oxidation/Elektronenabgabe} \\
\text{Kathode} \quad & O_2 + 4H_3O^+ + 4e^- \rightarrow 6H_2O \\
& \text{Reduktion/Elektronenaufnahme} \\
\text{Gesamtreaktion} \quad & 2H_2 + O_2 \rightarrow 2H_2O \\
& \text{Redoxreaktion/Zellreaktion}
\end{aligned} \tag{12.26}$$

Der innere Ladungstransport erfolgt wie bei der PEMFC mittels Oxonium-Ionen[2]. Auf der Anodenseite benötigt die Reaktion Wasser, das auf der Kathodenseite produziert wird. Um den Wasserbedarf auf der Anodenseite zu decken, ist ein Wassermanagement erforderlich, bei dem das Wasser durch die Membran zurückdiffundieren kann. Überschüssiges Wasser wird als Wasserdampf auf der Kathodenseite ausgetragen.

Vorteile einer PAFC sind

- robust
- erhöhte Toleranz gegenüber Verschmutzungen des Brenngases
- auf der Kathodenseite kann Luft verwendet werden (kein Reingas erforderlich)
- gutes dynamisches Verhalten
- CO_2-tolerant

Nachteile sind

- geringe Leistungsdichte
- niedrige Lebensdauer (bedingt durch den äußerst aggressiven Elektrolyten)
- CO ist ein Katalysatorgift
- Anlagenwirkungsgrad eher niedrig

[2] **Oxonium** (auch **Oxidanium**) ist die Bezeichnung für protoniertes Wasser (H_3O^+) und gehört zu den Wasserstoffionen.

Die **Schmelzkarbonatbrennstoffzelle** (engl. *Molten Carbonate Fuel Cell, MCFC*) ist eine Hochtemperatur-Brennstoffzelle, die bei einer Betriebstemperatur von etwa 650 °C arbeitet. Als Elektrolyt verwendet dieser Zellentyp eine Alkalicarbonat-Mischschmelze aus Lithium- und Kaliumcarbonat. Als Brenngas wird auf der Seite der Anode ein Gemisch aus Wasserstoff und Kohlenmonoxid genutzt, das per interne Reformierung (vgl. Abb. 12.25 und 12.26 sowie Abschn. 13.1) aus einem methanhaltigen Energieträger (wie fossilem Erdgas oder Biogas) hergestellt wird. Als Reaktionsprodukte entstehen auf der Anoden-Seite Wasser und Kohlendioxid. Kathodenseitig wird Sauerstoff und Kohlendioxid zugesetzt, letzteres wird aus dem Anodenabgas zurückgeführt. Der Sauerstoff verbindet sich unter Elektronenaufnahme mit dem CO_2 zu einem Carbonat-Ion (CO_3^{2-}) und wandert durch die Elektrolytmatrix.

Die Materialien zum Bau dieses Zellentyps sind vergleichsweise günstig, da die Zelle in einem Temperaturbereich arbeitet, bei dem eine akzeptable Reaktionsgeschwindigkeit ohne teure Edelmetallkatalysatoren erreicht wird und preiswertere Nickelelektroden verwendet werden können. Andererseits ist die Betriebstemperatur noch nicht so hoch, so dass auf aufwendige Hochtemperaturwerkstoffe verzichtet werden kann. Schwierig ist die Beherrschung des thermischen und mechanischen Belastungswechsels durch starke Temperaturschwankungen beim An- und Abfahrbetrieb. Auch das Management des entzündlichen, wasserstoffreichen und CO-haltigen Reformats bei hohen internen Temperaturen stellt eine Herausforderung dar.

Die Schmelzkarbonat-Brennstoffzelle kann einen elektrischen Systemwirkungsgrad von etwa 45 % bis 50 % erreichen. Bei Verwendung als BHKW mit gleichzeitiger Wärmenutzung kann ein Gesamtnutzungsgrad bis 90 % erzielt werden. Die MCFC soll sich in Zukunft in lokalen und auch größeren Kraftwerken einsetzen lassen.

Reaktionsgleichungen der MCFC

$$\begin{aligned}
&\text{Anode} && H_2 + CO_3^{2-} \rightarrow H_2O + CO_2 + 2e^- \\
& && \text{Oxidation/Elektronenabgabe} \\
&\text{Kathode} && \frac{1}{2}O_2 + CO_2 + 2e^- \rightarrow CO_3^{2-} \\
& && \text{Reduktion/Elektronenaufnahme} \\
&\text{Gesamtreaktion} && 2H_2 + O_2 + CO_2\,(K) \rightarrow 2H_2O + CO_2\,(A) \\
& && \text{Redoxreaktion/Zellreaktion}
\end{aligned} \tag{12.27}$$

Die **Festoxidbrennstoffzelle** (engl. *Solid Oxide Fuel Cell, SOFC*) ist eine Hochtemperatur-Brennstoffzelle, die bei einer Betriebstemperatur von 650 – 1000 °C betrieben wird. Der Elektrolyt dieses Zelltyps besteht aus einem festen keramischen Werkstoff (klassisch: yttriumdotiertes Zirkoniumdioxid: YSZ), der in der Lage ist, Sauerstoffionen zu leiten, für Elektronen jedoch isolierend wirkt. Die Kathode ist ebenfalls aus einem keramischen Werkstoff (strontiumdotiertes Lanthanmanganat) gefertigt, der für Ionen und für Elektronen leitfähig ist. Die Anode wird aus Nickel mit yttriumdotierten Zirkonoxid (sogenanntes Cermet) gefertigt, der ebenfalls Ionen und Elektronen leitet.

Diese Brennstoffzellen sollen einen Systemwirkungsgrad von 55 – 66 % erreichen können, befindet sich aber noch in einem frühen Entwicklungsstadium. Eine komplette Brennstoffzellenanlage kann aus Erd- oder Biogas mittels eines Reformers Wasserstoffgas erzeugen, das durch die elektrochemische Reaktion elektrische Energie und Wärme produzieren kann (vgl. Abb. 12.23 und 12.24).

Der innere Ladungstransport erfolgt mittels O^{2-}-Ionen. Auf der Kathodenseite benötigt die SOFC Sauerstoff und produziert an der Anode Wasser und/oder CO_2. Die Reaktionsgleichungen für die verschiedenen Brennstoffbestandteile lauten:

Reaktionsgleichungen 1

$$\begin{aligned}
&\text{Anode} && H_2 + O^{2-} \rightarrow H_2O + 2e^- \\
& && \text{Oxidation/Elektronenabgabe} \\
&\text{Kathode} && \frac{1}{2}O_2 + 2\cdot e^- \rightarrow O^{2-} \\
& && \text{Reduktion/Elektronenaufnahme} \\
&\text{Gesamtreaktion} && 2H_2 + O_2 \rightarrow 2H_2O \\
& && \text{Redoxreaktion/Zellreaktion}
\end{aligned} \tag{12.28}$$

Reaktionsgleichungen 2

$$\begin{aligned}
&\text{Anode} && O^{2-} + CO \rightarrow CO_2 + 2e^- \\
& && \text{Oxidation/Elektronenabgabe} \\
&\text{Kathode} && \frac{1}{2}O_2 + 2\cdot e^- \rightarrow O^{2-} \\
& && \text{Reduktion/Elektronenaufnahme} \\
&\text{Gesamtreaktion} && 2CO + O_2 \rightarrow 2CO_2 \\
& && \text{Redoxreaktion/Zellreaktion}
\end{aligned} \tag{12.29}$$

Reaktionsgleichungen 3

$$\begin{aligned}
&\text{Anode} && CH_4 + 4O^{2-} \rightarrow 2H_2O + CO_2 + 8e^- \\
& && \text{Oxidation/Elektronenabgabe} \\
&\text{Kathode} && 2O_2 + 8\cdot e^- \rightarrow 4O^{2-} \\
& && \text{Reduktion/Elektronenaufnahme} \\
&\text{Gesamtreaktion} && CH_4 + 2O_2 \rightarrow 2H_2O + CO_2 \\
& && \text{Oxidation/Elektronenabgabe}
\end{aligned} \tag{12.30}$$

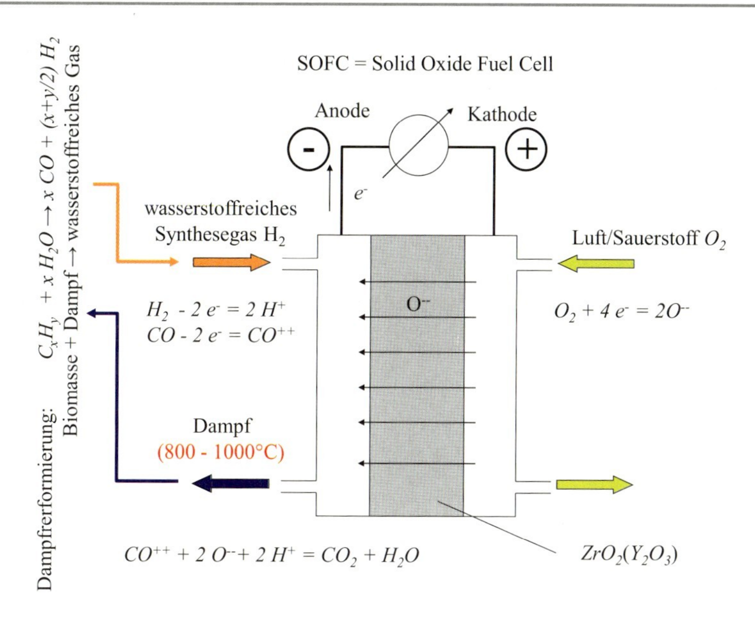

Abb. 12.23 Wirkmechanismen der SOFC

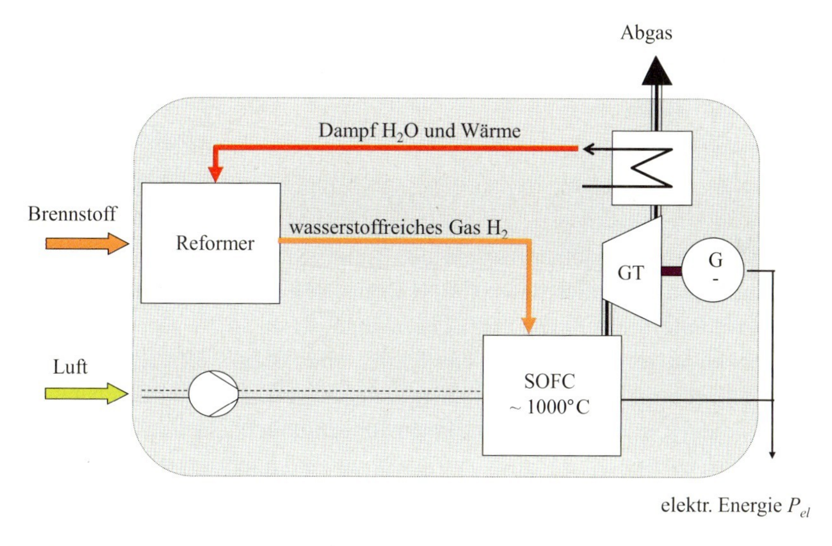

Abb. 12.24 SOFC-Hochtemperaturbrennstoffzelle in Kombination mit einer Mikrogasturbine (GT) mit integriertem Brenngasreformer (SOFC-GT)

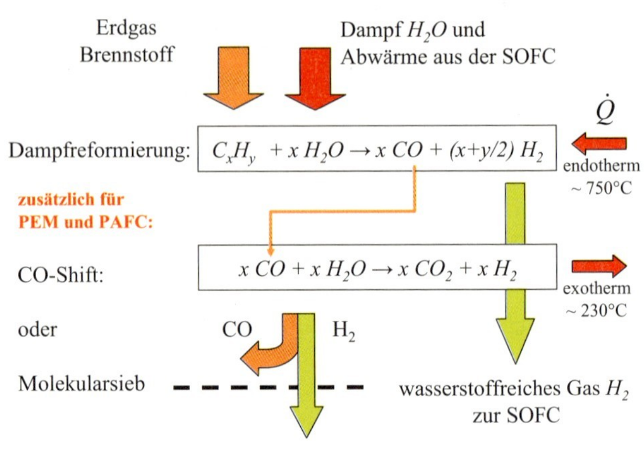

Abb. 12.25 Dampfreformierung von kommerziellen Brennstoffen zu wasserstoffreichem Gas [7]

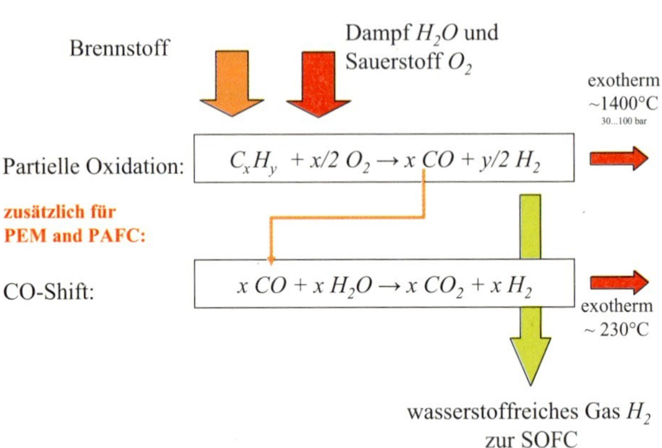

Abb. 12.26 Partielle Oxidation der Brenngase zur Erzeugung eines wasserstoffeichen Gases [7]

In aktuellen Forschungsprojekten besteht der Trend, SOFC-Zellen zu entwickeln, deren Betriebstemperatur deutlich unter 800 °C liegt. Diese Entwicklungen werden als IT-SOFCs (Intermediate Temperature-SOFC) bezeichnet.[3]

Hierbei haben amerikanische Wissenschaftler eine Brennstoffzelle entwickelt, die 6,5 cm lang und röhrenförmig ist und 350 mW leistet. Da diese mit Temperaturen von über 500 °C arbeitet, kann auf einen externen Reformer verzichtet werden. Die interne Reformierung hat energetische Vorteile, weil Wärme- und Exergieverluste minimiert werden (vgl. Abb. 12.25 und 12.26 sowie Abschn. 13.1). Der flüssige Brennstoff wird dabei direkt im System zu Wasserstoff und Kohlenmonoxid reformiert. Möglich wird dies durch den Einsatz von Partikeln aus katalytisch wirkenden Metallen, wie Ruthenium und Cer. Als Brennstoff kann Flüssiggas (Propan) eingesetzt werden. Damit könnte die Zelle mit einem Brennstoff arbeiten, der kommerziell günstig und weltweit verfügbar ist.

Die technologische Herausforderung der SOFC liegt auch hier in den Keramikstrukturen. Randbedingungen sind hier: Kathode und Anode müssen gasdurchlässig sein und den

[3] http://www.mp.haw-hamburg.de/brennstoffzellen/

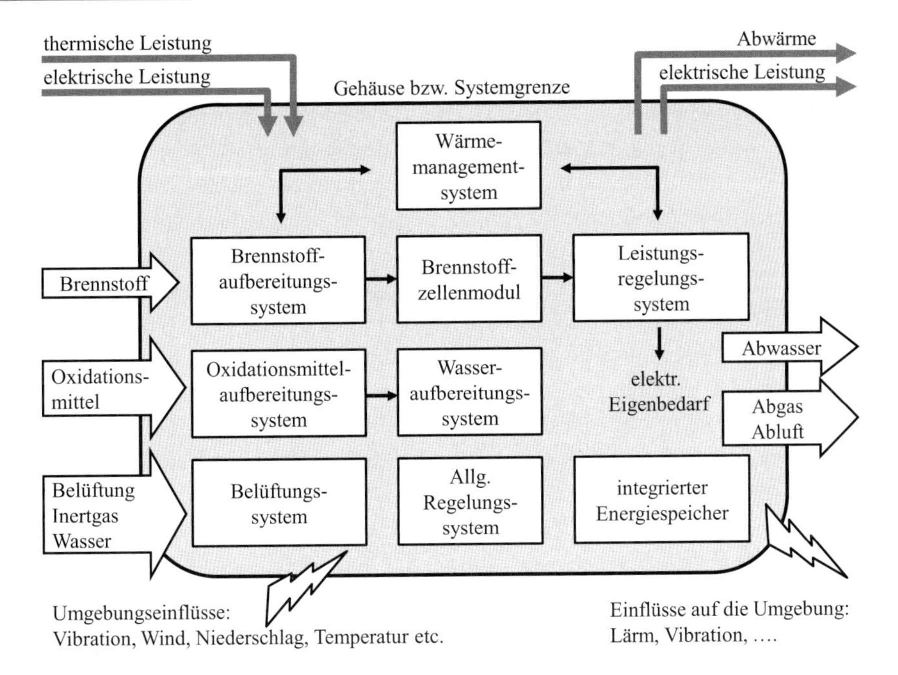

Abb. 12.27 Elemente, Stoff- und Energieströme eines Brennstoffzellensystems nach DIN EN 62282

Strom gut leiten. Die Schichtdicke der sauerstoffleitenden Membran muss möglichst dünn sein, um die Sauerstoff-Ionen energiearm durch die Membran transportieren zu können. Dabei dürfen keine Fehlstellen (Löcher) bestehen, durch die andere Gasmoleküle durchgeleitet werden können.

Nachteilig ist, dass die Zelle für den Start durch externe Wärmezufuhr auf Betriebstemperaturen von etwa 300 °C gebracht werden muss.

Ergänzend wird versucht, durch Kraft-Wärme-Kopplung den energetischen Gesamtnutzungsgrad zu verbessern. Hier zeigen SOFC-Systeme in Verbindung mit einer Abwärmenutzung mittels Gasturbine höchste Potentiale; vgl. Abb. 12.24 [7].

Es sind bereits erste kommerzielle Kombisysteme für die Versorgung von Gebäuden mit Strom- und Wärme auf dem Markt verfügbar und Normungsaktivitäten erkennbar (Abb. 12.27).

12.9 Thermoelektrischer Generator

1821 fand der deutsche Physiker THOMAS SEEBECK heraus, dass eine elektrische Spannung entsteht, wenn spezielle Materialien hohen Temperaturdifferenzen ausgesetzt werden. Die NASA nutzt thermoelektrische Generatoren (TEG) seit den 1960er Jahren als Stromquelle bei Raummissionen. Zurzeit strebt man an, solche thermoelektrische Generatoren verstärkt auch zur Nutzung von Abwärme, z. B. in Kraftfahrzeugen, Blockheizkraftwerken, Abwasseranlagen oder Müllverbrennungsanlagen einzusetzen [9–11].

Beim **SEEBECK-Effekt** entsteht zwischen zwei Punkten *eines* elektrischen Leiters, die unterschiedliche Temperaturen aufweisen, eine elektrische Spannung. THOMAS JOHANN SEEBECK entdeckte zufällig, dass zwischen zwei Enden einer Metallstange eine elektrische Spannung entsteht, wenn in der Stange ein Temperaturunterschied herrscht. Nach dem Verbinden beider Enden floss ein elektrischer Strom, dessen Magnetfeld er mit einer Kompassnadel nachwies.

Die Spannung entsteht durch Thermodiffusionsströme: Ein elektrischer Leiter enthält freie Elektronen und positiv geladene Atomkerne. Die Temperatur ist ein Maß für die Heftigkeit der Bewegung, also die kinetische Energie der Teilchen eines Systems. Diese thermische Energie teilt sich in die Bewegungsenergie der Elektronen (elektronische Wärmekapazität, elektronische Wärmeleitung) und die Schwingungsenergie der Atome (phononische Wärmekapazität, phononische Wärmeleitung) auf. Das Verhältnis ist hierbei eine für das jeweilige Material typische Konstante. Folglich besitzen die Elektronen am heißen Ende eine höhere Bewegungsenergie als die Elektronen am kalten Ende des Leiters. Die größere Bewegungsenergie bewirkt nun, dass sich die „heißen" Elektronen im Leiter stärker verteilen als die „kalten", was zu einem Ungleichgewicht führt, da die Elektronendichte am kalten Ende zunimmt. Es entsteht ein elektrisches Feld. Dies geschieht genau so lange, bis die durch dieses Ungleichgewicht aufgebaute elektrische Spannung dafür sorgt, dass ein gleich großer Strom „kalter" Elektronen auf die heiße Seite fließt. Die entstehende **Thermospannung** wird bestimmt durch

$$U_S = S \cdot \Delta T \tag{12.31}$$

mit

ΔT Temperaturdifferenz zwischen den Leiterenden [°C]
S materialspezifischer Seebeck-Koeffizient [V/K]

Die Temperaturabhängigkeit des Seebeck-Koeffizienten ist relativ gering.

Der Effekt ist grundsätzlich von einem **Thermoelement** zur Temperaturmessung bekannt. Die Thermospannung der Werkstoffe ist eine Materialkonstante und wird als so genannter **k_{XPt}-Wert relativ zu Platin** für eine Temperaturdifferenz von 100 Kelvin angegeben [mV/100 K]. Diese k_{XPt}-Werte der Materialien lassen sich in eine thermoelektrische Spannungsreihe einreihen (vlg. Tab. 12.5).

Tab. 12.5 Thermochemische Spannungsreihe

Werkstoff	k_{XPt}/(mV/100 K)
Konstantan	−3,2
Nickel	−1,9
Platin	0,0 per Def.
Wolfram	0,7
Kupfer	0,7
Eisen	1,9
Nickelchrom	2,2
Silizium	45

Bei einem Thermoelement werden zwei Materialpartner in Verbindung gebracht. Die Thermospannung ist weitgehend nur linear abhängig von der Temperatur:

$$U_1 = k_{AB} \cdot T_1 \tag{12.32}$$

$$U_2 = k_{BA} \cdot T_2 \tag{12.33}$$

Aus der Maschenregel der Elektrotechnik ergibt sich für die Spannungen (vgl. Abb. 12.28)

$$U_1 + U_2 - U = 0$$

Bei gleicher Temperatur $T_1 = T_2$ wird keine Spannung gemessen, so dass $U = 0$ und $U_1 = -U_2$. Für das Element ergibt sich bei diesen Bedingungen somit $k_{AB} \cdot T_1 = -k_{BA} \cdot T_1$ und deshalb

$$k_{AB} = -k_{BA} \,.$$

Für den allgemeinen Fall ist die Spannung am Thermoelement damit

$$U = U_1 + U_2 = k_{AB} \cdot (T_1 - T_2) = k_{AB} \cdot \Delta T$$

mit der thermochemischen Potentialdifferenz der Materialien und dem Bezugspotential auf Platin ist

$$k_{AB} = k_{APt} - k_{BPt} \quad [\text{V/K}]$$

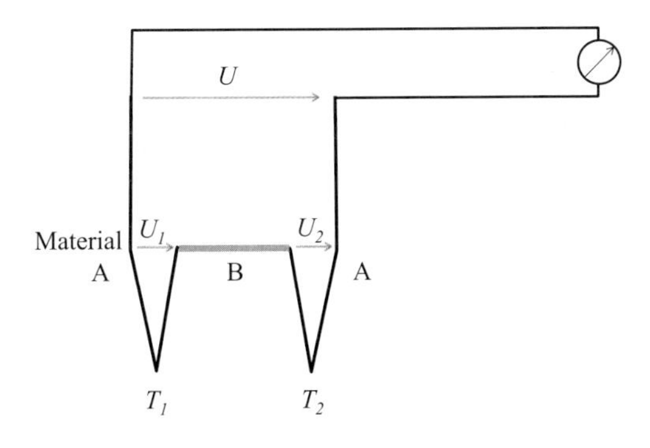

Abb. 12.28 Temperaturmessung mit dem Thermoelement

Für das Thermoelement nach Abb. 12.28 bedeutet dies explizit zusammengefasst:

$$\begin{aligned} U_1 &= (k_{APt} - k_{BPt}) \cdot T_1 = k_{AB} \cdot T_1 \\ U_2 &= (k_{BPt} - k_{APt}) \cdot T_2 = k_{BA} \cdot T_2 = -k_{AB} \cdot T_2 \\ U &= U_1 + U_2 = k_{AB} \cdot (T_1 - T_2) = k_{AB} \cdot \Delta T \end{aligned} \tag{12.34}$$

Die bei einer gegebenen Temperaturdifferenz erzielbare Thermospannung eines Thermoelementes ist also umso größer, je größer der Abstand der Metalle in der thermoelektrischen Spannungsreihe ist. Es wird ein Diffusionsstrom höherenergetischen Potentials in Richtung des Leiters mit dem niederenergetischen Potential entstehen, bis wiederum ein Gleichgewicht entsteht.

Lässt man von der Differenz zweier Thermospannungen einen Strom in einem geschlossenen Kreis treiben, dann bestimmt die größere Thermospannung die Stromrichtung und wirkt somit als Erzeuger (Generator). Nach dem Energiesatz kann diese Leistung nur aus der örtlichen Wärmeenergie umgewandelt werden. Die heißere Lötstelle entzieht also der Umgebung Wärme. Die kalte Lötstelle dagegen mit der kleinen Thermospannung wirkt dann als Verbraucher elektrischer Leistung und gibt dann Wärme an die kältere Umgebung ab. Der Strom dieser Richtung lässt sich durch eine äußere Spannungsquelle steigern und damit auch die kühlende Wirkung am erstgenannten Thermoelement. Dieser **PELTIER-Effekt** wird in der Kühltechnik **für kleinere Kühlleistungen** angewendet.

Das Prinzip kann für den **thermoelektrischen Generator** (TEG) zur Erzeugung elektrischer Leistung aus Wärme genutzt werden: Durch Reihenschaltung mehrerer kalter und warmer Lötstellen lassen sich die relativ kleinen Spannungen je Element addieren. Durch Auswahl von Materialien mit relativ guter elektrischer Leitfähigkeit κ [m/Ω mm^2] und möglichst geringer Wärmeleitfähigkeit λ [W/m K] lassen sich thermoelektrische Generatoren mit **Wirkungsgraden bis zu 10 %** [9] herstellen. In ihnen werden Paarungen spezieller p- und n-dotierter Halbleiter (vgl. Kap. 2) verwendet. Da der Wirkungsgrad wesentlich unter dem der konventionellen Technik liegt, kommt dieses Verfahren bisher nur für kleine Leistungen in der Nachrichtentechnik und zum kathodischen Korrosionsschutz von Rohrleitungen zur Anwendung.

Der dimensionslose **ZT-Wert**, beschreibt als Güteziffer die Effizienz thermoelektrischer Materialien. Er ergibt sich aus dem so genannten Seebeck-Koeffizienten, der elektrischen und der thermischen Leitfähigkeit des Materials:

$$ZT = S^2 \cdot \frac{\kappa}{\lambda} \cdot T \quad [-] \tag{12.35}$$

mit

S Seebeckkoeffizient [V/K]

κ elektrische Leitfähigkeit [m/Ω mm^2]
λ Wärmeleitfähigkeit [W/m K]
T absolute Temperatur [K]

Die Parameter S, λ und κ sind nicht unabhängig voneinander optimierbar, d. h. Wärmetransport und Erzeugung von elektrischer Energie sind physikalisch reziprok aneinander gekoppelt. Die Güteziffer *ZT* stagnierte über Jahrzehnte hinweg bei einem Wert von 1; inzwischen wurden mit nanotechnologisch hergestellten Materialklassen im Labor *ZT*-Werte bis zu 3,5 erreicht. Hier werden z. Zt. Halbleitermaterialien wie Bismuth (Bi_2Te_3)- und Blei (PbTe)-Telurid oder Siliziumgermanium (SiGe) erprobt. Solche neuen Materialien werden auch mit nanotechnischen Mitteln aufgebaut, die jedoch oft inhomogen und schwer reproduzierbar sind. Zudem scheinen die Strukturen nur bedingt hitzebeständig zu sein.

Ein *ZT*-Wert von zirka 3 würde nach Ansicht des FRAUNHOFER-Institut für Physikalische Messtechnik in Freiburg – IPM – bereits ausreichen, Haushaltskühlschränke thermoelektrisch zu betreiben [10]. BWM erreicht mit seinem thermochemischen Generator einen ZT-Wert von 0,3. Um im Abgasstrang 1 kW Leistung ohne nennenswerten Gegendruck erzielen zu können, wäre ein ZT-Wert von 2 nötig.

12.10 Übungen

1. Für den aufgeladenen MAN-Biogasmotor E 2842 LE 322 (12-V-4-Takt-Otto-Gasmotor) im Biogasbetrieb (Technische Daten für 60%-CH_4, 40%-CO_2) sind die nachfolgenden technischen Daten bekannt.

Zylinderzahl	12
Bohrung	128 Mm
Hub	142 Mm
Verdichtungsverhältnis	12
Drehzahl	1500 min^{-1}
Leistung	380 kW
Motorluftverhältnis bei Volllast	1,47
spez. Brennstoffverbrauch	9 MJ/kWh (!)[4]
Abgastemperatur	480 °C

[4] Beachten Sie die etwas andere Definition des spez. Brennstoffverbrauchs im Vergleich zu Motoren mit OTTO- oder Dieselkraftstoff. Es ist daher zweckmäßigerweise die Wirkungsgrad- und spez. Brennstoffverbrauchsdefinition für diese Anwendung niederzuschreiben und zu vergleichen!

Biogasdaten:

unterer Heizwert	20 MJ/kg
Mindestluftbedarf	7 kg/kg
Gaskonstante Biogas	322 J/kg K
Gaskonstante Luft	287 J/kg K

Bestimmen Sie die wesentlichen Kennwerte und ordnen Sie diese ein für

- die mechanische Belastung
- die thermische Belastung und
- die Effizienz des Motors.
- Ziehen Sie Rückschlüsse auf die Lebensdauer bzw. den Wartungsaufwand.

2. VAILLANT bietet ein kombiniertes Heiz- und Stromversorgungsaggregat mit einer PEM-Brennstoffzelle für vier bis zehn Wohneinheiten an. Die an den Wärmebedarf angepasste Stromerzeugung (wärmegeführter Betrieb) hat folgende Nenndaten [25]:
   - Wärmeleistung 7,0 kW
   - Elektrische Leistung 4,5 kW
   - Zusatzheizgerät 50 kW (für Spitzenlasten)
   - Nutzungsgrad 80 %
   - Elektr. Wirkungsgrad 40 %
   - Spez. Emissionen 198 g CO_2/kWh Gas

   Verfahrensschritte:

   (a) Erdgas, Wasserdampf und Luft strömen unter Druck in den Reformer und bilden dort ein wasserstoffreiches Brenngas; der Rest CO wird zu CO_2 oxidiert (vgl. Abb 12.15). Dabei werden endotherme Dampfreformierung und exotherme partielle Oxidation kombiniert (autotherme Reformierung).

   (b) Das wasserstoffreiche Reformat (H_2 und CO_2) wird befeuchtet und den Brennstoffzellenanoden zugeführt.

   (c) Der katalytisch nachverbrannte Restwasserstoff im Brennstoffzellenabgas heizt über einen Wärmetauscher die Eingangsströme des Reformers.

   Für den Reformerprozess sind die Energiebedarfe nach Umsetzungsregeln aus Kap. 7 quantitativ zu bestimmen und auf den Heizwert von Erdgas zu beziehen (ca. 40 MJ/kg – wobei es je nach Herkunft zu erheblichen Schwankungen kommen kann).
3. Eine AFC arbeitet bei 25 °C. Die Klemmspannung beträgt 0,712 V, die Stromstärke 1,175 A. Der Brennstoffelektrode wird bei 1,05 bar Wasserstoff mit einem Volumenstrom von 9,56 cm^3/min zugeführt. Bestimmen Sie den Zellenwirkungsgrad und den abzuführenden Wärmestrom [6].

Literatur

1. MWM: Gasmotoren-Information, DEUTZ MWM; Mannheim, 1984
2. Kaltschmitt, M.; Hartmann, H. (Hrsg.): Energie aus Biomasse – Grundlagen, Techniken und Verfahren. 2. Aufl., Springer-Verlag, Berlin, Heidelberg, New York, 2009
3. Insel, J.; Jacobsen, J.: STIRLING-Motor – Vergleich Theorie und Praxis; Studienarbeit, HAW Hamburg, 2007
4. Schleder, Frank: Stirlingmotoren – Thermodyn. Grundlagen, Kreisprozessrechnung und Niedertemperaturmotoren, Vogel-Fachbuchverlag, Würzburg, 2002
5. Kaltschmitt, M.; Streicher, W. Wiese, A.; (Hrsg.): Erneuerbare Energien – Systemtechnik, Wirtschaftlichkeit, Umweltaspekte (5. Aufl.), Springer-Verlag, Berlin, Heidelberg, New York, 2013
6. Baehr, H. D.: Thermodynamik (5. Aufl.), Springer-Verlag, Berlin, Heidelberg, New York (1981), Seite 346 ff bzw. Tab. 10.6 und 10.11
7. Winkler, W.: Brennstoffzellenanlagen, Springer-Verlag, Berlin, Heidelberg, New York, 2002
8. Wendt, H.; Plzak, V. (Hrsg.): Brennstoffzellen – Stand der Technik, Entwicklungslinien, Marktchancen, VDI Verlag, Düsseldorf, 1990
9. Grote, K.-H.; Feldhusen, J. (Hrsg.): Dubbel – Taschenbuch für den Maschinenbau (24. Aufl.), Springer-Vieweg, Berlin, Heidelberg, New York, 2014
10. VDI-Nachrichten, 30. Okt. 2009, Nr. 44, Seite 19: Bordstrom direkt aus Autoabgas zapfen; Thermoelektrische Generatoren von BMW nutzen SEEBECK-Effekt
11. Schrüfer, E.: Elektrische Meßtechnik (4. Aufl.), Hanser-Verlag, München, Wien, 1990.

Weiterführende Literatur

12. Zacharias; F.: Gasmotoren, Vogel Business Media, Würzburg, 2001
13. Mollenhauer, K.; Tschöke, H. (Hrsg.): Handbuch Dieselmotoren, Springer-Verlag, Berlin, Heidelberg, New York, 2007
14. Köhler, E.; Flierl, R.: Verbrennungsmotoren: Motormechanik, Berechnung und Auslegung (6. Aufl.), Vieweg+Teubner-Verlag, Wiesbaden, 2011
15. Robert Bosch GmbH: Dieselmotoren-Management (3. Auflage), Vieweg-Verlag, Braunschweig/Wiesbaden, 2002
16. Arbeitsgemeinschaft für sparsamen und umweltfreundlichen Energieverbrauch (ASUE) – Hrsg.: BHKW und Methanzahl – Einfluss der Gasbeschaffenheit auf den Motorbetrieb, Hamburg
17. MDE: BHKW planen mit ... MDE Dezentrale Energiesysteme, Kraft-Wärme-Koppelung mit Gasmotoren zur dezentralen Energieversorgung, CD-ROM, MDE Dezentrale Energiesysteme GmbH, Augsburg, www.mde-augsburg.de (1999)
18. Keck, T.; Schiel, W.: Dish/Stirling-Anlagen zur dezentralen solaren Stromerzeugung, BWK 12/2001 (Bd. 53)
19. Beck, P.: Stirlingmaschine verlässt die Nische – Der ungewöhnliche Motor kann Strom aus Biomasse im kleinen Leistungsbereich erzeugen, VDI-Nachrichten vom 29. August 2008, Seite 11
20. Larminie, J.; Dicks, A.: Fuel Cell Systems Explained (2nd Edition), Wiley & Sons Ltd, West Sussex, England, 2003

21. Fachagentur Nachwachsende Rohstoffe (FNR Hrsg.): Energetische Nutzung von Biomasse mit Brennstoffzellenverfahren, FNR, Gülzow, 1998
22. Heinzel, A.: Brennstoffzellen für die Hausenergieversorgung; BWK Bd. 59 (12/2007), S. 35–38
23. BINE Informationsdienst: Kraft-Wärme-Kopplung mit Brennstoffzellen, Projektinfo Okt. 1998, Fachinformationszentrum Karlsruhe/Bonn, www.bine.info
24. BINE Informationsdienst: PEM-Brennstoffzellen, Projektinfo 14/01, Fachinformationszentrum Karlsruhe/Bonn, www.bine.info
25. Kurzweil, P.: Brennstoffzellentechnik – Grundlagen, Komponenten, Systeme, Anwendungen (2. Aufl.), Springer-Vieweg, 2013
26. Bundesministerium für Forschung und Technologie: Zur friedlichen Nutzung der Kernenergie, ISBN 3-88135-000-4, Bonn, 1976
27. Weish, P.; Gruber, E.: Radioaktivität und Umwelt, Gustav Fischer Verlag, Stuttgart, New York, 1979

Wasserstoff als Energieträger

13

Für zukünftige Energieversorgungssysteme wird Wasserstoff als Energieträger favorisiert. Da Wasserstoff jedoch in der Natur nicht als Rohstoff vorkommt, erfolgt die **Wasserstoffherstellung** überwiegend aus thermochemischen Verfahren und (seltener) aus elektrochemischen Verfahren. Diese Verfahren sind sehr energieintensiv. Bei der ökologischen Bewertung ist deshalb die gesamte Energiekette von der Wasserstofferzeugung bis zur energetischen Nutzung zu betrachten. Dies wird leider oft jedoch nicht gemacht, sondern der Systemwirkungsgrad auf den relativ hohen Heizwert von Wasserstoff bezogen.

13.1 Thermochemische Umwandlung

Die **Dampfreformierung** (englisch *Steam Reforming*, vgl. Abb. 12.21) ist ein Verfahren zur Herstellung von Synthesegas (vgl. thermochemische Umwandlung in Kap. 7) aus Kohlenwasserstoffen (Erdgas, Erdölprodukte, Biogas, Biomasse etc.). Diese Art der Wasserstoffgewinnung ist bereits langjährig erprobt und ausgereift, so dass bereits große Anlagen mit einer Kapazität von 100.000 m^3/h vorhanden sind und den Wasserstoffmarkt dominieren. Im ersten Schritt werden langkettigere Kohlenwasserstoffe in einem Pre-Reformer unter Zugabe von Wasserdampf bei einer Temperatur von etwa 450...500 °C und einem Druck von etwa 25...30 bar zu Methan, Wasserstoff, Kohlenmonoxid sowie Kohlendioxid aufgespalten.

$$C_nH_m + n \cdot H_2O \rightarrow n \cdot CO + \frac{n+m}{2} \cdot H_2 \quad (13.1)$$

Im zweiten Schritt wird im Reformer das Methan bei einer Temperatur von 800...900 °C und einem Druck von etwa 25...30 bar an einem Nickelkatalysator mit Wasser zur Reaktion gebracht.

$$CH_4 + H_2O \rightarrow CO + 3 \cdot H_2 \quad (13.2)$$

H. Watter, *Regenerative Energiesysteme*, DOI 10.1007/978-3-658-09638-0_13

Anzumerken ist, dass diese Katalysatoren äußerst empfindlich auf Schwefel- und Halogenverbindungen, insbesondere Chlor, reagieren, weshalb in der Praxis in der Regel eine Raffinationsanlage vorgeschaltet wird.

Die Wasserstoffausbeute kann durch die **Shift-Reaktion** erhöht werden: Das Zwischenprodukt Kohlenmonoxid wird dabei mit Hilfe von Wasserdampf an einem Eisen(III)-oxidkatalysator zu Kohlendioxid und Wasserstoff umgesetzt.

$$CO + H_2O \rightarrow CO_2 + H_2 \tag{13.3}$$

Mit Hilfe von Druckwechselabsorber oder Laugen-Absorptionswäscher werden die Begleitgase abkonzentriert (siehe nachfolgenden Abschnitt „Gasaufbereitung").

Die Dampfreformierung ist zurzeit die wirtschaftlichste und am weitesten verbreitete (~90 %) Methode zur Wasserstofferzeugung mit ausgereiften Wirkungsgraden (70. . . 80 % mit Erdgas, Vergasung von Kohle und Biomasse ca. 50. . . 60 % [1]).

Bei der **Partiellen Oxidation** (vgl. Abb. 12.22) wird ein unterstöchiometrisches Brennstoff-Luft-Gemisch in einem Reformer teilweise verbrannt und es entsteht ein wasserstoffreiches Synthesegas:

$$C_nH_m + \frac{n}{2}O_2 \rightarrow n \cdot CO + \frac{m}{2}H_2 \tag{13.4}$$

Da die Kohlenwasserstoffe keinen chemischen Reinststoff darstellen, ist das Synthesegas ein Gasgemisch mit verschiedenen Komponenten.

Unterschieden wird zwischen **Thermisch Partieller Oxidation (TPOX)** und **Katalytisch Partieller Oxidation (CPOX)**. Bei TPOX laufen diese Reaktionen, abhängig von der Luftzahl, bei 1200 °C und mehr ab. Bei CPOX liegt die benötigte Temperatur durch den Einsatz eines katalytischen Mediums bei 800. . . 900 °C. Welche Technik für die Reformierung eingesetzt wird, hängt u. a. vom Schwefelanteil des verwendeten Brennstoffes ab. Liegt der Schwefelanteil unter 50 ppm kann CPOX verwendet werden. Ein höherer Schwefelanteil würde den Katalysator zu stark vergiften, deswegen wird für diese Brennstoffe das TPOX-Verfahren eingesetzt.

Die **Autotherme Reformierung** ist eine Kombination aus Dampfreformierung und partieller Oxidation. Dabei werden die beiden Verfahren so miteinander kombiniert, dass der Vorteil der Oxidation (Bereitstellung von Wärmeenergie) sich mit dem Vorteil der Dampfreformierung (höhere Wasserstoffausbeute) optimierend ergänzt. Dies geschieht durch genaue Dosierung der Luft- und Wasserdampfzufuhr. An die hier eingesetzten Katalysatoren werden besonders hohe Ansprüche gestellt, da sie sowohl die Dampfreformierung mit der Wassergas-Shift-Reaktion als auch die partielle Oxidation begünstigen müssen.

Das **Kværner-Verfahren** ist eine in den 1980er Jahren von der gleichnamigen norwegischen Firma entwickelte Methode der Wasserstoffherstellung aus Kohlenwasserstoffen (C_nH_m). Die Kohlenwasserstoffe werden in einem Plasmabrenner[1] bei etwa 1600 °C fast

[1] Als **Plasma** bezeichnet man ein (teilweise) ionisiertes Gas, das zu einem nennenswerten Anteil freie Ladungsträger wie Ionen oder Elektronen enthält.

vollständig in reinen Kohlenstoff (Aktivkohle[2]) und Wasserstoff getrennt.

$$C_nH_m + \text{Energie} \rightarrow n \cdot C + \frac{m}{2}H_2 \quad (13.5)$$

Der große Vorteil gegenüber allen anderen bekannten Reformierungsmethoden ist, dass reiner Kohlenstoff an Stelle von Kohlenstoffdioxid entsteht. Durch den hohen Energiegehalt dieser Produkte und durch die hohe Temperatur des ebenfalls entstehenden Heißdampfs ergibt sich (nach Herstellerangaben!) ein Wirkungsgrad von nahezu 100 %. Etwa 48 % davon entfallen auf den Wasserstoff, etwa 40 % auf die Aktivkohle und 10 % auf den Heißdampf (1992 Pilotanlage in Kanada).

Gasaufbereitung

Nach der Reformierung wird das Synthesegas weiter aufgearbeitet. Es folgt in einem nächsten Schritt die CO-Konvertierung mittels der **Wassergas-Shift-Reaktion**. Nach Gl. (13.3) stellt sich ein Gleichgewicht ein:

$$CO + H_2O \Leftrightarrow CO_2 + H_2 \quad (13.6)$$

Für die Gasaufbereitung stehen verschiedene Verfahren zur Auswahl:

1. Die **katalytische, präferenzielle Oxidation (PROX)** von Kohlenmonoxid (CO) erfolgt an einem heterogenen Katalysator auf einem keramischen Träger zu Kohlendioxid (CO_2). Als Katalysatoren finden Edelmetalle wie Platin, Platin/Eisen, Platin/Ruthenium, Gold-Nanopartikel Verwendung und neuartige Kupfer-/Cer-Mischoxid-Katalysatoren.
$$2 \cdot CO + O_2 \rightarrow 2 \cdot CO_2 \quad (13.7)$$
2. Mit organischen Lösungsmitteln kann das Kohlendioxid aus dem Rauchgas entfernt werden. Beispielsweise mit Methanol (**Rectisolwäsche**), N-Methylpyrrolidin (**Purisolwäsche**) oder Polyethylenglykoldimethylether (**Selexol-Wäsche**) wird das CO_2 zunächst chemisch gebunden und anschließend thermisch wieder ausgetrieben (vgl. auch Abschn. 8.3 unter CO_2-Abtrennung).
3. **Druckwechsel-Adsorption** (*PSA – Pressure Swing Adsorption*) ist ein physikalisches Verfahren zur selektiven Zerlegung von Gasgemischen unter Druck. Spezielle poröse Materialien (z. B. Zeolithe[3], Aktivkohle) werden als Molekularsieb eingesetzt, um Moleküle entsprechend ihrem kinetischen Durchmesser zu adsorbieren. Bei der PSA wird ausgenutzt, dass Gase unterschiedlich stark an Oberflächen adsorbieren. Das Gasgemisch wird in eine Kolonne unter einem genau definierten Druck eingeleitet. Nun

[2] **Aktivkohle** oder kurz A-Kohle (Carbo medicinalis, medizinische Kohle) ist eine feinkörnige Kohle mit großer innerer Oberfläche, die als Adsorptionsmittel unter anderem in Chemie, Medizin, Wasser- und Abwasserbehandlung sowie Lüftungs- und Klimatechnik eingesetzt wird. Sie kommt granuliert oder in Tablettenform gepresst (Kohlekompretten) zum Einsatz.

[3] Die **Zeolithgruppe** bildet eine artenreiche Familie chemisch recht komplexer Silikat-Minerale.

adsorbieren die unerwünschten Komponenten und der Wertstoff strömt ungehindert durch die Kolonne. Sobald das Adsorbens vollständig beladen ist, wird der Druck abgebaut und die Kolonne gespült. Je nach den Adsorptionseigenschaften ist jedoch das Adsorbat der Wertstoff, der dann erst beim Druckabbau gewonnen werden kann. Um diesen Batchbetrieb quasikontinuierlich betreiben zu können, werden mehrere Kolonnen parallel betrieben, die sich jeweils in einem anderen Beladungszustand befinden. So kann ein kontinuierlicher Produktgasstrom realisiert werden.
4. Wasserstoffpermeablen Membran aus einer Palladium-Silber-Legierung (PdAg).

13.2 Elektrolyse

Elektrolyse ist eine unter Ionenaustausch ablaufende Zerlegung einer chemischen Verbindung mittels elektrischem Strom. Wird an die Schmelze eines Elektrolyten eine Gleichspannung angelegt, so wandern

- Kathionen zur Kathode,
- Anionen zur Anode

und werden dort entladen.

- An der **Kathode** werden von den Ionen **Elektronen aufgenommen**, es handelt sich um eine **Reduktion**.
- An der **Anode** werden von den Ionen **Elektronen abgegeben**, es handelt sich um eine **Oxidation** [2].

Die Vorgänge in der Elektrolysezelle sind denen einer galvanischen Zelle (Batterie, Brennstoffzelle) entgegengesetzt. Die galvanische Zelle liefert Energie, die Elektrolytzelle nimmt Energie auf.

Hinweis In der galvanischen Zelle ist der Minuspol die Anode und der Pluspol die Kathode. In der Elektrolytzelle dagegen entspricht der Minuspol der Kathode und der Pluspol der Anode.

Die Bezeichnung **Pluspol** und **Minuspol** beziehen sich stets auf die beide *Pole einer Spannungsquelle*. Wird bei einer Elektrolytzelle von einem Pluspol und einem Minuspol gesprochen, so bezieht sich dies auf die Pole der Spannungsquelle, an die die Elektrolytzelle angeschlossen ist. Für beide gilt daher:

- Am Minuspol herrscht Elektronenüberschuss.
- Am Pluspol herrscht Elektronenmangel.

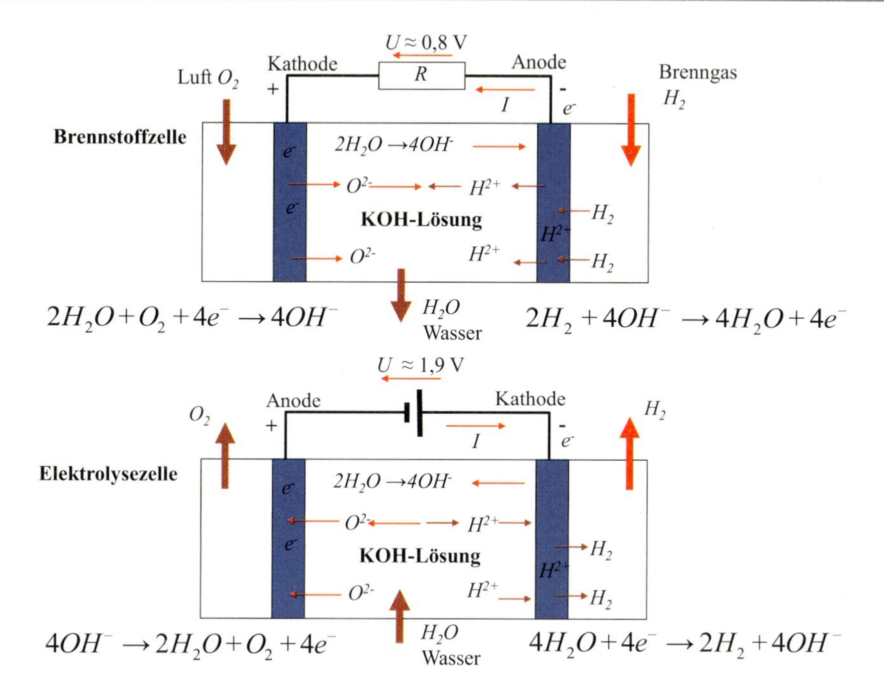

Abb. 13.1 Brennstoffzellen- und Elektrolysereaktion im Vergleich

Die Bezeichnungen Kathode und Anode beziehen sich auf die *Richtung* des Elektronenstroms in den Elektroden:

- Die Kathode ist stets der Pol, zu dem der Elektronenstrom im Metall hinfließt. Die reagierenden Teilchen werden hier (durch Elektronenaufnahme) reduziert.
- Die Anode ist stets der Pol, von dem der Elektronenstrom im Metall wegfließt. Die reagierenden Teilchen werden hier (durch Elektronenabgabe) oxidiert.

Abbildung 13.1 veranschaulicht die Verhältnisse am Beispiel der AFC-Zelle nach Abb. 12.16 und deren Rückreaktion bei der Elektrolyse.

Die Reaktion findet grundsätzlich in einem mit leitfähigen Elektrolyten (Salze, Säuren, Basen) gefüllten Gefäß statt, in dem sich zwei Elektroden befinden, die mit Gleichstrom betrieben werden:

$$\begin{aligned} \text{Kathode} \quad & 2 \cdot \mathrm{H_2O} + 2 \cdot e^- \rightarrow \mathrm{H_2} + 2 \cdot \mathrm{OH^-} \\ \text{Anode} \quad & 2 \cdot \mathrm{H_2O} \rightarrow \mathrm{O_2} + 4 \cdot \mathrm{H^+} + 4 \cdot e^- \\ \text{Gesamtreaktion:} \quad & 2 \cdot \mathrm{H_2O} \rightarrow 2 \cdot \mathrm{H_2} + \mathrm{O_2} \end{aligned} \tag{13.8}$$

Die entstandenen Gase können direkt über den Elektroden in Reinstform aufgefangen und einer energetischen Nutzung zugeführt werden. MICHAEL FARADAY stellt dabei 1833 fest:

1. Die Menge einer chemischen Substanz, die durch die Anoden- oder Kathodenreaktion in einer Elektrolyse-Zelle gebildet wird, ist proportional der durch die Zelle geschickten Strommenge.
$$H_2 \sim O_2 \sim I \tag{13.9}$$
2. Die Mengen zweier verschiedener Substanzen, die durch die gleiche Strommenge gebildet werden, sind proportional den molaren Massen, die für diese Substanzen aus der chemischen Reaktion ermittelt werden. Bei zweifach, dreifach ... geladenen Ionen ist die Strommenge proportional der halben, drittel ... relativen Molekülmasse [3].

Wenn beispielsweise eine bestimmte Strommenge, die zur Wassererzeugung durch eine Elektrolyse-Zelle geschickt wird, 5 g H_2-Gas produziert, dann produziert der doppelte Strom 10 g Wasserstoff-Gas. Wenn ferner so viel Strom durch die Zelle geschickt wird, dass an der Kathode 2 g Wasserstoff-Gas entsteht, dann werden an der Anode 16 g Sauerstoff-Gas freigesetzt (nämlich 1 Mol H_2 und $\frac{1}{2}$ Mol O_2). Gem. Gl. (12.14) wird 1 Mol Elektronen von einer Elektrode zur anderen überführt, wenn 96.487 C (= As) durch die Zelle geschickt wird; dabei findet die zugehörige chemische Reaktion in entsprechendem Ausmaß statt.

Häufig treten Reaktionshemmungen an den Elektroden auf, so dass bei der Elektrolyse die Spannung weiter erhöht werden muss, um die Reaktion zu erzwingen. Die Differenz zwischen der Zersetzungsspannung und der für die Elektrolyse tatsächlich notwendigen Spannung bezeichnet man als Überspannung U_Z^*. Sie bildet sich an unterschiedlichen Elektroden sehr verschieden aus.

Der Energieaufwand der Wasserzerlegung im thermodynamisch idealen Prozess wird durch die Reaktionsenthalphie nach Abschn. 7.1 bestimmt:

$$\Delta H = \Delta G + T \cdot \Delta S \tag{13.10}$$

Der als elektrische Energie mindestens zuzuführende Anteil entspricht der Änderung der Freien Enthalphie ΔG. Die als Reaktionswärme $T\,\Delta S$ bezeichnete Differenz zwischen der Bildungsenthalphie und der Änderung der Freien Enthalphie kann dem Elektrolyseprozess prinzipiell als Wärme zugeführt werden. Im Standardzustand (25 °C, 1 bar) muss die Bildungsenthalphie des flüssigen Wassers in Höhe von 286 kJ/mol (vgl. Tab. 7.3) zugeführt werden, wobei der Mindestanteil an zugeführter elektrischer Energie $\Delta G = 237$ kJ/mol beträgt. Der reversible Wirkungsgrad ist damit im Standardzustand

$$\eta_{\text{rev}} = \frac{\Delta G}{\Delta H} = \frac{237\,\text{kJ/mol}}{285\,\text{kJ/mol}} = 0{,}83 = 83\,\% \tag{13.11}$$

Bei der Wasserzerlegung in der dampfförmigen Phase (vgl. Tab. 7.3) liegen die Potentiale bei

$$\eta_{rev} = \frac{\Delta G}{\Delta H} = \frac{234{,}6\,\text{kJ/mol}}{241{,}8\,\text{kJ/mol}} = 0{,}97 = 97\,\% \tag{13.12}$$

Bei vom Standardzustand abweichenden Temperaturen und Drücken verändern sich also Bildungsenthalphie und Gesamtenergiebedarf. Zusätzlich hängt die Änderung der Freien Enthalphie von weiteren Parametern, wie z. B. den Partialdrücken der Gaskomponenten, dem Elektrolyt und der Elektrolytkonzentration ab. So nimmt die Bildungsenthalphie der Wasserzerlegung in der flüssigen Phase mit steigender Temperatur geringfügig ab, die Druckabhängigkeit ist nur sehr gering [1].

Die Änderung der Freien Enthalpie wird durch die Summe der chemischen Potentiale μ der reagierenden Stoffe entsprechend der Umsatzgleichung (13.8) bestimmt:

$$\Delta G = \mu_{H_2} + \frac{1}{2}\mu_{O_2} - \mu_{H_2O} \tag{13.13}$$

Das **chemische Potential** μ charakterisiert die Möglichkeiten eines Stoffes, mit anderen Stoffen zu reagieren (chemische Reaktion), in eine andere Zustandsform überzugehen (Phasenübergang), sich im Raum umzuverteilen (Diffusion). Sie lässt sich aus (7.26b)

$$dG = -S \cdot dT + V \cdot dp + \sum_i \mu_i \cdot dn_i \tag{13.14}$$

direkt ableiten. Eine Reaktion, Umwandlung oder Umverteilung kann freiwillig nur stattfinden, wenn das chemische Potential im Ausgangszustand größer ist als im Endzustand.

Bei der Elektrolyse ist das chemische Potential für ein ideales Gasgemisch von den jeweiligen Partialdrücken abhängig:

$$\mu_{H_2} = G^0_{H_2}(T) + R \cdot T \cdot \ln\left(\frac{p}{p_0}\right) + R \cdot T \cdot \ln\left(\frac{p_{H_2}}{p_0}\right) \tag{13.15}$$

$$\mu_{O_2} = G^0_{O_2}(T) + R \cdot T \cdot \ln\left(\frac{p}{p_0}\right) + R \cdot T \cdot \ln\left(\frac{p_{O_2}}{p_0}\right) \tag{13.16}$$

Das chemische Potential des Wassers in der Elektrolytlösung ist abhängig von der Aktivität a des Wassers:

$$\mu_{H_2O} = G^0_{H_2O}(T) + R \cdot T \cdot \ln\left(\frac{a_{H_2O}}{p_0}\right) \tag{13.17}$$

Die **Aktivität** ist eine in der physikalischen Chemie verwendete thermodynamische Größe zur Beschreibung von realen Mischungen. Die Aktivität des Wassers ist eine Funktion des Elektrolyttyps, der Molarität m des Elektrolyts sowie der Betriebstemperatur T.

Die mindestens erforderliche Zellspannung folgt dann analog zu (12.15)

$$U_{\text{min}} = U_{\text{rev}} = \frac{\Delta G}{n \cdot F} = \frac{\Delta G}{(2 \cdot N_A) \cdot e} = \frac{-237\,\text{kJ/mol}}{2 \cdot (-96.485\,\text{As/mol})} = 1{,}229\,\text{V} \qquad (13.18)$$

Die **reaktionskinetischen Vorgänge** an den elektrochemisch aktiven Bestandteilen des Elektrolyseurs erfordert eine zusätzliche Anhebung der Zellspannung („kinetische Hemmung“). Sie setzt sich aus

- der Überspannung (Polarisation) an der Wasserstoffelektrode,
- der Überspannung an der Sauerstoffelektrode sowie den
- ohmschen Verlusten im Elektrolyten und anderen elektrisch leitenden Bauteilen zusammen.

In der Elektrochemie ist die **Überspannung** U_Z^* die Differenz zwischen der Gleichgewichtsspannung und der Zersetzungsspannung unter Stromfluss. Der Betrag der zusätzlich aufzuwendenden elektrischen Energie ist eine Funktion der Stromdichte i und der verwendeten Elektrodenmaterialien. Durch den Einsatz katalytisch wirkender Dotierungsmaterialien ist eine erhebliche Reduzierung der Überspannung gegenüber unbehandelten Elektroden möglich.

Der Elektrolysewirkungsgrad ist hier in Analogie zu Gl. (12.21) durch den Kehrwert definiert:

$$\eta_{\text{Elektrolyse}} = \eta_U \cdot \eta_{\text{rev}} = \eta_U \cdot \frac{U_{\text{min}}}{U} = \frac{\dot{n}_{H_2} \cdot \Delta G}{U \cdot I} \qquad (13.19)$$

Er ist also von verschiedenen Betriebsbedingungen (Druck, Temperatur, Stromdichte) abhängig. Am Beispiel einer Kaliumhydroxid-Lösung (Kalilauge) bedeutet dies:

Temperatur	T	70...90	°C
Stromdichte	i	0,2...0,5	A/cm^2
Konzentration	KOH	25...30	% wässrige Lösung
Zellspannung	U	1,90	V
typische Wirkungsgrade	η	50...70	%

Wegen des relativ geringen Wirkungsgrades von etwa 50...70 % – je nach Baugröße [1] – wird nur ca. ein Prozent des weltweiten Wasserstoffs aus der Elektrolyse von Wasser hergestellt.

13.3 Thermochemische Dissoziation

Die **thermische Dissoziation** bezeichnet den Zerfall von Molekülen durch Wärme-Einwirkung in seine einzelnen Atome. Oberhalb einer Temperatur von 1700 °C vollzieht sich die direkte Spaltung von Wasserdampf in Wasserstoff und Sauerstoff (z. B. in Solaröfen). Die entstehenden Gase können mit keramischen Membranen voneinander getrennt werden. Diese Membranen müssen für Wasserstoff, jedoch nicht für Sauerstoff durchlässig sein. Das Problem dabei ist, dass sehr hohe Temperaturen auftreten und nur teure, hitzebeständige Materialien dafür in Frage kommen. Aus diesem Grund ist dieses Verfahren nach wie vor noch in der Entwicklung.

Eine Absenkung der Temperatur der thermischen Wasserspaltung auf unter 900 °C kann über gekoppelte chemische Reaktionen erreicht werden. Bereits in den 1970er Jahren wurden für die Einkopplung der Wärme von Hochtemperaturreaktoren verschiedene thermochemische Kreisprozesse vorgeschlagen, die zum Teil auch für die Nutzung konzentrierter Solarstrahlung geeignet sind. Die höchsten Systemwirkungsgrade sowie das größte Potenzial für Verbesserungen weist aus heutiger Sicht ein verbesserter **Schwefelsäure-Iod-Prozess** auf: Iod und Schwefeldioxid reagieren bei 120 °C mit Wasser zu Iodwasserstoff und Schwefelsäure.

$$
\begin{aligned}
2H_2SO_4 &\rightarrow 2SO_2 + 2H_2O + O_2 && (850\,°C) \\
I_2 + SO_2 + 2H_2O &\rightarrow 2HI + H_2SO_4 && (120\,°C) \\
2HI &\rightarrow I_2 + H_2 && (320\,°C)
\end{aligned}
\qquad (13.20)
$$

Nach der Separation der Reaktionsprodukte wird Schwefelsäure bei 850 °C in Sauerstoff und Schwefeldioxid gespalten, aus Iodwasserstoff entsteht bei 320 °C Wasserstoff und das Ausgangsprodukt Iod. Den hohen thermischen Wirkungsgraden der thermochemischen Kreisprozesse (bis zu 50 %) müssen die heute noch weitgehend ungelösten material- und verfahrenstechnischen Schwierigkeiten gegenübergestellt werden.

13.4 Photochemische Herstellung

Der Grundgedanke besteht darin, die Solarstrahlung direkt zu nutzen, indem energiereiche Photonen von Reaktanden absorbiert werden. Hierzu sind Halbleitermaterialien notwendig, deren Energielücke so groß ist, dass durch die Aufnahme von Lichtquanten dem Wasser Elektronen entzogen werden können, was zur Wasserspaltung führt. Durch den Einsatz von Photokatalysatoren sollen die dabei angeregten Umwandlungsprozesse erleichtert bzw. ermöglicht werden. Das Hauptproblem liegt darin, dass die photoaktiven Materialien katalytisch hochaktiv und gleichzeitig im Kontakt mit Wasser langfristig stabil sein müssen. Langfristig erscheint auch die Kombination von photo- und thermochemischen Verfahren Erfolg versprechend.

13.5 Biowasserstoff

Als Biowasserstoff wird der aus oder mittels Biomasse gewonnene Wasserstoff bezeichnet. Für die biologische Wasserstoffgewinnung kommen zurzeit drei Stoffwechselprozesse zur Anwendung:

1. Gärung: Aus organischen Verbindungen werden bei vergärenden Bakterien H_2, CO_2 und oxidierte organische Verbindungen gebildet, wobei die Energie aus der organischen Verbindung selbst stammt.
2. Oxygene Photosynthese: Aus Wasser werden mit Hilfe von Cyanobakterien hauptsächlich durch Nitrogenase[4] und bei Grünalgen ausschließlich durch Hydrogenase[5] unter Verwendung der Sonnenenergie H_2 und O_2 gebildet.
3. Anoxygene Photosynthese: Aus organischen Substraten oder reduzierten Schwefelverbindungen werden bei phototrophen Bakterien unter Verwendung der Sonnenenergie H_2 und CO_2 oder oxidierte Schwefelverbindungen gebildet.

Unter **anaeroben Bedingungen** kann Wasserstoff durch Mikroorganismen direkt aus Biomasse gewonnen werden. Werden hierfür Mischkulturen verwendet, muss die Wasserstoffproduktion vom letzten Glied der anaeroben Nahrungskette, der Methanproduktion, entkoppelt werden. Da die Freisetzung von molekularem Wasserstoff für Mikroorganismen aus Gründen der Reaktionskinetik nur bei sehr niedrigem Wasserstoffpartialdruck begünstigt wird, ist es die Aufgabe von Bioreaktoraufbau und -betrieb, den Partialdruck des Wasserstoffs trotz Abwesenheit methanogener Bakterien oder sulfatreduzierender Bakterien (also: Wasserstoff verwertender Bakterien) niedrig zu halten.

Die fermentative Wasserstoffproduktion ist jedoch energetisch ungünstig. Nach THAUER (1976) können auf dem beschriebenen Weg maximal 33 % der Verbrennungswärme aus Glucose in Wasserstoff gespeichert werden. Im Vergleich dazu können durch Methangärung 85 % der Verbrennungswärme aus Glucose in das Gärprodukt überführt werden.

Die biologische Produktion von Wasserstoffgas findet in einem Bioreaktor statt und basiert auf der Produktion von Wasserstoffgas durch **Algen**. Algen können unter bestimmten Bedingungen Wasserstoff erzeugen. In den späten 1990er Jahren entdeckte man das veränderte Verhalten der Algen bei Schwefelmangel. Die Algen stellen die Erzeugung von Sauerstoff ein und erzeugen das Wasserstoffgas. Statt mittels Algen kann Wasserstoff auch von Bakterien gebildet werden.

[4] **Nitrogenase** ist ein Enzymkomplex, der in der Lage ist, elementaren, molekularen Stickstoff (N_2 Dinitrogen) zu reduzieren und damit in eine biologisch verfügbare Form umzuwandeln.

[5] Die **Hydrogenasen** sind Enzyme, welche die reversible Zweielektronen-Oxidation des molekularen Wasserstoffs katalysieren: $H_2 \Leftrightarrow 2H^+ + 2e^-$.

13.6 Übungen

1. Was versteht man unter Elektrolyse? In welcher Weise bestimmt die Elektrizitätsmenge, die durch eine Elektrolyse-Zelle geschickt wird, das Ausmaß der in der Zelle stattfindenden chemischen Reaktion?
2. Wie lauten die FARADAYschen Gesetze bei der Elektrolyse? Wie lassen sie sich auf der Grundlage von Elektronen und chemischen Reaktionen ableiten?
3. Berechnen Sie am Beispiel der Kaliumhydroxid-Lösung (Kalilauge) in Abb. 13.1 und den Daten aus Abschn. 13.3 den Umsetzungsgrad und den reversiblen Wirkungsgradanteil.

Literatur

1. Tzscheutschler, P.: Bereitstellung von regenerativ erzeugtem Wasserstoff, Seminar „Perspektiven einer nachhaltigen Energiewirtschaft“, TU München, 9. bis 11.Mai 2007, Saig
2. Schröter, W.; Lautenschläger, K. H.; Bibrack, H.: Taschenbuch der Chemie (17. Auflage), Verlag Harri Deutsch, Frankfurt am Main, 1995
3. Dickerson; Geis: Chemie – eine lebendige und anschauliche Einführung, Verlag Chemie, Weinheim, Deerfield Beach, Florida, Basel, 1981

Weiterführende Literatur

4. Altmann, Gaus, Landinger, Stiller, Wurst: Wasserstofferzeugung in offshore Windparks (Studie im Auftrag der GEO Gesellschaft für Energie und Ökologie), L-B-Systemtechnik, Ottobrunn, www.sbst.de (2001)
5. Schüle, M.: Energietechnische Analyse der Erzeugung und des Transports von Solar-Wasserstoff, VDI-Fortschrittsbericht 287 (Reihe 6 Energieerzeugung), VDI Verlag, Düsseldorf, 1993

14 Speichertechnologien

Wegen der räumlichen und zeitlichen Schwankungen von

- (regenerative) Energieerzeugung und
- Energieverbrauch (besser wäre Leistungsbereitstellung und Leistungsaufnahme)

kommen dem Netzausbau und den Speichermöglichkeiten besondere Bedeutung zu[1]. Zusammenfassend kann den Speichern folgende Eigenschaften zugeordnet werden:

- Speicher sind relativ teuer
- die Speicherung ist verlustbehaftet.

Der nachfolgende Abschnitt gibt einen Überblick zu den Technologien und den Speicherpotentialen, teilweise kann auf Ausführungen in den Vorkapiteln verwiesen werden; vgl. Abb. 14.1.

[1] Ich danke Herrn Prof. Dr. JÜRGEN BOSSELMANN von der Hochschule 21 in Buxtehude für die Anregung und Unterstützung zu diesem Abschnitt.

H. Watter, *Regenerative Energiesysteme*, DOI 10.1007/978-3-658-09638-0_14

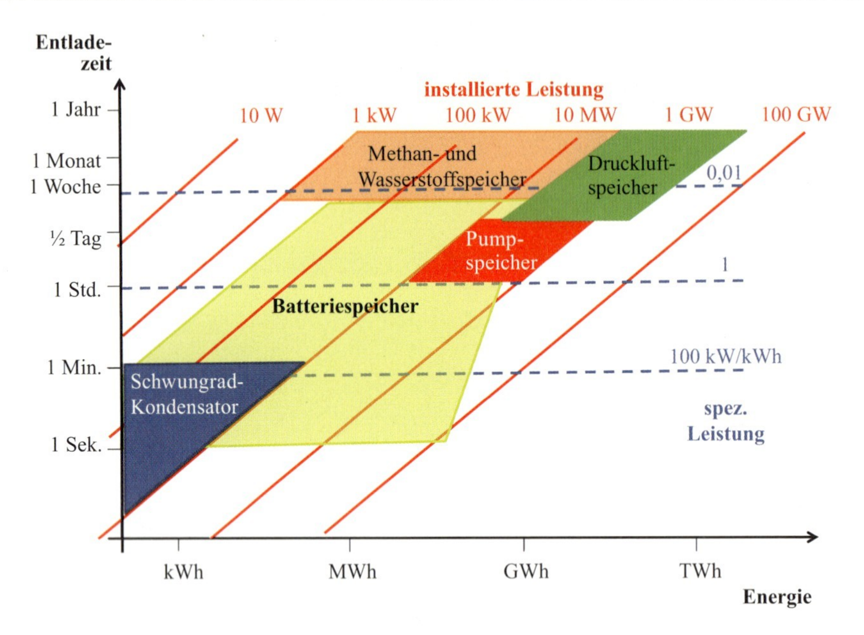

Abb. 14.1 Potentiale zu Energiegehalt, Leistungsvermögen und Entladezeit im Überblick (nach [1]).

14.1 Thermische Speicher

Im Kap. 3 zur Solarthermie wurde der Wasserspeicher hinsichtlich Aufbau und Funktion bereits vorgestellt. Aufgrund der folgenden Eigenschaften ist Wasser ein sehr gutes Wärmeträgermedium:

- Hohe Wärmekapazität
- gute Wärmeübertragungseigenschaften
- umweltfreundlich, ungiftig
- kostengünstig, leicht verfügbar
- Leckagen werden leicht erkannt (betriebliche Vorteile) etc.

Es handelt sich dabei um einen **„sensiblen“** bzw. **„kapazitiven“ Wärmespeicher**, weil sich beim Laden und Entladen „fühlbare“ Temperaturänderungen ergeben.

Dem gegenüber stehen **Latentwärmespeicher**: Hier ändert sich der Aggregatzustand. Dabei wird in erheblichem Maße Energie gebunden oder freigesetzt, ohne dass sich die Temperatur ändert. Meistens ist das der Übergang von fest zu flüssig (bzw. umgekehrt). Das Speichermedium kann über seine Latentwärmekapazität hinaus be- oder entladen werden, ändert dann aber seine Temperatur fühlbar. Die wohl bekannteste Anwendung des Latentwärmespeicher-Prinzips ist das regenerierbare Handwärmkissen im Taschenformat auf Basis einer übersättigten Natriumacetat-Trihydrat-Lösung.

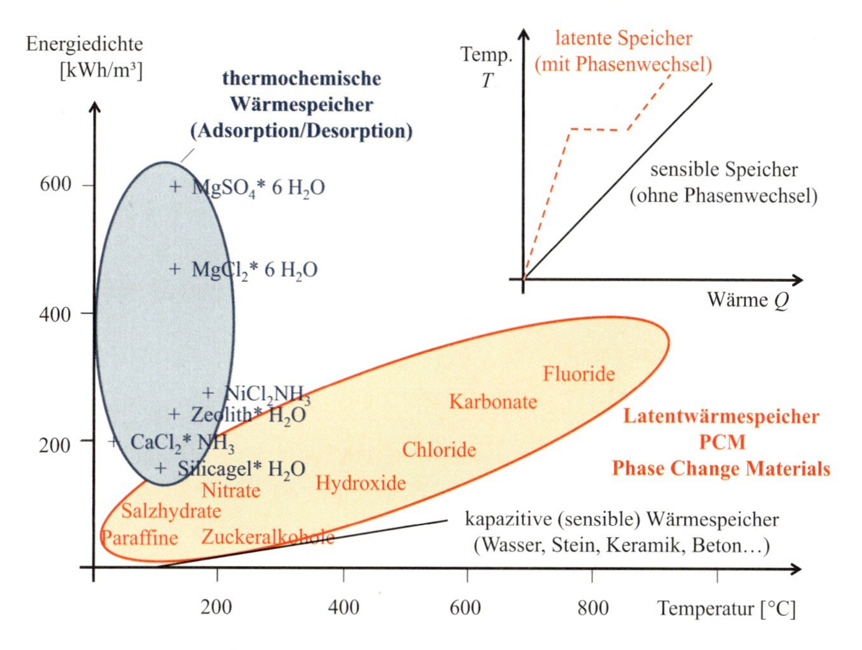

Abb. 14.2 Schematisierter Überblick zu den Speicherarten (nach [1])

Thermochemische Wärmespeicher oder **Sorptionsspeicher**: Sie speichern die Wärme mit Hilfe von endo- und exothermen Reaktionen, z. B. mit Silicagel (Kieselgel SiO_2 = Siliziumdioxid) oder Zeolithe (kristalline Stoffgruppe mit AlO_2-SiO_2-Verbindungen). Sie nutzen den Wärmeumsatz umkehrbarer chemischer Reaktionen: Durch Wärmezufuhr wechselt das verwendete Wärmeträgermedium seine chemische Struktur; bei der von außen angestoßenen Rückumwandlung wird der größte Teil der zugeführten Wärme wieder freigesetzt. Im Unterschied zu Puffer- und Latentwärmespeichern kann hier mit hoher Effizienz gespeichert und größerer Wärmemengen über längere Zeiträume gehalten werden. Die Wärmekapazität beträgt je nach Ausprägung der Technologie bis zu 300 kWh/m^3 und liegt somit etwa um Faktor 5 über der Wärmekapazität von Wasser. Daher eignen sich diese Speicher z. B. als Saisonspeicher für solarthermische Anwendungen in Regionen mit hohen jahreszeitlichen Temperaturunterschieden.

Hochtemperatur-Energiespeichern finden Anwendungen bei

- geothermischer Stromerzeugung (Kap. 10)
- solarthermischen Kraftwerken (Kap. 11) und
- Kraft-Wärme-Kopplung (Kap. 12).

In der Regel werden sie kombiniert mit einem Dampfturbinenprozess.

Die Abb. 14.2 gibt einen Überblick zum Speichervermögen und zum Temperaturniveau.

14.2 Mechanische Speicher

Zu den mechanischen Speichern können gezählt werden:

- Pumpspeicher (vgl. Abschn. 5.2),
- Druckluftspeicher und
- Schwungradspeicher.

14.2.1 Druckluftspeicher

Wegen der großen Kompressibilität ist die Speicherung von Luft in Druckluftbehältern, unterirdischen Kavernen oder Unterwasseranlagen (mit Unterstützung des Wasserdruckes) möglich. Durch die geringe Viskosität sind größere Übertragungswege mit relativ geringen Druckverlusten unproblematisch. Unmittelbare Verfügbarkeit und hohe Umweltverträglichkeit sind weitere Vorzüge der Druckluft [2].

Druckluftspeicherkraftwerke sind Speicherkraftwerke, in denen Druckluft als Energiespeicher verwendet wird. Sie dienen zur Netzregelung wie beispielsweise der Bereitstellung von Regelleistung: Wenn mehr elektrische Energie produziert als benötigt wird, kann mit der überschüssigen Energie Luft unter Druck in einen Speicher gepumpt und bei Energiebedarf mittels einer Turbine wieder genutzt werden (CAES-Kraftwerk = *Compressed Air Energy Storage*).

Abbildung 14.3 fasst die wesentlichen thermodynamischen Grundgrößen bei der Verdichtung zusammen. Im Gegensatz zur Druckerhöhung bei Flüssigkeiten ist die Leistungsaufnahme bei der Kompression relativ hoch:

$$P = \frac{\dot{m} \cdot \Delta h_S}{\eta} = \frac{1}{\eta} \cdot p_1 \cdot \dot{V}_1 \cdot \frac{\kappa}{\kappa - 1} \left[\left(\frac{p_2}{p_1} \right)^{\frac{\kappa-1}{\kappa}} - 1 \right] \tag{14.1a}$$

Das Arbeitsvermögen bzw. die Energiespeicherung beträgt

$$W = \frac{\int_1^2 V \cdot dp}{\eta} = \frac{1}{\eta} \cdot p_1 \cdot V_1 \cdot \frac{\kappa}{\kappa - 1} \left[\left(\frac{p_2}{p_1} \right)^{\frac{\kappa-1}{\kappa}} - 1 \right]. \tag{14.1b}$$

Darin sind

p der Eintritts- und Austrittsdruck p_1 und p_2 [bar]
κ der Isentropen- oder Polytropenexponent [–],
η der Wirkungsgrad der Verdichtung [–],
$\dot{V}_1$ der Ansaugvolumenstrom [m^3/s],
P die erforderliche Antriebsleistung der Verdichtung [kW],
W das technische Arbeitsvermögen [kWh].

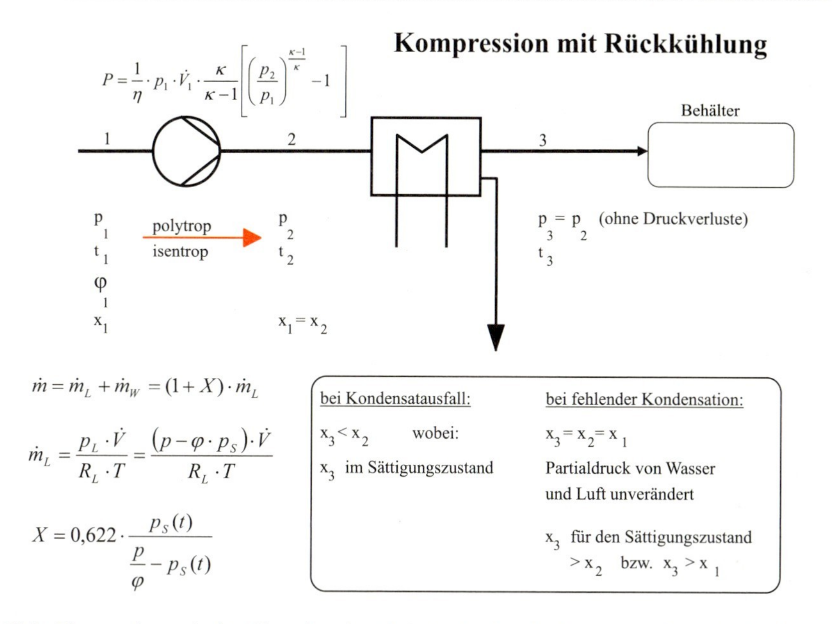

Abb. 14.3 Thermodynamische Grundgrößen bei der Luftverdichtung mit Zwischenkühlung und Kondensatanfall.

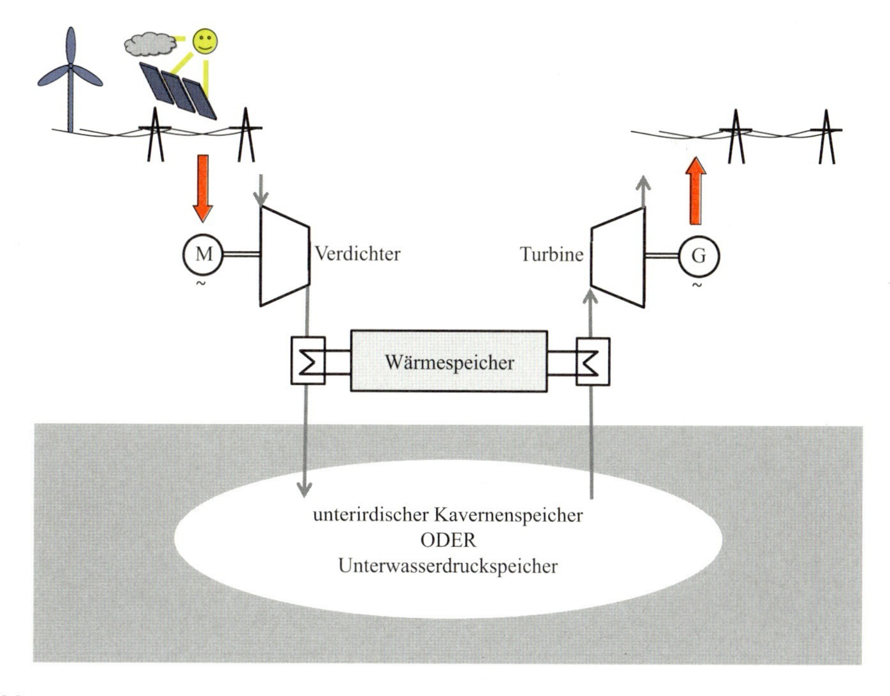

Abb. 14.4 Schematischer Aufbau eines adiabaten Druckluftspeichers (CAES – Compressed Air Energy Storage System)

Tab. 14.1 Druckspeicherkraftwerke [3]

Ort	Huntorf, D	McIntosh, USA
Inbetriebnahme	1978	1991
Speicher	2 zyl. Salzkavernen mit je 150.000 m^3 in 600...800 m Tiefe ($H = 200$ m, $D = 30$ m)	Salzkaverne 538.000 m^3 in 450...700 m Tiefe
Leistung	290 MW über 2 Std.	110 MW über 26 Std.
Energieaufwand für 1 kWh_e (Wirkungsgrad)	0,8 kWh elektr. Energie 1,6 kWh Gas	0,68 kWh elektr. Energie 1,17 kWh Gas
Druckniveau	50–70 bar	45...76 bar
Bem.	diabatisches Kraftwerk, weltweit erste CAES	erstes CAES mit Wärmetauschern

Bei kleineren Volumenströmen kommen Hubkolbenverdichter, bei größeren Volumenströmen Turboverdichter zur Anwendung (Strömungsmaschinen als Radial- oder Axialverdichter).

Bei der Verdichtung steigen Druck und Temperatur. Zum Schutz der Bauteile vor Übertemperaturen ist daher eine Zwischenkühlung notwendig, die dabei anfallende Wärme kann für den Prozess (z. B. bei der späteren Rückexpansion und der „entstehenden Expansionskälte") genutzt werden (**adiabater Druckluftspeicher**, vgl. Abb. 14.4). Von einem **diabatischen Druckluftspeicher** spricht man, wenn die Wärme nicht in einem Wärmespeicher zwischengespeichert wird, sondern durch Kühlung abgeführt und bei der Expansion mittels Brennkammer wieder zugeführt wird[2].

Für die Speicherung der Druckluft können geologische Kavernen [3] oder Druckbehälter unter dem Meeresspiegel zur Anwendung kommen (hier unterstützt der Wasserdruck in Abhängigkeit von der Wassertiefe einen gleichbleibenden Druck bei der Entnahme und Befüllung) [4].

Wegen der thermodynamischen Verluste bei der Kompression und Expansion liegt der Wirkungsgrad für Kompression und Expansion bei jeweils ca. 60 bis 70 %. Die Wirkungsgradpotentiale adiabater Kraftwerke liegen daher in diesem Bereich; für diabatische Druckluftspeicher liegt der Wirkungsgrad wegen des zusätzlichen Brennstoffeintrags in der Brennkammer bei der Expansion bei ca. 50 % (vgl. Tab. 14.1). Von Vorteil sind die schnellen Reaktionszeiten, um Netzschwankungen ausgleichen zu können (3 bis 10 Min.) [1].

[2] Eine **diabatische Zustandsänderung** ist eine Zustandsänderung eines thermodynamischen Systems, bei der mit der Umgebung Wärme ausgetauscht wird. Es handelt sich folglich um das realistische Gegenstück einer adiabatischen Zustandsänderung. Da diabatische Prozesse schwerer zu modellieren sind und gerade bei Gasen in der Regel gegenüber adiabatischen Prozessen eine untergeordnete Rolle spielen, werden sie meist vernachlässigt.

Bei der Verdichtung von Luft und anschließender Rückkühlung entsteht Kondensat. Der Massenstrom der feuchten Luft enthält trockene Luft und Wasser

$$\dot{m} = \dot{m}_\mathrm{L} + \dot{m}_\mathrm{W} = (1 + X) \cdot \dot{m}_\mathrm{L}\,. \tag{14.2}$$

Darin ist

$\dot{m}$ Massenstrom der feuchten Luft, bestehend aus
$\dot{m}_\mathrm{L}$ Massenstrom der trockenen Luft
$\dot{m}_\mathrm{W}$ Massenstrom der Luftfeuchtigkeit (Wasser) und
X absoluter Wassergehalt der Luft [kg/kg].

Die feuchte Luft erhält bei dieser Nomenklatur keinen Index, während die Teilkomponenten Luft (L) und Wasser (W) jeweils einen Index erhalten. Die Thermodynamik liefert für den Teilmassenstrom der trockenen Luft

$$\dot{m}_\mathrm{L} = \frac{p_\mathrm{L} \cdot \dot{V}}{R_\mathrm{L} \cdot T} = \frac{(p - \varphi \cdot p_\mathrm{S}) \cdot \dot{V}}{R_\mathrm{L} \cdot T} \tag{14.3a}$$

und für den absoluten Wassergehalt

$$X = \frac{m_\mathrm{W}}{m_\mathrm{L}} = 0{,}622 \cdot \frac{p_\mathrm{S}(t)}{\frac{p}{\varphi} - p_\mathrm{S}(t)} \tag{14.3b}$$

wobei

$$0{,}622 = \frac{R_\mathrm{L}}{R_\mathrm{W}} = \frac{287\,\mathrm{J/kgK}}{461\,\mathrm{J/kgK}} \tag{14.3c}$$

mit

p_L Partialdruck der trockenen Luft
$\dot{V}$ Gesamtmassenstrom der feuchten Luft
T Temperatur des Luftgemisches aus trockener Luft und Wasser
p_S temperaturabhängiger Sättigungsdruck (aus der Dampftafel)
φ relative Feuchte (z. B. durch Messung ermittelt)
R_L allgemeine Gaskonstante der trockenen Luft (287 J/kg K).

Es fallen somit bei der Kompression erhebliche Wassermengen an.

Für den temperaturabhängigen Sättigungsdruck zeigen Tab. 14.2 und Abb. 14.5 einen Dampftafelauszug.

Tab. 14.2 Dampftafelauszug

Sättigungszustand	
Druck p [bar abs.]	Temp. t [°C]
0,010	6,98
0,015	13,04
0,020	17,51
0,025	21,10
0,030	24,10
0,035	26,69
0,040	28,98
0,045	31,04
0,050	32,90
0,055	34,61
0,060	36,18
0,065	37,65
0,070	39,03
0,075	40,32
0,080	41,53
0,085	42,69
0,090	43,79
0,095	44,83
0,10	45,83
0,15	54,00
0,20	60,09
0,25	64,99
0,30	69,12
0,40	75,89
0,45	78,74
0,50	81,35
0,55	83,74
0,60	85,95
0,65	88,02
0,70	89,96
0,75	91,79
0,80	93,51
0,85	95,15
0,90	96,71
0,95	98,20
1,00	99,63
1,50	111,37
2,00	120,23
2,50	127,43
3,00	133,54

Tab. 14.2 (Fortsetzung)

Sättigungszustand	
Druck p [bar abs.]	Temp. t [°C]
3,50	138,87
4,00	143,62
4,50	147,92
5,00	151,83
5,50	155,46
6,00	158,84
6,50	161,99
7,00	164,96
7,50	167,75
8,00	170,41
8,50	172,94
9,00	175,36
9,50	177,66
10,00	179,88

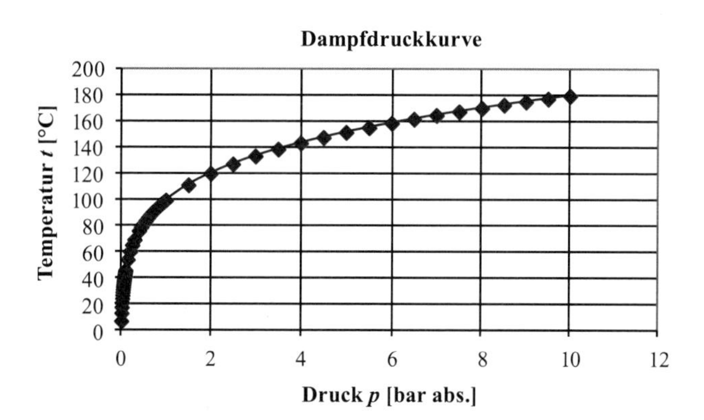

Abb. 14.5 Dampfdruckkurve

14.2.2 Schwungradspeicher

Mechanische Systeme zeigen die höchsten Wirkungsgrade bei minimalen Verlusten. Die Anordnung drallgeregelter Schwungradspeicher in der Übertragungskette zwischen Energiebereitstellung und Bedarf trägt wegen ihres hohen Wirkungsgrades nicht nur zur größerer Ergiebigkeit und Elastizität bei konventionellen Energieanlagen bei (z. B. als Schwungmasse am Verbrennungsmotor), sondern kann auch für periodische Wind- oder Gezeitenbewegungen sinnvoll sein.

Die rotierende, zylindrische Schwungmasse besitzt die kinetische Energie

$$W_{\text{kin}} = E_{\text{kin}} = \frac{1}{2} J \cdot \omega^2 \tag{14.4a}$$

wobei die Winkelgeschwindigkeit

$$\omega = 2 \cdot \pi \cdot n \quad [\mathrm{s}^{-1}] \tag{14.4b}$$

und das Massenträgheitsmoment für zylindrische Rotationskörper

$$J = \frac{1}{2} m \cdot r^2 \quad [\mathrm{kg\,m}^2]\,, \tag{14.4c}$$

mit

n Drehzahl [s^{-1}]
m Masse [kg]
r Radius [m].

Zur Reduzierung der Reibungsverluste sollten Schwungmassen in einer Vakuumkammer betrieben werden. Schwungmassenspeicher zeichnen sich aus durch

- hohen Gesamtwirkungsgrad 80...95%
- geringen Verschleiß, bzw. hohe Lebensdauer
- schnelle Reaktionszeiten (ab 10 ms), aber
- mäßige Energie- und Leistungsdichte.

Sie werden daher in rotierenden Umformern, zur Frequenz-, Spannungs- und Spitzenlastregelung sowie für unterbrechungsfreie Stromversorgungen (USV) eingesetzt. Im Großmaßstab können exemplarisch genannt werden:

- Schwungradspeicher im Garchinger Max-Planck-Institut für Plasmaphysik (m = 230.000 kg, 400 kWh max., 155 MW für 10 s)
- Hazle Township, Pennsylvania, 20 MW mit 4 s Reaktionszeit mit 200 Schwungrädern (5 MWh für 15 Min.), Wirkungsgrad 97 % für die rotierenden Speicher, 85 % für die Gesamtanlage und
- Stephentown, New York, gleicher Bauart seit 2011.

Das erste rein zur Energiespeicherung verwendete Schwungrad bestand aus Stahl und wurde 1883 von JOHN A. HOWELL entwickelt. Es wog 160 kg und hatte einen Durchmesser von 45 cm. Beschleunigte man es auf 21.000 min^{-1}, konnte es so viel Energie speichern, dass es möglich war, ein Torpedo 1,5 km weit 55 km/h schnell durch das Wasser zu befördern[3].

[3] http://www.strom-speicher.org/

14.3 Elektrische Energiespeicher

Zu den elektrischen Speichern gehören

- Akkumulatoren und
- Kondensatoren.

In einem **Akkumulator** wird beim Aufladen elektrische Energie in chemische Energie umgewandelt. Wird ein Verbraucher angeschlossen, so wird die chemische Energie wieder in elektrische Energie zurück gewandelt (Galvanische Zelle). Die für eine elektrochemische Zelle typische elektrische Nennspannung, der Wirkungsgrad und die Energiedichte hängen von der Art der verwendeten Materialien ab.

Treibende Kraft ist dabei das **elektrochemische Potential** aus der freien Enthalphie ΔG gem. Gl. (7.27) und dem daraus ableitbaren Spannungspotential nach Gl. (13.18): In parallelen Reaktionen an den Elektroden werden Elektronen abgegeben (Oxidation) und aufgenommen (Reduktion) – es entsteht ein elektrischer Stromkreis; vgl. dazu die Ausführungen zur Brennstoffzelle in Abschn. 12.8 und zur Elektrolyse in Abschn. 13.2.

Die elektrochemischen Mechanismen werden am Beispiel des **Blei-Akkumulators** dargestellt: Der Blei-Akkumulator (Bleibatterie) besteht aus gitterförmig gestalteten Bleielektroden. Die Hohlräume zwischen den Gittern sind mit aktiven Massen gefüllt:

- Aktive Masse am **positiven Pol**: Bleioxid (**PbO_2**)
- am **negativen Pol** fein verteiltes poröses Blei (**Bleischwamm**)
- **Elektrolyt**: Schwefelsäure (**H_2SO_4**)

Polbezeichnung Minuspol (Elektronenüberschuss), Pluspol (Elektronenmangel)

Entladevorgang

$$\text{Pb-Anode:} \quad Pb + H_2SO_4 \rightarrow \underset{\text{fest}}{PbSO_4} + 2H^+ + 2e^-$$

$$\text{Pb-O}_2\text{-Kathode:} \quad PbO_2 + H_2SO_4 + 2H^+ + 2e^- \rightarrow \underset{\text{fest}}{PbSO_4} + 2H_2O$$

Die positiven Bleiionen verbinden sich mit den negativen Sulfationen zu Bleisulfat. Dabei entsteht Wasser mit einer **Reaktionsenergie** von **348 kJ/mol**. Die **Entladungsspannung der Zelle** beträgt etwa **2 V** bei einer **Dichte der Schwefelsäure von 1,28 g/cm³** [5]. Die 35%ige Schwefelsäure wird verbraucht, die Dichte der Elektrolytlösung sinkt während der Entladung, d. h. der Ladezustand kann durch Dichtemessung der Flüssigkeit bestimmt werden. Chemische Energie wird in elektrische Energie umgesetzt.

Bei der Ladung verlaufen diese Prozesse in der entgegengesetzten Richtung. Die Dichte der Schwefelsäure steigt. Der Wirkungsgrad (inkl. Umrichter) liegt bei ca. 70...80 %, die Zyklenlebensdauer bei 500 bis 2000 Be- und Entladezyklen (5 bis 10 Jahre – abhängig von den Umgebungs- und Betriebsbedingungen).

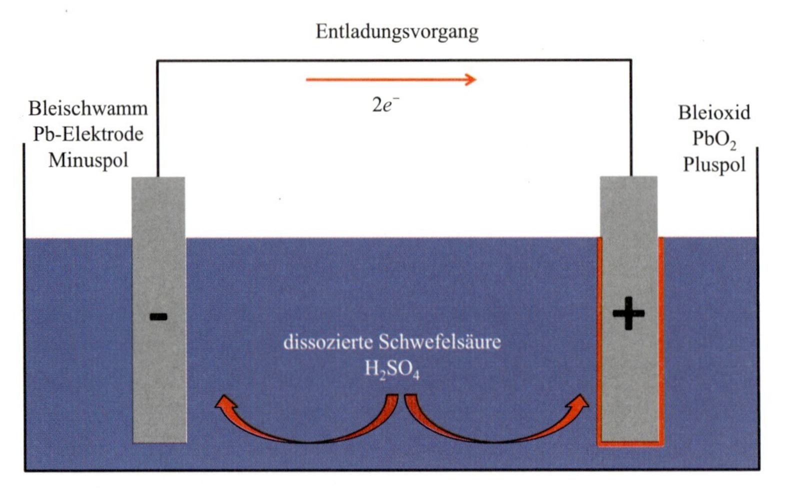

$$Pb + H_2SO_4 \rightarrow \underset{fest}{PbSO_4} + 2H^+ + 2e^-$$

$$PbO_2 + H_2SO_4 + 2H^+ + 2e^- \rightarrow \underset{fest}{PbSO_4} + 2H_2O$$

Abb. 14.6 Entladungsvorgang am Bleiakkumulator

Der Aufbau der **Nickel-Cadmium-Akkumulatoren** ist ähnlich dem von Bleiakkumulatoren. Die aktiven Massen bestehen am positiven Pol aus Nickeloxidhydroxid, NiO(OH), am negativen Pol aus porösem Cadmiumschwamm. Der Elektrolyt ist eine Kaliumhydroxid-Lösung, KOH. **Entladevorgang**: An der Anode wird Cadmium zu Cadmiumhydroxid oxidiert. Die frei werdenden Elektronen fließen über den Verbraucher zur Kathode. Dort wird das Nickeloxihydroxid zu Nickelhydroxid reduziert. Die Entladespannung beträgt etwa 1,2 V. Die Dichte der Kaliumhydroxid-Lösung ändert sich dabei unwesentlich. Bei 20 °C ist die Dichte etwa 1,2 kg/dm^3, entsprechend einer Konzentration von 20 % KOH in Wasser [5]. Der Ladezustand des Ni-Cd-Akkumulators kann daher nicht über die Dichtemessung ermittelt werden, sondern nur über eine Spannungsmessung über eine Last. Es sind ca. 300. . . 500 Ladezyklen (5. . . 10 Jahre) möglich. Wegen der besonderen Giftigkeit sind cadmiumhaltige Batterien nach dem nationalen *Batteriegesetz* und nach EU-Recht nur noch im Ausnahmefall einsetzbar.

Ein **Lithium-Ionen-Akkumulator** (auch Lithium-Ionen-Akku, Li-Ionen-Akku, Li-Ionen-Sekundärbatterie, Lithium-Akkumulator oder kurz Li-Ion) ist ein Akkumulator auf der Basis von Lithium. Der Li-Ionen-Akku zeichnet sich durch **hohe Energiedichte** aus. Er ist thermisch stabil und unterliegt **keinem Memory-Effekt**. Ein Lithium-Ionen-Akku erzeugt die Quellenspannung durch die Verschiebung von Lithium-Ionen.

- Beim **Ladevorgang** wandern positiv geladene Lithium-Ionen durch einen Elektrolyt hindurch von der positiven Elektrode zwischen die Graphitebenen (nC) der negativen Elektrode, während der Ladestrom die Elektronen über den äußeren Stromkreis liefert; die Ionen bilden mit dem Kohlenstoff eine eingelagerten Li-Verbindung ($Li_x nC$).

- Beim **Entladen** wandern die Lithiumionen zurück in das Metalloxid und die Elektronen können über den äußeren Stromkreis zur positiven Elektrode (nunmehr die Kathode) fließen. Der Wirkungsgrad liegt bei 90...95 % (die Verluste beim Be- und Entladen sind z. B. beim Mobiltelefon als Wärme spürbar); es wird mit ca. 500...800 Ladezyklen (5 bis 10 Jahre je nach Betriebsbedingungen) gerechnet.

Ein wichtiger Parameter zur Beurteilung eine Batteriesystems ist die sogenannte **„C-Rate"**, sie ist das Verhältnis aus Be- oder Entladestrom und Akku-Kapazität [mA/mAh] oder auch dem Leistungs-/Energieverhältnis [kW/kWh]: Die Angabe *„25C discharge"/„2C charge"* bedeutet bei einem 2000 mAh-Akkumulator, dass der Entladestrom nicht größer als 25 mA/mAh × 2000 mAh = 50 A und der Beladestrom nicht größer als 2 mA/mAh × 2000 mAh = 4A sein sollte. Die C-Rate bestimmt somit das dynamische Leistungsvermögen der Anwendung; betrieblich gewählte, kleine C-Raten erhöhen die Lebensdauer der Akkumulatoren. Dynamisch hoch beanspruchte Systeme mit schnellen Be- und Entladezyklen erfordern >4 C-Raten. Hier liegt der Schwerpunkt der aktuellen Entwicklungen.

Beim Be- und Entladen steigen die OHMschen Verluste mit dem Quadrat des Stromes

$$P = U \cdot I = (R \cdot I) \cdot I = R \cdot I^2 , \tag{14.5}$$

so dass Batteriesysteme mit hohen Leistungsanforderungen nicht nur ein „Power-Management", sondern meist auch ein „Wärmewirtschaftskonzept" (bzw. ein Kühlsystem) erfordern.

Weitere Ausführungsformen, wie die **Hochtemperaturbatterien** auf Basis von

- Natrium-Nickel-Chlorid ($NaNiCl_2$) oder
- Natrium-Schwefel (NaS) sowie die
- **Redox-Flow-Batterie** (hier zirkulieren flüssige Reaktionspartner, ähnlich wie bei Brennstoffzelle in Abschn. 12.8)

sollen hier nicht weiter betrachtet werden.

14.4 Chemische Speicher

Neben den elektrochemischen Speichern wird die chemische Stoffumwandlung als Zwischenspeichermedium genutzt bei

- der Synthese von flüssigen Kraftstoffen (Kap. 9)
- der Nutzung gasförmigen Brennstoffen z. B. bei der Einbindung in das Erdgasnetz (vgl. dazu die Ausführungen zur Methanisierung in Abschn. 7.1.3 Gl. (7.36), zur CO_2-Abtrennung in Abschn. 8.3 und zur Elektrolyse in Abschn. 13.1) sowie
- zukünftigen Konzepten zur Wasserstoffwirtschaft (vgl. Kap. 13).

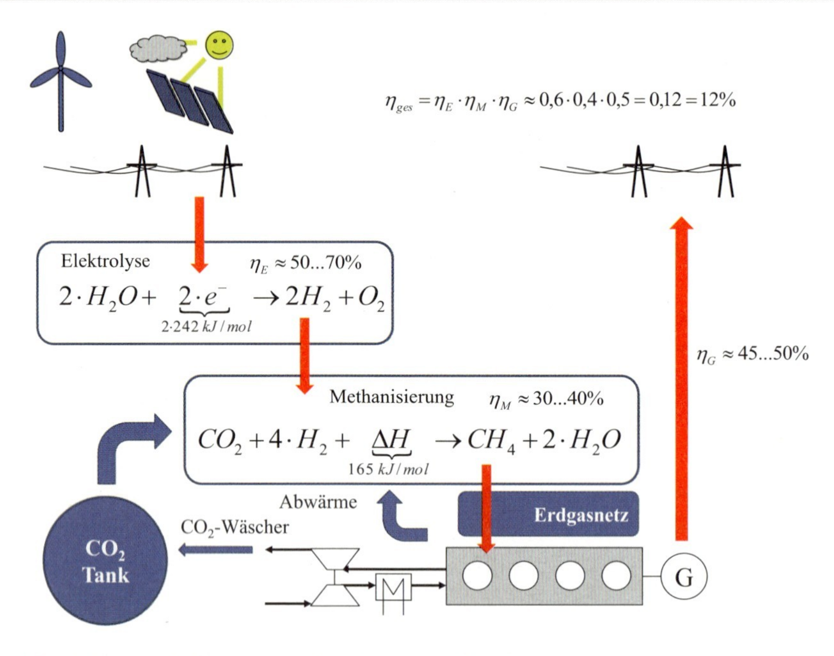

Abb. 14.7 Schematische Darstellung des „Power-to-Gas"-Prozesses.

In gewisser Weise stellen also Biomasse, Biokraftstoffe und Biogas ebenfalls gespeicherte Energieformen dar.

Nachfolgend wird exemplarisch das Verfahren **„Power-to-Gas"** vorgestellt: Konzeptionell soll dabei

- überschüssige regenerative elektrische Energie mittels Elektrolyse mittelbar
- in Wasserstoff und anschließend
- über die Methanisierung zu synthetischem Erdgas (SNG = Synthetic Natural Gas) überführt und
- in das Erdgasnetz eingespeist werden.

Der Wasserstoff könnte auch begrenzt direkt eingespeist werden; wegen der geänderten Zünd- und Brenneigenschaften und der Wasserstoffversprödung bei Werkstoffen sind hier jedoch Obergrenzen vorgegeben. Mit dem zusätzlichen Verfahrensschritt wird diese Problematik vermieden.

Die einzelnen Prozessschritte wurden in den Vorkapiteln bereits erörtert. Abbildung 14.7 zeigt eine schematische Zusammenfassung der wesentlichen Prozessschritte mit den zu erwartenden Wirkungsgraden und Verlustanteilen. Es zeigt sich, dass die gesamte Prozesskette mit der Zielstellung „Zwischenspeicherung" relativ aufwendig ist und einen mäßigen Gesamtwirkungsgrad besitzt.

Zum Themenkomplex „Power-to-Liquid" wird auf die Ausführungen im Kap. 9 verwiesen.

14.5 Übungen

1. In den Einleitungskapiteln wurde als Einführungsbeispiel für die Begriffe Energie und Leistung eine Haushaltskaffeemaschine zur Veranschaulichung genutzt: Leistungsaufnahme ca. $> 1000\,\text{W} = 1\,\text{kW}$; wird die Kaffeemaschine 1 Std. betrieben, so wird dafür 1 kWh Energie benötigt.
   Es wurde ebenfalls aufgezeigt, dass Energie durch potentielle Energie gespeichert werden kann. Wie hoch müssen 10 kg Wasser (1 Eimer) gehoben werden, um (verlustfrei) 1 kWh Energie zu speichern?
2. Eine 12-V-Autobatterie hat ca. 70 Ah Ladekapazität. Welche Energiemenge ist damit gespeichert? Das Ergebnis ist auf die o. g. Kaffeemaschine zu reflektieren.
3. In 50 m Wassertiefe (ca. 5 bar Überdruck) soll ein Ballon oder Pneumatikzylinder so mit Druckluft gefüllt werden, dass 1 kWh Energie in Form von Druckluft gespeichert wird. Welches Behältervolumen ist erforderlich? Annahmen: Keine Verluste, Isentropenexponent der Luft 1,4. Man bestimme den Kugeldurchmesser des Ballons in dieser Wassertiefe (Als „Energy Bag" kann dieses System die Druck- und Auftriebskräfte nutzbar machen [4]).
4. In [6] wird u. a. ein Schwungradspeicher für ein Gezeitenkraftwerk von 1000 kW vorgeschlagen, um die periodische Energieangebot der Gezeiten zu verstetigen (gem. Abb. 5.9 ca. 12 Std.). Der Zeichnung ist zu entnehmen, dass 10 Schwungradspeicher mit jeweils 10 m Länge und 1 m Durchmesser oberhalb der Wasserturbine angeordnet werden soll (Werkstoff Stahl mit einer Dichte von $7{,}85\,\text{kg/dm}^3$). Welcher Drehzahl ist im Mittel erforderlich, damit 1000 kW über 12 Std. stetig abgegeben werden können?

Literatur

1. Bosselmann, J.: Energie- und Umwelttechnik – Energiespeicher (Vorlesungsmanuskript), Hochschule 21, Buxtehude, 2013.
2. Watter, H.: Hydraulik und Pneumatik – Grundlagen und Übungen – Anwendungen und Simulation (3. Aufl.), Springer Vieweg, 2014.
3. BINE: Druckluft- Speicherkraftwerke, Projektinfo 05/2007 zum Projektbericht „Verbesserte Integration großer Windstrommengen durch Zwischenspeicherung mittels CAES", verfügbar via www.bine.info.
4. Schmitz, U.: Druckluft soll Strom speichern und erzeugen, VDI-Nachrichten 33/34 v. 15.08.2014 Seite 13.
5. Bernhardt, F.; Meier-Peter, H. (Hrsg.) … Kehm, Watter (et al.): Handbuch Schiffsbetriebstechnik: Betrieb – Überwachung – Instandhaltung (2. Aufl.), Seehafen Verlag, Hamburg, 2012.
6. Dehne, H.-D.: Wirtschaftliche Energiespeicher, VDI-Berichte 591, Düsseldorf, 1986.

Weiterführende Literatur

7. Lindner, F.: Latente Wärmespeicher bei Hausheizungs- und Prozeßwärmetemperaturen, VDI-Berichte 591, Düsseldorf, 1986.

8. Jansen, D.: Anforderungen an eine Power-to-Gas-Anlage für den Offshore-Einsatz mit einer Anschlussleistung von 240 MW, Abschlussarbeit, FH Flensburg, 2013.

Anhang 15

15.1 Beispieldaten Wärmeverbrauch eines Einfamilienhaus

Exemplarische Verbrauchs- und Kostendaten eines Einfamilienhauses:

Gebäudedaten

Baujahr:	1995	
Wohnfläche:	160	
Bewohner:	4	d.h. 2 Erw. + 2 Kinder

Wärmeverbrauchsdaten:

Auszug aus den Fernwärmerechnungen (Zahlungen inkl. aller Nebenkosten):

Datum		Anz.	Verbrauch	Rechnungs-		Umrechnung auf 365 Tage		pro m² Wohnfläche	
von	bis	Tage	MWh	betrag	€/MWh	MWh	Jahreskosten	kWh/m² a	€ / m² a
07.01.2001	07.11.2001	305	10,235	1.027,69 €	100,41 €	12,248	1.229,86 €	76,553	7,69 €
08.11.2001	25.10.2002	352	16,689	1.120,66 €	67,15 €	17,305	1.162,05 €	108,158	7,26 €
26.10.2002	29.10.2003	369	18,449	1.222,32 €	66,25 €	18,249	1.209,07 €	114,056	7,56 €
30.10.2003	23.10.2004	360	16,789	1.159,44 €	69,06 €	17,022	1.175,54 €	106,389	7,35 €
24.10.2004	19.10.2005	361	17,097	1.268,53 €	74,20 €	17,286	1.282,59 €	108,040	8,02 €
20.10.2005	17.12.2006	424	19,193	1.521,89 €	79,29 €	16,522	1.310,12 €	103,264	8,19 €
26.05.2006	***Inbetriebnahme der solarthermischen Anlage für Brauchwasser u. Heizungsunterstützung***								
18.12.2006	10.09.2007	267	6,926	779,69 €	112,57 €	9,468	1.065,87 €	59,176	6,66 €
11.09.2007	02.09.2008	358	11,322	1.191,43 €	105,23 €	11,543	1.214,73 €	72,146	7,59 €

H. Watter, *Regenerative Energiesysteme*, DOI 10.1007/978-3-658-09638-0_15

15.2 Beispieldaten elektr. Verbrauch eines Einfamilienhaushalts

Exemplarische Verbrauchs- und Kostendaten eines Einfamilienhauses:

Gebäudedaten

Baujahr:	1995	
Wohnfläche:	160	
Bewohner:	4	d.h. 2 Erw. + 2 Kinder

Energieverbrauchsdaten:

Auszug aus der Rechnungen für Energielieferung (Zahlungen inkl. aller Nebenkosten):

Datum von	bis	Anz. Tage	Verbrauch kWh	Rechnungs-betrag	€/kWh	Umrechnung 365 Tage kWh / a	Jahreskosten	pro m² Wohnfläche kWh/m² a	€ / m² a	pro Pers. kWh/Pers.
07.01.2001	07.11.2001	305	3429	501,35 €	0,15 €	4104	599,98 €	26	3,75 €	1026
08.11.2001	25.10.2002	352	4235	650,65 €	0,15 €	4391	674,68 €	27	4,22 €	1098
26.10.2002	29.10.2003	369	4507	737,27 €	0,16 €	4458	729,28 €	28	4,56 €	1115
30.10.2003	23.10.2004	360	4556	787,81 €	0,17 €	4619	798,75 €	29	4,99 €	1155
24.10.2004	19.10.2005	361	4118	747,47 €	0,18 €	4164	755,75 €	26	4,72 €	1041
20.10.2005	13.01.2007	451	5548	1.047,73 €	0,19 €	4490	847,94 €	28	5,30 €	1123
14.01.2007	10.09.2007	240	2561	509,05 €	0,20 €	3895	774,18 €	24	4,84 €	974
11.09.2007	02.09.2008	357	4273	867,32 €	0,20 €	4369	886,76 €	27	5,54 €	1092
					Mittelwert	**4311**		**27**		**1078**

15.3 Verbrauchsdaten exemplarischer Haushaltsgeräte

Herd mit Kochplatten und Ofen	10	kW max.
Dunstabzugshaube		
Lüfter	110	W
Beleuchtung	2×40	W
Mikrowelle	1,370	kW
mit Grillfunktion	2,170	kW
Kühlschrank	75	W
Gefrierschrank	90	W
Kühl-/Gefrierkombination	120	W
Waschmaschine	2000	W
• Kochwäsche 95 °C	1,80	kWh
• Buntwäsche 60 °C	1,05	kWh
• Buntwäsche 40 °C	0,55	kWh
• Mittl. Verbrauchsdaten pro Waschgang	1,0...1,4	kWh
Trockner	2500	W
• Mittl. Verbrauchsdaten pro Trockengang	4...4,5	kWh
Geschirrspüler	2300	W
• ca. 12 Ltr und 1,0 kWh pro Spülgang	1,05	kWh
Kaffeemaschine	1220	W
Heißwasserkocher	2200	W
Toaster	1300	W
Staubsauber	1600	W
Fernsehgerät	65	W
Video/DVD-Player	32	W
Satellitenempfänger	13	W
Radio/Stereoanlage	50 90	W W
PC Bildschirm		
Laptop	150	W

Hinweis Zur Veranschaulichung des Leistungsbegriffes „1000 W = 1 kW" ist näherungsweise eine Kaffeemaschine oder ein Toaster geeignet: Nur bei Bereitstellung dieser Leistung ist ein Kaffeegenuss möglich. Wird die Kaffeemaschine 1 Std. betrieben, wird 1 kWh Energie „verbraucht".

15.4 Grundlagen der Wirtschaftlichkeitsrechnung

In der Regel muss die Finanzierung der Investitionskosten über den Kapitalmarkt erfolgen. Über die Einnahmen sind dann die laufenden Kosten zu erwirtschaften. Nachfolgend werden die wichtigsten „Merkpunkte" zur Kostenrechnung zusammengefasst[1].

15.4.1 Bilanz

In der Bilanz werden Vermögenswerte (Aktivseite: Grundstücke, Gebäude, Maschinen, liquide Mittel usw.) und deren Herkunft (Passivseite: Eigenkapital des Besitzers, Bankendarlehen usw.) gegenübergestellt. Beide Seiten müssen also stets ausgeglichen sein.

Die **Aktivseite (Activa)** wird unterteilt in Anlagevermögen und Umlaufvermögen. Das **Anlagevermögen** beinhaltet im Wesentlichen

1. Immobilien (Grundstücke, Gebäude),
2. Mobilien (Möbel, Fahrzeuge, technische Anlagen und Maschinen) sowie
3. Finanzanlagen (Wertpapiere, Beteiligungen).

Zum **Umlaufvermögen** gehören

1. Vorräte (Waren- und Materialbestände),
2. Debitoren (Forderungen aus Lieferungen und Leistungen) und
3. liquide Mittel (Kasse, Bankguthaben).

Die Auflistung erfolgt nach Verfügbarkeit, d. h. unflexible Vermögenswerte erscheinen bevorzugt an erster Stelle, flexible Finanzmittel zuletzt.

Die **Passivseite (Passiva)** ist in Eigen- und Fremdkapital aufgeteilt. Zum **Eigenkapital** zählt:

1. Grundkapital (Aktienkapital, Kapitalanlagen)
2. Rücklagen (Gewinne, die im Unternehmen verbleiben)

Zu **Fremdkapital** gehören

1. Rückstellungen (Kapital, das für in Zukunft zu zahlende Verbindlichkeiten angesammelt wird),
2. (Bank-)Schulden (Darlehen, Hypotheken),
3. Kreditoren (Verbindlichkeiten gegenüber Kreditinstituten, Lieferantenschulden oder -kredite).

Die Auflistung erfolgt nach Fälligkeitsterminen der Verbindlichkeiten.

[1] Stahl, Roland; Geller, Reto K.; Mehler, H.A.: Handbuch Führungskräfte, Heyne-Verlag, München, 1988

Im **Rechnungsabgrenzungsposten** werden Abrechnungsperioden abgegrenzt. Diese Position erscheint auf der Aktiv- und auf der Passivseite. Auf der Aktivseite sind dies z. B. Lohnzahlungen, die (bei Erstellung der Bilanz) bereits vorab gezahlt wurden. Auf der Passivseite sind dies z. B. vorab erhaltene Mietzahlungen.

Zum Bilanzstichtag (i. Allg. der 31. Dez. eines Jahres) erfolgt so die Bewertung des Unternehmenswertes. Im Rahmen der Inventur werden alle Vermögenswerte aufgenommen, bewertet und die aufsummierten Schulden abgezogen. Der verbleibende Betrag ist das **Eigenkapital**. Durch **Gewinn/Verlust** des Geschäftsjahres verändert sich das Kapital entsprechend. Verbleibt ein positiver Betrag und ist dieser Betrag gegenüber dem Vorjahr gewachsen, so hat das Unternehmen **Gewinn** gemacht. Dieser erscheint dann auf der Passivseite. Ist der **Jahresfehlbetrag** größer als das am Jahresanfang vorhandene Eigenkapital, dann muss der Teil des Jahrsfehlbetrages (Verlust), der nicht durch Eigenkapital abgedeckt ist, auf der Aktivseite ausgewiesen werden. Die Schulden sind dann größer als das vorhandene Vermögen (Überschuldung).

Aktivseite	**Passivseite**
1. Anlagevermögen • Immobilien (Grundstücke, Gebäude) • Mobilien (Möbel, Fahrzeuge, Maschinen) • Finanzanlagen (Wertpapiere, Beteiligungen)	**1. Eigenkapital** • Grundkapital (Aktien, Kapitaleinlagen) • Rücklagen (Gewinne, die im Unternehmen verbleiben)
2. Umlaufvermögen • Vorräte (Waren- und Materialbestände) • Debitoren (Forderungen aus Lieferungen und Leistungen) • Liquide Mittel (Kasse, Bankguthaben)	**2. Fremdkapital** • Rückstellungen (Kapital, das für in Zukunft zu zahlende Pensionen und Verbindlichkeiten angesammelt wird) • (Bank-)Schulden (Darlehen, Hypotheken) • Kreditoren (Lieferantenschulden oder -kredite)
3. Rechnungsabgrenzungsposten	**3. Rechnungsabgrenzungsposten**
	4. Wertberichtigungen
(→ Jahresfehlbetrag)	**→ Jahresüberschuss**

→ **Bilanzsumme**

Vermögenswerte, die entgegen früheren Ausweisungen nicht mehr realisierbar sind (z. B. Ausfall von offenen Forderungen), reduzieren als (passive) **Wertberichtigung** den Gewinn und dienen so dem gesetzlichen Grundsatz der „Bilanzwahrheit". Die Bewertung hat kaufmännisch vorsichtig zu erfolgen:

1. Wertansätze zum potentiellen Vermögen sind nach dem **Niedrigwertprinzip** zu verbuchen, um unrealistische Gewinne zu vermeiden, aber nicht realisierte Verluste transparent zu machen.
2. Auf der Seite der Verbindlichkeiten wird das **Höchstwertprinzip** angewendet, d. h. Schulden werden immer möglichst hoch angesetzt.

Bilanz-Grundsätze

1. Der Finanzierungszeitraum muss kürzer als der Nutzungszeitraum sein.
2. Horizontale Bilanzverhältnisse/**„Goldene Bilanzregel"**: Im Idealfall ist das **Anlagevermögen durch Eigenkapital** finanziert; mindestens jedoch durch eine langfristige Finanzierung (mit Eigenkapital und langfristigen Fremdkapital). Denn: Langfristige Schulden sind „sichere" Schulden.
3. Vertikale Kapitalstruktur**:** Das **Verhältnis von Eigenkapital zu Fremdkapital** ist im Optimalfall 1 : 1, um das Fremdkapital von Risiken abzusichern und die Kreditwürdigkeit auf dem Gläubigermarkt zu erhalten. Tatsächlich ist in der Praxis die Eigenkapitalquote deutlich gesunken (< 20...30 %), Finanzfachleute sehen daher einen Eigenkapitalanteil von ca. 30 % als ausreichend an. Das Unternehmensrisiko wird so auf die Gläubiger verlagert. Es bleibt festzuhalten, dass eine sichere Unternehmensexpansion nur mit einer ausreichenden und langfristig gesicherten Eigenkapital-Basis möglich ist.
4. **Liquiditätsbewertung**: Unter Liquidität ersten Grades versteht man die „Barliquidität", also die Summe der Geldmittel, die „bar" und unmittelbar vorhanden ist. Unterformen berücksichtigen zusätzliche den Zeithorizont der Forderungen und die Verfügbarkeit:

$$\text{Liquidität 1. Grades/„Barliquidität"} = \frac{\text{Zahlungsmittel}}{\text{kurzfristige Verbindlichkeiten}}$$

$$\text{Liquidität 2. Grades/„Liquidität auf kurze Sicht"} = \frac{\text{Zahlungsmittel} + \text{kurzfristige Forderungen}}{\text{kurzfristige Verbindlichkeiten}}$$

$$\text{Liquidität 3. Grades/„Liquidität auf mittlere Sicht"} = \frac{\text{Umlaufvermögen}}{\text{kurzfristige Verbindlichkeiten}}$$

Zahlungsmittel sind Bargeld und Bankguthaben. Allgemeingültige Kennzahlen können hier nicht angegeben werden, da diese branchenspezifisch sind.

Buchführung: Eine Bilanz wird zum Bilanzstichtag erstellt. Jeder Geschäftsvorfall (Kauf-/Verkauf) führt zu einer Wertverschiebung. In der Buchführung werden daher alle Geschäftsvorfälle in chronologischer Reihenfolge aufgezeichnet. Dabei muss jeder Geschäftsvorfall zweimal verbucht werden, da immer zwei Positionen betroffen sind

(„**Doppelte Buchführung**“). Beispiel: Der Kauf einer Maschine mit Barzahlung betrifft zwei Bilanzpositionen: Mobilien und Kasse.

Zur besseren Übersicht werden die Geschäftsvorfälle nach **Konten** sortiert und aufgelistet. Hier werden Rechnungseinheiten addiert und subtrahiert. Jede Bilanzposition erhält ein eigenes Konto. Die linke Seite wird mit „Soll“ und die rechte mit „Haben“ gebucht:

Bilanz							
Aktivkonten				**Passivkonten**			
Maschinen				Eigenkapital			
Soll		Haben		Soll		Haben	
xxx	...€					xxx	...€
Waren				Bankdarlehen			
Soll		Haben		Soll		Haben	
xxx	...€					xxx	...€
Bankguthaben				kurzfr. Verbindlichkeiten			
Soll		Haben		Soll		Haben	
xxx	...€					xxx	...€
Kasse				.....			
Soll		Haben		Soll		Haben	
xxx	...€					xxx	...€

Die Aktivkonten nehmen die Werte auf der linken Seite auf, da sie auch in der Bilanz auf der linken Seite stehen; die Passivkonten übernehmen die Werte auf der Haben-Seite. Zu- und Abgänge werden in chronologischer Reihenfolge gebucht.

Je nach Auswirkung auf die Bilanz unterscheidet man nun folgende Arten der Wertverschiebung:

1. **Aktivtausch**: Die Bilanzsumme bleibt hierbei gleich, ein Aktivum (z. B. Warenbestand) wird erhöht und ein anderes Aktivum (z. B. Kasse) gleichzeitig vermindert.
2. **Passivtausch**: Auch hier bleibt die Bilanzsumme gleich. Beispiel: Ein Darlehen wird umgeschuldet. Es verringern sich die kurzfristigen Verbindlichkeiten (im Soll), die Darlehensschuld erhöht sich (im Haben).
3. **Bilanzvergrößerung**: Ein Aktivum und ein Passivum werden gleichzeitig erhöht; die Bilanzsumme steigt. Beispiel: Wareneinkauf mit Zahlungsziel in 30 Tagen: Die Waren vermehren sich (im Soll), die Verbindlichkeiten ebenfalls (im Haben).
4. **Bilanzverkleinerung**: Ein Aktivum und ein Passivum werden zeitgleich verkleinert. Beispiel: Eine Lieferantenrechnung wird per Überweisung gezahlt. Die Verbindlichkeiten vermindern sich (im Soll), das Bank-Guthaben ebenfalls (im Haben).

Am Ende einer Rechnungsperiode wird zwischen Soll und Haben die Differenz gebildet (**Saldo**). Dabei muss jedes Konto ausgeglichen sein. Der Saldo erscheint also auf der Soll- oder Habenseite und wird in die Abschlussbilanz übertragen.

Für die Nachvollziehbarkeit bestehen **Aufbewahrungspflichten**: Inventare und Bilanzen müssen mindestens 10 Jahre; Geschäftsbriefe, Rechnungen usw. 6 Jahre aufbewahrt werden.

Bilanzen werden mit unterschiedlichen Zielrichtungen aufgestellt. Es gibt Steuer- und Handels-, Monats- und Jahresbilanzen sowie Bilanzen für externen und internen Gebrauch.

15.4.2 Gewinn- und Verlustrechnung

Aus den Aufwands- und Ertragskonten (auch Vorkonten oder Erfolgskonten genannt) lassen sich Gewinn und Verlust ableiten.

Unter **Aufwand** versteht man den Wert der während der jeweiligen Abrechnungsperiode verbrauchten Güter- und Dienstleistungen; der **Ertrag** bezeichnet hingegen die erwirtschafteten Gegenwerte für *erbrachte* Güter und Leistungen. Aufwand sind z. B. Löhne, Mieten und Rohstoffe; der Ertrag entsteht durch den Verkauf der Produkte. In der Gewinn- und Verlustrechnung werden Aufwand und Ertrag der gleichen Periode gegenübergestellt. Auf diese Weise können exakt die Kostenstellen identifiziert werden, die dem Unternehmen Gewinn oder Verlust „zugeführt" haben.

Aufwendungen werden auf der Sollseite der Aufwandskonten gebucht; Erträge auf der Habenseite der Ertragskonten.

Gewinn- und Verlustrechnung					
Aufwandskonto			**Ertragskonto**		
Materialverbrauch Personalaufwand Zinsen Instandhaltung Energieverbrauch			Einspeisevergütung Zuschüsse Erlöse z. B. aus Pacht sonstige Erlöse		
Soll		Haben	Soll	Haben	
Art	.....€			Art	...€
Art	.....€			Art	...€

Während die Bilanz das Ergebnis für einen Zeitpunkt abbildet, liefert die Gewinn- und Verlustrechnung eine detaillierte Übersicht über einen Gesamtzeitraum. Man rechnet die erfassten Daten oft zusätzlich in Prozentanteile um, damit die Tendenzen im Jahresvergleich besser beurteilt werden können.

Spaltet die Unternehmung das Aufwands- und Ertragskonto in verschiedene Kostenarten auf (Miete, Löhne, Kfz, ...), so können diese verschiedenen Geschäftsprozessen oder den Ertragsanteilen zugeordnet werden. Entwicklungstendenzen des Unternehmens können hieraus abgeleitet werden. Die wichtigsten Aufwandsarten sind

- Abschreibungen (linear oder degressiv),
- Waren und Materialverbrauch,
- Raum- und Personalaufwand,
- Zinsen, Versicherungen und Steuern,
- Reparaturen und Instandhaltung,
- Energieverbrauch;

die wesentlichen Ertragsarten sind

- Erlöse aus Produkten/Dienstleistungen,
- Miet- und Einspeiseerlöse,
- sonstige Erlöse.

Neutrale Aufwände und Erträge werden gesondert gebucht. Sie entstehen aus Geschäftsprozessen, die mit dem eigentlichen betrieblichen Leistungen nichts zu tun haben (z. B. Wechselkursgewinne, Beseitigung von Schäden).

Der Saldo aus Ertrag und Aufwand ist der Gewinn oder Verlust.

Über die **Rentabilität** kann das Ergebnis bewertet werden:

$$\text{Eigenkapitalrentabilität} = \frac{\text{Gewinn}}{\text{durchschnittl. Eigenkapital der Periode}}$$

Im Falle einer Unternehmensbeteiligung (z. B. einem Windpark) sollte der Prozentsatz über den marktüblichen Fremdkapitalzinsen liegen. Je höher das betriebswirtschaftliche Risiko, desto größer sollte der Differenzbetrag sein.

Über die Verzinsung des gesamten eingesetzten Kapitals gibt die Gesamtrentabilität Auskunft:

$$\text{Gesamtkapitalrentabilität} = \frac{\text{Gewinn} + \text{Fremdkapitalzinsen}}{\text{Gesamtkapital}}$$

Ziel ist eine Verbesserung der Eigen- und der Gesamtkapitalrentabilität. Liegt der Fremdkapitalzinssatz unter der Verzinsung des Gesamtkapitals, dann verbessert der überschüssige Ertragsanteil die Eigenkapitalrentabilität. Das heißt erzielt das Unternehmen eine bessere Rendite, als die Banken als Zinsen für Fremdkapital erheben, kann die Eigenkapitalrendite gesteigert werden, indem eine **Verschiebung von Eigen- in Richtung Fremdkapital** erfolgt (*„Hebelwirkung des Fremdkapitals“* = ***„Leverage“-Effekt***[2]). Einzige Bedingung: Der Fremdkapitalzinssatz liegt unter der Gesamtkapitalrentabilität. Bei kleinen Gewinnen tritt der umgekehrte Effekt auf; die Eigenkapitalrendite sinkt überproportional.

[2] Leverage = *engl.* Hebelvorrichtung

15.4.3 Finanzplanung und Finanzkontrolle

Zur Vermeidung von **Liquiditätsengpässen** ist eine möglichst detailgetreue Finanzplanung und Finanzkontrolle erforderlich. Beispiele für Fehleinschätzungen sind:

1. **Expansion**: Normalerweise ist es ein natürliches Ziel einer Unternehmung, zu wachsen. Ein häufiger Fehler besteht darin, dass zwar die Erweiterung des Anlagevermögens (Gebäude, Maschinen) geplant, das (zwangsläufige) mitwachsende Umlaufvermögen aber „vergessen“ wird (Vorräte, Waren, ...). Es ist deshalb eine systematische Vorausplanung des Umlaufvermögens erforderlich.
2. **Zahlungsgewohnheiten**: Nicht nur der Ausfall von offenen Forderungen (z. B. durch Insolvenz des Schuldners), sondern auch eine schlechte Zahlungsmoral der Kunden können Unternehmen in Existenznot bringen. Hohe Zwischenfinanzierungskosten sind daher zu vermeiden durch
   - rasche Rechnungserstellung,
   - günstige Zahlungsbedingungen (Skonto, gute Bankverbindung),
   - wirksames Mahnwesen,
   - Forderungen beleihen und verkaufen (Factoring, Wechseldiskont),
   - Leasing,
   - Bonitätsprüfung vor Vertragsabschluss,
   - Warenkreditversicherung.
3. **Gewinnausschüttung**: Auch die totale Ausschüttung des Gewinns führt oft zu einem Substanzverlust, besonders wenn die Abschreibungsbeträge nicht zur Reinvestition ausreichen. Die Kreditwürdigkeit einer Unternehmung wird auch danach beurteilt, ob und in welchem Maße die erwirtschafteten Gewinne im Unternehmen verbleiben und investiert werden.
4. **Fehlplanung bei Umsatz und Kosten**: Bleibt der Umsatz unter dem Planziel zurück (weil die Personalkosten stärker als die Umsätze steigen) ist die Liquidität ebenfalls gefährdet.
5. **Kreditspielraum**: Meistens werden Kreditinstitute aufgesucht, wenn man dringend Geld benötigt. Es ist daher nicht nur zweckmäßig die Geschäftsverbindungen zu pflegen, sondern auch mehrere gute Bankverbindungen zu unterhalten. Die Bankenkontakte und die Einbindung der Banken sollten also gepflegt werden, wenn man gerade kein Geld benötigt.

Durch eine gezielte und **vorausschauende Finanzplanung** der Ein- und Auszahlungen können derartige Liquiditätsengpässe weitgehend vermieden werden. Dazu müssen die Betriebsvorgänge jedoch bekannt und Erfahrungen und Prognosen zu den Zahlungsein- und -ausgängen vorliegen.

Die **Investitionsplanung** dient der Beurteilung von Investitionsvorhaben bzw. dem Vergleich verschiedener Alternativen unter wirtschaftlichen Gesichtspunkten. Hier unterscheidet man statische und dynamische Methoden:

1. statische Investitionsplanung: Alle gegenwärtigen und zukünftigen Beträge werden gleich behandelt.
2. dynamische Investitionsplanung: Die zukünftigen Beträge werden mit Hilfe von Abzinsfaktoren umgerechnet. Das heißt, je weiter ein Betrag in der Zukunft liegt, desto weniger ist er heute wert!

Verfahren der **statischen Investitionsrechnung** sind:

1. **Kostenvergleichsrechnung**: Hierbei werden die jährlichen, durchschnittlichen Gesamtkosten (Anschaffung, Betriebskosten usw.) einer alten und einer neuen Anlage (bei Ersatzinvestitionen) oder die Gesamtkosten verschiedener neuer Anlagen (bei Erweiterungsinvestitionen) miteinander verglichen.
2. **Gewinnvergleichsrechnung**: Hier ist ein Vergleich der zu erwartenden Jahresgewinne das ausschlaggebende Entscheidungskriterium.
3. **Amortisationsrechnung**: Damit berechnet man den Zeitraum, in dem sich die Investition amortisiert hat. Je schneller umso günstiger.
4. **Rentabilitätsrechnung**: Der Quotient aus Gewinn/Kapital entscheidet über die Investition.

Zu der **dynamischen Investitionsrechnung** gehört beispielsweise die **Kapitalwertmethode**. Hier werden alle Einnahmen und Ausgaben einer Investition auf den Zeitpunkt unmittelbar vor Beginn der Investition abgezinst, d. h. vom zukünftigen Wert auf den gegenwärtigen Wert umgerechnet. Als entscheidende Größe ergibt sich der Kapitalwert einer Investition als Differenz zwischen der Summe der abgezinsten Einnahmen und der Summe der abgezinsten Ausgaben. Die Höhe des Kapitalwertes ist für die Beurteilung der Investition ausschlaggebend:

Beispiel:

Stichtag	02.01.2004	01.01.2005	01.01.2006	01.01.2007	01.01.2008	Summe
Einzahlungen		3000,00 €	2000,00 €	2000,00 €	2000,00 €	9000,00 €
Auszahlungen	6000,00 €	1000,00 €	500,00 €	300,00 €		7800,00 €
Netto-einzahlungen	−6000,00 €	2000,00 €	1500,00 €	1700,00 €	2000,00 €	1200,00 €

Der Kapitalwert errechnet sich mit $k = \sum_{n=1}^{N} \frac{(E_n - A_n)}{(1+z)^n}$

d. h.

$$k = \frac{(E_0 - A_0)}{1} + \frac{(E_1 - A_1)}{(1+z)^1} + \frac{(E_2 - A_2)}{(1+z)^2} + \ldots + \frac{(E_N - A_N)}{(1+z)^N}$$

Darin ist

E_n Einzahlung am Ende der Periode n
A_n Auszahlung am Ende der Periode n
z Kalkulationszinsfuss (z. B. der aktuelle Kreditzinssatz 6 % $\rightarrow z = 0,06$)
n Periode ($n = 0, 1, 2, \ldots, N$)
N Nutzungsdauer des Investitionsobjekts

Wird der Kapitalwert negativ, ist die effektive Verzinsung niedriger als die Kreditzinsen. Die Investitionsentscheidung fällt negativ aus. Ist der Kapitalwert größer als Null, ist die Investition von Vorteil.

15.4.4 Darlehens- und Tilgungsrechnung

Wird am Kapitalmarkt ein Kredit im Wert von k_0 aufgenommen, sind Zinsen z und Tilgung t zu bedienen. Die Summe aus Zins- und Tilgung ist die Jahresrate r, i. Allg. werden die Zins- und Tilgungsanteile auf monatliche Raten heruntergerechnet. Die **Restschuld** nach n Jahren berechnet sich zu

$$k_n = k_0 \cdot q^n - r \cdot \frac{q^n - 1}{q - 1}$$

Umgestellt nach der **erforderlichen Rate**

$$r = \frac{(k_0 \cdot q^n - k_n) \cdot (q - 1)}{q^n - 1}$$

oder der **Anzahl von Jahren**

$$n = \frac{\lg \frac{r - k_n \cdot (q-1)}{r - k_0 \cdot (q-1)}}{\lg q}$$

darin ist

k_0 Anfangskapital im 0ten Jahr
k_n Restkapital nach n Jahren
r Tilgungsanteil der Jahresrate
z Zinssatz z. B. 5 % → 0,05
t Tilgung z. B. 2 % → 0,02
$q = 1 + z$ Zinsfaktor z. B. 1,05
n Anzahl der Jahre/Laufzeit z. B. 10 Jahre

Da die Restschuld mit jeder Rückzahlrate sinkt, vermindert sich die Zinsbelastung. Oft werden Zins- und Tilgungszahlungen für die gesamte Laufzeit festgeschrieben. Dies hat zur Folge, dass die Zinsbelastung sinkt und der Tilgungsanteil steigt (**Annuitätendarlehen**).

Die Berechnung kann relativ einfach in einem Tabellenkalkulationsprogramm erfolgen:

A1	*B*	*C*	*D*	*E*	*F*	*G*	*H*
2	**Darlehenssumme**		100000				
3							
4	Zinssatz	0,055	=D2*C4	p.a.	=D4/12	p.m.	=C4+1
5	Tilgung	0,02	=D2*C5	p.a.	=D5/12	p.m.	=C5+1
6	Annuität	=C5+C4	=D5+D4	p.a.	=F5+F4	p.m.	
7	Tilgung nach	=LOG10((D2/D5)*(H4-1)+1)/LOG10(H4)	Jahren				
8	Tilgungsumme	=D5*(POTENZ(H4;E8)-1)/(H4-1)	im / nach	5	Jahren		
9	Restschuld	=D2-C8					

Beispiel:

Darlehenssumme		100.000,00 €					
Zinssatz	5,50%	5.500,00 €	p.a.		458,33 €	p.m.	1,055
Tilgung	2,00%	2.000,00 €	p.a.		166,67 €	p.m.	1,020
Annuität	7,50%	7.500,00 €	p.a.		625,00 €	p.m.	
Tilgung nach	24,687	Jahren					
Tilgungsumme	11.162,18 €	im / nach		5 Jahren			
Restschuld	88.837,82 €						

15.5 Periodensystem der Elemente

Periodensystem der Elemente

Legende: Relative Atommasse / Ordnungszahl **Elementsymbol** / Elektronenkonfiguration / Oxidationsstufen

* radioaktives Element (stabilstes Isotop)

Nichtmetalle · Edelgase · Halbmetalle · Metalle · Übergangsmetalle · M Metametall

● Säurebildner · □ amphoter · ■ Basenbildner

Übergangsmetalle (Nebengruppen)

Periode	Elektronen-konfiguration	1 (s^1) Hauptgruppen I a	2 (s^2) II a	3 (d^1) III b	4 (d^2) IV b	5 (d^3) V b	6 (d^4) VI b	7 (d^5) VII b	8 (d^6) VIII	9 (d^7) VIII	10 (d^8) VIII	11 (d^9) I b	12 (d^{10}) II b	13 (p^1) Hauptgruppen III a	14 (p^2) IV a	15 (p^3) V a	16 (p^4) VI a	17 (p^5) VII a	18 (p^6) 0	Schale
1		1,008 1 **H** $1s^1$ -1, +1																[He] =	4,003 2 **He** $1s^2$ 0	K
2	[He]	6,94 3 **Li** $2s^1$ +1 ■	9,012 4 **Be** $2s^2$ +2 □											10,82 5 **B** $2s^2 2p^1$ +3 ●	12,01 6 **C** $2s^2 2p^2$ -4, 2, 4 ●	14,01 7 **N** $2s^2 2p^3$ 2,±3,4,5 ●	16,00 8 **O** $2s^2 2p^4$ -2 (-1) ●	19,00 9 **F** $2s^2 2p^5$ -1 ●	20,18 10 **Ne** $2s^2 2p^6$ 0	L
3	[Ne]	22,99 11 **Na** $3s^1$ +1 ■	24,31 12 **Mg** $3s^2$ +2 ■											26,98 13 **Al** $3s^2 3p^1$ +3 □	28,09 14 **Si** $3s^2 3p^2$ 4 ●	30,97 15 **P** $3s^2 3p^3$ -3, 3, 5 ●	32,06 16 **S** $3s^2 3p^4$ -2, 2, 4, 6 ●	35,45 17 **Cl** $3s^2 3p^5$ -1,1,3,5,7 ●	39,95 18 **Ar** $3s^2 3p^6$ 0	M
4	[Ar]	39,10 19 **K** $4s^1$ +1 ■	40,08 20 **Ca** $4s^2$ +2 ■	44,96 21 **Sc** $3d^1 4s^2$ +3 ■	47,87 22 **Ti** $3d^2 4s^2$ +3, +4 □	50,94 23 **V** $3d^3 4s^2$ 2, 3, 4, 5 ○	52,00 24 **Cr** $3d^5 4s^1$ 2, 3, 6 ○	54,94 25 **Mn** $3d^5 4s^2$ 2,3,4,6,7 ○	55,85 26 **Fe** $3d^6 4s^2$ 2, 3, 6 □	58,93 27 **Co** $3d^7 4s^2$ 2, 3 □	58,69 28 **Ni** $3d^8 4s^2$ 2, 3 ■	63,55 29 **Cu** $3d^{10} 4s^1$ 1, 2 ■	65,38 30 **Zn** $3d^{10} 4s^2$ 2 M □	69,72 31 **Ga** $3d^{10} 4s^2 4p^1$ +3 M □	72,63 32 **Ge** $3d^{10} 4s^2 4p^2$ 4 □	74,92 33 **As** $3d^{10} 4s^2 4p^3$ -3, 3, 5 ○	78,96 34 **Se** $3d^{10} 4s^2 4p^4$ -2, 4, 6 ●	79,90 35 **Br** $3d^{10} 4s^2 4p^5$ -1,1,3,5,7 ●	83,80 36 **Kr** $3d^{10} 4s^2 4p^6$ 0, (2, 4)	N
5	[Kr]	85,47 37 **Rb** $5s^1$ +1 ■	87,62 38 **Sr** $5s^2$ +2 ■	88,91 39 **Y** $4d^1 5s^2$ +3 ■	91,22 40 **Zr** $4d^2 5s^2$ +4 □	92,91 41 **Nb** $4d^4 5s^1$ 3, 5 ○	95,96 42 **Mo** $4d^5 5s^1$ 2,3,4,5,6 ○	(98,91) 43 **Tc*** $4d^6 5s^1$ 7 ○	101,1 44 **Ru** $4d^7 5s^1$ 3, 4, 8 ○	102,9 45 **Rh** $4d^8 5s^1$ 1, 2, 3, 4 ■	106,4 46 **Pd** $4d^{10}$ 2, 4 ■	107,9 47 **Ag** $4d^{10} 5s^1$ 1 ■	112,4 48 **Cd** $4d^{10} 5s^2$ 2 M ■	114,8 49 **In** $4d^{10} 5s^2 5p^1$ 3 M □	118,7 50 **Sn** $4d^{10} 5s^2 5p^2$ 2, 4 M □	121,8 51 **Sb** $4d^{10} 5s^2 5p^3$ -3, 3, 5 ○	127,6 52 **Te** $4d^{10} 5s^2 5p^4$ -2, 4, 6 ○	126,9 53 **I** $4d^{10} 5s^2 5p^5$ -1,1,3,5,7 ●	131,3 54 **Xe** $4d^{10} 5s^2 5p^6$ 0,(2, 4, 6)	O
6	[Xe]	132,9 55 **Cs** $6s^1$ +1 ■	137,3 56 **Ba** $6s^2$ +2 ■	138,9 57 **La** $5d^1 6s^2$ +3 ■	178,5 72 **Hf** $4f^{14} 5d^2 6s^2$ +4 □	180,9 73 **Ta** $4f^{14} 5d^3 6s^2$ +5 ○	183,8 74 **W** $4f^{14} 5d^4 6s^2$ 2,3,4,5,6 ○	186,2 75 **Re** $4f^{14} 5d^5 6s^2$ 2, 4, 7 ○	190,2 76 **Os** $4f^{14} 5d^6 6s^2$ 2,3,4,6,8 ○	192,2 77 **Ir** $4f^{14} 5d^7 6s^2$ 1,2,3,4,6 ■	195,1 78 **Pt** $4f^{14} 5d^9 6s^1$ 2, 4 ■	197,0 79 **Au** $4f^{14} 5d^{10} 6s^1$ 1, 3 ■	200,6 80 **Hg** $4f^{14} 5d^{10} 6s^2$ 1, 2 M ■	204,4 81 **Tl** $4f^{14} 5d^{10} 6s^2 6p^1$ 1, 3 M □	207,2 82 **Pb** $4f^{14} 5d^{10} 6s^2 6p^2$ 2, 4 M □	209,0 83 **Bi** $4f^{14} 5d^{10} 6s^2 6p^3$ 3, 5 M ■	(210,0) 84 **Po*** $4f^{14} 5d^{10} 6s^2 6p^4$ 2, 4 ○	(210,0) 85 **At*** $4f^{14} 5d^{10} 6s^2 6p^5$ -1,1,3,5,7 ●	(222,0) 86 **Rn*** $4f^{14} 5d^{10} 6s^2 6p^6$ 0, (2)	P
7	[Rn]	(233,0) 87 **Fr*** $7s^1$ +1 ■	(226,0) 88 **Ra*** $7s^2$ +2 ■	227,0 89 **Ac** $6d^1 7s^2$ +3 ■	(261) 104 **Rf***	(262) 105 **Db***	(266) 106 **Sg***	(264) 107 **Bh***	(277) 108 **Hs***	(268) 109 **Mt***	(281) 110 **Ds***	(272) 111 **Rg***	(285) 112 **Cn***	(284) 113 **Uut***	(289) 114 **Fl***	(288) 115 **Uup***	(293) 116 **Lv***	(294) 117 **Uus***	(294) 118 **Uuo***	Q

	Periode															Schale
Lanthanoide $f^1 \ldots f^{14}$	6 [Xe]	140,1 58 **Ce** $4f^2 6s^2$ 3, 4 ■	140,9 59 **Pr** $4f^3 6s^2$ 3, 4 ■	144,2 60 **Nd** $4f^4 6s^2$ 3 ■	(146,9) 61 **Pm*** $4f^5 6s^2$ 3 ■	150,4 62 **Sm** $4f^6 6s^2$ 2, 3 ■	152,0 63 **Eu** $4f^7 6s^2$ 2, 3 ■	157,3 64 **Gd** $4f^7 5d^1 6s^2$ 3 ■	158,9 65 **Tb** $4f^9 6s^2$ 3, 4 ■	162,5 66 **Dy** $4f^{10} 6s^2$ 3 ■	164,9 67 **Ho** $4f^{11} 6s^2$ 3 ■	167,3 68 **Er** $4f^{12} 6s^2$ 3 ■	168,9 69 **Tm** $4f^{13} 6s^2$ 3 ■	173,1 70 **Yb** $4f^{14} 6s^2$ 2, 3 ■	175,0 71 **Lu** $4f^{14} 5d^1 6s^2$ 3 ■	P
Actinoide $f^1 \ldots f^{14}$	7 [Rn]	232,0 90 **Th*** $6d^2 7s^2$ 4 ■	231,0 91 **Pa*** $5f^2 6d^1 7s^2$ 4, 5 ■	238,0 92 **U*** $5f^3 6d^1 7s^2$ 3, 4, 5, 6 □	(237,0) 93 **Np*** $5f^4 6d^1 7s^2$ 3, 4, 5, 6 □	(244,1) 94 **Pu*** $5f^6 7s^2$ 3, 4, 5, 6 □	(243,1) 95 **Am*** $5f^7 7s^2$ 3, 4, 5, 6	(247,1) 96 **Cm*** $5f^7 6d^1 7s^2$ 3, 4	(247,1) 97 **Bk*** $5f^9 7s^2$ 3, 4	(251,1) 98 **Cf*** $5f^{10} 7s^2$ 3	(252,1) 99 **Es*** $5f^{11} 7s^2$ 3	(257,2) 100 **Fm*** $5f^{12} 7s^2$ 3	(258,1) 101 **Md*** $5f^{13} 7s^2$ 2, 3	(259,1) 102 **No*** $5f^{14} 7s^2$ 2, 3	(262,1) 103 **Lr*** $5f^{14} 6d^1 7s^2$ 3	Q

nach: P. Kurzweil: Chemie. 10. Aufl. Wiesbaden: Springer Vieweg, 2015

15.6 Lösungen zu den Übungen

Der Verlag Springer Vieweg hält auf seinen Web-Seiten www.springer.com zu diesem Buch einen Großteil der Berechnungsprogramme und Datensätze zum Nachrechnen als Download zur Verfügung. Der Autor ist hier für Ergänzungen dankbar.

15.6.1 Lösungen zu Kap. 2

zu 2.1: Nach Gl. (2.2) folgt

[W/m^2]	Diffus-strahl.	Direkt-strahl.	Global-strahl.	Tage	kWh
Jan	17	3	20	31	14,88
Feb	40	15	55	28	36,96
Mrz	60	30	90	31	66,96
Apr	85	50	135	30	97,2
Mai	110	80	190	31	141,36
Jun	135	75	210	30	151,2
Jul	120	70	190	31	141,36
Aug	105	65	170	31	126,48
Sept	70	45	115	30	82,8
Okt	45	25	70	31	52,08
Nov	20	5	25	30	18
Dez	10	5	15	31	11,16
				365	**940,44**

zu 2.2: Wirkungsgrad: ca. 120 kWh/m^2 a bezogen auf 1000 kWh/m^2 a als Jahresmittelwert ergibt: 0,12 = 12 %. Amortisationszeit: 27.600,– € Investitionskosten/2300,– € Jahresertrag → ca. 12 Jahre ohne Wartungs- oder Instandhaltungskosten. Dabei ist anzumerken, dass der Ausfall eines Wechselrichters in dieser Laufzeit nicht ungewöhnlich ist. Investitionskosten 27.600 €/prognostizierter Ertrag nach 10 Jahren: $10 \times 120\,\text{kWh/m}^2\,\text{a} \times 36,1\,\text{m}^2 = 43.200\,\text{kWh} \rightarrow 27.600/43.200 =$ 63,9 Cent/kWh; Einspeisevergütung: 54,5 Cent/kWh; Einkaufspreis (vgl. Anhang) 15 Cent/kWh. Vollaststunden = Ertrag 4300 kWh/4,8 kW$_p$ = ca. 900 Volllaststunden pro Jahr. *Hinweis*: Durch die Wetter- und Witterungseinflüsse kann es sich nur um Anhaltswerte handeln; eine exakte Prognose ist nicht möglich!

zu 2.3: Solarer elektr. Deckungsgrad: Ertrag der Anlage 4300…4400 kWh p. a./Verbrauch 4000…4600 kWh → 0,96…1,075 solarer Deckungsgrad, d. h. im Jahresmittel ist Selbstversorgung denkbar. Tendenziell wird jedoch im Januar eine Unterproduktion und im Juli eine Überproduktion vorliegen; vgl. dazu die Monatserträge der Beispielanlage in Nürnberg.

zu 2.4: Sonnenbahndiagramm für München:

Position (hier München)										
	geogr. Breite φ	48	N in Bogenmaß:	0,838						
	geogr. Höhe	11,5	E in Bogenmaß:	0,201						
Tag	Tag des Jahres	Laufvariable J'	Deklination δ	Zeit	Stundenwinkel β		Höhen-/Elevationswinkel		Azimutwinkel α	
1.1			[° und rad]	WOZ [Std]	[°]	[rad]	[°]	[rad]	[°]	[rad]
21.6	172	169,64	23,4	0	180	3,14	-18,6	-0,3239	0,0	0,000
			0,409	2	150	2,62	-13,7	-0,2382	28,2	0,492
				4	120	2,09	-0,6	-0,0113	52,6	0,918
				6	90	1,57	17,2	0,3001	73,8	1,288
				8	60	1,05	37,1	0,6468	95,4	1,665
				10	30	0,52	55,8	0,9743	125,3	2,186
				12	0	0,00	65,4	1,1422	180,0	3,142
				14	-30	-0,52	55,8	0,9743	234,7	4,097
				16	-60	-1,05	37,1	0,6468	264,6	4,619
				18	-90	-1,57	17,2	0,3001	286,2	4,995
				20	-120	-2,09	-0,6	-0,0113	307,4	5,365
				22	-150	-2,62	-13,7	-0,2382	331,8	5,792
				24	-180	-3,14	-18,6	-0,3239	360,0	6,283

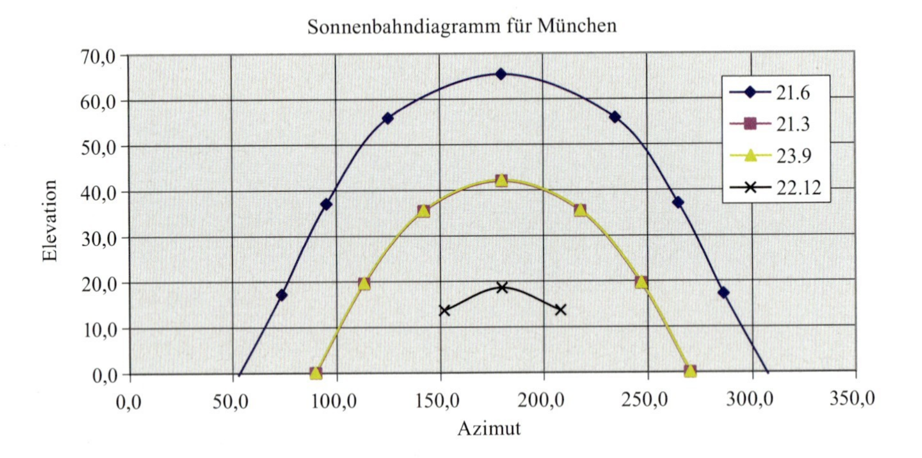

zu 2.5: Gem. Herstellerangaben $\cos\varphi = 1$, d. h. Phasenwinkel $\varphi = 0°$ – Spannung U und Strom I sind gleichphasig. D. h. es tritt keine Blindleistung Q auf; Schein- (S) und Wirkleistung (P) sind identisch [kVA = kW]:

$$P = U \cdot I \cdot \underbrace{\cos\varphi}_{=1} \qquad S = U \cdot I \qquad Q = U \cdot I \cdot \underbrace{\sin\varphi}_{=0}$$

15.6.2 Lösungen zu Kap. 3

zu 3.1: Der verfügbare Wärmeinhalt des Wassers beträgt

$$\begin{aligned} Q &= m_W \cdot c_p \cdot \Delta T = V_W \cdot \rho_W \cdot c_p \cdot \Delta T \\ &\approx \frac{500}{1000}\,\mathrm{m}^3 \cdot 1000\,\frac{\mathrm{kg}}{\mathrm{m}^3} \cdot 4{,}2\,\frac{\mathrm{kJ}}{\mathrm{kg\,K}}\,[90-40]\,\mathrm{K} \\ &\approx \underline{\underline{29{,}2\,\mathrm{kWh}}} \end{aligned}$$

Der Wärmeinhalt eines Liter Heizöls entspricht:

$$\begin{aligned} Q &= m \cdot H_u = V \cdot \rho \cdot H_u \\ &= \frac{1}{1000}\,\mathrm{m}^3 \cdot 920\,\frac{\mathrm{kg}}{\mathrm{m}^3} \cdot 42.000\,\frac{\mathrm{kJ}}{\mathrm{kg}}\,[\mathrm{J} = \mathrm{Ws}] \\ &= \frac{920 \cdot 42}{3600}\,\mathrm{kWh} = \underline{\underline{10{,}7\,\mathrm{kWh}}} \end{aligned}$$

Der Wärmeinhalt des Speichers (500 Ltr-Zylinder = 0,5 m^3 = ca. 2 m Höhe und 56 cm Durchmesser) entspricht also ca. 3 Liter Heizöl (= 3 × 1 dm^3).

zu 3.2: 1000 kWh × 14 m^2 × 0,25 Nutzungsgrad = 3500 kWh; bezogen auf ca. 17.000 kWh Wärmeverbrauch (ca. 1200,– € Heizkosten) entspricht dies etwa 20 % (oder 0,2 × 1200,– € ca. 250,– € Heizkosteneinsparung) → Amortisationskosten bei einfacher linearer Abschreibung: Investitionskosten 12.000 €/250,– € Einsparung p. a. = 48 Jahre. *Hinweis*: Zukünftige Preissteigerungen sind in dieser Kalkulation natürlich nicht enthalten! Interessanter ist das CO_2-Einsparpotential: Da nach Kap. 7, Gl. (7.16) und Aufg. 7.3 bei der Erzeugung von 17 MWh Wärme aus fossilen Ene<rgieträgern etwa 4. . . 5 Tonnen CO_2 entstehen, entsprechen 20 % ca. einer Tonne CO_2-Einsparung pro Jahr.

zu 3.3: Nach Gl. (3.7b) folgt

$$\begin{aligned} \eta &= \eta_0 - \frac{K_1 \cdot (T_{\mathrm{Abs}} - T_U) + K_2 \cdot (T_{\mathrm{Abs}} - T_U)^2}{\dot{G}_G} \\ &= 0{,}82 - \frac{3{,}312 \cdot (70-25) + 0{,}0181 \cdot (70-25)^2}{500} \\ &= 0{,}82 - 0{,}37 = 0{,}45 = 45\,\% \end{aligned}$$

Durch Parametervariation von Temperaturdifferenz und Globalstrahlung erhält man:

Globalstrahlung [W/m²]

$\Delta T =$	1000	800	600	400	200
10	79 %	78 %	76 %	73 %	65 %
20	75 %	73 %	70 %	64 %	45 %
30	70 %	68 %	63 %	53 %	24 %
40	66 %	62 %	55 %	42 %	1 %
50	61 %	56 %	47 %	29 %	
60	56 %	49 %	38 %	16 %	
70	50 %	42 %	29 %	2 %	
80	44 %	34 %	19 %		
90	38 %	26 %	8 %		
100	31 %	18 %	–3 %		

Grafisch:

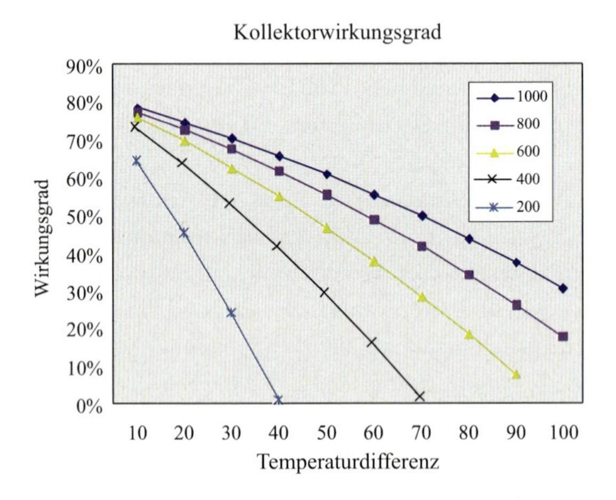

Man beachte den Einfluss der Globalstrahlung und der Absorbertemperatur und die Konsequenzen für mittägliche und z. B. abendliche Strahlungs- und Temperaturbedingungen!

zu 3.4: Solarer Deckungsgrad

Monat	Gradtag-anteil nach VDI 2067	Fern-wärme-anteil [MWh]	Global-strahl. [W/m²]	Tage	kWh/m² p.m.	solarer Wärme-ertrag [MWh]	Deckungs-anteil [MWh]
Januar	170	2,890	20	31	14,9	0,071	0,071
Februar	150	2,550	55	28	37,0	0,177	0,177
März	130	2,210	90	31	67,0	0,320	0,320
April	80	1,360	135	30	97,2	0,465	0,465
Mai	40	0,680	190	31	141,4	0,676	0,676
Juni	13,3	0,227	210	30	151,2	0,723	0,227
Juli	13,3	0,227	190	31	141,4	0,676	0,227
August	13,3	0,227	170	31	126,5	0,605	0,227
September	30	0,510	115	30	82,8	0,396	0,396
Oktober	80	1,360	70	31	52,1	0,249	0,249
November	120	2,040	25	30	18,0	0,086	0,086
Dezember	160	2,720	15	31	11,2	0,053	0,053
Σ	**1000**	**17,000**		**365**	**940,4**	**4,500**	**3,175**
		100%			13,8	m²	**19%**
				100%	12.978	kWh p.a.	
		Jahresertrag			4.500	kWh p.a.	
		gemittelter Wirkungsgrad			35%		

Obwohl der Wirkungsgrad von der Einstrahlung und Außentemperatur abhängt, kann mit dem über das Jahr gemittelten Wirkungsgrad näherungsweise gerechnet werden. Er beträgt hier 35 %, der solare Deckungsgrad liegt bei ca. 19 %.

zu 3.5: Aus den Ertragsdaten der Referenzanlage in Abschn. 3.3 kann der Fernwärmeverbrauch nach Einrüstung der solarthermischen Anlage abgelesen werden: Sommer 06 bis 07 ca. 46 MWh minus 36 MWh = 10 MWh; Sommer 07 bis Sommer 08: 57 MWh minus 46 MWh = 11 MWh. Aus Anhang A1 erhält man den Jahresverbrauch von ca. 17 MWh. Die Einsparung entspricht also ca. (17–10)/17 = 41 %. D. h. also ca. 40 % Energie- und CO_2-Einsparung (vgl. Aufg. 7.3: Statt 5 t CO_2ca. 3 t CO_2; d. h. also 2 t CO_2 Einsparung pro Jahr). *Hinweis*: Durch relativ milde Winter muss das Ergebnis nicht repräsentativ sein. Der Mittelwert aus Aufg. 3.4 und Aufg. 3.5 entspricht etwa den Darstellungen aus Abb. 3.7.

zu 3.6: Die Wärmeleitfähigkeit und die Dichte zeigen nachfolgende Abhängigkeit:

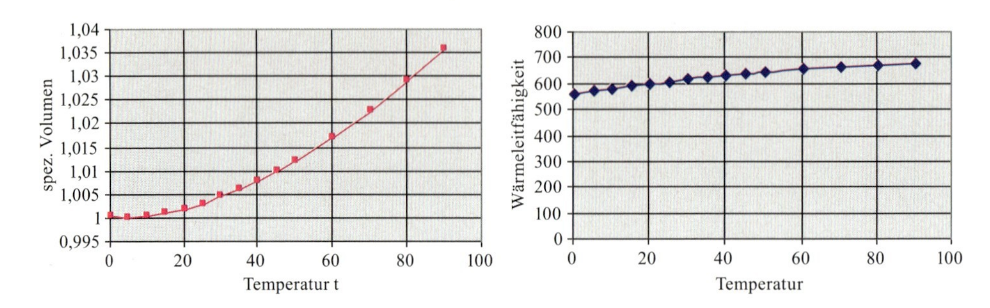

Verglichen mit anderen Werkstoffen (vgl. Tab. 3.2) hat das Wasser zwar eine große spezifische Wärmekapazität aber eine geringe Wärmeleitfähigkeit. Dies führt dazu, dass der Wärmeausgleich über das Wasser stark behindert wird (der Effekt ist vom Tauchen und Schnorcheln als Temperatur-Sprungschichten im Wasser erlebbar). Die Temperaturschichtung bleibt aufgrund des eher stärkeren Dichteunterschieds erhalten.

15.6.3 Lösungen zu Kap. 4

zu 4.1: Vergleicht man die Herstellerangaben zur Windgeschwindigkeit im Nennbetriebspunkt (14 m/s) mit den Jahresmittelwerten aus den Vorbemerkungen zu Kap. 4 (ca. 3 m/s), so fällt hier eine relativ große Differenz auf. Nach dem Dritte-Potenz-Gesetz

$$P = \eta \cdot \left[\underbrace{\left(\frac{\rho}{2} c^2 \right)}_{p_{\mathrm{dyn}}} \cdot A \right] \cdot c \sim c^3 \quad \text{bzw.} \quad \left(\frac{P_1}{P_2} \right) = \left(\frac{c_1}{c_2} \right)^3$$

kann die Leistung wie folgt prognostiziert werden:

m/s	c	P	W
0,0	0 %	0 %	0,00
1,4	10 %	0 %	0,75
2,8	**20 %**	**1 %**	**6,00**
4,2	**30 %**	**3 %**	**20,25**
5,6	40 %	6 %	48,00
7,0	50 %	13 %	93,75
8,4	60 %	22 %	162,00
9,8	70 %	34 %	257,25
11,2	80 %	51 %	384,00
12,6	90 %	73 %	546,75
14,0	100 %	100 %	750,00

Grafisch aufbereitet also:

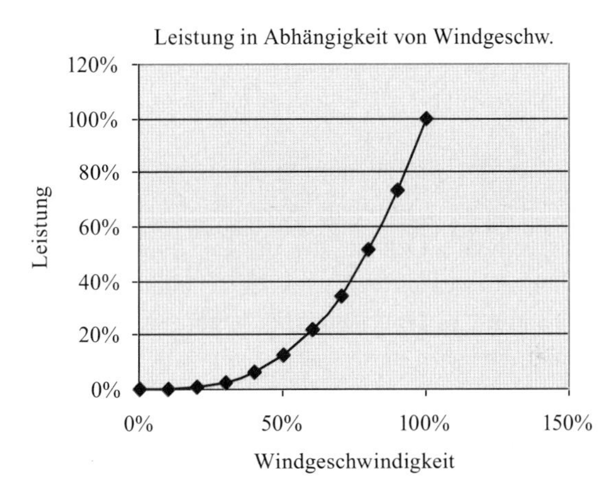

Aus „Marketing-Aspekten" ist also interessant, dass der Hersteller für „Überschussperioden" auch eine Heizpatrone mit vertreibt, die bei 10...20 W nicht einmal „handwarm" werden würde.
Mit den mittleren Jahresvolllaststunden erhält man folgende Ertragsprognose:

Wind [m/s]		Leistung [W]			Arbeitsstunden		Ertragsprognose	
5,5 m/s	39 %	6 %	45,47	W	1600	h/a	72,76	kWh/a
6,5 m/s	46 %	10 %	75,06	W	2300	h/a	172,64	kWh/a
7,5 m/s	54 %	15 %	115,31	W	3000	h/a	345,93	kWh/a
Jahressumme:					6900,00	h/a	591,33	kWh/a

Die Leistungsangabe 280 W bei 10 m/s ist durchaus plausibel, weil

$$\left(\frac{P_1}{P_2}\right) = \left(\frac{c_1}{c_2}\right)^3 = \left(\frac{10}{14}\right)^3 = (0{,}71)^3 = 0{,}36$$

also 750 W × 36 % = 273 W (2 % „Messfehler“ zu 280 W wären „erklärbar“!).
Berechnung des Wirkungsgrades im Nennbetriebspunkt: Bei einem Luftdruck von 1 bar (abs.) und einer Temperatur von 15 °C ist die Dichte der Luft: 1,2 kg/m^3. Bei 14 m/s Windgeschwindigkeit (= Nennbetriebspunkt) ist der Staudruck 118,5 N/m^2. Bei einer Rotorfläche von 1,5 m × 1,5 m = 2,25 m^2 ist der somit verfügbare Volumenstrom 2,25 m^2 × 14 m/s = 31,5 m^3/s und das verfügbare Leistungsangebot des Windes

$$P_1 \approx \dot{V}_1 \cdot p_1 = (A \cdot c_1) \cdot \left(\frac{\rho}{2} c_1^2\right) = \frac{1}{2} A \cdot \rho \cdot c_1^3 = 3734{,}8\,\mathrm{W}\,.$$

Davon wären laut Herstellerangabe 750 W verfügbar, so dass der Wirkungsgrad oder Leistungsbeiwert 20 % beträgt und damit im erwarteten Bereich nach Abb. 4.16 liegt.

zu 4.2: Beispielanlage in der Lausitz: Beachte den starken Einfluss der Lastannahmen auf den Ertrag; Rechnung mit dem Jahresmittelwert gibt ein falsches Ergebnis, weil eine unzureichende Gewichtung der Leistung erfolgt (die Abweichungen vom Windmittelwert werden bezüglich der Leistung nach dem 3. Potenzgesetz viel stärker bewertet). Beachte auch die Angabe der Nennwindgeschwindigkeit zur Nennleistung: Oft wird diese Angabe unterschlagen! Variationen des Durchmesser: 10 % mehr Durchmesser → 20 % mehr Leistung:

Rotordaten:			
Rotordurchmessser	d	82 m	
überstrichene Fläche	A	5281 m²	
Luft			
Druck	p	1 bar =	100000 Pa
Temperatur	t	15 °C =	288 K
Dichte	ρ	1,21 kg/m³	
Wind			
Nennwindgeschw.	c	10 m/s	
Nennleistung	P_N	1500 kW	
Wirkungsgrad	η	47%	
Jahresmittelwert Binnenland	c	3,5 m/s	Binnenland
Leistungsprognose	P_{mittel}	64,31 kW	3.-Potenz-Gesetz
Lastannahmen			
3,8	m/s	1000 h/a	82.308,00 kWh
5,8	m/s	1600 h/a	468.268,80 kWh
6,8	m/s	2300 h/a	1.084.790,40 kWh
7,8	m/s	3000 h/a	2.135.484,00 kWh
		7900 h/a	**3.770.851,20 kWh**
Verfügbarkeit:		90%	8760 h/a = 100%
	P_{mittel}	64,31 kW	508.068,75 kWh
Variation Rotordurchmesser		90 m	
		120%	
		1807 kW	

Beachte den Einfluss der Windannahmen auf das Jahresergebnis!
Detaillierter mit der WEILBULL-Verteilung nach Abb. 4.1:

Mittelwert	6,5 m/s	**Leistungsprognose**
Formfaktor β	2,0	8.760 Std/Jahr
		1.500 kW Nennleistung

Wind [m/s]	rel. Häufigkeit	Leistung	Std/Jahr	Arbeit W [kWh]
0	0%	0%	0	0
1	5%	0%	405	607
2	9%	1%	754	9.053
3	11%	3%	1005	40.717
4	13%	6%	1136	109.037
5	13%	13%	1147	215.129
6	12%	22%	1061	343.838
7	10%	34%	910	468.287
8	8%	51%	729	560.135
9	6%	73%	549	600.008
10	4%	100%	389	583.288
11	3%	100%	260	390.313
12	2%	100%	165	247.048
13	1%	100%	99	148.103
14	1%	100%	56	84.180
15	0%	100%	30	45.402
16	0%	100%	16	23.252
17	0%	100%	8	11.313
18	0%	100%	3	5.231
19	0%	100%	2	2.300
20	0%	100%	1	962
Summe:	**100%**	**100%**	**8725**	**3.888.203**

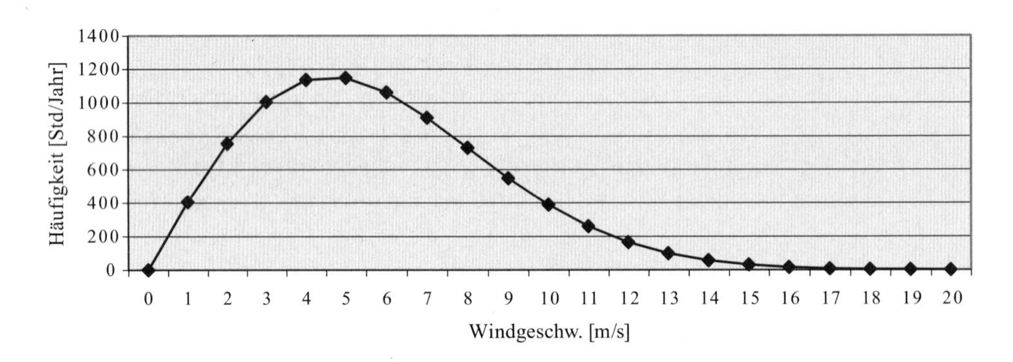

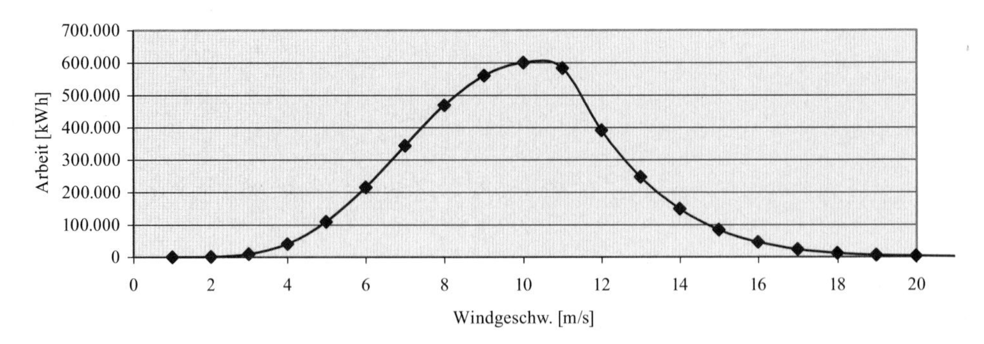

15.6.4 Lösungen zu Kap. 5

zu 5.1:

$$\dot{V} = A_1 \cdot c_1 = \frac{d^2 \cdot \pi}{4} \cdot c_1 = \frac{(1\,\text{m})^2 \cdot \pi}{4} \cdot 10\,\frac{\text{m}}{\text{s}} = 7{,}85\,\text{m}^3/\text{s}\,;$$

$$\dot{m} = \dot{V} \cdot \rho = 7{,}85\,\frac{\text{m}^3}{\text{s}} \cdot 1000\,\frac{\text{kg}}{\text{m}^3} = 7854\,\frac{\text{kg}}{\text{s}}$$

$$\frac{A_1}{2} = \frac{1}{2} \cdot \frac{d_1^2 \cdot \pi}{4} = \frac{d_2^2 \cdot \pi}{4} \to d_2 = \frac{d_1}{\sqrt{2}} = 0{,}707\,\text{m}$$

$$\to \text{mittl. Strömungsfaden:} \quad d_m \approx 0{,}85\,\text{m}$$

Umfangsgeschwindigkeit auf diesem Faden:

$$u = d \cdot \pi \cdot n = 0{,}85\,\text{m} \cdot \pi \cdot \frac{70}{60\,\text{s}} = 3{,}12\,\text{m/s}\,;$$

axiale Strömungsgeschwindigkeit gem. Kontinuitätsgleichung:

$$c = \frac{A_1 \cdot c_1}{A_2} = 2 \cdot c_1 = 20\,\frac{\text{m}}{\text{s}}\,,$$

wobei die Durchsatzgeschwindigkeit (Meridiangeschw.) gleich bleibt $c = c_{2m}$. Leistung: $Y = \frac{P}{\dot{m}} = \frac{M \cdot \omega}{\dot{m}} = u_2 \cdot c_{u2} - u_1 \cdot c_{u1}$, wobei bei einer Axialpumpe Eintritt- und Austritt auf demselben Durchmesser liegen und hier eine drallfreie Anströmung und ein Austrittsdrall von 30° vorausgesetzt wurde, so dass

$$Y = \frac{P}{\dot{m}} = \frac{M \cdot \omega}{\dot{m}} = u \cdot \left(c_{u2} - \underbrace{c_{u1}}_{0} \right) = u \cdot \frac{c}{\tan \alpha_2}$$

$$= 3{,}12\,\frac{\text{m}}{\text{s}} \cdot \frac{20\,\text{m/s}}{\tan 30°} = 108{,}1 \left[\frac{\text{m}^2}{\text{s}^2} = \frac{\text{Nm}}{\text{kg}} = \frac{\text{W}}{\text{kg/s}} \right]$$

also

$$P = \dot{m} \cdot u \cdot \left(c_{u2} - \underbrace{c_{u1}}_{0} \right) = 8854\,\frac{\text{kg}}{\text{s}} \cdot 108{,}1\,\frac{\text{W}}{\text{kg/s}} = 848{,}9\,\text{kW}$$

als theoretisches Potential, tatsächlich:

$$P_{\text{mech}} = \eta \cdot P = 0{,}9 \cdot 848{,}9\,\text{kW} = 764\,\text{kW}$$

Fallhöhe:

$$\rho \cdot g \cdot H = \frac{\rho}{2} c^2 \to H = \frac{c^2}{2g} = \frac{(10\,\text{m/s})^2}{2 \cdot 9{,}81\,\text{m/s}^2} = 5\,\text{m}$$

zu 5.2: Fallhöhe = statischer plus dynamischer Anteil:

$$H = z_1 + \frac{p_1}{\rho \cdot g} + \frac{c_1^2}{2 \cdot g} = 1{,}9 + \frac{4{,}5 \cdot 10^5}{1000 \cdot 9{,}81} + \frac{7^2}{2 \cdot 9{,}81} = 50{,}2\,\text{m}$$

Turbinenwirkungsgrad:

$$\eta_T = \frac{P_1}{P_{hydr}} = \frac{P_1}{\dot{V} \cdot \Delta p_{tot}} = \frac{P_1}{\dot{V} \cdot (\rho \cdot g \cdot H_1)} = \frac{600 \cdot 1000}{2 \cdot 9{,}81 \cdot 50{,}2} = 87\,\%$$

In einem geänderten Betriebspunkt „bleibt sich die Turbine geometrisch ähnlich“, es gelten also die Ähnlichkeitsgesetze, die spezifischen Turbinenkennzahlen ändern sich nicht (hierin liegt ja gerade der Vorteil dieser Kennzahlen!). Somit wird die Druckzahl $\psi = \frac{Y}{\frac{u^2}{2}} = \frac{\Delta p_t}{(d \cdot \pi \cdot n)^2}$; also $H \sim n^2$, so dass $\frac{H_1}{H_2} = \frac{n_1^2}{n_2^2}$

$$\rightarrow \quad n_2 = n_1 \cdot \sqrt{\frac{H_1}{H_2}} = 750 \cdot \sqrt{\frac{65}{50{,}2}} = 853\,\text{min}^{-1}$$

Durchflusszahl:

$$\varphi = \frac{c}{u} = \frac{\frac{\dot{V}}{A}}{u} = \frac{\dot{V}}{\left(d^2 \cdot \frac{\pi}{4}\right) \cdot (\omega \cdot r)}$$

$$= \frac{\dot{V}}{\left(d^2 \cdot \frac{\pi}{4}\right) \cdot \left(2 \cdot \pi \cdot n \cdot \frac{d}{2}\right)} = \frac{4 \cdot \dot{V}}{d^3 \cdot \pi^2 \cdot n}$$

$$\rightarrow \quad \dot{V} \sim n \quad \rightarrow \quad \frac{\dot{V}_1}{\dot{V}_2} = \frac{n_1}{n_2} \quad \rightarrow \quad \dot{V}_2 = V_1 \cdot \frac{n_2}{n_1} = 1{,}4 \cdot \frac{853}{750} = 1{,}592\,\frac{\text{m}^3}{\text{s}}$$

spez. Drehzahl $n_q[\text{min}^{-1}] = n[\text{min}^{-1}] \cdot \frac{\sqrt{\dot{V}[\text{m}^3/\text{s}]}}{(H[\text{m}])^{\frac{3}{4}}} = 750 \cdot \frac{\sqrt{1{,}4}}{(50{,}2)^{\frac{3}{4}}} = 47\,\text{min}^{-1}$
für den zweiten Betriebspunkt ebenfalls:

$$n_q[\text{min}^{-1}] = 853 \cdot \frac{\sqrt{1{,}592}}{(65)^{\frac{3}{4}}} = 47\,\text{min}^{-1}$$

neue Leistung

$$P_2 = \eta_T \cdot \dot{V}_2 \cdot (\rho \cdot g \cdot H) = 0{,}87 \cdot 1{,}59 \cdot (1000 \cdot 9{,}81 \cdot 65) = 883\,\text{kW}$$

oder mit den Ähnlichkeitsgesetzten:

$$P \sim \dot{V}^3 \rightarrow \frac{P_1}{P_2} = \left(\frac{\dot{V}_1}{\dot{V}_2}\right)^3 \rightarrow P_2 = 600 \left(\frac{1{,}59}{1{,}4}\right)^3 = 883\,\text{kW}$$

zu 5.3: mit

$$\Delta p = \rho \cdot g \cdot \Delta h(t) = \rho \cdot g \cdot \frac{h}{2} \cdot \left[1 + \cos\left(2\pi \frac{t[\text{Std.}]}{12\,\text{Std.}}\right)\right] = \frac{\rho}{2} c^2 \sim \dot{V}^2$$

und

$$\frac{\dot{V}(t)}{A} = \frac{dh(t)}{dt} = -\frac{h}{2} \cdot \frac{2\pi}{12\,\text{Std.}} \cdot \sin\left(2\pi \frac{t[\text{Std.}]}{12\,\text{Std.}}\right)$$

folgt überschlägig für die Gezeitenströmung:

$$\bar{P} \approx \bar{\dot{V}} \cdot \Delta\bar{p} = \bar{\dot{V}} \cdot \frac{\rho}{2} c^2 = \bar{\dot{V}} \cdot \frac{\rho}{2} \left(\frac{\bar{\dot{V}}}{A}\right)^2 = \frac{2 \cdot 3\,\text{m}^3}{12\,\text{Std}} \cdot \frac{1000\,\frac{\text{kg}}{\text{m}^3}}{2} \cdot \left(\frac{\frac{2 \cdot 3\,\text{m}^3}{12\,\text{Std}}}{1\,\text{m}^2}\right)^2$$

$$\approx \frac{0{,}5}{3600} \frac{\text{m}^3}{\text{s}} \cdot 500 \frac{\text{kg}}{\text{m}^3} \cdot \left(\frac{0{,}5}{3600} \frac{\text{m}}{\text{s}}\right)^2 = 1{,}339592 \cdot 10^{-9}\,\text{W}$$

Die nachfolgende Tabelle zeigt statt des Mittelwertes die Eckdaten in Abhängigkeit vom Tidenhub:

Daten	Dichte	1000	kg/m^3			
	Erdbeschl.	9,81	m/s^2			
	Tidenhub	3	m			
Zeit	**Wasser-stand [m]**	**stat. Druck [N/m^2]**	**Volumen-strom [m^3/h pro m^2]**	**Volumen-strom [Ltr/min pro m^2]**	**dyn. Druck / Staudruck [N/m^2]**	**Leistung [W/m^2]**
0	3,0000	29430	0,0000	0,0000	0,0000E+00	0,0000E+00
0,5	2,9489	28929	0,2033	3,3879	1,5942E-06	9,0016E-11
1	2,7990	27459	0,3927	6,5450	5,9496E-06	6,4900E-10
1,5	2,5607	25120	0,5554	9,2560	1,1899E-05	1,8356E-09
2	2,2500	22073	0,6802	11,3362	1,7849E-05	3,3723E-09
2,5	1,8882	18524	0,7586	12,6439	2,2204E-05	4,6791E-09
3	1,5000	14715	0,7854	13,0900	2,3798E-05	5,1920E-09
3,5	1,1118	10906	0,7586	12,6439	2,2204E-05	4,6791E-09
4	0,7500	7358	0,6802	11,3362	1,7849E-05	3,3723E-09
4,5	0,4393	4310	0,5554	9,2560	1,1899E-05	1,8356E-09
5	0,2010	1971	0,3927	6,5450	5,9496E-06	6,4900E-10
5,5	0,0511	501	0,2033	3,3879	1,5942E-06	9,0016E-11
6	0,0000	0	0,0000	0,0000	3,5721E-37	9,5477E-57
6,5	0,0511	501	-0,2033	-3,3879	1,5942E-06	9,0016E-11
7	0,2010	1971	-0,3927	-6,5450	5,9496E-06	6,4900E-10
7,5	0,4393	4310	-0,5554	-9,2560	1,1899E-05	1,8356E-09
8	0,7500	7357	-0,6802	-11,3362	1,7849E-05	3,3723E-09
8,5	1,1118	10906	-0,7586	-12,6439	2,2204E-05	4,6791E-09
9	1,5000	14715	-0,7854	-13,0900	2,3798E-05	5,1920E-09
9,5	1,8882	18524	-0,7586	-12,6439	2,2204E-05	4,6791E-09
10	2,2500	22073	-0,6802	-11,3362	1,7849E-05	3,3723E-09
10,5	2,5607	25120	-0,5554	-9,2560	1,1899E-05	1,8356E-09
11	2,7990	27459	-0,3927	-6,5450	5,9496E-06	6,4900E-10
11,5	2,9489	28929	-0,2033	-3,3879	1,5942E-06	9,0016E-11
12	3,0000	29430	0,0000	0,0000	1,4288E-36	7,6382E-56
Mittel	1,5600	15304	0,0000		1,1423E-05	2,1155E-09
Summe			6,0	m^3/12 Std		*q.e.d.*

Wasserstand [m]:

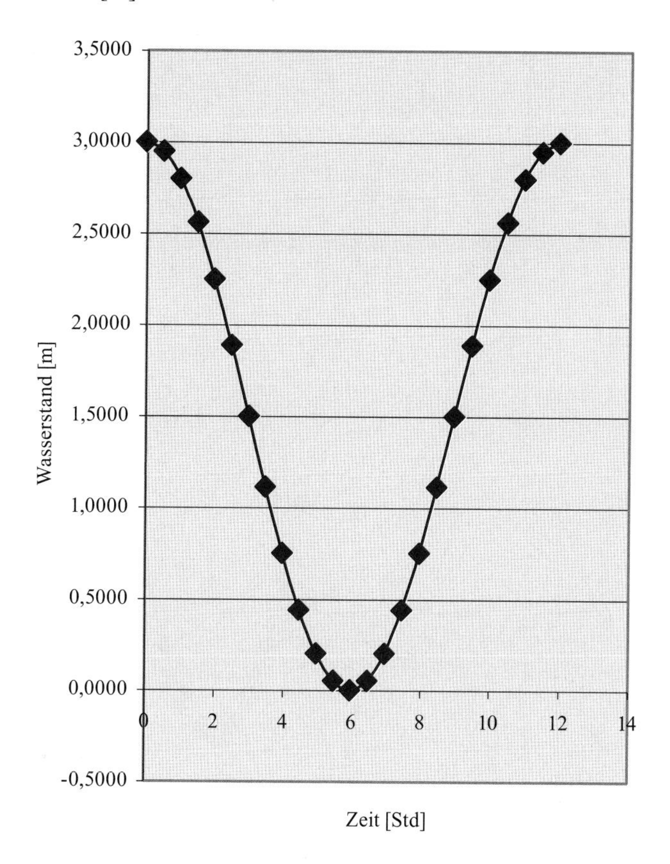

Volumenstrom [Ltr/Min]:

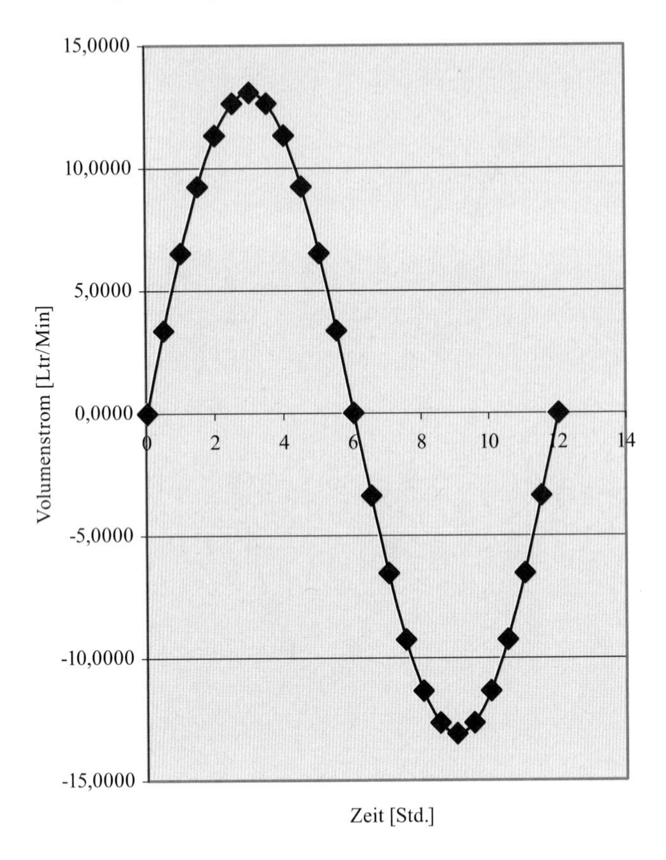

Leistung [W/m²]:

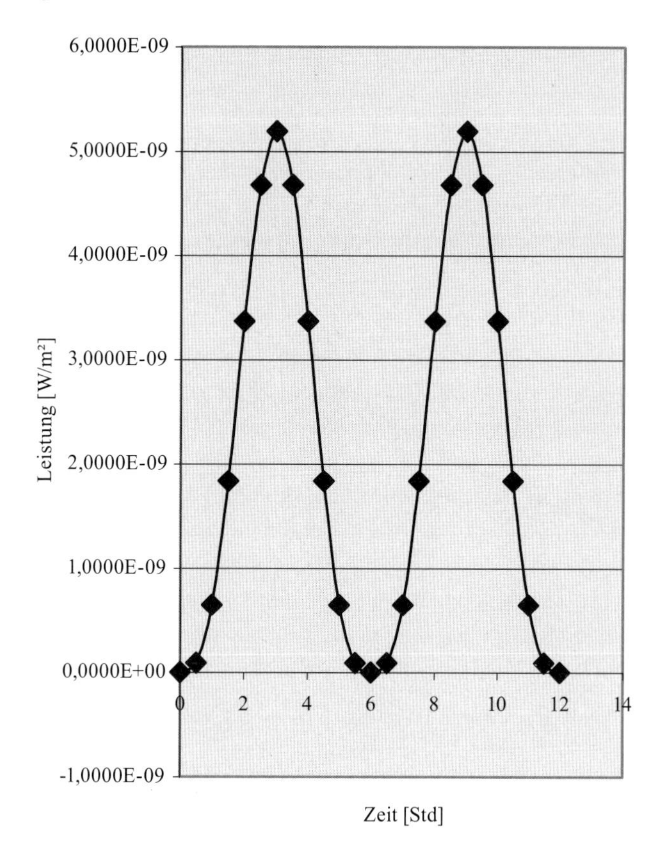

Im Falle der Staustufe (Ausnutzung des Tidenhubgefälles während der Ebbe) ergibt sich:
$P = \dot{V} \cdot \Delta p = \dot{V} \cdot \rho \cdot g \cdot h$ wobei die Ausströmgeschwindigkeit nach TORRICELLI $c_2 = \sqrt{2 \cdot g \cdot H} = \frac{\dot{V}}{A}$, so dass der Volumenstrom vom freigegebenen Strömungsquerschnitt A abhängig wird: $P = \dot{V} \cdot \Delta p = A \cdot \sqrt{2 \cdot g \cdot h} \cdot \rho \cdot g \cdot h$. Der Strömungsquerschnitt bestimmt daher die zeitliche Haltbarkeit des Energiespeichers, die Höhe des Wasserspiegels das Leistungsvermögen: $\frac{P}{A} = \sqrt{2 \cdot g \cdot h} \cdot \rho \cdot g \cdot h$

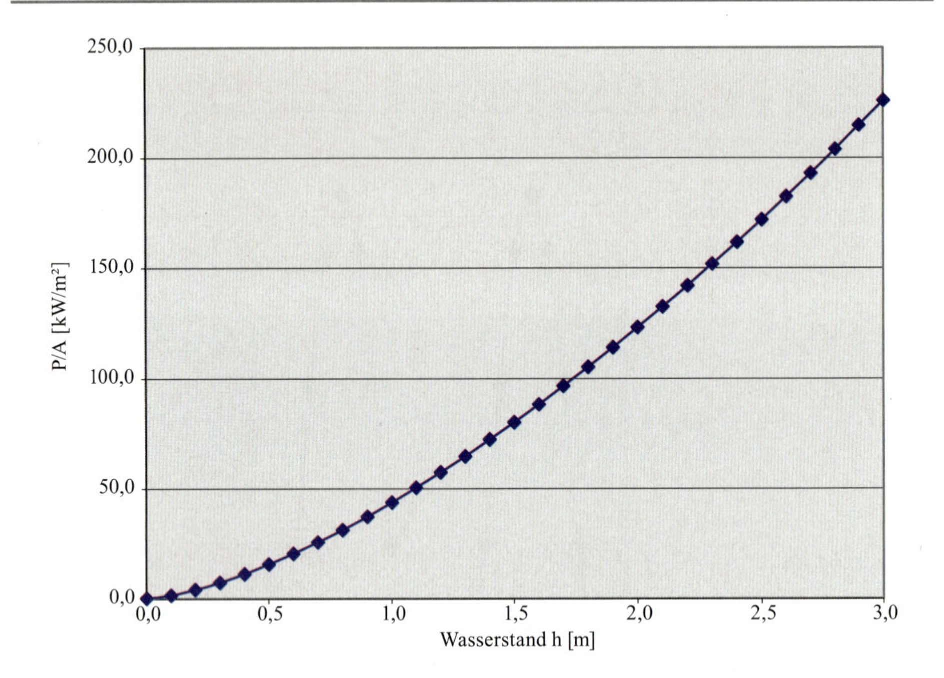

zu 5.4:

$$\mathrm{NaCl} = 23 + 35 = 58\,\mathrm{g/mol} \rightarrow 9\,\mathrm{gNaCl} = 9/58\,\mathrm{mol/Ltr}$$

$$p_{\mathrm{Osm}} = c_A \cdot \Re \cdot T = \frac{9}{58}\,\frac{\mathrm{mol}}{\mathrm{Ltr}} \cdot 0{,}08314\,\frac{\mathrm{bar} \cdot \mathrm{Ltr}}{\mathrm{K} \cdot \mathrm{mol}} \cdot (273 + 37)$$

$$= 3{,}999 \approx 4\,\mathrm{bar}$$

$$9\,\mathrm{g/Ltr} = 9\,\mathrm{g}/1\,\mathrm{kg} = 0{,}009 = 0{,}9\,\% \quad \text{(vgl. Ostsee)}$$

$$3{,}5\,\% = 0{,}035 \rightarrow 3{,}9\,\mathrm{mal} \quad \text{höhere Konzentration}$$

$$\rightarrow 3{,}9\,\mathrm{mal} \quad \text{höheren osmot. Druck}$$

zu 5.5: Summe 1,093 Mol/kg Meerwasser; Dichte: 1,025 kg/Ltr → 1,12 Mol/Ltr

$$p_{\mathrm{Osm}} = c_A \cdot \Re \cdot T = 1{,}12\,\frac{\mathrm{mol}}{\mathrm{Ltr}} \cdot 0{,}08314\,\frac{\mathrm{bar} \cdot \mathrm{Ltr}}{\mathrm{K} \cdot \mathrm{mol}} \cdot (273 + 25) \approx 27{,}6\,\mathrm{bar}$$

15.6.5 Lösungen zu Kap. 6

zu 6.1: Anlage im Taunus

Datum von	bis	Tage	Verbrauch [kWh] El.-Energie	WärmeP	*E-Anteil*
26.05.2006	30.06.2006	36	268	1133	*19%*
01.07.2006	30.09.2006	92	692	2919	*19%*
01.10.2006	31.10.2006	31	282	1310	*18%*
01.11.2006	31.12.2006	61	639	2577	*20%*
01.01.2007	31.03.2007	90	921	3888	*19%*
01.04.2007	11.05.2007	41	362	1526	*19%*

Summe	351	13.353	kWh
Jahresverbrauch Strom für WärmeP		13.886	**kWh**
angenommener Wärmeverbrauch		80	kWh / m² a
geschätzter Wärmeverbrauch		16.000	**kWh**
errechnete Jahresarbeitszahl		**1,152**	

Die Gründe für das äußerst schlechte Abschneiden dieser Wärmepumpenanlage konnten aufgrund der räumlichen Distanz nicht geklärt werden. Mögliche Ursachen könnten hier sein:

- Kältemittelmangel,
- schlechte Wärmespeichereigenschaften des Untergrundes,
- falsche Dimensionierung (vgl. Abschn. 6.3)
- falsch eingestellte Betriebswerte (zu hohe Vorlauftemperatur).

Nach Absenkung der Reglerkurve (Vorlauftemperatur) zeigten sich die nachfolgenden Ergebnisse:

Datum von	bis	Tage	Verbrauch [kWh] El.-Energie	WärmeP	E-Anteil
12.05.2007	30.06.2007	50	13	498	*3%*
01.07.2007	30.09.2007	92	23	901	*2%*
01.10.2007	31.12.2007	92	31	1201	*3%*
01.01.2008	04.06.2008	156	50	1937	*3%*

Summe	390	4.537	kWh
Jahresverbrauch Strom für WärmeP		4.246	**kWh**
angenommener Wärmeverbrauch		80	kWh / m² a
geschätzter Wärmeverbrauch		16.000	**kWh**
errechnete Jahresarbeitszahl		3,768	

Das Beispiel verdeutlicht jedoch eine Problematik: Der laienhafte Anwender ist in der Regel nicht in der Lage die Betriebsverhältnisse angemessen beurteilen zu können; auch der Installateur ist oft mit dieser Aufgabe überfordert. Der Systemlieferant steht aber nicht im direkten Kundenkontakt, so dass keine unmittelbare Beratungsverpflichtung besteht.

zu 6.2: Anlage in Nordfriesland; Beachte die Verbesserung nach Einbau der neuen Pumpe:

E-Antrieb Wärmepumpe + Warmwasser

Datum von	bis	Tage	El.-Energie [kWh]	Jahresbedarf [kWh / a]	geschätze (Nutzen/Aufwand) Jahresarbeitszahl	
12.10.2001	31.12.2001	81	3767			
01.01.2002	12.10.2002	285	7624	11.360	***2,51***	2002
13.10.2002	31.12.2002	80	4360			
01.01.2003	04.10.2003	277	8618	13.269	***2,15***	2003
05.10.2003	31.12.2003	88	4616			
01.01.2004	05.10.2004	279	8621	13.165	***2,16***	2004
06.10.2004	31.12.2004	87	4287			
01.01.2005	19.06.2005	170	7197			
20.06.2005	23.09.2005	96	1205	13.120	***2,17***	2005
24.09.2005	31.01.2006	130	7079			
01.02.2006	31.12.2006	334	2230	9.309	***3,06***	2006
01.01.2007	31.12.2007	365	7538	7.538	***3,78***	2007

Geschätzte Heizkosten:

Wohnfläche	190	m²
Ansatz	150	kWh / m² a
Wärmebedarf	28500	kWh

zu 6.3: Animationsbeispiel:

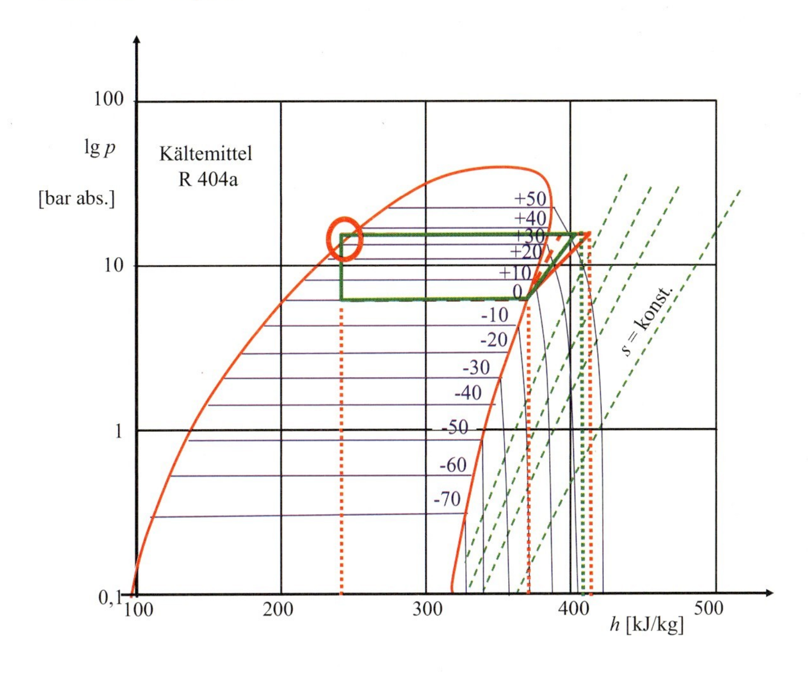

Aus der Tabelle für R404A und den gewählten Eckdaten folgt:

Firmenangaben:					
	Druck	Temp.	Enthalphie		Bemerkung
Verdichtungsbeginn	5,5	0	h'' (5,5 bar)=	368,90	[kJ/kg]
			v'' (5,5 bar)=	36,64	[dm^3/kg]
Verdichtungsende	17,0	36			
Druckverhältnis	3,1				
Unterkühlung			h' (17 bar)=	258,91	[kJ/kg]
Drosseleintritt	17,0	25	h' (25° C)=	239,01	Unterkühlung?
Drosselaustritt	5,5	−4	h = konst. =	239,01	[kJ/kg]
berechnet mit:					
Isentropenexponent	0,9971		Δh_S =	22,704	[kJ/kg]
Verdichterwirkungsgrad	0,53		Δh =	42,837	[kJ/kg]
Austrittsenthalphie				411,737	[kJ/kg]
Nutzwärme Δh				172,727	[kJ/kg]
Leistungszahl ε				4,03	
Leistungszahl ε ohne Unterkühlung				3,57	
spez. Wärmekapazität	1,2 kJ/kg K		ΔT =	35,70	K Verdichter
Verdichteraustrittstemperatur			$T_1 + \Delta T$ =	35,70	° C

Diese Leistungszahl wird unter folgenden Bedingungen erreicht:

1. Heizungstemperaturniveau in diesem relativ geringen Bereich (Niedrigenergiehaus!); beachte: Gut isolierende Teppich- oder Fußböden erschweren die Einhaltung dieser Bedingung.
2. *Hinweis*: Die Warmwassertemperaturen reichen nicht für ein Brauchwasserniveau aus (z. B. zum Duschen). Diese Temperaturen werden daher mit einem elektrischen Heizstab erreicht. Hier wird qualitativ hochwertige Energie in minderwertige Wärme „verbraten".
3. Grädigkeit des Wärmetauschers ausreichend (hier 1 °C!)? Rückkühlung auf 25 °C bei diesen Temperaturwerten überhaupt möglich? Wärme geht immer vom höheren zum niedrigen Temperaturniveau!
4. Beachte den starken Einfluss der Unterkühlung auf die Leistungszahl und die Abhängigkeit der Unterkühlbarkeit und den Einstellwerten von der Rücklauftemperatur der Heizungsanlage.

Es zeigt sich also, dass trotz sehr optimistischer Randbedingungen eine Leistungszahl von 4,0 nur schwer zu erreichen ist. Der Jahresmittelwert folgt nicht unbedingt den Normbedingungen, unter denen die Leistungszahl berechnet wurde. Praxis und Theorie können also leicht auseinanderdivergieren.

zu 6.4: Mit der Definition der Leistungszahl einer Wärmepumpe ergibt sich jeweils:

Halbhermetischer, einstufiger Kolbenverdichter
bezogen auf Sauggastemperatur 20°C ohne Flüssigkeits-Unterkühlung
50 Hz, R 404A und R507A

Q_0 Kälteleistung Q_0 [kW]
P Verdichterantriebsleistung P [kW]
ε Leistungszahl [-]

Verdichtertyp	**Verflüssigungstemp. [°C]**	⇓	**Verdampfungstemperatur [°C]**									
			7,5	**5**	**0**	**-5**	**-10**	**-15**	**-20**	**-25**	**-30**	**-35**
Typ A		Q_0	4690	4290	3560	2940	2390	1920	1510	1160	865	610
		P	820	810	800	780	750	720	680	630	570	500
	30	ε	*6,72*	***6,296***	***5,45***	*4,769*	*4,187*	*3,667*	*3,221*	*2,841*	*2,518*	*2,22*
		Q_0	3850	3520	2920	2390	1940	1540	1200	90	650	435
		P	980	960	930	890	890	840	720	650	570	470
	40	ε	*4,929*	***4,667***	***4,14***	*3,685*	*3,18*	*2,833*	*2,667*	*1,138*	*2,14*	*1,926*
		Q_0	3080	2810	2320	1890	1520	1190	910	670	460	285
		P	1140	1110	1050	990	920	840	760	660	550	430
	50	ε	*3,702*	***3,532***	***3,21***	*2,909*	*2,652*	*2,417*	*2,197*	*2,015*	*1,836*	*1,663*
Typ B		Q_0	7860	7200	6020	5000	4110	3340	2680	2110	1620	1210
		P	1420	1420	1400	1370	1320	1250	1160	1060	950	830
	30	ε	*6,535*	***6,07***	***5,3***	*4,65*	*4,114*	*3,672*	*3,31*	*2,991*	*2,705*	*2,458*
		Q_0	6620	6070	5060	4190	3430	2760	2190	1700	1270	915
		P	1730	1700	1640	1560	1470	1360	1240	1100	960	800
	40	ε	*4,827*	***4,571***	***4,085***	*3,686*	*3,333*	*3,029*	*2,766*	*2,545*	*2,323*	*2,144*
		Q_0	5400	4940	4110	3380	2740	2190	1710	1290	935	630
		P	2000	1960	1850	1730	1590	1590	1280	1110	930	750
	50	ε	*3,7*	***3,52***	***3,222***	*2,954*	*2,723*	*2,377*	*2,336*	*2,162*	*2,005*	*1,84*

Hinweis: Bei typischen Wärmepumpenrandbedingungen 0 °C/35 °C ergibt sich eine Leistungszahl von ca. 4,5. Je weiter die Verdampfungs- und Verflüssigungstemperatur auseinanderliegen, desto schlechter wird die Leistungszahl; z. B. bei −5 °C/50 °C nur ca. 2,9 bis 3,0.

15.6.6 Lösungen zu Kap. 7

zu 7.1: Der Massenanteil kann relativ einfach aus den Molzahlen und der Strukturformel abgeleitet werden:

Kohlenstoffanteil

C = 12 kg/kmol
H = 1 kg/kmol

```
    H
    I
H - C - H
    I
    H
```

Massenanteil $C = \frac{12}{12+1+1+1+1} = 0{,}75 = 75\%$ C

```
    H   H
    I   I
H - C - C - H
    I   I
    H   H
```

Massenanteil $C = \frac{12+12}{12+12+6} = 0{,}80 = 80\%$ C

```
    H   H   H
    I   I   I
H - C - C - C- H
    I   I   I
    H   H   H
```

Massenanteil $C = \frac{3 \cdot 12}{3 \cdot 12 + (3 \cdot 2 + 2)} = 0{,}82 = 82\%$ C

C_6H_6

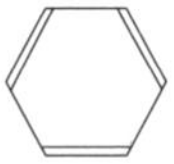

$C = \frac{6 \cdot 12}{6 \cdot 12 + 6} = \frac{72}{78} = 92\%$

Heizöl ist ein Gemisch aus $C_{12}H_{26} \ldots C_{17}H_{36}$, also kein Reinstoff; vgl. Tab. 7.2. Zur Berechnung des Kohlenstoffanteils wird hier ein repräsentatives Mitteldestillat gewählt: $C_{15}H_{32} \rightarrow C = 12 \cdot 15/(12 \cdot 15 + 32) = 180/212 = 0{,}85 = 85\,\%$
CO_2-Emissionen: $m^*_{CO_2} = \frac{\dot{m}_{CO_2}}{\dot{m}_B} = \xi_{CO_2} = 3{,}664 \cdot C$
z. B. Heizöl: $3{,}664 \cdot 0{,}85 = 3{,}12\,\text{kg}\ CO_2/\text{kg}$ Heizöl

zu 7.2: Aus Tab. 7.1:

Holzsorte	Heizwert [wasserfrei]	Elementaranalyse [m/m-%, wasserfrei]					Aschegehalt
	H_U [kWh/kg]	C	H	O	N	S	[m/m-%]
Pappel	5,1	47,5	6,6	43,1	0,42	0,03	1,9

Für die Verdampfung des Wasseranteils wird benötigt (1 bar, 20 °C):

$$Q = \left(\xi_{\text{trocken}} \cdot H_U - \xi_{H_2O} \cdot \left[c_p \cdot \Delta T + r\right]\right) \cdot m_B$$

$$\frac{Q}{m_B} = 0{,}8 \cdot 5{,}1 - 0{,}2 \cdot \left[4{,}2\,\frac{\text{kJ}}{\text{kgK}} \cdot 80\,\text{K} + 2450\,\frac{\text{kJ}}{\text{kg}}\right]$$

$$= 0{,}8 \cdot 5{,}1 - 0{,}2 \cdot \frac{2786}{3600}\,\frac{\text{kWh}}{\text{kg}} = 0{,}8 \cdot 5{,}1 - 0{,}2 \cdot 0{,}77\,\frac{\text{kWh}}{\text{kg}}$$

Heizwert der Absoluten Trockenmasse	minus	Verdampfungswärme des Wasseranteils	gleich	Heizwert normal
80 % · 5,1 kWh	–	20 % · 0,77 kWh	=	
4,08 kWh	–	0,15 kWh	=	3,93 kWh

Überschlagsrechnung:

$$H_U \approx 5{,}1 \left[\frac{\text{kWh}}{\text{kg}}\right] \cdot \left(\frac{100 - \text{H}_2\text{O}\,[\%]}{100}\right) \approx 5{,}1 \cdot 0{,}8 = 4{,}08\,\frac{\text{kWh}}{\text{kg}}$$

Der Unterschied beträgt 3,75 % und liegt damit im Bereich der natürlichen Schwankungsbreite von natürlichen Rohstoffen.
Mit der Elementarteilchenanalyse ergibt sich:

$$\begin{aligned} H_U &= 33{,}8\,\text{C} + 120\,\text{H} - \text{O} + 9{,}25\,\text{S} - 2{,}45\,\text{W}\,[\text{MJ/kg}] \\ &= 33{,}8 \cdot 0{,}475 + 120 \cdot 0{,}066 - 0{,}431 + 9{,}25 \cdot 0{,}03 - 2{,}45 \cdot 0{,}2\,[\text{MJ/kg}] \\ &= 23{,}33\,\text{MJ/kg} = 6{,}48\,\text{kWh/kg} \end{aligned}$$

Diese relativ große Differenz erklärt sich aus dem Abbrandrest (Asche, Holzkohle) und den nicht vollständig umsetzbaren Bindungsenergien der Molekularstruktur (Umsetzungsverluste). Insgesamt ist also von einer Berechnung mit Hilfe der Elementaranalyse abzuraten.

zu 7.3: Der spez. Emissionswert ist gem. Gl. (7.16)

$$\frac{\xi_{\text{CO}_2}}{\eta_U \cdot H_U} = \frac{3{,}664 \cdot \text{C}}{\eta_U \cdot H_\text{U}} \frac{[\text{kg CO}_2/\text{kg Brennstoff}]}{[\text{ MJ/Brennstoff}]}$$

Vergleich man die spezifischen CO_2-Emissionen von konventionellen und Biokraftstoffen mit typischen Kohlenstoffanteilen und mittleren Heizwerten, so erhält man mit den entsprechenden Kohlenstoffanteilen und dem Heizwert

$$\begin{aligned} \frac{\xi_{\text{CO}_2}}{\eta_U \cdot H_U} &= \frac{3{,}664 \cdot 0{,}85}{\eta_U \cdot \frac{42.707}{3600}} \frac{[\text{kg CO}_2/\text{kg Heizöl}]}{[\text{ kWh/Heizöl}]} \approx \frac{263}{\eta_U} \frac{\text{g CO}_2}{\text{kWh}} \\ \frac{\xi_{\text{CO}_2}}{\eta_U \cdot H_U} &= \frac{3{,}664 \cdot 0{,}5}{\eta_U \cdot 5} \frac{[\text{kg CO}_2/\text{kg Holz}]}{[\text{ kWh/Holz}]} \approx \frac{366}{\eta_U} \frac{\text{g CO}_2}{\text{kWh}} \end{aligned}$$

also je nach Energieumsetzungsgrad des Prozesses 300…660 g CO_2/kWh. Dies bedeutet z. B. bei Verstromungswirkungsgraden konventioneller Kraftwerke von ca. 40 % spez. Emissionswerte von ca. 660 g/kWh. Für Holzpellet (C ca. 45…50 %) und einen Kesselwirkungsgrad von ca. 90 % ergibt sich unter Berücksichtigung eines Asche- und Koksanteil von 2 % etwa 350…400 g/kWh, wenn die vorherige photosynthetische Bindung nicht abgezogen wird.

Für das Beispiel in Anhang 15.1 bedeutet dies:

CO_2-Bilanz und Brennstoffäquivalent:

Energiegehalt fossiler Wärmeträger

	Diesel, Heizöl:		42700	kJ/kg		
			11,9	kWh/kg		
		Dichte	880	kg/m³		
	Steinkohle		37500	kJ/kg		
			10,42	kWh/kg		
	Erdgas	Heizwert	35000	kJ/kg		
			9,72	kWh/kg Erdgas (95% CH_4)		
Verbrennungsrechnung			44	kg CO_2 pro	12	kg C
			3,667	kg CO_2 pro	1	kg C
	Heizöl		85%	C	3,1	kg CO_2 / kg
					0,2628	kg CO_2/kWh
	Steinkohle		75%	C	2,8	kg CO_2 / kg
Wärmeverbrauch					0,2640	kg CO_2/kWh
			17	**MWh/Jahr**	**1.400,00 €**	
Äquivalenzwerte:	17.000	kWh/Jahr =				
			1.433,3	kg Heizöl	4.467,0	kg CO_2
			1.628,7	Ltr Heizöl		
			1.748,6	kg Erdgas		
Umsetzungsgrad	85%				0,311	kg CO_2/kWh
					5.255,3	**kg CO_2**
					1.916,1	Ltr Heizöl

zu 7.4: Da ein Mol aller Gas unter Standardbedingungen stets 22,4 Ltr einnimmt und sich die Molzahl auf der linken und rechten Seiter nicht ändert $CO + H_2O \rightarrow CO_2 + H_2 \Delta H = -40{,}9\,kJ/kmol$ tritt keine Volumen- bzw. Druckänderung im Reaktor auf.

zu 7.5: Methanverbrennung: $CH_4 + 2O_2 \rightarrow CO_2 + 2H_2O$, aus Tab. 7.3 folgt:

Substanz	Enthalphie ΔH^0_m [kJ/mol]	Entropie S^0_m [J/(mol K)]	Freie Enthalpie ΔG^0_m [kJ/mol]
CH_4 Methan (g)	−74,85	186,19	−50,8
CO_2(g)	−393,5	213,6	−394,38
H_2O (g)	−241,8	188,9	−234,6
H_2O (l)	−286,0	70,0	−237,2
O_2	0	205,0	0

$$\Delta H^0_{\text{Reaktion}} = \sum \left(c \cdot \Delta H^0_C + d \cdot \Delta H^0_D\right) - \sum \left(a \cdot \Delta H^0_A + b \cdot \Delta H^0_B\right)$$

also hier mit: $CH_4 + 2\,O_2 \quad \rightarrow CO_2 + 2\,H_2O$, wenn das Wasser gasförmig

$$\begin{aligned}\Delta H^0_{\text{Reaktion}} &= [(+1)\cdot(-393{,}5) + (+2)\cdot(-241{,}8)]\\ &\quad - [(+1)\cdot(-74{,}85) + (+2)\cdot(0)]\\ &= -802{,}25\ \text{kJ/mol bei nicht kondensiertem Wasser/ Wasserdampf}\end{aligned}$$

$\rightarrow$ unterer Heizwert: $H_U = \frac{802{,}25\,\text{kJ/mol}}{16\,\text{kg/kmol}} = 50\,\frac{\text{MJ}}{\text{kg}}$ für Methan

$$\begin{aligned}\Delta H^0_{\text{Reaktion}} &= [(+1)\cdot(-393{,}5) + (+2)\cdot(-286{,}0)]\\ &\quad - [(+1)\cdot(-74{,}85) + (+2)\cdot(0)]\\ &= -890{,}65\ \text{kJ/mol bei kondensiertem Wasser}\end{aligned}$$

$\rightarrow$ Brennwert (oberer Heizwert): $\text{H}_\text{O} = \frac{890{,}65\,\text{kJ/mol}}{16\,\text{kg/kmol}} = 55{,}7\,\frac{\text{MJ}}{\text{kg}}$ für Methan
Für die molare Standardreaktionsentropie gilt im Fall des kondensierten Wassers analog:

$$\Delta S^0_{\text{Reaktion}} = \sum \left(c\cdot\Delta S^0_{\text{C}} + d\cdot\Delta S^0_{\text{D}}\right) - \sum \left(a\cdot\Delta S^0_{\text{A}} + b\cdot\Delta S^0_{\text{B}}\right)$$

so dass die Entropie

$$\begin{aligned}\Delta S^0_{\text{Reaktion}} &= [(+1)\cdot(213{,}6) + (+2)\cdot(70)] - [(+1)\cdot(186{,}19) + (+2)\cdot(205)]\\ &= -242{,}59\text{J/mol}\cdot\text{K}\end{aligned}$$

und Freie Enthalphie

$$\begin{aligned}\Delta G = \Delta H - T\cdot\Delta S &= -890{,}65 - (273{,}15 + 25)\cdot(-242{,}59)\,/1000\\ &= -890{,}65 + 72{,}3 = -818\text{kJ/mol}\end{aligned}$$

Die Reaktion läuft freiwillig nach rechts in Richtung CO_2.
Das gleiche Ergebnis erhält man mit

$$\begin{aligned}\Delta G^0_{\text{Reaktion}} &= \sum \left(c\cdot\Delta G^0_{\text{C}} + d\cdot\Delta G^0_{\text{D}}\right) - \sum \left(a\cdot\Delta G^0_{\text{A}} + b\cdot\Delta G^0_{\text{B}}\right)\\ &= [(+1)\cdot(-394{,}38) + (+2)\cdot(-237{,}2)]\\ &\quad - [(+1)\cdot(-50{,}8) + (+2)\cdot(0)]\\ &= -818\text{kJ/mol}\end{aligned}$$

zu 7.6: Wassergas-/Shiftreaktion: $CO + H_2O \rightarrow CO_2 + H_2$

Substanz	Enthalphie ΔH^0_m [kJ/mol]	Entropie S^0_m [J/(mol K)]	Freie Enthalpie ΔG^0_m [kJ/mol]
CO_2 (g)	$-393,5$	213,6	$-394,38$
H_2	0	130,6	0
CO (g)	$-110,5$	198,0	$-137,3$
H_2O (g)	$-241{,}8$	188,9	$-234{,}6$

$$\begin{aligned}\Delta H^0_{\text{Reaktion}} &= \sum \left(c \cdot \Delta H^0_{\text{C}} + d \cdot \Delta H^0_{\text{D}}\right) - \sum \left(a \cdot \Delta H^0_{\text{A}} + b \cdot \Delta H^0_{\text{B}}\right)\\ &= [(+1) \cdot (-393{,}5) + (+1) \cdot (0)]\\ &\quad - [(+1) \cdot (-110{,}5) + (+1) \cdot (-241{,}8)]\\ &= -41{,}2\,\text{kJ/mol} = -41.200\,\text{kJ/kmol} < 0\end{aligned}$$

$$\begin{aligned}\Delta G^0_{\text{Reaktion}} &= \sum \left(c \cdot \Delta G^0_{\text{C}} + d \cdot \Delta G^0_{\text{D}}\right) - \sum \left(a \cdot \Delta G^0_{\text{A}} + b \cdot \Delta G^0_{\text{B}}\right)\\ &= [(+1) \cdot (-394{,}38) + (+1) \cdot (0)]\\ &\quad - [(+1) \cdot (-137{,}3) + (+1) \cdot (-234{,}6)]\\ &= -22{,}48\,\text{kJ/mol} < 0\end{aligned}$$

Die Reaktion läuft bei Standardbedingungen freiwillig ab und ist exotherm.

$$K_T = \mathrm{e}^{-\frac{\Delta G^0_T}{\Re \cdot T}} = \exp\left(-\frac{\Delta G^0_T}{\Re \cdot T}\right) = \exp\left(-\frac{-22{,}48\,\frac{\text{kJ}}{\text{mol}}}{\frac{8{,}314}{1000}\,\frac{\text{kJ}}{(\text{mol}\cdot\text{K})} \cdot (273{,}15 + 25)\,\text{K}}\right)$$

$K_T \approx 8700 > 1$ Das Gleichgewicht liegt auf der Seite der Endprodukte.
Die Freie Enthalphie ist temperaturabhängig. Die nachfolgende Abbildung zeigt die Abweichung zwischen

- gemessenen Werten nach [3, 5, 6] und
- gerechneten Werten unter der Annahme, dass die Freie Enthalphie gleich bleibt. Tatsächlich ändert sich die Freie Enthalphie; sie kann mit Polynomen höheren Grades angenähert werden. So liefert Gl. (9.8) deutlich bessere Ergebnisse.

Bei höheren Temperaturen zeigt sich jedoch tendenziell in beiden Fällen eine deutliche Verschiebung in Richtung der Ausgangsprodukte.
Freie Enthalphie $-22{,}48$ kJ/mol
Gaskonstante 8,314 kJ/kmol K

T	298	400	600	800	1000	2000
t	25	127	327	527	727	1727
K - gerechnet	8681	860	90	29	15	4
K - gemessen	79.960	1330	27	4,2	1,4	0,23

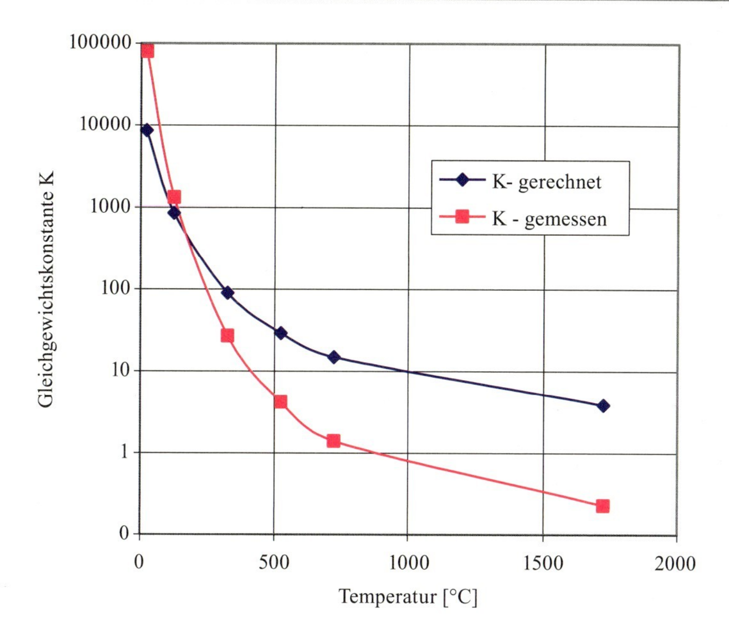

zu 7.7: Methanisierung: $CO + 3H_2 \rightarrow CH_4 + H_2O$; $\Delta H = -203{,}0\,\text{kJ/kmol} < 0$

a) **Druckerhöhung**: Bei der Reaktion verkleinert sich das Volumen (4 Molanteile → 2 Molanteile). Wird der Druck erhöht, kann das System dem Zwang ausweichen, indem mehr Methan gebildet wird. Wird der Gesamtdruck z. B. auf das Doppelte erhöht, steigen auch die Partialdrücke auf das Doppelte, so dass

$$\frac{(p_{\mathrm{CH_4}}) \cdot (p_{\mathrm{H_2O}})}{(p_{\mathrm{CO}}) \cdot \left(p_{\mathrm{H_2}}\right)^3} = K_p \quad \rightarrow \quad \frac{(2 \cdot p_{\mathrm{CH_4}}) \cdot (2 \cdot p_{\mathrm{H_2O}})}{(2 \cdot p_{\mathrm{CO}}) \cdot \left(2 \cdot p_{\mathrm{H_2}}\right)^3} = \frac{1}{4} K_p \,.$$

Das System befindet sich dadurch nicht mehr im Gleichgewicht. Es stellt sich ein neuer Gleichgewichtszustand ein, wobei sich die Partialdrücke der Reaktionsteilnehmer so verändern, dass der Quotient wieder den Wert der Gleichgewichtskonstante annimmt. *Merke:* Wird der Quotient kleiner, so wird das Gleichgewicht in Richtung der Reaktionsprodukte verschoben [3].

b) **Temperaturerhöhung:** Bei der hier vorliegenden Reaktion handelt es sich um eine exotherme Reaktion. Vom System wird Wärme an die Umgebung übertragen. Wird die Temperatur des Systems gesteigert, versucht es dem Zwang auszuweichen, indem es selbst weniger Energie freisetzt. Das heißt, dass eine hohe Temperatur sich nachteilig auf die Bildung von Methan auswirkt [1].

$$K_T = \mathrm{e}^{-\frac{\Delta G_\mathrm{T}^0}{\Re \cdot T}} = \exp\left(-\frac{\Delta G_\mathrm{T}^0}{\Re \cdot T}\right)$$

c) **Konzentrationsänderung:** Konzentration (~Partialdruck): Wird die Konzentration von Kohlenmonoxid und Wasserstoff erhöht, steigt der Partialdruck von Methan. Dabei ist der Einfluss des Wasserstoffes (3. Potenz) wesentlich stärker als der Einfluss des Kohlenstoffes (1. Potenz).

zu 7.8 Anteil am Heizwert:

$$\frac{400\,\text{kW}/8000\,\text{kg/h}}{5\,\text{kWh/kg}} = \frac{0{,}05\,\text{kWh/kg}}{5\,\text{kWh/kg}} = 0{,}01 = 1\,\%$$

unter Berücksichtigung des Verstromungswirkungsgrades von ca. 30 %, ergibt sich ein Primärenergieaufwand von ca. 3 % des Pelletheizwerts für die Pelletierung. Zusätzliche CO_2-Emissionen entstehen durch Trocknung und Transport. Diese „versteckten Energieanteile" werden als **Graue Energie** bezeichnet.
Der Heizwert von Holz beträgt nach Abb. 7.4 ca. 15...20 MJ/kg (theoretisch ergeben sich in der nachfolgenden Tabelle etwas höhere Werte wegen der komplexen Bindungs- und Reaktionsstrukturen). Bei vollständiger, stöchiometrischer Verbrennung (Luftverhältnis 1) entstehen ca. 6 m^3 Rauchgase, bei unterstöchiometrischer Vergasung deutlich weniger, da der Hauptgasbestandteil Stickstoff aus der Verbrennungsluft resultiert (vgl. Tabelle unter „Rauchgas, stöchimetrisch"). Überschlägig kann mit ca. 3 m^3 Synthesegas pro kg Holz gerechnet werden, wobei dieser Wert stark durch den Wassergehalt des Holzes mitbestimmt wird!
[5] beziffert den Energieinhalt des Produktgases auf 70 bis 80 % der Brennstoffwärme. Mit folgender Überschlagsrechnung bestätigt die Tabelle diese Werte: Energiegehalt **Holz** ca. 16... **18 MJ/kg = 5 kWh/kg** → **Holzgas** ca. 6 MJ/m^3· 80 % ≈ 4... **5 MJ/m^3= 1,4 kWh/m^3.** Zum Vergleich (vgl. Kap. 8 und Übung 8.1): **Biogas (23 MJ/m^3 ≈ 6,5 kWh/m^3)** oder **Erdgas/Methan (36 MJ/m^3 =** 10 kWh/m^3).

zu 7.9: Pyrolyseprozess:
Energiebilanz: $m_G \cdot H_{UG} + m_{\text{fl}} \cdot H_{\text{Ufl}} + \underbrace{m_R \cdot H_{UR}}_{\approx 0 \text{ vernachlässigbar}} = \eta \cdot m_H \cdot H_{UH}$

spezifisch: $\frac{m_G}{m_H} \cdot H_{UG} + \frac{m_{\text{fl}}}{m_H} \cdot H_{\text{Ufl}} = \eta \cdot H_{UH} \rightarrow \xi_G \cdot H_{UG} + \xi_{\text{fl}} \cdot H_{\text{Ufl}} = \eta \cdot H_{UH}$
Massenbilanz: $m_H + m_L = m_G + m_{\text{fl}} + m_R$

$$\rightarrow 1 + \underbrace{\lambda}_{\text{hier } 0{,}25} \cdot l_{\min} = \frac{m_G}{m_H} + \frac{m_{\text{fl}}}{m_H} + \frac{m_R}{m_H} = \xi_G + \xi_{\text{fl}} + \underbrace{\xi_R}_{\text{hier } 0{,}05}$$

Wegen der o. g. Verhältnisse liefert die statistische Verbrennungsrechnung nach BOIE, ROSIN und FEHLING [2] z. B. für Holz die folgende Näherungsformel für den Mindestluftbedarf:

$$\frac{l_{\min}}{\mathrm{kg/kg}} = \rho_n \cdot L_{\min} \approx 1{,}29 \cdot \left(0{,}241 \cdot \frac{H_U}{\mathrm{MJ/kg}} + 0{,}5\right)$$
$$\approx 1{,}29 \cdot \left(0{,}241 \cdot 5\,\frac{\mathrm{kWh}}{\mathrm{kg}} \cdot 3{,}6\,\frac{\mathrm{MJ}}{\mathrm{kWh}} + 0{,}5\right) \approx 6{,}2\,\frac{\mathrm{kg}}{\mathrm{kg}}$$

2 Gleichungen mit 2 Unbekannten → Lösung z. B. durch Einsetzungsverfahren:

Massenbilanz $\xi_G = \frac{m_G}{m_H} = 1 + \lambda \cdot l_{\min} - \xi_{\mathrm{fl}} - \xi_R$

in Energiebilanz $(1 + \lambda \cdot l_{\min} - \xi_{\mathrm{fl}} - \xi_R) \cdot H_{UG} + \xi_{\mathrm{fl}} \cdot H_{U\mathrm{fl}} = \eta \cdot H_{UH}$

liefert $\xi_{\mathrm{fl}} = \dfrac{m_{\mathrm{fl}}}{m_H} = \dfrac{\eta \cdot H_{UH} - (1 + \lambda \cdot l_{\min} - \xi_R) \cdot H_{UG}}{(H_{U\mathrm{fl}} - H_{UG})}$

Somit ist das Massenverhältnis der Produkte:

$$\frac{m_{\mathrm{fl}}}{m_G} = \frac{\eta \cdot H_{UH} - (1 + \lambda \cdot l_{\min} - \xi_R) \cdot H_{UG}}{(H_{U\mathrm{fl}} - H_{UG}) \cdot (1 + \lambda \cdot l_{\min} - \xi_{\mathrm{fl}} - \xi_R)}\,.$$

Für das Volumenverhältnis ist dann:

$$\frac{m_{\mathrm{fl}}}{m_G} = \frac{\rho_{\mathrm{fl}} \cdot V_{\mathrm{fl}}}{\rho_G \cdot V_G} \rightarrow \frac{V_{\mathrm{fl}}}{V_G} = \frac{m_{\mathrm{fl}}}{m_G} \cdot \frac{\rho_G}{\rho_{\mathrm{fl}}}$$

Hinweis: Für die Produktverteilung (Kohle, Kondensat, Gas) gibt [4] an:

- Flashpyrolyse von Holz → extrem schnelle Aufheizung → viel Kondensat und wenig Kohle.
- Klassische Holzverkohlung (langsame Aufheizung ergibt wenig Kondensat und viel Kohle.

Mit den Daten aus der Aufgabenstellung folgt hier:

Verfahrensparameter:

Luftverhältnis	0,25
Mindestluftbedarf	6,2
Rückstand	5%
Umsetzungsgrad:	70%

Bilanzgrößen:

		Holz	Luft	Gas	Flüssig	Summe	%-Gas	%-Flüssig
Massenanteil	[kg/kg Holz]	1	1,55	2,412	0,0882	2,50	96,5%	3,5%
Volumenanteil	[m³/kg Holz]			2,0792	1E-04	2,08	100%	0,005%
Energieanteile	[kJ/kg Holz]			10396	2204,2	12600	83%	17%
Dichte	[kg/m³]			1,16	900			
Heizwert	[kWh/kg]	5	-	1,20	6,94			
	[kJ/kg]	18000	-	4310	25000			
	[MJ/m³]		-	5	22500			

Produktanteile:

Massenverhältnis	[Fl./Gas]	0,04
Volumenverhältnis	[Fl./Gas]	5E-05
Energieverhältnis	[Fl./Gas]	0,21

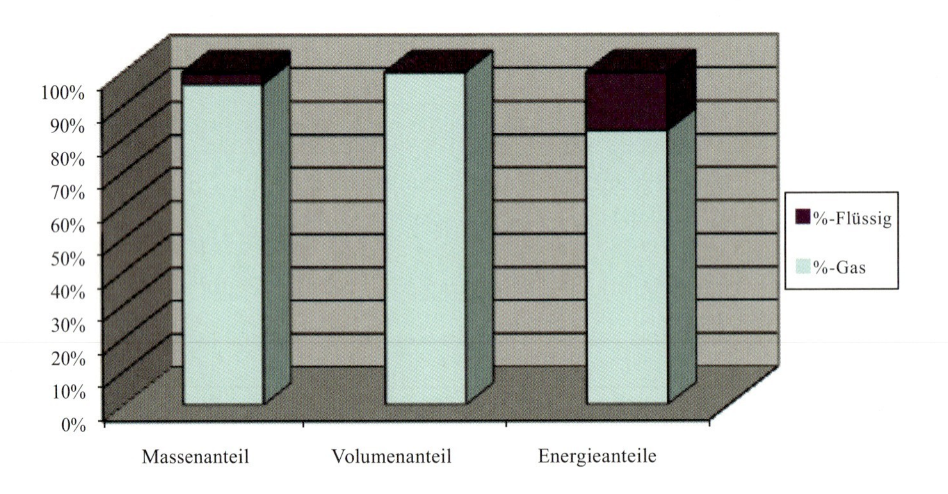

zu 7.10: Überschlagsrechnung zur Holzvergasung:

Holzzusammensetzung	**Element**	**C**	**H**	**O**	**N**	**S**	**Summe**	**Bemerkungen**	
(hier: Pappel)	**m/m-%**	**47,5%**	**6,6%**	**43,1%**	**0,42%**	**0,03%**	100%	vgl. Tab. 7.1	
	Molzahl [kg/kmol]	12	1	16	14	32			
	Bildungsenthalphie [kJ/mol]	0	0	0	0	0		vgl. Tab. 7.4	
	Mindestsauerstoff o_{min} [kg/kg]	1,268	0,528	-0,431		0,0003	1,366	vgl. Gl. (7.10)	
	Mindestluft l_{min} [kg/kg]						5,886	vgl. Gl. (7.13)	
	Heizwertanteil, stöchiometr. [MJ/kg Holz]	-15,576	-7,979			-0,003	-23,56	*-6,54 kWh/kg*	
	Heizwertanteil, unterstöchiometr. [MJ/kg Holz]	-4,873					-12,85	*-3,57 kWh/kg*	
	Rauchgas [kg/kg Holz], stöchiometr. (λ=1)	1,740	0,594	0,000	4,525	0,001	6,860	vgl. Gl. (7.15)	
	Rauchgas [Ltr/kg Holz], stöchiometr.	887	739	näherungsweise mit Rauchgasdichte			5911		
Gaszusammensetzung	flüchtige Anteile	81,2%						vgl. Tab. 7.1	
	Asche	1,9%						vgl. Tab. 7.1	
	Produkt	**CO**	**CO_2**	**H_2**	**CH_4**	**N_2**			
	Molzahl [kg/kmol]	28	44	2	16	28	26	vgl. Gl. (8.4)	
	Vol.-% = Mol-%	**16,3%**	**13,5%**	**12,5%**	**4,4%**	**52,0%**	100%	vgl. Tab. 7.5	
	Gaskonst. R_{gem} [J/kg K]						319,6	vgl. Gl. (8.5)	
	Rauchgasdichte 0°C, 1 bar [kg/m³]						1,161	vgl. Gl. (8.6)	
	Heizwertanteil [MJ/m³]	-2,0	0,0	-1,3	-1,6	0,0	-4,9	vgl. Tab. 7.4 (5,1)	
Reaktionsgl. Holzverbr.	**vollst. Verbr.**	**C**	+	**O_2**	=	**CO_2**		vgl. Gl. (7.30) ff	
	Molzahl [kg/kmol]	12		32		44			
	Mol-Volumen (Ltr/mol]			22,4		22,4			
	Rauchgas [Ltr/kg C]					1867			
	Bildungsenthalphie [kJ/mol]	0		0		-393,5		vgl. Tab. 7.4	
	Heizwert C [MJ/kg C]					-32,8			
	unvollst. Verbr.	**C**	+	**1/2 · O_2**	=	**CO**		vgl. Gl. (7.30) ff	
	Molzahl [kg/kmol]	12		8		28			
	Mol-Volumen (Ltr/mol]			11,2		22,4			
	Rauchgas [Ltr/kg C]					1867			
	Bildungsenthalphie [kJ/mol]	0		0		-123,1		vgl. Tab. 7.4	
	Heizwert C [MJ/kg C]					-10,3			
	vollst. Verbr.	**H_2**	+	**1/2 · O_2**	=	**H_2O**		vgl. Gl. (7.30) ff	
	Molzahl [kg/kmol]	2		16		18			
	Mol-Volumen (Ltr/mol]	22,4		11,2		22,4			
	Rauchgas [Ltr/kg H]					11200			
	Bildungsenthalphie [kJ/mol]	0		0		-241,8		vgl. Tab. 7.4	
	Heizwert H [MJ/kg H]					-120,9			
	Heizwert H [kJ/Ltr H = MJ/m³ H]					-10,8			
	vollst. Verbr.	**S**	+	**O_2**	=	**SO_2**		vgl. Gl. (7.30) ff	
	Molzahl [kg/kmol]	32		32		64			
	Mol-Volumen (Ltr/mol]			22,4		22,4			
	Rauchgas [Ltr/kg S]					700			
	Bildungsenthalphie [kJ/mol]	0		0		-296,9		vgl. Tab. 7.4	
	Heizwert H [MJ/kg S]					-9,3			
Reaktionsgl. Holzgasverbr.	**vollst. Verbr.**	**CO**	+	**1/2 · O_2**	=	**CO_2**			
	Molzahl [kg/kmol]	28,0		16		44,0			
	Mol-Volumen (Ltr/mol]	22,4		11,2		22,4			
	Rauchgas [Ltr/kg CO]					800			
	Bildungsenthalphie [kJ/mol]	-123,1		0		-393,5	-270,4		
	Heizwert CO [MJ/kg CO]						-9,7		
	Heizwert CO [kJ/Ltr CO = MJ/m³ CO]						-12,071		
	vollst. Verbr.	**CH_4**	+	**2 · O_2**	=	**CO_2**	**2 H_2O**		
	Molzahl [kg/kmol]	16		64		44,0	36,0		
	Mol-Volumen (Ltr/mol]	22,4		44,8		22,4	44,8		
	Rauchgas [Ltr/kg CH_4]					1400	2800		
	Bildungsenthalphie [kJ/mol]	-74,9		0		-393,5	-483,6	→	-802,3
	Heizwert CH_4 [MJ/kg CH_4]								-50,1
	Heizwert CH_4 [kJ/Ltr = MJ/m³ CH_4]								-35,8

Stickstoff (N) ist ein Inertgas und reagiert erst bei 1200 … 1400°C zu Stickoxiden (NOx)

15.6.7 Lösungen zu Kap. 8

zu 8.1: Thermodyn. Daten des Biogases:

$$M_{\text{gem}} = \sum \psi_i \cdot M_i \approx 0{,}65 \cdot 16{,}043 + 0{,}35 \cdot 44 = \underline{\underline{25{,}829\,\text{kg/kmol}}}$$

$$R_{\text{gem}} = \frac{\Re}{M_{\text{gem}}} = \frac{8{,}3143\,kJ/\text{kmol}}{25{,}829\,\text{kg/kmol}} = \underline{\underline{321{,}9J/\text{kg}K}}_i$$

$$\rho_{\text{gem}} = \frac{p}{R_{\text{gem}} \cdot T} = \frac{1{,}013 \cdot 10^5}{321{,}9 \cdot 273{,}15}\frac{\text{kg}}{\text{m}^3} = \underline{\underline{1{,}1521\,\frac{\text{kg}}{\text{m}^3}}}$$

zum Vergleich:

$$\rho_{\text{CH}_4} = \frac{p}{R_{\text{CH}_4} \cdot T} = \frac{1{,}013 \cdot 10^5}{518{,}25 \cdot 273{,}15}\frac{\text{kg}}{\text{m}^3} = \underline{\underline{0{,}7156\,\frac{\text{kg}}{\text{m}^3}}}$$

Massenanteile:

$$\xi_i = \frac{m_i}{\sum m_i} = \frac{M_i}{M_{\text{gem}}}\psi_i \rightarrow \xi_{\text{CH}_4} = \frac{16}{25{,}8} \cdot 65\% \approx \underline{\underline{40\text{ Masse-\%}}}$$

$$\xi_{\text{CO}_2} = \frac{44}{25{,}8} \cdot 35\% \approx \underline{\underline{60\text{ Masse-\%}}}$$

Die Zahlenwerte haben sich also gegenüber den Volumenanteilen gerade umgekehrt!

$$c_p = \sum \xi_i \cdot c_{p_i} = \underline{\underline{1352\,\frac{\text{kJ}}{\text{kgK}}}}, \quad c_v = \sum \xi_i \cdot c_{v_i} = \underline{\underline{1030\,\frac{\text{kJ}}{\text{kgK}}}}$$

Reaktionsgleichung für das vereinfachte Gemisch:
aus

	CH_4	+	$2O_2$	→	CO_2	+	$2H_2O$	
1 kmol =	16 kg	+	2∗32 kg	→	44 kg	+	2∗18 kg	,
1 mol Gas	22,4 ltr	+	2∗22,4 ltr	→	22,4 ltr	+	2∗22,4 ltr	,
Bildungs-	74,81	+	0	+	−393,51		−241,82	→**802,34**
enthalpien	kJ/mol		kJ/mol		kJ/mol	+	kJ/mol	**kJ/mol.**
							×2	Reaktions-enthalpie

CO_2 reagiert als Inertgas nicht!

Mindestsauerstoffbedarf für reines Methan: $o_{\min} = \frac{2 \cdot 32}{16} = 4 \, \frac{\text{kg O}_2}{\text{kg CH}_4}$

für das Gemisch: $\xi_{CH_4} \cdot o_{\min} = 1{,}6 \, \frac{\text{kg O}_2}{\text{kg Biogas}}$

Mindestluftbedarf für reines Methan: $l_{\min} = \frac{o_{\min}}{0{,}232} = 17{,}2 \, \frac{\text{kg Luft}}{\text{kg CH}_4}$

für das Gemisch: $\xi_{CH_4} \cdot l_{\min} = 6{,}9 \, \frac{\text{kg Luft}}{\text{kg Biogas}}$

Die dazugehörigen volumetrischen Größen sind hier

$$o_{\min} = \frac{2 \cdot 22{,}4 \,\text{ltr O}_2}{22{,}4 \,\text{ltr CH}_4} \rightarrow r_{CH_4} \cdot o_{\min} = 1{,}3 \, \frac{\text{m}^3 \text{ O}_2}{\text{m}^3 \text{ Biogas}}$$

$$l_{\min} = \frac{o_{\min}}{0{,}210} = 9{,}524 \, \frac{\text{m}^3 \text{ Luft}}{\text{m}^3 \text{ CH}_4} \rightarrow r_{CH_4} \cdot l_{\min} = 6{,}19 \, \frac{\text{m}^3 \text{ Luft}}{\text{m}^3\text{Biogas}}$$

$$\begin{aligned} H_u &= r_{CH_4} \cdot \left\{ \Delta H^0_{CH_4} + 2 \cdot \Delta H^0_{O_2} - \Delta H^0_{CO_2} - 2 \cdot \Delta H^0_{H_2O} \right\} \\ &= r_{CH_4} \cdot \{74{,}81 + 2 \cdot 0 - 393{,}51 - 2 \cdot 241{,}82\} \, \frac{\text{MJ}}{\text{kmol}} \\ &= r_{CH_4} [\text{Vol.-\% CH}_4 \text{ im Biogas}] \cdot 802{,}34 \, \frac{\text{MJ}}{\text{kmol CH}_4} \text{ bzw.} \\ &= \xi_{CH_4} \left[\frac{\text{kg CH}_4}{\text{kg Biogas}} \right] \cdot \frac{802{,}34}{16} \, \frac{\text{MJ}}{\text{kg CH}_4} = \xi_{CH_4} \cdot 50{,}1 \, \frac{\text{MJ}}{\text{kg Biogas}} . \end{aligned}$$

also für das Methan $H_u = 50{,}1$ MJ/kg
und für Biogas der o. g. Zusammensetzung $H_u = 20{,}2$ MJ/kg.
Für den volumetrischen Wert ersetzt man 1 kmol durch 22,4 m^3 so erhält man

für Methan $H_\text{u} = \frac{802{,}34}{22{,}4} \, \frac{\text{kJ}}{\text{ltr}} = 35.818 \, \frac{\text{kJ}}{\text{m}^3 \text{ CH}_4} = 9{,}95 \, \frac{\text{kWh}}{\text{m}^3 \text{ CH}_4}$

und für dieses Biogas $H_\text{u} = r_{CH_4} \cdot \frac{802{,}34}{22{,}4} \, \frac{\text{kJ}}{\text{ltr}} = 0{,}65 \cdot 35.818 \, \frac{\text{kJ}}{\text{m}^3} = 23{,}28 \, \frac{\text{MJ}}{\text{m}^3} = 6{,}5 \, \frac{\text{kWh}}{\text{m}^3 \text{ Biogas}}$

Alternativ findet man aus der zugeführten Wärme

$$Q_\text{zu} = m \cdot H_u = V \cdot \rho \cdot H_u$$

den volumetrischen Energiegehalt für Methan

$$\frac{Q_\text{zu}}{V} = \rho \cdot H_u = 0{,}7156 \, \frac{\text{kg}}{\text{m}^3} \cdot 50{,}1 \, \frac{\text{MJ}}{\text{kg}} = 35{,}85 \, \frac{\text{MJ}}{\text{m}^3\text{CH}_4} = 9{,}95 \, \frac{\text{kWh}}{\text{m}^3\text{CH}_4}$$

für dieses Biogas

$$\frac{Q_{\text{zu}}}{V} = \rho \cdot (\xi_i \cdot H_u) = 1{,}1521\,\frac{\text{kg}}{\text{m}^3} \cdot 0{,}4 \cdot 50{,}1\,\frac{\text{MJ}}{\text{kg}} = \underline{\underline{23\,\frac{\text{MJ}}{\text{m}^3\text{Biogas}}}} = \underline{\underline{6{,}5\,\frac{\text{kWh}}{\text{m}^3\text{ Biogas}}}}$$

Die Eigenschaften des Beispiel-Biogases bei 0 °C und kleinen Drücken sind somit zusammengefasst:

Dichte bei Normbed.	ρ	1,15 kg/m^3
Mindestluftbedarf	$l_{\min}$	6,9 kg/kg
unterer Heizwert	H_u	20,2 MJ/kg = 6,5 kWh/m^3
Molmasse	M	25,83 kg/kmol
Gaskonstante	R	322 J/kg K
spez. Wärmekapazität	c_p	1352 J/kg K
	c_v	1030 J/kg K
Isentropenexponent	κ	1,31
Methanzahl	MZ	ca. 133

zu 8.2: Begriffserklärungen:

- H_2S = Schwefelwasserstoff. Der Partialdruckanteil hängt von dem Gasanteil und von der Temperatur ab. Die Konzentration an gelöstem Schwefelwasserstoff nimmt mit sinkendem pH-Wert (Säurezunahme) zu.
- Ammoniak (NH_3) und Ammonium (NH_4) → Harnstoff der Mikroben. Bei Vergärung von Substraten mit hohem Eiweißgehalt steigt die Ammonium-Stickstoff-Freisetzung. Das Gleichgewicht zwischen Ammonium und Ammoniak wird dabei mit steigendem pH-Wert zugunsten des Ammoniaks verschoben. Die Hemmwirkung der Methanbildung durch das Ammoniak nimmt mit der Temperatur zu.
- Silage ist durch Milchsäuregärung konserviertes Pflanzenmaterial.
- TS = Trockensubstanz → wasserfreier Anteil eines Stoffgemisches nach Trocknung bei 105 °C.
- oTS = organische Trockensubstanz = um den Wasseranteil und die anorganische Substanz reduzierter Anteil eines Stoffgemisches, in der Regel durch Trocknung bei 105 °C und nachfolgendes Glühen bei 550 °C ermittelt (Differenzenbildung).
- C/N = Verhältnis der Kohlenstoff- zur Stickstoffmenge. Das C/N-Verhältnis im zu vergärenden Gut ist für einen optimalen Gärprozess wichtig (ideal: 13/30). Das C/N-Verhältnis im vergorenen Gut lässt eine Aussage über die Stickstoffverfügbarkeit bei der Düngung zu (ideal ca. 13).
- Hygienisierung: Verfahrensschritt zur Reduzierung und/oder Elimination von Seuchenerregern und/oder Phytopathogenen. Hinweise zu Verfahren geben BioAbfV oder EG-Hygiene-VO.

- Raumbelastung: Organischer Anteil des in den Fermenter eingebrachten Gutes, bezogen auf das nutzbare Fermenterraumvolumen pro Zeiteinheit [kg oTS/m^3 und Tag]
- Verweilzeit = durchschnittliche Aufenthaltszeit des Substrats im Fermenter
- Volllaststunden: Zeitraum der Vollauslastung einer Anlage, wenn die Gesamtnutzungsstunden und der durchschnittliche Nutzungsgrad innerhalb eines Jahres auf einen Nutzungsgrad von 100 % umgerechnet werden.

zu 8.3 Kennzahlen der Biogasanlage aus Abschn. 8.7:

- Großvieheinheit (GV: 500 kg Lebendgewicht): 1 Kuh = 1 GV → 1150 GV
- 1150 Rinder/(850 + 200) ha = 1,1 GV/ha
- Raumbelastung $B_R = \dfrac{\dot{m} \cdot c}{V_R} = \dfrac{\frac{801}{7} \cdot \frac{\mathrm{t}}{\mathrm{d}} \cdot \frac{5{,}3\,\mathrm{oTS}}{100} \frac{1000\,\mathrm{kg/m^3}}{\mathrm{m^3}}}{2500\,\mathrm{m^3}} = 0{,}243\,\frac{\mathrm{kgoTS}}{\mathrm{m^3 \cdot d}}$
- [m^3 Biogas/m^3 Fermenter-Vol.]: 2547 m^3/d : 2500 m^3 = 1,02 m^3 Biogas/m^3 d
- [m^3 Biogas/GV]: 2547 m^3/d : 1150 GV = 2,2 m^3 Biogas/GV d
- Energieinhalt Biogas (vgl. Auf. 8.1):

$$\dot{Q} = \dot{m} \cdot H_U = \dot{V} \cdot \rho \cdot H_U = \dot{V} \cdot \frac{p}{R \cdot T} \cdot H_U = \frac{2547\,\mathrm{m^3}}{24\,\mathrm{h}} \cdot 6{,}5\,\frac{\mathrm{kWh}}{\mathrm{m^3}} = 690\,\mathrm{kW}$$

- elektr. Leistung bei einem Wirkungsgrad von 35 %: 244 kW$_{\mathrm{el}}$
- Leistungsausnutzung = Leistung/Nennleistung: 65 %
  - therm. Leistung einem therm. Wirkungsgrad von 48 %: 334 kW
- elektr. Energie [kWh/Woche]: $244\mathrm{kW} \cdot 7\,\frac{\mathrm{d}}{\mathrm{w}} \cdot 24\,\frac{\mathrm{h}}{\mathrm{d}} = 40.992\,\frac{\mathrm{kWh_{el}}}{\mathrm{Woche}}$
- therm. Energie [kWh/Woche]: $334\,\mathrm{kW} \cdot 7\,\frac{\mathrm{d}}{\mathrm{w}} \cdot 24\,\frac{\mathrm{h}}{\mathrm{d}} = 56.112\,\frac{\mathrm{kWh_{th}}}{\mathrm{Woche}}$
- elektr. Eigenverbrauch: $801\,\frac{\mathrm{t}}{\mathrm{Woche}} \cdot 0{,}8\,\frac{\mathrm{kWh}}{\mathrm{t}} = 640\,\frac{\mathrm{kWh_{el}}}{\mathrm{Woche}}$ oder 1,6 %
- therm. Eigenverbrauch: $801\,\frac{\mathrm{t}}{\mathrm{Woche}} \cdot 43{,}1\,\frac{\mathrm{kWh}}{\mathrm{t}} = 34.523\,\frac{\mathrm{kWh_{th}}}{\mathrm{Woche}}$ oder 62 %
  Hinweis: Während der elektr. Verbrauch eindeutig dem Substrat zugewiesen werden kann, ist der Wärmeverbrauch von jahreszeitlichen Schwankungen abhängig!
- Gesamtnutzungsgrad, wenn die Wärme vollständig genutzt werden kann: (244 + 334)/690 = 84 %
- Produktivität [kW/GV]: 244 kW/ : 1150 GV = 0,212 kW/GV

zu 8.4 Ertragsdaten der Maissilage:

Stoffgruppe	Masse g/kg_{oTS}	Gasausbeute Nm^3/kg_{oTS}	Methangehalt Vol.-%
Kohlenhydrate	703	0,556	44,0
Rohprotein	57	0,040	4,5
Rohfett	29	0,036	3,9
Gesamt	**789**	**0,632**	**52,4**

15.6.8 Lösungen zu Kap. 10

zu 10.1: spez. Wärmestrom: $\frac{\dot{Q}}{A} = \dot{q} = \lambda \cdot \frac{\Delta T}{\Delta x}$ folgt der Temperaturgradient $\frac{\dot{q}}{\lambda} = \frac{\Delta T}{\Delta x}$ zu

$$\frac{\dot{q}}{\lambda} = \frac{0{,}065\,\frac{\mathrm{W}}{\mathrm{m}^2}}{2\,\frac{\mathrm{W}}{\mathrm{m\cdot K}}} = \frac{\Delta T}{\Delta x} = 0{,}0325\,\frac{\mathrm{K}}{\mathrm{m}} = \frac{3\,\mathrm{K}}{100\,\mathrm{m}}$$

Die erforderliche Bohrtiefe beträgt also

$$\frac{\dot{q}}{\lambda} = 0{,}0325\,\frac{\mathrm{K}}{\mathrm{m}} = \frac{(120-10)\,\mathrm{K}}{\Delta x} \rightarrow \Delta x = \frac{(120-10)\,\mathrm{K}}{0{,}0325\frac{\mathrm{K}}{\mathrm{m}}} = 3385\,\mathrm{m}$$

zu 10.2: Bei größerem Wärmeentzug kühlt langfristig das Erdreich aus. Der Wärmeentzug wird so kalkuliert, dass nach ca. 30 Jahren das thermische Potential erschöpft ist und eine Langzeit-Regeneration notwendig ist. Für $10 \times 10 \times 10\,\mathrm{m}^3$ mit einem zusätzlichen Wärmeentzug von 70 kW bedeutet dies:

$$\dot{Q} = m \cdot c_p \cdot \Delta\dot{T} \rightarrow \Delta\dot{T} = \frac{\dot{Q}}{V \cdot \rho \cdot c_p}$$

$$= \frac{70 \cdot 10^3\,\mathrm{W}}{(10 \cdot 10 \cdot 10)\,\mathrm{m}^3 \cdot 10^3\,\frac{\mathrm{kg}}{\mathrm{m}^3} \cdot 10^3\,\frac{\mathrm{J}}{\mathrm{kg\cdot K}}} = 70 \cdot 10^{-6}\,\frac{\mathrm{K}}{\mathrm{s}} = 0{,}252\,\frac{\mathrm{K}}{\mathrm{h}}$$

oder 6 °C pro Tag.

zu 10.3: vgl. Abschn. 10.2 und 12.6

zu 10.4: vgl. Abschn. 10.2 und 12.7

zu 10.5: Der Expansionsverlauf ist im h-s-Diagramm angedeutet. Die Turbineneintrittstemperatur ist durch das geothermische Temperaturniveau und die Grädigkeit des Wärmetauschers auf ca. 150 °C begrenzt. Je höher der Systemdruck gewählt wird, desto mehr geht der thermodynamische Eintrittszustand im h-s-Diagramm in Richtung „Nassdampfgebiet", d. h. die Expansion im überhitzten Bereich verringert sich, es ist mit Tropfenbildung und Erosion in der Turbine zu rechnen.

Ein pragmatischer Systemdruck scheint hier bei 3...5 bar (abs. – also 2...4 bar Manometeranzeige) zu liegen, vgl. nachfolgenden Dampftafelauszug.
Der Kondensatordruck wird durch die Umgebungsbedingungen, hier die Kühlwirkung der Wärmeverbraucher, bestimmt. Je niedriger die Temperatur, desto größer kann die Expansion in der Turbine und damit der elektrische Nutzen ausfallen. Es steigt aber auch die Restfeuchte in der Turbine und damit die Erosionsgefahr.
Dampftafelauszug für überhitzten Dampf:

p bar	t °C	v dm^3/kg	h kJ/kg	u kJ/kg	s kJ/kg K	c_p kJ/kg K
5	150	1,092900038	632,9249878	632,4249878	1,866999984	4,31999798

und für Nassdampf:

T °C	p bar	v' m^3/kg	v'' m^3/kg	h' kJ/kg	h'' kJ/kg	s' kJ/(kg K)	s'' kJ/(kg K)
45	0,100	0,0010104	14,5342	192,62	2584,2	0,6517	8,1453

15.6.9 Lösungen zu Kap. 11

zu 11.1: Flächenverhältnis 36.505 m^2/150.000 m^2 = 0,24 bzw. 24 % der Grundfläche.
4.000.000 kWh/36.505 m^2 = pro Jahr ca. 110 kWh/m^2 (relativ hoher Ansatz)
Nennleistung 4200 kW_p; Energie-Ertragsprognose 4.000.000 kWh → Volllaststunden = 4.000.000 kWh/4200 kW = 952 Std. = 10,9 % der Jahresstunden: 365 Tage × 24 Std. = 8760 Std.
Solares Angebot im Jahresmittel: 1000 kWh/m^2×36.505 m^2 = 35.505 MWh/a
Ertragsprognose 4000 MWh → Wirkungsgrad 10,9 %
Ertragsprognose 4.000.000 kWh × 0,3194 €/kWh = 1.277.600,– € pro Jahr, bezogen auf das Investitionsvolumen von 12,2 Mio. € also ca. 10,5 % Verzinsung des eingesetzten Kapitals (subventioniert über die Einspeisevergütung).
Mittlere Jahresleistung 4.000.000 kWh/8760 Std. = 456,6 kW gemittelte Kraftwerksleistung über 24 Std. des gesamten Jahres oder 10,9 % der Nennleistung des PV-Kraftwerks.
Ertrag Jan. ca. 80.000 kWh/(31 Tage × 24 Std) = 107,5 kW (2,6 % der Nennleistung)

Ertrag Juli ca. 580.000 kWh/(31 Tage × 24 Std) = 780 kW (18,5 % der Nennleistung), mittelt man über den Tagesgang der Sonne von ca. 12 Std. im Juli so ergeben sich die doppelten Leistungs- und Prozentangaben der zeitlichen Mittelwerte. Während der Mittagszeit liegen bei nicht bewölktem Himmel im Sommer 100 % an.

Energiegestehungskosten bei 20 Jahren Laufzeit: Investitionskosten 12,2 Mio. €/(20 Jahre × 4000 MWh) = 0,1525 €/kWh bzw. 15,25 Cent pro kWh < Einspeisevergütung 31,94 Cent/kWh (ca. 47,7 %).

Def. Klirrfaktor: Oberschwingungen, die die Abweichungen von der reinen harmonischen Funktion in Prozent vom Amplitudenwert beschreiben (vgl. Abschn. 2.2).

Der „Performance-Faktor" berücksichtigt Ausrichtung, Anstellwinkel, Abschattungen etc. Diese Einflüsse bestimmen den Ertrag stärker als der Wirkungsgrad (vgl. Abschn. 11.2 und Beispielanlage in Kap. 11).

zu 11.2:

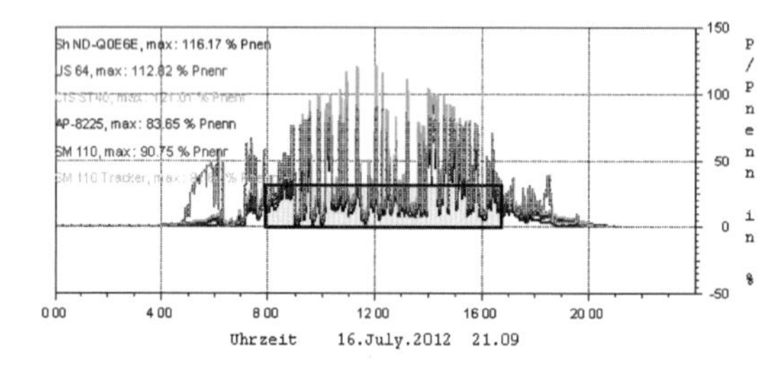

Je nach Versuchsfeld sind 100 % ca. 1 kW.

Dargestellt ist die Leistung über der Zeit, so dass der Energieertrag die Fläche unterhalb der Kurve ist:

$$W = E = \int P(t)\,dt$$

Durch Abschätzung mit Flächengleichen pos. und negativen Flächen erhält man für den 23. Juli näherungsweise mit dem dargestellten Rechteck:
7 Std. x 80% x 1 kW
ca. 5,6 kWh Energieertrag.

zu 11.3a:

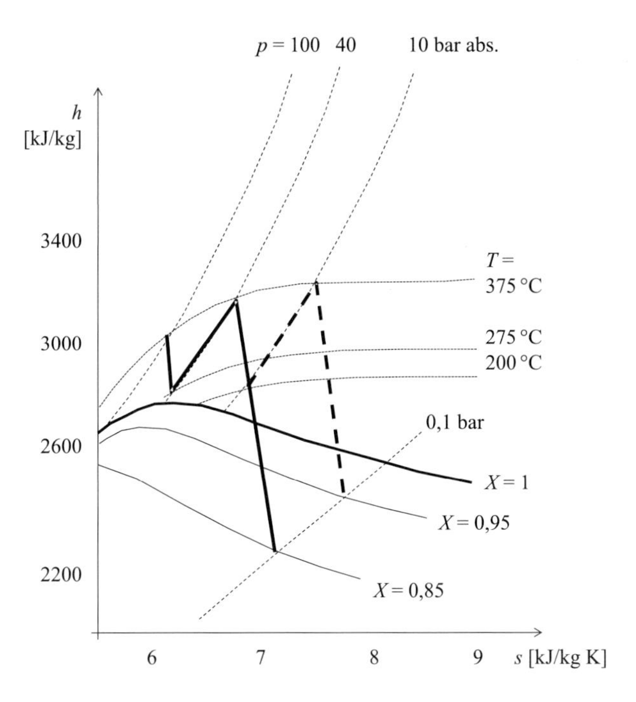

zu 11.3b: Enthalphiedifferenzen der einstufigen Zwischenüberhitzung:
HD-Stufe = 3016,80 − 2887,50 = 129,3 kJ/kg
Im Nassdampfgebiet gilt: $X = \frac{h-h'}{h''-h'}$ also $h = h' + X \cdot (h'' - h')$
Somit am Austritt der ND-Stufe $h_2 = 192{,}62 + 0{,}85(2584{,}2 - 192{,}62) =$ 2.225,5 kJ/kg
und das ND-Stufengefälle = 3150,70 − 2225,46 = 925,2 kJ/kg.
Turbinenleistung $P = \dot{m}_D \cdot (\Delta h_{HD} + \Delta h_{ND})$, also der Dampfmassenstrom 123.000 kW/1054,5 kJ/kg = 117 kg/s = 420 t/h.
Für die zweistufige Zwischenüberhitzung:
HD-Stufe wie oben 129,3 kJ/kg, MD-Stufe: 3150,70 − 2828,20 = 322,5 kJ/kg;
am Austritt der ND-Stufe $h_2 = 192{,}62 + 0{,}95(2584{,}2 - 192{,}62) = 2464{,}6$ kJ/kg
und das ND-Stufengefälle = 3211,20 − 2464,6 = 746,6 kJ/kg.
Dampfmassenstrom 123.000 kW/(129,3 + 322,5 + 746,6) kJ/kg = 103 kg/s = 370 t/h.
Der erforderliche Dampfmassenstrom ist deutlich kleiner. Durch Vergrößerung der umschlossenen Fläche im T-s-Diagramm verbessert sich auch der Wirkungsgrad des Prozesses.

zu 11.3c: Nutzleistung 123 MW/0,25 = 492 MW.

zu 11.3d: Da im Nassdampfgebiet Druck und Temperatur über die Dampfdruckkurve fest miteinander gekoppelt sind, verringert sich mit zunehmender Temperatur die

Turbinenleistung und damit der Wirkungsgrad des Prozesses. Durch niedrigere Temperaturen verbessert sich der Wirkungsgrad, es steigt aber auch die Restfeuchte am Austritt der Turbine. Erosion durch Wassertröpfchen führen zu erhöhtem Verschleiß.

15.6.10 Lösungen zu Kap. 12

zu 12.1: $c_m = 2 \cdot s \cdot n = 2 \cdot 0{,}142\,\mathrm{m} \cdot \frac{1500}{60\,\mathrm{s}} = 7{,}1\,\mathrm{m/s} \rightarrow$ geringe mechanische Belastung

$$p_{me} = \frac{W_e}{V_h} = \frac{P_e}{V_h \cdot z \cdot \frac{n}{a}} = \frac{380 \cdot 10^3\,\frac{\mathrm{Nm}}{\mathrm{s}}}{1{,}8273 \cdot 12 \cdot 10^{-3}\mathrm{m}^3 \cdot \frac{1500}{60\,\mathrm{s} \cdot 2}}$$
$$= 13{,}86 \cdot 10^5\,\frac{\mathrm{N}}{\mathrm{m}^2} = 13{,}86\,\mathrm{bar}$$
$$\rightarrow \text{geringe thermische Belastung}$$

Beide Kennwerte lassen eine hohe Lebenserwartung und geringen Wartungsaufwand erwarten.
Effizienz: Da Biogas erheblichen Qualitätsschwankungen und Heizwertschwankungen unterliegen kann, wird nicht wie in Gl. (12.3a)–(12.3b) auf den Massenstrom bezogen. Die Angabe im Datenblatt lässt erkennen, dass hier (anders als bei Qualitätsbrennstoffen ohne Heizwertschwankungen) auf den zugeführten Energie-Massenstrom bezogen wurde:

$$b_e^* = \frac{\dot{m}_B \cdot H_U}{P_e} = \frac{1}{\eta_e} \quad \text{somit}$$
$$\eta_e = \frac{\dot{m}_B \cdot H_U}{P_e} = \frac{1}{b_e^*} = \frac{1\,\mathrm{kWh}}{9 \cdot 10^6\,\mathrm{J}} = \frac{10^3\,\mathrm{W} \cdot 3600\,\mathrm{s}}{9 \cdot 10^6\,\mathrm{J}} = 0{,}4 = 40\,\%$$

Wirkungsgrad und Effizienz sind damit im Optimalpunkt relativ gut (Großdieselmotoren für den Kraftwerks- und Schiffsbetrieb erreichen Werte von 50 %, Pkw-Motoren liegen bei 10 bis 20 % Effizienz).

zu 12.2: Oxidation $CH_4 + O_2 \rightarrow CO_2 + 2H_2 + 20\,\mathrm{MJ/kg}$
Massenumsatz $(12 + 4 \cdot 1) + (2 \cdot 16) \rightarrow (12 + 2 \cdot 16) + (2 \cdot 1)$ [kg/kmol]
exotherme Energieabgabe (Tab. 7.3)

$$(-393{,}5 + 2 \cdot 0) - (-74{,}85 + 0) = -318{,}7\,\mathrm{kJ/mol}$$
$$\approx \frac{319\,\mathrm{MJ/kmol}}{16\,\mathrm{kg/kmol}} = 20\,\mathrm{MJ/kg} \approx 50\,\% \cdot H_u$$

(die fehlenden 50 % ergeben sich aus der Energieumsetzung des Wasserstoffes)

Dampfreformierung von Erdgas:

$$CH_4 + H_2O + 12{,}9\,\mathrm{MJ/kg} \rightarrow CO + 3H_2$$

Massenumsatz (12 + 4 · 1) + (2 · 1 + 16) → (12 + 16) + 3 · 1 [kg/kmol]
endotherme Energieabgabe (Tab. 7.3)

$$(-110{,}5 + 3 \cdot 0) - (-74{,}85 - 241{,}8) = +206{,}2\,\mathrm{kJ/mol}$$
$$\approx \frac{206\,\mathrm{MJ/kmol}}{16\,\mathrm{kg/kmol}} = 12{,}9\,\mathrm{MJ/kg} \approx 32\,\% \cdot H_u$$

CO-Shift: $CO + H_2O \rightarrow CO_2 + H_2 + 2{,}6\,\mathrm{MJ/kg}$
Massenumsatz (12 + 16) + (2 · 1 + 16) → (12 + 2 · 16) + 2 · 1 [kg/kmol]
exotherme Energieabgabe (Tab. 7.3)

$$(-393{,}5 + 2 \cdot 0) - (-110{,}5 - 241{,}8) = -41\,\mathrm{kJ/mol}$$
$$\approx \frac{41\,\mathrm{MJ/kmol}}{16\,\mathrm{kg/kmol}} = 2{,}6\,\mathrm{MJ/kg} \approx 6\,\% \cdot H_u$$

Gesamtbilanz der Dampfreformierung (inkl. CO-Shift):

$$CH_4 + 2 \cdot H_2O + 10{,}3\,\mathrm{MJ/kg} \rightarrow CO_2 + 4H_2$$

Massenumsatz (12 + 4 · 1) + 2 · (2 + 16) → (12 + 2 · 16) + 4 · (2 · 1) [kg/kmol]
endotherme Energieabgabe (Tab. 7.3)

$$(-393{,}5 + 4 \cdot 0) - (-74{,}85 - 2 \cdot 241{,}8) = +165\,\mathrm{kJ/mol}$$
$$\approx \frac{165\,\mathrm{MJ/kmol}}{16\,\mathrm{kg/kmol}} = 10{,}3\,\mathrm{MJ/kg} \approx 25\,\% \cdot H_u$$

Partielle Oxidation: $2 \cdot CH_4 + O_2 \rightarrow 2 \cdot CO + 4H_2 + 2{,}2\,\mathrm{MJ/kg}$ und weiter $2 \cdot CO + O_2 \rightarrow 2 \cdot CO_2$
Massenumsatz 2 · (12 + 4 · 1) + (2 · 16) → 2 · (12 + 16) + 4 · (2 · 1) [kg/kmol]
exotherme Energieabgabe (Tab. 7.3) für Methan

$$(-2 \cdot 110{,}5 + 4 \cdot 0) - (-2 \cdot 74{,}85 - 0) = -71{,}3\,\mathrm{kJ/2 \cdot mol}$$
$$\approx \frac{71{,}3\,\mathrm{MJ/kmol}}{2 \cdot 16\,\mathrm{kg/kmol}} = 2{,}2\,\mathrm{MJ/kg} \approx 5\,\% \cdot H_u$$

Autotherme Reformierung (beide Prozesse laufen parallel ab):

$$3 \cdot CH_4 + 2 \cdot O_2 + 2 \cdot H_2O + 9{,}9\,\mathrm{MJ/kg} \rightarrow 3 \cdot CO_2 + 8 \cdot H_2$$

endotherme Energieabgabe (Tab. 7.3)

$$(-3 \cdot 393{,}5 + 8 \cdot 0) - (-3 \cdot 74{,}85 + 2 \cdot 0 - 2 \cdot 241{,}8) = -472\,\text{kJ}/3 \cdot \text{mol}$$
$$\approx \frac{472\,\text{MJ/kmol}}{3 \cdot 16\,\text{kg/kmol}} = 9{,}8\,\text{MJ/kg} \approx 25\,\% \cdot H_u$$

Die Dampfreformierung verläuft endotherm (Energieaufnahme), die partielle Oxidation exotherm (Energieabgabe) – dafür ist der Wirkungsgrad kleiner. Daher werden die Prozesse kombiniert.

zu 12.3: Leistung der Brennstoffzelle: $P = U \cdot I = 0{,}712\,\text{V} \cdot 1{,}175\,\text{A} = 0{,}837\,\text{W}$
thermodyn. max. möglich: $P_{\text{rev}} = \dot{n}_{\text{H}_2} \cdot \Delta G$ wobei der Molenstrom

$$\dot{n}_{\text{H}_2} = \frac{p_{\text{H}_2}}{\Re \cdot T} \cdot \dot{V}_{\text{H}_2} = \frac{1{,}05 \cdot 10^5\,\frac{\text{N}}{\text{m}^2}}{8{,}314\,\frac{\text{kJ}}{\text{kmol}\cdot\text{K}} \cdot 298\,\text{K}} \cdot 9{,}56\,\frac{\text{m}^3}{100^3 \cdot 60\,\text{s}} = 6{,}75 \cdot 10^{-6}\,\frac{\text{mol}}{\text{s}}$$

und für die Wasserstoffzelle (AFC) nach Tab. 7.3: $\Delta G = -237{,}13\,\text{kJ/mol}$
also $P_{\text{rev}} = \dot{n}_{\text{H}_2} \cdot \Delta G = 237{,}13\,\text{kJ/mol} \cdot 6{,}75 \cdot 10^{-6}\text{mol}/s = 1{,}6\,\frac{J}{s} = 1{,}6\,W$
Zellenwirkungsgrad: $\eta = \frac{P}{P_{\text{rev}}} = \frac{0{,}837}{1{,}6} = 0{,}52 = 52\,\%$
Reversibler Wirkungsgrad: $\eta_{\text{rev}} = \frac{U}{U_{\text{rev}}} = \frac{0{,}712\,\text{V}}{1{,}229\,\text{V}} = 0{,}58 = 58\,\%$
Umsetzungsgrad: $\eta_U = \frac{(\dot{n}_{\text{H}_2})_U}{\dot{n}_{\text{H}_2}} = \frac{\eta}{\eta_{\text{rev}}} = \frac{52}{58} = 0{,}897 \approx 90\,\%$
Etwa 10 % des Brennstoffes werden also nicht umgesetzt.
Der 1. Hauptsatz liefert für die zu- und abgeführten Stoff- und Energieströme:

$$\dot{n}_{\text{H}_2} \cdot H_U\,(\text{H}_2) + \dot{n}_{\text{O}_2} \cdot H_U\,(\text{O}_2) = \dot{Q} + P + \dot{n}_{\text{H}_2\text{O}} \cdot H_U\,(\text{H}_2\text{O})$$

wobei nur ein Teilstrom tatsächlich chemisch reagiert, so dass mit der Standardenthalphie nach Tab. 7.3: $\text{H}_2 + \frac{1}{2}\text{O}_2 \to \text{H}_2\text{O}$ also $\Delta H^0_{\text{Reaktion}} = 286 - 0 - \frac{1}{2} \cdot 0 = 286\,\frac{\text{kJ}}{\text{mol}}$

$$\dot{Q} + P = \eta_U \cdot \dot{n}_{\text{H}_2} \cdot \Delta H^0_{\text{Reaktion}}$$

also:

$$\begin{aligned}\dot{Q} &= \eta_U \cdot \dot{n}_{\text{H}_2} \cdot \Delta H^0_{\text{Reaktion}} - P \\ &= 0{,}897 \cdot 6{,}75 \cdot 10^{-6}\,\frac{\text{mol}}{\text{s}} \cdot 286\,\frac{10^3\,\text{J}}{\text{mol}} - 0{,}837\,\text{W} \\ &= 1{,}732 - 0{,}837 = 0{,}895\,\text{W}\end{aligned}$$

Die Brennstoffzelle gibt also mehr Wärme als elektr. Arbeit ab.

15.6.11 Lösungen zu Kap. 13

zu 13.1: Als Elektrolyse bezeichnet man die Zersetzung von chemischen Substanzen durch Hindurchfließen elektrischen Strom. Wenn zur Umwandlung eines Moleküls oder Ions n Elektronen nötig sind, dann werden n Faraday zur Umwandlung von 1 mol Substanz benötigt.

zu 13.2: Vgl. Gl. (12.11) ff. und Kap. 13: $F = e \cdot N_A = 96.487\,\frac{\mathrm{As}}{\mathrm{mol}}$; $I = N \cdot e = (\dot{n}_{\mathrm{el}} \cdot N_A) \cdot e$

zu 13.3: Gesamtwirkungsgrad der Elektrolyse je nach Typ ca. 50…70 % – vgl. auch die Abhängigkeit von der Stromdichte i in Abb. 12.17; aus dem Spannungsverhältnis $U_{\min}/U = 1{,}229\,\mathrm{V}/1{,}9\,\mathrm{V} = 0{,}65 = 65\,\%$ bei guten Verhältnissen 65 %/70 % ca. 93 % für den Umsetzungsgrad.

15.6.12 Lösungen zu Kap. 14

zu 14.1: Aus $W = 1\,\mathrm{kWh} = m \cdot g \cdot h = 10\,\mathrm{kg} \cdot 9{,}81\,\mathrm{m/s^2} \cdot h$ folgt unter Berücksichtigung der Einheiten:

$$h = \frac{1000\,\frac{\mathrm{Nm}}{\mathrm{s}} \cdot 3600\,\mathrm{s}}{10\,\mathrm{kg} \cdot 9{,}81\,\mathrm{m/s^2}} = 36.698\,\mathrm{m} = 36{,}7\,\mathrm{km}$$

zu 14.2: Aus $P = U \cdot I = \frac{\Delta W}{\Delta t}$ folgt $W = U \cdot I \cdot \Delta t = 12\,\mathrm{V} \cdot 70\,\mathrm{Ah} = 840\,\mathrm{Wh} = 0{,}8\,\mathrm{kWh}$ d. h. bezugnehmend auf das Beispiel mit der Kaffeemaschine mit 1000 W wäre ein verlustfreier Betrieb für 0,8 Std. oder 48 Min. theoretisch möglich.

zu 14.3: Aus $W_{is} = \frac{1}{\eta} \cdot p_1 \cdot V_1 \cdot \frac{\kappa}{\kappa-1}\left[\left(\frac{p_2}{p_1}\right)^{\frac{\kappa-1}{\kappa}} - 1\right]$ folgt

$$V_1 = \frac{\eta \cdot W_{is}}{\frac{\kappa}{\kappa-1} \cdot p_1 \cdot \left[\left(\frac{p_2}{p_1}\right)^{\frac{\kappa-1}{\kappa}} - 1\right]} = \frac{1000\,\mathrm{W} \cdot 3600\,\mathrm{s}\,[=\mathrm{Nm}]}{\frac{1{,}4}{0{,}4} \cdot 10^5\,\frac{\mathrm{N}}{\mathrm{m^2}} \cdot \left[\left(\frac{6}{1}\right)^{\frac{0{,}4}{1{,}4}} - 1\right]} = 15{,}4\,\mathrm{m^3}$$

unter Umgebungsbedingungen an der Oberfläche. In 50 m Wassertiefe entspricht dies nach dem allg. Gasgesetz $\frac{p_1 \cdot V_1}{T_1} = \frac{p_2 \cdot V_2}{T_2}$ bei isothermer Zustandsänderung einem Kugelvolumen von

$$V_2 = \frac{p_1}{p_2} \cdot \frac{T_2}{T_1} \cdot V_1 = \frac{1}{6} \cdot 15{,}4\,\mathrm{m^3} = 2{,}6\,\mathrm{m^3} = \frac{d^3 \cdot \pi}{6}$$

also ein Kugeldurchmesser von 1,7 m.

zu 14.4: Aus $W_{\mathrm{kin}} = \frac{1}{2}\,\mathrm{J} \cdot \omega^2 = \frac{1}{4}\,\mathrm{m} \cdot r^2 \cdot \omega^2 = \frac{d^2}{16} \cdot \frac{d^2 \cdot \pi}{4} \cdot l \cdot \rho \cdot (2 \cdot \pi \cdot n)^2$ folgt

$$n = 4 \cdot \sqrt{\frac{W_{\mathrm{kin}}}{d^4 \cdot \pi^3 \cdot l \cdot \rho}} = 4 \cdot \sqrt{\frac{\frac{1000}{10} \cdot 10^3\,\frac{\mathrm{kg \cdot m^2}}{\mathrm{s^3}} \cdot 12 \cdot 3600\,\mathrm{s}}{(1\,\mathrm{m})^4 \cdot \pi^3 \cdot 10\,\mathrm{m} \cdot 7{,}85 \cdot 10^3\,\frac{\mathrm{kg}}{\mathrm{m^3}}}}$$

$$= 169\,\mathrm{s^{-1}} = 10.111\,\mathrm{min^{-1}}$$

Literatur

1. Hölzel, G.: Einführung in die Chemie für Ingenieure, Hanser-Verlag, München/Wien, 1992
2. Mayr; F.: Kesselbetriebstechnik – Kraft- und Wärmeerzeugung in Praxis und Theorie (8. Auflage), Resch-Verlag, Gräfelfing/München, 1999
3. Schröter, W.; Lautenschläger, K. H.; Bibrack, H.: Taschenbuch der Chemie (17. Auflage), Verlag Harri Deutsch, Frankfurt am Main, 1995
4. Schulz, C.: Ein Beitrag zur Berechnung der Wärmeübertragungseigenschaften in einem Erdwärmekollektor, Diplomarbeit, HAW Hamburg, 2008
5. Wedler, G.: Lehrbuch der Physikalischen Chemie (3. Aufl.), VCH-Verlagsgesellschaft, Weinheim, 1987
6. Willner, Th.: persönliche Mitteilungen (28. Sept. und 7. Okt. 2008)

Sachverzeichnis

H. Watter, *Regenerative Energiesysteme*, DOI 10.1007/978-3-658-09638-0

B

C

D